日本百名山

일본백명산

일러두기

1. 이 책은 신초샤新潮社에서 1964년에 첫 출판된 후카다 규야深田久彌의 『日本百名山』을 완역한 것이고 1978년에 동사에서 출판한 『日本百名山』을 대본으로 삼았다.
2. 본문의 도량형은 그대로 적고, 필요에 따라 각주 등에 미터법 등으로 바꿔서 표기했다.
3. 본문의 볼드체는 저자가 강조한 부분이다.
4. 본문의 각주는 모두 역주다.
5. 일본어의 표기는 되도록 국립국어원에서 권장하는 일본어표기법에 따랐으나, 관습으로 굳어진 말은 그에 따랐다. **고마**가타케駒ヶ岳, 기소**코마**가타케木曾駒ヶ岳와 같이 같은 말이라도 첫소리가 어두에 올 때와 어중에 올 때를 구분했다.
6. 한자는 일본의 신자체 한자 대신 우리의 정자체로 표기했다. 다만 인명이나 지명 등을 구분하기 위한 峰(峯), 岳(嶽), 岩(巖), 庄(莊) 등은 정자, 동자, 약자, 속자의 구분에서 예외로 했다.
7. 지명 끝의 행정구역 명칭인 겐縣, 후府, 한藩, 시市, 군郡, 구區 등은 각각 현, 부, 번, 시, 군, 구 등 우리말 발음으로 붙여 적었다.

나 이야기를 나누기도 했는데, 어느 날 걸작으로 꼽는 일본의 산서는 무엇이냐고 여쭌 적이 있었다. 왜냐하면 그분이 일본어를 국어로 배운 세대이고 근대 일본 문학에도 조예가 깊었기 때문이다. "『일본백명산』이 그 백미"라는 대답을 듣고 "그럼 선생님이 번역을 해주시면 안 될까요?"라고 묻자, "말맛을 내기가 워낙에 어려운 책이라서……"라고 하셨다. 당시에는 조금 고개가 갸우뚱해졌지만 이 책을 번역하면서 무슨 뜻인지 알 수 있었다. 이 책을 제대로 번역하기 위해서는 말맛뿐만이 아니라 그야말로 달제獺祭를 지내야 했기 때문이다. 그러나 그 당시에는 지금처럼 자유롭게 도서를 구매하거나, 논문을 뒤지고, 고서를 열람할 방법이 없었을 것이다. 일본의 고대와 중세의 의미 있는 책들이 번역되기 시작한 것도 비교적 최근의 일이다.

     같은 모임의 김진덕金珍德 씨는 한국 근대등산을 연구하며 그와 관련 있는 것들의 박물관적인 수집가인 동시에 등반 기술과 등산사에서 항상 수준 높고 차별화된 관점을 제시하는 친구다. 그는 작은 모임을 만들어서 일본의 산서를 읽어보자는 제안을 하곤 했다. 또한 한국과 일본에서 『일본백명산』만큼 영향을 미친 책은 다시없을 것이라는 말과 함께 아직도 『일본백명산』이 번역되지 않았다고 아쉬워했다. 역자 역시 우리나라에서 근대 이후의 등산사와 필연적 관련이 있는 일본의 등산사에 평소 관심이 많았고 홋카이도의 산에 대해서는 조금 알고 있었기에, 별 뜻 없이 『일본백명산』을 윤독해보자는 제안을 하게 되었는데, 그 내용이 궁금했던 나머지 어쩌다가 번역을 역자가 맡기로 해서 일을 키웠다. 그렇다고 해서 역자가 일본에서의 등산 경험이 많은 편은 아니었다. 오래전에 『일본백명산』의 첫 번째 산인 리시리잔에 다녀왔던 아내가 그때 함께 올랐던 다이세쓰잔의 광활한 고원을 보고 와서 그곳으로 하이킹을 권했다. 그 고원은 말로만 사진으로만 접했던 북녘의 부전고원赴戰高原을 떠올렸고 이후 거의 매년 한적한 홋카이도에서 산의 자유를 누렸다. 그리고 몇 년 전 국립산악박물관에서 청탁한 논문 준비를 위해 나가노와 도야마 일대를 오늘날 어지간한 산에는 로프웨이가 달려 있고, 산머리의 턱밑까지 자동차도로가 나 있어서 산의 영혼이 머물 곳이 사라진 듯한 모습도 보인다. 호황기를 누리던 당시 산록에 들어섰던 시설은 이제 폐허로 변한 곳도 많았다. 다시 말해 당시에 그 산이 지녔던 경관을 기대하기 어렵게 되어 이 책으로 한가했던 옛 일본백명산의 가이드북으로 삼기에는 부족하다. 그래도 실제로 이곳을 여행하거나 등산할 사람들에게는 여전히 유용한 참고가 될 것이며, 일본 문화에 호기심이 있는 사람이라면 덤으로 접하게 될 이야기가 많을 것이다. 또한 이 책을 일독한 후에는 여러 가지 방식으로 표기하는 일본의 지역명이 어렴풋이 머릿속에서 윤곽이 잡히는 경험을 하게 될 것이다.

번역 배경

역자가 속했던 모임에서 뒤풀이 자리면 종종 화제로 삼는 일본 등산가들이 있었다. 주로 김영도金永棹(1924~2023) 선생께서 말문을 열어 시작되었다. 이를테면 본문에 등장하는 고구레 리타로, 다나베 주지, 오시마 료키치, 그리고 권말에 이 책의 해설을 쓴 구시다 마고이치 같은 분들이었고 후카다 규야 선생도 단골이었다. 모두 그들의 저작과 함께 짝지어서 등장했다. 대개 극단적인 말로 고전은 누구나 들어는 봤지만 읽은 사람은 거의 없다는 점에서『일본백명산』도 예외일 수는 없었고, 모두 그 어떤 책보다도 내용을 궁금해하는 분위기였다.

김영도 선생은 1970년에 시작된 전국 35개소 산장 건설을 주도했고, 한국인으로는 고상돈 씨가 초등한 1977년 에베레스트 원정대의 대장, 1978년의 북극 탐험대장 등을 지냈다. 이후 한국등산연구소를 설립해 구미의 여러 등산서를 번역하고 등산사를 연구했다. 철학을 전공했던 선생은 캠퍼스가 있었던 대학로와 커피를 좋아하셔서 가끔 그곳에서 만

책은 1964년 7월에 출판되었고 저자가 회갑을 맞은 해였다. 이제 세월은 『일본백명산』의 저자마저 누구였는지 희미해져서, 사람들 대부분은 백명산 투어를 기획하는 여행사가 사전에 나눠준 자료로만 대강의 정보를 얻을 뿐이고, 게다가 백명산을 완등한 사람도 이 책과 저자의 이름조차 몰랐다는 사람도 있다고 한다. 이제 후카다 규야의 『일본백명산』이라고 불러야 하는 것이다.

  그와 반대로 이 책을 알고 있는 사람들에게는 『일본백명산』이 자신의 경험이나 주장을 뒷받침하기 위한 권위의 표준이 되어 있다. 즉 백명산이라는 말은 일본 내 등산 관련 거의 모든 콘텐츠의 해시태그가 되어 있다고 해도 과언이 아니다. 오늘날 일본에서 산에 다니는 사람들은 그들의 커뮤니티나 블로그에서 『일본백명산』을 몇 줄 인용하지 않는 법이 없다. 또한 백명산이 속한 지역의 홍보나 지역 연구자들의 보고서며 논문, 심지어 지역 사회의 단체와 관계된 것에서도 빠트리지 않고 언급하고 있다. 저자가 등산 전후에 머물렀던 숙소는 말할 것도 없고 지도나 안내 책자, 투어 프로그램 등 파생 상품도 마찬가지다.

  많은 평론가의 붓을 빌려 일반적으로 '산의 바이블'로 표현되는 이 책은 엄선된 등산도서 출판으로 유명한 '산과계곡사'의 편집장 하기와라 히로시萩原浩司가 2019년에 펴낸 『산의 명저』 후기에서 『일본백명산』은 새삼스럽게 명저라고 소개할 필요조차 없는 책이라고 했다. 과연 올해도 서점의 서가에는 여전히 이 책이 꽂혀 있었고 띠지에 '산의 바이블'이란 말과 함께 "읽고 나서 오를 것인가, 오르고 나서 읽을 것인가"라는 글을 두르고 있었다.

  이 책은 저자가 산의 품격, 산의 역사, 산의 개성, 부가적으로 1500미터 이상의 높이라는 기준으로 뽑은 일본 전역 100곳의 산에 대한 수필이다. 산명고山名考라는 형식 속에 일본의 등산사와 문학을 언급하면서 일본의 다양한 전통을 내포하고 있다. 하지만 이 책에서 묘사한 산은 발행으로부터 60년, 저자의 등산 활동으로부터는 100년이라는 시차가 있어서

역자 서문

모든 백명산의 시작 후카다 규야의 『일본백명산』

이 낯선 작가의 놀라운 책이 번역서로 나오게 되었다. 번역에 이르기까지의 과정은 하나의 에피소드가 될 수 있으나 머리말에 실을 것은 아니라고 생각했다. 무엇보다 역자가 서문을 쓴다는 것이 상당한 예외라고 여겨서다. 스스로 서문을 쓸 만큼 권위를 갖추지 못한 데다 본문을 읽기 전에 독자의 주의를 산만하게 할 수도 있고 원작자의 글을 가리게 될 수도 있다고 보아서다. 특히 긴 글이 그렇다. 그런데 2014년에 출판된 이 책의 영문 번역서를 읽어보니, 무려 책의 5분의 1 가까이를 역자 서문에 할애하고 있는 것을 보고 큰 용기를 얻었다. 그만큼 많은 이야기를 해야 할 사정에 공감한다.

일본 국립국회도서관에서 '일본백명산'을 검색하면 731건의 검색 결과를 보여준다. 이처럼 『일본백명산』은 오늘날 이 책의 이름에서 가져와 이것과 조금이라도 관련 있다면 '무슨 무슨 백명산'을 붙이고 있다. 이

日本百名山

후카다 규야 深田久彌 | 강승희 옮김

ONE HUNDRED MOUNTAINS OF JAPAN

일본백산 들어서도 좋고 올라서도 좋고 올라서도 좋은 산

글항아리

돌아보며 처음으로 북 알프스를 접했다. 이쯤의 경험이 전부였던 역자가 『일본백명산』 앞부분에 등장하는 홋카이도의 산을 몇 편 번역한 후 몇몇 친구에게 나머지 내용이 궁금하다는 식의 호응을 얻지 못했더라면, 이내 완역 욕심이라는 망상을 내려놓았을지도 모른다.

그러나 일본 본토와는 역사적·문화적으로 다른 길을 걸었던 홋카이도를 건너 본격적인 일본의 이야기가 시작되는 혼슈로 건너가자 일본 특유의 다양성의 수렁으로 빠져들기 시작했다. 산명고가 본색을 드러내기 시작하는 것이었다. 일본 전국의 산에 관한 이야기가 얽혀서 있어서 마치 팔도 사투리로 말하고 있는 것 같았다. 게다가 작가 스스로가 편당 400자 원고지 5매라는 원칙을 잡고 썼기 때문에 이 책의 압축을 풀었을 때 그 방대함은 남달랐다.

번역 과정

아라시마다케 편에서 나오는 中出라는 지명이 있다. 이것은 다양하게 읽을 수 있지만, 해당 지역의 독법은 찾기가 어려웠고, 그렇다고 해서 얼버무리기도 싫어서, 그 지역 일대의 도로 표지판을 뒤져본 결과 '나칸데'로 읽는다는 것을 알아내고 혼자 배시시 웃었던 기억이 있다. 역자의 선의가 반드시 책의 완성도에 기여한다고는 할 수 없지만 이렇게까지 한 것은 독자로서 일본서의 번역서를 읽을 때 불편하고 아쉬웠던 점이 떠올라서다. 그리고 번역서에서 설명이 없거나 도저히 이해할 수 없는 내용이 나오면 궁금함을 참지 못해, 언젠가부터 원서를 같이 놓고 보게 되었고 많은 의문을 풀었던 경험이 있었다. 그렇다고 하더라도 책에 군더더기가 많이 붙는 것은 다른 문제라고 본다.

이 책은 초판본을 기준으로 양장본 26센티미터의 길이에 해당 편마다 자그마한 지도와 사진 한 장의 도판을 실은 222페이지로 구성되었다. 번역 과정에서 물리적으로 절대량이 늘어나서 일찍이 칼리마코스가 "Mega biblion, mega kakon"이라고 한 말에 공감하는 역자로서는 과도한 주와 병기는 지면의 미관을 해치고 몰입을 방해할 수도 있고 호의에서 비롯된 역주가 오류를 담을 수도 있으리라는 생각을 떨칠 수 없었지만, 결국 이 책은 상상의 산물이 아니라 사실事實과 사실史實을 다뤘다는 점에서 책에 등장하는 낯선 점들을 잘 살펴보고 설명하기로 했다. 또한 '행유부득반구저기行有不得反求諸己'(일이 뜻대로 되지 않으면 자신에게서 원인을 찾으라)의 심정으로, 부족한 역자의 능력에서 비롯된 필연적인 오역과 섣부른 예단의 증거를 독자 여러분과 훗날의 훌륭한 번역자에게 드러내놓고 싶었다.

    본문의 역주는 다양한 견해의 일부라는 것을 전제로 달았다. 일본의 문화사는 예외적인 요소가 많아서 한 가지로 정의된 개념어로 해석하기 어렵고, 규칙성을 전제로 논리적인 구조를 갖는 경우를 찾기 어려운 부분도 많다. 따라서 역주 또한 보편성을 가지고 있다고 생각하지 않으며 당연히 모순되거나 부족한 정보를 전달할 수도 있다고 본다. 다만 객관성을 높이기 위해 역자의 의견을 제외하고 전거가 없는 것은 되도록 인용하지 않았다. 도서와 논문을 참조한 것은 물론이고, 고도서는 일본 공공 도서관의 디지털 자료를 열람했다. 일본의 백과사전에서는 가능하면 집필자가 명기된 항목을, 방대한 자료가 있으나 잘못된 정보도 있는 일본 위키에서는 출전이 있는 부분만 확인 후 참고했다.

    산을 오를 때 가장 중요한 요소로 날씨와 지형을 들 수 있다. 사람들이 만들어낸 도시풍경은 역동적인 것 같지만 어수선한 정물이나 다름없다. 그에 비해 자연의 일부인 산은 그 표정이 시간에 따라 천변만화하는 생물이라서 자연이나 자연 현상을 표현하기 위한 말은 일찍부터 나라마다 대개 고유어가 발달해 있었다. 다만 도시생활에 익숙한 요즘 사람들은 옛사람들처럼 날씨의 추이나 지형의 변화를 다양하게 경험하고 섬세하게 묘사할 일이 줄어들어서 그에 관한 표현들이 낯설게 느껴질 수도 있다. 하지만 등산을 다루는 글에서는 빠트릴 수 없는 요소라 그와 관련된 잊힌 우리말을 먼저 수집해놓고 우리의 산과 일본의 산을 올라본 경험을 바탕으로 상황에 맞게 채택했다.

지형의 묘사와 관련된 부분의 확인을 위해서 여러 지도를 참조했는데, 상세한 일본국토지리원의 지리원지도(전자국토 Web)를 통해서는 전체적인 지형을 파악했고, 시판 조감도와 등산지도 등을 통해 어프로치와 등산로, 실제 산의 형태, 주변 지형과의 관계, 시설이나 건조물의 존속 여부 등을 확인했다. 사진에 대해 말하고 싶다. 본문에 실은 사진의 선별에는 어려운 점이 많았다. 저자 후기에 "산이 높다고 해서 고귀한 것은 아니지만……"이라는 구절이 나온다. 이는 "산이 높아서 귀한 것이 아니라 나무가 있음으로서 귀한 것이다山高きが故に貴からず樹有るを以て貴しとす"라는『실어교實語敎』의 한 구절에서 가져온 것이다. 여기서 나무란 산을 구성하는 온갖 사물과 현상의 특징적 요소와 산에서 바라보는 원경도 뜻한다고 할 수 있다. 이는 형식과 내용의 균형이 중요함을 가리키는 말로도 읽힌다.

산에 간다는 것은 정상이 목적인 건강을 위한 운동이 아니라 정상으로 향하는 도중에 일어나는 자연과의 교감이라는 정서적 행위라고 믿고 있지만, 산의 특징을 담으려면 해당 산의 전용이 담긴 사진을 중심으로 고를 수밖에 없었다. 또한 캡션으로 설명하려면 어디에서 바라보고 촬영한 것인지를 알아야 했다. 결국 해당 루트를 선택한 다른 등산자의 시선을 따라 눈으로 오를 수밖에 없었고 그 과정에서 그저 지나치며 눈으로만 담기에는 아깝고 가보고 싶은 아름다운 곳이 너무나 많아서 새삼스럽게 저 말이 와 닿았다. 그러나 그러한 산의 표정들을 본문의 지면에 일일이 드러내기는 현실적으로 어려운 일이다.

아무튼 모든 사진은 본문의 내용과 가장 관련성이 높은 것으로 고르려고 했다. 하지만 필요한 자리마다 적절한 사진이 있는 것도 아니었고, 험난한 산을 오르면서도 결정적 장면을 포착하고 싶었을 촬영자의 의지만큼 행운이 따르지 않았을 아쉬웠던 순간에도 많이 공감했다. 따라서 당연하지만 분식한 사진도, 태가 나지 않는 사진도 더러 있어서 그것만으로 해당 산의 미추를 판단할 일은 아니라고 본다. 오히려 해당 산의 이런 구우일모에 지나지 않는 겨우 몇 장의 사진이 명산에 대한 환상을 깨트릴 뿐만 아니라 그릇된 선입관을 심을까봐 망설였지만, 결국 책의 내용을 가장 잘 알 수밖에 없는 역자가 골라 수록하게 되었다.

저자가 해외 작품을 번역 인용한 경우 원전을 찾아보았다. 이 경우에도 저자의 자의적인 번역을 포함해 내용이 누락된 부분, 도량형 등이 일치하지 않는 부분은 바로잡았다. 또한 『일본서기』나 『고사기』 등의 고서는 표준 자료로 볼 수 있는 현대 출판물을 기준으로 삼았다. 다만 시문의 경우 지은이의 심수心髓를 살펴 세세한 표현의 뉘앙스를 짚어 나갈 수 있어야 하는데, 시인의 내면과 고어를 살펴볼 수 있는 능력과 안목이 없는 역자로서는 힘에 부치는 일이었다. 따라서 유명 하이쿠나 단카의 경우 현대어역을, 『만엽집』은 나라현립奈良縣立만엽문화관의 연구 성과인 현대어 주석을 기준으로 삼아 시적 운율보다 내용 전달에 주안점을 두었다. 또한 시에서 등장하는 지명의 표기와 발음이 현재 통용되는 것과 다른 경우가 많았기 때문에 참조를 위해 시의 원문을 함께 실었다.

또한 역주에서 이 책의 출판 당시 정보의 부족이나 기억의 착오 등으로 인한 저자의 오류를 들춰낸 것은 잡초 없는 정원이 어디에 있겠냐는 마음으로 일점일획을 지적한 부분일 뿐이다. 이런 작업을 하다보니 원서에는 없는 주와 사진 등이 지면을 많이 차지하게 되었다. 따라서 이런 어설픈 교주校註가 역자의 무지의 소치로 밝혀진다면 여간 다행스러운 일이 아닐 것이다. 그럼에도 부족한 설명은 결국 독자께서 지도를 펴놓고 읽거나 따로 참고 자료를 찾아볼 수밖에 없을 것이니, 이 또한 양해해주시리라 믿는다.

읽어서도 좋고 올라서도 좋은 산

울창한 원시림과 고산식물, 여름에도 눈을 입고 있는 산과 계곡으로 떠날 상상만으로도 즐거워지는 것은 산을 거니는 것을 좋아하는 이들의 마음일 것이다. 이 책은 체력과 기술과 담력을 갖춘 소수의 일류 등산가를 유혹하는, 하지만 언제든지 내칠 준비가 되어 있는 산이 아니라, 숲 내음에 둘러싸여 새 소리를 들으며 눈을 뜨고 산길을 거닐려는 사람들에게 속삭이듯 누구라도 어서 오시라고 하는 모두의 산을 위한 것이라고 생각한다. 또한 산에 가지 않더라도 일본 열도라는 긴 갤러리에 전시된 명산의 큐레이션으로 삼아도 좋을 것이다. 일본에 백명산이 있는 한, 사람들이 그곳으로 하이킹을 떠나는 한, 계속 읽힐 책으로 본다. 번역을 마쳤을 때 시대의 책이라 불러도 좋을 만한 이 책이 출판되었으면 좋겠다는 바람을 가지고 있었다. 그런 소망이 실현될 수 있도록 부족하고 난삽한 원고에 대한 격려를 아끼지 않고 편집을 해주신 글항아리 출판사의 강성민姜聖民 대표께 고마운 마음을 올린다. 일본의 산으로 등산을 권했고 책이 나올 때까지 '불러도 대답 없는 사람'이었던 역자를 지켜봐준 아내 염혜원廉惠媛 님에게도 같은 마음을 전하고 싶다.

김영도 선생이 타계하기 전년에 이 책의 초역본을 제본해서 뵈었다. 책을 받으시고는 과분한 칭찬과 함께 너무나 기뻐하셨다. 이 책의 출판을 누구보다도 반기셨을 선생의 환한 얼굴이 떠오른다.

2025년 봄 혜화문 아래에서 강승혁

오기五畿 / 기나이畿内

41	야마시로山城 / 조슈城州	(교토京都)
42	셋쓰攝津 / 셋슈攝州	(오사카大阪·효고兵庫)
43	이즈미和泉 / 센슈泉州	(오사카大阪)
44	가와치河内 / 가슈河州	(오사카大阪)
45	야마토大和 / 와슈和州	(나라奈良)

팔도

홋카이도北海道 / 에조蝦夷

1	오시마渡島
2	이부리膽振
3	히다카日高
4	도카치十勝
5	구시로釧路
6	네무로根室
7	기타미北見
8	데시오天鹽
9	이시카리石狩
10	시리베시後志

도산도東山道

11	미치노쿠陸奧 / 무쓰陸奧 / 오슈奧州	
11A	리쿠오陸奧 / 리쿠슈陸州	(아오모리青森·이와테岩手)
11B	리쿠추陸中 / 리쿠슈陸州	(이와테岩手·아키타秋田)
11C	리쿠젠陸前 / 리쿠슈陸州	(미야기宮城·이와테岩手)
11D	이와키磐城 / 반슈磐州	(후쿠시마福島·미야기宮城)
11E	이와시로岩代 / 간슈岩州	(후쿠시마福島)
12	이데와出羽 / 데와出羽	
12A	우고羽後 / 데와出羽, 우슈羽州, 료우兩羽	(아키타秋田·야마가타山形)
12B	우젠羽前 / 데와出羽, 우슈羽州, 료우兩羽	(야마가타山形)
13	시모쓰케下野 / 야슈野州, 게노毛野	(도치기栃木)
14	고즈케上野 / 조슈上州, 게노毛野	(군마群馬)
15	시나노信濃 / 신슈信州	(나가노長野)
16	히다飛驒 / 히슈飛州	(기후岐阜)
17	미노美濃 / 노슈濃州	(기후岐阜)
18	오미近江 / 고슈江州	(시가滋賀)

도카이도東海道

19	히타치常陸 / 조슈常州	(이바라키茨城)
20	시모사下総 / 소슈総州	(이바라키茨城·지바千葉)
21	가즈사上総 / 소슈総州	(지바千葉)
22	아와安房 / 보슈房州	(지바千葉)
23	무사시武藏 / 부슈武州	(도쿄東京·사이타마埼玉·가나가와神奈川)
24	가이甲斐 / 고슈甲州	(야마나시山梨)
25	사가미相模 / 소슈相州	(가나가와神奈川)
26	이즈伊豆 / 즈슈豆州	(시즈오카静岡·도쿄東京)
27	스루가駿河 / 슨슈駿州	(시즈오카静岡)
28	도토미遠江 / 엔슈遠州	(시즈오카静岡)
29	미카와三河 / 산슈三州, 산슈參州	(아이치愛知)
30	오와리尾張 / 비슈尾州	(아이치愛知)
31	이세伊勢 / 세이슈勢州	(미에三重)
32	이가伊賀 / 이슈伊州	(미에三重)
33	시마志摩 / 시슈志州	(미에三重)

호쿠리쿠도北陸道

34	사도佐渡 / 사슈佐州, 도슈渡州	(니가타新潟)
35	에치고越後 / 엣슈越州	(니가타新潟)
36	엣추越中 / 엣슈越州	(도야마富山)
37	노토能登 / 노슈能州	(이시카와石川)
38	가가加賀 / 가슈加州	(이시카와石川)
39	에치젠越前 / 엣슈越州	(후쿠이福井)
40	와카사若狭 / 후쿠이福井 / 자쿠슈若州	

산인도山陰道

46	단바丹波 / 단슈丹州	(교토京都·효고兵庫)
47	단고丹後 / 단슈丹州	(교토京都)
48	다지마但馬 / 단슈但州	(효고兵庫)
49	이나바因幡 / 인슈因州	(돗토리鳥取)
50	호키伯耆 / 하쿠슈伯州	(돗토리鳥取)
51	오키隱岐 / 온슈隱州	(시마네島根)
52	이즈모出雲 / 운슈雲州	(시마네島根)
53	이와미石見 / 세키슈石州	(시마네島根)

산요도山陽道

54	하리마播磨 / 반슈播州	(효고兵庫)
55	미마사카美作 / 사쿠슈作州	(오카야마岡山)
56	비젠備前 / 비슈備州	(오카야마岡山·가가와香川)
57	빗추備中 / 비슈備州	(오카야마岡山)
58	빈고備後 / 비슈備州	(히로시마廣島)
59	아키安藝 / 게이슈藝州	(히로시마廣島)
60	스오周防 / 보슈防州, 슈슈周州	(야마구치山口)

61 나가토長門 / 조슈長州(야마구치山口)

난카이도 南海道

62 기이紀伊 / 기슈紀州
  (와카야마和歌山縣·미에三重)
63 아와지淡路 / 단슈淡州(효고兵庫)
64 사누키讚岐 / 산슈讚州(가가와香川)
65 아와阿波 / 아슈阿州(도쿠시마德島)
66 도사土佐 / 도슈土州(고치高知)
67 이요伊予 / 요슈予州(에히메愛媛)

사이카이도 西海道 / 진제이 鎭西

68 쓰시마對馬 / 다이슈對州(나가사키長崎)
69 이키壹岐 / 잇슈壹州(나가사키長崎)
70 부젠豊前 / 호슈豊州, 니호二豊
  (후쿠오카福岡·오이타大分)
71 분고豊後 / 호슈豊州, 니호二豊(오이타大分)
72 지쿠젠築前 / 지쿠슈築州(후쿠오카福岡)
73 지쿠고築後 / 지쿠슈築州(후쿠오카福岡)
74 히젠肥前 / 히슈肥州(사가佐賀·나가사키長崎)
75 히고肥後 / 히슈肥州(구마모토熊本)
76 휴가日向 / 닛슈日州, 고슈向州(미야자키宮崎)
77 사쓰마薩摩 / 삿슈薩州(가고시마鹿兒島)
78 오스미大隅 / 구슈隅州(가고시마鹿兒島)

오기팔도
五畿八道

* 괄호 안의 지명은 현재 도도부현

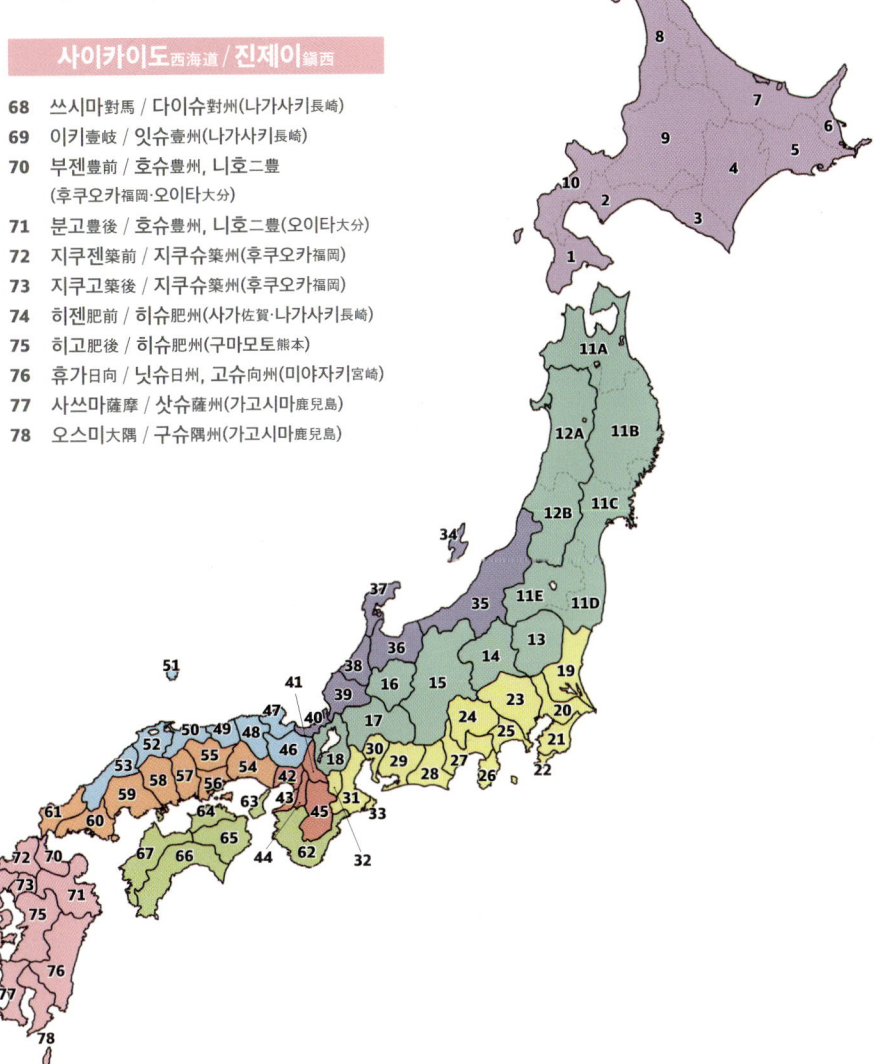

홋카이도北海道

1. 홋카이도

도호쿠東北

2. 아오모리현青森縣(리쿠오陸奧)
3. 이와테현岩手縣(리쿠추陸中)
4. 아키타현秋田縣(우고羽後, 리쿠추陸中)
5. 야마가타현山形縣(우젠羽前, 우고羽後)
6. 미야기현宮城縣(리쿠젠陸前)
7. 후쿠시마현福島縣(이와시로岩代, 이와키磐城)

간토關東

8. 이바라키현茨城縣(히타치常陸, 시모우사下総)
9. 도치기현栃木縣(시모쓰케下野)
10. 군마현群馬縣(고즈케上野)
11. 사이타마현埼玉縣(무사시武藏)
12. 지바현千葉縣(가즈사上総, 시모우사下総, 아와安房)
13. 도쿄도東京都(무사시武藏)
14. 가나가와현神奈川縣(사가미相模, 무사시武藏)

주부中部

15. 니가타현新潟縣(에치고越後, 사도佐渡)
16. 나가노현長野縣(시나노信濃)
17. 야마나시현山梨縣(가이甲斐)
18. 시즈오카현靜岡縣(스루가駿河, 이즈伊豆, 도토우미遠江)
19. 아이치현愛知縣(오와리尾張, 미카와三河)
20. 기후현岐阜縣(미노美濃, 히다飛驒)
21. 도야마현富山縣(엣추越中)
22. 이시카와현石川縣(노토能登, 가가加賀)
23. 후쿠이현福井縣(에치젠越前, 와카사若狹)

긴키近畿

24. 시가현滋賀縣(오우미近江)
25. 미에현三重縣(이세伊勢, 이가伊賀, 시마志摩, 기이紀伊)
26. 교토부京都府(야마시로山城, 단바丹波, 단고丹後)
27. 나라현奈良縣(야마토大和)
28. 와카야마현和歌山縣(기이紀伊)
29. 오사카부大阪府(셋쓰攝津, 이즈미和泉, 가와치河內)
30. 효고현兵庫縣(하리마播磨, 다지마但馬, 셋쓰攝津, 단바丹波, 아와지淡路)

주고쿠中国

31. 돗토리현鳥取縣(이나바因幡, 호키伯耆)
32. 오카야마현岡山縣(비젠備前, 빗추備中, 미마사카美作)
33. 히로시마현廣島縣(빈고備後, 아키安芸)
34. 시마네현島根縣(이와미石見, 이즈모出雲, 오키隱岐)
35. 야마구치현山口縣(스오周防, 나가토長門)

시코쿠四国

36. 가가와현香川縣(사누키讃岐, 비젠備前)
37. 도쿠시마현德島縣(아와阿波)
38. 고치현高知縣(도사土佐)
39. 에히메현愛媛縣(이요伊予)

규슈九州

40. 후쿠오카현福岡縣(지쿠젠築前, 지쿠고築後, 부젠豊前)
41. 사가현佐賀縣(히젠肥前)
42. 나가사키현長崎縣(히젠肥前, 이키壹岐, 쓰시마對馬)
43. 구마모토현熊本縣(히고肥後)
44. 오이타현大分縣(부젠豊前, 분고豊後)
45. 미야자키현宮崎縣(휴가日向)
46. 가고시마현鹿兒島縣(사쓰마薩摩, 오스미大隅)

도도부현

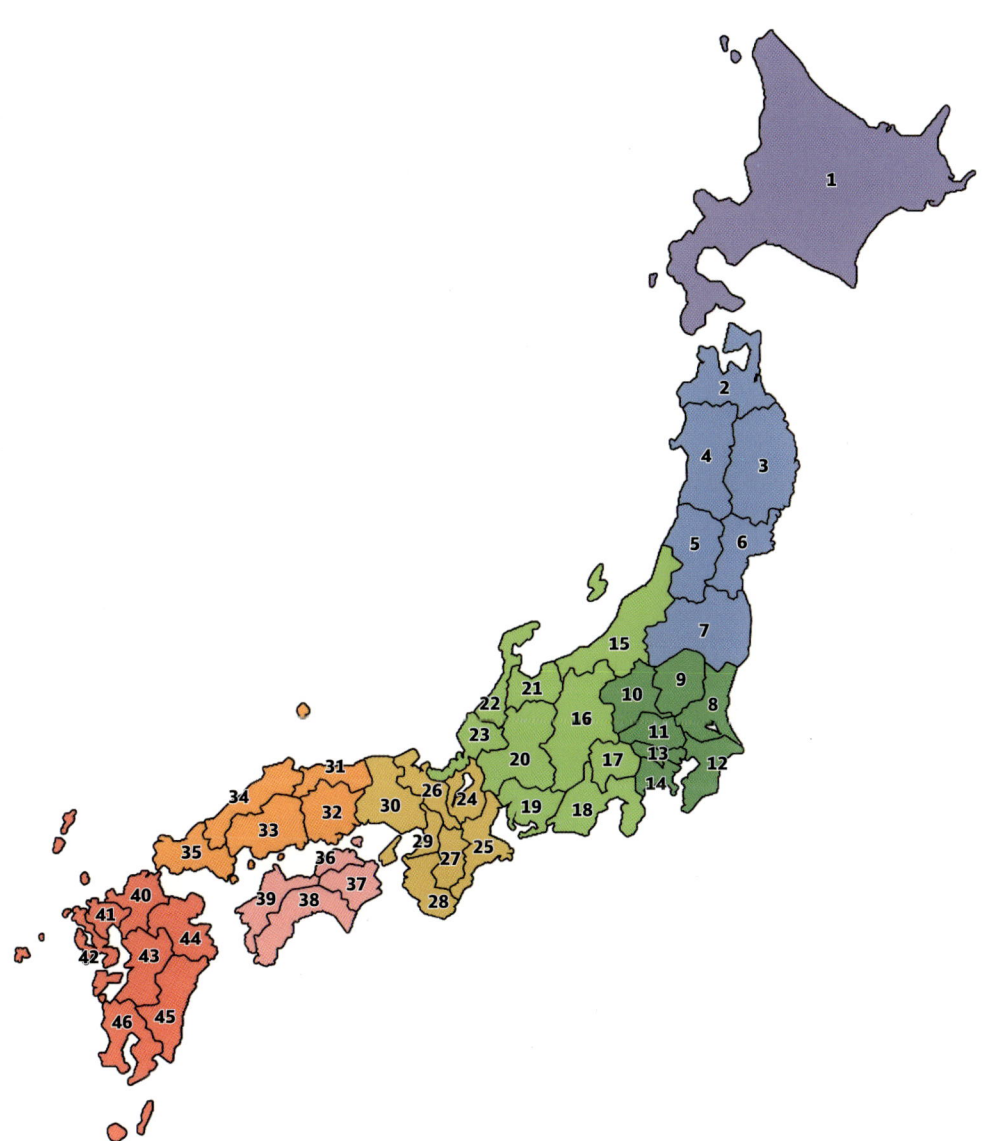

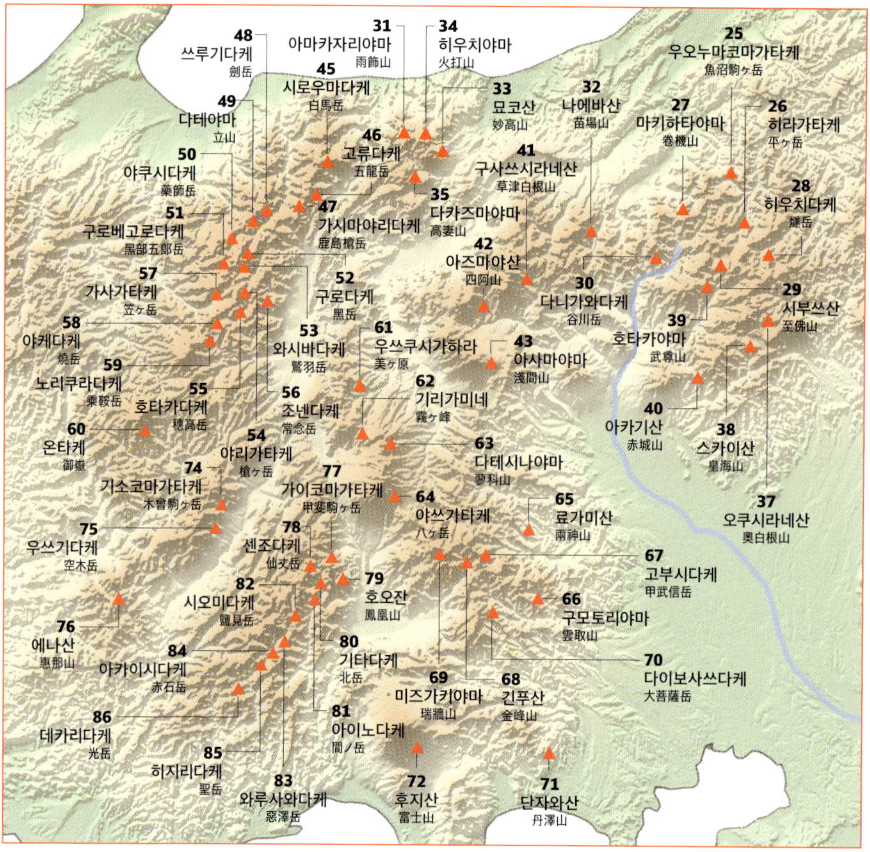

#	한글명	한자/일본명
25	우오누마코마가타케	魚沼駒ヶ岳
26	히라가타케	平ヶ岳
27	마키하타야마	巻機山
28	히우치다케	燧岳
29	시부쓰산	至佛山
30	다니가와다케	谷川岳
31	아마카자리야마	雨飾山
32	나에바산	苗場山
33	묘코산	妙高山
34	히우치야마	火打山
35	다카즈마야마	高妻山
37	오쿠시라네산	奧白根山
38	스카이산	皇海山
39	아카기산	赤城山
40	아사마야마	淺間山
41	구사쓰시라네산	草津白根山
42	아즈마야산	四阿山
43	무수미야마	武尊山
45	시로우마다케	白馬岳
46	고류다케	五龍岳
47	가시마야리다케	鹿島槍岳
48	쓰루기다케	劍岳
49	다테야마	立山
50	야쿠시다케	薬師岳
51	구로베고로다케	黒部五郎岳
52	구로다케	黒岳
53	와시바다케	鷲羽岳
54	야리가타케	槍ヶ岳
55	호타카다케	穂高岳
56	조넨다케	常念岳
57	가사가타케	笠ヶ岳
58	야케다케	焼岳
59	노리쿠라다케	乗鞍岳
60	온타케	御嶽
61	우쓰쿠시가하라	美ヶ原
62	기리가미네	霧ヶ峰
63	다테시나야마	蓼科山
64	야쓰가타케	八ヶ岳
65	료가미산	兩神山
66	구모토리야마	雲取山
67	고부시다케	甲武信岳
68	긴푸산	金峰山
69	미즈가키야마	瑞牆山
70	다이보사쓰다케	大菩薩岳
71	단자와산	丹澤山
72	후지산	富士山
74	기소코마가타케	木曽駒ヶ岳
75	우쓰기다케	空木岳
76	에나산	惠那山
77	가이코마가타케	甲斐駒ヶ岳
78	센조다케	仙丈岳
79	호오잔	鳳凰山
80	기타다케	北岳
81	아이노다케	間ノ岳
82	시오미다케	鹽見岳
83	와루사와다케	惡澤岳
84	아카이시다케	赤石岳
85	히지리다케	聖岳
86	데카리다케	光岳
87	하쿠산	白山
88	아라시마다케	荒島岳
89	이부키야마	伊吹山
90	오다이가하라야마	大臺ヶ原山
91	오미네산	大峰山
92	다이센	大山
93	쓰루기산	劍山
94	이시즈치산	石鎚山
95	구주산	九重山
96	소보산	祖母山
97	아소산	阿蘇山
98	기리시마야마	霧島山
99	가이몬다케	開聞岳
100	미야노우라다케	宮ノ浦岳

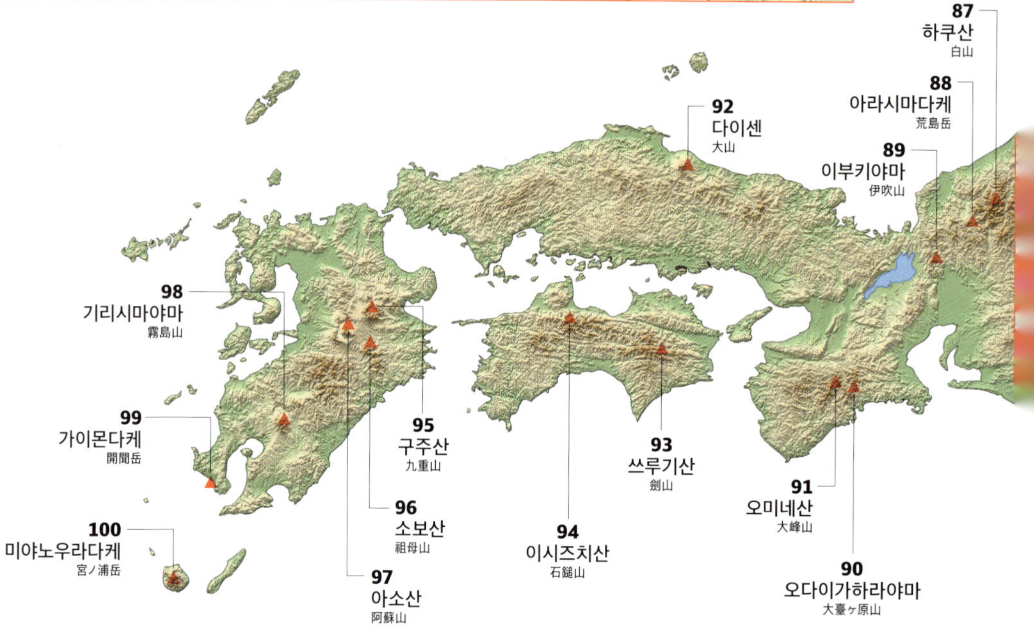

백명산 위치도

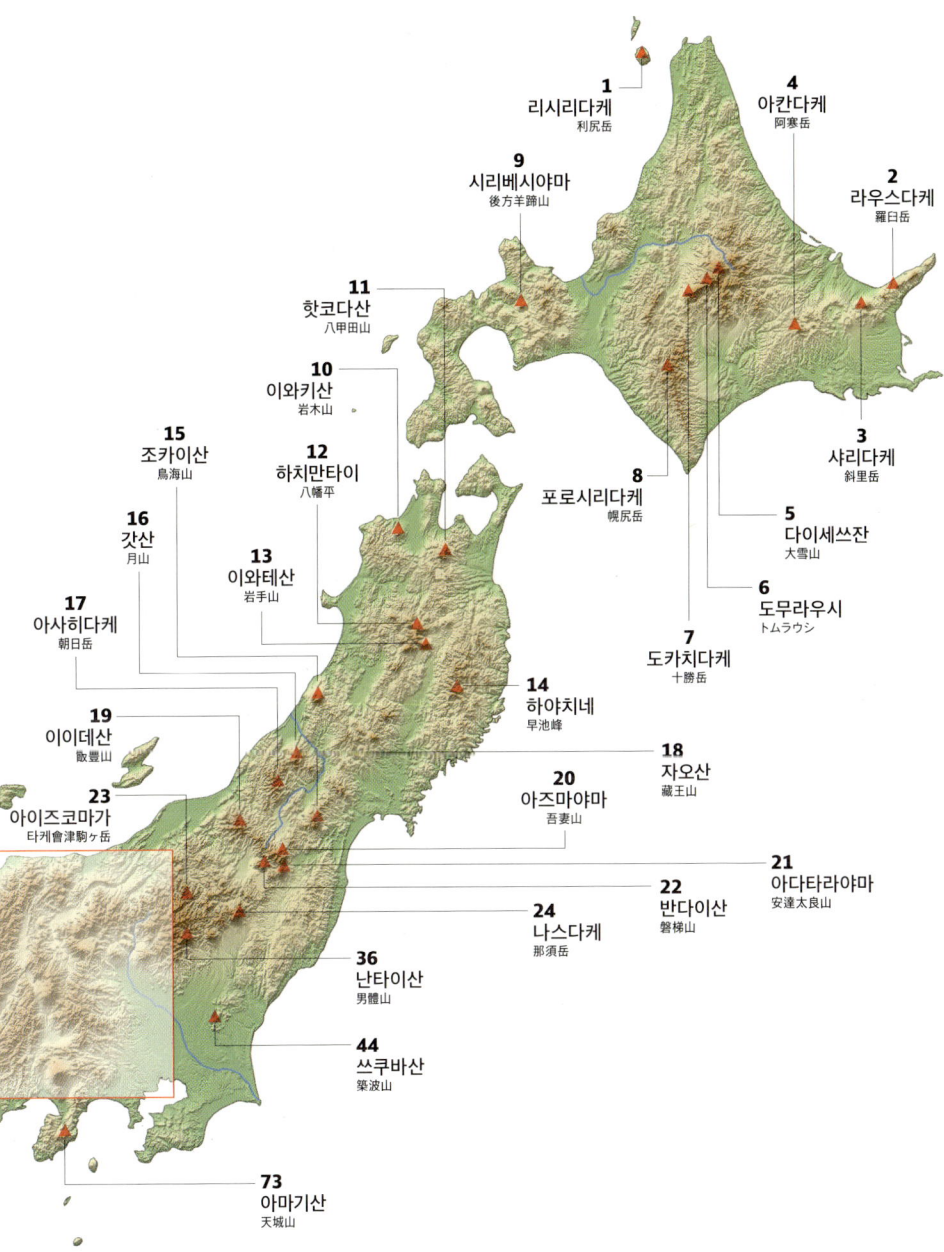

표제

| 060 | **온타케**
御嶽 |

표고 **3067미터(겐가미네**劍ヶ峰)
소재 **나가노현**長野縣・**기후현**岐阜縣
지도 **온타케산**御嶽山

060. 온타케는 원문의 글번호와 제목이다.
표고는 현재 표고이며, 표고 옆 괄호의 지명은 그 산의 최고점이다.
소재는 속해 있는 현의 이름이다.
지도는 현재 지도에 표기되고 있는 산명이다.

지명
본문에서는 오늘날의 도도부현 체계가 아닌 오기칠도五畿七道 체계의 옛 지명으로 부르는 경우가 대부분이다. 강원도와 제주도를 강원과 제주로 줄여 부르는 예처럼, 이런 율령국律令國도 시나노쿠니信濃國와 가이노쿠니甲斐國를 시나노信濃와 가이甲斐 등으로 줄여 부른다. 시군구의 경우도 서울, 양평, 종로처럼 행정구역명을 생략하고 있다.

산명
산과 악은 모두 독립봉이거나 여러 산이 모여 있는 경우를 가리키는 말로 쓰인다. 여러 산이 모여 있는 경우에서 산은 산줄기를 뜻하는 산맥(또는 산계)을 지칭하는 경우가 많고, 악은 산의 무리를 뜻하는 산군(또는 산괴)을 가리키는 경우가 많다. 따라서 산의 영역을 가리키는 말인 산역山域도 산이 악보다 넓은 경우가 대부분이다. 산과 악은 여러 산이 모여 있다는 점에서는 같지만, 뉘앙스로는 산이 더 규모가 크고 정중한 느낌이다. 개별적인 산명의 산, 악, 봉 등은 특별한 기준이 있는 것은 아니고, 우리처럼 관습에 의한 것으로 이해할 수 있으며 생략하는 경우도 많다. 그러나 동명의 산이 다른 지역에 있을 때에는 구분을 위해 되도록 산명 끝에 山이나 岳 등으로 적는다. 특히 山은 산, 또는 야마로 읽는데 본문의 독법과 대중적인 독법을 택했다. 앞으로 본문에서 등장할 산들에 대해서 이러한 탄력적 개념으로 접근하면 좋다.

식물명
원문에 가타카나로 적혀 있는 식물명은 한자 식물명으로 바꿔서 병기했다. 우리나라에 해당 식물이 있는 경우도 있지만, 일본 고유종도 많았다. 정확히 일치하는 경우는 우리 이름으로 적었지만, 아종subsp., 변종var., 품종for. 등이 일치하지 않는 경우가 많아서, 가장 비슷한 이름을 붙이거나 망아지풀駒草처럼 역자가 임의로 번역한 것도 많다.

등산용어
일본 특유의 등산용어는 대체 용어가 없는 한 원문대로 옮겼다. 실제 일본에서 등산하는 경우에 자주 접할 수 있는 용어들이기도 하다. 주에 등장하는 알파인클럽은 영국의 알파인클럽Alpine Club을 가리키는 것이고, 1857년에 세계 최초로 결성된 클럽인 만큼 관례상 국명을 붙이지 않는다.

시가
본문에는 여러 시를 인용하고 있다. 단카短歌나 하이쿠俳句가 주류이고, 단카를 짓는 시인은 우타비토歌人, 하이쿠를 짓는 시인은 하이진俳人으로 부른다. 와카和歌의 주를 이루는 단카는 5·7·5·7·7의 운율을 지닌 5행 31음절, 하이쿠는 5·7·5음절의 운율을 지닌 3행 17음절로 구성된 정형시다. 시가의 번역은 운율보다 내용의 전달에 우선했다.

신명
특정 지역에서의 신 이름의 표기는 원문대로 표기했다. 일본 신화에서 신명은 『고사기古事記』와 『일본서기日本書紀』의 표기 방식을 주로 따르고 있는데, 이런 '기기記紀'의 표기 방식은 한자로도 무척 다양해서 단순히 가타카나로 적는 경우도 많다. 이를 가장 보편적인 한자 표기로 바꿨다.

불교와 신도
불교용어는 한일 간 공통으로 쓰는 말이 대부분이나, 특별히 개념에서 한일 간 차이가 있는 경우나 일본 고유의 용어 등에는 따로 주를 달았다. 다만 전반적으로 신불습합으로 인해 대부분 토착종교의 신을 아우르는 신불神佛의 개념이 포함되어 있다. 神社는 우리말 발음인 신사로 통일했다. 다만 예전에 신사를 부르던 말인 야시로社, 미야宮, 호코라祠 등을 구분해서 쓰고 있어서 그에 따랐다.

연도
대체로 20세기 이전의 역법은 태양태음력이 기준이며 역사적 사건의 연도, 인물의 생몰 연대나 책의 출판 연도는 문헌마다 조금씩 차이가 있었던 것을 밝혀둔다.

외래어
원문에서 저자는 독일어, 불어, 영어 단어를 섞어가며 쓰고 있다. 저자가 구제 고등학교에서 제1외국어로 독일어를 선택했던 점도 있지만, 당시에 독일식 용어의 비중이 높았고 이에 기반한 등산용어나 지리용어는 아직 한일 양국에서 통용되는 것도 많아서 살렸다. 이 경우 영어를 제외한 독일어는 (D), 불어는 (F)로 주에서 표기했다.

차례

역자 서문 — 005
오기팔도 — 014
도도부현 — 016
백명산 위치도 — 018
표제 — 020

1부 홋카이도 北海道

001 　리시리다케
　　　利尻岳 — 028

002 　라우스다케
　　　羅臼岳 — 037

003 　샤리다케
　　　斜里岳 — 044

004 　아칸다케
　　　阿寒岳 — 052

005 　다이세쓰잔
　　　大雪山 — 061

006 　도무라우시
　　　トムラウシ — 071

007 　도카치다케
　　　十勝岳 — 077

008 　포로시리다케
　　　幌尻岳 — 082

009 　시리베시야마
　　　後方羊蹄山 — 088

2부 도호쿠 東北

010 　이와키산
　　　岩木山 — 098

011 　핫코다산
　　　八甲田山 — 104

012 　하치만타이
　　　八幡平 — 110

013 　이와테산
　　　岩手山 — 117

014 　하야치네
　　　早池峰 — 126

015 　조카이산
　　　鳥海山 — 134

016 　갓산
　　　月山 — 140

017 　아사히다케
　　　朝日岳 — 147

018 　자오산
　　　藏王山 — 152

019 　이이데산
　　　飯豊山 — 158

020 　아즈마야마
　　　吾妻山 — 165

021 　아다타라야마
　　　安達太良山 — 171

| 022 | 반다이산
磐梯山 — 179 |

| 023 | 아이즈코마가타케
會津駒ヶ岳 — 187 |

3부 조신에쓰 上信越
오제 尾瀬
닛코 日光
기타칸토 北關東

| 024 | 나스다케
那須岳 — 196 |

| 025 | 우오누마코마가타케
魚沼駒ヶ岳 — 203 |

| 026 | 히라가타케
平ヶ岳 — 210 |

| 027 | 마키하타야마
卷機山 — 216 |

| 028 | 히우치다케
燧岳 — 223 |

| 029 | 시부쓰산
至佛山 — 230 |

| 030 | 다니가와나케
谷川岳 — 235 |

| 031 | 아마카자리야마
雨飾山 — 243 |

| 032 | 나에바산
苗場山 — 250 |

| 033 | 묘코산
妙高山 — 256 |

| 034 | 히우치야마
火打山 — 263 |

| 035 | 다카즈마야마
高妻山 — 269 |

| 036 | 난타이산
男體山 — 277 |

| 037 | 오쿠시라네산
奧白根山 — 283 |

| 038 | 스카이산
皇海山 — 289 |

| 039 | 호타카야마
武尊山 — 295 |

| 040 | 아카기산
赤城山 — 301 |

| 041 | 구사쓰시라네산
草津白根山 — 306 |

| 042 | 아즈마야산
四阿山 — 312 |

| 043 | 아사마야마
淺間山 — 318 |

| 044 | 쓰쿠바산
築波山 — 326 |

4부 북 알프스 北アルプス

| 045 | 시로우마다케
白馬岳 — 334 |

| 046 | 고류다케
五龍岳 — 341 |

| 047 | 가시마야리다케
鹿島槍岳 — 348 |

| 048 | 쓰루기다케
劍岳 — 354 |

| 049 | 다테야마
立山 — 361 |

| 050 | 야쿠시다케
藥師岳 — 369 |

051	구로베고로다케 黑部五郞岳 — 375
052	구로다케 黑岳 — 382
053	와시바다케 鷲羽岳 — 387
054	야리가타케 槍ヶ岳 — 393
055	호타카다케 穗高岳 — 401
056	조넨다케 常念岳 — 409
057	가사가타케 笠ヶ岳 — 415
058	야케다케 燒岳 — 421
059	노리쿠라다케 乘鞍岳 — 427
060	온타케 御嶽 — 433

5부 **우쓰쿠시가하라**美ヶ原 **야쓰가다케**八ヶ岳 **지치부**秩父 **다마**多摩 **미나미칸토**南關東

061	우쓰쿠시가하라 美ヶ原 — 442
062	기리가미네 霧ヶ峰 — 448
063	다테시나야마 蓼科山 — 454

064	야쓰가타케 八ヶ岳 — 460
065	료가미산 兩神山 — 466
066	구모토리야마 雲取山 — 472
067	고부시다케 甲武信岳 — 478
068	긴푸산 金峰山 — 484
069	미즈가키야마 瑞牆山 — 489
070	다이보사쓰다케 大菩薩岳 — 495
071	단자와산 丹澤山 — 502
072	후지산 富士山 — 508
073	아마기산 天城山 — 514

6부 **중앙 알프스**中央アルプス **남 알프스**南アルプス

074	기소코마가타케 木曾駒ヶ岳 — 522
075	우쓰기다케 空木岳 — 528
076	에나산 惠那山 — 534
077	가이코마가타케 甲斐駒ヶ岳 — 540

078	센조다케 仙丈岳 — 546
079	호오잔 鳳凰山 — 551
080	기타다케 北岳 — 558
081	아이노다케 間ノ岳 — 564
082	시오미다케 鹽見岳 — 569
083	와루사와다케 惡澤岳 — 575
084	아카이시다케 赤石岳 — 581
085	히지리다케 聖岳 — 587
086	데카리다케 光岳 — 593

7부 **호쿠리쿠**北陸 **긴키**近畿 **주고쿠**中國 **시코쿠**四國

087	하쿠산 白山 — 600
088	아라시마다케 荒島岳 — 605
089	이부키야마 伊吹山 — 611
090	오다이가하라야마 大臺ヶ原山 — 618
091	오미네산 大峰山 — 626
092	다이센 大山 — 633
093	쓰루기산 劍山 — 640
094	이시즈치산 石鎚山 — 647

8부 **규슈**九州

095	구주산 九重山 — 656
096	소보산 祖母山 — 662
097	아소산 阿蘇山 — 669
098	기리시마야마 霧島山 — 676
099	가이몬다케 開聞岳 — 682
100	미야노우라다케 宮ノ浦岳 — 688

후기 — 695
해설 — 701
역자 후기 — 707
후카다 규야 연보 — 720
참고문헌 — 723
사진 차례 — 733
신구 자체字體 대조 — 745
찾아보기 — 747
산 이름 찾아보기 — 755

1부
홋카이도
北海道

001

리시리다케
利尻岳

표고 **1721미터(남봉)**
소재 **홋카이도** 北海道
지도 **리시리잔** 利尻山

    레분禮文섬에서 해질 무렵 바라보았던 리시리다케利尻岳의 아름답고 강렬한 모습을, 나는 잊을 수 없다. 산은 바다를 가르고 서 있었다. 리시리후지利尻富士[1]라고 부르지만, 가지런한 형태라기보다 오히려 날카로운 바위가 우뚝 솟은 모습으로 서 있었다.[2] 바위는 석양에 황금빛으로 물들고 있었다.

    섬 전체가 하나의 산을 이루는 데다 높이가 1700미터나 될 만한 산은 일본에서 리시리다케밖에 없다. 규슈九州[3] 남해에 있는 야쿠시마屋久島 또한 섬 전체가 산이고 2000미터에 가까운 표고를 지니고 있지만, 그것을 야에다케八重岳[4]라고 부르듯이, 여러 봉우리가 무리 지어 서 있는 것이라서, 리시리다케처럼 섬 전체가 하나의 정점으로 팽팽하게 당겨져 하늘로 향해 있지는 않다. 이런 멋진 바다 위의 산은 리시리다케뿐이다.

    나는 이 훌륭한 산이 산악서의 고전인 시가 시게타카[5]의 『일본풍경론日本風景論』에도, 다카토 쇼쿠[6]의 『일본산악지日本山嶽志』에도 나와 있지 않은 것이 매우 유감이지만, 이 산이 그만큼 세상에 늦게 알려졌기 때

미카즈키누마 인접 오타토마리누마에서 바라본 리시리다케

문일 수도 있다.

내가 처음으로 접했던 리시리다케 기행은 『산악山岳』[7] 제1년 제2호 (1906)에 실렸던 마키노 도미타로[8]의 글이다. 메이지明治(1868~1912) 36년 (1903) 8월의 일로, 이 식물학자 일행은 오시도마리鴛泊에서 올랐다. 대부분 길 같지도 않은 길을 더듬어 갔고 산속에서 이틀을 머물고 있었다. 정상에는 자그마한 목조 호코라祠[9]가 있었다고 하니 토박이들은 이미 올라

로소쿠이와

다니곤 했을 것이다. 그 기행문에서 가타카나片假名 식물명이 많이 나오고 있는 대로, 북일본에서 가장 종류가 풍부하고, 리시리リシリ라는 글자가 앞에 붙은 식물만 해도 열여덟 종에 이른다고 한다.

　　리시리는 분화로 만들어진 둥근 섬이고, 한가운데 우뚝 솟은 리시리다케가 바닷가까지 두루 산자락을 드리우고 있다. 따라서 사람이 살고 있는 곳은 바닷가뿐이라 섬을 일주하는 버스가 정촌町村을 잇고 있다.[10] 큰 마을로는 구쓰가타沓形, 오시도마리, 오니와키鬼脇, 센보시仙法志[11] 등 네 곳이며, 어디에서도 리시리다케가 잘 보이는 것은 물론이다. 대체로 후지형富士型[12] 산이지만 올려다보는 방면에 따라 조금씩 모습이 바뀐다. 오니와키와 센보시 중간에 미카즈키누마三日月沼[13] 언저리에서 보았던 모습이 가장 첨예해서, 그것은 마치 하늘을 찌를 듯이 날카로운 삼각추였다.

　　홋카이도 본도와 차단되었던 바다 위의 산인만큼 이곳에는 뱀이며 살모사가 없다고 한다.[14] 홋카이도의 산이면 으레 붙어사는 곰도 없다. 일찍이 바다 건너편 데시오天鹽에서 산불이 났을 때[15] 난리를 피해 이 섬까

조칸잔長官山에서 바라본 리시리다케 정상부

리시리섬과 리시리산. 좌하단에 일직선으로 보이는 것이 공항 활주로

지 헤엄쳐 건너왔던 곰이 한때 자리 잡고 살았지만, 어느 샌가 보이지 않게 되었다고 한다. 아마 다시 옛 보금자리로 헤엄쳐 돌아갔을 것이다.¹⁶

　오시도마리, 오니와키, 구쓰가타에서 각각 정상으로 등산로가 나 있다. 가장 오래된 것은 마키노 도미타로 일행이 올랐던 오시도마리 길인데, 행정行程은 길지만 편해서 지금도 가장 많이 이용하고 있다. 반대쪽인 오니와키 길은 거리가 짧고 변화가 풍부하지만, 정상 가까이에서 좁은 바위등성이를 더듬는 위험을 무릅써야 한다.¹⁷

　우리는 구쓰가타에서 올랐다. 이 길은 최근에 났지만 도정이 길다. 조금 완만한 기울기로 길게 뻗어 있는 스소노裾野¹⁸를 올라서 삼림대를 벗어나니 전망이 좋아진다. 눈 아래 해안으로 밀려오는 하얀 파도가 레이스로 선縇을 두른 듯 선명히 보이고, 그 앞으로 가늘고 긴 레분섬이 떠 있다.

이미 그 주변은 눈잣나무匍松가 가득 깔린 고산대라서, 풀산딸나무御前橘의 빨간 열매가 길섶을 수놓고 있었다.¹⁹

폭풍이 한차례 지나가서 공기는 깔끔해졌지만, 바람은 끊임없이 세차게 웅웅 울고 있다. 아래쪽은 산뜻하게 개어 있는데도 정상에 걸린 구름이 좀처럼 걷히지 않는다. 해양의 기류가 정상에 부딪혀 끊임없이 솟아나는 구름인지라 체념하는 수밖에 없다.

출발점이 해발 0미터라서, 1700미터가 넘는 안개 낀 정상까지 느긋하게 오르다 보니 여덟 시간이나 걸렸다. 가만히 서 있을 수 없을 정도로 바람이 거셌지만, 그 강풍이 순간 안개를 내쫓아 눈앞으로 멋진 풍경을 보여주었다. 그것은 로소쿠이와蠟燭岩라고 부르는 커다란 바위기둥인데, 대지大地에서 돋아난 엄니처럼 박혀 있었다. 그것이 흐르는 안개 사이로 어른거려서 더욱 굉장해 보였다.

돌아오는 길은 오니와키로 내려갈 예정이었지만, 이런 강풍 속에서 좁은 바위능선은 위험하다고 해서 오시도마리로 길을 잡기로 했다. 이 내리막길은 수월했지만 정말 길었다. 오시도마리 마을에 들어섰을 때는 이미 어두워져 있었다.

다음 날 오후, 우리는 리시리利尻섬을 떠났다. 맑게 갠 가을날이었다. 왓카나이稚內로 향한 배가 섬에서 멀어질수록, 섬은 어느새 하나의 육지가 아니라 하나의 산이 되었다. 바다 위로 커다랗게 떠 있는 산이었다. 좌우로 쭉쭉 뻗은 능선을 드리운 아름다운 산이었다. 리시리섬은 그대로 리시리산이었다. 그 산도 점점 멀어지더니 왓카나이의 뭍으로 다가갔다. 이윽고 산도 사라지고, 그 산의 생김새로 흰 구름이 해면 한 곳에서 솟아오르고 있는 것이 리시리다케의 마지막 잔상이었다.

주

1 ○○후지富士: 이런 식으로 부르는 것을 향토 후지鄕土富士, 또는 고향 후지ふるさと 富士라고 한다. 대부분 산의 생김새가 후지산과 비슷하거나, 그 지방을 대표하는 산, 또는 역사적으로 후지산과 어떤 관계가 있으면 '후지'를 붙인다. '일본백명산' 중에도 '○○후지'라는 별명이 있는 산이 많다.

2 후지형 산은 대체로 가지런한 원추형에 정상에 분화구가 있는 것을 가리키지만, 리시리잔은 전체적으로 첨예해 보이며 정상에 분화구도 없다.

3 지쿠젠築前·지쿠고築後·부젠豊前·분고豊後·히젠肥前·히고肥後·휴가日向·사쓰마薩摩·오스미大隅 등 아홉 개 구니國로 나눈 것에서 유래했다. 규슈 지방은 통칭으로 사이카이도西海道로도 부르며 다른 이름으로 진제이鎭西가 있다.

4 일본에서 8이란 막연히 많은 것도 뜻한다. 본서의 마지막 편이 야쿠시마에 있는 야에다케의 최고봉 미야노우라다케를 다루고 있어서, 작은 섬으로 시작해서 작은 섬으로 끝나는 수미상관을 보여준다.

5 시가 시게타카志賀重昻(1863~1927): 일본산악회의 두 번째 명예회원, 지리학자, 정치인. 1885년에 영국이 거문도를 점령하자 해군병학교海軍兵學校 훈련함에 편승해 점령 상황을 염탐했고, 남태평양 제도 일대를 둘러본 뒤에 열강의 식민지 경쟁 상황을 보고한 『남양시사南洋時事(1887)』를 출간했다. 국수적 시각을 반영한 『일본풍경론(1894)』은 일본 등산사의 통설로 월터 웨스턴의 『일본 알프스 등산과 탐험(1896)』과 더불어 등산 붐을 일으켰고 '일본산악회'의 설립을 촉발한 책으로 알려져 있다. 미야시타 게이조宮下啓三(1936~2012)는 존 러스킨 John Ruskin(1819~1900)의 『근대 화가론 Modern Painters(1856)』을, 아라야마 마사히코荒山正彦(1962~)는 존 러벅 John Lubbock(1834~1913)의 『자연의 미 The beauties of nature(1892)』를 모델로 삼았다고 지적한다. 또한 책의 중간에 부록으로 수록된 등산기술을 소개하는 부분은 프랜시스 골턴 Francis Galton(1822~1911)의 『여행술 The art of travel(1855)』을 표절했다. 지리서라기보다 문학서에서 받을 수 있는 이 책의 서경敍景은, 이후 시마자키 도손과 고지마 우스이 등에게도 영향을 끼쳐, 일본 근대문학에서 자연 묘사의 한 원류가 되었다.

6 다카토 쇼쿠高頭式(1877~1958): 일본산악회 발기인, 제2대 회장, 명예회원. 다카토 니헤에高頭仁兵衛로 더 잘 알려져 있다. 유년시절에 병약했지만 은사 오다이라 아키라大平晟(1865~1943)를 만나 등산에 눈을 뜬다. 니가타의 대지주로서 일본산악회가 발족할 당시에도 막대한 재정 지원자였고 회원 1000명분의 회비에 상당하는 돈을 18년간 기부했다. 『일본산악지(1906)』는 1300페이지가 넘는 일본 최초의 등산백과사전이다. 그의 어머니가 등산을 금지하자 그 불만을 달래려고 편찬을 시작했고 집필을 위한 자료는 3만 책이 넘었다고 한다. 여러 명사가 쓴 서문 중에서 인상적인 것으로는 지리학자 오가와 다쿠지小川琢治(1870~1941)가 1900년 파리 만국박람회의 출품 심사관으로 참가했을 때 알프스 일대를 둘러보고 파리로 돌아가는 도중에 마주친 독일 알파인클럽 회원에 대한 묘사가 있다. 내용은 색인,

등산술, 산악제설, 일본지질구조개론, 본편(산악각기山嶽各記), 산악분화연표, 산악표 등 7편으로 구성되어 있다.

7 　1905년 설립된 일본산악회의 기관지로서 1906년 3월에 창간호를, 1925년 9월『산악』제19년 제2호는 제호를『조선 금강산』으로 특집을 발행했다. 태평양전쟁기의 몇 년을 제외하고 현재 간단없이 발행되고 있다.

8 　마키노 도미타로牧野富太郎(1862~1957): 일본산악회 회원. 소학교 중퇴의 학력으로 도쿄제국대학 강사를 지내고 이학박사 학위를 받았다. 일본의 식물에 학명을 붙인 최초의 인물이어서 일본 식물학의 아버지로 불린다. 기행은 「리시리잔과 그 식물利尻山と其植物」이라는 제목으로 실렸다. 이 식물조사보다 몇 년 앞서 식물학자 가와카미 다키야川上瀧彌(1871~1915)가 수십 일 동안 리시리잔에 머물며 수행했던 식물조사의 결과를 1887년부터 도쿄식물학회에서 발행한 학회지『식물학잡지』제158호와 제159호(1900)에 발표한 것을 마키노가 보았고, 같은 일본산악회 회원이자 시코쿠 이요伊予의 번주인 가토 야스아키加藤泰秋(1846~1926) 자작子爵이 후원해서 이루어졌다. 8대 쇼군 도쿠가와 요시무네德川吉宗(1684~1751) 이후 성장한 본초학이 다이묘大名들의 고급 취미로 발전해 있었고, 이를 반영하듯 가토는 고산식물에 관심이 많았으며 당시 홋카이도에 개간지를 가지고 있었다. 가토는 홋카이도에 있었고, 마키노는 도쿄에서 출발해 홋카이도부터 동행했다.

9 　대개 산정 등에 모신 소규모의 신사 건물. 남봉에 있다.

10 　일본의 행정구역인 시정촌市町村은 우리나라의 시읍면과 비슷하다. 정町은 조례에 따라 일정 인구 이상의 마을을, 촌村은 그 이하를 말한다. 리시리섬은 숙종 때인 1696년에 이지항李志恒이 동래(부산)에서 표류해 와서『표주록漂舟錄』이라는 표류기를 남기고 있으며, 18세기 후반에는 막부군과 러시아의 충돌이 있었다. 19세기 후반에 메이지 정부가 들어서자 에도 시대부터 아이누와의 교역에 독점권을 가졌던 마쓰마에번松前藩의 특권을 폐지했고, 이를 기회로 청어잡이를 위해 몰려온 일본의 어부들이 마을을 형성하고 정착하기 시작했다. 따라서 호코라가 세워진 것은 당시 시준으로 보면 그리 오래된 일이 아니다.

11 　원문에는 센보시로 적혀 있으나 센포시, 센호시 등으로도 읽는다. 이하 지명의 표기와 독음은 원문을 우선으로 했다.

12 　후지산처럼 윗부분이 좁고 평평하며 끝이 벌어진 형태의 산을 말한다. 반면 끝이 뾰족한 산은 야리가타케에서 가져와 야리형檜型으로 부른다.

13 　원서 지도에 오타도마리누마オタドマリ沼(오늘날 오타토마리누마オタトマリ沼로 표기)로 표기된 바로 옆에 있는 초승달三日月 모양의 작은 늪이지만 접근로가 없다. 대신 오타토마리누마의 전망대에서 리시리다케를 바라볼 수 있다.

14 　리시리에는 홋카이도에서 흔한 사슴이며 여우도 없다. 후술하겠지만 여우가 없어서 물을 그냥 마셔도 된다.

15 　왓카나이의 소방사消防史를 보면 1912년의 화재를 말한다.

16 　1912년에 상륙했던 곰은 결국 주민에게 잡혀 죽은 것으로 기록되었다. 2018년 5월에 리시리에 공식적으로 불곰이 106년 만에 상륙했다고 한다. 혼슈 등지에서는 대

	개 곰을 구마熊라고 부르지만, 홋카이도에는 불곰이 많아 불곰을 가리키는 히구마羆라고 부른다.
17	오니와키 길의 나나고메七五目 위로는 통행금지다. 저자가 올랐던 구쓰가타 코스도 험한 편이다.
18	산기슭에 화산분출물이 퇴적되어 생긴 완사면의 긴 들판.
19	1960년 9월의 일이다. 이 문장의 '그 주변'이란 레분다케禮文岳를 가리키는 것이고, 레분다케의 풍경에 대한 묘사다. 저자의 다른 수필에서 본문과 동일한 문장으로 "……며칠 전에 올랐던 레분다케가 반갑다. 이미 그 주변은 눈잣나무가……"라고 적었는데, '며칠 전에 올랐던 레분다케가 반갑다'가 빠져서 조금 건너뛰는 묘사가 되어 버렸다. 일본 최북단의 유인도인 레분섬은 해발 200미터를 기준으로, 리시리섬은 해발 1000미터를 기준으로 아고산대와 고산대로 나뉜다.

002 | 라우스다케
羅臼岳

표고 1661미터
소재 홋카이도北海道

    지시마千島를 잃어버린 오늘날,[1] 일본의 동북단은 시레토코知床다. 오호츠크해를 향해 길게 내민 이 반도는 황량한 벽지를 그리워하는 사람들에게 아직 꿈을 남겨두고 있다.[2] 그 시레토코의 대표로서 라우스다케羅臼岳를 꼽는 것은 결코 부당하지 않으리라.

    시레토코 반도라는 것은 가늘고 길게 산맥이 돌출해 있는 것이고 대부분 평지가 아니다. 바닷가까지 산이 다가와 있다. 그 산맥의 주요 봉우리들을 반도가 시작되는 쪽부터 열거하면, 우나베쓰다케海別岳, 온네베쓰다케遠音別岳, 라우스다케, 이오잔硫黃山[3], 시레토코다케知床岳 등이 있고 라우스다케가 가장 높다.[4] 전체가 화산대이지만 대부분 사화산이어서, 현재 활동 중인 것은 이오잔뿐이다.[5]

    시레토코의 산들이 등산의 대상이 되기 시작했던 것은 그리 오래된 일이 아니다. 홋카이도 전역에서도 이 벽원한 산이 가장 마지막까지 남겨졌다. 처음에 산을 좋아하는 홋카이도대학[6] 학생들이 올랐는데, 그것이 대부분 적설기였던 것은 여름보다 겨울이 걷기 좋았기 때문이었을 것

이와오베쓰 앞바다에서 바라본 라우스다케와 미쓰미네

이다. 왜냐하면 이 산맥이 엄청난 눈잣나무로 덮여 있기 때문이다.[7] 우나베쓰다케며 라우스다케 이외의 산으로 가려고 한다면 눈잣나무와의 악전고투를 각오해야 한다.

　　라우스다케를 시레토코후지知床富士라고도 부르는 것은 라우스무라羅臼村에서 바로 눈앞으로 잘생긴 둥근 봉우리가 솟아 있는 것이 눈에 들어오기 때문일 것이다.[8] 마을이 해변에 있고, 그로부터 직선거리로 8킬로

라우스다이라와 미쓰미네

미터여서, 에누리 없이 1661미터 높이의 라우스다케를 우러러보는 것이기에, 산은 틀림없이 크고 훌륭할 것이다. **것이다**라고 한 이유는 내가 라우스다케를 오르려고 마을의 숙소에서 나흘 밤이나 날씨를 기다리며 보냈지만, 끝끝내 산을 올려다보지 못했기 때문이다. 그저 사진으로만 살폈을 뿐이다.

  라우스무라는 시레토코 반도에서 유일한 번화가[9]이고 한 줄기 큰 길가에는 영화관, 미용실, 바bar까지 있었다. 바는 고기잡이철에 모여드는 계절노동자를 위한 것 같다. 마을 어귀에 항구가 있는데 까마귀가 대놓고 떼를 지어 있었다. 바로 앞바다에 지금은 소련 땅이 된 구나시리國後섬이 커다랗게 가로놓여 있다.

  라우스는 아이누어로 '사슴, 곰 따위를 잡으면 반드시 이곳에 묻었기에, 그 내장이며 뼈가 있었던 장소'라는 뜻이라고 하며, 라ㅎ는 '동물의

내장', 우시ウシ는 '많이 있는 곳'을 의미한다고 한다. 라우시ラウシ라고 부르는 것이 맞으며, 옛날 지도에는 라우시良牛라고 적혀 있다.

마을에는 조타이지誠諦寺라는 절이 있으며, 주지인 니시이 조타이西井誠諦 스님이 라우스다케의 개발에 힘쓰고 계신다. 마을부터 난 등산로도 니시이 씨 등의 헌신으로 쇼와昭和(1926~1989) 29년(1954)에 열렸다.

그때까지 라우스다케를 마음먹은 사람은 반도 북안의 우토로宇登呂에서 이와오베쓰岩尾別를 거쳐 올랐다. 이와오베쓰에서 이와우베쓰가와イワウベツ川10를 거슬러 올라가면 온천이 있어서, 그곳이 등산하기 좋은 형편이었다.11 거리 면에서도 이와오베쓰 쪽이 정상에 가까워서 그쪽 등산로가 먼저 열렸을 것이다.

나는 라우스에서 올랐다. 마을에서 라우스가와羅臼川를 따라 한 시간 정도 가니 라우스 온천이 나온다. 마을에서 운영하는 숙소를 만들어놓았지만 식량과 침구 같은 설비는 없었다. 거기서부터 산에 매달린다. 침엽수림 산줄기의 중턱을 우회해서 한 차례 유황으로 노랗게 된 골짜기로 내려선 다음, 뵤부이와屛風岩라고 부르는 긴 대암벽의 자락을 따라 된비탈을 오르면 라우스다이라ラウス平12라는 커다란 비탈로 나온다.

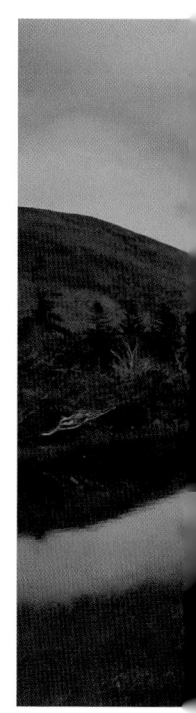

라우스다이라는 온통 눈잣나무가 깔려 있어서 그 넉넉한 펼쳐짐이 유유하고 아름답다. 철이 되면 꽃밭이 된다.13 높게더기平 맞은편에는 미쓰미네三ッ峰가 서 있다. 미쓰미네에서 다시 북쪽으로 가면 사시루이サシルイ와 옷카바케オッカバケ를 거쳐 활화산인 이오잔까지 근년에 길이 열렸다.14 이오잔의 외륜外輪15을 이루는 암벽은 장절한 풍경이라고 한다.

라우스다케 정상에 섰지만 안개에 휩싸여 아무것도 보이지 않았다. 그저 오호츠크 쪽에서 감아 올라오는 무시무시한 바람 소리만 들릴 뿐이었다.

그래서 라우스산악회에서 쓴 기사에 기대어 그 전망을 헤아려보려고 한다. 일단 동쪽을 내다보면, 발밑으로 구나시리섬이 떠 있고, 그 건너편으로 태평양이 펼쳐져 있으며, 멀리 지시마 열도가 보인다. 남쪽으로

라웃스 호수에서 바라본 모습

향하면, 지니시베쓰가와知西別川 상류의 분수령 근처에 둘레가 5킬로미터에 달하는 이름 없는 호수[16](라웃스 호수羅臼湖라고 부르는 사람도 있다)가 있고, 그 둘레에 크고 작은 일곱 개의 늪이 점점이 있다. 이 무명 호수는 얼룩조릿대熊笹와 눈잣나무의 장다름gendarme[17]이 가로막고 있어서, 지금까지 그곳에 다다른 사람이 극히 적었다고 한다.[18] 서쪽을 바라보면, 우토로항이 눈 아래에 있고, 그 앞으로는 호호망망한 오호츠크해다. 북쪽은 이미 말한 대로 미쓰미네부터 이오잔을 향해 척량산맥이 뻗어 있다.

땅 끝의 산으로서, 북방적인 풍모를 머금은 산으로서, 라웃스다케는 나의 기억에 깊이 남아 있다. 근년에 라웃스 온천에 훌륭한 료칸旅館이 들어서서 등산하는 사람들도 급격히 늘어나고 있는 모양이다.

주

1. 아이누 땅이었던 지시마千島(쿠릴 열도)는 러시아와 일본이 지속적으로 침략했다. 1855년 당시 러일 조약으로 일본이 남 쿠릴 열도의 4개 섬을 점령하기 시작했고, 다시 1875년의 조약으로 1945년까지 일본이 전도를 점령했다. 패전 후 다시 러시아에게 전도를 내어준 현재, 러일 간 북방영토 문제로 되어 있다. 일본 측에서는 1855년의 영토였던 남 쿠릴 열도의 4개 섬인 에토로후擇捉·구나시리國後·하보마이齒舞·시코탄色丹을 고유영토라고 주장한다.
2. 홋카이도는 당시 젊은 하이커들의 피서지로 동경의 땅이었다. 1970년대에 가토 도키코加藤登紀子(1943~)가 부른 「시레토코 여정知床旅情」이라는 곡이 크게 히트하면서 키슬링 배낭을 등에 진 가니족蟹族 젊은이들이 시레토코로 몰려들었다. 가니족이란 등산 붐이 일었던 1950년대 중반부터 1960년대에 대중적인 대형 배낭이던 키슬링 배낭의 특성상 좌우가 넓어서, 역의 개찰구를 지날 때 게걸음으로 걸어야 했기 때문에 그런 별명이 붙었다. 시레토코는 비교적 늦은 1964년에야 국립공원으로 지정되었지만, 그 원시성은 일본에서 손꼽힌다.
3. 일본 전역에는 많은 이오잔이 있다. 단순히 유황산이라고 하면 인근의 데시카가초弟子屈町에도 유황산이라고 부르는 아토사누푸리アトサヌプリ가 있어서, 이와 구별하기 위해 시레토코이오잔知床硫黃山이라고 한다.
4. 이 산들을 시레토코 연산知床連山이라고 부르며, 샤리초斜里町와 라우스초羅臼町의 자연경계가 된다. 이 연봉의 영향으로 라우스는 흐린 날씨가, 샤리는 맑은 날씨가 많다.
5. 활화산: 이후 지질조사의 결과 시레토코 반도에서 라우스다케는 1996년에, 라우스 호수 근처에 있는 덴초잔天頂山은 2011년에 활화산으로 지정되었다.
6. 과거 제국대학의 하나였던 홋카이도대학은 대개 줄여서 호쿠다이北大로 부른다. 원문에서도 모두 호쿠다이로 적고 있다. 라우스다케의 등산기록은 호쿠다이 산악부 연표에 남아 있는데, 라우스다케 일대를 오르고 개척한 기노시타 야사키치木下彌三吉(1900~1960)가 샤리 쪽에서 라우스다케를 오른 것이 1916년 여름으로 기록되어 있다.
7. 눈잣나무는 누운잣나무가 줄어든 말이듯이 관목류 중에서도 낮게 자라는 데다 밀생한다. 등산로가 없다면 발이 걸리기 쉬워서 적설기 이외에는 매우 지나기 힘들다.
8. 라우스의 항구를 끼고 있는 곳이 과거의 라우스무라였고, 저자는 1949년과 1959년에 이곳을 찾았다. 현재 몇 개의 마을町이 있고 그중 하나가 후지미초富士見町다. 후지미는 일본 여러 곳에 지명으로 있는데, 고향 후지나 후지산이 보이는 곳이란 뜻이다.
9. 오늘날의 라우스는 과거에 비해 쇠퇴했으며, 상대적으로 접근성과 날씨가 좋은 샤리 쪽이 관광지로 번영해 있다.
10. 한자 지명 시레토코知床가 아이누어로 '땅끝'을 뜻하는 시리에토쿠シリエトク에서 왔듯이, 이와오베쓰岩尾別도 '유황이 흐르는 강'이라는 뜻의 아이누어 이와우베쓰

11	イワウベツ에서 왔다. 홋카이도 도청의 공식 자료에 따르면, 홋카이도 시정촌의 지명은 약 80퍼센트 정도가 아이누어에서 유래했으며 한자로 음차한 것이 대부분이다. 샤리초 쪽을 말하며 이와오베쓰 온천岩尾別溫泉 등산 들머리를 말한다. 1963년에 개업한 '땅끝'이라는 뜻의 숙박시설 지노하테地の涯가 있으며, 그 옆으로 기노시타 야사키치의 이름에서 따온 기노시타고야木下小屋가 태평양전쟁 전부터 있다.
12	다이라平: 높게더기. 고원의 평평한 땅.
13	꽃밭은 오하나바타케お花畑로 적으며 고산에서 가리키는 꽃밭이란 꽃뿐만 아니라 고산식물이 군생하는 곳을 말한다.
14	시레토코 연산종주 코스다. 대개 이와오베쓰 온천 등산 들머리로 올라가서 이오잔을 끝으로 가무이왓카유노타키カムイワッカ湯の瀧로 내려온다.
15	화산의 외륜산.
16	육수陸水의 분류: 일본에서는 육수를 관습적으로 담수湛水 규모로 호수湖 · 늪沼 · 못池 등의 순으로 구분한다. 다만 일본의 육수학limnology에서의 분류법은 다음과 같다. 호는 수심 5미터 이상으로 수생식물이 얕은 곳에만 있는 수역, 소는 수심 3미터 이하로 수생식물이 바닥 전체에 있는 수역, 지는 수심 3미터 이하로 수생식물이 거의 없는 수역, 택澤은 수심 1미터 전후로 수생식물이 자라고 있는 수역으로 주로 습지를 가리킨다. 다만 실생활이나 지명 등에서의 택澤(사와)은 골짜기의 비교적 작은 계곡, 또는 시내를 가리키며, 물이 흐르는 경우와 말라 있는 경우 모두 포함한다.
17	(F) 근위병을 뜻하는 말에서 왔으며, 능선을 따라 주봉 앞으로 독립적으로 서 있는 전위봉前衛峰을 가리킨다.
18	공식적으로 라우스 호수로 표기한다. 이곳으로 접근하려면 우토로와 라우스를 잇는 도로의 고개 근처까지 가면 되는데, 저자가 두 번째 갔을 당시만 해도 이 도로는 건설 중이었고 난공사여서 개통 전망이 어둡다고 했다. 오늘날은 도로는 물론이고 보도가 설치되어 있어서 둘러보기 쉽다. 다섯 곳의 늪은 번호를 붙여 부르고 있으나 실제로는 더 많이 있다.

003

샤리다케
斜里岳

표고 1547미터
소재 홋카이도北海道

　샤리다케斜里岳는 내가 진작부터 그 모습을 사진으로 보고 그리워하던 산 중의 하나였는데, 비로소 그 실경을 접한 것은 쇼와 34년(1959) 8월 하순이었다. 구시로釧路에서 아바시리網走로 향하는 기차를 타고, 구시로와 기타미北見의 국경[1]을 넘어, 샤리斜里의 황야로 내려가는 도중에 차창 오른쪽으로 커다랗게 나타났던 것이 샤리다케였다.[2] 그날은 아침부터 흐리고 이따금 지짐거리던 날씨였지만, 샤리다케를 가장 아름답게 바라볼 수 있는 곳까지 갔을 때 하늘이 우리를 위해 선뜻 벗개어서, 푸른 하늘을 배경으로 좌우로 누긋하게 능선을 드리운 그리던 산의 전용全容을 보여주었다.

　하지만 하늘이 우리 편이 되어준 것은 그때뿐이었다. 그 뒤에 마슈 호수摩周湖의 서안을 버스로 달렸을 때 내가 기대한 것은 소문으로 듣던 호수의 신비로운 색깔이 아니라, 호수 너머로 떡하니 기다리고 있어야 할 샤리다케였는데, 온통 안개에 포위되어 호수도, 산도 그저 흰색 일색으로 감춰져 있었다. 그로부터 며칠 뒤, 이번에는 네무로시베쓰根室標津에서 샤

마슈 호수 너머로 보이는 샤리다케

리초斜里町로 빠지는 원시적인 도로를 승객을 듬성하게 태운 버스로 지났다. 이 길은 샤리다케의 동쪽 기슭을 따라가고 있어서, 나는 거기에서 올려다보는 산용을 기대하고 있었지만, 역시 흐린 날씨라 한순간 완만하게 뻗은 능선 일부를 살짝 엿보았던 것으로 끝이었다.

북쪽인 샤리초에서의 전망도 얻지 못했다. 나는 하릴없이 5만 분의 1 지도를 펼쳐놓고, 샤리다케가 북쪽을 향해 공작의 꼬리처럼 펼쳐져 있는, 넓고 가지런한 눈금의 등고선을 보면서 이 산자락의 크기를 상상할 따름이었다.

지도에서도 살펴볼 수 있듯이 샤리다케는 커다랗게 산줄기를 펼친 산이다. 원주민인 아이누가 소박하게 온네푸리オンネプリ(큰 산이란 뜻)라 부르며 신처럼 존숭했다고 전해지는 것도 이해가 간다. 아이누 말로 온네オンネ는 '대大'라는 뜻이고, 누푸리ヌプリ는 '산山'이란 뜻이니, 그것이 줄어들어서 온네푸리가 되었던 것일까.

홋카이도의 산이 대개 그러하듯이 샤리다케도 등산의 역사가 길지 않다. 이 아름다운 피라미드[3]의 산에 토박이들조차 오르려는 사람이 없었는데, 쇼와 2년(1927) 5월에 서북쪽 기슭의 미쓰이三井 농장에서부터 스키로 올랐던 것이 최초다. 그때는 정상 가까이까지 가서 돌아섰지만, 이듬해 3월, 이번에는 동북쪽 기슭의 고시카와 에키테이越川驛遞[4]에서부터 스키 등산[5]을 시도했던 파티party[6]가 마침내 정상에 닿았다. 그리고 같은 해에 처음으로 하계등산이 이루어졌다.

그 뒤로 센모센釧網線의 기요사토초淸里町역에서 시작하는 등산로가 열리고, 정상에는 야시로社가 모셔져 많은 토박이가 오를 수 있게 되었다. 기요사토초의 역 앞에는 큼직한 등산안내도 게시판이 세워져 있는데, 등산로를 따라 바위며 폭포의 명소 이름이 적혀 있다.

일본 사람은 존숭하는 산의 정상에 야시로를 두지 않으면 성에 차지 않는지, 샤리다케에 야시로가 마련된 것이 쇼와 10년(1935)이고, 오야마쓰미노오카미大山津見大神[7]와 아메노미쿠마리노오카미天之水分大神[8] 두 신을 모셨다. 쇼와 16년(1941) 일식 때 이 산에서 우주선宇宙線 관측을 하셨던 니시나 요시오[9] 박사는 자작나무白樺로 도리이鳥居[10]를 만들어 신사에 바쳤다고 한다. 쇼와 34년(1959)에 신메이즈쿠리神明造[11] 양식의 야시로가 재건되었다. 하기야 야시로라고는 해도 높이 1미터 정도의 자그마한 것이었다. 어찌 되었든 샤리다케가 이 지방의 명산으로 받들어지고 있는 것은 사실이다. 나는 차라리 온네푸리라는 아름다운 산 이름을 되돌려주었

기요사토초에서 바라본 모습

세이가쿠소

신도新道 코스에서 바라본 샤리다케의 능선

으면 한다.

    샤리다케에 오르려고 하코다테函館에서 구시로까지 직행12했던 우리 세 사람(나와 아내, 소학교 6학년인 차남)은 이튿날 구시로산악회의 사토佐藤 군과 요코하마橫濱 군에게 이끌려 센모센을 탔다. 구시로에서 알게 된 와세다早稻田 대학의 가부라기鏑木 군도 동행했다. 일행 여섯 명이 기요사토 초역에 내렸던 오후에 하늘이 산뜻하게 개어서, 우리가 오르려는 산이 아름다운 모습으로 눈앞에 서 있었던 것은 이 글 첫머리에서 적었다. 아무리 보아도 지루하지 않은 샤리다케에서 왼쪽으로 눈길을 주니, 꼭대기가 평평한 우나베쓰다케가, 더 왼쪽으로는 멀리 시레토코의 라우스다케가 보였다.

그날은 고고메五合目¹³ 언저리(약 600미터)에 있는 세이가쿠소淸岳莊¹⁴에서 묵었다. 지지난해(1957) 영림서營林署¹⁵에서 세운 야마고야山小屋¹⁶다. 구시로산악회의 두 사람은 어깨를 넘길 정도의 큰 륙색을 등에 지고 있었는데, 그 속에는 우리 가족을 위한 식량이며 기호품 외에, 침낭이며 맥주까지 준비되어 있었다.

이튿날은 구도舊道를 올랐다. 이 길은 체사쿠에톤비가와チェサクエトンビ川(물고기가 없는 강이라는 뜻이라고 한다) 상류의 골짜기 길을 좌우로 넘나들면서 나 있다. 도중에 여러 폭포가 있는데, 특히 아름다운 칠중폭포七重ノ瀧는 흘러내리는 물떠러지의 가장자리를 톺으며 갔다.¹⁷

정상에 섰지만 우리를 맞이한 것은 짙은 안개밖에 없었다. 꼭대기에서 조금 내려선 곳에 있는 변변치 않은 오두막에서 한 시간 남짓 웃날이 들기를 기다렸지만 끝끝내 그런 보람은 없었다. 돌아오는 길은 산등성이를 따라 난 신도를 택했다. 이따금 날이 개었다가 또 닫혀버리는 안개 속이었지만, 눈잣나무와 좁은백산차姬磯躑躅로 덮인 산등성이 길은 고원풍의 아름다운 경색으로 우리의 등산 욕심을 충분히 채워주었다.

주
_____

1   오늘날의 경계로는 구시로와 기타미는 접경하지 않는다. 그러나 근대까지는 두 지방이 접경했다. 구시로노쿠니釧路國는 아칸을 포함해 홋카이도의 동부를 차지하는 넓은 지역이었고, 기타미노쿠니北見國는 홋카이도의 최북단 소야곶宗谷岬부터 최동단 시레토코곶知床岬까지를 포함하는 매우 넓은 지역이었다. 기타미는 합성박하 기술로 쇠퇴하기 전까지 천연박하로 유명해, 한때 전 세계 생산량의 3분의 2를 생산했던 만큼 아직도 박하로 유명하다.

2   구니國: 옛 지명으로 정치적 거점을 포함한 영역을 말한다. 율령제에 근거해 설치된 일본의 지방 행정구분이라서 율령국律令國이라고 한다. 오늘날에는 'OO지방', 또는 'OO지역'에 해당하는 개념으로 쓰고 있다. 정식 명칭은 'OO(노)쿠니國'이지만, (노)쿠니는 생략하고 부르는 경우가 많다. 이런 지명을 오늘날 구국명舊國名이

라고 부른다. 홋카이도는 오늘날의 도도부현都道府縣 체계에서는 유일한 도도이며, 이전의 오기칠도五畿七道 체계에서는 하나의 현으로 삼기에 면적이 너무 넓었던 탓에, 1869년에 도도로 지정하고 11국國 86군郡을 두었다. 따라서 본문에서 구니國를 생략한 지명인 구시로釧路와 기타미北見, 또는 포로시리다케 편에서 도카치十勝와 히다카日高의 경계를 지나는 것을 국경을 넘는다고 표현한 것이다. 이후 본문에서 이런 식으로 언급하는 국경은 많지만, 대부분 오늘날의 현경 또는 지방의 경계 등으로 이해하면 좋다.

3   같은 뜻으로 금자탑이 있다. '金자 모양의 탑'이라는 뜻으로 피라미드를 이르던 말이다.

4   역체驛遞: 홋카이도 개척기에 우체국·휴게소·숙박소를 겸하는 기능을 하던 시설로, 철도가 부설되기 전의 우편마차를 위한 역을 말한다.

5   스키 마운티니어링ski mountaineering을 가리킨다. 스키를 전통적인 이동수단으로 삼거나 이를 등산에 이용하는 것을 가리키는 것으로, 활강에 중점을 둔 백컨트리 스키backcountry ski와는 조금 다르다. 또한 일본에서는 리프트와 슬로프가 갖춰진 겔렌데 스키Gelände ski와 구분하는 말로도 쓰고 있다.

6   함께 행동하는 등산 그룹.

7   산을 지배하는 신.

8   산꼭대기의 물의 분배를 지배하는 신.

9   니시나 요시오仁科芳雄(1890~1951): 핵물리학자이며 이론물리학의 개척자. 도쿄제국대학 졸업 후 유럽에서 유학했다. 1933년경부터 우주선 연구에 착수하여 관측실험을 했고, 핵실험을 위한 가속기를 1937년과 1944년 두 차례에 걸쳐 완성했다.

10 신사 입구에 세운 기둥 문으로, 신속神俗의 경계를 나타낸다.

11 이세노진구伊勢神宮의 정궁正宮이 내궁內宮의 건축 양식이 대표적이다. 건물 형태는 땅을 파서 주춧돌 없이 기둥을 세우는 굴립주掘立柱에, 합각合閣의 장식도 단순한 고대의 방식을 따르고 있다. 이세노진구는 동서의 부지로 나눠 똑같이 지은 내·외궁 등을 20년마다 번갈아 건물을 해체하고 다시 짓는 식년천궁式年遷宮으로 유명하다. 이세노진구는 미에현 이세시에 있는 신사 125개소를 가리키는 것으로 정식 명칭은 '진구神宮'다. 진구는 신도의 총본산이라고 불리는 가장 중요한 신사다.

12 1959년 8월의 일로, 당시 만원열차로 하코다테부터 구시로까지 16시간 걸렸다. 이튿날 다시 구시로에서 오전 10시 25분 기차를 타서 기요사토초에 오후 2시에 내렸고 이 구간은 현재 2시간 50분 걸린다.

13 고메合目: 산기슭부터 정상에 이르는 등산의 행정行程 단위이며, 종교등산에서 비롯된 것이라서 주로 일본 내의 산에서만 적용한다. 실제 거리나 산의 표고 같은 절대적인 기준과 관계없이, 체력이나 지형 등을 고려해 등산하는 어려움의 정도를 상대적인 기준으로 삼아, 전 행정을 대부분의 산에서 대략 열로 나누고 있다. 예외도 있어서 백명산 중에서도 반다이산은 고고메五合目, 에나산은 니주고메二十合目까지 있다. 또한 한 고메를 다시 샤쿠勺로 나눠, 후지산에서는 삼합오작三合五勺·팔합오작八合五勺 등으로 1고메의 절반 위치에 붙여 말하기도 하며, 마키하타야마에

서는 육합칠작六合七勺 등으로 세분한 표지판도 있다.
14 이곳까지는 자동차로 갈 수 있고, 당시 저자도 기요사토초 사무소에서 내어준 지프를 타고 올라갔다. 오늘날 세이가쿠소는 당시보다 조금 아래로 옮겨 지었다.
15 과거 임야청林野廳 소속으로 국유림의 관리·경영을 담당하고 있던 지방행정기관을 말한다. 1999년 임야청 조직개편에 따라 폐지되었다.
16 산에서 일하는 사람이 임시 거처로 삼는 오두막에서 유래했다. 현재는 숯막이나 밭농사 등을 위한 것이 조금 있을 뿐, 이제 야마고야라는 명칭은 오로지 등산·하이킹 등에 이용하는 시설을 부르는 경우가 대부분이다. 대체로 야마고야는 관리인이 있는 시설, 히난고야避難小屋는 상주 관리인이 없는 시설, 산소山莊는 산기슭이나 산중의 넓은 곳에 있는 대규모 시설을 가리킨다.
17 이 폭포는 계류폭溪流瀑의 일종인데 암반이 기운 폭포斜瀑라 물이 퍼져 흐른다.

아칸다케
阿寒岳

표고 **1499미터(메아칸다케**雌阿寒岳**)**
소재 **홋카이도**北海道

    삼십 년 전에는 찾는 사람도 없었을 것 같았던 아칸 호수阿寒湖가 쇼와 9년(1934)에 국립공원이 된 이래로 해마다 붐비고, 이제는 홋카이도 전역에서도 가장 번창한 관광지가 되어, 여름철 등에는 한참 전부터 예약해두지 않으면 숙소도 잡을 수 없다는 모양이다.
    아칸 호수에는 두 가지 명물이 있다. 그것은 마리모毬藻[1]와 다쿠보쿠[2]의 가비歌碑인데, 길을 서두르는 관광객은 호수 옆에 서 있는 오아칸雄阿寒과 메아칸다케雌阿寒岳에는 좀처럼 오르지 않더라도 저 두 가지는 결코 놓치지 않는다. 마리모는 호수 위에 띄운 유람선의 배 밑바닥에서 아주 어슴푸레하게 보일 뿐인 물건이지만, 명물이라면 안 보고 넘어갈 수 없나 보다.
    호반에 있는 다쿠보쿠의 비에는 다음과 같은 노래가 새겨져 있다.

신령처럼
멀리서 모습을 드러내는
아칸 산 눈 속의 여명

온네토 호수オンネトー湖에서 바라본 메아칸다케와 아칸후지

神のごと

遠く姿をあらはせる

阿寒の山の雪のあけぼの

　　사실대로 말하자면 이 노래는 이곳에 어울리지 않는다. 왜냐하면 다쿠보쿠가 구시로의 바다 위에서 아칸다케阿寒岳를 바라다보고 읊었던 것이기 때문이다. 그는 아칸 호수에는 와보지 않았다. 그렇지만 관광업자

는 이시카와 다쿠보쿠라는, 돈이 되는 문인을 이용하는 법을 잊지 않는다.

  이 상술은 들어맞았다. 여행객은 노래비가 있는 곳까지 졸졸 행렬을 이루고, 비 앞에서 기념촬영 따위를 하고 있다. 하지만, 유행이라는 것이 얼마나 불공평한지를 증명하듯, 노래비까지 가는 길목에 있는 마쓰우라 다케시로[3]의 시비詩碑에는 멈춰 서 있는 사람도 거의 없다. 비에는 다음과 같이 새겨져 있다.

  물 위의 바람도 걷어가는 저녁 햇살 사이로
  조각배 노를 저어 굽이진 물가 돌다 보면
  갑자기 떨어지는 은봉의 천 길 그림자
  저기가 내가 어제쯤 오른 산

  안세이 무오년(1858) 3월 28일
  마쓰우라 다케시로, 미나모토 히로무[4]가 적다
  水面風收夕照間
  小舟撑棹沿崖還
  忽落銀峯千仞影
  是吾昨日所攀山
  安政戊午年三月廿八日
  松浦武四郎 源弘記

  노래비도 시비도 전쟁[5] 뒤에 세워진 것이지만, 제 자리를 잡았다는 점에서는 이 시비를 능가할 것이 없다. 마쓰우라 다케시로松浦(武)四郎[6]는 고카弘化 2년(1845) 스물일곱 살 때부터 안세이安政 5년(1858)까지 곤고함을 무릅쓰고 미개척인 에조치蝦夷地[7]를 탐험해 홋카이도 개척의 기초를 쌓았다. 에조蝦夷[8]에 관한 저술만 해도 엄청나다.

  구시로시의 언덕 위에 있는 마을회관公民館 앞뜰에 그다지 사람들

메아칸다케 화구 바닥의 아오누마靑沼와 아칸후지

이 알아채지 못하는 다케시로의 자그마한 동상이 서 있다. 그는 와후쿠和服[9]에 **닷쓰케**裁着[10] 차림으로 한 손에는 붓, 한 손에는 적을 것을 들고 아칸다케 쪽을 주시하고 있다. 그 옆에 한 아이누가 시중들며 같은 방향을 가리키고 있다. 아이누가 일러주는 곳을 다케시로가 받아 적는 모습이다. 사람과 장소, 둘 다 얻은 좋은 동상이다. 이 언덕에서 북쪽으로 아칸의 연산이 실로 잘 보인다. 오아칸, 메아칸, 그 메아칸에 포개진 것 같은 아칸후지阿寒富士. 나는 어느 가을 끝 맑은 아침, 그 풍경에 마음을 빼앗겼다.

  다케시로가 실제로 아칸 호수에 왔던 것은 앞서 올린 시를 봐서도 분명하다. 음력이라고 하더라도 3월 28일이라면 아직 추웠을 것이다. 그가 호수 위에 배를 띄우고 고요한 석양을 흠뻑 맞으며 물가를 따라 되돌

메아칸다케 중턱에서 바라본 북쪽의 원시림

아온다. 물 위로 그림자를 떨어뜨리고 있는 것은 높은 설봉이다. 그것은 바로 그가 어제 올랐다 온 산이었다.

　　이 설봉이 오아칸다케인 것은 틀림없다. 아칸에는 오아칸과 메아칸이 있는데, 높이는 메아칸이 윗줄이지만, 바라봐서 당당한 것은 오아칸이다. 메아칸은 전체가 완만하고 호숫가에서 떨어져 있지만, 오아칸은 힘차고 단정한 원추형이며 호수 바로 위로 그림자를 떨어뜨리고 있다. 두 아칸다케 중에서 이런 웅건한 돔dome[11] 쪽에 '웅雄'을 내주었던 것은 옛 주민의 당연한 감각이었다. 아칸 호수에 생기를 불어넣고 있는 것이 이 오아칸다케다.

　　메아칸다케는 활화산이라, 내가 쇼와 34년(1959) 여름에 찾았을 때는 마침 분화가 시작되고 있어서 등산이 금지되었다. 두 아칸 중 오르기 쉬운 것이 이 메아칸이며, 거리가 긴 대신 완만해서 산책하듯이 등산할 수 있다. 그와 반대로 오아칸은 높이에서는 뒤지지만, 가파르고 험해서 등산하는 사람이 드물다.

두 아칸 모두 오를 마음이었던 나는 오아칸만으로 만족해야 했다. 남쪽으로 뻗은 산줄기의 끝부터 오르기 시작했다. 맨 처음에는 가팔랐지만, 이내 완만한 삼림대 가운데로 길이 이어지다가 관목대로 바뀌어, 정상을 우회하듯이 올라가자 좁은백산차가 깔리고 시로미岩高蘭가 주렁주렁 열매를 잇대고 있는 고산대로 나왔다. 큰 오두막(원래는 관측용 건물이었던 것 같다)[12]이 있는 꼭대기로 나오자, 그 아래에 옛 분화구가 커다란 입을 벌리고 있었다. 이 스리바치擂鉢[13]의 가장자리를 지나 삼각점이 있는 정상에 섰다.

정상은 바위투성이였고, 그 바위틈으로 지시마도라지千島桔梗의 보랏빛이 가련했다. 얼마 안 되는 평지는 산떡쑥山鼠麴[14], 눈잣나무, 두메오리나무深山榛ノ木로 둘러싸여 있다. 안개에 휩싸여 경치는 볼 수 없었지만, 아무도 없는 고요한 산정에 있는 것으로 만족했다. 산 아래에는 수천의 관광객이 떼 지어 있지만 여기까지 올라오려는 사람은 없다.

안개가 걷히기를 기다리느라 두 시간이나 정상에 있었다. 문득 귀를 기울여보니, 아래쪽에서 나무를 짓밟는 것 같은 소리가 나고, 이따금 '후웃' 하는 거친 숨소리 같은 것도 들린다. 곰이 아닌가 해서 철렁했다. 왜냐하면 오아칸 동쪽은 거대한 원시림으로 이어져 있어서, 한동안 이 산은 곰 때문에 불안해서 등산금지였던 적도 있었다는 이야기를 들었기 때문이다.

돌아오는 길은 호숫가로 내려가는 새로 난 길을 택했는데, 가파른 비탈이 이어지는 데다 아직 길이 다져지지 않았다. 덤으로 비 때문에 심하게 질퍽거려서, 감탕 뒤발이 되고서야 잘 차려입은 관광객 무리 속으로 돌아왔다.[15]

메아칸다케로는 호반을 벗어나 황야 느낌의 넓은 스소노裾野를 완

만하게 올라간다. 등산 들머리에 등산금지라고 게시되어 있어서, 나는 조금만 올라 메아칸부터 후레베쓰다케フレベッ岳로 이어지는 산들의 석양만 보고 돌아섰다. 돌아오는 길에 아이누 마을에 들렀다.[16] 물론 관광용으로 만든 아이누 마을이라, 이엉을 올린 집도, 그 가게 앞에서 곰을 조각하고 있는 사람의 복장도 아이누식이긴 한데, 그것은 일종의 보여주기에 불과했다.

많은 관광객이 구시로에서 버스로 호숫가에 왔다가, 다시 버스로 데시카가弟子屈까지 깊은 원시림을 횡단한다. 이 원시림은 멋지다. 도중에 소코다이雙湖臺라는 전망대에서 판케토パンケトー와 펜케토ペンケトー 두 호수가 수림 사이로 보인다. 이것은 오아칸의 화산 분출로 인해 아칸 호수로부터 분리된 것이다. 또한 소가쿠다이雙岳臺라는 전망대도 있어서, 그곳에서 오아칸과 메아칸을 되돌아볼 수 있다. 그렇게 아칸을 마지막으로 보고, 다음 관광지인 마슈 호수를 향해 버스는 서두른다.

마쓰우라 다케시로의 주요한 에조 기행은 다음과 같다. 다케시로多氣志樓 장판藏版[17]으로서 모두 화철和綴[18]한 목판본이다.

    히가시에조 일지東蝦夷日誌 팔편팔책八編八冊
    니시에조 일지西蝦夷日誌 육편육책六編六冊
    이시카리 일지石狩日誌 일책一冊
    데시오 일지天鹽日誌 일책
    유바리 일지夕張日誌 일책
    시리베시 일지後方羊蹄日誌 일책
    도카치 일지十勝日誌 일책
    구스리[19] 일지久摺日誌 일책
    눗샤푸[20] 일지納紗布日誌 일책
    시레토코 일지知床日誌 일책

주

1 공 모양의 담수성 녹조류로 '둥근 물풀'이라는 뜻이다. 리시리잔 편에서 언급했던 가와카미 다키야가 삿포로농학교 학생이었던 1898년에 아칸 호수에서 발견하고 명명했다. 아칸 호수의 것은 천연기념물로 지정되어 있다.

2 이시카와 다쿠보쿠石川啄木(1886~1912): 가인. 평생 빈곤에 시달리다가 27세에 폐결핵으로 요절했다. 홋카이도에서 구시로신문(현 홋카이도신문)의 기자로 살았던 적이 있었다. 아이누 언어연구의 창설자인 긴다이치 교스케金田一京助(1882~1971)가 그의 고향 모리오카중학의 선배이자 후원자로 절친했다. 반제국주의 성향으로 일제의 조선 침략에 대해 비판적이었으며, 당시 조선의 문예계에도 영향을 준 것으로 알려져 있다. 일례로 본명이 백기행白夔行(1912~1996)인 백석白石은 도쿄 유학 시절 그의 시에 매우 심취했었다고 하며, 그의 이름 이시카와石川에서 한 글자를 따와서 필명을 지었다는 이야기가 있다.

3 마쓰우라 다케시로松浦武四郎(1818~1888): 탐험가, 우키요에浮世繪 화가, 고물 연구가. 대마도를 비롯하여 일본 전역에 그의 족적이 있다. 그와 홋카이도의 인연은 단순히 한 청년의 애국심의 발로였다. 애초에 그는 대마도에서 조선으로 건너올 생각이었다. 그러나 당시 러시아가 홋카이도로 남하해오자, 홋카이도를 탐사하고 개척하여 러시아의 접근에 대비해야겠다는 마음으로 행선지를 바꾼 것이었다. 이후 홋카이도 본도는 물론, 가라후토樺太(사할린), 지시마千島(쿠릴 열도)를 여섯 차례 탐험했으며, 아이누 민족의 문화와 언어를 연구하고 기록하는 일에 힘썼다. 홋카이도에 개척사開拓使가 설치되었을 때 그가 개척판관開拓判官으로 근무하며 제안한 『홋카이도 도국군명 찬정상서北海道道國郡名撰定上書』를 통해 홋카이도 아래에 11국國 86군郡을 두었다. 따라서 홋카이도의 여러 지명과 관련해 빼놓을 수 없는 인물이다. 홋카이도라는 명칭도 그가 최초에 홋카이도北加伊道로 고안했던 것에서 유래했다. 가이加伊란 아이누인이 자신의 나라를 부르는 말이었고, 그 땅에서 태어난 사람을 가리키기도 해서 '아이누 민족의 대지'라는 뜻을 염두에 둔 말이었다. 아이누 민족의 처우 문제를 두고 정부 방침과 이견을 보여 개척판관을 사임했다.

4 마쓰우라 다케시로가 막부에 고용되었을 때 필명이 미나모토 히로무源弘였다. 그는 필명이 많았는데, 출판물에 다케시로슈진多氣志樓主人 · 홋카이도진北海道人 · 다케시로竹四郞 등으로 적고 있다. 역사적 인물로서 미나모토노 히로무源弘는 헤이안 시대 전기의 사가텐노嵯峨天皇의 아들로서 학문을 좋아하던 사람이다. 일본의 황실은 성이 없었기에, 황자와 황손을 신하의 반열로 내려 보내는 신적강하臣籍降下를 할 때는 임금이 새로 성을 지어서 사성賜姓했다. 그런 대표적인 가문이 미나모토 가문源氏인 겐지源氏와 다이라 가문平氏인 헤이케平家다. 이후 본문에서 이 두 가문을 뜻하는 겐페이源平의 이야기는 자주 등장하는 소재다. 특히 본문에서는 방계의 겐지이며 '무가武家의 동량'으로 지칭하는 가와치겐지河内源氏가 대부분이며 요시이에, 요시미쓰, 요리토모, 요시나카, 요시쓰네, 사네토모 등이 있고 요시미쓰의 후예로서 다케다 신겐이 있다.

5 　본문에서의 전쟁은 태평양전쟁을 가리킨다.
6 　竹, 武의 훈독이 모두 다케다. 저자가 이렇게 번갈아 적고 있는 이유는, 다케시로武四郞 외에도 어릴 때 이름이 다케시로竹四郞였고 출판물에서도 다케시로竹四郞라는 필명을 썼기 때문이다.
7 　홋카이도·사할린·쿠릴 열도를 총칭하는 옛 지명.
8 　야마토 시대부터 이민족으로 여겼던 집단 중 특히 아이누 민족을 일컫는 말이다. 에조는 혼슈의 간토 지방 이북·쿠릴 열도·사할린·캄차카 지역까지 정착해 살았다. 새우蝦와 오랑캐夷란 말이 합쳐진 것으로, 마쓰우라 다케시로는 "아이누가 관리 앞으로 나아갈 때 허리를 굽히고 다리를 끌며 손을 뒤로 해서, 그 모습이 거의 새우 같아서이다"라고 이 뜻을 설명했다.
9 　양복을 뜻하는 요후쿠洋服에 대해서 일본 옷을 가리키는 말.
10 　여행할 때 주로 입는 무릎께를 끈으로 묶어 아랫도리를 가든하게 한 바지.
11 　둥그스름한 산꼭대기.
12 　하치고메八合目에 있으며, 1944년부터 1946년까지 관측을 위해 직원이 상주했던 관측소였고, 이제 자취만 남아 있다.
13 　양념을 가는 데 쓰는 사발처럼 생긴 조리 기구를 말하는데, 일본의 산에서 분화구를 스리바치로 표현하는 경우가 많다.
14 　원문에는 야마호코山ホウコ라고 적고 있는데, 약재로서 생약명 호코鼠麴는 하하코母子의 한자명이다. 이를 근거로 추측해 보면 본문의 식물명은 야마하하코山母子가 된다.
15 　이때의 등산은 샤리다케 등산을 마친 후 가족끼리 했다. 저자 부부는 비브람 Vibram창 등산화를 신었지만, 차남은 운동화라 미끄러운 비탈길에서 엉덩방아를 찧으며 내려와서는 그 차림으로 버스에 올랐다고 한다.
16 　아칸코 아이누 민속마을阿寒湖アイヌコタン을 말한다.
17 　보관해둔 책판이나 인쇄한 책, 또는 판권의 소유.
18 　동양서를 일본식으로 매는 방법.
19 　구시로 주변.
20 　네무로根室의 노삿푸納沙布 주변.

다이세쓰잔
大雪山

표고 **2291미터(아사히다케**旭岳**)**
소재 **홋카이도**北海道

    다이세쓰잔大雪山이라는 이름이 언제쯤부터 붙었는지 확실히 알지는 못하지만, 전에는 누탁카무슈페ヌタクカムウシュペ라고 했다. 『산악』 제2년(1907)에 자칭 홋카이도진北海道人[1]이라는 사람이 "이 홋카이도 제일의 고산에 아직 일본식 이름이 없으니 시로기누야마白衣山로 하면 어떻겠소"라고 제안하고 있는 것을 보니, 그 무렵에는 다이세쓰잔이라는 이름은 없었던 것으로 보인다.[2] 아마 이 이름이 일반에게 유포되기 시작한 것은 다이쇼大正(1912~1926) 시대로 들어서고 나서일 것이다.

    오래된 5만 분의 1 도폭에도 누탁카무슈페를 주로 하고, 다이세쓰잔은 괄호 안에 넣었다. 도폭명도 「누탁카무슈페」였다.[3] 그런데 신판에서는 「다이세쓰잔」으로 바뀌었다.[4] 세이칸青函 연락선[5]에 다이세쓰마루大雪丸가 있고, 급행열차를 다이세쓰고大雪號라고 부르는 등 다이세쓰잔 국립공원[6]이 널리 선전되고 나서 아이누 이름은 차츰 자취를 감춰갔을 것이다. 홋카이도의 산 이름에 아이누어가 남아 있는 것은 우리 같은 고전주의자에게는 매우 반가운 일이지만, 시대의 추세는 어쩔 도리가 없다.

다카네가하라에서 바라본 다이세쓰 산군. 좌단 아사히다케

　원래 이름은 누탑카무슈페ヌタプカムウシュペ로 '강굽이 위의 산'7이라는 뜻이라고 하는데, 'ㅂ'음은 삼켜져 명료하지 않고 'ㄱ'음으로 들리기에, 누탁카무슈페가 되었다고 한다. '강굽이 위의 산'이라는 것은 원시민原始民의 직절소박直截素朴한, 참으로 합당한 작명법이다. 이시카리石狩와 도카치十勝라는 두 큰 강이 그 원류를 이 산괴에서 발원해 산기슭을 둘러싸며 흐르고 있다.

　하지만 이제는 다이세쓰잔이다. 다이세쓰잔 국립공원은 도카치며 이시카리의 연봉도 포함하고 있지만, 나는 이 글에서 누탁카무슈페, 그러

니까 아사히다케旭岳를 중심으로 하는 화산군에 국한할 것이다. 그 화산군이란 호쿠친北鎭, 하쿠운白雲, 홋카이北海, 료운凌雲, 핏푸比布, 아이베쓰愛別와 그 밖의 봉우리이며 모두 2000미터를 넘는다. 홋카이도에서 2000미터는 값진 존재이고, 이 일군은 홋카이도의 한복판을 차지하고 있어서, 문자 그대로 홋카이도의 지붕을 이루고 있다.

    이 산군으로 오르려면 보통 세 곳의 들머리가 있다. 소운쿄層雲峽, 아이잔케이愛山溪, 유코만베쓰湧駒別. 어디든 풍부한 온천이 솟아나고 있다.

    그중에 소운쿄가 가장 세간에 알려져 홋카이도 관광여행에는 빼놓을 수 없는 방문지다. 빈핍한 등산자에게는 엄두가 나지 않는 훌륭한 료칸이 즐비해서, 속되게 변한 온천향溫泉鄕[8] 따위라고 욕도 얻어먹지만 자연은 아름답다. 문득 올려다보면 바로 머리 위로 구로다케黑岳의 바위너설 봉우리가 우뚝 솟아 있는 것도 멋지고, 주상절리 암벽은 몇 킬로미터나 이어져 있는데, 그곳에 큰 폭포가 몇 갈래나 줄드리고 있는 것도 굉장하다. 오바코大函와 고바코小函라는 긴 고르주gorge[9] 등 처음 이 우금으로 헤치고 들어왔던 사람들에게는 얼마나 경이로운 것이었을까. 그 경치 좋은 곳도 지금은 안내양이 유창하게 설명해줄 정도로 평이한 길이 되고 말았지만, 홋카이도대학의 기숙사 노래北大寮歌에서

    영락을 갈고 닦는 이시카리의
    기원을 멀리서 찾아오니
    원시의 숲 어둑하고
    눈 녹은 샘물 구슬 되어 솟아오른다

    瓔珞みがく石狩の
    みなもと遠く訪ひ來れば
    原始の森は暗くして
    雪消の泉珠と湧く

라고 노래했을 즈음에,[10] 이 계곡을 뒤지던 개척자들은 얼마나 행복했을까. 겨우 남아 있었던 그 원시의 숲이 이세만伊勢灣 태풍[11] 때에 무참히도 쓰러지고 말았던 일은 애처롭기만 하다.

　소운쿄에서 직접 구로다케로 오르는 길[12]이 있지만, 단출한 차림의 유람객은 대개 긴센다이銀泉臺까지 가는 등산버스를 이용해 종점부터 제1화원, 제2화원으로 부르는 전망 좋은 꽃밭까지 오른다. 그곳에서 다이세쓰잔의 한 자락에 닿아보고 돌아선다. 원기왕성한 사람들만 다시 구로다케까지 발길을 뻗는다.

　소운쿄에 비하면 다른 두 곳의 등산 들머리는 여전히 소박하다. 유코만베쓰에서 오르막이 시작되는 곳의 빽빽한 침엽수림에는 누구든지 눈이 휘둥그레진다. 그 수림 위로 쑥 솟아오른 아사히다케는 더할 나위 없이 아름답고 고상하다. 홋카이도의 최고지점임에 부끄럽지 않다. 그 수풀 속을 걸어서 덴뇨가하라天女ヶ原라는 기분 좋은 습지를 지나면 기울기가 가파른 비탈길을 만나고, 머지않아 수림대를 빠져나와 스가타미노이케姿見の池로 나온다.[13] 아사히다케 바로 아래에 있는 아름다운 못이다. 그 정면의 큰 폭렬화구는 거친 암벽으로 되어 있는데, 그곳에서 흐르기 시작하는 지고쿠다니地獄谷[14]에서는 군데군데 흰 분연이 올라오고 있다. 유코만베쓰 온천의 손님은 이 주변까지 놀러오는 듯하다.

　그 앞으로 폭렬화구의 남쪽 가장자리를 이루는 능선은 정상을 향해 오로지 된비탈로 되어 있다. 덤으로 발밑이 덜그럭대는 화산분출물 사력砂礫[15]이라서 걷기가 나쁘다. 몇 번이나 멈춰 서서, 숨을 골라가며 올라갈수록 웅대한 풍경이 펼쳐진다. 주베쓰가와忠別川를 사이에 두고서 맞은바라기에 쭉쭉 펼쳐진 다카네가하라高根ヶ原는 마치 산 위의 대운동장 같다. 굽어보니 수림으로 덮인 넓은 높게더기와 그 초목 사이로 자그마한 늪이 몇 개나 반짝이고 있다. 등산하는 사람은 내지內地[16]의 산에 비할 바 없이 스케일이 크다는 것을 이곳에 와서야 비로소 감득할 것이다.

　내가 아사히다케의 정상에 섰던 날은 더없이 드맑은 가을날이어

훗카이다케에서 바라본 구모노다이라. 좌로부터 료운다케, 게이게쓰다케

구로다케 이와무로 앞으로 펼쳐진 구모노다이라

고산식물이 만발한 다카네가하라

서, 다이세쓰·도카치·이시카리 연산은 말할 것도 없이 지호지간에 있었고, 멀리 아칸이며 시레토코, 데시오·유바리夕張·마시케增毛 등 홋카이도의 주요한 산을 거의 다 바라볼 수 있었다.

   보통 아사히다케에서부터 마미야다케間宮岳, 홋카이다케北海岳를 거쳐 구로다케 이와무로黑岳石室로 나오는 것이 코스이긴 하지만, 광대한 다이세쓰 산군은 길이 사통팔달이다. 아사히에서 스소아이다이라裾合平로 내려가 누마노다이라沼ノ平로 나오는 코스는 사람의 통행이 적은 데다 변화 있는 풍경을 즐길 수 있었다. 누마노다이라는 아직 원시적인 모습이 남아 있는 호젓한 습원이며, 걷다보면 길 좌우로 여러 모양의 늪이 잇따라 나타난다. 아름다운 호소 풍경이었다.

   아이잔케이도 수수한 온천이다. 거기부터 나가야마다케永山岳, 핏푸다케比布岳를 넘어 다이세쓰 제2의 고봉 호쿠친다케北鎭岳로 길이 나 있는데, 도중에 본 아이베쓰다케愛別岳의 거친 모습도 인상적이다. 대체로 다이세쓰의 산들은 모두 누긋한 커브를 지녔고, 그 때문에 여성적이라거나

구로다케 이와무로

부드럽다는 소리를 듣지만, 아이베쓰만이 험악한 암봉이어서 강한 콘트라스트가 한층 도드라지는 것이다.

　　호쿠친에서 내려가 구모노다이라雲ノ平를 가로질러 가는 긴 길은, 그 거리감을 잊게 만드는 기분 좋은 고원산책이었다. 이런 큰 벌판이 다이세쓰잔 속에는 흔히 있다. 내지로 가지고 간다면 그것 하나만으로도 자랑이 될 만한 고원이 군데군데 대수롭지 않게 널려 있다. 이 사치스러움, 이 틀을 벗어난 자유로운 모습이 다이세쓰잔의 매력이다.

　　구모노다이라의 길 끝에는 구로다케 이와무로가 있다. 옛날에는 다이세쓰잔 내에 있었던 유일한 야마고야였고, 지금도 오두막지기가 있는 곳은 여기뿐이다.[17] 처음에 있던 석실에 목조 오두막을 보태서 지었다. 예전에는 여기가 다이세쓰잔의 근거지가 되었던 역사적인 석실로서, 그 문짝에 Terra Incognita라고 적혀 있었던 것은 그 옛날 탐험의 꿈을 품었던 홋카이도대학 학생[18]이 남기고 갔던 글일지도 모른다.

　　석실 가까이에 있는 게이게쓰다케桂月岳는 오마치 게이게쓰[19]의 등산을 기념했던 이름이며, 그 외에도 마미야다케는 마미야 린조[20], 마쓰다다케松田岳는 마쓰다 이치타로[21], 고이즈미다케小泉岳는 고이즈미 히데오[22]라는 식으로, 다이세쓰잔과 인연이 있는 사람의 이름을 취한 것이 몇이나 있다. 나는 석실에서 에보시다케烏帽子岳, 아카다케赤岳를 거쳐 긴센다이로 내려간 다음, 버스를 타고 소운쿄로 나왔다.

주

1 마쓰우라 다케시로의 아호가 북해도인北海道人이었던 것을 흉내 낸 것으로 보인다. 이 기사는 『산악』 제2년 제2호(1907)의 기사이며, 잡록雜錄이라는 형식으로 여러 사람이 익명으로 기고한 기사가 있다. 「홋카이도 제일 고산의 명에 붙여」라는 글에서 『일본풍경론』과 『일본산악지』에서 다이세쓰잔을 이시카리다케石狩岳로 잘못 부르고 있었음을 지적하고 있다. 이어지는 잡보雜報에서는 「장백산長白山」과 「한국韓國의 수정산水晶山」이라는 기사로 백두산과 부산에 있는 수정산에 관한 글이 있다. 각각 대륙진출과 자원개발에 관한 내용이다.

2 자오산 편에서 언급하는 『일본명승지지』 중 9편 『홋카이도 지역北海道之部(1899)』의 집필을 맡았던 마쓰바라 이와고로松原岩五郎(1866~1935)가 이 산을 보고, 그의 고향인 돗토리현의 명산 다이센大山에서 착안해 다이세쓰잔으로 『홋카이도 지역』에 실었다고 하며, 그 출전은 마쓰바라 이와고로의 르포르타주 『도쿄의 가장 밑바닥最暗黑の東京(1893)』의 해설이다.

3 다이세쓰잔으로 확정되기 이전의 아이누어 산명을 가타카나로 표기한 방식은 많고, 한자 표기도 있어서 예를 들면 누탑카무시페ヌタプカムウシペ를 군두목한 '누탓쿠퀀다쿠르瓊多窟'로 표기한 것이 아사히다케 정상에 2000년에 세운 1등 삼각점 100주년 기념비에 나와 있다. 오늘날 일본 국토지리원 지도 등에는 누탑카무시페를 병기하고 있다.

4 저자가 전 부인 기타바타케 야호北畠八穗(1903~1982)와 처음 살았던 집은 고작 맥주 박스에 흰 천을 씌운 것을 밥상으로 쓰던 살림이었다. 그 집에 들렀던 친구 다케다 린타로武田麟太郎(1904~1946)는 우연히 아침밥을 먹게 되었는데 "내가 먹으면 부인이 드실 계란은 있습니까?"라고 물어볼 정도였다. 다케다는 "가구다운 가구도 없는 살풍경한 방안의 벽에 홋카이도 5만분의 1 지도가 붙어 있고, 다이세쓰잔(최고봉 아사히다케 표고 2290미터) 등을 중심으로 산의 표고를 후카다의 손으로 써 놓았다"라고 술회했다.

5 아오모리와 하코다테를 잇는 정기선편으로, 기차를 통째로 실어 나르는 철도연락선鐵道連絡船을 말한다. 1954년의 태풍으로 연락선 도야마루洞爺丸가 침몰하는

참사가 벌어지자 해저 터널이 논의되었고 1988년에 세이칸 터널이 완공되었다. 연결 거점이었던 아오모리역의 돌제부두에 은퇴한 연락선 핫코다마루甲田丸가 정박해 있다.

6   1934년에 지정된 이래 일본 최대 면적(226,764헥타르)의 국립공원이었으나, 2024년 6월에 면적 약 245,000헥타르의 히다카 산맥 에리모 도카치 국립공원日高山脈襟裳十勝國立公園이 지정되면서 90년 만에 최대 자리를 내어주었다.

7   위上는 상류라는 뜻도 있다. 오늘날 해석은 '뺨산頰の山', '강의 만곡부彎曲部 위에 있는 것', '누탑'은 고원, '카무'는 신, '슈페'는 습지를 흐르는 강이라는 식 등으로 분분하다. 아이누어 해석에 관한 이런 유의 분분함은 홋카이도 편에서 거듭되는데, 메이지 시대 이후 본격화된 아이누 말살정책의 결과다.

8   온센쿄溫泉鄕. 여행가이드북 등에 쓰는 표현이다. 에도 시대에는 온천향이라는 표현은 사용되지 않다가 오마치 게이게쓰와 다야마 가타이 등의 기행문에서 등장하기 시작했고, 제2차 세계대전 전에 철도성이 출판한 『온천 안내』에서 온천향이라는 표현이 많이 사용되면서 정착되었다. 온천향 표기가 늘어나면서 관광 홍보를 위해 온천향을 자칭하는 온천지가 등장하게 된다. 온천단지라고 할 만큼 복수의 온천탕과 대형 숙박시설을 갖추고 단체 관광객 위주의 영업을 하는 곳이 많다.

9   (F) 목구멍이라는 뜻으로 협곡, 특히 양쪽이 암벽으로 좁아진 것을 말한다. 일본어로는 하코函, 특히 물길이 절벽의 기슭까지 밀려드는 협곡을 도야마와 나가노에서는 로카廊下라고 부른다.

10   1920년의 노래다. 이시카리는 삿포로가 속해 있는 이시카리가와石狩川 유역을 가리키는 구국명舊國名, 또는 홋카이도에서 가장 긴 강인 이시카리가와石狩川를 말한다. 이시카리가와는 이시카리다케石狩岳를 원류로, 삿포로의 배후를 거쳐 이시카리만彎으로 흘러 들어간다. 홋카이도대학의 기숙사인 게이테키료惠迪寮는 요가집이 나올 정도로 많은 료카寮歌가 있다. 이 노래는 예과 앵성회櫻星會의 회가다.

11   1959년 9월의 태풍 베라를 말한다. 메이지 시대 이후 일본 태풍 재해사상 최악의 피해를 낸 참사였다. 소운쿄는 협곡시형이라 이후로도 니러 차례 토사피해가 빌생해서 계속 사방공사를 하고 있다.

12   1967년에 소운쿄에서 구로다케 고고메五合目까지는 케이블카로, 고고메부터 나나고메七合目까지는 스키리프트로 잇는 삭도를 개업했다. 현재 긴센다이로 가기보다는 대부분 소운쿄역에서 로프웨이로 오른다.

13   1968년에 산록역에서 덴뇨가하라를 거쳐 스가타미까지 잇는 로프웨이를 개업했다.

14   분연이 솟아나는 골짜기에 흔히 붙이는 이름으로, 일본 전역에 있다.

15   모래와 자갈. 사력지砂礫地로도 부른다. 이런 지형을 일본 등산용어로 자레바ザレ場라고 부르며 미끄러지기 쉬운 특징이 있다. 화산의 화구 주변이나 화강암 등의 암반이 노출된 산에서 많이 볼 수 있다.

16   원래 국경의 안쪽을 가리키는 말로, 근세까지 지배력이 느슨했던 홋카이도·오키나와 등지에 대해 혼슈, 규슈, 시코쿠를 가리킨다. 제국주의 시대에는 식민지 영토

에 대한 본토의 뜻으로도 썼다.

17　1923년에 지어진 이 석실은 이시무로라고 읽지 않고 이와무로라고 읽는다. 현재 하쿠운다케히난고야白雲岳避難小屋에도 등산 시즌에는 관리인이 있다. 하쿠운다케 히난고야 가까이에 마쓰우라 다케시로를 기념하는 마쓰우라다케松浦岳가 있고 마쓰우라다케는 미도리다케綠岳로도 부른다.

18　홋카이도대학 산악부는 1912년에 스키부를, 이를 바탕으로 1926년 산악부를 창립해 활동해온 홋카이도 등산의 역사다.

19　오마치 게이게쓰大町桂月(1869~1925): 본명 오마치 요시에大町芳衛. 시인, 수필가, 편집자. 제국대학 국문과를 졸업했다. 일본 알프스라는 말에 거부감을 가져서 일본고령日本高嶺이라는 말을 만들었다. 다이세쓰잔과 관련해서는 소운쿄, 덴닌쿄天人峽에 있는 폭포에 하고로모노타키羽衣の瀧라는 이름을 붙였고, 1922년에 발표한 수필 「소운쿄에서 다이세쓰잔으로」 첫머리에 "후지산에 오르고 나서 산악의 높이를 말하라. 다이세쓰잔에 오르고 나서 산악의 크기를 말하라"라는 문장으로 다이세쓰잔을 알렸다. 1918년에는 금강산을 찾았고 그때 한복을 입고 찍은 사진이 그의 기행 『만선유기滿鮮遊記(1919)』에 실려 있다. 사후에 출판된 기행문집 『일본산수기행日本山水紀行(1927)』 등이 있다.

20　마미야 린조間宮林藏(1780~1844): 탐험가, 측량사, 막부의 스파이인 온미쓰隱密. 하코다테箱館(函館)에서 지도제작자 이노 다다타카伊能忠敬(1745~1818)를 만나 사사했다. 측량을 위해 사할린과 아시아대륙 사이의 해협을 1809년에 건넜고, 이 해협은 그 뒤 마미야 해협(타타르 해협)으로 명명되었다. 이로써 사할린과 지시마에서 이노가 측량하지 못한 부분을 『대일본 연해여지전도大日本沿海輿地全圖(1821)』 제작에 반영했다. 사할린을 일주하고 지도를 제작해 사할린이 반도가 아니라 섬이라는 근거를 확립했다.

21　마쓰다 이치타로松田市太郎: 생몰년 미상. 에도 시대 말기의 최하급 무사인 아시가루足輕였던 그는, 둔전병으로 이시카리에서 근무하며 마쓰우라 다케시로와 함께 일본인 최초로 다이세쓰잔 일대를 조사했다. 1857년 3월부터 4월에 걸쳐 아이누의 안내를 받아, 이시카리가와의 수원조사를 하고 주베쓰다케를 올랐던 것 외에 소운쿄 온천을 발견했다. 이에 관한 보고서로 다이세쓰잔 산계의 최초의 답사기록인 『이시카리 수원 실지답사기록イシカリ水源見分書』을 남겼다.

22　고이즈미 히데오小泉秀雄(1885~1945): 식물학자. 홋카이도의 가미가와上川중학교 교사로 근무하며 다이세쓰잔에 올라 지형·지질 조사와 식물 채집을 했다. 이 밖에도 지시마와 혼슈 등의 식물을 연구했으며 마키노 도미타로에게 방대한 표본을 수집해 주었다. 『산악』 제12권 제2·3호 합본(1917)에 「홋카이도 중앙고지의 지학적 연구」를 기고하고, 연구조사 결과를 『다이세쓰잔 등산법 및 등산안내(1926)』로 출판했다. 다이세쓰잔의 아버지로 부른다.

006 도무라우시
トムラウシ

표고 **2141미터**
소재 **홋카이도** 北海道
지도 **도무라우시야마** トムラウシ山

　도무라우시トムラウシ를 바라보고 처음으로 감동했던 것은 도카치다케에서였다. 비에이후지美瑛富士 정상에서 북쪽을 보니, 산줄기가 긴 오푸타테시케オプタテシケ 저편에 유달리 높고 거친 바위 봉우리를 쇠뿔처럼 치켜든 다이내믹한 산이 있다. 그것이 도무라우시였다. 그 산은 내 마음을 강하게 사로잡았다. 저기에 올라야 한다. 나는 그렇게 결심했다.
　그다음은 다이세쓰잔의 최고봉 아사히다케 정상에서였다. 이번에는 남쪽으로 쾌청한 가을하늘에 홀연히 서 있는 도무라우시를 보았다. 과연 훌륭했다. 위엄 있고 속세를 벗어난 멋이 있다. 이쪽에서는 암봉이 세 개로 보였는데, 그 모습도 어지간히 좋았다. 저기에 올라야만 한다. 나의 뜻은 점점 굳어졌다. 그리고 이듬해 여름, 나는 소망을 이루어 그 정상에 섰다.
　도무라우시는 다이세쓰잔의 아사히다케에 버금가는 홋카이도 제2의 고봉이다. 지리책에서는 다이세쓰 화산군과 도카치 화산군 사이, 히라가타케平ヶ岳, 주베쓰다케忠別岳, 가운다케化雲岳, 도무라우시에 걸친 일련의 산을 도무라우시戸村牛 화산군으로 부르고 있다. 히라가타케, 주베쓰,

도무라우시 정상 직하의 오르막에서 바라본 남쪽 도카치 연봉. 앞에 보이는 미나미누마南沼로 내려가기 전 오른쪽이 야영장이며 저자가 올라온 길은 야영장 맞은편 동쪽

가운은 광대한 능선상의 한낱 돌기에 불과하지만, 도무라우시는 의연하게 독립을 주장하는 개성 있는 산이다.

　　도무라우시라는 이름에도 매력이 있다. 그것은 도카치가와十勝川의 상류인 도무라우시가와トムラウシ川에서 유래한 것이고, 돈라우시トンラウシ라고 부르는 것이 옳다고 한다.[1] tonra-usi의 톤라는 '물때水垢'를, 우시는 '많은 곳'을 뜻한다. 다시 말해 '물때가 많은 강'이고, 온천광물 때문에

물이 미끌미끌해서 이 이름을 가지게 되었다고 한다.² 홋카이도의 산 이름에 정통한 무라카미 게이지村上啓司는 tom-ra가 도무라의 원형이 아닌가 하고 생각하고 있다. tom은 '배腹의'라는 뜻이고, ra는 rat의 관용적 단축형으로 '점액粘液, 점즙粘汁'을 가리킨다. 또한 ra는 물고기의 내장도 뜻한다고 하니, 아무튼 미끌미끌한 것을 의미하는 것이다.

홋카이도의 아이누가 붙인 산 이름에는 어지간히 좋은 것이 많이 있다. 그것을 기묘한 군두목을 써서 그 원형을 망쳐버린 것을, 나는 진즉부터 몹시 유감으로 여기고 있다. 무라카미 씨처럼 학문에 충실한 선비에 의해 아이누의 산 이름을 올바르게 부르는 법이 오래 보존되었으면 한다.

나는 홋카이도대학 산악부에서 현역으로 활동하는 여러 분의 도움을 받아 도무라우시가와 쪽에서 올랐다. 굿타리屈足에서 삼림궤도森林軌道³를 타고 도카치가와 상류의 후타마타二股까지 간 다음, 산을 넘어 도카치가와 지류인 유토무라우시가와ユートムラウシ川⁴에서 솟아나고 있는 노천온천⁵에서 첫 번째 밤을 보낼 텐트를 폈다. 유토무라우시의 유는 '뜨거운 물湯, 온천'이란 뜻이다.

거기부터 다시 산을 넘어, 역시 도카치가와의 지류인 가무이산케가와カムイサンケ川⁶로 나왔다. "이것은 kamuysan-ke이고, 옛날에는 가무이神居를 마신魔神으로 여기고 있었다. kamuy-wakka는 마시기 적당하지 않은 물, 게다가 독성분을 포함한 물을 가리킨다"라고 한다. "san-ke는 '흘러내리는 것'이란 뜻으로, 다시 말해 마수魔水가 흐르는 강이란 말이 된다."⁷ 이상은 전부 무라카미 씨에게 들은 말을 받아 적은 것이다.

우리는 가무이산케가와를 따라 올랐고, 이윽고 원시림을 빠져나와 폭이 넓은 산릉 위에 닿았다. 안개에 휩싸여 아무것도 보이지 않았던 우리의 눈을 발밑의 망아지풀駒草⁸ 군락이 달래주었다.

도무라우시에 접어드니 돌덩이가 널브러져 있는 오르막이었고, 가까스로 닿았던 정상은 커다란 바위더미였다. 안개 속에서 큰 바위에 걸터앉으니, 전망은 막혀 있었지만 염원하던 산꼭대기에 섰던 기쁨은 한량

길었다던 일본정원 쪽에서 바라본 도무라우시의 아침

히사고이케와 설계

없었다. 하산은 반대편 산릉 길을 택했는데, 이게 또 길었다.[9] 자그마한 늪을 끼고 지나기도 하고, 넓은 비탈을 오르락내리락해서 겨우 능선에서 벗어나 오른쪽으로 내려가자, 그 아래로 설계雪溪[10]가 있는데, 설계 아래에 히사고이케瓢池[11]가 펼쳐져 있었다. 우리는 두 번째 밤의 텐트를 그 못의 둔치에 세웠다.

이튿날 아침, 산릉 쪽으로 넓은 벌판을 올라가니, 그 주변에 온통 백, 적, 황, 자색의 고산식물이 깔려 있었다. 군데군데 눈이 녹은 못이 있고 들판이 끝없이 펼쳐져 있다. 이 웅대함, 이 개활함, 이런 호연한 풍경은 내 지內地에서 찾을 수 없다.

가운다케는 산릉의 고원 한 모퉁이에 서 있는 암봉인데, 우리는 그 비좁은 꼭대기에 기어올라 짧은 시간 잡담을 나눴다. 그 무렵부터 차츰 벗개어왔고, 얼마 지나지 않아 완벽한 푸른 하늘이 되었다. 어디로 향해도 산뿐이다. 나는 그중에서도 도무라우시가 늠름하게 바위의 어깨를 펼친 모습에서 눈을 뗄 수 없었다.

홋카이도의 산이라고 하면 바로 곰 이야기가 나오는데, 그 출몰이 가장 잦은 곳이 도무라우시 주변이라고 들었다. 예상한 대로 마침 한 등산자 무리가 지나가며 "지금 거기서 곰이 보였다"라고 알려주었다. 우리는 서둘러 그 **주인장**이 달아났다는 주베쓰가와의 골짜기를 들여다보았지만 아쉽게도 만나 뵐 수 없었다.

덴닌쿄天人峽로 향하는 내리막도 관목지대에 들기 전까지는 아름다운 고원 길이었다. 거기서부터 나는 얼마나 도무라우시를 뒤돌아보았던가.

주

1 　마쓰우라 다케시로의 『도카치 일지』 15쪽에 돈라우시トンラウシ로 기록되어 있기 때문으로 보인다.

2 도무라우시가 속해 있는 신토쿠초新得町의 안내에는 도무라우시가 아이누어로 '꽃이 많은 곳'을 뜻한다고 나와 있다.
3 홋카이도 척식철도北海道拓殖鐵道를 말한다. 굿타리~후타마타 구간이 간선幹線으로, 목재수송을 위해 1928년부터 운영되다가 1968년에 폐선되었다. 굿타리역은 도카치가와의 중류쯤에 있었다.
4 지도상 표기는 유토무라우시가와ユウトムラウシ川.
5 도무라우시 사람들은 온천이라고 하면 대개 이곳을 가리킨다. 현재 '국민숙사 도무라우시 온천 동대설장國民宿舍 トムラウシ溫泉東大雪莊'이 있는 주변으로 추정된다. 저자가 다녀간 이후인 1964년에 노천온천을 이용해 온천시설로 개업했고, 오늘날 신토쿠초에서 접근하는 도무라우시 등산의 출발점이자 다이세쓰잔 종주의 종착점이기도 하다.
6 지도상 표기는 가무이산케나이가와カムイサンケナイ川. 나이ナイ는 아이누어로 '작은 강', 또는 '계곡'을 뜻하며 한자 內에 해당한다.
7 오늘날 가무이 왓카カムイワッカ는 단순히 '신의 물'로 해석한다. '카무이'는 신, '왓카'는 식수를 뜻하기 때문이다. '독성분을 포함한 물'과 관련해 홋카이도의 산은 대체로 물이 풍부하지만 한 가지 주의할 점이 있다. 야생동물들은 물가에서 배설하는 습성이 있는데, 홋카이도의 산에는 북방여우도 많아서 여우 배설물에서 나오는 촌충의 일종인 에키노코쿠스Echinococcus가 물속에 있을 수 있다. 2019년 일본국립감염증연구소의 보고서에 따르면 이는 인수공통 기생충이며, 감염되었을 때 심각한 간 기능 장애를 일으킬 수 있고, 완치할 수 있는 약물이 없어서 외과 수술로 절제하는 치료를 추천하고 있다. 기생부위에 따라 절제가 곤란한 예도 있다고 하니, 물을 1분 이상 끓여 먹거나 휴대용 정수기를 가지고 등산할 것을 권장하고 있다. 실제로 홋카이도의 등산자 대부분은 휴대용 정수기를 지참한다.
8 고마쿠사駒草. 담홍색의 꽃 모양이 말의 머리처럼 생긴 풀로, 흔히 고산식물의 여왕으로 불린다. 약용을 위한 남획으로 개체수가 급감했다.
9 사실 이 구간은 오늘날 '일본정원'이라고 부르는 매우 아름다운 길이다.
10 눈석임철에도 눈이 녹지 않고 남아 있는 골짜기, 또한 반드시 골짜기만 가리키는 것이 아니라, 비탈이나 응달에 있는 것도 포함한다. 이런 곳에 남아 있는 눈을 네유키根雪라고 한다.
11 표주박 모양으로 생긴 늪으로, 지도상 표기는 히사고누마ヒサゴ沼다. 1921년에 올랐던 오마치 게이게쓰의 기행문에서도 히사고누마瓢沼로 적혀 있다. 이곳에서 시작된 '도무라우시 조난사고'가 유명하다. 2009년 7월 16일 히사고누마히난고야를 출발한 등산객들 중 도무라우시까지의 등산로 위에서 10명이 태풍급 비바람에 피로동사로 사망했고, 여러 등산 파티에 속한 사람들 중 7명만이 자력으로 하산에 성공했다. 젊은 가이드를 포함한 사망자가 나오고, 일부 가이드는 손님을 돌보지 않은 것이 논란이 되기도 했던 사고다.

007 | 도카치다케
十勝岳

표고 **2077미터**
소재 **훗카이도** 北海道

나에게 도카치다케十勝岳는 처음에 스키의 산으로서 등장했다.[1] 전쟁 전에 그곳으로 스키를 타러 가려면 가미후라노上富良野부터 추운 말 썰매에서 네 시간이나 참고 견뎌야 했다. 근년에 일반의 훗카이도 여행이 이상하게 활발해짐에 따라 도카치다케에 오르는 것도 놀랄 만큼 편리해졌다. 비에이美瑛에서 산기슭의 시로가네白金 온천까지 버스가 있고, 심지어 온천부터 분화구 아래까지 등산버스가 다니고 있다. 거기서부터 정상까지 두 시간도 걸리지 않는다.

도카치다케에서 발원한 강이 비에이의 마을을 흐르고 있다. 마쓰우라 다케시로가 처음 이 땅에 와서 그 강물을 마시려고 하자, 아이누가 "피이에, 피이에!"라고 소리치며 말렸다. 피이에ピイエ는 **기름기가 있다**라는 뜻으로, 도카치다케에서 내뿜은 유황이 섞여 있어서였다. 비에이라는 이름은 그 피이에에서 유래했다. 마을이 생긴 것은 메이지 29년(1896)인데 처음에는 비에이美英였지만, 영英은 영국으로 통한다는 배외사상 때문에 영瑛이라는 어려운 글자로 바꾼 것이라고 한다.

비에이 동사무소 옥상에서, 나는 맑은 가을하늘 동남쪽으로 도카치 연봉을 바라보았다. 주봉 도카치다케를 중앙으로 해서, 오른쪽으로 가미호로카멧토쿠야마上ホロカメットク山, 미쓰미네산三峰山, 후라노다케富良野岳, 왼쪽으로는 비에이다케美瑛岳, 비에이후지, 오푸타테시케야마オプタテシケ山 등을 바라보는 것이 지루하지 않았다.

도카치다케는 성층활화산이다. 주봉에 도카치다케라는 이름이 고정되었던 것은 메이지 20년대일 것이리라고 여겨진다. 메이지 25년(1892)의 기사에는 그보다 수년 전에 실제로 정상에 올랐던 사람의 이야기가 이렇게 나와 있다. "오푸타테시케라고 칭하는 것은 오로지 하나의 봉우리만 가리키는 말이 아니라, 도카치가와トカチ川의 수원인 도카치다케トカチ岳로부터 후라누이가와フラヌイ川(富良野川) 수원에 이르고, 다시 소라치가와ソラチ川(空知川) 수원에 이르고, 소라치가와의 수원인 가무이메톳カムイメトッ 및 호로카메톳ホロカメトッ의 산악에 이르는 전부를 총칭하는 것이다. 오푸타테시케의 최고점은 6570척 정도이고, 그 봉우리의 평균 높이는 6000척이라고 한다……."[2]

이것으로 보면 지금의 도카치 연봉을 옛날에는 오푸타테시케라고 부른 것으로 여겨진다. 그리고 다시 지형 묘사가 상세한 그 기술을 읽어 나가면, 최고점이라는 것은 지금의 도카치다케라는 것을 이해할 수 있다. 그 산정의 서쪽 약 1200척을 내려간 곳에 지름이 대략 35간이 되는 불구덩이가 있는데, 그 구덩이 바닥의 작은 분화구에서 유황 연기가 왕성하게 분출된다고 나와 있다.[3]

오늘날 왕성하게 분연을 내뿜고 있는 것은 이 화구가 아니고, 신분화구新噴火口라고 부르는 곳이다.[4] 그것은 다이쇼 15년(1926) 5월 24일에 갑자기 폭발했던 것으로, 화구벽 붕괴로 인해 암설巖屑이 화산쇄설물과 함께 서쪽 비탈로 흘렀다. 쌓여 있던 눈을 녹여서 이류泥流가 되어 그 길이가 28킬로미터에 이르렀고, 엄청나게 많은 전답이며 민가를 묻어버려서 사망자가 144명이나 나왔다는 큰 재해였다.

가미호로카멧토쿠야마 근처에서 바라본 도카치다케

도카치다케 정상에서 바라본 비에이다케

현재 시로가네 온천부터 신분화구 아래까지의 등산관광버스 도로는 그 이류 위를 따라가고 있다. 일찍이 이런 참사를 일으켰을 것이라고는 여겨지지 않는 밝은 풍경이며, 아래쪽은 어느새 가문비나무蝦夷松 삼림대가 되어 있다. 가까이에는 근년에 활동을 시작한 새로운 분화구가 있다. 도카치다케는 땅 밑에서 끊임없이 무언가 낌새가 좋지 않게 꿈틀거리고 있는 모양이다. 예상대로 쇼와 37년(1962)에 또다시 크게 폭발해서, 산기슭의 시로가네 온천의 사람들이 전부 대피하는 소동을 일으켰다.[5]

시로가네 온천은 전쟁 뒤에 굴착을 통해 생긴 새로운 온천인데,[6] 숙사의 설비가 잘 갖춰져 있어서, 여름은 도카치 등산, 겨울은 이류 슬로프 스키장으로 번창하고 있다. 등산버스 종점부터 신분화구까지의 이류 도로에는 끊임없이 관광객이 몰려들고 있다. 가족동반으로 어린아이의 손을 끌고 있는 사람도 있고, 아기를 업고 있는 사람도 있다. 분화구 구경이다. 그 희희낙락하는 모습을 보니, 도카치다케는 이제 대중의 행락에 걸맞은 산이 되었다고 느낀다.

바위 너덜의 이류를 오르는 길은 어지간히 괴롭더라도, 분화구 가장자리에 섰던 때의 경치는 굉장했다. 내가 찾았던 때는 마침 비가 그쳐, 맑게 갠 하늘로 맹렬하게 연기를 뿜어 올리고 있었다. 화구벽 여기저기에서 연기를 내뿜는데, 화구 바닥에는 유황을 캐는 사람들이 방독면을 쓰고 일하고 있었다.

그 신분화구 옆구리에서 오른쪽 산줄기로 오르면 마에토카치다케前十勝岳 위로 나온다. 거기서부터 넓은 산줄기가 도카치다케 쪽으로 뻗어 있다. 산줄기라고 해도 고원처럼 평온하다. 정상 가까이에서 잠깐 가파른 오르막이 이어지지만, 이내 커다란 바위가 있는 절정에 도착한다. 다이세쓰잔의 아사히다케, 도무라우시에 버금가는 홋카이도 제3의 고봉이다. 조망의 광활함은 말할 것도 없다.

유산遊山하듯 하는 등산으로 성에 차지 않는 사람은 그대로 되돌아가려 하지 않을 것이다. 주능선에서 남쪽으로 향해 우마노세馬ノ背[7]라는

좁은 능선을 타고 가미호로카멧토쿠, 더 나아가 후라노다케까지 발을 뻗거나, 혹은 반대편으로 노코기리다케鋸岳를 거쳐 비에이다케 쪽으로 가고 싶어질 것이다.

어느 쪽 길을 더듬어 가려고 하든지 도카치는 살아 있는 화산이라는 강한 인상을 준다. 화구벽의 잔해인 너덜너덜한 바위등성이며, 나무 한 그루, 풀 한 포기도 없는 검은 빛을 띤 사력砂礫이 서벅거리는 비탈에는 분화가 맹위를 떨친 자취가 아직도 생생히 남아 있다.

주

1   본문에는 스키 이야기가 여러 번 나온다. 스키 애호가였던 저자는 등산법의 일종인 스키 등산을 즐겼다. 후지산 활강은 코스에 따라 다른 파티의 최초 기록도 있지만, 저자는 친구들과 1939년 3월 1일에 후지산의 최고점 겐가미네劍ヶ峰부터 최초로 활강한 기록을 가지고 있다. 이때의 가이드가 닛타 지로의 소설 『강력전』의 모델인 고리키強力 고미야마 다다시였다.
2   현재 오푸타테시케야마라고 부르는 곳은 도카치다케에서 동북쪽으로 떨어진 곳에 있는 표고 2012미터의 다른 산이다. 당시 오푸타테시케의 최고점으로 알려진 도카치다케의 표고를 약 1990미터 정도로 보았던 것을 알 수 있다. 한 자의 길이는 시대마다 변화가 있었지만 에도 시대의 길이와 큰 차이가 없이 메이지 시대에 이르렀다. 메이지 24년(1891)에 제정했던 도량형법을 기준으로 삼으면 한 자尺를 33분의 10미터로 징해 약 30.30303 센티미터, 한 간間은 여섯 자로 정해 약 1.81818미터이고, 사방 6자를 한 평坪으로 정했다. 이것을 받아들인 것이 오늘날까지 우리나라에 남아 있는 척관법이다.
3   구분화구를 가리키는 것으로 보인다. 다만 본문에서와 같이 서쪽이 아니라 서남쪽이다. 안세이 화구安政火口로도 부르는데, 컬러풀한 산단야마三段山가 있는 곳이다.
4   또는 다이쇼 화구大正火口로 부른다.
5   1952년 8월의 폭발로 형성된 분화구에는 이미 쇼와 화구昭和火口라는 이름이 있어서, 이때 폭발로 생긴 분화구에는 폭발연도를 따서 62-0, 62-I, 62-II, 62-III 등으로 이름이 붙어 있다. 다이쇼 화구·쇼와 화구·62-II 화구 등은 모두 마에토카치다케 가까이에 모여 있다.
6   이전에도 같은 자리에 하타케야마畑山 온천이 있었다. 1926년의 대폭발은 이 온천을 덮쳤다.
7   말잔등처럼 예각의 매우 좁은 능선으로, 일본의 산에서 구간 이름으로 자주 등장한다.

포로시리다케
幌尻岳

표고 **2052미터**
소재 **홋카이도** 北海道

　　포로시리다케幌尻岳는 히다카日高 산맥의 최고봉이다. 도카치와 히다카의 국경을 가르며 기다랗게 뻗은 이 산맥에서 만일 하나의 산을 고른다고 한다면 어느 것일까라는 의문이, 아직 지도로만 히다카를 알고 있는 내 마음속에 오래도록 머물고 있었다. 그러다가 이 지역의 산을 잘 아는 사람들이 이구동성으로 답해준 것이 포로시리다케였다. 히다카에서 유일한 2000미터 봉우리일 뿐만 아니라, 산의 생김새나 묵직함으로 꼽아도 히다카의 대표로서 충분한 자격을 지니고 있다는 것이었다. 아이누어로 포로ポロ는 '큰', 시리シリ는 '산'이라는 뜻. 그 이름 또한 시원시원하지 않은가.

　　하지만 히다카의 산은 그리 간단히 들어갈 수 없다. 길도 분명하지 않으며 오두막도 없다. 텐트와 식량을 짊어지고 목표로 하는 산정에 닿기까지 며칠을 써야 한다. 그런 산을 찾아서 한창때가 지난 나이였던 내가 숙원을 이룰 수 있었던 것은 홋카이도대학의 여러 산악부원들 덕택이었다.[1]

　　출발점은 시즈나이静内. 근년에 갑자기 번화해졌다는 이 마을이, 마침 이요만테イヨマンテ(웅제熊祭)[2] 전야제로 떠들썩했던 것도 홋카이도다운

가무이에쿠치카우시야마カムイエクウチカウシ山에서 바라본 포로시리다케

분위기였다. 우리는 그곳에서 트럭으로 니이캇푸가와新冠川 상류의 댐 사이트damsite까지 실려 갔다. 히다카의 산이 해마다 열려가는 것은 발전소 공사 때문이다. 원시적인 자연이 망가진다는 따위로 개탄할 자격이 없다. 우리는 그 덕분에 몇 년 전에는 이삼일씩이나 걸렸던 곳을 불과 한나절 만에 마친 데다, 그 사업소에서 하룻저녁 극진한 환대를 받았기 때문이다.

이튿날 아침, 지카타비地下足袋[3]에 짚신草鞋[4] 차림으로 숙소를 나섰다. 걷기 시작부터 느닷없이 강물 속을 첨벙첨벙 지나갔다. 강줄기가 곧 길이어서 물 건너기는 그 뒤로도 끝없이 이어졌다. 처음에는 되도록 젖지 않도록 조심했지만, 무릎이 젖고, 허벅지가 젖고, 마침내 오싹 움츠러드는 거시기가 물에 잠기는 지경에 이르자, 이제 체념해서 젖고 말고가 아무렇지도 않게 되었다.

니이캇푸가와 상류의 후타마타二股[5]에서 점심. 그 앞으로는 이제 냇가의 서덜河原[6] 따위는 사라지고, 멋지기는 하다만 고생문이 훤한 여울, 물떠러지, 바위의 연속이다. 큰 바위를 타고 넘거나 강가의 바위 가장자리를 타고 가다가, 그것도 안 되면 싫어도 물속이다.

겨우 원류에 가까워지고 골짜기에 물이 없어져서, 덜그럭대는 바위 위를 밟고 올라가자 마침내 넓은 벌판의 한쪽 끝으로 나왔다. 포로시리다케의 권곡圈谷 바닥에 해당하는 곳인데, 일곱 개의 늪이 흩어져 있어서 나나쓰누마七ッ沼라고 부르고 있다. 그중 한 늪의 둔치에 텐트를 쳤을 때는 어느새 해질 무렵이어서 어둑해져 있었다.

전쟁 전 나는 제씨의 글을 골라 모아서 『고원高原』이라는 선집을 냈던 적이 있다. 그중에 사사 야스오[7]의 「히다카의 권곡」이라는 글을 담았는데, 그 이래로 포로시리다케의 권곡은 나의 상상 속에 강하게 남아 있었다. 그리고 그 긴 그리움의 풍경이 현실로 내 눈앞에 나타났던 것은 아름답게 벗개었던 이튿날 아침이었다.

그곳에서 포로시리의 정상은 보이지 않았지만, 가타肩[8]부터 돗타베쓰다케戶蔦別岳로 이어진 능선이 카르Kar의 위쪽 가장자리를 이루고, 멋진 권곡벽Karwand이 나나쓰누마의 벌판을 에워싸고 있었다. 참으로 원형극장[9]이라고 부르기에 걸맞은 드넓고, 밝고, 평화로운 별천지였다. 찾는 사람이 드물었던 사사 씨의 시절에는 거기가 곰의 놀이터였다고 하는데, 실제로 곰 가족도 신이 날 만하다.

우리가 그 급경사의 권곡벽을 오르기 시작했을 때 안개가 모든 것을 휩싸버렸지만, 몸을 둘러싼 주변에는 온통 노랗게 보일 만큼 토끼국화

포로시리다케의 가타에서 바라본 돗타베쓰다케와 나나쓰누마 권곡

포로시리다케 정상의 케른

兎菊가 무리 지어 피어 있었다. 능선에 다다르고, 가타를 넘어, 안개 속의 포로시리 정상까지 갔다.

정상에서도 하얀 기체 말고는 아무것도 보이지 않았다. 하지만 나는 만족했다. 오늘에서야 히다카 산맥의 최고점에 섰던 것이다. 케른cairn¹⁰이 쌓여 있어서 그 바닥을 파내니, 빈 완두콩 깡통에 담긴 명함이 나왔다. 그런 명함을 남길 만큼 이 산정에 섰던 사람이 드물었던 것이다. 나는 기념으로 자그마한 돌멩이(사문암화한 반려암이라고 동행한 홋카이도대학의 지질 선생 하시모토 세이지¹¹가 가르쳐주었다)를 주워서 헤어지기 아쉬운 정상을 떠났다.

다시 카르의 위쪽 가장자리를 지나 돗타베쓰다케로 향했다. 도중에 안개가 일부 걷혀서 눈 아래로 권곡 바닥Kar Boden이 보였다. 일곱 개의 늪이 군데군데 흩어져 있다. 물이 말라버린 늪도 있다. 안개의 베일 사이로 어른거리는 아름다운 풍경이었다.

우리는 돗타베쓰다케 정상의 풀밭에 뒹굴며 한 시간 정도 한가로이 보냈다. 포로시리다케가 맑게 개기를 기다렸지만, 잠깐 산 거죽의 일부를 흘끗 보여줬을 뿐, 다시 구름에 덮이고 말았다. 하지만 그 어섯으로 짐작해봐도 이 산의 웅대함이 헤아려졌다.

히다카에서 보낸 닷새 동안 좋은 날씨는 만나지 못했지만, 좋은 동료를 얻어서 이야기와 웃음이 끊이지 않았던, 나에게는 정말로 즐거운 산려山旅¹²였다.

주

1   1961년 8월로, 저자는 이때 58세였으며 포로시리다케에 이어 도무라우시에 올랐다.
2   곰 보내기熊送り라고도 하며, 불곰의 영혼을 하늘로 보내는 아이누 민족의 중요한 의식이다. 잔인함을 이유로 공식적으로는 1955년부터 금지되었다.
3   작업화의 일종으로, 바닥을 고무로 만들고 엄지발가락이 갈라진 신발이다. 발가

락이 갈라져 있어서 일본식 짚신인 와라지草鞋의 앞 끈을 걸기가 편리하다. 발가락 끝에 힘이 잘 들어가 과거 등반용으로도 많이 썼다.

4 사와노보리澤登り라고 하는 계류등산에서, 미끄럼을 막기 위해 짚신을 덧신는 경우가 최근까지 많았다.

5 두 갈래로 갈라지는 곳. 흔한 지명이기도 하다.

6 가와라河原: 서덜. 냇가나 강가 따위의 돌이 많은 곳. 강가의 모래(자갈)밭.

7 사사 야스오佐々保雄(1907~2003): 지질학자. 삿포로 출신으로 도쿄제국대학을 졸업했다. 중학교 시절부터 등산을 시작해, 우리나라와 대만, 북미의 산에도 올랐다. 홋카이도대학 명예교수, 일본산악회 제14대 회장과 한일터널연구회 명예회장을 역임했다.

8 정상에서 어깨처럼 뻗은 능선을 부르는 말이지만, 포로시리다케의 어깨幌尻岳の肩라는 이곳은 지도에서 하나의 지점으로 가타라고 표기하고 있다. 포로시리다케 권곡벽 위의 장다름을 말한다.

9 카르에 해당하는 영어와 불어의 명칭 cirque는 원, 또는 고리를 뜻하는 라틴어 키르쿠스circus에서 유래했다. 또한 권곡의 웨일즈어 쿰cwm은 에베레스트의 웨스턴 쿰Western Cwm 등에 붙어 가장 유명한 지명이 되어 있다.

10 스코틀랜드 게일어로 돌로 쌓은 무덤을 말하는데, 등산용어로는 등정기념, 혹은 오르내리는 지점을 표시하기 위해 만들어지는 돌무더기를 가리킨다.

11 하시모토 세이지橋本誠二(1918~1995): 지질학자, 홋카이도대학 산악부 OB, 홋카이도대학 교수. 1955년 '일본산악회 마나슬루 원정' 선발대원으로 참가했다. 지질도와 지형도를 제작했고 눈사태를 연구했으며 『그 시절의 등산あの頃の山登り(2002)』이 사후에 나왔다.

12 야마타비山旅. 특히 일본의 문인등산을 말한다. 일본에서 여행旅行과 다비旅는 조금 다른 의미를 가진다. 여행이 관광이나 출장처럼 명확한 목적을 가지고 계획대로 실행하는 것에 중점을 두는 것이라면, 다비는 순례나 산행처럼 우연을 바탕으로 예측이 불확실한 체험을 하는 것에 중점을 둔다. 일본산악회 설립을 계기로 시작된 근대등산 이전부터 문인묵객의 등산은 종교등산, 채약採藥등산 등과 더불어 이미 존재하고 있었다. 문인들은 등산을 다비의 일종으로 여겼고 많은 기행을 남겼다. 1920~30년대인 다이쇼 말기부터 쇼와 초기에 걸쳐 '정관파靜觀派'라는 등산의 태도 중 하나를 공유하는 사람들이 일본 등산계에서 중요한 세력을 형성하고 있었다. 이 정관파라는 명칭은 유럽 전래의 알피니즘을 일관되게 추구하려는 이른바 등산가에 대해 서정성과 정신성에 중점을 둔 일본의 정통적 '산려'의 계보를 계승한 사람들을 가리킨다. '정관파'에게 등산은 단순히 스포츠가 아니라 예술과 역사, 민속, 지리, 자연과학을 포함하는 문화적인 행위다. 후카다 규야의 『일본백명산』은 정관파를 현대에 계승한 대표적인 성과라고 평가한다.

009

시리베시야마
後方羊蹄山

표고 **1898미터**
소재 **홋카이도** 北海道
지도 **요테이잔** 羊蹄山

하코다테를 출발해 삿포로札幌로 가는 기차에서 우리의 눈이 번쩍 뜨이게 한 산이 두 개 있다. 먼저 고마가타케駒ヶ岳[1], 그다음이 시리베시야마後方羊蹄山. 고마가타케의 선드러진 첨봉은 가슴이 후련해지는 것 같은 풍경이었지만, 시리베시야마는 육중해서 일종의 압박을 느낀다. 고래로 에조후지蝦夷富士라고 불렸을 만큼, 그 단정한 생김새는 어디에서 보아도 형태가 흐트러지지 않는다.

이 산을 간단히 요테이잔이라고 줄여 부르는 것에 나는 강력히 반대한다. 먼 옛날 『일본서기日本書紀』[2] 사이메이齊明 조朝 5년(659)에 이미 시리헤시야마로 기록된 역사적인 이름이다.[3] 그 전년에 아베노 히라후[4]가 에조를 토벌하고, 이 땅에 만도코로政所를 두었다. 후방양제산後方羊蹄山의 **후방**을 '시리헤しりへ'(즉 뒤라는 뜻), **양제**를 '시し'라고 읽었던 것이다.

양제를 '시'라고 읽는 것은 『만엽집萬葉集』[5]에도 그 예가 있지만,[6] 왜 '시'라는 발음에 그런 얄궂은 두 글자를 군두목했을까 하는 이유를 나는 마키노 도미타로의 식물수필을 통해 알게 되었다. 양제는 **기시기시**ぎ

홋카이도

굿찬마치俱知安町에서 바라본 요테이잔

しぎし라는 풀의 한자 이름이며, 일본에서는 옛날에 **기시기시**[7]한 것을 그저 '시'라고 불렀다. 그래서 양제라고 쓰고 '시'로 읽게 된 것이다. **소리쟁이**ぎしぎし는 우리가 어렸을 때부터 친숙한 들풀이었고, 어쩌면 그 잎의 생김새에서 양제라는 한자 이름이 생겼을 것이다. 그래서 단지 양제산羊蹄山

만으로는 '**시야마**山'가 된다. 나는 산 이름은 예로부터 내려온 것을 존중하고 싶기에 편의대로 줄인 이름을 좋아하지 않는다.

아이누어로는 맛카리누푸리マッカリヌプリ다.[8] 누푸리ヌプリ는 **산**이라는 뜻이지만 맛카리マッカリ는? 바첼러[9]의 아이누어 사전[10]을 끌어다 나는 다음과 같이 상상했다. Mak은 **후방**을 뜻하고 Kari는 **통과한다**는 뜻. 그 두 가지가 합쳐져서 맛카리로 되었던 것은 아닐까 하고. 그런데 그 뒤에 무라카미 게이지가 올바른 해석을 알려주었다. "막マク은 **뒤**가 맞지만 카리カリ는 **둘레를 돌다**라는 뜻으로 막카리는 원래 강 이름이었다. 지금의 맛카리가와眞狩川다. 거기에 누푸리를 붙여서 산의 이름이 되었다."[11]

시리베시야마의 북쪽에는 시리베쓰가와尻別川, 남쪽에는 맛카리가와가 각각 산 둘레를 돌아가듯이 흐르고 있다. 그래서 산의 뒤를 돌아가는 강으로서 맛카리라는 이름이 생겨났던 것이다. 시리페쓰シリペッ는 '산의 강'이라는 뜻이기에, 시리베시後方羊蹄는 어쩌면 이 시리페쓰(시리베쓰가와)에서 왔을 것이라고 여겨진다.[12]

막부 말기(1853~1868)의 위대한 에조 탐험가인 마쓰우라 다케시로의 이름을 잊어서는 안 될 것이다. 그가 남긴 에조에 관한 수많은 저작 중에 『시리베시 일지』가 있다. 불과 이십 여장의 목판인쇄본이지만 거기에 이 산의 초등기가 실려 있다.[13]

그 기술에 따르면 시리베시야마에는 토착민이 찬양하는 힌네시리

정상의 분화구 지치가마父釜

雄岳와 마치네시리雌岳 두 산이 있다.[14] 힌네시리는 지금의 시리베쓰다케尻別岳(시리베시야마 동남쪽에 있는 1107미터 봉우리)이고, 마치네시리가 에조후지라고 부르는 지금의 시리베시야마다. 다케시로는 그 두 산 아래에 호코라祠를 모시려고 마음먹었지만, 완수할 기회를 놓치고 있다가 마침내 안세이安政 5년(1858) 2월 2일, 힌네시리 아래에 이르러 그곳에 호코라를 놓고 나서 시리베시야마 등반에 매달렸다. 2월 3일, 니고메二合目에서 하룻밤을 보냈으나, 추워서 밤새 잠을 이루지 못했다. 2월 4일, 이른 아침에 출발해서 욘고메四合目에서 일출을 본 다음, 로쿠고메六合目에서 삼림대를 벗어났지만, 하치고메八合目부터 점점 가팔라져서 그날 오후 겨우 정상에 닿았다.

이 등정이 분명한 것은 정상이 후지산의 그것처럼 커다랗게 패여 있고, 둘레가 1리 반 정도(이것은 얼마쯤 과장이지만)[15]라고 기록되어 있는 것으로도 증명된다. 어쨌든 100여 년 전의 혹한기에 홋카이도의 1900미터 가까운 산에 올랐다는 것은 놀랄 만한 용맹심이라 하지 않을 수 없다.

그 뒤로 이 빼어난 에조후지에 여름철에는 여러 토박이가 올랐던 것을 살필 수 있지만, 겨울철 등반은 메이지 45년(1912) 3월, 일본 스키의 조상이라고 일컬어지는 레르히[16]가 스키로 시도한 것이 최초였다. 하지만 그때는 정상까지 닿을 수 없었다. 그 뒤 스키 등산은 몇 차례 시도되었고, 5년 후 3월, 로쿠고메부터는 아이젠Eisen[17]으로 바꾸고 등정에 성공했다.[18]

내가 올랐던 것은 9월 2일, 이른 아침 히라후比羅夫역에서 출발했다. 아베노 히라후에서 취한 이름일 테지만, 빈약한 정거장이라 역 앞에는 자그마한 잡화점이 있을 뿐이었다.[19] 산기슭의 한게쓰 호수半月湖까지 걷고는 오르기 시작했는데, 놀랍게도 도중에 골짜기도 없고 물도 없어서, 아무 변화도 없는 길을 그저 후지산처럼 마냥 오르는 것이다.

그래도 중간까지는 전망이 좋아 위안이 되었지만, 그 위로는 안개 속의 한결같은 된비탈이라서, 등산이라기보다 일종의 체육훈련일 수밖에 없었다. 정상에는 오두막지기가 있는 꽤 튼실한 오두막이 있었다.[20] 나는 여전히 아무것도 보이지 않는 유백색 안개 속에서 옛 화구를 한 바퀴 돌고 하산에 접어들었다. 산기슭으로 내려왔을 때는 이미 완전히 저물어, 불빛 없는 캄캄한 황야가 펼쳐져 있을 뿐이었다.

주

1   일본 전역에 있는 고마가타케와 구분하기 위해 홋카이도코마가타케北海道駒ヶ岳로 부른다.
2   720년에 성립되었고 일본 육국사六國史 중 첫 번째 사서. 우리나라에 현전하지 않는 『백제삼서百濟三書』를 상당부분 인용하고 있는 것 또한 특징이다. 따라서 한일 간 입장차에 따라 고대사 해석이 달라지는 책이다. 『고사기古事記』와 더불어 일본 신화의 체계화를 도모했으며 신도神道라는 말이 처음 등장하는 것으로 알려져 있다. 이 『일본서기』와 『고사기』를 줄여서 '기기記紀'라고 한다.
3   『일본서기』의 표준 문헌 중 하나인 이와나미 서점岩波書店에서 출판한 『일본서기』의 제26권에는 시리베시야마後方羊蹄山라고 기록된 사실史實이 없다. 다만 아베노 히라후의 에조 토벌 후에 아이누인 이카시마膽鹿嶋와 우호나菟穂名 두 사람이 "시리헤시를 만도코로(일반적으로 정무를 집행하던 곳)로 삼아야 합니다可以後方羊蹄爲政所焉"라고 정복자에게 도시 건설을 청한 사실은 있다. 또한 『일본서기』 원문에 포함된 세주細註에 "(시리헤시는) 아마 에조의 관아일 것이다蓋蝦夷郡乎"라는 대목이 있을 뿐이고, 시리헤시의 의미조차 해석이 분분해서 이곳이 홋카이도의 어느 지역일 것이라는 것 외에 정확히 어디인지 알 수 없다는 것이 다수설이다. 시리헤시에서 유래한 이 산의 이름도 분분하다. 1712년에 완성된 백과사전인 『화한삼재도회和漢三才圖會』의 「하이지도蝦夷之圖」에는 시리베쓰다케尻別嶽라고 나와 있고, 요테이잔羊蹄山이라는 이름은 겐메이元明 원년(1781) 마쓰마에 히로나가松前廣長의 『마쓰마에시松前志』에 이미 등장했다. 이런 사례와 『일본서기』를 바탕으로 마쓰우라 다케시로가 시리베시야마後方羊蹄山로 명명해 정사에 가까운 취급을 하고 있다고 하니, 시리베시야마後方羊蹄山라는 표기는 그리 오래된 것은 아닌 것으로 보인다.
4   아베노 히라후阿倍比羅夫: 생몰년 미상인 인물로 7세기 중엽인 아스카 시대의 수군水軍 장군이다. 에조 원정으로 공을 세운 이후에 백제 부흥 운동기 마지막 전투인 백강 전투(663)에 참전했으나 나당연합군에게 패했다.
5   나라 시대인 7세기 후반에서 8세기 후반에 걸쳐서 만들어진 고대 일본의 가집歌集이다. 천황부터 각 계층의 노래를 4천 5백수 이상 모았다.
6   예를 들어 『만엽집』 제10권 1857번 노래. "해마다 변함없이 매화는 피건만 현세의 당신에게 봄은 없나니每年梅者開友空蟬之世人吾羊蹄春無有來"에서 '세인오양제世人吾羊蹄'를 '요노히토와레시'라고 읽는다.
7   삐걱삐걱 등의 의성어.
8   맛카리누푸리는 다시 말해 맛카리다케眞狩岳다. 맛카리マッカリ는 막카리マクカリ가 변한 말이다. 1897년에 육지측량부가 1등 삼각점을 설치했을 당시에 공식명칭으로 막카리다케眞狩岳로 표기했고, 20세기 초에 올랐던 오다이라 아키라의 등산기록에도 이 산을 막카리다케(에조후지)라고 적고 있다. 오늘날에도 맛카리다케는 등산자들이 1등 삼각점의 산명으로 쓰는 이름이다. 다만 오늘날의 최고점은 삼각점이 있는 곳이 아

닌 1898미터 지점으로 본다.

9 존 바첼러 John Batchelor(1854~1944): 1877년 일본에 성공회 선교사로 와서 아이누를 연구했다.

10 아이누라는 차별을 딛고 홋카이도대학의 교수를 지낸 아이누 언어학자 지리 마시호知里眞志保(1909~1961)는 바첼러의 문법서나 사전이 쓸모없다고 지적하고 있다.

11 이 해석은 아이누 문화를 연구했던 사라시나 겐조更科源藏(1904~1985)의 해석인 '뒤를 돌다'에서 나왔다.

12 오늘날 시리베시後方羊蹄는 '산의 강'이라는 뜻보다 '물가가 험한 강'이라는 뜻의 시리베쓰尻別를 어원으로 굳두목 한 것으로 본다. 따라서 시리베시와 시리베쓰는 저자의 추측대로 같은 말로 보인다. 또한 시리베쓰다케尻別岳는 그 인근으로 지명을 옮겼다지만, 맛카리다케와 시리베시야마 등이 혼재하는 것을 보면 강을 기준으로 같은 산을 달리 불러왔을 가능성도 커 보인다.

13 1859년에 출판된 이 책은 저자가 1959년에 홋카이도로 가족여행을 갔을 때 삿포로 다누키코지狸小路의 고서점에서 1800엔을 주고 산 것이다. 빈핍여행이라고 부르며 밥값이며 숙박비부터 확인하고 다니던 때였는데, 한 푼도 안 깎고 사서 오히려 고서점 주인이 당황했다고 한다. 저자는 이 여행에서 가족을 먼저 집으로 보내고 혼자 시리베시야마를 등산했다.

14 힌네시리는 '남성의 산'을 뜻하는 아이누어 핀네시리pinneshiri에서 유래해서 핀네시리로 읽는다. 홋카이도에는 여러 핀네시리가 있다.

15 일본의 1리里는 약 3.927킬로미터다. 또한 에도 시대의 1리는 1시간에 걸을 수 있는 거리를 말했다. 시리베시야마의 실제 분화구 둘레는 약 2킬로미터이고 오르내림이 있는 산길에서는 도상 거리보다 거리가 늘어나는 것을 감안하더라도 1리 반을 단순히 미터법으로 환산하면 이 분화구의 둘레는 6킬로미터가 넘어 후지산의 약 3킬로미터의 두 배가 된다. 또한 마키하타야마 편에서 와레메키야마의 높이를 1리 남짓으로 묘사하는데, 이를 그대로 수용하면 후지산(3776미터)보다 높게 된다. 따라서 1리는 1시간으로 보아야 한다. 이를 적용하면 후지산 분화구 일주는 휴식 없이 최대 2시간 정도 걸린다고 하니, 후지산의 분화구 둘레는 2리이며 2시간, 시리베시야마의 1리 반은 1시간 반이 되어, 산길에서 대강 맞는 시간이다. 이하 본문에서 행정行政 단위를 나타내는 리를 제외한 리는 거리를 시수時數로 표현한 것으로 이해해도 무방하다.

16 테오도르 레르히 Theodor Edler von Lerch(1869~1945): 오스트리아 헝가리 제국의 군인. 알파인 스키 기술의 아버지라고 부르는 마티아스 즈다르스키 Mathias Zdarsky(1856~1940)를 사사했다. 1902년 러일전쟁에 대비한 동계훈련을 하던 일본 육군이 핫코다산 일대에서 집단 동사한 참사를 계기로 군부 내에서 스키 도입을 논의했고, 1910년에 교환 장교로 일본에 오게 된 그가 즈다르스키에게 스키를 배운 숙련자라는 것을 알게 된 육군성에서 지도를 부탁했다.

17 (D) 쇠. 슈타이크아이젠Steigeisen을 줄여 부르는 말이 굳어졌다. 영어로 크램폰crampons.

18 1917년의 홋카이도대학 스키부에 의한 것으로, 이때 크램폰을 사용한 것을 스키 등산의 실패로 보았고 다시 도전해 1920년에 스키 등산에 성공한다.
19 현재 굿찬俱知安역에서 관리하는 무인역이다. 히라후역은 일본 내에서 유일하게 역사에서 민박할 수 있다.
20 현재 정상 근처에서 조금 내려온 곳으로 옮긴 히난고야가 있다.

2부
도호쿠
東北

이와키산
岩木山

표고 1625미터
소재 아오모리현 靑森縣

　이시자카 요지로[1]의 초기 단편에 「오야마お山」라는 것이 있다. 지방색이 풍부한, 야성이 생동하고 있는 것 같은 좋은 단편이었다. **오야마**는 이와키산岩木山[2]을 말하며, 해마다 한 번 지내는 오야마산케이お山參詣[3]라는 풍습 중에 일어난, 소년의 순진한 사랑을 헝클어트린 이야기였던 것으로 기억한다.

　이시자카 씨는 히로사키弘前 태생이다. 그곳에서 조석으로 이와키산을 바라보고 그 습속에 젖어 자란 사람이어서, 그 이후의 작품에도 이와키산 주변이 자주 나온다. 히로사키에서 바라본 이와키산은 쓰가루후지津輕富士라고 불릴 만큼 참으로 멋지다. 평지에 홀로 선 산이기에 1600미터의 산이라고는 생각하지 못할 정도로 당당해서, 마음껏 그 산자락을 뻗고 있다. 산을 잘 아는 사람이라면, 정상 부분의 이른바 미쓰미네 산조다이곤겐三峰三所大權現이라는 그 세 봉우리(조카이鳥海·이와키岩木·간키巖鬼)[4]를 판연하게 알아볼 수 있으리라.

　이 이와키산을 바라보면서 자란 또 한 사람의 소설가가 있다. 그는

히로사키 쪽에서 바라본 이와키산

다자이 오사무[5]로, 이 산 북쪽에 있는 가나기초金木町 태생이다. "히로사키에서 보면 자못 장중해서, 이와키산은 역시 히로사키의 산일지도 모른다고 생각하는 한편, 쓰가루 평야의 가나기金木, 고쇼가와라五所川原, 기즈쿠리木造 언저리에서 바라보았던 이와키산의 단정하고 화사한 모습 또한 잊을 수 없었다"라고 쓰고 있다.

나는 북쪽에서 본 이와키산을 모른다. 다행히 다자이 씨의 장편 『쓰가루津輕』 중에 멋진 묘사가 있으니, 그 부분을 빌려와보자.

"'야! 후지. 좋구먼'하고 나는 소리쳤다. 후지산은 아니었다. 쓰가루후지라고 부르는 1625미터의 이와키산이 눈에 가득한 논 끝자락에 사

북쪽 다테이시마치建石町 쪽에서 바라본 이와키산

뿐히 떠 있다. 정말로 가볍게 떠 있는 느낌이다. 싱그러움이 넘쳐흐를 정도로 새파래서, 후지산보다 한층 여성스럽고, 주니히토에十二單[6]의 옷자락을 은행잎을 거꾸로 세워놓은 듯이 사르르 펼쳐, 좌우의 균제도 알맞게 조용히 푸른 하늘에 떠 있다. 결코 높은 산은 아니지만 그래도 어지간히, 투명할[7] 정도로 선연嬋娟한 미녀가 아니던가."

　　　이와키산이 아름답게 보이는 마을에서는 벼가 잘 여물고, 미인도 많다는 전설이 있다고 하니,[8] 그만큼 이 산을 쓰가루 지방에서는 존숭하고 있는 것이다. '오야마산케이'라는 행사가 먼 옛날부터 전해오고 있는 것도 까닭 없지 않다.

　　　쓰가루津輕[9] 사람들이 마을마다 두럭을 짜서, 음력 8월 1일부터 15일 사이에 오야마산케이를 하는데, 그 전에 결재潔齋를 위해 오두막에서 이레 동안 오코모리御籠り[10]를 하고, 가까운 강에서 몸을 정갈하게 한다. 산에 오를 때는 똑같이 흰옷차림에 피리와 북으로 쾌활하게 장단을 맞추면서 "사이기사이기, 돗코이사이기, 오야마니핫다이, 고고도사, 이쓰니나노하이,

나무킨묘초라이"라고 크게 소리치며 나아간다.(이것은 참회참회懺悔懺悔, 육근참회六根懺悔, 어산팔대御山八大, 금강도자金剛道者, 일일예배一々禮拜, 나무귀명정례南無歸命頂禮의 사투리다.)¹¹

주렁주렁 흔들리는 흰 오고헤이大御幣가 선두에 서고, 그다음으로 붉고 푸른 고헤이御幣¹²를 들고 첫 참배를 하는 아이가 잇따른다. 그중에는 아버지나 할아버지에게 업혀 있는 아직 세 살쯤 되어 보이는 아이도 있다. 누사幣의 손잡이에는 각각 이름이 적혀 있다. 다음은 다섯 번째 참배의 은빛 고헤이, 일곱 번째 참배의 금빛 고헤이가 득의양양하게 이어지고, 그 뒤로는 오야마에 바치는 두 간 길이의 노보리幟¹³, 그다음이 핫피法被¹⁴ 차림으로 장단을 맞추는 사람이다. 행렬에 금은의 고헤이가 많은 마을일수록 자랑스러운 얼굴이다. 밤이 되면 그 행렬의 관솔불이 점점이 흩어져 산으로 올라가는 것이 보인다.

참배를 마치고 기슭까지 돌아오면 거나하게 술판이 벌어진다. 각양각색 요란한 차림으로 탈을 쓰고, 한 손은 산에서 따온 만병초石南花를 흔들고, 한 손은 부채를 펴서 "좋은 산 저물었네. 초하루 산 저물었네"라고 노래하고 춤추며 마을까지 돌아간다.

내가 처음으로 이와키산에 올랐던 것은 35년 전 여름이었다. 히로사키에서 버스로 햐쿠자와百澤까지 갔다. 이 햐쿠자와가 오야마 참배의 오모테구치表口¹⁵로, '오쿠노닛코奧の日光'¹⁶라고 부르는 이와키 신사가 있다. 옛 쓰가루번의 역대 번주藩主¹⁷가 존숭했던 야시로社다. 나는 거기서부터 다시 트럭으로 갈아타고 이와키산의 스소노裾野를 누비며 올라간 곳에 있는 다케노유嶽の湯까지 갔다. 지금은 어떻게 되었는지 알 수 없지만,¹⁸ 나 때에는 아직 전기도 들어오지 않는 소박한 산속 온천이었는데, 물이 풍부하고 뜨거웠다. 온천치료차 온 손님들이 가이키搔木라고 부르는 히샤쿠柄杓¹⁹처럼 생긴 물건으로 쉴 새 없이 머리에 뜨거운 물을 끼얹고 있는 것이 신기했다.

이튿날 아침은 때때로 비가 섞인 흐린 날씨였지만, 여기까지 왔다가 돌아서는 것도 서운해서 혼자 산으로 향했다. 다케노유 뒤편으로 등산

로가 나 있었다. 산 어깨까지 오르니 거대한 바위로 된 멋진 폭렬화구가 있는데, 도리노우미鳥ノ海라고 부르고 있다. 그곳에서 오모테구치로부터 올라온 길과 합쳐지며[20] 정상까지는 바위가 덜그럭대는 길이다. 비가 본격적으로 내려 조망은 전혀 할 수 없었다. 돌아오는 길은 햐쿠자와 쪽으로 내려왔다. 털썩털썩, 종지뼈가 아플 만한 내리막이 이어지고 나서 이윽고 광활한 대지臺地로 나왔다. 거기부터는 완만한 고원이 되어 전체가 풀밭인 기분 좋은 비탈이어서, 스키로 날아오르면 얼마나 좋을까 하고 생각하며 이와키 신사 뒤편까지 한 줄기 길을 내려갔다.

주

1 이시자카 요지로石坂洋次郎(1900~1986): 소설가. 게이오대학을 졸업했다. 고향에서 교사로 근무하며 청춘 소설을 주로 썼다. 「오야마お山」는 『풍속風俗(1937)』에 수록되어 있다. 전후戰後 교육현장에서 벌어지는 신구 가치의 대조와 일상의 민주주의 논의를 그려낸 작품인 『푸른 산맥(1947)』은 영화로도 제작되었다.
2 쓰가루 사람들은 이와키巖城 로도 적는다.
3 매년 음력 8월 1일에 지내는 풍년기원제로, 사흘에 걸쳐 열린다. 첫날은 이와키 신사에 참배하는 무카이야마向山, 이튿날 밤에 고헤이를 들고 행진하는 전야제인 요이야마宵山, 마지막 날인 음력 8월 1일은 하산해서 축제를 즐기는 쓰이타치야마朔日山로 진행한다.
4 여기서 곤겐은 신체神體로 받드는 산을 가리키는 것이며 이와키산을 구성하고 있는 인접한 세 봉우리를 말한다. 이와키산을 중심으로 남서쪽에 조카이산(1502미터), 동북쪽에 간키산(1456미터)이 있다. 이 조카이산은 백명산에 속하는 조카이산과는 다르다.
5 다자이 오사무太宰治(1909~1948): 소설가. 도쿄제국대학 불문과를 중퇴했다. 여행 소설인 『쓰가루(1944)』는 그의 대표작 중 하나로 꼽히며, 소설 속에서 실제로 반목하고 있던 시가 나오야를 헐뜯다가 후회하는 모습을 재미있게 그리고 있다. 투신자살로 생을 마감했으며 1935년 가마쿠라에서의 자살 시도 직전에도 가마쿠라에 살고 있던 저자를 찾아간 일이 있었다. 그는 당시 저자의 부인 기타바타케 야호와 동향인 쓰가루 출신이기도 하고, 저자(사실은 야호의 작품)가 쓴 『오롯코의 딸オロッコの娘(1930)』(오롯코Orokko란 아이누인이 퉁구스계인 윌타Uilta인을 부르던 말)과 『쓰가루의 들판津輕の野づら(1935)』에서 쓰가루를 무대로 북국의 젊은 여성들이 주인공인 서정적 작품에 호감을 가졌다. 이에 저자를 '정신의 여성'을 창조한 일등작가

	라고 말하며 후카다 규야와 이야기 해보고 싶었다고 한다. 이때의 일화는 이듬해에 발표한 『교겐의 신狂言の神(1936)』이라는 단편 소설에서 묘사하고 있다.
6	헤이안 시대 귀족 여성의 정장正裝이다. 화려하고 품위 있는 옷으로, 이름의 '열두 겹'은 그만큼 많이 겹쳐 입는다는 뜻이다.
7	원문의 스키토오루透き通る는 여성의 피부가 고운 것을 수식할 때 쓰는 말이고, 선연은 얼굴이 곱고 아름다움을 뜻한다. 피부에서의 투명은 1990년대까지 국어사전의 표제어로 올라 있지 않았던 낯선 표현이긴 하지만, 2000년대 이후 신문지상에서 화장품과 관련한 '투명 피부'라는 용례가 보이고, 사전에도 올라 있어서 그대로 옮겼다.
8	『쓰가루』에서 인용.
9	아오모리현의 서쪽.
10	신불에 기원하기 위하여 신사나 절에 일정 기간 머무는 일.
11	원문은 오야마산케이 창문お山参詣の唱文을 적고 있다. 정확하지 않아서 이와키산 관광협회에서 낸 공식 자료를 인용해 정정했다.
12	제사에 바치는 누사幣帛의 일종으로, 종이를 지그재그로 접은 시데紙垂 두 개를 대나무, 또는 나무로 만든 꼬챙이에 끼운 것이다. 오야마산케이에서 쓰는 것은 일본의 일반적인 고헤이와 형태가 다르다. 종이 대신 나무를 대패로 얇게 깎아 만드는 방식이나, 다발로 엮어 오리가 우산형태로 펼쳐지는 특징 등이 아이누의 제례용 이나우イナウ와 매우 닮았다.
13	깃발의 일종으로, 직사각형의 천을 길게 'ㄱ'자 모양의 장대에 매달아, 신사나 불각에 세워두기 위한 것이다.
14	주로 축제 참가자들이나 장인들이 입는다. 대개 쪽색의 무명으로 만들며, 옷깃과 등에 옥호나 상표 등을 염색한다.
15	종교등산의 참배 등을 위한 공식 등산로의 입구를 말한다. 신사 참배에서 오모테산도表参道와 우라산도裏参道가 공식 참배로와 뒷길 정도로 의미가 나뉘는 것처럼, 산의 표리表裏 개념에서 오모테表는 공식적인·앞·주된·바깥쪽의·눈에 보이는 등의 뜻이 있고, 우라裏는 비공식적인·뒤·중된·안쪽의·눈에 보이지 않는 등의 뜻이다. 이하 본문에서 산의 들머리를 표리로 구분하는 것에는 이런 뜻들이 녹아 있다.
16	오늘날의 이와키 신사는 1847년에 재축했고, 이때부터 오쿠노닛코라고 불렸다. 오쿠는 이 지역을 가리키던 오슈를 가리키며, 오쿠노닛코라고 부르는 것은 이와키 신사의 화려함을 자랑하는 사전社殿이 닛코에 있는 닛코토조구日光東照宮를 떠올려서라고 한다.
17	무로마치 시대에 기타바타케 가문北畠氏이 처음으로 신사를 조영했다고 전해진다.
18	지금은 이름도 다케 온천향嶽温泉郷으로 바뀌었다.
19	주로 물을 뜨는 용도로 쓰며 국자와는 생김새가 다르다. 신사의 입구에 손 씻는 곳에서, 찻주전자에서 물을 풀 때, 온천 등에서 쓴다. 바닥이 평평하며 울은 바닥과 직각이다. 울은 둥글고 춤이 낮으며 자루는 수평에 가깝다.
20	현재 호메이 휘테鳳鳴 Hütte가 있는 곳.

011 핫코다산
八甲田山

표고 **1585미터**(오다케大岳)
소재 **아오모리현**青森縣

    핫코다산八甲田山은 단지 한 봉우리 때문에 눈에 띄는 산은 아니다. 그것은 『동유기東遊記』의 저자[1]도 이야기하듯이 '참치부제參差不齊하여 손가락을 세워 놓은 듯' 봉우리가 무리 지어 있다. 아오모리 언저리에서 그 군산을 바라보고 봉우리 이름을 하나하나 지적할 수 있는 사람은 드물다.

    핫코다산이라는 명칭이 이 산의 성격을 나타내고 있다. 마에다케前岳, 다모야치다케田茂范岳, 아카쿠라다케赤倉岳, 이도다케井戶岳, 오다케大岳, 고다케小岳, 이시쿠라다케石倉岳, 다카다오다케高田大岳 등 **여덟** 봉우리와 그 산중 곳곳의 오미, 다시 말해 **논**山[2]이 많아서 핫코다八甲田라는 이름이 붙었다고 전해진다. 하지만 봉우리는 그뿐만이 아니다. 커다란 고원을 품고 미나미하코다南八甲田라고 부르는 군산인 요코다케橫岳, 구시가미네櫛ヶ峰, 고마가미네駒ヶ峰, 노리쿠라다케乘鞍岳, 아카쿠라다케赤倉岳[3] 등이 서 있다. 어느 산이나 1500미터 전후라서 산으로서 높다고는 말할 수 없지만, 이들 여러 봉우리를 두상화서頭狀花序처럼 모인 하나의 산으로서 볼 때 과연 명산으로 추천하기에 족하다.

게나시타이

　　핫코다산이라는 이름이 처음으로 세간에 널리 전해졌던 것은 메이지 35년(1902) 아오모리 보병연대의 설중 행군 조난이었다. 엄동의 1월 하순, 1대대 220명이 아오모리에서 핫코다마에다케甲田前岳의 북쪽 기슭을 거쳐 산본기三本木로 나오려고 했지만, 도중에 맹렬한 눈설레[4]에 휩쓸려 12명만 남기고 다른 사람은 모두 동사했다.[5] 당시 큰 사건이었다. 등산이라고는 할 수 없지만, 일본에서 일어난 최초의 대형 설산 조난으로 오랫동안 사람들의 기억에 참혹하게 남아 있다.

　　핫코다가 아름다운 풍경으로 널리 알려지게 된 것은 도와다 호수

十和田湖와 함께 국립공원으로 지정되고 나서다. 30여 년 전 내가 그곳을 찾았을 무렵에는 저 넓은 고원에 가느다란 길밖에 없었고 사람도 거의 마주치지 못했다. 국립공원으로 지정된 이후에 찻길이 열려 봄, 여름, 가을에 걸쳐 관광객을 가득 실은 버스가 수도 없이 달리게 되었다. 핫코다, 오이라세奥入瀬, 도와다를 잇는 루트는 일종의 유행 관광지가 되었다.

하지만 버스로 달려 지나가는 것만으로는 핫코다산의 매력을 알 수 없다. 등산이라기보다 거닐기에 적당한 이 산은 느긋하게 제 발로 걸어서 고산식물의 꽃이 어우러져 핀 크고 풍성한 비탈, 거울 같은 지당池塘[6]을 상감象嵌한 들판, 색다른 모습의 아오모리분비나무青森椴松[7] 수풀, 그런 장소를 돌아다녀야 참모습을 이해할 수 있으리라.

가장 높은 것이 오다케다. 그 기슭에 있는 서민적 온천인 스카유酸ヶ湯부터는 여자와 어린아이라도 편안하게 오를 수 있다. 혼슈本州[8]의 가장 북쪽에 있는 산인만큼 정상은 월귤岩桃이며 시로미가 깔린 고산대다. 조망은 굉장하다. 동쪽에는 멀리 오가와라 호수小川原湖가 희읍스름하게 반짝이고, 그 너머는 태평양이다. 서쪽에는 쓰가루의 명산 이와키산이 솟아 있고, 그 오른편으로 낮아진 곳이 동해다. 가만히 앉아 일본의 너비를 전망할 수 있음과 동시에, 보라! 북쪽에는 바다를 사이에 두고서 홋카이도의 산이 줄지어 있다. 남쪽으로 눈을 돌리면 산들이 중첩해 있는 그 끝에서 눈에 띄게 높은 것이 이와테산과 조카이산이다.

나는 이 정상에 전쟁 후에 세 번 올랐고, 두 번은 쾌청한 날을 만났다. 그리고 우연히 두 번이나 핫코다의 **터줏대감** 시카나이 다쓰고로[9] 어르신을 만났다. 러일전쟁 시대에 하사관이었다는 이 명물 아저씨는 항상 군장을 하고, 가슴에 훈장을 나란히 달고, 오른쪽 어깨에는 나팔, 왼쪽 어깨에는 수통 차림이었다. 피리를 불면서 등산객의 선두에 서서 이런저런 주의며 설명을 해주고, 정상에서는 육군 나팔곡을 분다. 몸소 기꺼이 핫코다산의 안내인이 된 지 오십 년, 이 산의 일이라면 지형이며 식물이며 모르는 것이 없다는 마음씨 도타운 할아버지다. 이제 팔순을 넘기고 계시리라.

핫코다산의 수빙

　　오다케에 올랐다면, 돌아가는 길은 부디 반대편의 이도다케를 거쳐 게나시타이毛無岱로 내려가기를 권하고 싶다. 이 정도로 아름다운 고원은 여간해서 없다. 호화로운 융단을 깔아놓은 것 같은 그 벌판에는 사랑스러운 늪이 몇 개씩이나 점점이 있고, 그 곁에는 잘생긴 눈잣나무가 가지를 펼치고 있다. 주위에는 키 작은 아오모리분비나무가 풍정을 보태고 있어서, 그 부족함 없는 배치도 좋고, 배경의 효과도 좋은, 참으로 신의 솜씨로 짜낸 명원名園의 정취가 있다.

　　핫코다의 군봉은 모두 원추형의 아름다운 모습을 하고 있지만, 그중에서도 가지런한 것은 두 번째로 높은 다카다오다케일 것이다. 이 산은 스이렌누마睡蓮沼를 앞에 두고 핫코다의 대표적인 풍경을 만들어내고 있다. 근년에 버스 관광객이 지나는 길에 들르는 곳이 된 탓인지, 소박한 자연이 계속 상해가는 것이 안타깝다.

핫코다산의 풍경을 개성 있게 만들어주는 것은 그 광대한 고원성高原性과 그것을 뒤덮은 아오모리분비나무 군락일 것이다. 이 침엽수는 엄동의 강풍을 맞아서 결코 크게 자라지 않는다. 마치 난쟁이 같은 모습에 그 끝이 고목枯木처럼 부스스해, 그것이 일종의 독특한 북방적인 풍경을 만들어내고 있다. 근년 들어 스키의 천국으로 등장하고 있는데, 모든 스키어가 감탄하며 구경하는 멋진 수빙樹氷[10]은 이 아오모리분비나무가 눈과 얼음을 걸치고 있는 모습이다. 스키장으로서의 핫코다산은 앞으로도 꾸준히 번영을 누릴 것이다.

주

1 다치바나 난케이橘南谿(1753~1806): 교토의 명의로 이름난 의사. 의학 수련을 위해 여러 지방을 순회했고 고질병 환자를 치료했다. 1783년에는 인체해부를 했으며 조정에서 의관으로 일했다. 『동유기(1795)』와 『서유기(1795)』는 에도 시대의 명저 중 하나로 꼽힌다. 『동유기』는 의학을 수련하던 그가 도카이도東海道, 도산도東山道, 호쿠리쿠도北陸道 등 교토 이동 지방을 여행하고 쓴 견문록이다. 『동유기』는 다자이 오사무의 『쓰가루』에서도 자주 언급한다. 소보산 편과 기리시마야마 편 등에서 언급하는 『서유기』는 『동유기』의 자매편으로 산요도山陽道, 사이카이도西海道, 난카이도南海道 등 교토 이서 지방을 여행하고 쓴 견문록이다.

2 일본은 논을 다田, 밭을 하타케畑로 부른다. 대개 밭은 화전을 일구었기에 불 화火 변을 붙여 물을 대는 논과 구분한 것이다. 우리의 논 답畓 자가 고유의 국자인 것처럼 일본에도 밭을 뜻하는 국자 하타케畠가 있다. 일본에서는 물을 대지 않은 논을 밭이라고 보았는데, 하타케畠의 白을 물을 대지 않은 논의 모습으로 본 것이라고 한다. 오늘날에는 대개 전畑은 밭이라는 뜻을 대표하고, 전畠은 이름이나 지명으로 남아 있다.

3 한 산군 내의 산 이름이 같아서 북부에 있는 산은 아카쿠라다케(1548미터)라고 부르며, 남부에 있는 이 산은 남부 아카쿠라다케南部赤倉岳(1290미터)라고 부른다.

4 눈이 내리면서 차가운 바람이 몰아치는 현상인 눈설레의 '설레'는 바람을 뜻해서 바람을 강조하는 말이고, 바람에 불리어 휘몰아쳐 날리는 눈인 눈보라의 '보라'는

잘게 부스러지거나 한꺼번에 많이 가루처럼 흩어지는 눈을 뜻해서 눈의 형태를 강조하는 말이다. 다시 말해 눈설레는 체온을 잃기 쉽고 눈보라는 방향을 잃기 쉽다.

5   정확히는 1대대 220명이 아니라 육군8사단 보병5연대에서 차출 편성한 1개 대대 규모 참가자 210명을 말하며, 6명은 구출 후에 사망해서 199명이 동사하고 최종적으로 11명이 생존했다. 이를 다룬 소설로 닛타 지로新田次郎(1912~1980)의『핫코다산 죽음의 방황八甲田山死の彷徨(1971)』이 있다. 본명이 후지와라 히로토藤原寬人인 닛타 지로는 '산의 작가'로서 여러 차례 역주에 등장하는데, 그의 가족이 우리나라와 깊은 인연이 있다. 기상학자였던 그는 만주 기상대에서 근무하다가 패전을 맞자, 부하직원을 남겨두고 혼자 도망가는 것은 비겁하다며 만주에 남아 포로생활을 하게 된다. 결국 부인 후지와라 데이藤原てい(1918~2016) 혼자 여섯 살, 세 살, 생후 1개월 된 아들딸 셋을 데리고 38선을 넘어 부산을 통해 귀국했고, 귀국길의 고생으로 인해 병상에 누워 유서를 쓰는 심경으로 책을 썼다는『흐르는 별은 살아있다(1949)』가 베스트셀러가 되었다. 이를 계기로 닛타 지로도 소설을 쓰게 되었다고 한다. 데이 여사와 38선을 넘었던 차남이 수학자이자 수필가로서『국가의 품격(2005)』등의 저자인 후지와라 마사히코藤原正彦(1943~)다. 마사히코는 "책에서도, 평소에도 어머니는 늘 '가난한 한국인들의 친절이 없었다면 우리는 그때 죽은 목숨이었다'며 고마움을 표해 왔다"라고 했다.

6   일반적으로는 못과 같은 뜻이지만, 고산의 습원이나 이탄층에 물이 괴어 있는 늪보다 작은 곳을 말한다. 오제가하라尾瀬ヶ原의 지당이 유명하다.

7   분비나무의 일종인 오시라비소大白檜曾의 별칭.

8   일본 열도의 주가 되는 가장 큰 섬. 본토.

9   시카나이 다쓰고로鹿内辰五郎(1880~1965): 스카유 온천 직원으로 15살 때부터 60년간 일했다고 한다. 1902년 핫코다산 조난 때 구조대원으로 활동했으며, 평생 500명 이상의 조난자를 구조했다고 전해진다.

10   빙설에 덮인 나무.

하치만타이
八幡平

표고 1613미터
소재 이와테현 岩手縣
아키타현 秋田縣

하치만타이八幡平가 일반에 알려지기 시작한 것은 도와다 하치만타이十和田八幡平 국립공원 제정 이래일 것이다. 하지만 같은 국립공원의 범위 내에 있으면서 도와다 호수로 가는 사람 수에 비해 하치만타이 쪽이 훨씬 적다. 아직 유명하다고 할 만큼은 아닌가 보다.

내가 처음으로 하치만타이라는 이름을 알게 된 것은 『산악』 제22년 제1호(1927)에 실렸던 누마이 데쓰타로[1]의 「우고노쿠니 다마가와 계곡의 깊은 산羽後國玉川溪谷の奧山」에서였다. 그것은 다이쇼 9년(1920) 8월, 다마가와 계곡에서 하치만타이로 들어가 야케야마燒山[2]로 나오는 여행기로, 아마 하치만타이에 관한 최초의 기행일 것이다. 그 이전에 『일본산악지』 며 『아키타 연혁사秋田沿革史』[3]에서 아주 간단하게나마 하치만타이를 언급하고 있으니, 꽤 이전부터 그 이름은 알려졌음이 분명하다. 하지만 그곳이 어떤 장소인가를 기록한 글은 **없었다**. 문헌 천착에 비상한 열의를 가졌던 누마이 씨가 **없었다**고 하니 틀림없을 것이다. 쇼와 시대가 되고 나서 가끔 하치만타이 이야기가 들려왔는데, 그것이 차츰 세상에 알려져서 마침

하치만타이의 숲

내 국립공원으로 편입되기에까지 이르렀다.

　　　　하치만타이의 平을 **다이라**平가 아니라 **다이**로 읽는 것은 핫코다산 등에 많이 있는 '다이岱'와 동의어이기 때문일 것이다. **다이**란 산의 습지대란 뜻이고, 어쩌면 고어 '다이田井'4에서 유래했는지도 모른다. 도호쿠東北5 지방에는 산 위의 오미를 오타御田라든지 단보田圃6라고 부르는 경우가 많다.

하치만타이 가가미누마鏡沼의 드래곤아이Dragon Eye

　　하치만八幡이라는 것은 옛날에 하치만타로 요시이에[7]가 아베 가문 安倍氏[8]을 정벌할 때 여기를 지났다는 말이기는 하지만, 물론 믿기에는 부족하다. 오슈奧州[9]의 전설에 벤케이[10]와 하치만타로는 여러 번 나타나는 인물이다. 하지만 순박한 시골 사람들은 그것을 굳게 믿고 있다. 일례로 누마이 씨가 하치만타이를 찾아갔을 때 그곳의 오누마大沼에서 한 미친 노인의 사연을 들으셨다. 그 노인은 얼마 전까지 살아 있었다고 했는데, 늪의 둔치에 오두막을 짓고 고기잡이를 하면서 평생 허허벌판을 여기저기 헤매며 요시이에가 남겼다고 전해오는 순금의 비碑를 백방으로 찾아 다녔다고 한다.

　　또 일설에는 사카노우에노 다무라마로[11]가 동방을 정벌[12]할 때 적

을 쫓아 이 고원에 발을 들이고는, 너무나도 아름다운 풍경에 감동해서 하치만다이진구八幡大神宮13를 권청勸請14하고 전승을 기원한 것이 이름의 기원이라고도 한다.

하치만타이의 최고점은 1614미터에 삼각점이 있는 곳이지만, 특별히 봉우리라고 부를 정도로 두드러진 것은 아니다. 자우스茶臼, 앗피安比, 못코畚, 소마즈노杣角15 등의 산들 사이로 펼쳐진 고원상高原狀의 모든 산지를 가리켜 하치만타이라고 부르고 있다. 그중에서도 최고 삼각점을 중심으로 놓고, 동쪽은 겐타모리源太森, 남쪽의 미카에리 고개見返峠까지의 지역은 거의 평탄한 벌판이라고 해도 좋다.

광대한 고원 여기저기에 소박한 산속 온천, 풍치 있는 못과 늪16, 북방의 독특한 수림이 흩어져 있어서 일대 낙원을 펼치고 있다. 사람들이 그러한 고원에서 아름다움을 찾아내게 된 것은 비교적 근대의 일이라, 그때까지는 그처럼 산 깊숙이 드는 일은 광산에서 일하는 사람이나 수수한 온천으로 온천치료차 나서는 마을 사람 이외에는 없었다. 아무튼 산 깊은 불편한 땅이기도 해서 하나와센花輪線이 다니기 이전에는 어디서부터 가더라도 며칠은 걸렸다. 5만 분의 1 지형도가 마지막으로 완성된 것이 이 산지라고 하니, 일본에서도 최후까지 남겨진 공백지대였다.

아마 하치만타이가 유명해지기 시작했던 것은 특이한 후케노유蒸ノ湯 때문은 아니었을까. 이것은 사람이 담그는 탕이 아니라 사람을 찌는 탕이었다. 욕사浴舍는 야마고야처럼 중앙으로 통로가 있는데, 양쪽의 봉당 위에 멍석을 깔아 유카타浴衣17 한 장 걸치고 누워 있으면, 밑에서 솟구쳐 오르는 김에 쪄지는 것이다. 후케노유 가까이에 고쇼카케後生掛 온천이 있다. 여기도 증기를 뿜고 있다. 특히 계류 중간에 오나메オナメ와 모토메モトメ(본처와 첩이라는 뜻이라고 한다)라는 큰 분천噴泉이 있고, 그 근처에는 몇 개의 이화산泥火山이 활동하고 있다.

하지만 하치만타이의 진가는 역시 고원소요高原逍遙에 있을 것이다. 한 자락의 크고 평탄한 들판이 아니고 완만한 경사를 지닌 높낮이가

하치만타이의 스키어와 멀리 이와테산

있는 고원이라, 기분 좋은 다이㊤를 하나 가로지르면 멋진 원시림으로 들거나, 어느 언덕을 넘으면 뜻밖에 늪이 있기도 해서, 그 변화 있는 풍경이 재미있다. 이런 지형은 당연히 스키에 썩 알맞아서 요즘 겨울에 집을 나서는 사람이 많아졌다는 모양이다.

　　내가 처음으로 하치만타이를 찾았던 것도 스키였는데, 그게 벌써 꽤 오래전 일이라 지금 같은 시설이 전혀 없었던 시절이다.[18] 엄동 1월에 하나와센 아즈키자와小豆澤(지금의 하치만역)부터 갔다. 사카비타이坂比平까지 말 썰매를 타고 간 다음, 스키에 실sealskin[19]을 붙이고 오르기 시작했다. 후케노유까지 다섯 시간이나 걸렸으려나. 엄청난 추위였다. 자다 보면 이불깃이 입김으로 얼어붙었다.

돌아오는 길은 마쓰오松尾 광산[20] 쪽으로 내려왔는데, 도중에 맹렬한 눈설레에 휩싸였고 휑뎅그렁한 알땅에서는 방향을 알 수 없어서 조난 일보직전까지 갔다. 하지만 지금은 야마고야도 여러 곳에 세워지고 리프트도 달려서 몹시 편리해졌다. 마쓰오 광산 들머리를 공식 현관으로 삼아 앞으로 스키의 천국이 될 것 같다.

주

1 누마이 데쓰타로沼井鐵太郎(1898~1959): 센다이의 구제 제2고등학생 때 다카노 다카조의 소개로 일본산악회에 입회했고 고등학교 선배인 고구레 리타로를 통해 폭넓은 등산 활동을 했다. 도쿄제국대학 졸업 후 전매국에 입사했고, 대만으로 전근해서 '대만산악회'를 창립하고 초대회장을 지냈다. 패전 후 귀국해 일본산악회에서 활동했으며, 『일본산악회 50년사』를 편찬했다.
2 아키타야케야마秋田燒山로 부른다.
3 하시모토 무네히코橋本宗彦(1842~1905)가 자력으로 편찬한 역사서 『아키타 연혁사대성秋田沿革史大成(1896)』을 가리키는 것으로 보인다.
4 봇논洑畓에 댈 물을 가두는 곳.
5 혼슈의 동북부를 차지하고 있는 지역. 현재 아오모리·이와테·미야기·아키타·야마가타·후쿠시마 등 6현으로 이루어져 있다. 도호쿠 지방이라는 호칭의 정착은 메이지 시대 이후의 일이며, 그 이전에 이 지역에 속했던 옛 지명은 그 성립 과정이 매우 복잡하고 시대에 따라 여러 지명으로 불렸다.
6 오타와 단보 모두 논을 가리킨나.
7 미나모토노 요시이에源義家(1039~1106): 헤이안 시대 후기의 무장. 미나모토노 요리요시源賴義(988~1075)의 장남이며 다이보사쓰다케 편의 미나모토노 요시미쓰와 형제다. 하치만구八幡宮에서 성인의례인 겐푸쿠元服를 치렀기 때문에 하치만타로 요시이에八幡太郎義家로 불렸다.
8 아이누로 알려진 오슈의 대호족 가문.
9 옛 지명으로 아키타현의 일부와 아오모리·이와테·미야기·후쿠시마현에 해당한다.
10 무사시보 벤케이武藏坊辯慶(?~1189): 전설색이 짙은 헤이안·가마쿠라 시대의 승려. 이와테현 히라이즈미平泉가 근거지였던 오슈의 대호족 후지와라노 히데노리藤原秀衡(1122?~1187)에게 의탁했던 미나모토노 요시쓰네를 섬기면서 히라이즈미에서 함께 최후를 맞은 것으로 알려져 있다. 그를 다룬 작품으로 노能『후나벤케이船

辯慶』, 가부키『간진초勸進帳』 등이 있다.

11 사카노우에노 다무라마로坂上田村麿(758~811): 한반도 도래인의 후손으로 헤이안 시대 초기의 무장. 두 차례에 걸쳐 정이대장군征夷大將軍을 지내며 에조 정벌에 깊이 관여한다. 유래에서 보듯이 정이대장군은 원래 아이누를 토벌하는 임시 직책이었으나, 가마쿠라 막부부터 정치적 의미를 지니게 되었고, 이 직책을 줄여 부르는 쇼군將軍은 무가정치의 수장으로서 세습지위가 되었다.

12 일본은 고대국가 성립 이후로도 수도의 동쪽으로는 여전히 혼슈 내에서의 장악력이 느슨했으며, 동방정벌은 수도 이동부터 홋카이도의 남부 일부를 포함한 아이누의 땅을 침략하는 일을 말했다.

13 하치만 신을 모시는 신사. 하치만의 기원이나 성격에 관해서는 많은 이설이 있으며 아직 해명되지 않은 점이 많다. 다만 한반도에서 유래한 신이라는 설이 주류인 것으로 보이고 『일본서기』나 『고사기』에도 등장하지 않았던 신을 황실의 조상신으로 숭배했다. 나라 시대에 들어 신불습합神佛習合으로 인해 불교의 신으로 간주해서 하치만 다이보사쓰八幡大菩薩로 부르기 시작했다. 다이보사쓰다케 편에서도 언급이 있듯이, 미나모토 가문源氏의 수호신이자 무사의 수호신으로 숭경했다.

14 신령이 내림來臨하기를 비는 것, 또는 본사에 해당하는 신사로부터 신불神佛의 분령分靈을 맞이하여 제신祭神으로 모시는 것을 말한다. 하치만궁의 본사는 오이타 현의 우사 신궁宇佐神宮이다.

15 소마즈노야마柚角山를 가리키며 소마쓰노야마, 소마가쿠야마로도 읽는다.

16 원문에는 지소地沼로 적혀 있는데, 지소池沼의 오기, 또는 오식으로 보인다.

17 무명으로 만든 홑옷. 여름 평상복 또는 목욕 후에 입는다.

18 1939년의 일이다.

19 스키를 신고 슬로프를 오를 때 미끄러지지 않게 스키 플레이트 바닥에 붙이는 모헤어mohair나 나일론 섬유로 만든 스트립. 처음에 물개 가죽이나 엘크 가죽으로 만들었기에 실스킨sealskin으로 불렸다. 오늘날 클라이밍스킨climbing skins이라고 부른다.

20 1914년에 개발되어 한때 일본 유황 생산량의 30퍼센트를 담당하던 광산이다. 수질오염과 채산성 때문에 1972년에 폐광되어 현재 폐허로 남아 있다.

013

이와테산
岩手山

- **표고** 2038미터(야쿠시다케藥師岳)
- **소재** 이와테현岩手縣

북으로 향하는 급행이 모리오카盛岡를 출발해서 잠시 후 왼쪽으로 포플러 가로수의 우듬지 너머 보이기 시작하는 이와테산은, 일본의 차창 너머로 우러르는 산의 모습 중에서 가장 멋진 것 중 하나일 것이다.

여기에서 보이는 이하와시야마 동쪽 이와테 고을은 기울어져 보이네
<small>ここにして岩鷲山のひむがしの岩手山の國は傾きて見ゆ</small>

히라후쿠 햐쿠스이[1]의 노래다. 이하와시야마岩鷲山는 이와테산岩手山의 별칭인데, 양쪽 모두 음독으로 간슈ガンシュ로 읽을 수 있다.[2] 햐쿠스이는 우고羽後[3] 사람이라, 모리오카로 나가려면 국경의 구니미 고개國見峠를 넘어야 했다. 그 고개에 섰을 때 눈앞의 이와테 고을은 이와테산의 커다란 동쪽 비탈이나 다름없었다.[4] 그 정도로 그 산자락이 쭉쭉 펼쳐져서 넓다. 나는 산기슭을 지날 때마다 늘 이 노래가 입가에 맴돈다.

하루코야치春子谷地 습원에서 바라본 이와테산

이와테현이 낳았던 수많은 인재, 그들의 정신 위에 이와테산이 투영되지 않을 수 없었을 것이다. 웅위하면서 중후함, 도호쿠 사람의 타고난 기질을 상징하는 것 같은 산이다. 일찍이 명문 모리오카중학의 소년들은 이 산을 우러르며 배우고 뛰놀았다.5 이시카와 다쿠보쿠도 그중 하나였다. 말년에 정처 없는 삶을 보냈던 그의 눈 속 깊은 곳에는 언제나 기타카미가와北上川의 물녘에서 바라본 이와테산의 모습이 맺혀 있었을 것이다.

고향 산을 마주하니
말도 못하게
고향 산이 고맙구나

ふるさとの山に向ひて
言ふことなし
ふるさとの山はありがたきかな

모리오카의 풍경은 이와테산에 의해 생동한다. 이 정도로 크고 힘차게 하나의 도회에 하나의 산이 다가와 있는 예는 달리 없을 것이다. 분카文化 원년(1804)에 초판이 나왔던 다니 분초[6]의 『명산도보名山圖譜』에는 간슈산巖鷲山이라는 이름으로 진경眞景이 실려 있지만, 그 후의 재판본(『일본명산도회日本名山圖會』로 개제改題)의 권말에는 새로 그린 이와테산磐手山의 다른 그림이 보태져 있다. 이것은 처음 그림이 모리오카 조카마치城下町[7]에서 보았던 모습과 닮지 않았다고 해서 새로 고쳐 그린 것이다. 내가 보기에는 원래 그림이 지형적으로는 정확해 보이지만, 난부번南部藩[8] 사람에게는 그 이상으로 출중해 보이지 않았다면 마음에 들지 않았을 것이다.

그만큼 소중히 여겨서 이 산은 한 나라의 시즈메鎭め[9]로도 받들었다. 구번舊藩 시대[10]부터 존숭하는 산으로서 신앙등산이 활발했던 것도 당연할 것이다. 고전적 등산로는 동쪽 기슭의 야나기사와柳澤 마을부터 나 있다. 그곳에 이와테산 신사가 있고, 우카노미타마노 미코토宇迦之御魂命[11], 야마토타케루노 미코토倭健命[12], 오쿠니누시노 미코토大國主命[13] 등 세 신을 모신다.

이와테산은 먼 옛날부터 난부후지南部富士라고 불렸던 대로 하나의 수려한 독립봉임에는 틀림없지만 단순한 대칭symétrie은 아니다. 그 통상적인 형태를 깨버린 점에서 도리어 이 산의 백절불굴의 강건함이 있다. 다른 말로 '난부의 반쪽 후지南部の片富士'라고 불렸던 것은 보는 장소에 따라(북측 및 남측에서는) 절반은 후지형의 완만한 선을 지니고 있지만, 나머지 절반은 다른 모습이기 때문이다.

가장 단정하게 보이는 것은 동쪽에서이지만, 거기서부터 정상에 올랐을 때 이 산은 밑에서 살펴보았던 만큼 단순하지 않다는 것을 깨달을 것이다. 우리가 동쪽 산기슭에서 올려다보았던 것이 이와테산의 수뇌부임에는 틀림없으나, 다시 거기서부터 니시이와테西岩手라고 부르는 복잡한 지형이 이어지고 있다.

그 복잡함은 이 산이 몇 차례 폭발을 거듭했던 것과 관계가 있다. 처음에 니시이와테의 분화가 있었다. 오늘날 그 화구벽이 북측의 뵤부오네屛風尾根[14]와 남측의 오니가조오네鬼ヶ城尾根로 남아 있다. 그리고 그 중앙의 움푹 팬 구덩이는 동서 3킬로미터, 남북 2킬로미터의 거의 타원형인 옛 분화구인데, 거기에 오카마御釜와 미나와시로御苗代라고 부르는 두 개의 화구호가 있다.

그 뒤 동부가 폭발해서 지금의 가장 높은 부분을 형성했다. 동쪽 산기슭에서 바라보이는 수려한 난부후지가 그것이다. 그 정상의 분화구는 오하치御鉢[15]라고 부르고, 그 가운데로 또 화구구火口丘가 솟아올라 이중화산이 되어 있다.

이와테의 시인 미야자와 겐지[16]는 그 자연의 난폭한 위세를 「이와테산」[17]이라는 제목을 붙여 사행시로 노래하고 있다.

> 하늘이 산란 반사하는 가운데
> 낡고 빛바래 검게 도려낸 것
> 북적거리는 미진의 깊은 바닥에
> 구접스레 하얗게 가라앉은 앙금
>
> そらの散亂反射のなかに
> 古ぼけて黑くゑぐるもの
> ひしめくの微塵の深みの底に
> きたなくしろく澱むもの

도호쿠

중앙 위쪽의 니시이와테와 그에 접한 중앙의 히가시이와테

오니가조오네의 깎아지른 절벽

따라서 이와테산 등산은 코스를 잡는 방법에 따라 일반적인 후지형의 산처럼 무미건조하지 않다. 나는 남쪽의 아미하리網張 온천에서 올랐다. 이 온천은 황폐해진 변변치 않은 건물에다 온천물은 명반明礬 때문에 회색으로 탁하지만, 높은 산허리에 있어서 그곳에서 내려다보는 풍경은 광활하다. 온천 뒤편에 있는 산줄기에 오른 다음, 거기서부터 더듬어 이누쿠라야마犬倉山, 우바쿠라야마姥倉山를 넘으면 니시이와테의 옛 분화구에 든다. 그곳을 가로질러 길이 나 있다. 분화구라고 하지만 어느덧 수림이 무성하고, 그곳의 갈라진 틈으로는 기분 좋은 습원이 펼쳐져 있다. 야쓰메八ッ目(야쓰메谷地眼)라고 부르는 아름다운 습원에는 자그마한 지당池塘이 눈처럼 빛나고 있다.[18]

내가 갔던 때는 이미 등산하는 사람이 완전히 끊긴 11월 초였지만, 여름철의 이 습원지대는 고산식물이 어우러져 피어 있는 곳이며 천연기념물로 되어 있다. 그 들판을 빠져나와 히가시이와테東岩手로 올라가면 산정을 형성하는 돔dome 아래로 나오는데, 동쪽 산기슭에서 올라오는 공식 등산로와 합쳐진다.

여기를 후도다이라不動平라고 부르며, 오모테구치表口부터 오르면 규고메九合目에 해당한다. 오두막도 있다. 거기서부터 서벅거리는 사력砂礫을 밟고 올라가면, 히가시이와테의 외륜산外輪山 한 귀퉁이에 발붙이게 된다.

이 외륜산이 아래에서 올려다보았던 때의 이와테산이다. 스리바치擂鉢 모양으로 분화구를 에워싸고 그 화구의 가운데로 다시 화구구(묘코다케妙高岳)가 솟아 있다. 이와테산의 최고점은 외륜산에 있는 야쿠시다케藥師岳다. 내가 올랐을 때는 때마침 눈이 내리기 시작해, 청정한 흰색으로 단장한 정상이 되었다.

외륜산을 일주하고 오카마로 내려와 묘코다케 야시로社를 참배한 다음, 왔던 길로 돌아섰다. 우바쿠라야마까지 와서 아미하리 길과 헤어지고, 이번에는 마쓰카와松川 온천으로 내려왔다. 이 온천은 예전에 교통이 불편해서 지스이야自炊宿19가 한 집뿐이었지만, 아래부터 버스도로가 나게 되어서 발전해가고 있다. 내가 찾았을 때는 굴착이 한창이라 두 줄기 김이 하늘로 하얀 연기를 올리고 있었다.

마쓰카와 온천에서 버스로 내려가는 도중 이와테산의 서쪽을 볼 수 있다. 모리오카 쪽에서 보았던 단려端麗한 모습과는 확 달라져, 서쪽 면의 아아峨峨한 겉모습은 처참하다고 말하고 싶을 정도다. 이와테산의 베테랑인 무라이 마사에20의 표현을 빌리자면 "구로쿠라야마黑倉山 북면의 대암벽과 뵤부다케屛風岳의 암릉인 란구이바亂杙齒21가 원추영롱圓錐玲瓏한 히가시이와테산의 산체를 물어뜯어, 복잡한 이 산의 화산지형을 남김없이 펼쳐 보이고 있다."

어느 해 여름, 나는 다쿠보쿠의 고향인 시부타미무라澁民村를 찾아 기타카미가와의 둔치에 있는

> 부드럽게 부푼 버들이 푸르러오면
> 기타카미 강변이 눈에 떠오르네
> 나를 울리려는 듯
>
> やはらかに柳あをめる
> 北上の岸邊目に見ゆ
> 泣けとごとくに

이라고 새겨진 가비歌碑 옆에 서서 이와테산을 우러렀다. 실로 남자다운 당당한 산이었다. 돌아보는 반대쪽에는 산뜻하고 부드러운 모습으로 히메카미산姬神山이 서 있었다. 남산과 여산의 아름다운 대조를, 나는 넋을 잃고 보았다.

주

1 히라후쿠 햐쿠스이平福百穗(1877~1933): 일본화 화가, 『아라라기』 동인. 왜정 때 조선에서 많이 유학했던 가와바타川端미술학교와 도쿄미술학교에서 공부했다. 조선미술전람회 초기 심사위원으로 참여했으며 조선 풍경을 그린 것으로「한가로움長閑」이 있다.
2 대부분 간주ガンジュ로 읽고 있고 저자의 다른 책에서도 간주로 읽고 있다.
3 아키타현과 야마가타현의 일부.
4 현재 구니미 고개는 폐도가 되었고 센간仙岩 고개가 대신하고 있다. 이와 관련하여 센간 고개에 히라후쿠의 노래비가 세워질 계획이 있었으나, "이와테 고을은 기울어져 보이네"라는 구절 때문에 무산되었다는 이야기가 있다.
5 당시 구제 중학교는 5년제였다.
6 다니 분초谷文晁(1763~1841): 문인화가. 막부가 추진해 문화재 보호를 목적으로 일본 내에 있는 고문화재를 종합적·전국적으로 조사한 기록보고서『집고십종集古十種』의 편찬에 참여했다. 그가 남긴 방대한 초벌그림에는 고려의「아미타삼존도」, 조선왕조 종실화가였던 이암李巖(1449~?)의 여러 동물화를 모사한 것과 조선 중기의「계회도契會圖」,「포도도葡萄圖」등이 있는 것으로 알려져 있다.『일본명산도회(1802)』는 산을 보는 방식에 크게 영향을 준 것으로 알려진 화집이다.
7 성을 중심으로 무사와 상공업자 등을 위주로 형성된 비농업 지역인 중심지.
8 모리오카번盛岡藩의 별칭. 번주인 난부 가문南部氏에서 유래했다.
9 재난·병란 등을 가라앉히고 나라의 평화를 지키는 것으로, 나라의 도읍이나 성시의 뒤쪽에 있는 큰 산을 이르던 진산鎭山과 같은 개념이다.
10 메이지 원년인 1868년에 설치된 신번新藩에 대해, 에도 시대의 번.
11 음식과 곡물의 신으로, 벼의 정령을 신격화한 여신으로 여겨져 왔다.
12 일본 신화의 대표적인 비극적 영웅. 게이코텐노景行天皇의 둘째 아들이다. 규슈九州·이즈모出雲·아즈마노쿠니東國 등을 평정했다는 인물이다. 이하 원문에서는 日本武尊으로 표기하고 있다.『일본서기』에 "가장 존귀한 신을 존尊이라 쓰고, 그 이외의 것은 명命이라 쓰고 양쪽 모두 미코토美擧等로 읽는다"라고 나와 있다.
13 일본 신화에서 토착신인 구니쓰가미國津神를 대표하는 신으로, 최초로 나라를 세운 건국신이다. 이즈모를 근거지로 했으며 '국토이양國土移讓'을 대가로 이즈모에 신사를 지어달라고 한 것으로 나온다. 국토이양國讓り(구니유즈리)이란 일본 신화에서 아마테라스의 신칙神勅을 받들어 오쿠니누시가 국토를 니니기瓊瓊杵에게 바치고 은퇴한 것을 말하지만, 실제로는 피정복 민족 입장의 수사이며 천손강림 신화를 바탕으로 규슈에서 기원한 야마토가 고대에 일본 각지를 정복했던 것을 말한다. 그 결과 피정복 민족의 토착신앙이 야마토 신화 체계에 흡수된 것으로 해석한다. 이에 따라 오쿠니누시는 이즈모 오야시로出雲大社의 제신祭神이 되었고, 야마토 민족이 숭배하던 다카쓰가미天津神를 대표하는 아마테라스를 모시는 이세노진구伊勢神宮에 버금가는 중요한 신사가 되었다.

14　오네尾根: 산등성이, 능선.
15　화산의 화구를 말하는데 오하치는 특히 후지산 정상의 팬 구멍을 가리킨다.
16　미야자와 겐지宮澤賢治(1896~1933): 시인, 동화 작가, 교사. 모리오카중학을 거쳐 모리오카고등농림학교를 졸업했다. 100여 편의 동화를 썼으며 대표작으로 사후에 발표되어 애니메이션『은하철도 999』의 모티브가 된『은하철도의 밤(1934)』이 있다.
17　미야자와 겐지는 생전에 30차례 이상 이와테산을 오른 것으로 알려져 있고, 이 시의 부정적 묘사와 절망감은 전당포와 헌옷가게를 하던 아버지 미야자와 마사지로宮澤政次郎를 빗대었다는 해석도 있다.
18　야쓰ヤッ, 또는 야치ヤチ는 습지라는 뜻의 아이누어이며 지명으로 남아 있고, 한자로도 谷地는 야쓰, 또는 야치로 읽는다. 메眼는 눈, 다시 말해 '습지의 눈'이라는 뜻으로, 오카마와 미나와시로 두 개의 화산호를 말한다. 실제로는 오카마, 미나와시로를 포함한 주변부터 후도다이라까지를 가리키는 '꽃밭お花畑 코스'를 가리킨다.
19　땔나무 값만 내고 자취하는 숙소. 기친야도木賃宿 또는 기센야도木錢宿라고도 하며, 에도 시대부터 발전하기 시작한 여행객을 위한 숙소 중에서도 최하층의 형태다. 나아가 대도시의 기센야도 등은 빈민굴의 기능을 하게 되었다.
20　무라이 마사에村井正衛(1916~ ?): 이와테현 산악협회 이사장을 지냈고『하치만타이·이와테산·고마가타케八幡平·岩手山·駒ヶ岳(1959)』,『모리오카 스키 에어리어 풍토기盛岡スキーエリア風土記(1989)』등을 썼다.
21　말뚝을 박아 놓은 듯이 고르지 못한 치열.

하야치네
早池峰

표고 **1917미터**
소재 **이와테현** 岩手縣
지도 **하야치네산** 早池峰山

　하야치네早池峰가 도호쿠에서 조카이, 이와테, 갓산에 버금가는 고봉이면서도 의외로 세상에 알려지지 않은 것은 벽원한 땅에 있기 때문일 것이다. 이 산은 일찍부터 하야치네라는 듣기 좋은 이름으로 내 마음에 있었지만 그 모습을 찍은 사진을 본 적은 없었다. 모리오카의 평야에서 아스라이 보이기는 해도 촬영하기에는 너무나 멀리 있다. 또한 산 가까이 다가가면 그 전용을 아름답게 포착할 수가 없다.

　다니 분초의 『일본명산도회』에는 태평양 쪽에서 본 하야치네가 그려져 있다. 아마 미야코宮古 주변의 항구로 여겨지는 풍경을 앞에 두고, 마치 주먹을 치켜든 것 같이 돌올한 산으로 그리고 있다. 미야코만灣에서 하야치네까지는 상당한 거리가 있다. 그림에 과장이 있는 것은 잘 알고 있다 해도 이렇게까지 선명하고 크게 보이는 것일까.

　내가 가장 똑똑히 하야치네의 전용을 보았던 것은 히메카미산의 정상에서였다. 하야치네는 기타카미코치北上高地[1]의 산의 물결 위로 한층 높이 서 있었다. 첨예한 독립봉의 형태가 아니라 긴 정상 능선을 지닌 중

25번 현도에서 바라본 하야치네

후한 산의 모습으로 서 있었다. 『도노 모노가타리遠野物語』에는 "사방의 산들 중에서 가장 빼어난 것을 하야치네라고 한다. 북쪽 쓰쿠모우시附馬牛의 안쪽에 있다"라고 나와 있으니, 어쩌면 이 산을 먼 옛날부터 가장 친근하게 바라보고 있었던 것은 도노 사람들이었을지도 모른다. 쓰쿠모우시에는 하야치네 신사가 있는데, 그곳에서는 전면으로 야쿠시다케藥師岳를, 그 너머로 하야치네를 바라다볼 수 있고, 사루가이시가와猿ヶ石川를 끼고 있어서 풍경이 아름다운 곳으로 알려져 있다. 옛 등산로는 거기서부터 2리 20정으로 하고 있다.

내가 안개 속에서 하야치네의 산정에 섰을 때 그곳에는 낡은 오미야お宮[2]가 있었다. 그 앞의 무너진 석등롱에 "신불께 바칩니다奉納御寶前"라고 새겨진 뒷면에, 희미하게 '안에이 구년(1870) 유월 길일安永九年六月吉日'이라는 글자를 읽을 수 있었는데, 그것은 도노에서 바친 물건이었을까.

『도노 모노가타리』는 나의 애독서다. 야나기타 구니오[3]가 도노 사람 사사키 교세키[4]에게 들었던 산촌의 옛날이야기를 엮은 책이다. "도노고遠野鄕는 하나마키花卷로부터 10여 리의 길 위에 인가가 모여 있는 곳이 세 군데 있다. 나머지는 오로지 푸른 산과 황야다. 인연人煙이 매우 드문 것은 홋카이도의 이시카리石狩 평야[5]보다도 심하다"라고 메이지 말의 야나기타 씨도 기록하고 있는데, 지금은 그때보다는 개발되었다고 해도 여전히 벽원한 땅이란 사실을 면치 못한다.

어느 가을밤, 나는 모리오카의 동쪽 외곽의 언덕 위에 섰다. 전면으로는 화려한 네온사인의 거리가 펼쳐져 있었지만, 그 너머를 보니 완전한 암흑으로 불빛 한 점 없다. "일본의 티베트라는 말을 듣는 이유지요"라고 안내인이 말했는데, 그 암흑 깊숙이 광대한 지역이야말로 기타카미코치라고 부르는 인연이 뜸한 땅이었다. 그 고지 중의 최고봉이 하야치네다.

『도노 모노가타리』에는 하야치네가 여러 번 나온다. 태고에 여신이 있었는데, 세 딸을 데리고 이 고원에 와서 어느 마을의 야시로社[6]에 묵었다. 어머니 신은 그날 밤 길몽을 꾼 딸에게 좋은 산을 주겠노라 하고 잠들었다. 깊은 밤에 하늘에서 신령한 꽃이 내려와 언니 아씨의 가슴에 앉았다. 그러자 막내 아씨가 가만히 눈을 떠서 이것을 가져다가 자기 가슴 위에 올려놓았다. 그래서 가장 아름다운 하야치네를, 언니들은 롯코우시산六角牛山과 이시카미야마石神山를 얻었다.[7] 롯코우시산은 옛 도노초遠野町의 동쪽에 있고, 이시카미야마石神山(石上山)[8]는 서북쪽에 있다.

또 이런 이야기도 있다. 어느 마을 사람이 하야치네로 대나무를 베러 갔더니, 엄청나게 무성한 지다케地竹[9] 속에서 거인이 혼자 자고 있었다. 보아하니 지다케로 엮은 석 자쯤 되는 짚신을 벗어놓았다. 위를 보고 드러누워 코를 크게 골고 있었다고 한다. 그 밖에도 커다란 사내아이에게 홀렸다는 이야기, 눈빛이 무서운 거인을 만났다는 이야기 등 모두 요괴의 둔갑을 본 이야기라, 이 산이 얼마나 평범한 세상에서 떨어져 있었는지가 헤아려진다. 또한 지금은 하야치네**산**이라고 부르지만 **산**은 군더더기다.[10]

오늘날 보통 선택하는 등산로는 하나마키부터 다케가와岳川[11]를 따라 거슬러 올라 가장 안쪽의 다케岳 마을로부터 오르는 길과, 북쪽을 지나는 야마다센山田線(모리오카~가마이시釜石)의 히라쓰토平津戶라는 인기척 없이 썰렁한 정거장에서 오야마가와御山川를 따라 오르는 길이 있다. 전자를 오모테구치表口로 보아도 좋을 것이라는 이유는, 다케 마을에도 하야치네 신사가 있고 그곳이 등산 들머리로 되어 있기 때문이다.

나는 오모테구치를 택했다. 다케는 스무 집 정도의 산촌인데 부탁드리면 어느 집에서나 묵을 수 있다. 이곳에 예로부터 전해져온 사자춤獅子舞[12]은 무형문화재[13]로 지정되었을 정도로 유서 있는 것으로, 내가 묵었던 농가의 손님방 도코노마床の間[14]에는 커다란 사자 머리 세 개가 나란히 장식되어 있었다.

다케의 하야치네 신사는 각별히 훌륭하다고 할 것은 없지만, 삼나무 숲으로 된 참배로를 지닌 조용한 환경에 있었다. 전설에 따르면, 다이도大同 2년(807) 두 사냥꾼이 진기한 사슴을 쫓아 하야치네의 산정에 올랐을 때 황금빛이 비쳤고 곤겐權現[15]의 성용聖容을 뵈었다. 그 길로 하산해서 야시로를 하나 세우고 히메오카미姬大神[16]로 받든 것이 지금의 신사라고 한다. 거기서 자그마한 족자로 만든 오후다御札[17]를 팔고 있었는데, 거기에는 분명히 여신이라고 여겨지는 신상神像이 인쇄되어 있었다.

등산로는 다케에서 강을 따라 6킬로미터쯤 올라간 가와라노보河原ノ坊로부터 시작된다. 옛날에 가이켄[18]이라는 스님이 하야치네에 참배하고 이곳에 절을 하나 세워 가와라노보라고 불렀다. 그 뒤 홍수로 절은 유실되어 이름만 자취를 남기고 있다. 바로 옆의 계류는 옛날에 등배자登拜者들이 고리바垢離場[19]라고 부르며 목욕재계했던 곳이라고 한다. 기타카미北

上의 시인 미야자와 겐지가 이곳을 노래했던 시가 있다. 그 일부.

> 여기는 서덜 옆 암자이지만
> 일찍이 여기 살았던 스님이
> 진언인지 천태인지 알 수가 없네
> 아무튼 옛날에는 골짜기가 조금 더 이쪽으로 다가섰을 테니
> 저런 벼루도 있는 것이겠지
> 새가 자꾸만 운다
> 그만 올라가볼까
> ここは河原の坊だけれども
> 曾てはここに棲んでゐた坊さんは
> 眞言か天台かわからない
> とにかく昔は谷がも少しこっちへ寄って
> あゝいふ崖もあったのだらう
> 鳥がしきりに啼いてゐる
> もう登らう

거기부터 거리는 짧지만 오로지 가파른 오르막이었다. 고리코베垢離頭[20]라고 부르는 곳이 물이 끝나는 곳이고, 거기서 골짜기를 벗어나 산줄기를 오르게 된다. 어느새 그 주변은 초본지대여서 팔월의 끝자락에 아직도 피어 있는 고산식물이 눈잣나무 사이를 물들이고 있었다.

거기부터 암석지대로 접어든다. 거대한 바위가 나뒹굴어 뒤집혀 있는데, 특이한 모양을 한 것에는 고자바시리이와吳座走岩[21]라든지, 부쓰이시打石[22]라는 이름이 붙어 있다. 하야치네솜다리早池峰薄雪草를 군데군데에서 찾아냈던 것은 그 주변이었다. 보통 솜다리보다 큰 크기이며, 일본에서 나는 것 중에서는 유럽 알프스의 에델바이스에 가장 가깝다고 한다. 하야치네의 특산이다.

다케 마을에서 올라온 하야치네 정상부

하야치네 정상까지 이어지는 바윗길

머리 위로 성채처럼 거대한 바위가 줄지어 서 있는 곳까지 닿으니 어느덧 정상에 가까웠다. 바위틈을 기어올라 정상에 서니 그저 망망한 젖빛의 안개가 불고 지나갈 뿐. 잠깐 갠 사이에 눈 아래로 기분 좋은 들판이 펼쳐져 있는 것이 보였지만 그것도 금세 닫혀버리고, 하마하마 기다려도 두 번 다시 개지 않았다.

나는 반대쪽 히라쓰토로 내려갈 생각을 접고 발길을 다시 다케로 돌렸다. 다케에 도착하니 어느새 하늘이 벗개어 멀리 강 위쪽에서 하야치네가 아름답게 모습을 드러내고 있었다.

주

1 기타카미산치北上山地라고도 한다. 오우奥羽 산맥과 남북으로 나란히 태평양 쪽으로 있는 산지다. 대부분 이와테현에 속하며 중간쯤에 하야치네가 있다.
2 신사의 공손한 말.
3 야나기타 구니오柳田國男(1875~1962): 일본 민속학의 수립자, 일본산악회 회원. 일찍이 같은 일본산악회 회원인 다야마 가타이, 시마자키 도손 등과 교류하며 서정시인으로 활동했고, 이런 영향으로 문체가 문학적으로 뛰어나다는 평가를 받는다. 도쿄제국대학 입학 후 농정학을 전공하게 되면서 창작과는 멀어지는 대신, 졸업 후 농정관료로 일하며 지방 시찰을 통해 농민의 생활과 정사正史에서 취급하지 않는 농민의 역사에 관심을 두게 되었고, 경세제민의 이상을 실현하기 위해 노력했다. 한일합방과 관련된 법제法制 작성에 관여하였으며, 그 공로로 훈오등서보장勳五等瑞寶章을 받았다. 『도노 모노가타리(1910)』는 그의 『후수사기後狩詞記(1909)』와 더불어 일본 민속학의 기초를 쌓았다고 평가되는 저작이다. 『도노 모노가타리』에는 갓파河童, 자시키와라시座敷童, 야마오토코山男, 야마온나山女, 덴구天狗 등의 전설과 '도노'의 도ト―가 아이누어로 호수를 뜻하는 것으로 설명하는 등 지명에 남아 있는 아이누의 흔적과 민간전승을 기록한 책이다. 도노고에서 전해지는 설화·민간신앙·연중행사 등에 대해 저자 서문에서 "모든 이야기를 도노 사람 사사키 교세키로부터 들었고, 일자일구도 가감하지 않고 느낀 대로 적었다"라고 쓰고 있다.
4 사사키 기젠佐々木喜善(1886~1933): 사사키 교세키佐々木鏡石는 필명이자 호다. 도쿄전문학교(현 와세다대학)를 중퇴했다. 어머니의 친정인 도노에서 자라면서 노인들이 들려주는 민담을 들을 수 있었다. 도쿄 유학중에 알게 된 야나기타 구니오를 1908년 11월 4일에 방문하면서 『도노 모노가타리』의 채록이 시작되었다.

5 홋카이도 중앙에 위치한 홋카이도 최대의 평야. 일본 내에서도 간토 평야에 이어 두 번째로 넓다.
6 『도노 모노가타리』 원문에 따르면 라이나이손來內村에 있는 이즈곤겐伊豆權現 신사를 말한다.
7 젊은 세 여신이 각각 삼산에 살면서 다스리기 때문에, 도노의 여자들은 신들의 질투를 두려워해 지금도 산에서 놀지 않는다는 이야기가 이어져 있다.
8 『도노 모노가타리』에서는 이시카미야마石神山로 적었고 이시카미야마石上山는 현재 표기다.
9 『도노 모노가타리』 원문 주에는 지다케는 깊은 산에서 나는 키가 작은 대나무라고 적혀 있다.
10 峰에 이미 산이라는 뜻이 있으므로 山은 필요 없다는 뜻이다.
11 하야치네에서 발원해 기타카미가와와 합류하는 강이다. 가와라노부터 다케 마을이 있는 상류를 가리킨다. 저자가 하나마키를 거쳐서 올랐던 곳은 하야치네 댐이 생겼고, 이는 히에누키카와稗貫川에 해당한다.
12 『도노 모노가타리』와 현지에서는 시시마이獅子舞가 아닌 시시오도리獅子踊로 쓰고 있다. 또한 이 춤은 분류상으로는 시시오도리鹿踊, 즉 사슴춤이며 관습적으로 같은 발음의 시시오도리獅子踊로 적고 있다. 『도노 모노가타리』 저자 서문에서도 사슴뿔을 붙인 가면을 쓰고 대여섯의 사내아이들이 칼을 뽑아들고서 함께 춤춘다고 나온다. 도노고에 13개 보존회가 있다.
13 하야치네 신사에서 매년 8월 1일 전후로 열리는 「하야치네 가구라早池峰神樂」.
14 서화를 걸거나 장식품 등을 꾸미기 위해 방바닥을 한 단 높인 곳.
15 일본에서 부처가 중생을 교화하기 위해 '임시權로 신불의 모습으로 나타난現 것'을 높여 부르는 말. 그 곤겐을 모신 신사, 또는 신체神體로 받드는 산을 가리키기도 한다.
16 히메오카미比賣大神 등으로도 적는다. 특정한 여신을 가리키는 것이 아니라, 주제신主祭神의 아내나 딸, 또는 관계가 깊은 여신을 가리킨다. 하야치네 신사에서 모시는 신은 여신 세오리쓰히네瀨織津姬다. 민속학자이자 신도 연구가 다니가와 겐이치谷川健一(1921~2013)에 따르면, 서쪽의 이와테산이 활화산이라 남성 신격인 난타이산男體山으로 삼고, 동쪽의 하야치네를 여성 신격인 뇨타이산女體山으로 삼아 신앙했다는 추측을 하고 있다.
17 신불의 부적. 재앙을 막아 좋은 일을 부르는 힘이 있다고 믿는 목찰木札, 지찰紙札, 철찰鐵札 등을 말한다. 사찰 계통의 보인寶印과 호부護符, 신사 계통의 신부神符와 영부靈符가 있다.
18 가이켄快賢: 생몰년 미상의 가마쿠라 시대의 진언종眞言宗 승려.
19 목욕재계하는 곳. 고리垢離는 때를 벗기는 일을 말한다.
20 해당 지점(1359미터)의 동판에는 고베코리コウベコオリ(頭垢離)라고 새겨져 있다. 마지막으로 물을 뜰 수 있는 곳이다.
21 지도상 표기는 고자바시리이와御座走岩.
22 안개 속을 날아다니던 덴구天狗가 이 바위에 머리를 부딪쳤다는 전설이 있다.

015 조카이산
鳥海山

표고 **2236미터(신잔**新山**)**
소재 **아키타현**秋田縣
　　　야마가타현山形縣

　　명산이라고 부르려면 여러 가지 견지가 있지만 산용수려山容秀麗라는 자격에서 조카이산鳥海山은 다른 산에 뒤지지 않는다. 눈에 다 담기지 않을 만큼 펼쳐진 쇼나이庄內 평야의 북쪽 끝에 의연하게 우뚝 선 이 산을 바라보면, 예로부터 도호쿠 제일의 명봉이라고 받들어져왔던 것도 이해할 수 있다.

　　도호쿠 지방의 산들 대부분은 도호쿠 사람의 기질처럼 탄탄하고 중후해서, 때로는 둔중하다는 느낌마저 들지만 조카이에는 그런 무거움이 없다. 선드러진 모습이다. 사카타酒田 언저리에서 바라다보면 오히려 산뜻하다고 할 정도다. 그것은 조카이가 연봉의 형태를 띠지 않고, 하나의 독립된 봉우리라는 점에서도 기인한다.

　　표고는 도호쿠 최고라고 말할 수 있어도, 일본 중부에 가지고 오면 결코 그 높이를 뽐낼 수 없다. 하지만 그 높이는 바닷가부터 솟아올라 있고 산자락은 바다에 잠겨 있다. 다시 말해 우리는 발밑에서부터 바로 2240미터를 올려다봐야 해서, 이는 신슈信州[1]에서 일본 알프스를 우러러

다케시마가타竹島潟에서 바라본 조카이산

보는 것에 뒤지지 않는다.

> 여기에서 보이는 파도를 탄 미치노쿠陸奥[2]의 조카이산은 드맑은 산이지
>
> ここにして浪の上なるみちのくの鳥海山はさやけき山ぞ
>
> _ 사이토 모키치[3]

처음 내가 조카이에 올랐던 것은 그 바닷가의 후쿠라吹浦라는 어촌에서였다. 『동유기』 중에 「후쿠라의 모래펄吹浦の砂磧」에 나오는 끝없는 모

래톱을 보고 나서 등산에 매달렸다. 지금은 산허리까지 버스가 있지만 그 무렵에는 아직 그런 넓은 도로가 없어서, 나는 해발 0미터부터 발을 내딛어야 했다. 사월 중순에 스키로 올랐는데, 돌아오는 길에 낙엽송 수풀 가운데를 미끄러져가니, 발그스름하게 부풀어오른 우듬지 위로 검푸른 바다가 펼쳐져 있었다.

    예로부터 일본의 명산은 대개 신앙과 관계가 있어서, 조카이도 산정에 오모노이미노카미大物忌神[4]가 모셔져 있고, 창건연월은 분명하지 않으나 요메이텐노用明天皇 어우御宇(585~587)에 정일위正一位[5]를 제수하고 칙액勅額을 내렸다고 하니, 이미 1300~1400년 전부터 명산으로 숭경해왔던 것 같다. 옛날에는 흰옷차림의 많은 행자行者[6]로 북적였던 산이었다.

    실제로 이 산을 보면 먼 옛날부터 신앙의 대상이 되었던 것을 수긍하게 된다. 정상은 무쇠처럼 야무진 암봉이며, 그로부터 완만한 산자락을 평야에 드리우고 있다. 그 위엄 있는 수려한 산세는 여전히 산에는 신이 계신다고 믿었던 상대인上代人으로 하여금 저절로 궤배 올리고 싶은 마음을 불러일으켰을 것이다.

    더군다나 조카이산은 화산이다. 여러 번의 폭발은 신의 계시로서 사람들을 몹시 두렵게 했음이 분명하다. 폭발이 있을 때마다 조정에서 오모노이미노카미의 벼슬을 높여드렸던 것이 사실史實로 남아 있다. 조카이산은 이 지방의 수호신이었다.

    조카이산을 산기슭의 주민이 존중하고 있는 데에는 더욱 현실적인 문제도 있다. 쌀의 산지로 유명한 쇼나이 평야도, 아키타 평야도 이 산에서 흘러나온 물로 윤택해지기 때문이다. 지금까지도 쇼나이와 아키타가 물싸움으로 산의 영역을 두고 다투고 있다고 한다.[7]

    조카이산에 올라 보면 볼륨 있는 깊은 산이라는 느낌은 부족하지만, 세월이 거쳐간 화산인 만큼 지형이 복잡한 점이 흥미롭고, 뛰어난 풍경이 가는 곳마다 펼쳐져 있다. 정상 화구의 험한 암벽, 태고의 정적을 지닌 옛 분화구의 호수, 바로 눈 아래로 바다를 굽어보는 드넓은 고원상高原

조카이 호수와 멀리 갓산

외륜산에서 바라본 신잔

狀의 초원. 이만한 규모의 산에서 이만큼 변화가 풍부한 산도 드물 것이다. 고산식물에도 조카이벼룩이자리鳥海裳, 조카이엉겅퀴鳥海薊 외에 이 산의 이름을 앞에 붙이는 종류가 많은 것만 보아도, 그 다채롭고 풍부함을 헤아릴 수 있다.

내가 정상에 섰던 날은 구슬처럼 드맑은 가을날이었다. 이른 아침 고마도메駒止의 오두막을 나섰던 때는 온 하늘에 별이 가득했고, 전방의 칠흑 같은 능선 위로 북두칠성이 세로로 커다랗게 걸려 있었다. 한 꺼풀씩 벗기듯 어둠이 옅어지다가 오타이라고야大平小屋에 도착할 무렵에는 완전히 환해졌고, 쓰타이시자카蔦石坂[8]의 된비탈을 다 오르고 나니 아침 해가 비쳐왔다. 굽어봤던 산허리의 단풍은 무어라 말할 수 없이 아름답다. 하계는 완전히 하얀 운해로 덮여 있다. 그 운해의 끝에 갓산의 우아한 모습이 또렷이 떠 있었다.

여유로운 고원상의 전망대를 지나 오하마御濱에 도착하니, 그곳에는 여름철 행자를 위한 숙사가 있다. 옛 분화구인 조카이 호수鳥海湖의 신비스럽고 조용한 풍경도 여기서 내려다볼 수 있었다. 올라갈수록 운해 위로 섬처럼 이와테, 아사히, 이이데, 자오 등 도호쿠의 쟁쟁한 산들이 잇달아 나타나기 시작한다. 정면에는 정상의 암봉이 묵직하게 자리 잡고 있다. 하늘은 멋지게 활짝 개었고, 공기는 깔끔하고 바람조차 아늑해 완연한 가을의 조카이산을 만끽하게 되었다. 정상의 외륜산外輪山을 따라 시치코산七高山에 닿고 화구로 내려가니, 바위를 포개놓은 것 같은 최고봉 신잔新山이 서 있다. 그곳의 오미야お宮에 참배하고 하산 길에 붙었다.

주

1 옛 지명으로 나가노현. 별칭으로 시나노信濃.
2 옛 지명으로 오슈奧州의 아칭雅稱이다. 미치노쿠陸奧는 중앙에서 지방으로 이르는 길의 끝이라는 뜻의 미치노오쿠道奧였으며, 같은 한자로 무쓰陸奧라고도 읽는다.

3   사이토 모키치齋藤茂吉(1882~1953): 가인, 정신과 의사. 구제 제1고등학교를 거쳐 도쿄제국대학 의학과를 졸업했고 오스트리아와 독일에서 유학했다. 『아라라기』 동인으로 현대 단카 발전에 공헌했다. 저자는 구제 제1고 3학년 때 선배들의 원고를 모은 교내 문예지 『올리브橄欖樹』의 간행을 의논하기 위해 친구와 찾아가서 만난 일이 있다. 이때 모키치의 엉뚱한 질문에 당황한 그들은 곧바로 또 다른 선배인 아쿠타가와 류노스케芥川龍之介(1892~1927)를 찾아갔다고 한다. 의사로서도 유능했으나, 그가 처방해 준 수면제로 아쿠타가와가 자살한 일이 있었고, 장어를 유별나게 좋아했다는 일화가 있다.

4   음식과 곡물의 신으로, 이와테산 편의 우카노미타마노 미코토와 같은 신격으로 본다.

5   특정 야시로의 신이 현저한 영험을 보이면 그 신에게 신위神位, 또는 신계神階가 수여되기도 했다. 무신武神에게는 훈위勳位가, 황조신皇祖神에게는 품위品位가 수여되었다. 이를 관료제의 위계질서를 신들에게 적용하여 천황 밑으로 서열화한 것으로 보고 있다.

6   교자行者: 일반적으로 불도를 닦는 사람을 말하지만, 슈겐도의 수행자인 슈겐자나 야마부시를 가리킨다.

7   물싸움水爭い이란 벼농사를 짓기 위한 농업용수를 두고 벌어지던 싸움이다. 이웃 번끼리 실제 무장을 하고 전쟁을 일으키기도 했다. 본문에서의 물싸움으로는 에도시대에 조카이산 산정논쟁鳥海山の山頂論爭이라는 재판까지 갔던 유명한 사건이 있다. 사서 『삼대실록』과 "국군國郡의 경계는 분수령으로 한다"라는 관습까지 동원해 송사를 벌였다. 표면적으로 물싸움이라고 하지만 양상은 아키타의 슈겐도 진언종계의 당산파當山派와 쇼나이의 슈겐도 천태종계의 본산파本山派 간의 정상 다툼, 영주의 중요한 재산으로서 산의 지배 범위를 둘러싼 복잡한 사건이었다.

8   쓰타이시자카傳石坂로도 적는다. 지금은 시멘트로 포장된 오르막이다.

갓산
月山

표고 **1984미터**
소재 야마가타현 山形縣

뭉게구름 몇이나 무너져 달의 산이 되었나

雲の峰いくつ崩れて月の山

_ 바쇼¹

쓰루오카鶴岡역에서 내렸을 때 정말로 갓산月山 위에 구름 봉우리²가 서 있었다. 팔월 중순을 지난 산은 짙은 군청색으로 소잔등처럼 누굿하게 뻗어 있었다. 어떤 산이라도 정상 근처는 얼마쯤 날카롭게 서 있게 마련이지만 갓산에는 그런 것이 없다. 어루만진 듯 완만한 선이었다.

어느 유월 말, 나는 야마가타시山形市의 북쪽 변두리에서 예전처럼 갓산을 바라보았다. 갓산만이 여전히 눈을 남겨두고 있어서 바로 내 눈을 사로잡았다. 눈 때문일까, 산은 위엄 있는 강한 선을 드러내고 있었다.

야마가타현은 조카이, 자오, 아즈마, 이이데, 아사히 등 산이 많은 것을 자랑으로 삼고 있지만, 그 산들은 모두 현의 경계에 있어서 실제로는 인근의 현과 공유하는 것이다. 그런데 갓산만은 고스란히 야마가타현

완만한 갓산의 오솔길

의 한가운데에 있다.

미치노쿠 이데와 고을의 삼산은 고향의 산, 그립기도 하구나

みちのくの出羽のくにに三山はふるさとの山戀しくもあるか

사이토 모키치뿐만 아니라 야마가타현 사람은 분명히 모두 그렇

게 느낄 것이다. 이데와出羽³ 삼산은 하구로산羽黑山·갓산·유도노산湯殿山을 말하지만, 하구로와 유도노는 산으로서 논하기에 부족하다. 갓산만이 홀로 우아하게 높이 서 있다.

우아하게. 그것이 갓산이다. 북쪽 조카이의 날카로운 금자탑과 대조되는 듯 그 산은 우아하다. 다야마 가타이⁴의 『산수소기山水小記』는 홋카이도를 제외한 일본의 북에서 남까지의 인상적인 여행기다. 나는 그 여정旅情이 넘쳐흐르는 문장을 사랑하는데, 맨 처음에 갓산이 나온다. 어느 해 질 무렵 고갯길을 내려가니, 넓은 들몰에 길게 잇닿아 있는 군산 위로 '마치 달이 반륜을 허공에 드러낸 것 같은 커다란 산의 모습'을 실제로 보았다. 그것이 갓산이라는 것을 알고 나서, 그는 하루의 고단함을 잊고 황혼의 색으로 물든 먼 산을 넋을 잃고 바라보았다.

갓산이란 이름이 붙은 것은 반달 모양이어서가 아니라, 그 산을 우러르는 평야의 사람들이 가장 존숭하고 있는 농업의 신 쓰키요미노 미코토月讀尊⁵를 모셨기 때문이다. 하지만 그 마음속 깊은 곳에는 역시 달처럼 우아한 산이라는 느낌이 있었던 것도 틀림없다.

유서 깊은 것으로는 일본에서 손꼽히는 산이다. 조간貞觀 6년(864)에 월산신月山神이 서위叙位되었던 것이 국사에 나타나 있다. 쇼나이 평야를 굽어보는 두 개의 산, 조카이와 갓산을 그렇게나 먼 시대부터 숭상하고 있었다.

중고中古⁶ 때 슈겐도修驗道⁷의 발생과 함께 하구로·갓산·유도노를 산조곤겐三所權現으로 주창했는데, 그것이 세력을 얻고 하구로야마부시羽黑山伏⁸의 명성이 높아져, 지금도 여전히 그 전통과 행사가 남아 있다. 예전에 이곳의 슈겐도가 얼마나 번성했던가는 하구로산의 삼나무 거목이 양쪽으로 줄지어 있는 돌을 깐 긴 비탈길⁹이나, 이데와 신사의 굉장한 사전社殿¹⁰을 보는 것만으로도 이해할 수 있다. 하구로에서 갓산에 올라 오쿠노인奧院¹¹인 유도노에 참배하는 것이 예로부터의 순로順路였다.

바쇼는 『깊숙한 오솔길奧の細道』 행각 도중에 이 삼산을 순례했다.

정상의 갓산 신사

하구로의 미나미다니 별원南谷別院[12]에 묵고, 6월 6일(양력 7월 22일) 갓산에 올랐다. 옛 문인이 2000미터에 가까운 산을 오른 기행문은 드물다. "유후시메木綿注連[13]를 몸에 걸치고 호칸寶冠[14]으로 머리를 감싼다. 고리키強力[15]라는 자에 이끌려 운무산기雲霧山氣[16] 속에 빙설을 밟으며 오르기를 8리. 다시 일월행도日月行道[17]인 구름의 관문으로 드는가 해서 괴이하게 여겨지고, 숨이 끊어질 듯 곱은 몸으로 정상에 이르니 해가 지고 달이 나타난다. 조릿대笹를 깔고 이대篠를 베개 삼아 누워 밝아오기를 기다린다."

하구로산(산이라고는 해도 400미터 정도의 구릉에 불과하다)부터 갓산 정상까지의 오르막은 바쇼에게 틀림없이 힘겨웠을 것이다. 산정의 오두막에서 1박을 했던 그는, 이튿날 해가 뜨고 구름이 사라지고 나서 유도노로 내려갔다. 여기도 유도노산이라고는 부르는데, 계류의 커다란 바위에서 더운물이 곤곤히 솟아나고 있어서, 거기에 신사가 모셔져 있는 곳을 말한다.[18]

나도 옛 관례를 좇아 삼산의 순로를 따라 걸어갔다. 하구로의 사이

칸사이칸齋館[19]에서 묵고, 이튿날 등산버스에 올라 로쿠고메六合目까지 갔는데, 이렇다 할 고생도 없이 갓산 위에 섰다. 도중에 교자카에시行者返し[20], 미다가하라彌陀ヶ原, 후다라쿠普陀落 등 신앙의 산다운 이름이 남아 있다. 몇 고메合目마다 있는 오두막도 바쇼 시대를 회상하게 하는 '조릿대를 깔고 이대를 베개 삼을'것 같은 조릿대로 엮은 오두막이다.[21]

쇼나이 평야에서 바라본 갓산이 완만하게 뻗은 생김새였던 대로, 정상은 실로 드넓은 고원이었다. 조금 높은 곳에 성역인 갓산 신사가 있고, 그곳에서 남쪽을 향해 완만하고 커다란 비탈이 기분 좋게 뻗어, 바위와 고산식물이 그득히 깔려 있다. 정상에는 에델바이스가 피어 있었다.

갓산은 일본에서 드문 순상화산이라고 하는데, 여기저기에 커다란 비탈들이 있다. 그리고 넓은 계곡에는 한여름에도 여전히 많은 잔설이 있었다. 근년에 갓산이 많은 스키어를 부르고 있는 것도, 이 비탈과 눈의 혜택을 받아서다.

주

1 마쓰오 바쇼松尾芭蕉(1644~1694): 에도 시대 전기의 하이진俳人. 하이쿠의 성인이라는 뜻으로 하이세이俳聖로 불린다. 자주 여행을 다녔으며 죽음도 여행 중에 맞았다. 이 하이쿠는 『깊숙한 오솔길(1702)』에 실려 있고, 1689년 6월 6일 자 일기에서 발췌한 것이다. 『깊숙한 오솔길』은 1689년에 5개월간 오슈와 호쿠리쿠를 약 2400킬로미터 여행하며 쓴 하이쿠 기행문의 백미로 알려져 있다. 奧는 중의적 표현으로 오슈奧州를 뜻하는 것으로도 볼 수 있다.
2 구름 봉우리雲の峰는 여름철을 나타내는 시어로 뭉게구름을 가리킨다.
3 데와出羽의 옛 독음으로 야마가타현과 아키타현. 별칭으로 우슈羽州.
4 다야마 가타이田山花袋(1871~1930): 일본산악회 회원, 소설가. 1896년 난타이산 등산을 시작으로 여러 산을 정력적으로 올랐고 1923년에는 금강산을 찾았다. 대표작으로 일본의 자연주의 문학의 방향을 결정지었다는 『이불蒲團(1908)』이 있다. 기행문에도 능해서 자오산 편에서 언급하는 『일본명승지지』의 11편 『오키나와 지역琉球之部(1901)』을 썼고, 후일 그의 편집으로 『신찬명승지지新撰名勝地誌』 전 12권을 감수했다. 『산수소기(1917)』는 인기 있던 기행문이었으며 갓산의 당시 표기

는 구왓산ぐわっさん이었다. 본문에 나오는 바쇼의 하이쿠도 이 책에서 인용하고 있다.

5 쓰키月의 고어가 쓰쿠月라서 쓰쿠요미노 미코토로도 읽는다. 밤의 세계를 다스리며 농경의 신이다. 달을 읽는다月讀라는 뜻에서 보이듯이 태음력의 달을 세는 신으로 평가한다. 이자나기가 오른쪽 눈을 씻을 때 태어났다고 하며 천상인 다카마가하라高天原를 다스리는 태양신 아마테라스 오미카미天照大神, 바다를 다스리는 폭풍신 스사노오노 미코토須佐能男命와 함께 일본 신화에서 중요한 신인 삼귀자三貴子(미하시라노 우즈노미코) 중 하나다.

6 상고와 근고 사이의 시기를 말하며, 아스카 시대인 다이카大化 2년(646)의 다이카 개신大化改新부터 겐큐建久 3년(1192)에 가마쿠라 막부를 열었을 무렵까지의 약 550년간을 말한다. 다만 문학사에서는 일반적으로 헤이안 시대인 약 400년간을 가리킨다.

7 '수修행하여 영험驗을 널리 알리는 길道'이라는 뜻을 가졌다. 산악불교의 일종으로 아스카 시대의 엔노 오즈누를 시조로 하는 밀교密敎의 한 분파다. 생명의 근원을 산악으로 보는 자연숭배와 토착종교인 신도가 토대이지만, 수행체계가 불교와 가까워서 신불습합되었다. 산악신앙이 바탕이기에 일본 등산사에서 슈겐도의 활동은 자주 등장하고 있다.

8 야마부시山伏: 산을 신불로 보고 산에 엎드린다는 뜻으로, 슈겐도의 수도자인 슈겐자修驗者와 같은 말이다.

9 국보인 하구로산 오중탑으로 올라가는 2446계의 돌계단을 말한다. 일본 내 신사의 계단 수로는 2위인 가가와현의 곤피라 신궁金毘羅神宮의 1368계와 압도적 차이를 보인다.

10 신체神體를 모신 건물.

11 본당보다 안쪽으로 높은 곳에 있는 곳. 비불秘佛이나 개산조開山祖, 조사祖師 등의 상을 안치해 놓는 곳이다. 또한 깊숙한 곳에 있는 신성한 곳도 뜻한다.

12 별원別院: 본산本山 외에 따로 지은 본산 소속의 절이나 요사寮舍. 현재 미나미다니노 카스미자쿠라南谷の霞櫻라고 하는 곳이다. 바쇼가 엿새 동안 머물렀다고 전해진다.

13 종이로 꼰 노끈이나 흰 천으로 짠 끈으로 고리를 만들어 목에 거는 슈겐도의 가사修驗袈裟. 유우시메로도 읽는다.

14 슈겐도 행자의 흰 두건.

15 수도자의 짐을 지고 따라다니던 종복이나 안내자를 말하는데, 실질적으로 짐꾼 역할을 하는 사람을 말한다. 이들은 근대등산 여명기에 사냥꾼·삼림관리인 등과 더불어 등산자의 짐을 지고 안내하거나, 산장이나 시설물에 필요한 무거운 자재를 나르기도 했다. 예를 들면 저자의 가이드를 하기도 했고 후지산 정상에 있는 기상관측시설에 짐을 나르던 고리키인 고미야마 다다시小宮山正가 있다. 그는 1941년 8월에 시로우마다케 정상(2932미터)에 전망도 지시반展望圖指示盤을 놓기 위해 화강암으로 만든 약 50관(약 187킬로그램)의 돌덩이를 혼자 져 날랐던 일이 있었는

데, 설계가 있는 고산을 오르는 일은 휴식도 짐을 진 채 서서 해야 함은 물론이고 넘어지면 죽을 수 있는 위험한 일이었다. 후지산 관측소에 근무했던 적이 있는 닛타 지로는 고미야마 다다시와 알던 사이였고 이를 바탕으로 『강력전強力傳(1955)』이라는 소설로 발표해 나오키상直木賞을 받았다. 현재는 이와 비슷한 역할을 하는 사람을 봇카步荷라고 부르는데, 야마고야에서 쓸 물건이나 훼손된 등산로 등을 정비하는 데 필요한 자재 등을 져 나르는 일을 하는 사람을 말한다. 보통 100킬로그램 이상의 짐을 지는 일이기 때문에, 고산 등산을 꿈꾸는 사람들이 하중 훈련을 위해 봇카를 하는 경우도 흔하다.

16 구름과 안개가 끼어 서늘한 산 속의 기운.

17 해와 달이 다니는 길.

18 이데와 삼산의 오쿠노인이 유도노산 신사다. 신전은 따로 없고, 붉은 거암이 신체이며 물이 솟아나고 있다. 삼산 참배의 최종 수행지로 여겨서 이곳 유도노산에서 다시 태어난다고 믿는다. 촬영은 금지되어 있으며, 참배 시에는 신체에 오르게 되므로 입구부터 맨발로 참배한다. 일본의 종교는 바다와 산을 타계로 보았다. 이에 따라 슈겐도에서는 산에 '정토와 지옥'이 함께 있다고 받아들여 산에 드는 것은 죽음을 뜻했고, 생전의 죄업을 정화하고 하산하면 거듭난다고 여겼다.

19 신사의 행사 때 재계를 위해 신관 등이 머물면서 근행勤行하는 곳.

20 슈겐도의 행자들의 수행이 부족하면 이 자리에서 돌아갔다고 전해져 생긴 이름이다. 지명으로 대개 험한 곳이 많고, 슈겐도의 성지인 오미네산에는 교자가에리다케行者還岳라는 산도 있다.

21 실제로 과거 이곳에 있었던 대부분의 순례자용 오두막들은, 곧은 나뭇가지로 뼈대를 엮고 누마ヌマ라고 부르는 가로 150센티미터 세로 270센티미터로 짚을 엮은 무게 3킬로그램짜리 이엉을 마을에서 가져와 덮었고 전체적으로 움막 형태로 보이는 것이 특징이다.

아사히다케
朝日岳

017

표고 1871미터(오아사히다케 大朝日岳)
소재 야마가타현 山形縣

야마가타현은 쇼나이 평야에서 바다를 면하고 있을 뿐이고, 나머지 육지는 조카이, 후나가타舟形, 자오, 아즈마, 이이데, 아사히 등의 산으로 둘러싸여 있다. 그중에서 아사히가 가장 원시적인 면모를 간직하고 있다. 내가 처음으로 아사히 연봉을 종주했던 것은 오래전인 다이쇼 15년 (1926)이었는데, 물론 그때는 야마고야 따위도 없었고 길조차 정해지지 않은 구간도 있었다. 아사히를 등산한 이야기를 해도 '그런 산이 어디에 있을까?'라는 얼굴이었다.

반다이아사히磐梯朝日 국립공원이 지정되고 나서야 아사히가 겨우 주목받기도 했고, 근년에 점점 오르는 사람이 늘어나고 있지만, 그래도 같은 국립공원 내에서 반다이의 대단한 번창에 비해 아사히 쪽은 아직 사람들에게 알려지지 않은 모양이다.

아사히라는 산 이름은 일본에 많다. 평야의 주민이 익숙하게 우러러보는 산에, 아침 햇살이 아름답게 비치는 것을 보고 이름 붙였을 것이다. 야마가타시의 북쪽 교외에서 정서향에 있는 아사히 연봉이 아침 햇살

고아사히다케에서 바라본 아사히 연봉. 왼쪽이 오아사히다케, 오른쪽이 나카다케中岳

정상 직하 오아사히다케히난고야大朝日岳避難小屋

을 흠뻑 받는 것을, 나는 감개무량하게 바라보았던 적이 있다.

아사히 연봉이란, 보통 도리하라야마鳥原山, 고아사히小朝日, 오아사히大朝日, 니시아사히西朝日, 간코잔寒江山, 이토다케以東岳를 가리킨다. 오아사히가 가장 높지만 조카이산이며 이와테산처럼 주봉만 단연 출중한 것이 아닌지라, 아사히의 가치는 연봉 전체에 있다고 보아도 좋을 것이다. 그렇다고 하더라도, 평야에서 바라보면 연봉의 왼쪽 끝에 한층 더 높이 서 있는 피라미드형의 오아사히다케大朝日岳는 잘못 볼 일이 없는 현저한 존재다. 마치 야쓰가타케 연봉의 아카다케 같은 것이다.

"아사히 연봉이 세상에 알려질 수 있게 된 것은 다이쇼 11년(1922) 여름, 우리가 처녀 종주에 성공하고 난 뒤의 일이다"라고 안자이 도루[1]가 쓰고 있다. 안자이 씨는 구제舊制 야마가타고등학교[2]의 생물[3] 선생이었기에, 지리적 우위에서 가장 먼저 이 연봉을 눈여겨보았을 것이다. 그 후로 차츰 등산하는 사람들 사이에서 이 연봉의 소문이 나기 시작하는 듯했고, 1926년에 내가 종주를 시도했을 때는 그 전년의 게이오慶應대학 파티의 기록을 참고했다. 당시에는 그것이 유일한 문헌이었다. 대학 1학년이었던 나는 친구 S군[4]과 둘이서 무거운 텐트를 등에 지고 아사히 광천鑛泉을 출발해, 충실하게 주맥을 더듬어 이토다케에서 오토리이케大鳥池로 내려왔다.

오토리이케에서 오토리가와大鳥川[5]의 내리막은 길이 없고 배꼽까지 잠길 만한 물 건너기의 연속이라, 만일 도중에 운 좋게 만난 곤들매기 낚시꾼에게 길 안내를 사정하지 않았더라면, 우리는 몇 갑절이나 곤란했을 것이다. 지금은 못 옆에 오두막이 세워졌고, 또한 물을 건너지 않고 마칠 수 있는 길도 나 있다.

아사히 연봉의 개척은 다이쇼 말기여서, 우리의 종주는 거의 초기에 속하는 것으로 보아도 좋을 것이다. 그 이전에는 뭔가 오래된 기록이 없을까. 아사히다케朝日岳에 정통한 누마이 데쓰타로의 박람博覽으로도 다이쇼 이전으로 거슬러 올라갈 수 없었다. 그런데 근년에 고문서가 발견되었고, 그에 따르면 다이쇼 말기까지 거의 발걸음이 없었던 것처럼 여기던 이 연봉에 옛길이 있었던 것이 증명되었다. 나는 아직 그 옛 기록을 접하지 않아서 자세한 것은 알지 못하지만, 들자하니 쓰루오카번鶴岡藩에서 요네자와번米澤藩으로 빠지는 일종의 군사용 샛길이 있어서, 그 자취를 아직도 단속적으로 찾아낼 수 있다고 한다. 도호쿠의 산 중에서도 가장 원시성을 지닌 것 같은 아사히에도 그런 오랜 역사가 있었던 것이다.

그 뒤로 나는 34년 만에 오아사히다케에 올랐다. 예전에는 아사히 광천까지 닿으려면 하루가 걸렸는데, 바로 그 근처까지 버스가 다니고 있었다. 광천에서 도리하라야마, 고아사히를 거쳐 오아사히다케로 향했지만, 옛 기억은 아득해서 텐트를 쳤던 자리조차 짐작 가지 않았다. 다만 오아사히의 어깨 주변으로 에델바이스의 대군락이 있었던 것을 기억하고 있었는데, 이번에도 그것은 있었다. 온통 활짝 피어 있어서, 그야말로 소라도 먹이고 싶어질 정도로 무성한 모습이었다.

정상에 섰지만 안개 때문에 경치는 전혀 볼 수 없었다. 34년 전에는 구름 한 점 없이 쾌청해서 완전무결한 일출을 맞이했다. 그리고 오아사히라는 피라미드의 그림자가 바다로 커다랗게 넘어가고 있는 것을 바라보고 몹시 감격했었다.

야마가타 태생의 가인 유키 아이소카[6]는 나이 예순이 되어 오아사히다케에 올라, 다음과 같은 활달대도豁達大度한 노래를 남기고 있다.

> 오우 산줄기에 닿은 태평양에서 솟아오르는 태양의 장엄을 내 평생의 호강으로 삼는다네
> 奧羽山脈に接した太平洋に出づる日の莊嚴をわが生涯の奢りとぞする

> 태평양에서 태양이 떠오르며 아사히다케의 큰 그림자가 동해의 물 위에 내려앉는구나
> 太平洋に日は昇りつつ朝日岳の大き影日本海のうへにさだまる

내가 실제로 보고 있으니, 이 노래들이 유난히 공감된다

주

1. 안자이 도루安齋徹(1889~1976): 야마가타 대학(구제 야마가타 고등학교) 지질학 교수. 야마가타의 자연과 지질에 관한 저서를 다수 남겼다. 본문에서 인용한 이 종주에 관한 기사는 『산악』 제22년 제1호(1927)에 「아사히 연봉 종주」라는 제목으로 실려 있다.
2. 당시 대학 예과 기능을 하던 고등학교를 말한다. 1950년의 학제 개편 전후로 대학의 교양학부·문리학부나 고등학교로 흡수되어 사라졌다. 야마가타고등학교와 같이 대부분 지명이 붙는 네임 스쿨과 제1고등학교와 같이 1부터 8까지 숫자가 붙는 8개 넘버 스쿨 등이 있었고, 저자는 도쿄의 제1고등학교를 다녔다. 이들은 학제 개편 이후에 각각 야마가타대학과 도쿄대학이 되었다.
3. 다이쇼 시대 구제 고등학교의 교과를 보면 생물학과 지질학을 함께 배웠다.
4. 시오카와 미치카쓰.
5. 아카가와赤川 상류의 별명이다. 아카가와는 붉은 강이라는 뜻이 아니라, 아이누어로 식수를 뜻하는 왓카ワッカ에서 유래했다.
6. 유키 아이소카結成哀草果(1893~1974): 가인, 수필가.

자오산
藏王山

표고 1841미터 (구마노다케 熊野岳)
소재 야마가타현 山形縣
　　　 미야기현 宮城縣

　같은 도호쿠의 산이라도 자오藏王에는 조카이나 이와테처럼 독립고고獨立孤高한 자세가 없다. 군웅병립群雄竝立한 느낌이고 군웅을 압도하며 용립한 맹주가 없다. 야마가타에서 보아도, 센다이仙臺에서 보아도 한 줄기의 산이 기다랗게 이어져 있을 뿐이라, 그중에서 딱히 눈길을 끄는 출중한 고봉이 없다.

　그것은 지도를 보아도 알 수 있다. 어느 봉우리라도 능선상의 안부에서 겨우 200미터 정도 올라가 있을 뿐이다. 그래서 우리가 자오라고 부를 때는 이 일련의 산맥을 가리켜 말한다. 이 장대한 산줄기는 도호쿠 사람 특유의 소와 같은 둔중함을 지녀서 듬직한 줄기를 펼치고 있다.

　혹시 최고점을 맹주로 친다면 그것은 구마노다케熊野岳이고, 그 가늘고 긴 꼭대기의 한쪽 끝에 사이토 모키치의 가비歌碑가 서 있다.[1]

미치노쿠를 둘로 가르며 솟아오르신 자오산의 구름 속에 서 있다
　陸奥をふたわけざまに聳えたまふ藏王の山の雲の中に立つ

오가와라마치大河原町 쪽에서 바라본 자오 연봉

　모키치는 야마가타 태생의 대가인大歌人으로, 그의 고향에서 조석으로 자오를 우러러볼 수 있었다. 그의 수제자 유키 아이소카도 같은 산기슭에서 일생을 농사에 힘써왔던 가인인지라, 다수의 작품 중에서 자오를 추리는 데 어려움이 없다.

　감잎이 붉게 물든 사이로 올려다본 자오산에 살짝 흰 눈이 내렸

구나

柿紅葉へだててあふぐ藏王嶺にはつかに白く雪ふりにけり

이 구마노다케에 이어져 있는 지조다케地藏岳라든가 산보코진산三寶荒神山으로 부르는 봉우리가 있는 것은, 자오가 예로부터 신앙의 산이었던 것의 증좌일 것이다. 일본의 오래된 명산에는 대개 신이 모셔져 있었다. 불교가 성행하게 되자 본지수적설本地垂迹說[2]에서 비롯된 곤겐權現이라는 이름이 쓰였다. 자오산藏王山이라는 이름이 자오곤겐藏王權現[3]에서 왔다는 것은 말할 것도 없다.

『일본명승지지日本名勝地誌』[4]에는 "본명을 갓타다케刈田岳라 한다. 갓타미네刈田嶺에 옛 신사가 있어서다. 중세中世[5]부터 오로지 자오산이라 부른다"라고 나와 있다. 갓타다케는 구마노다케보다 80미터 정도 낮지만, 멀리서 바라다보면 도리어 구마노다케보다 눈에 띄는 둥근 꼭대기를 가진 봉우리이기에, 아마 옛날에는 자오의 대표가 갓타다케가 아니었을까 한다. 갓타미네카미刈田嶺神는 세이와텐노清和天皇 조간貞觀 11년(869)에 서위敍位한 기록이 국사에 남아 있으므로, 이 산신은 이미 1100년 전의 옛날부터 숭경하고 있었다. 지금도 미야기 쪽에서의 자오 등산이라 함은 이 갓타다케를 말해서, 도중의 사이노카와라賽ノ河原[6]에는 신앙적인 오브제가 많이 들어서 있다.

구마노, 갓타가 그런 종교적인 모습으로 인간의 자취를 띠고 있는 것에 반해, 자오 연봉의 남반부는 찾는 사람이 드문 원시적인 면모를 간직하고 있다. 스기가미네杉ヶ峰, 뵤부다케屛風岳, 후보산不忘山[7] 등 고도는 북반부에 비해 결코 손색이 없는데, 그토록 사람이 가지 않는 것은 어프로치approach[8]가 불편한 탓이려나. 불망산不忘山은 옛날 우타마쿠라歌枕[9]의 '불망산忘れずの山'에 들어맞는지는 모르겠지만, 그 '와스레즈노야마忘れずの山'가 자오의 별칭이었던 때도 있었다.

내가 처음 자오에 갔던 때는 그곳의 수빙樹氷[10]이 차츰 세상에 알려

조명을 받은 자오의 수빙

오카마

지기 시작했던 무렵이었고, 다카유高湯 온천에서 위쪽으로는 구제 야마가타고등학교의 코볼트 휘테Kobold Hütte[11]가 있을 뿐이었다. 그 뒤로 매번 겨울마다 가다시피 스키를 타러 나섰지만, 전쟁 뒤에는 그 번창한 모습에 질려서 아직 한 번도 가지 않았다.

　대부분의 사람은 자오의 설경은 잘 알고 있겠지만, 여름철의 자오도 즐거운 등산이다. 다카유에서 올라 구마노다케, 갓타다케를 거쳐 가가峨々 온천으로 내려가는 것이 코스이고, 이 두 봉우리 사이를 우마노세馬ノ背라고 부르고 있다. 고원상高原狀의 드넓은 산등성이라 겨울에 눈보라를 만나면 길을 잃기 십상이라서 스키의 난코스가 되지만, 여름은 공원처럼 한가로운 산책 장소다. 한쪽은 미야기, 한쪽은 야마가타의 산하를 끝없이 바라볼 수 있다.

　오카마御釜[12]라고 부르는 산상호수는 자오의 보옥寶玉이라고도 할 만한 존재인데, 그 때문에 우마노세의 소요는 한층 더 정채를 더해준다. 직경 360미터에 거의 원형의 호수로, 가장자리의 동쪽 절반은 깎아낸 듯 벼랑톱으로 되어 있고, 그 낭떠러지에 가로줄 무늬로 들어가 있는 색채가 무어라 말할 수 없는 미묘한 아름다움을 드러내고 있다. 철청색鐵錆色[13]이라고나 할까, 그것을 주조主調로 다양한 색이 섞여 있어서, 일명 고시키누마五色沼라는 이름이 있다. 오카마의 물은 야릇한 진녹색이고, 분화구 특유의 어떤 처참한 분위기가 있다.

　전쟁 후에 자오는 스키어의 메카가 되었다. 교통편이 좋아지고, 리프트며 케이블카가 가설되고, 야마고야는 곳곳에 세워졌다. 다카유는 자오 온천으로 이름을 바꾸었고, 마을 이름도, 오우혼센奧羽本線의 가나이金井역까지 '자오'로 바뀌어버렸다. 야마가타 쪽의 이 번영한 모습을 미야기 쪽도 보고 지나칠 리가 없어 여러 편리한 시설을 추진하고 있다. 근년에 갓타다케의 바로 옆을 거쳐 미야기와 야마가타를 잇는 버스도로도 개통되어 아무 고생 없이 오카마 구경도 할 수 있게 되었지만, 그만큼 매력도 줄어들게 되었다.

주

1   사이토 모키치 생전의 유일한 가비로, 1934년에 친동생의 설득 끝에 세워졌다. 모키치는 자오산에 관한 많은 단카를 지어서, 이곳 외에도 자오산 곳곳에 가비가 있고 '가비 순례'가 관광 상품으로 있을 정도다.
2   본지수적이란 부처나 보살이 중생을 교화하기 위한 방편으로 여러 가지 신명神明한 몸을 나타내는 것을 가리킨다. 이 본지수적을 설명할 때 부처佛와 가미神는 하나라고 주장하는 것이 본지수적설이며 본지수적으로 나타난 것을 높여 부르는 말이 곤겐이다. 헤이안 시대 후기에 완성된 이 설을 근거로 신불습합이 일반화되었다.
3   엔노 오즈누가 요시노吉野의 긴푸산金峯山에서 수행할 때 나타났다고 한다. 정식 명칭은 곤고자오곤겐金剛藏王權現, 또는 곤고자오보사쓰金剛藏王菩薩이다. 슈겐도의 주존불主尊佛로서 인도에 기원을 두지 않는 일본에서만 모시는 부처 중 하나다. 부처·보살·제존諸尊·제천선신諸天善神·천신지기天神地祇를 포괄하고 있다고 한다.
4   1893년부터 1901년까지 오키나와·대만·홋카이도를 포함해 지역별로 12편으로 펴낸 책이다.
5   가마쿠라·무로마치 시대.
6   부모보다 먼저 죽은 자식이 그 벌로서 부모 공양을 위해 돌탑을 쌓는 고통을 받는다고 믿는 삼도천三途川의 서덜을 말한다. 새賽는 돌을 상징하는 주사위賽로, 신불에게 올리는 제사인 굿賽을 가리키는 것으로도 볼 수 있다. 아이가 돌로 탑을 쌓으면 귀신이 와서 이를 무너뜨리고 아이를 괴롭히는데, 지장보살이 나타나 아이를 구하고 지켜준다고 한다. 이것에서 '헛된 노력이나 고생'을 가리키는 말이 되었다. 일본에서 지장보살은 염라대왕의 화신으로 여기며 아이의 수호신으로 여긴다. 등산 지도에서 종종 발견할 수 있는 지명이며, 석조 지장불 같은 종교적인 오브제들이 있거나 케른이 쌓여 있는 등의 평탄하고 넓은 바위지대를 가리키는 경우도 많다.
7   지도상 고젠다케御前岳(1705미터)로도 표기한다.
8   교통수단에서 내린 곳을 기준으로, 하이킹은 등산로 입구까지, 클라이밍은 등산들머리부터 암벽까지, 계곡 등반은 계곡으로 내려간 뒤 거슬러 올라가기 시작하는 지점까지를 말한다.
9   와카和歌의 소재가 된 각처의 명승지, 또한 와카를 짓는 자료가 되는 마쿠라코토바枕詞·명소·노래 제목 등을 모아 만든 책.
10 자오산의 수빙은 특히 스노 몬스터スノーモンスター라고 부른다.
11 (D) 코볼트는 광산에 주로 살며 광부들을 골탕 먹인다는 요마妖魔이다. 어두운 광산에서 푸른빛이 도는 것이 코볼트의 눈과 닮았다고 여겨 원소 코발트의 어원이 되었다. (D) 휘테는 스키나 등산을 위한 산막으로, 일본에서 독일풍으로 부르는 야마고야다.
12 주로 화구호를 가리키는 말이며, 특히 자오산의 것은 고유명사이다.
13 쇠 표면에 피는 녹의 색깔.

이이데산
飯豊山

표고 **2128미터(다이니치다케**大日岳**)**
소재 **후쿠시마현**福島縣

　　이이데산飯豊山이라는 것보다 이이데 연봉이라고 부르는 편이 적당할지 모르겠다. 니가타·야마가타·후쿠시마 세 현에 걸친 방대한 산괴다. 최고봉은 다이니치다케大日岳이지만, 고래로 신앙의 대상이 되었던 이이데산은 그 동쪽에 있는 2105미터의 봉우리다.[1] 그곳의 삼각점에서 조금 내려간 곳에 이이데산 신사가 있다. 신사를 참배하는 공식 등산로에는 짚신을 벗었다는 조리즈카草履塚[2], 신역神域으로 들기 전의 시련의 암장岩場[3]인 **오히소**御秘所[4], 마침내 야시로社에 다다르면 온마에사카御前坂[5] 따위의 이름이 남아 있어서, 과거 종교등산이 성행했을 때가 떠오른다.

　　보통 이이데산이라고 하지만 산기슭에서는 이이토요산이라고 부르는 마을도 있다. 이상한 이름이지만 그 어원은 분명하지 않다. 주변에 온천이 많아서 이이데는 유데湯出의 사투리라고도 하고, 또한 이이토요는 오슈 시라카와군奧州白河郡에 시키나이式內[6] 이이토요히메飯豊姬 신사[7]에서 왔다고도 하며, 이히토요鷦鷯[8]라는 새의 이름에서 나왔다는 설도 있다. 이이데산 신사에서 샀던 메이지 38년(1905)에 새긴 연기緣起[9]에는 "곱고 푸

아다타라야마에서 바라본 이이데 연봉

짐하게 밥을 수북하게 담아 놓은 것을 닮은 산용이라 이이데飯豊라는 이름이 붙었다"라고 적혀 있었다.

  일반적으로 연기라는 것이 내용이 어설프지만, 그에 따르면 개기開基[10]는 엔노 오즈누[11]로 되어 있다. 나중에 교키[12], 구카이[13] 등이 참배했다고 하는 것도 물론 허망한 것일 테고, 분로쿠文禄 4년(1595) 당시의 영주 가모우 우지사토[14]가 신앙해서 등산로를 열고 사전社殿을 수리한 이후에

이 산이 크게 번영했다는 것은 사실일 것이다.[15]

　　메이지유신으로 신불분리神佛分離[16]에 의해 이이데산 신사로 되기 전에는 고샤곤겐五社權現[17]이 모셔져 있었다. 온마에사카부터 이치노오지一ノ王子, 니노오지二ノ王子, 산노오지三ノ王子를 거쳐, 시노오지四ノ王子에 지금의 신사가 있고, 더 올라가서 삼각점이 있는 곳이 고노오지五ノ王子였다고 한다. 우리가 정상에 섰을 때 측량로測量櫓[18] 밑에 큼직한 녹슨 검劍이 있었고, 나는 거기서 구멍이 뚫린 옛날 엽전을 주웠다.[19]

　　이이데가 신앙의 산이 된 것은 요네자와米澤[20] 분지며 아이즈會津[21] 분지, 에치고越後[22] 평야 등에서 아득히 보이는 고봉이어서일 것이다. 도호쿠에서는 조카이산에 버금가는 높이를 가지고 있다. 하지만 깊숙한 곳에 있는 산이어서 평범한 여행자의 눈으로 이 산을 포착하기는 어렵다. 나는 미리 일러주어서 반에쓰사이센磐越西線의 차창 너머로 선명하게 바라보았다. 눈에 들어온 것은 이이데 본봉本峰[23]에서 다이니치다케로 이어지는 장대한 능선이었는데, 한여름인데도 중턱에는 아직 많은 잔설을 쌓아두고 있었다. 아이즈 쪽이 이이데의 정식 등산 들머리가 된 것도 그곳에서 가장 산이 잘 보였던 때문일 것이다.

　　이이데라고 하는 개성 있는 산 이름 때문에 나는 오래전부터 이 산에 마음이 끌리고 있었다. 하지만 그곳은 매우 불편해서 여간해서는 갈 수 없을 것 같은 인상이었다. 물론 여기에서 말하는 것은 신사가 있는 이이데 본봉뿐만 아니라 그 배후에 이어져 있는 방대한 산괴. 실제로 거기에는 길이 없고, 며칠 밤이라도 한둔할 각오가 필요했다.

　　토박이들에게는 익숙할지 몰라도 도쿄의 등산자들 사이에서 이이데가 자주 입에 올랐던 것은 근년에 들어서다. 반다이아사히 국립공원의 범위 안에 이 산괴가 포함된 이래 급속하게 열려갔다. 사방에서 등산로가 만들어지고, 야마고야가 세워지고, 현지의 선전도 더해져 이이데는 매력 있는 신천지가 되었다.

　　그 개발에 힘을 보탰던 사람은 긴 세월 이 산과 더불어 살고 있는

이이데 연봉. 우단 이이데 본봉, 중앙 다이니치다케

　니가타의 주민 후지시마 겐[24]일 것이다. 겐 씨의 말에 따르면, 일본의 어떤 산이라도 모두 시시하다. 이이데 같은 산은 다른 곳에 없다는 것이다.
　　여름 일주일 동안 겐 씨의 안내로 이이데의 주능선 전체를 걷고서, 그의 말에 거짓이 없다는 것을 알았다. 커다란 잔설과 풍성한 꽃밭, 산등성이는 드넓어 고원을 거니는 것처럼 즐겁고, 자그마한 못이 몇 개씩이나 흩어져 있어서 기분 좋은 야영지로 부족하지 않다. 특히 감복했던 것은 그 주맥의 봉우리들이 어느 것이나 당당하게 독립해 있어서, 마치 한 성의 주군처럼 커다랗게 보였던 점이었다.
　　내가 지났던 것은 이이데의 등뼈에 불과했으나, 거기에서 좌우로 몇 줄기나 뻗어나간 긴 지맥, 그리고 그 사이마다 깊이 새겨 넣은 여러 계곡들. 사방 40킬로미터에 이른다는 대산괴에는 아직 무한한 비밀이 숨어 있는 듯했다.
　　우리는 맨 먼저 북쪽에서 에부리사시다케机差岳에 올라 지가미야

이이데 주능선과 좌단 다이니치다케, 우측 오니시다케

마地神山, 몬나이다케門內岳, 기타마타다케北股岳 등을 거쳐 최고봉 다이니치다케에 올랐다. 다시 오니시다케御西岳에서 이이데 본봉에 이르렀고, 돌아오는 길은 우시가이와야마牛ヶ岩山의 등성이를 타고 고마이자와五枚澤로 내려왔다. 이 우시가이와야마의 산등성이 길은 막 개척한 새 코스였다. 전체 행정 중 야마고야에서 1박, 텐트 3박 그리고 그 시작과 끝에는 기라雲母 온천과 아쓰시오熱鹽 온천이라는 훌륭한 숙소가 있었다. 우리 부부와 아들 둘, 겐 씨와 따님, 게다가 포터 역으로 젊은이 둘이 딸려서, 한 무리로 신나게 으스대며 걸었다. 거의 비도 만나지 않았고, 이따금 구름이며 안개가 정취를 더하는 맑은 날이 이어졌던 정말 즐거운 산려였다.

주

1 구분을 위해 통칭인 이이데혼잔飯豊本山으로 부른다. 원래는 후쿠시마(아이즈)·니가타(에치고)·야마가타(데와) 3현에 걸쳐 있었고, 메이지 시대에는 니가타에 편입되기도 했으나, 이이데산 신사가 있는 후쿠시마 측의 맹렬한 반대로 후쿠시마의 산으로 결정되었다.

2 실제로는 헌 와라지草鞋를 벗고 새 와라지로 갈아 신었다고 한다. 와라지 대신 조리草履라는 이름이 붙은 이유는 조리에 속신俗信이 많아서라고 한다. 조리와 와라지는 둘 다 짚신이지만 용도가 다른데, 조리는 신사神事·혼례·장례 등 의식에 쓰는 경우가 많아서, 부정함을 피하고 새 조리가 대지에 닿는 곳에 새로 태어나는 하나의 힘이 악령을 극복하는 위력을 지닌다고 믿었다.

3 문자 그대로 바위가 있는 장소. 우리나라에서는 암장을 암벽등반의 연습을 위한 장소라는 개념으로 제한적으로 쓰고 있지만, 암장은 암벽을 포함하여 계곡의 바닥이나, 너덜겅이라고 부르는 바위로 이루어진 경사가 있는 지형, 산 위의 평지에 놓인 바위 지형 등을 모두 포함하는 용어다. 또한 등산자가 바위를 타는 장소로도 말한다.

4 사자의 영혼이 가는 암흑세계. 저승. 오히쇼로 읽지 않고 '가만히 몰래 함'을 뜻하는 히소카密か에 어원을 두고 있어서 오히소로 읽는다고 한다.

5 이곳은 가파른 오르막이다. 미사키御前에서 나온 말로 온마에라고 읽는다. 미사키란 민간 신앙에서 영혼이나 원령, 여우, 사람에게 들린 악령憑き物(쓰키모노) 등을 가리킨다.

6 『연희식延喜式(엔기시키)』에 들어 있는 엔기시키나이샤延喜式內社를 가리킨다. 『연희식』은 헤이안 시대인 엔기延喜 5년(905)의 칙령으로 편찬이 시작되어 967년부터 시행된 율령의 시행세칙으로 총 50권으로 이루어져 있다. 이 중 9권과 10권은 「신명장神名帳(진묘초)」이라고 부르는데, 이 「신명장」에 기재된 신사를 조정朝廷이 관사官社로 인정해 엔기시키나이샤, 또는 시키나이샤라고 한다. 당시에 존재하긴 했지만 「신명장」에 기록되지 않은 신사는 시키게샤式外社라고 한다.

7 『연희식』의 이이토요히메 신사飯豊土賣神社를 말한다. 그리고 현지에 있는 돌로 만든 사호표社號標에는 이이토요히메飯土用姬라고 적혀 있는 등 표기법이 무척 다양하다.

8 올빼미의 옛 이름. 황해도 봉산군에 있는 휴류산鵂鶹山의 그것이다.

9 사사연기社寺緣起를 가리킨다. 신사·사찰·보물 등의 기원, 연혁, 유래에 대해 기록한 글이나 그림 등을 말한다.

10 절을 새로 세운 스님, 또는 절을 창건함.

11 엔노 오즈누役小角: 생몰년 미상인 아스카 시대의 산악주술사. 슈겐도의 개조로 알려져 있으나, 그와 관련된 사건은 대부분 전설의 영역이다. 엔노 교자役行者로도 부르며 신변대보살神變大菩薩이라는 시호를 받았다.

12 교키行基(668~749): 아스카·나라 시대의 승려. 백제 왕인의 후손으로 알려져 있고

743년 나라의 도다이지東大寺 대불을 세웠다. 이 공로로 조정의 최고 승직인 대승정에 취임했다. 교키 보살行基菩薩이라는 시호를 받았다.

13 구카이空海(774~835): 시호인 고보弘法 대사로 더 잘 알려진 진언종眞言宗의 개조. 그의 탄생지인 시코쿠의 88개 사찰 순례와 직접적인 관계가 있는 인물이다. 특히 고보 대사의 이름으로 전국 각지에 전설이 남아 있는 등 역사상 가장 유명한 승려 중 한 사람이다.

14 가모우 우지사토蒲生氏郷(1556~1595): 전국시대의 무장으로 오다 노부나가의 사위. 아이즈 92만 석을 영지로 다스렸다.

15 가모우 우지사토는 세례명이 '레옹'이었던 크리스천 다이묘다. 아이즈번을 복음의 나라로 만들겠다고 당시 일본에 왔던 이탈리아 선교사 알레산드로 발리냐노 Alessandro Valignano(1539~1606)에게 맹세 한 일도 있어서, 1595년에 렌게지蓮華寺의 승려 유메이宥明에게 명해 참배로를 정비했다고는 하나, 그가 임진왜란 당시 후방 거점이었던 히젠나고야 성肥前名護屋城에서 발병해 1595년 음력 2월 7일(양력 3월 17일) 교토에서 급사했기에 사실이라면 유언으로 이룬 일이 된다.

16 메이지 신정부는 왕정복고·제정일치의 이상을 실현하기 위해 국가신도國家神道를 채택했다. 1868년 3월 28일에 발표된 신불판연령神佛判然令을 통해 신사에서 불교적 색채를 제거하도록 명했는데, 사찰에 모셨던 신을 신사로 옮기는 것도 포함했다. 일종의 불교 배척 운동으로서 불교를 국교의 위치에서 추방하는 정책이었다. 이에 따라 사찰이 통폐합되고 사찰이 신사가 되는 등의 일이 일어났다. 특히 막부 말기의 국학자 일부, 특히 습합신도習合神道를 혐오하던 이들을 중심으로 폐불훼석으로 전이되어 문화유산을 파괴하는 일이 벌어졌다.

17 곤겐을 모신 다섯 신사.

18 망루 역할을 하는 나무로 짠 측량용 비계. 높이는 3미터부터 때로는 30미터까지로 다양하며 측량할 때 상대 쪽에서 관측이 쉽도록 임시 표식을 만드는 데 사용한다.

19 슈겐자가 신앙의 증거로서 산의 정상에 두었던 것은 거울판에 신상이나 불상을 새긴 현불懸佛(가케보토케)·엽전·검劍 등이 있다.

20 야마가타현 남부.

21 후쿠시마현 서부.

22 옛 지명으로 니가타현.

23 이이데혼잔.

24 후지시마 겐藤島玄(1904~1988): 본명 후지시마 겐타로藤島源太郎. 일본산악회 명예회원. 일본산악회 에치고 지부를 창설하고 지부장을 지냈다. 이이데에 관한 책을 다수 썼으며 저자의 1962년 이이데산 등산에 동행했다.

020 아즈마야마
吾妻山

표고 **2035미터 (니시아즈마야마**西吾妻山**)**
소재 **야마가타현**山形縣
후쿠시마현福島縣

한마디로 아즈마야마吾妻山라고 부른다고 해도, 이 정도로 망막해서 요령부득인 산도 없을 것이다. 후쿠시마와 야마가타 두 현에 걸친 크나큰 산군이라서 사람들은 곧잘 아즈마야마에 다녀왔다지만, 그것은 대개 이 산군의 어섯에 지나지 않는다.

이 산군에는 대표적인 걸출한 봉우리가 없다. 그런데도 도호쿠에서는 값진 1900미터 이상의 높이를 지닌 봉우리가 열 개 가까이나 무리 지어 있다. 게다가 이 봉우리들이 모두 땅딸막한 모양이라 현저한 안표가 없어서, 멀리서 이 산군을 바라다보면 어디가 어느 봉우리인지 불현듯 식별하기 어려울 정도다.

그중에 아즈마코후지吾妻小富士가 이름처럼 하나의 구심점이 되고 있지만, 1700미터밖에 안 되고 형태도 소규모라서, 이것으로 아즈마야마의 대표로 삼을 수는 없다. 히가시아즈마東吾妻, 나카아즈마中吾妻, 니시아즈마西吾妻라는 명칭으로 구분해서 쓰는 것도 이 산군의 지형을 분명하게 하는 것이 아니다. 그들과 같은 자격의 잇사이쿄잔一切經山, 히가시다이텐

東大巓, 니시다이텐西大巓 등이 다른 산들에게 양보 없이 강경하게 버티고 있다. 이 방대한 산군에는 계곡, 고원, 호소, 삼림이 있는 데다 산기슭을 한 바퀴 돌며 여기저기에서 온천이 솟아나고 있다. 그 속에 포함된 경치 좋은 곳은 대단히 많지만, 그것을 남김없이 알아내기란 쉽지 않다.

산군 중의 어느 산에 오르려고 해도 그 출발점은 대개 온천이다. 그 입구 중 하나인 고시키五色 온천[1]에서 올라, 스키 등산의 올드 보이들에게는 그리운 아오키고야青木小屋(지금은 없다)[2]를 근거지 삼아 이에가타야마家形山며 잇사이쿄잔으로 놀러 다녔던 기억은 어느덧 삼십 년 전의 일이다. 오두막에서 유황 정련소 터를 거쳐, 쓰치유 고개土湯峠를 넘어서 누마지리沼尻 쪽으로 스키를 몰았던 적도 있었다.

아즈마야마 중에서도 동부 쪽이 교통이 편리한 덕에 일찍부터 열렸고 스키장으로도 번영해 있었다. 하지만 스키 리프트가 보급된 이래, 대부분의 스키어는 이것만 고집해 아름다운 탄네Tanne[3] 숲으로 첫눈을 밟으며 가는 깊은 맛을 잊었나 하는 느낌이 있다. 아즈마야마 스키의 매력은 그 넓은 구역을 반데룽Wanderung[4]하는 즐거움에 있다.

관광여행이 활발해짐에 따라, 업자들은 이 변화가 풍부하고 광범한 대자연을 두고 보지 않았다. 스카이라인 코스라고 부르는 자동차도로가 히가시아즈마를 관통해서, 유람철에는 마스크 없이 걸을 수 없을 정도로 먼지가 인다고 한다. 그런 수법은 차츰 퍼져나갈 것이다. 우리는 점점 더 산속 깊숙이 달아나는 수밖에 없다.

아즈마야마란 이름의 유래는 이 히가시아즈마에서 비롯한 것으로 보인다. "실제 이름은 잇사이쿄잔이지만, 토속으로 총칭해 아즈마야마라고 한다"라는 옛 기록으로 헤아려보면, 잇사이쿄잔을 주봉으로 삼아 숭경하고 있었던 것일지도 모른다. 구카이 스님이 산중에 일체경一切經을 묻었다고 해서 그런 이름이 있다고도 전해지고 있다.[5]

잇사이쿄잔의 북쪽에 이에가타야마가 있는데, 이름처럼 집 모양을 하고 있다. 거기에서 아즈마야東屋[6]라는 이름이 생겼고, 그것이 변해서

잇사이쿄잔에서 내려다본 고시키누마五色沼

아즈마야마吾妻山로 되었다고 생각하지 않을 이유도 없다. 아즈마야東屋 신사라는 이름도 남아 있기 때문이다.

조신上信[7] 국경에도 아즈마야산四阿山(일명 아가쓰마야마吾妻山라고도 한다)이 있는데, 그것은 동방 정벌의 영웅 야마토타케루노 미코토日本武尊가 오토타치바나히메弟橘姫를 그리며 "내 아내여吾妻はや(아즈마하야)!"라고 한탄했다는 고사가 바탕이라고 전해진다.[8] 같은 내용의 전설이 이곳 아즈

니시아즈마야마에 이르는 능선

마야마에도 있지만 그것은 견강부회이고, 역시 아즈마야東屋에서 왔다고 보는 쪽이 적절하다. 그리고 옛날에는 잇사이쿄 주변의 산을 아즈마야마라고 부르고 있었다는데, 거기에 연결된 일련의 산을 모두 아즈마야마라고 총칭하게 되었을 것이다.

    총칭으로서 아즈마야마는 무척 광범위하며, 그 최고봉은 니시아즈마야마西吾妻山다. 산군 중에서 유일한 2000미터 봉이지만, 근린의 봉우리들이 비슷한 고도를 지녔기에 도드라진 주봉이라는 느낌은 들지 않는다. 내가 손위인 친구[9]와 둘이서 그 최고봉에 올랐던 것은 사월 상순이었

다. 시라부타카유白布高湯를 출발점으로 해서 숙소 앞부터 스키를 신을 만큼 아직 눈이 있기는 했지만 거기서부터 정상까지 가는 동안, 쾌청한 토요일인데도 등산하는 사람을 하나도 마주치지 못했다. 아직 리프트 따위가 전혀 없었을 무렵이었다.

둘이서 스키로 삼림대의 된비탈을 올라 닌교이시人形石의 봉우리에 서니, 그 니시아즈마야마는 아찔할 만치 훨씬 건너편에 있었다. 거기까지 가는 산릉은 능선이라기보다 광대한 고원이라서, 여기에 와서야 비로소 아즈마야마 서부의 웅대한 스케일을 보았다.

니시아즈마야마의 정상도 종잡을 수 없는 너른 벌판이다. 키 작은 분비나무가 눈 위로 족족 머리를 내밀고 있는 풍경은 친구의 형용을 빌리자면 "큰 바다의 파도 사이로 돌고래 떼가 펄쩍펄쩍 뛰고 있다"와 같은 말씀이었다.

주

1 비엔나 출신의 무역상 에공 크라처Egon von Kratzer가 1911년 3월에 스키를 탄 것을 계기로, 1911년 12월 25에 일본 최초의 민간 스키장으로 개장한 곳이 이곳의 고시키 스키장이다. 1924년 12월에 이곳에 2층으로 클럽하우스를 짓고, 황족 중심의 회원제 클럽인 릿카六華(눈의 별칭) 구락부를 열었다. 고시기 스기장은 1998년에 폐업했다.
2 고시키 온천과 이에가타야마 중간에 1926년에 지어졌으나 전시에 화재로 사라졌다. 저자를 비롯해 구시다 마고이치串田孫一 등 산악문화를 대표하는 인물들이 애용했다.
3 (D) 전나무. 『만엽집』 등에서는 전나무를 오미노키臣木라고 부르며 고대부터 신성시하는 나무였다.
4 (D) 걷기, 나들이, 도보 여행(하이킹). 원더링wandering.
5 일체경은 대장경大藏經을 말한다. 명산의 정상에 보물과 함께 경전經典·경석經石·경와經瓦 등을 묻는 일은 드물지 않아서, 이런 것들이 묻혀 있는 것을 경총經塚이라고 부른다.
6 정자라는 뜻의 아즈마야東屋는 아즈마야四阿로도 적는다.
7 고즈케上野와 시나노信濃를 함께 부르는 옛 지명. 군마현과 나가노현.

8   『일본서기』 제7권에는 "우스이 고개碓日嶺에 올라 동남쪽을 보면서 세 번 아쓰마 하야吾嬬者耶라고 한탄하였다. 이런 연유로 산 동쪽의 제국을 부르기를 아쓰마노쿠니吾嬬國라고 한다"로, 『고사기』에서는 "아시가라 고개足柄峠에서 세 번 아즈마 하야阿豆麻波夜라고 한탄하였다. 고로 나라이름을 아즈마麻波夜라고 일컫는다"라고 나와 있다. 우스이 고개는 조신(군마와 나가노) 경계에, 아시가라 고개는 사가미(가나가와)와 스루가(시즈오카) 경계에 있지만, 『일본서기』와 『고사기』에서 말하는 우스이 고개와 아시가라 고개가 정확히 어디인지 특정하지 못한다. 『만엽집』에서 아내를 그리워하는 제20권 4407번 노래는 우스히노사카宇須比乃佐可로 적는 등 표기를 달리한 수많은 우스이 고개마다 이 전설이 있게 만들었다. 심지어 아시가라 고개 근처에도 우스이 고개가 있다. 어찌 되었든 이런 착종을 바탕으로 조신과 가나가와의 두 고개가 간토 지방의 서쪽 자연경계라는 점에서, 이 고개의 동쪽 나라, 또는 고개의 동쪽이라는 뜻으로 간토 지방의 고칭인 아즈마노쿠니東國와 반도坂東가 유래했다. 저자가 견강부회라고 한 것은 어느 쪽이든 결국 이 아즈마야마가 고개의 동쪽 지방에 포함되지 않기 때문이다.

9   후지시마 도시오. 이 스키 등산은 1962년의 일이었다.

021 | 아다타라야마
安達太良山

표고 1700미터
소재 후쿠시마현福島縣

아다타라라는 이름은 이미 『만엽집』에 나와 있다.

아타타라에 깃든 산짐승처럼 나도 언제까지나 당신을 찾을 테니 잠자리를 바꾸지 말아주오[1]
<small>安太多良の嶺に伏す鹿猪のありつつも吾は到らむ寝処な去りそね</small>

미치노쿠 아타타라의 활[2]시위를 부리고 젖힌 채로 둔다면 다시는 시위를 켕길 수 없으리니[3]
<small>陸奥の安太多良眞弓彈き置きて撥らしめきなば弦著かめやも</small>

서경敍景을 한 노래는 아니라서[4] 이 아타타라安太多良가 지금의 아다타라야마安達太良山인지는 확인할 방법이 없다.[5] 하지만 그 옛날에 이 산의 이름이 알려져 있었다는 것은 매우 흥미롭다. 아마 『만엽집』에 나와 있는 산으로는 가장 북쪽에 있는 것 같다.

동남쪽에서 바라본 아다타라야마

　아즈마노쿠니東國[6]부터 미치노쿠에 걸친, 다시 말해 오늘날의 후쿠시마현으로 들어와서, 고리야마시郡山市부터 후쿠시마시福島市 사이에서 기차의 창 너머 왼편으로 선명하게 이 산을 볼 수 있다. 눈이 있는 때에는 그 모습이 한층 당당하게 우리의 눈으로 다가온다. 옛날 나그네들이 이것을 못 보았을 리가 없다.
　그 도중에 니혼마쓰二本松에서 바라보았던 아다타라야마, 그것을 노래했던 다카무라 고타로[7]의 시가 이 산의 이름을 불후의 것으로 만들었다. 이 시인과 절대적인 사랑으로 맺어졌던 아내 지에코[8]는 니혼마쓰의 술도가에서 태어났다. 그녀는 도쿄에 있으면 병이 나서 고향의 본가로 돌

아와 건강을 회복하기가 예사였다. 그 아내의 천진난만한 말을 시인은 노래했다.[9]

지에코는 도쿄에는 하늘이 없다며 진짜 하늘을 보고 싶다 하네.
(…)
지에코는 먼 곳을 바라보며 이야기하네.
아타타라야마의 산 위에
매일 떠 있는 푸른 하늘이
지에코의 진짜 하늘이라고.

智惠子は東京に空が無いといふ、ほんとの空が見たいといふ。
(…)
智惠子は遠くを見ながら言ふ。
阿多多羅山の山の上に
毎日出てゐる青い空が
智惠子のほんとの空だといふ。

그리고 시인 부부가 니혼마쓰의 뒷산 언덕에 걸터앉아, 파노라마 같은 전망을 바라보았던 때의 절창인 「나무 아래의 두 사람」[10]의 일부

저것이 아타타라야마,
저기 빛나는 것이 아부쿠마강.
(…)
여기는 당신이 태어난 고향,
저기 자그마한 하얀 벽 점점이 당신네 술창고.
그럼 발을 쭉쭉 뻗어
이 덩그러니 활짝 갠 북국의 나무 내음 가득한 공기 마셔요.
(…)

저것이 아타타라야마,

저기 빛나는 것이 아부쿠마강.

あれが阿多多羅山、

あの光るのが阿武隈川。

(…)

ここはあなたの生れたふるさと、

あの小さな白壁の點點があなたのうちの酒庫。

それでは足をのびのびと投げ出して、

このがらんと晴れ渡つた北國の木の香に滿ちた空氣を吸はう。

(…)

あれが阿多多羅山、

あの光るのが阿武隈川。

    이 시에서와 마찬가지로, 그저 먼 세상의 솔바람만이 옅은 푸른빛으로 불며 지나가고 있는[11] 가을 끝에, 나도 그 언덕에 올라보았다. 그리고 그곳에서 점점 구름이 가시는 아다타라야마를 바라보았다. 그 산은 대자색代赭色으로 시든 넓은 구릉의 기복 저편에 있었다. 그 산은 하나의 독립봉의 형태랄 것도 없이 몇 개의 봉우리가 줄지어 있는 모습으로 서 있었다.

    지도상으로는 그 일련의 봉우리에 미노와산箕ノ輪山·데쓰잔鐵山·야하즈노모리矢筈ノ森·오쇼잔和尙山 등의 이름이 붙어 있고, 그 중앙의 젖꼭지 같은 원추형의 봉우리가 아다타라야마로 되어 있다.(그래서 흔히 젖꼭지산乳首山[지치쿠비야마]이라고도 부른다.) 하지만『만엽집』이며 지에코가 아다타라야마라고 보았던 것은 그 자그마한 젖꼭지만이 아니라, 그 전체를 가리키는 것으로 보인다.

    "저것이 아다타라야마"라고 나도 중얼거렸다. 그리고 "저기 빛나는 것이 아부쿠마강"은 어디일까 하고 뒤돌아보니, 반대쪽으로 후쿠시마

구로가네고야

현을 세로로 가로지르는 오목한 지대를 사이에 두고서 아부쿠마 산맥이 줄지어 있고, 그 기슭에 그 강이 흐르고 있었다. 나는 다시 아다타라야마로 눈을 돌렸다. 젖꼭지의 오른쪽으로 데쓰잔이 미노와산과 나란히 늘어섰고, 다시 멀리 벗어나 이미 온통 하얗게 변한 아즈마야마가 반짝이고 있었다.

    산에 오르기 전에 그 산을 바라보는 것은 등정을 마치고 뒤돌아보았을 때와 마찬가지로 마음 설레는 것이다. 산을 바라보고 나서, 나는 니혼마쓰에서 산기슭의 다케岳 온천까지 차를 몰아 아다타라야마로 향했다. 다케는 해발 600미터의 고원에 있는 전망 좋은 온천이다. 아다타라의 정식 등산 들머리인 동시에 배후에 광대한 슬로프를 지니고 있어서, 정월 휴일 등에는 스키 손님이 숙소의 복도에서 잘 정도로 넘쳐난다고 한다. 화려한 색으로 활기찼던 스키장도, 지금은 쓸쓸히 바람에 나부끼는 여우의 털빛으로 시든 커다란 한 자락 비탈에 지나지 않았다.

    그 비탈을 다 오르자 수풀 가운데로 평탄한 길이 이어졌지만, 이내

누마노다이라

다시 된비탈이 되어 세이시다이라勢至平[12]라고 부르는 망망한 벌판으로 나온다. 바람이 강해서 갑자기 추워진다. 전방에 새카만 바위가 위압적으로 서 있는 것이 데쓰잔이다. 그 바로 아래에 구로가네고야鐵小屋가 있었다. 꽤 낡은 야마고야이지만 뜨거운 온천이 솟아나고 있는 것이 더할 나위 없었다. 다케 온천은 여기에서 더운물을 끌어다 쓴다.

  오두막에서 1박한 이튿날은 가는 눈발이 바람에 흩날리고 있었지만, 눈과 바위의 가파른 비탈을 올라 능선으로 나가니, 그곳이 데쓰잔과 야하즈노모리의 안부다. 날씨가 좋으면 그곳에서 반대쪽으로 화구 바닥인 누마노다이라沼ノ平를 내려다볼 수 있다. 삼면이 엄청난 암벽에 둘러싸인 이 높게더기는 그 이름처럼 예전에는 늪이었다는데, 지금은 모래땅으

로 변해 있다. 메이지 33년(1900)의 폭발로 여기 있던 유황 정련소가 재해를 입어 70여 명의 종업원이 모두 죽었다고 한다. 하지만 그런 비참한 역사는 모른 채, 이 높게더기는 산중에 몰래 감춰둔 선경이었다는 느낌이다.

나는 누마노다이라에는 내려가지 않고,[13] 안부에서 우마노세馬ノ背를 더듬어 커다란 바위가 서 있는 야하즈노모리(숲이 아닌데 왜 그런 이름이 있는 걸까)[14]를 넘어가자, 능선이 누긋하게 넓어지더니 얼마 안 가서 젖꼭지의 아래로 나왔다. 철 사다리가 걸린 암장을 오르니 아다타라야마의 정상이었다. 안개에 휩싸여서 조망을 얻을 수는 없었지만, 산정에 다다랐다는 기쁨은 변함이 없었다.

돌아오는 길은 이와시로아타미岩代熱海[15] 쪽으로 내려왔다. 누마노다이라의 남측 화구벽의 위쪽 가장자리를 더듬은 다음, 그 가장자리를 벗어나 남쪽으로 수림대 속을 내려왔다. 광활한 황야까지 와서 돌아보니 아다타라는 여전히 구름 속에 있었지만, 지금 내가 빠져나왔던 남쪽 비탈의 삼림이 무빙霧氷을 입고 있어서 일대에 펼쳐져 있는 풍경이 정말 아름다웠다.

쭉쭉 펼쳐진 그 황야를 발길 가는 대로 내려가다 보니, 보나리保成[16] 고갯길까지 얼마 걸리지 않았다. 거기에서 이와시로아타미 온천으로 나와 이틀 동안의 조촐한 산려를 마쳤다.

주

1 『만엽집』 제14권 3428번 노래. 사슴과 멧돼지도 매일 돌아가는 집이 있듯이, 나도 언제든 너에게 가겠다는 뜻이다.
2 마유미眞弓는 활의 미칭이며, 참빗살나무檀로 만든 활을 말한다.
3 『만엽집』 제14권 3437번 노래. 구애라는 것은 활시위를 켕긴 것처럼 맺어지더라도 활시위를 부린 것처럼 인연이 어긋나면 다시 되돌리기 어려우니 신중히 하라는 뜻이다.
4 한시처럼 서경을 하지 않았다는 뜻이다. 한시는 대개 자연의 경치를 담아내는 서

	경을 앞부분에, 화자의 심리를 담아내는 심경心景을 뒷부분에 묘사해 대구를 이룬다.
5	나라현립 만엽문화관의 해석으로는 현 위치의 산이 맞는 것으로 판단하고 있다. 다니 분초의『일본명산도회』에는 아다치군安達郡 니혼마쓰二本松 아타타라야마吾田多良山로 적혀 있다.
6	간토 지방을 가리키는 옛 지명.
7	다카무라 고타로高村光太郎(1883~1956): 도쿄미술학교 졸업 후 뉴욕·런던·파리에서 유학했다. 조각가이자 화가였지만, 평론과 번역뿐만 아니라『지에코쇼智惠子抄(1941)』등의 시집이 유명한 근현대를 대표하는 시인이다. 전후에는 전쟁 당시의 협력에 대해 책임을 느끼고 이와테현의 시골에 틀어박혀 7년간 농사를 짓고 살았던 혹독한 자기반성을 했다. 이로 인해 사망의 원인이 된 폐결핵에 시달렸다.
8	다카무라 지에코高村智惠子(1886~1938): 서양화가, 종이공예가. 정신병과 폐결핵으로 요절했다.
9	아내 지에코에게 바친 시집인『지에코쇼』중「천진난만한 이야기」에서 발췌했다.『지에코쇼』에는 이 시집의 정수라고 할 수 있는「레몬 애가レモン哀歌」가 수록되어 있다.
10	같은 시집.
11	「나무 아래의 두 사람」중 "그저 먼 세상의 솔바람만이 옅은 푸른빛으로 불며 지나갑니다."
12	세시타이라로 읽기도 한다.
13	1997년 화산 가스 사고가 난 이후 통행금지가 되었다.
14	지도상 표기는 야하즈노모리矢筈森이며 1673미터의 봉우리다.
15	이 책이 출간된 직후인 1965년에 반다이아타미磐梯熱海로 지명이 바뀌었다.
16	보나리 고개保成峠보다 보나리 고개母成峠라는 표기가 많다.

022

반다이산
磐梯山

표고 **1816미터**
소재 **후쿠시마현**福島縣

    메이지 21년(1888) 7월 15일 아침, 반다이산磐梯山이 대폭발을 일으켰다. 뿜어 올린 짙은 화산재 때문에 한동안 암흑천지였고, 멀리서 바라보니 기둥 모양을 이룬 연기의 높이는 반다이산의 서너 배에 달했다. 이내 연기는 우산처럼 펼쳐져 온 하늘을 뒤덮었다고 한다. 버섯구름[1]의 실연實演이었다. 다만 그 화산재 속에 스트론튬[2]은 없었다.
    폭발한 곳은 주봉[3]의 북쪽에 있던 고반다이산小磐梯山이었는데, 산체가 날아가버리고 용암은 북쪽을 향해 흘렀다. 히바라무라檜原村의 마을은 그 밑으로 매몰되고, 사상자가 500여 명, 쓰러져 죽은 소와 말이 57두, 피해 본 논밭은 1만 1032정에 이르렀다. 산의 북쪽 몇 리의 땅은 고원으로 바뀌고, 강이 막혀 호수가 몇 개씩이나 생겼다.
    그래서 그때까지 거들떠보지도 않았던 땅이 우라반다이裏磐梯라는 명칭을 가진 관광지가 되어 국립공원에서도 손꼽힐 정도로 저명한 곳이 되었다. 전화위복인 셈이다. 반다이산의 번창은 바야흐로 뒤쪽裏에 빼앗겨, 도리어 이곳이 정식 현관 같은 분위기마저 있다. 손님의 환심을 사는

북쪽 능선에서 바라본 반다이산. 우측 돌기는 산고메 덴구이와三合目天狗岩

여러 설비가 갖추어져 있고, 버스도로가 종횡으로 나 있다. 폭발의 부산물인 히바라檜原·오노가와小野川·아키모토秋元 등 세 호수를 품은 넓은 고원 지대는 분명 큰 매력을 지니고 있다. 세 호수 이외에도 우리가 한눈에 그 전체를 내다볼 수 있는 사랑스럽고 자그마한 지소가 무수히 흩어져 있고, 그 수면에 반다이산이 거꾸로 비치는 풍경은 한 벌의 그림엽서라면 반드시 어디에나 들어 있다.

하지만 반다이산을 앞쪽에서 본 것은 뒤쪽에서 본 것과는 분위기가 사뭇 다르다. 뒤쪽에서는 앞쪽처럼 단려웅대端麗雄大한 모습은 볼 수 없다. 대폭발로 온전하지 못한 고반다이가 아직도 황량한 상처를 보이며 단애가 되어 서 있는 굉장한 모습이 눈길을 끌지만, 반다이산 그 자체는 마주 선 봉우리인 구시가미네櫛ヶ峰와 함께 간격이 넓은 쌍이봉雙耳峰[4]이 되어 화구벽[5]을 돋보이게 하는 역할에 불과하다. 정말로 빼어난 반다이산에

접해 보려면 꼭 앞쪽인 이나와시로 호수猪苗代湖에서 올려다보아야 한다. 거기에서 바라본 모습은 과연 아이즈의 명산으로 전해져왔을 만큼 훌륭하고 아름답다. 오하라 쇼스케 상小原莊助さん6에서 유명한 "아이즈 반다이산은 보배로운 산이요"라는 민요로부터 왠지 모르게 이 산에 상스러움을 느끼고 있는 사람도 한번 앞쪽에서 이 산을 올려다보는 것이 좋다. 명산의 풍격을 지녔다는 것을 이해할 수 있으리라.

    고리야마에서 출발한 반에쓰사이센磐越西線 기차가 산지를 지나 나카야마中山 터널을 빠져나왔을 때, 불시에 눈앞으로 나타나는 이나와시로 호수의 환한 풍경에 놀람과 동시에 여행객은 그 옆에 선 반다이산의 웅자에 무심코 탄성이 나올 것이다. 예로부터 반다이산은 이나와시로 호수와 함께 찬미했기에, 이 산과 호수, 어느 하나라도 빼놓을 수 없다. 많은 명소는 산을 바라보는 호반에 자리 잡았고, 여러 풍류인은 호수를 갖춘 산을

대폭발의 흔적인 황량한 단애

완상했다.

  이나와시로猪苗代는 이나와시로稻苗代[7]에서 유래했다고 한다. 호수 주변이란 경승지가 많이 있게 마련이어서 예로부터 이나와시로 팔경을 꼽았는데, 그중에는 '반제청람磐梯晴嵐'[8]도 들어 있다. 하지만 내가 얻었던 가장 멋진 조망은 호수의 동남쪽에 있는 히타이토리야마額取山[9]에서 다카하타야마高旗山로 이어진 구릉 산지 위에서였다. 그 높은 곳에서 이나와시로 호수의 일대 원경圓鏡을 내려다보고, 그 저편으로 정결한 모습으로 서 있던 반다이산을 바라보았는데, 그토록 고상하고 아름다운 반다이는 처음이었다.

  아히즈산 고을이 멀어서 못 만난다면 그리움의 정표로 속곳 끈 매어주지 않으시려나[10]
   會津嶺の國をさ遠み逢はなはば偲びにせもと紐結ばさね

라는 『만엽집』의 노래에 나오는 아히즈네會津嶺는 반다이산이라고 한다. 그만큼 먼 옛날부터 세상에 이름난 산이었다. 반다이산磐代山 또는 반다이산萬代山이라고도 쓰고 있었지만, 그것은 군두목이고 원래는 이와하시산이었다. 이와는 바위岩, 하시는 사다리梯(또는 의자椅)다. 바위가 용립해 있는 장소를 하시타테ハシタテ로 부르는 예를 나는 여럿 알고 있다. 이 산의 정상 가까이에서 옛 분화구의 암벽을 올려다볼 수 있다. 거기에서 이와하시イワハシ가 유래한 것이 아닐까. 그 이와하시산磐梯山이 음독으로 반타이산バンタイ山이 되었던 것이다.

정식 등산 들머리에 있는 이와하시磐椅 신사는 엔기시키나이延喜式內의 오래된 야시로社이고, 아주 먼 옛날에는 반다이산의 정상에 모셨다고 전해진다. 그것이 고닌弘仁 연간(810~823)에 지금의 미네산禰山 남쪽 기슭으로 천좌했다고 해서 흔히 미네묘진峰明神[11]이라 칭했다. 미네禰는 미네峰가 바뀐 것이다. 『문덕실록文德實錄』[12]의 사이코齊衡 2년(855)에 이와하시카미石椅神에게 종사위從四位를 서위叙位한 일이 나와 있다. 반다이산의 옛 이름은 이와하시산石椅山이었다. 이 부근 일대를 야마군耶麻郡이라 하는 것도 야마ヤマ, 다름 아닌 반다이산이 있기 때문이었다.

오모테구치表口를 통한 등산은 이나와시로마치猪苗代町에서 시작된다. 기차로 이나와시로역에서 내려도 거기는 마을이 아니다. 버스로 2킬로미터 정도 달려야 한다. 아카하니야마赤埴山의 동남쪽으로 퍼진 용암류鎔巖流의 위쪽에 지금 스키장이 되어 있는 곳은 옛 이류泥流가 쌓인 것이다. 메이지 21년의 우라반다이 대폭발 때 미네까지 이류가 흘러와서 마을 일부가 묻히고 커다란 분석噴石을 가져다주었는데, 그것이 지금 미네의 바위見禰の大石라는 천연기념물이 되어 있다.

스키장의 비탈을 올라가면 눈 아래로 이나와시로 호수를 내려다볼 수 있다. 차츰 경사가 세지고 아카하니야마를 넘으면, 가가미누마鏡沼라는 고요한 늪의 둔치를 지나서 누마노다이라沼ノ平의 습원에 든다. 여기는 태곳적 분화구 바닥에 해당하는 곳인데, 거기부터 가파르고 험한 비탈

을 오른다. 이 주변의 바위절벽은 실로 엄청나서 폭발의 위력이 얼마나 컸는지를 보여주고 있는 듯하다. 이 분화는 다이도大同 원년(806)의 일로, 그때 쓰키노와月輪와 사라시나更科 등 2향鄕13 48촌村이 물밑으로 가라앉고 이나와시로 호수가 나타났다고 전해지는, 그에 관한 그럴듯한 전설도 남아 있다. 이나와시로 호수가 반다이산의 분출로 언색호堰塞湖가 된 것은 사실이지만, 과연 다이도 때의 폭발 때문이었는지는 확실치 않다.

그 이래로 큰 활동이 없었는데, 메이지 시대 중반에 이르러 갑자기 다시 대폭발을 일으켜, 이번에는 뒤쪽의 산촌을 매몰시키고 새로운 호수를 만들었다. 평소에는 평온해 보여서 무슨 일을 저지를지 알 수가 없다. 그것이 화산의 두려운 점이다.

누마노다이라에서 옛 화구벽을 다 오르자 초원풍의 넓은 산등성이가 되고, 머지않아 고보 시미즈弘法淸水라는 감로수가 솟아나는 곳에 도착한다. 이곳에서 우라반다이로부터의 등산로와 합쳐져서 갑자기 등산하는 사람이 많아진다. 사람들은 대부분 편리한 뒤쪽 등산로에서 올라와 뒤쪽으로 돌아간다. 공식 등산로 쪽이 조용하다. 고보 시미즈부터 된비탈을 올라 산정에 닿는다. 커다란 바위가 널브러져 있는 틈으로 많은 등산객이 남기고 간 쓰레기가 흩어져 있는 것이 속상할 수밖에 없는 것은, 명산의 정상이었기 때문이다. 반다이묘진磐梯明神의 석조 호코라祠가 남쪽을 향해 서 있다.

돌아오는 길은 시미즈淸水까지 되돌아가서, 이번에는 우라반다이 쪽으로 내려가 보련다. 나카노유中ノ湯까지의 길은 대부분 메이지 시대에 새로 생긴 폭렬화구벽의 위를 더듬고 있다. 도중에 붕괴의 위험 때문에 우회하는 곳도 있다. 나카노유로부터 눈 아래로 히바라 호수檜原湖·오노가와 호수小野川湖·아키모토 호수秋元湖를 바라보며 내려간다. 내려갈수록 오노가와, 아키모토 등 두 호수는 시야에서 사라지고, 얼마 안 가 히바라 호수의 둔치에 도착한다.

이미 그 주변은 관광객이 술렁거리며 모여 있다. 우라반다이라는

니시아즈마야마에서 바라본 우라반다이. 앞부터 아키모토 호수, 반다이산, 이나와시로 호수

새로운 명소가 알려진 것은 국립공원이 되어서겠지만, 그것이 근년에 스카이라인14이라고 부르는 유료도로가 생긴 이래 한층 더 번창을 가져오게 된 듯하다. 아즈마야마, 아다타라야마, 반다이산, 이 세 산을 둘러싼 광대한 토지는, 그저 이나와시로 호수와 반다이산밖에 없는 앞쪽의 고풍스러운 풍경에 비하면 변화가 풍부하고 흥미로울 것이다. 풍경을 감상하는 데도 시대의 감각 같은 것이 있어서, 시메트리symétrie(균제)보다 오히려 데포르메déformer(변형)를 좋아하는 경향을 근대적이라고 한다면, 확실히 반다이산의 앞쪽表보다 뒤쪽裏에 그것이 있다.

주

1 화산 폭발의 목격담은 수직으로 치솟은 분연이 원자폭탄의 원자운原子雲 모양으로 퍼진다고 한다.
2 방사능 낙진 중 인체에 해로운 주요물질.

3   폭발 전의 오반다이산大磐梯山을 관습으로 주봉으로 불렀던 것을 가리킨다. 폭발로 인해 고반다이산이 사라지고 오반다이산만 남게 되었다.
4   정상부에 두 개의 봉우리를 가진 산이며 고유명사로 부르는 지역도 있다.
5   폭발로 인해 고반다이가 있던 자리가 단애가 되어 있는 화구벽을 말한다.
6   1949년에 개봉한 영화 제목. 이 영화 속 인물인 스기모토 사헤이타杉本左平太에게 마을 사람들이 오하라 쇼스케 상이라는 별명을 붙였다. 영화 속에서 "오하라 쇼스케 상, 왜 재산을 날렸나. 아침잠, 아침술, 아침목욕을 좋아해 재산을 날렸다"라는 대목이 있는데 원 민요의 가사에는 없는 말이라고 한다. 원 민요의 가사는 "아이즈 반다이산은 보배로운 산이요, 조릿대에는 황금이 열린다네. 아이즈 반다이산은 우리 아버지의 산이요, 아버지가 돌아가시면 우리의 산……"이다.
7   도묘稻苗는 모판을, 대代는 논이나 습지를 말한다. 즉 이나와시로는 못자리를 말한다.
8   반다이산의 화창한 날에 어른거리는 아지랑이.
9   아사카야마安積山로 부르기도 한다.
10 『만엽집』 제14권 3426번 노래.
11 묘진明神: 산에도 묘진이라는 존칭을 붙이는 예는 많다. 다만 일반적으로 묘진이라 불리는 것은 본문에서처럼 마을에서 모시는 신과 신사다. 유래는 신도의 신이 불교에 귀의해 불법의 수호신이 되는 경우를 묘진이라고 불렀는데, 묘진名神으로 적던 것이 차차 묘진明神으로 바뀌었다. 신사 중에서도 창사가 오래되어 연기도 정확하고 영험이 탁월한 신을 말한다. 이런 경우는 국가로부터 특별한 대우를 받은 신사를 말해, 일종의 사격을 가졌다고 보고 있어서 『연희식』에는 285좌의 신들이 묘진으로 나와 있다. 이들과 별개로 곤겐이라는 말은 부처가 중생 교화를 위해 잠시 가미神의 모습을 빌어 나타났다는 믿음에서 부르던 것이다.
12 879년에 성립되었고 일본 육국사六國史 중 다섯 번째 사서.
13 고대 율령제에서 전국을 국國·군郡·리里 등 3단계로 편성하고 50호戶를 1리로, 2리 이상 20리 이하를 1군으로 했다. 이후 리가 향鄕으로 개정되었다. 리와 향은 훈독이 모두 사토さと여서 그 변경은 문자상의 변경을 뜻한다. 그러나 리가 폐지된 이후에도 관습적으로 마을의 규모를 나타내는 말이 되어 1향이 반드시 1리가 되는 것도 아니라 몇 개의 리가 1향이 되는 예도 있는 등 유동적이었다.
14 반다이산 골드라인을 말하며, 요금징수기간이 만료된 2013년 7월 25일부터 무료로 전환되었다.

023 아이즈코마가타케
會津駒ヶ岳

표고 **2133미터**

소재 **후쿠시마현**福島縣

일본에는 고마가타케駒ヶ岳라는 이름의 산이 여러 곳에 있어서, 등산하는 사람들은 지방 이름을 그 앞에 덧붙여서 구별하고 있다. 예를 들어 아키타코마秋田駒, 기소코마木曾駒, 가이코마甲斐駒라는 식으로. 아이즈코마會津駒도 그중 하나다. 미나미아이즈南會津의 안쪽 깊은 곳에 들어서 있다.

고마가타케의 유래는 여러 가지다. 기소코마처럼 산기슭의 목장에서 말을 매었던 까닭에 고마가타케라고 불렀다는 것도 있고, 아키타코마처럼 산중턱의 잔설 일부가 말 모양으로 나타나서라는 것도 있다. 아이즈코마가타케會津駒ヶ岳는 어떨까. 『신편 아이즈 풍토기新編會津風土記』[1]에는 "다섯 봉우리가 있다. 동북으로 면연함이 8리 남짓이며 잔설이 말駒[2] 모양을 이룬다"라고 나와 있다. 말 모양을 이룬다는 것만으로는 잔설의 일부가 말의 형태로 되는 것인지, 잔설이 있는 산 전체가 말이 달리는 형세로 보였던 것인지 분명하지 않지만, 나는 후자라고 판단한다. 실제로 올라보고서 그런 느낌이 들었다.

중턱에서 바라본 정상부의 모습

정상 근처 고층습원의 늪

내가 처음 이 산을 가까이 바라보았던 것은 오제尾瀬[3]의 히우치다케 정상에서였다. 북쪽으로 긴 산릉을 지닌 산이 눈에 띄었다. 걸출한 산으로는 보이지 않았지만 그 산줄기의 길고 차분한 생김새가 나를 매혹했다. 그래서 나는 아이즈코마가타케로 향했다. 쇼와 11년(1936) 6월의 일이다.

오제누마尾瀬沼에서 누마야마 고개沼山峠를 넘어 히노에마타檜枝岐로 가서 묵었다. 요즘 오제는 언제나 만원이라 예약 없이는 묵을 수 없을 정도로 성황이지만, 삼십 년 전에는 아직 조용한 산지였고, 등산자의 모습도 거의 눈에 띄지 않았다. 하물며 히노에마타 등은 헤이케平家[4]의 후예라는 전설도 믿고 싶을 만큼 벽촌의 풍정을 지니고 있었다.

아이즈의 명산이라고 하면 바로 반다이산을 언급한다. 그것은 이나와시로의 평지에서 누구에게나 우러러보였기 때문일 것이다. 아이즈코마가 반다이보다 300미터나 높은데도 그다지 사람들에게 알려지지 않은 것은, 평지 어디에서도 보이지 않기 때문일 것이다. 25만 분의 1「닛코日光」[5] 지도를 펼쳐놓고 보는 것이 좋다. 얼마나 많은 산이 북새통 속에 있는지 알 수 있을 것이다. 내가 찾았을 무렵의 히노에마타는 마을 사람이 "일본에서 가장 산속 깊이 있는 마을이다"라고 말했던 것도 지극히 당연한 것이, 이웃 마을까지 3리, 우체국까지 5리, 기차가 다니는 곳까지는 이틀이나 걸린다는 형편이었다.

지금은 히노에마타까지 버스가 다니고 닛코 국립공원의 범위에 편입되어서 관광지처럼 되었지만, 예전에는 오래된 산촌의 민속을 전승하고 있는 비경으로 여겨졌다. 아무튼 첩첩산중에 V자형 골짜기 바닥에 있는 마을이다. 경지가 부족하기에 대부분의 집에서는 얼마 안 되는 평지를 구해 멀리 떨어진 곳에 데즈쿠리出作り[6] 농막을 가지고 있었다. 데즈쿠리철에는 남아 있는 노인을 빼면 마을은 빈집이나 다름없이 되는 적도 있었다.

마을에 있는 진주鎭守[7]인 고마가타케 신사의 제례는 음력 7월 15일

정상 근처에서 남쪽으로 보이는 히우치다케

로, 그날은 농사지으러 나갔던 마을 사람이 모두 돌아와 신사 앞뜰의 마이도노舞殿[8]에서 가부키[9]를 펴는 것이 관례였다. 그런 우아한 풍습에 어울리게 마을 사람의 용모며 인정도 훈훈했다.

    맑은 날을 맞은 나는, 이른 아침 히노에마타의 숙소를 나와 산으로 향했다. 마을 변두리의 다리를 건너니 거기부터 등산로가 나 있다. 다리

어귀에 와세다고등학원早稲田高等學院[10] 학생 두 사람의 조난비가 다카타 사나에[11] 학장의 필적으로 세워져 있었다. 조난은 다이쇼 15년(1926) 10월 19일에 일어난 일로, 일행 셋이 안개에 휘말려 길을 잃었던 데다, 때 아닌 신설이 덮쳐 그중 두 학생이 피로동사疲勞凍死[12]했던 것이다.

등산로는 좁은 산등성이를 쑥쑥 올라가고 있었다. 활엽수가 침엽수에 자리를 내어준 부근부터 잔설이 드문드문 나타나더니, 이내 눈이 질척거리며 이어지고 나무도 뜸해지다가 전면으로 잠이 달아날 만한 풍경이 나타났다. 아이즈코마가타케의 전용이다. 어디가 최고점인지 짐작하기 어려울 만큼 장대한 산이 뻗어 있고 엄청난 잔설로 반짝이고 있다. 아이즈코마를 천마가 질주하는 모습으로 보았던 것은 그때다. 사진을 두 장 맞붙였어도 그 전체 모습을 담아낼 수 없었다.

정상은 내가 지금까지 올랐던 여러 정상 중에서도 가장 멋진 것 중 하나였다. 어디를 향해도 산뿐이었고, 그 산들의 이름을 짚어보는 동안 한 시간이 훌쩍 지났다. 유월 중순의 쾌청한 날, 단 한 사람만 산에 있다는 행복함이 나를 황홀하게 했다. 조금 지나치게 들떠 있었는지도 모른다. 하산할 즈음, 신나게 잔설 위를 달려 내려가는 동안에 등산로에서 벗어나 접속점을 시야에서 놓쳐버렸다. 아무리 찾아봐도 알 수가 없었다. 결국 나는 속을 끓이며 계류를 내려왔다. 그리고 미지의 골짜기로 경솔하게 발을 들인 것이 얼마나 어리석은 짓이었는지를 그로부터 세 시간의 악전고투에서 뼈저리게 느꼈다.

얼굴에 상처를 만들고 히노에마타에 도착했을 때는 이미 어둑해져 있었다. 친절한 숙소 주인은 "위 골짜기라 다행이었네. 아래 골짜기였다면 절대 못 내려왔어요.13 와세다 학생 조난 때는 아래 골짜기라서, 시신을 겨우 산등성이까지 들어 옮기고 나서 내렸어요"라고 했다.

주

1 에도 막부의 명령으로 1803년부터 1809년에 걸쳐 편찬된 지지서의 하나로, 120권으로 구성되어 있다. 지지편찬 사업의 모델 역할을 하는 일본 지지의 대표로 꼽힌다.
2 일본에서 망아지 子駒는 젊고 건강한 말馬을 뜻하는 아어雅語로 쓴다.
3 오제는 군마·후쿠시마·니가타 등 3현에 걸쳐 있는 오제누마와 오제가하라尾瀬ヶ原를 중심으로 하는 지역이며 히우치다케·시부쓰산 등을 포함한다. 일본 최대의 고층습원高層濕原으로, 닛코 국립공원의 일부였지만 2007년에 오제 국립공원으로 분리되었다.
4 다이라平 성을 가진 가문을 말하며, 헤이안 시대 말기인 1160년대부터 1185년까지 정권을 잡았던 다이라노 기요모리平淸盛(1118~1181) 일족을 말한다. 1185년에 있었던 다이라 가문과 미나모토 가문의 겐페이源平 최후의 전쟁인 단노우라壇ノ浦 해전을 끝으로 헤이케는 멸망했다고 한다. 전설의 근거는 군담 소설『헤이케 모노가타리』와 헤이케 도망자 전설인 헤이케 오치무샤平家落武者에 관한 것인데, 일본의 산간벽지에 사는 사람들을 헤이케의 후예라고 부르는 것은 흔한 전설이며 호칭으로 보인다. 저자도 본문에서 여러 번 헤이케의 전설을 언급하고 있다.
5 닛코시를 중심으로 하는 도치기·군마·후쿠시마·니가타 등 4현에 걸치는 국립공원을 나타내는 지도를 말한다. 닛코는 1934년에 국립공원으로 지정되었다.
6 근세에 농민이 거주하는 마을 이외의 논밭에서 경작하는 일.
7 그 사람이 태어난 고장을 수호하는 토지신, 또는 그 수호신을 모신 신사. 오쿠시라네산 편의 우부스나가미와 같다.
8 신사의 경내에 마련해 신을 모시기 위한 노래와 춤인 가구라神樂를 위한 건물.
9 히노에마타 가부키檜枝岐歌舞伎: 에도에서 가부키를 관람한 농민이 어깨너머로 마을에 전해준 것이 시초라고 한다. 이후 270여 년에 걸쳐 계승되었고, 옛날 그대로의 가부키의 모습을 감상할 수 있어서 현재는 먼 곳에서도 많은 가부키 팬이 방

문하는 행사가 되었다.
10 구제 고등학교 학제에 따라 1920년부터 1949년까지 있었던 와세다대학의 예과 기능을 담당했던 학교.
11 다카타 사나에高田早苗(1860~1938): 와세다대학의 전신인 도쿄전문학교의 설립자 중 한 사람이며 와세다대학 총장 등을 지냈다. 저자가 학장이라고 쓴 것은 그가 1907년에 와세다대학의 초대 학장으로 재임했기 때문으로 보이지만, 1923년부터 1931년까지 총장으로 재임했기에, 저 조난비가 세워졌을 무렵은 총장이었던 때였다.
12 탈진과 저체온증hypothermia으로 인한 사망.
13 마을 등산로 입구에서 바라봤을 때 좌우로 골짜기가 있고 등산로 입구에서 히노에마타가와檜枝岐川로 합쳐지는데 왼쪽이 윗골짜기上ノ澤, 오른쪽이 아랫골짜기下ノ澤다. 아랫골짜기는 협곡에 큰 폭포가 여러 곳 있고 매우 험해서 로프 등 장비 없이 내려오기에는 매우 위험해 보인다.

3부
조신에쓰 上信越
오제 尾瀬
닛코 日光
기타칸토 北關東

나스다케
那須岳

표고 1917미터 (산본야리다케 三本槍岳)
소재 후쿠시마현 福島縣
도치기현 栃木縣

　나스의 역사며 전설을 써내려면 이런 짧은 글로는 다 담지 못할 것이다. 그 정도로 먼 옛날부터 널리 알려졌던 지명이다. 물론 그것은 나스노那須野[1] 쪽을 말하지만, 그 광대함을 제외하고 나스다케那須岳[2]를 생각할 수 없다. 나스다케는 그 스소노裾野에 기대 살아 숨 쉰다.

　아마 나스라는 이름을 모르는 사람은 없을 것이다. 그것은 여러 이야기며 글로 우리 머릿속에 들어와 있다. 일본에는 화산이 많지만, 간토關東[3]부터 오우奧羽[4]를 종단해 홋카이도와 가라후토樺太(사할린)로 뻗는 화산대[5]에 나스라는 이름이 앞에 붙는 것을 보아도, 이것이 대표적인 화산이라는 것을 헤아릴 수 있다.

　나스의 어원은 모르겠다. 데라다 도라히코[6]의 수필 「화산의 이름에 관하여」에 따르면 일본의 화산인 아소アソ(阿蘇山)·아사마アサマ(淺間山)·우스우스(有珠岳)·운센ウンセン(雲仙岳)·에산エサン(惠山) 등은 서로 비슷한 이름을 가지고 있다. 이것은 남방어[7] 계통의 Aso(불길이 일다), Asua(연기가 나다) 등에서 유래한 것이 아닌지, 그리고 나스도 그중 하나의 변형이 아닐

우바가다이라姥ヶ平에서 바라본 연기를 내뿜는 자우스다케

까 해석하고 있다.

하지만 우리에게 인상을 심어준 것은 나스ナス라는 발음보다도 나스那須라는 글자를 통해서일 것이다. 이미 게이코텐노景行天皇[8] 시대에 나스노쿠니那須國라고 부르고 구니노 미야쓰코國造[9]를 설치했다고 전해진다. 몬무텐노文武天皇 4년(700)에 죽었던 나스노 아타이이데那須直韋提를 위해 나스 국조비那須國造碑[10]가 세워졌는데, 그것이 아직도 현존해서 국보로 지정되어 있다. 글이 새겨진 것으로는 일본 최초의 고비古碑라고 한다.

누구나 알고 있는 것은 나스노 요이치[11]일 것이다. 이 야시마 전투屋島の戰い[12]의 활의 명수는 나스노 출신이다. 그 근방에서는 일 년 내내 새와 짐승을 뒤쫓고 있었기에, 기마궁술이 발달해 있었다. 따라서 미나모토노 요리토모[13]가 자주 여기서 몰이사냥[14]을 열었고, 사네토모[15]에 "무사의 전통箙에 꽂혀 있는 화살을 가지런히 하고 있다. 토시籠手[16] 위로 싸락눈이 흩날리고 있는 나스의 시노하라篠原"라는 노래가 있는 것도 이상하지 않다.

더욱 나스를 대중화시킨 것은 살생석殺生石 전설 때문일 수도 있다. 서역의 미녀 포사褎姒[17]가 일본으로 건너와 다마모 부인玉藻前으로 불리며 당시 임금[18]의 총애를 한 몸에 받았으나, 실은 백면금모구미호白面金毛九尾の狐[19]였다. 정체가 탄로 나서 나스노로 날아갔고, 그 원념이 살생석으로 변했다고 한다. 이 전설은 요쿄쿠謠曲[20]·긴쿄쿠琴曲[21]·시바이芝居[22]에서 다뤄지는 문학적 소재가 되었다. 『깊숙한 오솔길』의 바쇼는 일부러 그 살생석을 보러 가서

들판을 가로질러 말머리를 끌어주게 두견이 우는 쪽으로
野を横に馬引き向けよほととぎす

라는 글귀를 남기고 있다.[23]

요사스러운 여우의 저주가 전혀 근거 없는 이야기가 아닌 것은 그 돌에 다가갔던 벌과 나비들이 죽어서 쌓여 있는 현상으로도 증명된다. 이것은 유독 가스 때문으로, 지금도 살생석 주위에는 울타리를 둘러 출입이 금지되어 있다.

그 정도로 나스가 예로부터 유명해진 것도 간토에서 적적한 오슈로 들어가는 길 입구에 해당했기 때문일 것이다. 리쿠우카이도陸羽街道[24]가 그 들판을 남북으로 관통하고 있다. 현대의 여행자는 옛 가도 따위는 걷지 않고 기차에 기대고 있는데, 도호쿠혼센東北本線의 니시나스노西那須野부

아사히다케에서 바라본 자우스다케

자우스다케에서 바라본 아사히다케

터 구로이소黑磯 근처까지 그 아득히 넓은 들판이 이어진다. 산을 좋아하는 사람은 그 끝에 나란히 서 있는 산의 모습에서 눈을 떼지 못한다.

우선 정면으로 커다랗게 나타나는 것이 자우스다케茶臼岳다. 이것은 나스 연산의 최고봉일 뿐만 아니라 왕성한 분연을 뿜어 올리고 있어서 장관이다. 지금 유일한 활화산이다.

나스 오악五岳이라고 부르는 것은 남쪽부터 구로오야다케黑尾谷岳, 미나미갓산南月山, 자우스다케, 아사히다케朝日岳, 산본야리다케三本槍岳를 가리키지만(다른 설도 있다), 그 중추부인 자우스, 아사히, 산본야리를 이른바 나스다케로 보아도 좋을 것이다. 자우스는 이름처럼 절구 모양의 성층화산이고, 아사히가 아아峨峨한 바위로 솟아오른 것은 예전에 분화한 화구벽의 흔적이라고 한다. 산본야리는 그 이름으로 살펴보면 날카로운 암봉을 떠올리게 하지만, 실제로 그렇지는 않고 완만한 꼭대기를 지니고 있다. 그 북쪽 어깨가 시모쓰케下野[25]・이와키磐城[26]・이와시로岩代[27]의 세 국경으로 되어 있어서, 봉건시대에 구로바네번黑羽藩・아이즈번會津藩・시라카와번白河藩의 무사가 영유지領有地를 확인하기 위해 단옷날에 각자 창을 지니고 등산한 다음, 산정에 세 자루의 창을 세웠던 행사에서 유래한 이름이라고 한다. 이 산본야리다케도 옛날에는 화산활동을 하고 있었다는 것을 그 단애를 통해서 짐작할 수 있다.

나스 칠탕七湯(유모토湯本・기타北・벤텐辯天・오마루大丸・산도고야三斗小屋・다카오高雄・이타무로板室다. 지금은 이 외에 아사히旭・야와타八幡・이이모리飯盛・신나스新那須 네 개가 더해져 십일탕으로 되어 있다)[28]은 이 화산대 덕분이다. 나스 온천향이라고는 하지만, 유모토처럼 고급 호텔이 즐비한 곳부터 산도고야처럼 지금까지도 허름한 숙소가 두 채뿐인 곳도 있다. 그리고 그 온천들을 근거지로 해서 등산할 수 있는 것이 나스다케의 큰 특전일 것이다.

주

1 나스노가하라那須ヶ原라고 부르는 도치기현 북부의 나스 지역에 있는 광대한 복합 선상지를 말한다. 나스 연산, 오사비 산지大佐飛山地 등을 포함하고 있다.
2 나스다케는 나스 지역을 중심으로 봉우리를 잇는 산괴를 총칭하면서, 나스 연산, 또는 나스 연봉이라고 부르는 경우도 있다. 또한 주봉인 자우스다케를 별칭으로 나스다케라고 부르기도 한다.
3 교토를 중심으로 관문의 동쪽이라는 뜻에서 유래한 지명이다. 관문이란 고대의 스즈카鈴鹿, 후하不破, 아라치愛發 등 삼관을 말한다. 후세에 혼슈의 동남부로 태평양에 접한 지방을 가리키게 되었다. 도쿄도東京都를 비롯해 인접한 가나가와·사이타마·지바 및 북부를 차지하는 군마·도치기·이바라키 등 6현으로 이루어져 있다.
4 옛 지명으로 무쓰陸奧와 데와出羽를 함께 부르던 말. 도호쿠 지방을 가리킨다.
5 홋카이도 남서부에서 오우 산맥을 거쳐 나가노현 동북부에 이르는 나스 화산대.
6 데라다 도라히코寺田寅彥(1878~1935): 물리학자, 수필가. 도쿄제국대학 물리학과를 졸업했다. 구마모토의 구제 제5고등학교 재학 시절 나쓰메 소세키에게 영어와 하이쿠를 배웠다. 나쓰메 소세키에게 보낸 편지에서 1910년 유럽에 건너갔을 때 알프스의 빙하를 보고 돌아가는 산길에서 우연히 월터 웨스턴을 만났다고 적고 있다.
7 본문에 남방계 언어, 또는 남양계 언어에 관한 언급이 몇 차례 나오는데, 규슈 남쪽에 살았던 하야토隼人 민족을 남양인(오스트로네시아족)들로 보고 있으며, 일본 신화는 이들의 남양계 신화를 수용한 흔적이 많다. 이에 따라 남양계 언어의 흔적이 남아 있다고 보는 것이다.
8 '기기記紀' 전승상 12대 천황이라고 전해지는 전설의 인물. 야마토타케루의 아버지.
9 나이가 개신 이전의 행정기구이면서 세습제의 지방관. 다이카 개신 이후에 폐지되었고, 대부분은 군사郡司가 되어 그 지방 신사의 제사도 담당했다.
10 당나라의 연호인 영창永昌을 쓴 점, 비문이 중국 육조六朝 시대의 서풍이라는 점, 저 당시 신라인을 나스 지역에 거주시켰다는 사실이『일본서기』에 기록된 점 등에서 도래인과 매우 밀접한 관련이 있는 자료로 주목한다.
11 나스노 요이치那須ノ與一: 생몰년 미상인 무장. 명궁의 대명사로 불린다. 야시마 전투 때 바다 위에 떠 있는 헤이케의 배 위에서 미녀들이 부채를 흔들며 도발하자, 해변의 말 위에서 활을 쏘아 부채를 두 동강낸 것은『헤이케 모노가타리』의 명장면으로 유명하다. 그러나 가마쿠라 막부의 역사서인『아즈마카가미吾妻鏡』는 물론, 확실한 사료에 이름이 보이지 않아서 전설상의 인물일 가능성이 크다고 보고 있다.
12 헤이안 시대 말기인 1185년에 가가와현 다카마쓰시高松市 야시마에서 벌어진 겐페이源平의 전투.
13 미나모토노 요리토모源賴朝(1147~1199): 단노우라壇ノ浦 해전을 끝으로 겐페이 전

14 당시 마키가리巻狩り라고 불렸던 몰이사냥은 멧돼지나 사슴을 사냥하는 것이지만, 실제로는 대규모 군사훈련이기도 했다.
15 미나모토노 사네토모源實朝(1192~1219): 미나모토노 요리토모의 차남으로 가마쿠라 막부의 3대 쇼군. 그가 암살된 이후 가와치겐지 가문의 직계 쇼군은 끝난다. 그는 나스에 가 본 일이 없었고 본문의 시는 아버지를 생각하며 지은 것이다. 여기서 사네토모란 『금괴화가집金槐和歌集』을 말하며, 본문의 시는 677번 와카로, 궂은 날씨에 사냥터에 정렬해 있는 무사의 팽팽한 분위기가 묻어난다. 금괴의 금金은 가마쿠라鎌倉의 겸鎌에서, 괴槐는 중국에서 삼공三公을 달리 말하던 괴문槐門을 뜻해, 가마쿠라 우대신鎌倉右大臣이라는 그의 관직에 대한 경칭이다.『가마쿠라 우대신가집鎌倉右大臣家集』으로도 부른다.
16 고테籠手. 유코테弓籠手를 말한다. 활을 든 팔목에 차서 현이 튀는 것을 받아준다.
17 기원전 8세기 무렵 주나라 유왕의 왕후로, 절세미녀로 표현되며 주나라 멸망의 원인이 되었다는 인물.
18 도바텐노鳥羽天皇(1103~1156).
19 구미호는 중국 신화에서 유래하여 한국과 일본을 비롯한 동아시아 설화에 구전되는 여우다. 서역의 포사로 언급한 이 하쿠멘킨모 규비노키쓰네白面金毛九尾の狐 전설은 기존의 두 개의 꼬리를 가진 거대한 여우 전설에서 에도 시대에 추가로 설정된 부분이다.
20 노가쿠能樂의 각본 부분, 또는 그 각본에 가락을 붙여서 부르는 것.
21 고토琴로 연주하는 곡.
22 오늘날에는 주로 전통 연희나 연극 등 흥행물을 뜻한다. 원래 신사나 사찰 경내의 신성한 잔디를 뜻했고, 그곳의 관람석을 가리키는 말로 바뀌었다. 그러다가 그곳에서 하는 공연, 또는 공연장을 뜻하게 되었다.
23 『깊숙한 오솔길』에서 발췌한 하이쿠 중 하나다. 바쇼는 1689년 4월 19일 나스 온천 신사에서 나스노 요이치를 기리고 살생석을 찾았다. 이 하이쿠에 이어 "돌의 독기가 아직도 사라지지 않아 벌과 나비들이 고운 모래의 색도 보이지 않을 정도로 죽어서 쌓여 있다"라는 글이 나온다.
24 에도 시대 오가도五街道 중 하나로, 오슈카이도奧州街道, 또는 오슈도추奧州道中라고도 한다. 에도를 출발점으로 해서 전통적으로 도호쿠의 시작점인 시라카와白河에 이르는 가도이며, 연장해서 리쿠오陸奥의 민마야三廐까지를 포함해서 말하는 경우도 있다.
25 옛 지명으로 도치기현. 별칭으로 야슈野州.
26 옛 지명으로 후쿠시마현 동부와 미야기현 남부.
27 옛 지명으로 후쿠시마현 중앙부와 서부.
28 'OO 몇 탕'이라는 식의 표현은 온천향이라는 말이 등장하기 이전에 각지에서 쓰던 고전적인 호칭이다.

025 | 우오누마코마가타케
魚沼駒ヶ岳

- **표고** 2003미터
- **소재** 니가타현 新潟縣
- **지도** 에치고코마가타케 越後駒ヶ岳

    기차여행에서 창 너머 멀리 보이는 산을 하나하나 확인해가는 것은 나의 커다란 낙이다. 조에쓰센 上越線의 시미즈 淸水 터널을 빠져나와 에치고우오누마 越後魚沼[1]의 들판으로 내려가는 길목에, 나의 눈을 즐겁게 해주는 산이 잇따라 나타나기 시작한다.

    보통 우오누마 魚沼 삼산으로 부르는 것은 고마가타케 駒ヶ岳·나카노다케 中ノ岳·핫카이산 八海山이다. 이시우치 石打 근방에서 바라보면 핫카이산이 보이고, 그 오른쪽 어깨로 고마가타케가 엿보이고, 다시 오른쪽으로 계속해서 나카노다케가 전용을 드러내고 있다. 기차가 달려갈수록 먼저 고마가 숨어버리고, 이쓰카마치 五日町 부근에서는 나카노다케도 모습이 사라져 그저 정면으로 핫카이만이 떡하니 있다. 그 정상의 들쭉날쭉 늘어선 암봉군과 그 오른쪽으로 이어진 최고점인 마루야마 丸山[2]의 둥근 꼭대기가 또렷이 눈에 잡힌다.

    고이데 小出에 다가가면 이번에는 핫카이의 왼쪽으로 고마가타케가 나오고, 그것이 완전히 핫카이에서 벗어나면, 뒤이어 고마의 오른쪽으로 나카노다케가 다시 얼굴을 내민다. 그리고 고이데부터는 나카노다케를 중앙으로 해서, 오른쪽으로 핫카이, 왼쪽으로 고마 등 세 개의 산이 잘 정돈되어 조화로운 모습으로 나란하다. 여기서 우리는 비로소 우오누마 삼산이라는 명칭이 합당하다는 것을 수긍하게 된다. 눈이 많이 내리는 땅이라서 그 산들이 순백으로 빛나는 때의 장관은 2000미터의 산으로는 여겨지지 않는다. 호한浩瀚한 『일본산악지』의 저자 다카토 쇼쿠는 에치고 사람이라 "아와다케粟岳, 스몬다케守門岳, 나카노다케中岳, 고마가타케, 핫카이산을 모두 정원에서 멀리 바라볼 수 있다"라고 적고 있는데, 그가 사세구辭世句3로 "삼산을 추억거리로 삼아 저승길"이라고 썼다고 하니, 어지간히 깊은 감명을 주었던 삼산이라고 여겨진다.

우오누마 삼산은 미즈나시가와水無川의 상류를 감싸고 삼각형으로 서 있다. 그중에 가장 높은 것은 2085미터의 나카노다케이고, 가장 이름 난 곳은 신앙등산으로 붐비는 핫카이산이지만, 내가 굳이 삼산의 대표로서 고마가타케를 들었던 것은 산으로서 가장 훌륭했기 때문이다. 『신편 아이즈 풍토기』에는 "산세가 험준해서 중턱에서 위로는 인적이 이어지지 않고, 찬바람이 특히 매워서 곰과 원숭이 또한 사는 일이 드물다. 다만 사냥꾼이 겨울날에 눈을 밟고 기어오를 수 있다고 한다. 봄여름 사이에 잔설이 말 모양을 이루는 고로 이름이 붙여졌도다"라고 실려 있다.

핫카이산이란 이름은 산 위에 여덟 개의 못이 있어서라고 전해오지만 그렇게까지 현저한 것은 눈에 띄지 않는다. 오히려 정상의 암봉군이 층을 이루고 있어서 핫카이산八階山이라고 명명되었다는 설 쪽이 적절하다. 또는 다카토 쇼쿠처럼 핫카이산八峽山4이 아닐까 하는 고찰이 더욱 적절할지도 모른다.

기소 온타케木曾御嶽의 오모테구치表口인 오타키王瀧 등산로에 미카사야마三笠山와 핫카이산八海山이 있고, 각각 다이묘진大明神으로 받들어지고 있다. 아마 신자들이 그 온타케 핫카이산의 이름을 이곳으로 옮긴 것이 아닐까. 이 고장에서는 그 연기緣起를 거부하지만, 그것이 가장 진실에

이시다키바시에서 바라본 우오누마코마가타케

가깝다는 생각도 든다.

고래로 슈겐도修驗道의 산은 대개 바위산이어서, 그곳의 험조嶮岨한 구간에 사슬이며 철 사다리를 매달아 등배자登拜者의 간담을 서늘하게 하는 곳에서 그 공덕을 자랑하는 것처럼 보인다. 공포의 정도에서는 전국 제일일지도 모른다. 산기슭인 오사키大崎 들머리의 사무소社務所[5]에서 보여준 유래서에는 "팔대八代 고겐텐노孝元天皇의 다섯 번째 황자 히코후쓰오시

뉴도다케入道岳. 일명 마루야마

노마코토노 미코토彦太忍信命가 이 고을 야부가미藪神(藪上)[6]의 장莊[7]에 봉해졌을 때 황자비 시라이토히메노 미코토白糸媛命와 함께 야에하라八重原(야이로가하라八色原)[8]로 내려와 이 산을 개창하셨다"라고 기록되어 있었다.

  핫카이산은 신앙의 산이라서 정상에는 무수한 석비며 슈겐자修驗者[9]의 입상이 있고, 마지막 암봉은 오쿠노인奧院이라고 부르며 부동명왕不動明王이 모셔져 있다. 이런 모뉴망monument은 우리와 인연이 없지만, 거기에서 미즈나시가와를 사이에 두고 바라보는 고마가타케는 실로 멋지다. 나카노다케의 둥그스름한 모양을 지닌 부드러운 생김새와는 반대로, 고

마는 깎아지른 큰 초벽峭壁 위로 떡하니 서 있다.

신자 중에서 용기 있는 사람은 핫카이산부터 나카노다케 그리고 고마가타케로 삼산 순례를 한다. 이 순로順路는 보통 사흘 내지 나흘을 요했다. 하지만 근년에 역로를 택하는 사람이 많아진 것은 그쪽이 편하기 때문이다. 나도 편한 쪽을 골랐다.

11월 초순, 우리는 버스가 다니는 새로 난 시오리 고개枝折峠 위에 있는 전력중앙연구소의 빙설해시험소氷雪害試驗所에서 하룻밤 신세 지고, 이튿날 오구라야마小倉山를 거쳐 고마가타케로 올랐다.[10] 정상은 대여섯 평의 평지인데 자그마한 호코라祠가 놓여 있다. 거기부터 몇 번이나 기복을 오르내려 나카노다케 직전에서 묵었다. 능선 양쪽이 급경사였기에 텐트를 펼칠 정도의 평지를 찾으려니 고역이었다.

눈 위의 텐트에서 맞은 이튿날 아침은 무풍쾌청. 재빠르게 뛰어나가 나카노다케 위에 섰다. 거기에서의 전망은 에치고 전체의 산들이 모조리 보였다고 해도 과언이 아니다. 나카노다케부터 핫카이산까지의 종주는 예상 이상으로 골치 아픈 길이었다. 좁아진 바위등성이를 급격히 오르내린다. 일단 800미터나 우쩍 내려간 다음에 핫카이산으로 오르는 것도 쉽지는 않았다. 핫카이산은 바위의 연속이라 최초의 두세 암봉은 사슬에 의지할 수밖에 없었다. 그 야쓰미네八ッ峰[11]를 마쳤던 때는 저녁이 되었고, 산기슭 오사키 입구의 사무소에 더듬어 도착한 것은 밤 아홉 시를 지나서였다.

주

1 니가타현에 있었던 군. 현재 여러 시와 군으로 나뉘어져 있는 이 지역을 통틀어 부르는 이름으로 쓴다.

2 핫카이산에 마루야마는 없고 최고점은 1778미터의 뉴도다케入道岳다. 그러나 바라본 위치에서 핫카이산 연봉의 오른쪽이라는 점, 최고점이라는 점, 이름과 봉우

핫카이산에서 바라본 초벽 위의 우오누마코마가타케

핫카이산 야쓰미네

리의 둥근 형태 등에서, 뉴도다케의 정상 표목 바로 옆의 또 하나의 정상 표석에 마루가타케丸ヶ岳로 적혀 있는데, 이것이 뉴도다케의 별칭으로 불리는 점 등으로 보아, 이것을 가리키는 것으로 보인다. 다만 오늘날 공식적인 정상은 뉴도다케이며, 마루가타케는 지도에 올라가 있지 않다. 이것은 이 근처에 마루야마(1242미터), 마루야마다케(1820미터) 등 비슷한 산 이름이 많은 탓으로도 보인다. 저자의 경우 1964년 3월 말에 스키 등산으로 우오누마코마가타케 동북쪽에 있는 미조가타케 未丈ヶ岳(1553미터)를 오르려고 했으나, 마루야마에서 돌아섰던 일이 있어서 혼동한 것으로 보인다. 또한 고유명사에서 조사 '의'에 해당하는 노ノ(の), 또는 가ヶ(が)는 생략하는 경우도 많고, 山과 岳은 구분하지 않고 쓰는 경우도 많아서 마루야마로 적은 것으로 보인다.

3 죽음을 앞두고 세상에 남긴 시적인 단문으로, 와카·하이쿠·한시 등 음운을 중시한 것도 많다.
4 팔협산八峽山. 즉 골짜기가 많은 산.
5 신사의 사무를 보는 곳. 오사키에 있다는 것으로 볼 때 본문의 신사는 핫카이산손 八海山尊 신사의 사무소로 보이며, 이곳은 예로부터 등배자들의 숙소로 이용되기도 했다.
6 잡신雜神이라고도 하며, 번듯한 사전社殿이 없는 신, 또한 제대로 된 제사를 올리는 다카가미高神에 대한 하위 신을 말한다. 이 글에서는 우오누마 일대의 옛 지명인 야부카미藪神를 말한다.
7 장원莊園을 관리·운영하는 사람인 장관莊官.
8 야이롯파라八色原로도 읽는다.
9 슈겐도를 수행하는 사람. 야마부시山伏와 같은 말이다.
10 1962년 11월의 일로, 저자의 100번째 백명산 등산이었다. 일본산악회 회원인 고이데산악회의 사쿠라이 쇼키치櫻井昭吉와 올랐다.
11 센본히노키고야千本檜小屋와 다이니치다케大日岳 사이에 있으며, 구사리바鎖場라고 부르는 사슬과 쇠사다리가 이어서 있는 험한 암릉 구간이다. 저자가 갔던 당시에는 우회로가 없었고 11월이라 제법 눈이 있었던 상황이었다.

026

히라가타케
平ヶ岳

표고 **2141미터**
소재 **니가타현** 新潟縣
군마현 群馬縣

    히라가타케平ヶ岳는 일본백명산을 마음먹었을 때 처음부터 염두에 두었다. 그다지 사람들에게 알려져 있지 않지만 충분히 그 자격이 있다.

    첫째, 도네利根 원류 지역의 최고봉이다. 도네 상류의 범위를 좀 더 넓게 잡아도 2000미터가 넘는 산은 히라가타케, 시부쓰산, 호타카야마밖에 없다. 나머지는 대체로 2000미터 미만이다.

    둘째, 그 독자적인 생김새. 길고 평평한 정상은 매우 개성적이다. 멀리서 바라봐도 한눈에 알아볼 수 있다. 나에바산도 평평하긴 하지만 조금 기울어져 있다. 히라가타케는 거의 수평이다. 아이즈코마, 히우치, 시부쓰, 호타카武尊에서 이 민틋한 정상을 바라본 나는, 언젠가는 그 위에 서고 싶었다. 하지만 그러기까지 너무 오래 걸렸다.

    셋째, 라고 내가 말을 꺼내니까, 이미 40년 전에 히라가타케를 등정한 기록이 있는 후지ㅈㅡ[1] 씨가 옆에서

    "어디에 있는 산이라도 우르르하고 사람들이 몰려가는 시대에, 여태 제대로 된 등산로도 없다는 점이지."

시부쓰산에서 바라본 히라가타케

그러자, 이 지역의 산에 훤한 에치고 고이데 출신의 이쿠伊久[2] 군이 "기차에서 내리고 나서 이 정도로 어프로치가 긴 산은 어디에도 없겠죠?"라고 거들었다.

하긴. 우리는 버스 종점에서 정상까지 사흘 걸렸고, 정상에서 버스 출발점까지 이틀 걸렸다.

근년 들어 히라가타케를 목표로 삼는 사람도 슬슬 늘어나는 모양이지만, 그래도 아직 "그런 산이 어디 있습니까?"라고 물어보는 사람이 많다. 나는 오래전부터 그 존재를 알고 있었다. 『산악』제10년 제3호(1916)에 실린 다카토 쇼쿠의 「히라가타케 등반기」가 최초의 기록이었다.

육지측량부陸地測量部[3]나 사냥꾼을 제외하면 다카토 씨는 최초의 등정자였다. 다다미가와只見川의 지류인 시라사와白澤를 거슬러 올라가는 코스를 택했다.

그다음은 다이쇼 9년(1920) 고구레 리타로[4]가 도네가와利根川 수원의 산맥을 종주해서 히라가타케 정상에 섰다. 그때 함께 했던 사람이 후지 씨다. 맹렬하게 덤불을 헤쳐나갔다고 한다.[5] 그 기록은 고구레 씨의 『산의 추억山の憶い出』 상권에 「도네가와 수원지의 산들」이라는 제목으로 실려 있다. 이 지역의 산들을 밝혀준 최초의 문헌일 것이다.

그로부터 2년이 지나 내 친구인 다나베 가즈오[6]가 조슈上州[7] 쪽에서 미나가사와水長澤를 거슬러 올라 정상에 닿았다. 이 코스로는 최초로 올랐다.

그렇게 나는 수십 년 전부터 선배며 친구의 이야기를 듣고 오랫동안 꿈꿔왔던 산 중의 하나였지만, 워낙에 길이 없고 지독한 덤불에다 도중에 야영을 해야 해서, 나도 모르게 뒷전으로 밀려났다. 잔설을 밟으며 가는 시기가 가장 오르기 쉽다. 그 기회를 놓치면 이듬해로 미루게 된다.

히라가타케(히라다케平岳로 쓰는 것이 옳다)라는 이름이 그 넓고 민틋한 정상에서 유래했다는 것은 말할 것도 없지만, 그것은 에치고 쪽에서의 호칭이고, 조슈 쪽에서는 누리오케야마塗桶山로 부르고 있었다고 한다. 이것도 모양에서 유래한 이름이겠지만, 어떻게 누리오케塗桶[8]로 보였을지 나는 모르겠다.

잔설기를 놓친 나는 가을이 한창일 때, 마침내 여러 해 동안에 걸친 염원을 이루었다. 에치고 쪽에서 올라 조슈 쪽으로 내려왔다. 동행은 앞서 이야기한 후지 씨와 이쿠 군, 고이데산악회의 S군[9]과 포터 한 사람으로 모두 다섯 명. 고이데에서 시오리 고개를 넘어 이시다키바시石抱橋까지 버스를 탄 다음, 배편으로 근년에 댐 호수가 된 기타노마타가와北ノ又川의 지류인 나카노마타가와中ノ岐川로 들어갔다. 후타마타사와二岐澤와 합류점에 있는 고사리 채취용 오두막에서 1박, 이튿날 후타마타사와를 거슬러

공터 같은 정상

다마고이시玉子石와 지당이 펼쳐진 풍경

올라가서 1887미터의 삼각점으로 오르는 산줄기에 붙었다. 거기부터 평판이 자자한 에치고 산의 덤불과의 악전고투가 시작되었다. 결국 그날은 산등성이 중간에서 겨우 텐트를 펼 정도의 갑갑한 장소를 찾아내어 그곳에서 묵어야 했다.

  이튿날도 덤불 속에서 쪼그리고 앉았다 일어서기가 호되게 이어졌다. 방향을 알 수 없게 되면 나무에 기어올라서 갈 방향을 정했다. 겨우 이케가타케池ヶ岳[10]의 기분 좋은 초원으로 나오고서야 숨통이 트였다. 거기서부터 나카노마타中ノ岐의 원류를 건너 또다시 덤불 속으로 들어갔는데, 요란하게 가지를 계속 밀어젖히며 오르는 동안 불쑥 말끔한 공터로 나왔다. 거기가 히라가타케의 정상이었다. 벌써 늦은 오후가 되어 있었다.

  정상의 텐트에서 밝아온 아침은 멋진 날씨였다. 군데군데 작은 못을 아로새겨놓은 초원에는 꺼림칙한 쓰레기 하나 없이, 더럽혀지지 않은 자연 그대로의 아름다움으로 드넓게 이어져 있었다. 주위에는 이미 알고 있거나 아직 모르는 산들이, 셀 수 없을 정도로 줄지어 서 있어서 이 산의 깊이를 느끼게 했다.

  돌아가는 길은 미나가사와를 택했다. 너설 골짜기를 내려가니 얼마 안 가 자질구레한 길이 골짜기를 굽어보는 산허리에 이어져 있었다. 이것은 몰리브덴 채굴을 위해 만든 것으로, 현재 폐갱된 그 길도 꽤나 황량해져 있었다. 아마 여러 해 동안 폐도가 되었던 덕에 히라가타케는 또다시 길이 없는 산이 되어, 그 아름다운 산정이 보존되는 것이 분명하다.

주

1 후지시마 도시오.
2 이쿠라 고조伊倉剛三: 일본산악회 이사를 지냈으며 저자의 마지막 산행을 비롯해 여러 차례 백명산 등산에 동행했다. 2022년 5월 22일 자 마이니치신문의 기사에 그가 숙소 앞에서 저자의 마지막 산행 멤버를 촬영했던 사진이 실려 있다.

3   1888년에 설치된 일본 육군참모본부의 외국外局으로, 국내외의 지리·지형 등의 측량·관리 등을 담당했다. 현재 일본 국토지리원의 전신이 된 국가 기관 중 하나다.

4   고구레 리타로木暮理太郎(1873~1944): 1913년 일본산악회에 입회해 1914년부터 기관지『산악』의 편집과 교정을 맡았다. 본문에서 저자가 가장 많이 언급하는 매우 존경했던 인물로 보이며 저자와 인연 또한 깊다. 둘 다 도쿄제국대학 철학과 재학 중에 출판사에 근무하다가 중퇴했다. 저자가 입회했던 1935년에 고구레는 일본산악회 제3대 회장에 취임했다. 상세 지도가 없던 때부터 일본의 깊은 산을 등산했던 한편, 일찍부터 히말라야 연구를 시작해 세계의 등산에 대한 계몽도 게을리 하지 않았다. 대중적 영향력이 지대했고 많은 사람에게 존경과 사랑을 받은 인물이었다. 지치부의 아버지로 부르며 정관파靜觀派 등산의 지도자였다.『산의 추억(1938)』은 명저로 꼽힌다.

5   일본 등산에서는 길이 없는 덤불산을 헤쳐 나가는 것을 야부코기藪漕ぎ라는 등산 용어로 부르며 원문도 그렇게 적고 있다. 다니가와 편에서도 덤불산에 대한 언급이 있다.

6   다나베 가즈오田邊和雄(1900~1961): 도쿄제국대학을 졸업했다. 본성은 하마다濱田. 저자의 구제 제1고등학교 여행부 선배로, 저자가 꼽는 네 사람의 산의 은인 중 한 사람이다. 와세다대학 해외조사탐험대장으로 답사여행으로 떠난 킬리만자로 등산 도중 발병해 나이로비에서 사망했다. 그가 식물학자로서 일본 알프스를 현장조사해서 다케다 히사요시와 함께 펴낸『고산식물 사진도취高山植物寫眞圖聚(1931)』는 명저로 꼽힌다.

7   옛 지명으로 군마현.

8   풀솜을 늘이는 데 쓰는 통처럼 생긴 도구로 검은 옻칠을 했다.

9   우오누마코마가타케 편의 사쿠라이 쇼키치를 말하며 이쿠라 고조의 후배다.

10   이케가타케라는 산명은 없고, 후타마타사와에서 거슬러 올라와 히라가타케 직전의 이케노다케池ノ岳를 가리킨다. 일본산악회 산하 동호회인 녹싱회綠爽會 회보 2021년 12월 23일 자 기사에서 당시 동행했던 사쿠라이 쇼키치가 이케노다케로 회고하고 있어서다. 또한 고유명사에서 조사 '의'에 해당하는 노ノ(の), 또는 가ヶ(が)가 같은 뜻이기 때문에 이케가타케로 적은 것으로 보인다.

마키하타야마
卷機山

표고 **1967미터**
소재 **니가타현** 新潟縣
군마현 群馬縣

메이지 20년 이후의 어느 해인가에 막대한 비용을 들여 에치고와 조슈를 잇는 가도가 만들어졌다. 그것은 에치고 쪽인 노보리카와登川의 가장 안쪽 마을인 시미즈에서, 시미즈 고개淸水峠를 넘어 다니가와다케 연봉의 동면을 따라 조슈 쪽으로 내려가는 길이었다. 성대한 준공식이 거행되었지만 그로부터 몇 년 뒤에 눈사태로 무너져 폐도가 되었다. 지금도 군데군데 그 도로의 흔적이 남아 있다.

조에쓰센上越線이 계획되었을 때도 이 옛 시미즈 고개를 지나는 것과 지금의 노선, 두 가지의 안이 있었다고 한다. 만일 전자가 채택되었더라면 조에쓰 국경上越國境¹ 가운데서도 그다지 사람이 오르지 않던 히노키구라노아타마檜倉ノ頭², 가라사와야마柄澤山, 고메고가시라야마米子頭山, 마키하타야마卷機山의 연봉이 좀 더 세상에 드러났을 것이다. 이 산들 중에서 가장 높고 가장 훌륭한 것이 마키하타야마다.

산간벽촌인 시미즈는 이 마키하타야마 바로 밑에 있다. 마을에서 조금 올라가면 마키하타야마 앞으로 덴구이와天狗岩(혹은 검은 두레박黑釣甁

노보리카와 근처에서 바라본 마키하타야마

[구로쓰루베])라고 부르는 새카만 암봉이 비주룩이 서 있는 것이 인상적이다. 그 오른쪽 뒤편으로 꼭대기가 평평한 마키하타야마가 누긋하게 뻗어 있다.

에치고 시오자와鹽澤의 주민 스즈키 보쿠시[3]의 『호쿠에쓰[4] 눈의 계보北越雪譜』는 미나미우오누마군南魚沼郡의 눈 이야기며 전설 등을 쓴 명저로 여기지만, 상하 두 권 중에 산 이름이 두 개만 올라 있다.[5] 하나는 나에

와리비키야마와 마키하타야마 능선

바산苗場山이고 또 하나는 와레메키야마破目山이다. 나에바산은 알고 있지만 와레메키야마는 들어본 적이 없다. 이렇게 설명하고 있다.

"우오누마군 시미즈 마을 깊숙이 산이 있는데, 높이가 1리 남짓, 둘레도 1리 남짓 된다. 산속 전체에 크고 작은 파극破隙[6]이 있어서 산 이름이 되었다. 산 중턱은 노거수의 가지가 줄지어 있고 중턱 위로는 암석첩첩岩石疊疊한데, 그 형상은 용이 도약하고 호랑이가 노하는 것 같아서 기기괴괴奇奇怪怪하다 하지 않을 수 없다. 기슭의 좌우로 계천溪川이 있고 합쳐져 폭포를 이룬다. 또한 절경이라 하지 않을 수 없다. 운운云云."

이 묘사에서 짐작건대 나는 보쿠시가 가리키는 와레메키야마라는 것은 지금의 마키하타야마의 앞 봉우리인 덴구이와가 틀림없다고 생각한다. 암석이 기괴하다는 것, 좌우에 계류가 있는 것, 마을 사람이 그 절경을 감상하고 있는 것도 모두 기술한 대로다.[7] 5만 분의 1 지도에는 이 암봉의 배후에 삼각점이 있는 산에 와리비키야마劃引山[8]라고 기입되어 있다.

와리비키야마라는 것은 와레메키야마를 엇들은 것이 틀림없다. 시미즈에서 올려다보면 덴구이와와 삼각점이 있는 산과 겹쳐서 보인다. 육지측량부 사람이 마을 사람에게 이렇게 물어봤을 수도 있다.

"저 산 이름은 뭔가요."

"저거? 그기 와레메키야마ワレメキ山 그캅니데이."

"네에? 와리미키ワリミキ? 음, 와리비키ワリビキ인가?"

곧장 지도 위에 와리비키야마라고 기입한다. 더군다나 실수로 그 뒤쪽에 있는 산이 그 이름을 떠맡게 된 것이 아닐까.

이처럼 이름을 잘못 듣는 것이 5만 분의 1 지도에서는 드문 일이 아니다. 그런 예는 바로 가까이에도 있다. 시미즈 동쪽에 이모리마쓰야마威守松山라는 산이 기입되어 있다. 이모리마쓰야마 따위의 엉뚱한 이름은 무엇인가의 군두목이 틀림없다고 생각해서 나는 다음과 같은 결론을 얻었다.

시미즈는 예로부터 조에쓰를 잇는 샛길의 요충이었을 정도로 유서 있는 마을인데, 내가 묵었던 농가의 이로리囲爐裏[9]가에서 이런저런 옛날이야기를 들었다. 구사와케草分[10]의 성함은 아베 에몬노조阿部衛門尉라고 하며, 그 족보는 이즈미야和泉屋[11]라는 유서 깊은 집에 소장되어 있다고 한다. 그래서 생각난 것이 이모리마쓰야마는 에몬노조에서 유래했던 것이 아닐까.[12] 마을에서 가까운 산에 고인의 이름을 따서 붙이는 것은 종종 예가 있는 것이다.

마키하타야마는 길쌈의 신인 마키하타卷機님을 모시고 있다고 들은 적이 있지만 확실하진 않다. 양잠과 관계가 있을 수도 있다. 어찌 되었든 『호쿠에쓰 눈의 계보』에도 그 앞 봉우리의 이름이 나올 정도라서, 예로부터 우오누마군에서는 알려져 있던 산인 것은 분명하다. 마키하타야마라는 우아한 이름과 함께 이 숨겨진 아름다운 산을, 나는 조에쓰 국경 가운데서 첫째가는 명산으로 꼽는다.

내가 처음 올랐던 것은 쇼와 11년(1936) 4월이었다. 그 무렵 우리

조릿대에 둘러싸인 정상으로 향한 오솔길

네 산 친구들은 매년 이른 봄에 시미즈에서 묵으며 스키 등산을 즐기기 일쑤였다. 이 눈 깊은 마을까지 가면 어떤 해에는 5월이 되어도 여전히 스키를 탈 수 있었다. 마키하타야마에 올랐던 것은 4월 8일이었지만 마을은 아직도 깊은 눈 속에 있었다. 조에쓰센의 시오자와에서 하차, 노보리카와를 따라서 가장 깊은 곳에 있는 마을인 시미즈까지 기나긴 길을 걸어 1박하고, 이튿날 안내 겸 짐을 맡을 사람 하나를 고용해서 올랐다. 첫발부터 히노키아나노단檜穴ノ段[13]이라고 부르는 가파른 비탈은 힘이 들었지만, 거기를 다 오르자 무심결에 탄성이 나올 만한 기분 좋은 드넓은 설원으로 나온다. 거기서부터 한 차례 가미히노키아나노단上檜穴ノ段의 된비탈을 오르니 잠시 후 앞산[14]이다.

앞산에서 마키하타야마의 정상까지 30분이 안 걸렸는데, 그 안부는 눈이 사라지면 샘물이 몇 개씩이나 나타나고 하쿠산애기앵초白山小櫻가 만발하는 기분 좋은 곳이다. 정상은 드넓다. 하지만 우리는 안개 때문에 그 광활함을 충분히 내다볼 수 없었다.

주

1 조에쓰는 고즈케上野와 에치고越後의 준말이며 군마현과 니가타현을 가리킨다. 조에쓰 국경은 최서단 나가노·니가타·군마의 현경인 시라스나야마白砂山와 최동단 군마·니가타·후쿠시마의 현경인 오제가하라尾瀬ヶ原까지 걸친 산맥이다. 간단히 시미즈 터널과 시미즈 고개 주변을 가리키기도 한다. 그런 뜻으로 이 국경을 언급하는 소설이 가와바타 야스나리의 『설국(1948)』이다. 첫 문장 "국경의 긴 터널을 빠져나오니 설국이었다"에서 긴 터널이 바로 시미즈 터널이다. 가와바타 야스나리는 본문의 시오자와의 옆 마을인 유자와湯澤의 다카한高半 여관에서 『설국』을 집필했다. 저자의 도쿄 집이 공습으로 불타자, 시게코 여사와 장남이 이 다카한 여관에서 피난했고, 패전 후에 저자가 이곳으로 귀환해 고향으로 돌아가기 전까지 살았던 적이 있다. 이 이야기를 나에바산 편에서 언급한다.

2 아타마頭: 독립봉이라고 할 정도는 아닌 산릉 위의 돌기. 사와澤나 다니谷의 수원이나, 지능선이 주능선과 만나는 지점의 작은 봉우리를 말한다. 가시라頭로도 부른다.

3 스즈키 보쿠시鈴木牧之(1770~1842): 에도 시대 후기의 상인, 수필가. 『호쿠에쓰 눈의 계보(1837)』는 에도 시대의 지지地誌 수필 중 명작이라고 불리며 귀중한 민속자료로 여긴다.

4 옛 지명으로 에치고와 엣추. 특히 에치고를 가리키는 말.

5 『호쿠에쓰 눈의 계보』는 1837년에 초편 3권이, 1841년에 2편 4권이 출판되어 합계 2편 7권으로 이루어져 있다. 초편은 상·중·하로 구성되어 있는데 초편 상권 끝에 와레메키야마가, 2편 4권 중간에 나에바산이 실려 있다. 저자가 원문에서 "상하 두 권 중에서"라고 한 기술은 다른 판본이거나 초편과 2편을 상권과 하권으로 본 듯하다. 나에바산 편 역주 참고.

6 훈독으로 와레메로 읽으며 사춤을 말한다. 사춤의 일본어가 이 산의 어원인 와레메破れ目(割れ目)다.

7 덴구이와(1578미터)는 지도상의 와리비키다케에서 남쪽 아래로 뻗은 능선의 끝 가까이에 있다. 지형을 묘사한 것처럼 너덜겅이며, 시미즈 마을에서 올려다보면 좌우로 와리비키사와割引澤와 누쿠비사와ヌクビ澤라는 계류가 흐른다.

8	지도상 표기는 와리비키다케割引岳다.
9	농가 등에서 마룻바닥을 사각형으로 도려 파고 난방과 취사용으로 불을 피우는 곳.
10	에도 시대에 황무지를 개척해 새로운 정촌町村을 개척한 사람을 말한다. 유서 깊은 가문들이 많아서 마을 내에서 높은 가격家格을 가지며, 마을의 행정사무직을 세습하는 경우가 많았다. 본문의 아베는 오슈의 호족인 아베 가문安倍氏의 후예로 확인된다.
11	현지에 이즈미야和泉屋는 없고 이즈미야泉屋가 있다. 시미즈 마을의 성립에 관련 있어서 고문서에도 나온다는 집이다. 이즈미야泉와 이즈미和泉는 같은 발음이라 저자의 오기로 보인다. 지명으로서의 이즈미和泉는 오사카의 남부를 가리키던 옛 지명이다.
12	저자의 추측대로 이모리마쓰야마의 원래 이름은 에몬노조야마衛門尉山였다고 한다. 다만 산 이름은 군두목을 한 것이 아니라, 정상 바로 서쪽에 오엽송 한 그루가 위엄 있게 지키듯이 서 있어서 위수송산威守松山이라는 이름이 되었다고 한다.
13	단段: 산등성이와 산허리 등에 있는 탁 트인 평평한 곳. 이도오네井戸尾根 코스에 있는 이 구간은 편백檜이 아니라 너도밤나무橅와 잡목의 혼성림이다.
14	마에마키하타前卷機, 또는 니세마키하타僞卷機라고 부르는 곳이다. 니세는 가짜를 가리키며, 니세피크ニセピーク라는 말처럼 등산자가 목표로 하는 봉우리라고 믿고 싶을 만한 곳을 말한다. 니세라는 말이 앞에 붙은 지점은 등산 지도에서 자주 등장한다.

028 | 히우치다케
燧岳

- **표고** **2356미터(시바야스구라**柴安嵓**)**
- **소재** **후쿠시마현**福島縣
- **지도** **히우치가타케**燧ヶ岳

광대한 오제가하라尾瀨ヶ原를 품고 동서로 마주 서 있는 히우치다케燧岳와 시부쓰산. 히우치의 삽상하고 위엄 있는 형태를 엄부라고 한다면, 시부쓰의 유양한 부드러움이 있는 자세는 자모에 비유할 수 있으려나. 들판의 한가운데에 서서 히우치를 우러르고, 시부쓰를 바라보면 대조의 묘를 얻은 조화에 감탄하지 않을 수 없다.

오제누마에 히우치다케가 없었다면 일개 산속의 평범한 작은 호수가 되고 말았을 것이다. 옛날에 간토와 오슈를 잇는 길 중 하나가 이 늪의 가장자리를 지나고 있었다. 누마타카이도沼田街道[1]라고 부르는 것으로, 조슈의 도쿠라戸倉를 시작으로 아이즈의 히노에마타로 나오기까지 완전히 깊은 산속의 길이었다. 그 불안한 산길 가운데서 산과 늪이 서로 어울려서 발하는 아름다운 풍경을 우연히 만난 나그네의 심정은 오죽했으랴.

버스가 발달한 현대인들로서는 이 기분을 알 수 없겠지만, 옛날에는 기나긴 길을 도보로 더듬어서 왔다. 남쪽에서 오는 사람은 산페이 고개三平峠, 북쪽에서 오는 사람은 누마야마 고개를 넘어, 오제누마의 둔치로

오제가하라의 지당과 히우치다케

오제누마와 히우치다케

나와, 그 곁에 우뚝 솟아 있는 히우치다케를 실제로 보았을 때는 그야말로 진정한 선경이었음이 틀림없다. 겐페이源平 시대[2]에 이미 오제 다이나곤尾瀬大納言[3]이 이 땅으로 이주했다는 둥 전설이 생겨난 것도, 사람 사는 마을에서 벗어난 아름다운 땅이었기 때문이었을 것이다.

오제尾瀬라는 이름의 유래에 관해서는 고구레 리타로의 자세한 고증이 있다. 간분寬文 6년(1666)에 편찬된 『아이즈 풍토기會津風土記』[4]에 오제누마小瀬沼라고 나온 것이 문헌상 최초일 것이라고 한다. 그보다 약 20년 전의 『쇼호즈正保圖』[5]에는 사카히누마さかひ沼라고 기재되어 있었다고 한다.

오제누마는 아이즈와 조슈의 국경선이 호수 위를 통과하고 있어서 '사카히누마'라는 호칭이 있었을 테지만, 히우치다케는 완전히 아이즈 영내에 있다. 후쿠시마현 미나미아이즈군 히노에마타무라檜枝岐村의 지적地籍을 근거로 지리적으로 말하자면, 나스 화산대 닛코 화산군의 봉우리 중 하나다. 정상은 두 개의 봉우리로 나뉘어, 삼각점이 있는 쪽을 마나이타구라俎嵓라고 부르며 다른 것을 시바야스구라柴安嵓라고 부른다. 후자가 20미터 남짓 높다. 구라嵓[6]는 바위라는 뜻이라서 마나이타구라는 도마俎처럼 생긴 바위에서 유래한 것이지만, 시바야스구라의 시바야스는 무엇인지 아직 모르겠다.

히우치燧라는 이름은 마나이타구라 동북면에 대장간 집게鍛冶鋏(가지바사미)[7] 모양을 한 잔설이 나타나서라고 한다.[8] 가지바사미鍛冶鋏는 다른 말로 히우치바사미火打鋏다.[9] 그것은 히노에마타 쪽에서 와서 나나이리바시七入橋를 건너면 보이기 시작한다. 그 부근에서 바라다보면, 시바야스구라는 마나이타구라의 그늘에 가려 마나이타구라만이 선드러지게 서 있다. 그 산허리에서 또렷한 형태의 대장간 집게를 알아볼 수 있다.

이 산을 열었던 사람은 히노에마타무라의 히라노 조조[10]로, 스무 살이었던 메이지 22년(1889) 8월 29일 히우치다케에 오르고, 다시 9월 24일 정상에 돌로 만든 호코라祠를 세웠다. 그 후 늪 기슭에 조조고야長藏小屋

시바아스구라

를 세우고, 오제누마 야마비토尾瀬沼山人로 자칭하며 평생을 오제의 개발과 보호에 바쳤다. 이 오제의 터줏대감이 돌아가신지 어느덧 30여 년이 지났는데, 나는 학창 시절에 조조고야의 난롯가에서 유데아즈키茹小豆[11]를 먹으며 그 의기충천한 기염을 토하는 것을 들은 적이 있다. 불그레한 얼굴의 조조 어르신은 정치와 시국을 논담했으며 압도적인 기개가 있었다.

     전쟁 전, 나는 몇 차례 오제에 갔다. 10월 중순에 눈을 맞으며 산페이 고개를 넘었던 적이 있었다면, 초여름의 후지미 고개富士見峠를 넘었던 적도 있었다. 이 고개 근처의 아야메다이라菖蒲平부터 거침없이 넓은 들판의 건너편 들목에 있는 히우치다케의 전용을 바라보았을 때는 천하일품이라는 느낌이 들었다. 아마 히우치다케가 보여주는 가장 아름다운 모습일 것이다. 그것은 가슴 후련하게 쭉쭉 뻗은 선을 좌우로 펼친 거의

순수한 피라미드였다. 같은 피라미드라도 밑변이 길어서 한층 더 당당해 보였다.

히우치에 올랐던 날은 쾌청한 날이어서 주위의 산들을 남김없이 내다볼 수 있었다. 닛코, 조에쓰, 아이즈, 에치고의 산들, 마지막은 아카기산의 구로비야마 오른쪽 어깨로 어렴풋이 후지산마저 보였다. 산악전망대로서 히우치다케는 비길 데 없는 위치를 차지하고 있다. 하산 도중에 나뎃쿠보ナデックボ(눈사태雪崩와 구덩이窪가 합쳐진 말일까)[12]의 설계雪溪 위에서 고구레 리타로를 처음 뵈었던 일도 추억이다. 그는 메이지 22년(1889) 아직 소년이었을 때 아버지에게 이끌려 오제를 지났다고 말씀하셨으니, 가장 오랜 오제 애호가 중 한 분이었다.[13]

조조 어르신의 뒤를 이어 아들인 히라노 조에이가 오제를 위해 애쓰고 있다. 조에이 씨 부부는 단카에 능해서 다음과 같은 작품이 있다.

오늘 아침도 히우치 고령에 눈이 내리니 마침내 겨울이 다가왔도다
この朝も燧の高嶺雪ふりぬいよいよ冬近づきにけり
_ 히라노 조에이平野長英

히우치의 잔치를 손님[14]도 반기며 팥밥[15]을 드신 오늘 아침의 평안함
燧岳の祭を客もうべなひて赤の飯を食すけさの安けさ
_ 히라노 야스코平野靖子

오제가 닛코 국립공원에 편입되고 나서 무척 활기를 띠게 되었다. 오제누마의 물녘에 새하얀 물파초水芭蕉가 가득 필 즈음이 최고의 시즌이라, 오제의 모든 오두막이 만원이 된다고 한다.

주

1 아이즈누마타카이도會津沼田街道를 말한다. 400년 이상 된 옛길로 전구간은 약 144킬로미터다. 중간 지점인 오제누마의 호반에서 두 지역의 교역이 이루어져서 남쪽인 군마현 쪽에서는 아이즈카이도, 북쪽인 후쿠시마현 쪽에서는 누마타카이도로 불렸다. 현재 오제를 지나는 구간은 하이킹을 위한 트레일로 개방되어 있다.

2 미나모토源와 다이라平 두 가문이 서로 세력을 다투던 시대로 11세기 말을 거쳐 겐페이 전쟁이 끝나고 가마쿠라 막부가 성립된 12세기말 사이의 약 100년을 말한다.

3 다이나곤大納言: 고대 일본의 내각에 해당하는 태정관太政官의 차관직으로 위계는 정삼위正三位.

4 번주의 명령으로 만들어진 번찬지지藩撰地誌다. 에도 막부의 명령으로 만들어진 『신편 아이즈 풍토기』와는 성격이 다르다. 또한 나라 시대에 중앙정부의 명령으로 편찬된『풍토기』는 이와 구분하기 위해 고풍토기古風土記라고 한다. 풍토기, 신편 풍토기, 고풍토기는 열람의 주체가 각각 번주, 쇼군, 천황으로 구분된다.

5 『쇼호쿠니에즈正保國繪圖』를 말한다. 쇼호正保 원년(1644)에 막부가 여러 번에 명령하여 작성해 바치게 한 지도로, 이후 3회에 걸쳐 개정되었다. 2차 개정판인 1835년 지도에는 사카히누마さかひ沼에서 오제누마小瀨沼로 변경되어 표기되어 있고 히우치다케ひうち嶽로 적혀 있다. 히라가나로 쓴 사카히さかひ는 경境, 또는 계堺의 훈독이다.

6 구라クラ: 구라는 바위의 옛말이다. 산과 관련된 이름에 嵓, 藏, 倉, 鞍이 붙는 경우 모두 구라로 읽으며 같은 어원이다. 병풍처럼 솟은 암벽, 또는 산등성이나 산허리에 노출된 큰 바위나 암장을 가리키기도 하며, 산이나 가와川, 다니谷, 사와澤 이름에 구라가 붙는 경우는 노암露巖이나 단애가 있는 것이 많다. 계곡에서 구라倉, 안부에서 구라鞍는 양쪽이 높고 가운데가 낮은 것을 가리키는 말이기도 했다.

7 협鋏 자는 가위를 뜻할 때는 하사미로 읽지만 집게를 뜻할 때는 얏토코로도 읽는다.

8 히우치燧(火打)는 부시를 가리키는 삼각형 쇳조각이다. 산명과 관련된 설로는 부싯돌을 많이 얻을 수 있어서, 마을 사람에게 불을 일으키는 법을 알려준 신이 히우치다이묘진燧(火打)大明神이라서, 또한 불을 뿜는 산이라서 봉화燧라는 뜻으로 이름이 유래했다는 설도 있지만, 가장 유력한 것은 대장간 집게설이다.

9 히우치다케 소재지에서의 표기도 가지바사미鍛冶鋏와 히우치바사미火打鋏를 모두 쓰고 있고, 이에 따라 시부쓰산 편에서는 대장간 집게를 히우치바사미로 적고 있다.

10 히라노 조조平野長藏(1870~1930): 자연보호의 상징인 인물. 제호가『오제』인『산악』제19년 제1호(1925)에 「오제누마의 사계」라는 글을 실었다. 이 글에서 풀 한 포기라도 함부로 채취해서는 안 된다고 역설하고 있다. 아들인 조에이平野長英(1903~1988)와 손자인 조세이平野長靖(1935~1971)도 대표적인 자연보호 운동가다.

3대 주인 조세이는 1971년 12월 1일에 도쿄의 자연보호 회의에 참석하려다 산폐이 고개 부근에서 눈보라로 조난 사망했고, 조세이의 부인인 노리코紀子 여사가 오두막을 맡았다.

11 주로 여름철에 삶은 팥에 설탕 등을 뿌려 먹는 간식.

12 오제누마 기슭의 누마지리沼尻에서 히우치다케로 직등하는 구간. 나뎃쿠보ナデッ窪는 저자의 추측대로 나다렛쿠보雪崩っ窪가 변해서 생긴 말로, 급경사이며 눈사태가 잘 일어나는 골짜기다.

13 오제의 애호자 중 빼놓을 수 없는 사람이 다케다 히사요시다. 일찍이 『산악』 창간호(1906)에 「오제 기행」을 실어 대중에게 오제를 알렸고, 오제의 개발에 지속적으로 맞서고 보호에 힘써서 오제라면 그를 떠올릴 정도여서 오제의 아버지라고 부른다. 1903년부터 오제에 수력발전용 댐 건설계획이 있었지만, 다케다 히사요시와 히라노 조조 등이 함께 했던 기나긴 싸움 끝에 1950년에야 이 계획이 취소되었다.

14 손님咨은 중의적인 시어다. 여행자·마쓰리 참배자·마쓰리를 찾아온 혼백 등을 뜻한다.

15 팥밥은 벽사의 의미가 있으며, 신에게 바치는 것에서 유래해 주로 경사스러운 자리에서 먹는 음식이다.

시부쓰산
至佛山

표고 2228미터
소재 군마현 群馬縣

    오제누마를 돋보이게 하는 것이 히우치다케라면, 오제가하라의 그것은 시부쓰산至佛山일 것이다. 아직 오제가 요즘같이 번창하지 않았던 전쟁 전의 어느 6월, 들판의 한쪽 끝자락에 있는 히노에마타고야檜枝岐小屋[1]에서 묵으며, 그곳에서 바라보았던 시부쓰산이 잊히지 않는다. 넓고 아득한 습원 저편으로 멀리 자작나무가 섞인 숲이 줄지어 있고, 그 위로 유양불박悠揚不迫한 느낌으로 시부쓰산이 서 있었다. 그리고 그 산 거죽의 잔설이 오두막 앞에 흩어져 있는 지당池塘으로 밝은 그림자를 떨어뜨리고 있었다.

    해거름 녘, 근처에서 따온 산마늘을 배불리 먹고, 문밖에 마련된 욕조에 몸을 담그고 알몸인 채로, 긴 땅거미 속으로 창망滄茫하게 저물어 가는 산의 모습을 하염없이 바라보고 있었다. 충만한 감동이었다.

    히우치와 시부쓰는 오제가하라를 사이에 두고 마주 보고 있는데, 전자는 위엄 있는 직선적인 산세인 데 반해, 후자는 부드러운 곡선을 그려, 왠지 모르게 친숙해지기 쉽다. 다만 반대편인 도네[2]에서 올려다보면

오제가하라를 가로지르는 목도에 이어진 시부쓰산

정상의 능선 가까이는 울퉁불퉁한 바위로 갑옷을 입고 있다. 하지만 전체적으로 둥그스름하고 온화한 모습은 북쪽의 히라가타케에서, 남쪽의 호타카야마에서 바라보아도 변함이 없다.

시부쓰산은 도네가와 상류를 선繼 두르는 여러 산 중에서 최고봉이고, 도네 쪽에서는 다케쿠라야마岳倉山라고 부르고 있다. 구라倉는 바위 또는 암벽이라는 뜻으로, 정상의 서면이 그런 분위기를 나타내고 있어서

다. 시부쓰라는 이름은 동쪽의 가타시나가와片品川 방면의 호칭인데, 어떤 뜻인지는 확실하지 않다.

간분寬文 6년(1666)의 『아이즈 풍토기』에는 시부쓰산至佛山, 안에이安永 3년(1774)의 『고즈케3 국지上野國志』에는 시부쓰산四佛山이라 기재되어 있다고 하나, 이 산에는 어떤 불교적인 내력도 없고 마을에서도 멀고 깊은 산이어서, 먼 옛날부터 산을 참배했다는 이야기도 듣지 못했다.

아마 시부쓰는 군두목일 것이다. 이 산의 꼭대기에서 동북쪽으로 흘러나오는 무지나사와貉澤라는 곳이 있다. 이곳이 무지나사와가 아니라 무지낫싸와ムジナッツァワ라고 부르고 있는 것은 오제누마의 와세사와早稻澤를 촉음으로 와셋싸와ワセッツァワ라고 발음하고 있는 것과 마찬가지다. 자주 오제에 들렀던 적이 있는 내 친구 다나베 가즈오는 어느 때 토박이가 이 무지낫싸와를 시붓싸와シブッツァワ로 부르고 있는 것을 들었다. 시붓싸와는 시부사와澁澤인데, 산에는 흔히 있는 골짜기 이름이다. 이 시붓싸와의 처음 세 글자가 시부쓰至佛로 되었던 것은 아닐까.

그런 천착은 차치하고라도 시부쓰산이란 건 좋은 이름이다. 글자가 좋기도 하고 발음도 좋다. 문학적이기도 하다. 하지만 옛사람들은 산에 소박하고 직접적인 이름을 붙이기 일쑤여서, 히우치다케는 잔설이 대장간 집게火打鋏(히우치바사미) 모양으로 나타나서, 시부쓰의 남쪽으로 이어지는 가사가타케笠ヶ岳는 삿갓 모양으로 보여서다. 북쪽으로 이어지는 스스가미네ススヶ峰는 조릿대笹(사사)를 헤치고 가는 봉우리가 줄어든 것이라고 한다. 시부쓰 하나에만 문학적인 이름을 붙였을 리가 없다.

오제가하라의 북쪽에 게이즈루야마景鶴山가 있다. 이것도 헤이즈루야마平鶴山라고 나와 있는 문헌도 있다고 하니, 헤에즈루ヘエズル에서 유래한 것이 틀림없다. 헤에즈루는 **하이즈루**伺いずる[4]의 사투리로, 트래버스 traverse[5]라는 뜻이다.

내가 처음 시부쓰산의 정상에 올라섰던 것은 다이쇼 15년(1926) 가을이었다. 조에쓰센上越線 개통 이전이다. 후지와라藤原에서부터 도네가와

시부쓰산 정상부

를 거슬러 올라가 가리고야자와狩小屋澤에서 올랐다. 당시에는 그 골짜기에 길이 없어서 물거품을 뒤집어쓰면서 물떨어지를 더위잡았다가 바위를 기어오르기도 해가면서 올라갔다. 골짜기를 원류까지 거슬러 올라가니 머리 위로 시부쓰의 전용이 나타났다. 만산홍엽. 그 사이로는 점점이 떠 있는 섬처럼 돌과 바위가 서 있었다. 우미한 단풍의 색조와 그것을 다잡는 듯이 준엄한 바위의 콘트라스트가 참으로 멋진 경치를 만들고 있었다.

히우치의 화산암과 대조적으로 시부쓰는 고생대층[6]에 속해 있다고 한다. 삼림한계가 낮고 그 때문에 관목대가 넓어서 풍부한 고산식물을 품고 있다. 정원수 파는 가게가 장에 내다 팔려고 눈향나무眞柏(향나무柏槇)[7]를 캐러 자주 찾아온다고 하는 이야기도 그때 들었다. 정상이 가까워져서 골짜기를 벗어나 왼쪽의 산줄기에 붙었더니, 그 깊은 관목대로 비집고 들어가게 되었다. 덤불과 전쟁을 치르면서 겨우 그곳을 빠져나온 다음에는 돌과 바위를 잡고 기어올라 마침내 정상에 닿았다. 가리고야자와의 야영지에서 출발해서 여섯 시간이 걸렸다.

소문으로 듣던 오제가하라를 굽어보았던 것도 그때가 처음이었다. 온 벌판이 마치 타오르는 것 같은 대자색代赭色이었고, 그것이 쭉 맞은편 끝의 피라미드인 히우치의 자락까지 이어지고 있었다. 아름다운 오제의 첫인상을 시부쓰의 정상에서 얻었던 나는 행복에 젖었다.

　하늘은 완전히 개어 가을볕이 찬찬燦燦히 내리는 가운데, 우리는 한 시간 반이나 산정에 머물며 주위의 산을 헤아려가느라 지루할 틈이 없었다. 내려가는 길은 미끄러워 보이는 무지나사와를 택해 대망의 습원에 발을 들이고, 저 넓은 오제가하라를 저녁볕을 흠뻑 맞으며 터벅터벅 가로지르고 있었다. 그때 일주일에 걸친 산려에서 다른 등산자를 한 사람도 마주치지 않았다. 아직 오제가 차분하던 시절이었다.

주

1　오제누마 서쪽 미하라시見晴 지구에 있으며, 현재 야마고야가 가장 많이 모여 있는 곳이다. 이곳에서 남서쪽으로 시부쓰산이 보인다.
2　시부쓰산은 군마현 도네군이고, 저자가 바라본 곳인 오제가하라는 후쿠시마현 미나미아이즈군이다.
3　옛 지명으로 군마현. 별칭으로 조슈上州.
4　하이즈루這いずる. 엎드려서 기다. 일본에서 길 복匐과 이 저這는 '기다'라는 같은 뜻이라서 눈잣나무도 하이마쓰匐松, 또는 하이마쓰這松로 적는다.
5　등산이나 스키에서 주로 가파른 비탈면을 횡단하는 것이지만, 이보다 일본식 등산용어로 자주 쓰는 말이 있는데, 역시 하이즈루에서 변한 말인 동사형이 헤쓰루(헤즈루)へつる(へづる)이며, '안돌이'라는 뜻도 있어서 아마카자리야마 편에서의 헤쓰리, 히지리다케 편에서의 헤즈리처럼 명사형으로도 쓴다.
6　약 5억 7천만 년 전부터 2억 4천만 년 전에 이르는 고생대에 이루어진 지층. 이에 비해 히우치다케는 약 16만 년 전에 발생한 화산활동으로 생성되었다.
7　신파쿠眞柏: 향나무의 변종인 눈향나무 또는 그 분재를 말한다.

030 | 다니가와다케
谷川岳

표고 **1977미터(오키노미미** オキノ耳**)**
소재 **군마현**群馬縣
   니가타현新潟縣

    이 정도로 유명해진 산도 없을 것이다. 하필이면 그것이 '마의 산'이라는 각인에 의해서다. 정확히 조사하지는 못했지만, 지금 알고 있는 한 오늘까지 다니가와다케谷川岳에서 조난으로 죽은 사람은 이백수십 명에 이른다고 한다. 그리고 여전히 그 뒤가 끊이지 않는다.[1] 이 불행한 숫자는 세계 어느 산에도 유례가 없다. 내가 어렸을 때 산을 좋아하는 한 친구는 어머니가 "등산은 허락해도 다니가와다케는 안 된다는 조건을 붙였다"라고 했다.

    그만큼 두려움의 대상인데도 산이 열리는 날[2]은 수백 명이 밀려들어 줄지어 등산하는 모습이 신문의 사진으로 보도된다. 도쿄에서 가깝고 2000미터에 가까운 고도를 지닌 데다, 표고에 비해 묵직하게 자리 잡은 바위너설이 고산적인 풍모를 갖추고 있는 점도 있겠지만, 결국 대중의 관심이 높은 이유는 다니가와다케라는 평판에 있을 것이다. 이만큼 자주 귓전을 때리는 산 이름도 드물다. 끊임없이 무언가 사건을 일으키고 있다.

    이토록 다니가와다케가 유명해진 것도 쇼와 6년(1931) 조에쓰센上

이치노쿠라다케―ノ倉岳 위에서 바라본 오키노미미

越線이 개통된 이후의 일이다.[3] 그때까지는 일부 산 좋아하는 사람 사이에서만 알려져 있었다. 다이쇼 9년(1920) 7월, 일본산악회의 후지시마 도시오[4]와 모리 다카시[5] 두 분이 쓰치타루土樽[6]에서 오르셨을 때는 지독한 덤불산籔山[7]이어서, 그 덤불 속에 간신히 나 있는 트인 곳을 뚫아 정상에 섰다고 한다.[8]

물론 그 이전에도 토박이들은 오르곤 해서, 후지시마 일행이 오키

노미미オキノ耳 위에 도착했을 때는 바위 뒤에 작은 호코라祠가 있었고, 안에는 옛 청동거울이 삼면에 모셔져 있었다. 호코라가 후지곤겐富士權現(후지센겐다이묘진富士淺間大明神)[9]을 권청勸請하고 있어서, 이 봉우리는 다니가와후지谷川富士라고 불리고 있었다.

그런데도 5만 분의 1 지도에 산 이름이 잘못 적혀 있어서 명칭에 혼란을 일으켰다. 오늘날의 다니가와다케는 고래로 '미미후타쓰耳二つ'라고 부르고 있었다. 그리고 다시 그 '미미후타쓰'의 북봉 오키노미미를 다니가와후지, 남봉 도마노미미トマノ耳(1963미터)를 야쿠시다케藥師岳라고 부르고 있었다. 그리고 다니가와다케라는 이름은 지금의 다니가와 안쪽에 있는 마나이타구라俎嵓에 붙어 있었던 것이라고 한다. 고구레 리타로며 다케다 히사요시[10] 등 옛날부터 조에쓰의 산에 익숙한 선배들은 정확하게 부르는 법을 끊임없이 부르짖었지만, 매스컴과 같은 대세 앞에서는 아무리 해도 어쩔 수 없어서, 이제는 '미미후타쓰'를 다니가와다케로 부르는 것으로 결정되고 말았다.

미미후타쓰는 썩 잘 붙인 이름으로, 조에쓰센의 가미모쿠上牧 언저리에서 바라다보면 멀리 고양이 귀처럼 쫑긋한 귀 두 개가 가지런히 늘어서 있다. 그 모양이 실로 산뜻하고 뾰족해, 이 산이 예로부터 오쿠조슈奧上州[11]의 명산으로 여겨졌던 이유도 이해된다.

조에쓰센이 개통되고 도아이土合에서부터 능산로가 열렸다. 도아이는 마치 다니가와다케 등산을 위해 있는 것 같은 작은 역이라서, 기차에서 내리면 바로 거기가 이미 등산 들머리다. 이렇게 어프로치가 짧은 산도 드물다. 한철에는 새벽 열차의 도착과 함께 이 산간의 작은 역이 등산객으로 넘쳐난다.

도아이부터 시미즈 고개를 향해 다니가와 연봉의 허리를 누비며 이어졌다 끊어졌다 하는 길이 보인다. 이것이 시미즈로 넘어가는 옛길인데, 메이지 18년(1885)에 4년의 세월과 당시 35만 엔의 거금을 들여 평균 세 간 너비의 도로가 완성되었지만, 겨우 2년만 사용하고 설해를 입어 도

가사가타케笠ヶ岳에서 바라본 다니가와다케. 잔설이 보이는 것을 기준으로 좌측 계곡이 마치가사와, 중앙에 보이는 큰 계곡이 이치노쿠라자와, 이치노쿠라사와 우측에 인접한 능선 우측 계곡이 유노사와. 중앙을 기준으로 좌측의 높은 돌기가 오키노미미, 우측의 높은 돌기가 이치노쿠라다케

위령탑과 이름을 새긴 비석

로가 폐쇄되고 말았다. 지금은 그 아래로 유비소가와湯檜曾川를 따라 좁은 길이 나 있다.

  나는 이 오솔길을 몇 차례 지났지만, 이 정도로 멋진 경관을 베풀고 있는 길도 몇 안 될 것이다. 마치가사와マチガ澤·이치노쿠라사와一ノ倉澤[12]· 유노사와幽ノ澤 등 굉장한 암벽이 골막바지에 있는 골짜기를 하나하나 들여다보고 가는 것이다. 이렇게 가까이에, 이런 멋진 암벽이 있는 이상, 암벽등반을 좋아하는 동아리가 이곳에 모이는 것도 무리가 아니다. 그리고 다니가와다케 조난의 대부분은 이 암벽에서 일어났다.

  다니가와 연봉 동면의 이 암벽을 최초로 눈여겨보았던 소수의 사람들 중에 오시마 료키치[13]가 있다. 그분은 쇼와 2년(1927)에 이미 세 번이나 유비소가와의 계곡으로 들어왔다. 이어서 『조에쓰 국경上越國境』의 저자 쓰노다 요시오[14], 시바쿠라자와芝倉澤에 고시료虹芝寮[15]를 세운 나카야 겐이치[16] 등의 선종자先蹤者[17]들을 꼽을 수 있다. 요즘도 그 암벽들은 모든 루트에서 등반하고 있는 모양이다.

  내가 처음 다니가와다케에 올랐던 것은 쇼와 8년(1933) 가을인데, 고바야시 히데오[18]와 둘이서 다니가와 온천에서 1박하고, 이튿날 덴진 고개天神峠를 거쳐 정상에 섰다. 당시에는 등산자를 한 사람도 마주치지 않았다. 돌아오는 길은 니시쿠로사와西黑澤로 내려와 유비소까지 걸었다. 그때까지 도아이는 신호소信號所[19]였고 정식 역은 아니었다.

  종전 직후 모든 것이 불편하던 시절, 나는 아내와 네 살배기 장남을 데리고 니시쿠로오네西黑尾根에서 올랐다. 11월 말의 무풍쾌청한 날이었지만, 위쪽은 신설이 깊었기에 정상까지 닿지 않고 돌아섰다. 그 후 오랫동안 나는 다니가와다케에 가지 않았다. 수백 명의 사람이 줄을 지어 오르고 패트롤[20]이 배회하고 있다고 들릴 뿐이어서, 마음이 가시고 말았다.

주

1 2020년 현재 사망자 818명, 행방불명자 6명이다. 사망자 수는 1931년 시미즈 터널 개통 이후부터의 집계다.

2 야마비라키山開き를 말한다. 종교등산에서 비롯된 것으로, 그 해 처음으로 일반에게 산을 개방하는 날이다. 가미코치는 매년 4월 27일 등으로 전국 각지에서 일정은 각각 다르지만, 대부분은 7월 1일부터다. 다만 오늘날은 이 날 이전이라도 입산이 제한되는 것은 아니다.

3 전 구간의 완전 개통을 말한다. 이전에는 도쿄에서 어떤 경로로 가든지 꼬박 하루 이상 걸리는 산이어서 '가깝고도 먼 산'이었다. 1926년에 처음 이곳을 찾았던 오시마 료키치는 1929년 조에쓰센이 부분 개통되자, 다니가와다케가 "가까워서 좋은 산이다"라고 소개했다. '가까워서 좋은 산'은 이후 다니가와다케를 알리게 되었고 상징하는 말이 되었다.

4 후지시마 도시오藤島敏男(1896~1976): 은행가. 저자가 꼽은 산의 은인 네 사람 중 한 사람이다. 이 다니가와다케 등산은 그의 나이 23세 때였다. 저자의 구제 제1고등학교 여행부 8기수 선배이며 도쿄제국대학 정치학과 졸업 후 일본은행에 입사했다. 고교 시절 고구레 리타로의 강연을 접하고 일본산악회에 입회해 그와 함께 일본의 여러 산을 초등했고, 파리 근무시기에는 알프스의 여러 산을 올랐다. 패전 후에는 혼잡한 산을 싫어해 인기 없는 산을 찾아다니는 것을 피중등산避衆登山이라고 칭하며 저자와 여러 백명산 등을 산행했다. 특히 저자의 마지막 산행도 함께 했으며 『산악』 제66년(1971)에 저자의 추도사를 썼다. 꾸밈없는 독설과 신랄한 유머를 지닌 사람이었고, 일본산악회의 명예회원이자 원로로서 모두가 존경했던 인물이었다. 등산할 때도 파이프를 물고 다녔을 정도로 파이프 담배를 좋아했던 그의 유일한 문집 『산에서 잃어버린 파이프山に忘れたパイプ(1970)』에서 책을 내게 된 동기가, 편집을 맡겠다고 나선 '주정뱅이 셋三酔狂人' 때문이었다고 했는데 저자가 그중 한 사람이었다. 책의 제목이 된 수필 『산에서 잃어버린 파이프』는 그가 1926년 4월 30일 산에서 잃어버린 첫 번째 파이프를 다시 찾은 것에 대한 이야기로, 『산과 계곡』 제2호(1930)에 처음 실렸다.

5 모리 다카시森喬(1896~1989): 1918년에 일본산악회에 입회했고 『산악』에 등산기를 남기고 있다.

6 이 등산 이후 조에쓰센이 개통된 1931년에는 철도시설이 만들어졌고 소설 『설국』 도입부에서 '신호소'라고 나오는 곳이라고 한다. 신호소는 여객업무가 없지만, 이곳은 1933년부터 스키 시즌에만 한시적으로 여객수송을 하기 시작했고 1941년에 역으로 승격했다.

7 야부야마藪山. 등산로가 정비되어 있지 않은 산을 가리키는 말이다. 이런 뜻에서 기존의 등산로를 벗어난 곳을 골라 다니는 등산을 야부야마 등산藪山登山이라고 한다.

8 일본산악회의 『산악』 제16년 제3호(1921)에 실린 「조에쓰 국경의 산려」라는 기사

에 따르면, 6월 30일부터 7월 3일에 걸쳐 숙소였던 잡화점 주인 겐모치 마사키치劒持政吉의 안내로 등산했다고 나와 있다. 이 고생스러웠던 등산은 설계가 길어서 설피가 필요했지만, 겐모치를 제외한 두 사람은 설피가 없어서 위험했기에 덤불로 들어가는 불가피한 선택을 했던 탓이다.

9   후지산 기슭에서 불의 신으로 모셔왔던 아사마노오카미淺間大神.

10 다케다 히사요시武田久吉(1883~1972): 식물학자. 부립1중府立一中 재학 중에 일본산악회의 전신인 일본박물학동지회를 설립했다. 일본산악회 발기인 중 한 사람이며 제6대 회장과 일본자연보호협회 회장을 지냈다. 도쿄외국어학교, 런던대학, 버밍엄대학에서 공부했다. 어니스트 사토Sir Ernest Mason Satow(1843~1929)와 다케다 가네武田兼(1853~1932) 사이에서 태어나서 어머니의 성을 따랐다. 영국의 외교관인 사토는 일본어 통역을 맡아 1868년에 일어난 사카이堺 사건과 관련된 번사藩士들의 집단 할복의 현장을 지켜보는 등 유럽과 관련 있는 일본 근대사의 중요한 장면에 등장하는 인물이다. 아마추어 식물학자이자 등산 애호가였던 사토는 일본에서의 등산 활동 기록이 포함된 『중앙 및 북 일본 여행자를 위한 안내서A Handbook for Travellers in Central & Northern Japan(1881)』를 출간하기도 했다.

11 군마현과 니가타현에 동서로 뻗어 있는 산지인 조에쓰 국경上越國境 일대를 가리킨다.

12 호타카다케, 쓰루기다케와 더불어 일본 삼대 암장 중 하나.

13 오시마 료키치大島亮吉(1899~1928): 게이오대학 산악회에서 마키 유코槇有恒(1894~1989), 이타쿠라 가쓰노부板倉勝宣(1897~1923), 미타 유키오三田幸夫(1900~1991) 등과 활동했다. 대학 1학년이던 때인 1919년, 다나베 주지가 『일본 알프스와 지치부 순례』의 출판을 앞둔 6월에 게이오대학에서 했던 강연에서 받았던 강한 인상은, 조용한 산과 고개를 사랑하던 그의 정관적 등산관에 깊은 영향을 끼쳤다. 『산 연구와 수상山 硏究と隨想(1930)』 등의 저서가 있다. 여러 나라의 등산문헌을 소개하고 등산사상의 확립에 애써 많은 등산가에게 큰 영향을 주었다. 1928년 3월에 마에호다카 기타오네前穗高北尾根에서 추락사했다.

14 쓰노다 요시오角田吉夫(1907~1984): 일본산악회 명예회원. 호세이대학 법대를 졸업했다. 산케이産經신문사 기자를 지냈으며 일본산악회가 발행한 등산정보 수첩인 『산일기山日記』의 편집장을 1931년부터 맡았다. 특히 조신에쓰에 걸쳐 있는 산에 힘을 쏟았고 이 지역 적설기 등산의 개척자로 알려져 있다. 『조에쓰 국경(1931)』은 이 지역의 첫 산악안내서다.

15 이 야마고야는 세이케이 학원成蹊學園 소유다. 학원의 기록에 따르면, 이 홍지虹芝라는 이름은 당시 세이케이고등학교 교장이었던 아사노 다카유키淺野孝之(1888~1948)가 전당시全唐詩에 있는 오균吳筠의 시 "이슬은 아침에 마실 수 있고 무지개는 저녁에 먹을 만 하다霞液朝可飮 虹芝晩堪食"에서 가져왔다. 당시에도 드물었던 야마고야를 이 학교 여행부(지금의 산악부) 학생들이 짓겠다고 나서서, 길을 내는 일부터 학생들 손으로 시작해 1932년에 지었다.

16 나카야 겐이치中屋健一(1910~1987): 역사학자이자 평론가로 일본 펜클럽 부회장과

일본산악회 부회장을 지냈다. 도쿄제국대학 서양사학과를 졸업하고 대학원 재학 시절 등산에 관심을 가지게 되었다. 교도통신共同通信에 입사한 후, 당시 전무이사이던 마쓰카타 사부로에게 등산을 배웠고 일본산악회에 입회한다. 세이케이成蹊의 OB이며 세이케이대학 교수 등을 지냈다. 고시료에 대한 글은 마쓰카타 사부로 등이 쓴『아버지와 아들의 산父と子の山(1957)』에「고시료 건설보고」라는 소제小題로 실려 있다.

17 '앞서 발자취를 남긴 사람들'이라는 뜻의 오시마 료키치의 저서『선종자(1935)』의 오마주다.『선종자』에는「알프스 등산자의 간단한 전기アルプス登山者小傳」라는 부제가 붙어 있다.

18 고바야시 히데오小林秀雄(1902~1983): 문예 평론가, 수필가. 저자의 구제 제1고등학교 1년 선배이자 친구였고 저자의 인생에서 가장 중요한 인물 중 한 사람으로 여겨진다. 이노우에 야스시井上靖(1907~1991)는 아사히신문에 소설『빙벽』을 연재할 때 산악을 찬미하는 시를 소설에 넣고 싶어서 저자를 찾아갔는데, 야스시는 그때 저자와 함께 있던 그와 저자의 우정이 보통이 아니어서 부럽다고 적고 있다. 도쿄제국대학 불문과를 졸업했고 근대 일본의 문예평론을 확립한 인물로 알려져 있다. 저자와 함께 1933년에『문학계文學界』를 창립한 동인이었으며, 1940년 8월 6일에 국민정신총동원조선연맹이 주최한 문예좌담회에서 이광수 등을 만나기도 했다. 그의 탄생 100주년을 맞아 그를 기념하는 학술상인 고바야시 히데오 상이 2002년에 제정되었다.

19 신호소signal station는 분기기分岐器며 신호설비가 설치되어 있어서 열차의 운전취급은 하지만, 여객과 화물은 취급하지 않는 정거장이다. 도아이는 1936년에 역으로 승격했으며 1967년에 복선화를 위한 신시미즈 터널이 완공되고부터 도쿄 방면의 상행선은 시미즈 터널로 운행해 지상에서 오가지만, 니가타 방면의 하행선은 신시미즈 터널로 운행해 지하 70미터 내려간 곳에 있어서, 486계단을 오르내려야 하는 일본 제일의 두더지역이라고 불린다.

20 순찰하는 안전요원으로, 1958년에 군마현 경찰이 발족한 다니가와 경비대를 말한다.

031 | **아마카자리야마**
雨飾山

표고 **1963미터**
소재 **니가타현**新潟縣
나가노현長野縣

　　아마카자리야마雨飾山라는 산을 알았던 것은 언제쯤이었던가. 신슈의 오마치大町[1]에서 이토이가와카이도糸魚川街道[2]를 따라 사노사카佐野坂를 넘은 언저리에서 아득히 북쪽으로, 특별히 높지는 않지만 기품 있는 모양을 한 피라미드가 보였다. 하지만 그것은 가도의 바로 왼쪽으로 줄지어 서 있는 우시로다테야마後立山 연봉의 위압적인 장관에 시선을 빼앗긴 여행자에게는 거의 눈에 띠지 않아서 음전한, 오히려 사랑스럽다고 말하고 싶은 산이다. 나는 그 산에 마음이 끌렸다. 아마카자리야마라는 이름도 마음에 들었다.
　　북면의 가지야마신유梶山新湯에서 그 아마카자리야마에 오르려고 했던 것은 태평양전쟁이 시작되기 전이었다. 그 무렵은 아직 확실한 등산로가 없어서 뿔뿔이 흩어져 있는 길을 찾아내지 못해 난감해졌던 끝에, 결국 모르는 채로 마무리하고 돌아섰다.[3] 하지만 북측에서 우러러보았던 아마카자리야마는 좋았다. 좌우로 고르게 어깨를 길게 펼치고 그 위로는 고양이 귀처럼 두 개의 피크가 정답게 다가붙어, 산뜻하게 오월 하늘에

아마카자리야마 정상부

서 있었다. 과연 기품 있게 아름다웠다.

그로부터 얼마 후, 이번에는 남쪽에서 오를 작정으로 오타리小谷 온천으로 갔다.4 여기에서도 길이 없어서, 나는 산에 밝은 토박이에게 안내를 부탁했다. 하지만 이튿날도, 그 이튿날도 비가 왔고, 나흘 동안 기다렸지만 결국 보람도 없이 물러나야 했다.

세 번째 아마카자리야마는 전쟁이 끝난 어느 해 10월 하순이었다.

그리고 나의 오랜 그리움이 이번에는 이루어졌다. 등산 들머리는 역시 오타리 온천을 골랐지만, 길은 중간까지밖에 없었다. 부탁했던 안내인을 앞세우고 우리 네 사람은 멋진 단풍으로 뒤덮인 산으로 향했다.[5] 오미가와大海川로 들어서자 어느새 길이 사라져서, 냇가의 서덜을 따라 거슬러 갈 수밖에 없었다.

오미가와는 상류에서 두 갈래로 나뉘어 있었고, 우리는 왼쪽의 아라스게사와荒菅澤를 택했다. 거기까지 비교적 완만했던 계곡이 갑자기 가파른 골짜기로 변해, 돌을 뛰어넘거나, **안돌이**へつり(헤쓰리)[6]하거나, 물떨어지를 피하려고 덤불속을 높이 우회하기도 해야 했다.

골짜기 길에 물이 없어지고 나서 너덜의 큰 돌을 밟으며 가게 되자, 어느새 삼림대를 벗어나 전망이 트이고 바로 머리 위로 멋진 암벽이 나타났다. 그것은 후톤비시布団菱라고 부르는 거대한 바위였는데, 그 바위 사이로 복도 같은 가느다란 틈이 나 있었다.

그 고르주gorge(咽喉)를 빠져나와 위로 나오자 거의 골짜기의 수원이라, 그다음은 말라버린 구사쓰키草附き[7]의 가파른 비탈을 오를 수밖에 없었다. 가파른 치받이에 숨을 헐떡이며 능선으로 더듬어 붙으니 또렷하게 길이 나 있었다. 그것은 근년에 가지야마신유로부터 열렸던 등산로였다. 거기부터 정상까지는 가파르긴 했지만 평범한 오르막에 불과했다.

드디어 나는 오래도록 그리워하던 꼭대기에 섰다. 게다가 하늘은 구석구석까지 개어 있어, 가을날 오후 세 시의 태양은 내다보이는 산들 위로 차분한 햇살을 입히고 있었다. 모든 산마루에는 쉼이 있다. 나뭇가지 끝에는 바람 한 점 없고, 작은 새는 숲에서 말이 없다.[8] 우리는 풍화되어 마멸된 석조 호코라祠와 몇 좌의 자그마한 석불 곁으로 몸을 눕히고, 그저 고요한 시간이 지나가는 대로 내버려두었다. 오래된 석불은 에치고 쪽으로 향해 있었다. 그 앞으로는 바다를 건너 노토能登 반도의 긴 팔이 보였다.

잠깐 쉬고 우리는 또 하나의 피크[9] 위로 갔다. 의외로 가까워 30미터 정도 밖에 떨어져 있지 않았다. 밑에서 바라보고 그렇게 아름다웠던

아라스게사와

후톤비시

정상으로 향하는 도중 '여신의 옆얼굴'이라는 별명의 조릿대 오솔길

그 두 개의 귀 위에 섰던 기쁨에 겨워, 나는 한없이 행복했다.

이튿날, 우리는 오타리에서 사사가미네笹ヶ峰 목장으로 넘어가기 위해 오토미야마 고개乙見山峠로 접어드는 길 위에서 다시 아마카자리야마를 만났다. 더할 나위 없는 모습이었다. 후톤비시의 암벽으로 갑옷을 입은 산은 단풍이 넘쳐흐르는 위로 떡 버티고 서 있었다.

산은 미련이 남아 있는 편이 좋다고 말했던 사람이 있다. 한 번에 오르고 마는 것보다도, 몇 번이나 오르지 못한 끝에 간신히 그 산정을 얻는 쪽이 훨씬 운치가 깊다. 나에게 아마카자리야마가 그랬다.

나중에 에치고 사람이 들려준 오래된 사냥꾼의 이야기에 따르면, 정상의 돌부처는 이토이가와 지방에서 유명한 라칸 쇼닌羅漢上人이라는 스님이 몸소 돌을 쪼아 그것을 꾸준히 산으로 나른 것이라고 한다. 산에 우라裏와 오모테表가 있다고 하면, 아마카자리야마는 역시 에치고 쪽이 오모테일 것이다.

아마카자리라는 신기한 이름은 어디에서 온 것일까. 오타리 온천으로 가는 도중에 길동무가 된 할머니는 아마카산アマ火山이라고 부르고 있었다. 나는 아마카산과 아마카자리雨飾의 연결을 생각해보았지만, 모르겠다. 또 분세이文政 연간(1818~1830)에 나왔던 아오우 도케이[10]의 『국군전도國群全圖』 중에 에치고노쿠니越後國 지도에는 **우절산**雨節山으로 되어 있다. 이것은 우식雨飾의 오기일까, 혹은 우절雨節이 올바른 이름일까, 역시 모르겠다. 하지만 그런 천착은 아무래도 좋다. 아마카자리야마라는 개성 있는 아름다운 이름으로 충분하지 않을까.

주

1 산악문화도시를 천명하고 있으며 1951년에 세워진 일본 최초의 산악박물관이 있는 도시다. 오마치의 료칸 다이잔칸對山館의 주인이자 일본산악회 소속의 모모세 신타로百瀬慎太郎(1892~1949)의 주도로 1917년에 최초의 산 안내인(등산 가이드) 조합을 설립했고, 이후 오마치는 이 일대 등산의 중요 거점이 되었다.
2 마쓰모토松本에서 오마치大町를 거쳐 이토이가와糸魚川에 이르는 근세의 가도로, 마쓰모토카이도松本街道라고도 한다.
3 1941년 6월 상순으로, 이때 저자는 동생인 야노스케彌之介와 동행했다.
4 오타리 온천은 다케다 신겐의 가신이 발견했다고 전해지는 450년 이상의 역사를 가진 곳이다. 재회한 지 한 달 된 고바 시게코木庭志げ子(1908~1978)와 동행했다. 동생과 동행한지 2주 만이다. 그때의 추억이 시게코 여사 사후에『후카다 규야와 함께한 나의 오타리 온천(2015)』이라는 수필집으로 나왔다.
5 1957년에 부인, 화가 야마카와 유이치로山川勇一郎(1909~1965), 오마치 남고大町南高 교사 마루야마 아키라丸山彰, 안내인 무로타니 후쿠이치室谷福一와 동행했다. 야마카와는 저자의 친구로, 본문의 여러 백명산과 1958년의 쥬갈 히말Jugal Himal 과 랑탕 히말Langtang Himal 답사에도 동행했으나 1965년 칠레의 로 발데스Lo Valdés에서 크레바스에 빠져 구출 중에 동사했다.
6 히지리다케 편에서는 헤즈리로 적었다. 헤쓰리縢는 산허리를 빙 두른 산길, 또는

하천의 침식으로 생성된 절벽이나 급경사를 뜻한다. 또 계류를 끼고 이동할 때 헤엄치지 않고 물줄기 바로 위의 암벽을 트래버스해서 지나는 것을 말한다. 안전을 위해 사슬을 설치한 구간이 많다.

7   크랙에 짧은 풀이 붙어 있는 가파른 암벽을 가리키며, 해방 이후까지 인수봉의 인수 B 루트를 구사쓰키라고 불렀다.

8   괴테의 시 「방랑자의 밤 노래 Wandrers Nachtlied」 중 '모든 산마루 Über allen Gipfeln' 일부를 인용했다. 저자 사후에 출판된 수필집에 『산정의 휴식 山頂の憩い(1971)』이라는 이름을 붙였다.

9   남봉(서봉)과 북봉(동봉)이 있으며 정상 표지는 남봉에 있다. 석불이 있는 곳은 북봉이다.

10 아오우 도케이 靑生東谿: 생몰년 미상인 에도 시대 후기의 지리학자. 『국군전도(1837)』는 상하 2권으로 각 구니別로 2페이지씩 할애하고 있고 아마카자리야마는 상권에 실려 있다. 현재의 도도부현을 구분해 만든 분현지도 分縣地圖의 시초가 되는 지도다. 群은 郡의 오식 또는 오기이다.

나에바산
苗場山

표고 **2145미터**
소재 **니가타현** 新潟縣
나가노현 長野縣

　일본에는 향토 사람들이 각자 자랑으로 삼는 산이 있어서, 교가며 시정촌의 노래는 물론 민요에까지 그 산 이름을 집어넣는다. 스루가駿河[1]의 후지산, 엣추越中[2]의 다테야마, 가가加賀[3]의 하쿠산이라는 식으로 대부분의 지방에는 그를 대표하는 명산이 있다.[4]

　그런데, 신슈며 에치고처럼 면적이 넓은 데다 산이 많은 지방에서는 그 대표를 정하기 어렵다. 에치고에서는 어디일까.[5] 요네야마米山며 야히코야마彌彦山는 차치하고라도, 북부에는 이이데산, 중부(우오누마魚沼)에는 핫카이산, 남부(구비키頸城)에는 묘코산 등 훌륭한 산이 있다.

　"나에바산苗場山은 에치고 제일의 고산이다"로 시작하는 스즈키 보쿠시의 「나에바산 유람기苗場山に遊ぶの記」(『호쿠에쓰 눈의 계보』)에 의해 이 산 또한 에치고의 명산이라는 것이 널리 알려졌다.[6] 그렇지만 에치고에서 가장 높지는 않다. 묘코와 히우치火打 쪽이 훨씬 높다.

　예로부터 명산이라고 칭해지고 있는 것은 대체로 평야에서 잘 보이는 산이다. 그런데 나에바산은 깊은 산이라서 가도의 길가에서는 보이

감춰진 나에바산

지 않는다. 그런 감춰진 산에 어떻게 먼 옛날부터 야시로社가 모셔졌거나 참배자가 올랐을 만큼 우러러 받들었던 것일까.

  스즈키 보쿠시가 살았던 시오자와초鹽澤町에 있는 우오노가와魚野川의 계곡에서도 나에바산은 보이지 않는다. 전쟁이 끝난 후, 나는 에치고 유자와湯澤에 살았던 적이 있어서,[7] 그 안쪽의 오미네大峰[8]에 몇 번이나 올랐지만, 확실히 그 정상에서도 가구라가미네神樂ヶ峰[9]에 가려 나에바산은 보이지 않았다. 오미네부터 다카쓰쿠라야마高津倉山[10] 쪽으로 나아가니, 그제야 그 방대한 등성이를 지닌 나에바산이 나타나기 시작했다.

아마 우오누마에 살던 사람이라도 조석으로 나에바산을 우러러볼 수는 없었겠지만, 간혹 높은 곳에 올랐을 때 앞산들 저편으로 이 훌륭한 산을 발견하고 그 말이 전해져 저절로 신앙의 산이 되지 않았을까.

만약 나에바가 평범한 산이었다면 한낱 깊은 산으로 내버려두었을 것이다. 그런데 이것은 사람의 시선을 끌지 않을 수 없다. 그리고 한 번 그 산을 보면 그 이름을 물어보지 않고는 배길 수 없는 특징을 지녔다. 낭중지추인 것이다.

산악 전망[11]에 관심이 있는 사람이라면, 시로우마다케, 야쓰가타케, 아카기산에서, 그 밖에 여러 곳의 정상에서, 이 독자적인 모습을 지닌 산을 바로 구별할 것이다. 그것은 완만하게 기운 긴 능선을 지닌 산이다. 이른바 산다운 산이 여럿 겹쳐 있는 사이로 나에바만은 마치 고래등 같은 그 방대한 몸집을 누이고 있다.

이 깊은 산이 도쿄에서 보인다고 하면 놀랄 사람이 있을 수도 있겠다. 고구레 리타로가 그것을 증명했다. 산악 전망에 열심이었던 고구레 씨는 여러 가지를 검토한 끝에 마침내 그 산을 확인했다.[12] 도쿄에서 보이는 산 중에서는 가장 멀고, 지름이 약 60킬로미터라고 한다. 그렇다고는 하지만 볼 수 있는 날이 1년을 통틀어 4~5일에 지나지 않는다니 평범한 도쿄 사람과는 인연이 없다.

스즈키 보쿠시가 올랐던 것은 지금으로부터 150여 년 전인 분카文化 8년(1811)으로, 친구 네 사람과 함께 하인을 거느리고 7월 5일 시오자와초를 나섰다. 그날은 미쓰마타무라三俣村에서 묵었다. 다음 날 아침 신관을 초청해 부정을 씻는 오하라이御祓[13]를 하고, 안내인을 고용해서 산으로 향했다. 아마 지금의 등산로와 거의 같았을 것이다. 그들은 우선 가구라가미네에 오르고 한 차례 안부로 내려간 다음, 나에바의 정상에 닿았다. 그곳의 모습은 분명 그들 눈을 놀라게 했을 것이다. "이 절정은 둘레 1리라

산 이름의 유래가 된 지당이 흩어져 있는 정상

고 한다. 망망莽莽[14]한 평무平蕪라서 높거나 낮은 곳을 볼 수 없다. 산 이름으로 부르는 묘장苗場[15]이라는 곳이 도처에 있다. 그 모습이 사람이 만든 논과 같은데, 그중에는 사람이 심은 모양으로 모와 닮은 풀이 나서 자란다. 못자리를 절반쯤 남겨 놓은 모양인 곳도 있다."

보쿠시 일행은 정상의 오두막에서 하룻밤을 보내며 술을 마시고, 시를 짓고, 노래를 읊었다고 하니, 지금 등산하는 사람이 보아도 대단한 풍류다. 이튿날 아침 해돋이를 맞고 하산했다.

이런 식으로 도쿠가와德川 시대(1603~1868)[16]부터 명산으로 여기고 오르고 있다. 산 이름은 정상의 넓은 오미가 논 모양을 하고 모와 같은 것이 싹트고 있기 때문이고, 거기에는 우케모치노카미保食神[17]의 동상이 안치된 이메伊米 신사가 있다.

내가 올랐던 것은 벌써 40년 전인 다이쇼 14년(1925) 5월로, 아직 조에쓰센上越線도 누마타沼田까지밖에 나 있지 않았다. 누마타에서부터 걸어서 미쿠니 고개三國峠를 넘고 기요쓰가와淸津川를 거슬러 올라 아카유赤湯[18]로 들어섰다. 사람 없는 아카유에서 하룻밤 묵고, 이튿날 구마노자와熊ノ澤에서 오르려고 했다. 하지만 어찌해 봐도 길을 알 수가 없어서 단념하고 기요쓰가와로 돌아서는 도중에, 올라오고 있는 온천장 사람을 만났다. 다시 아카유로 되돌아가 그다음 날, 온천장 사람에게 들은 길로 어려움 없이 정상에 올랐다. 구름이 끼어 경치는 잘 보지 못했지만, 그 휑뎅그렁한 꼭대기에서 오월 중순인데도 눈보라를 만났다. 그 이후 나는 스키로 가구라가미네까지는 두 번 올랐는데, 그 위에서 나에바를 바라봤을 뿐, 아직 다시 놀러가지 못하고 있다.

주

1 옛 지명으로 시즈오카현의 중앙부. 별칭으로 슨슈駿州.
2 옛 지명으로 도야마현.
3 옛 지명으로 이시카와현의 남부. 별칭으로 가슈加州.
4 이들 세 산을 일본 삼령산三靈山으로 부른다.
5 니가타현을 가리키는 에치고는 교토에서 가까운 쪽부터 가미에치고上越後, 나카에치고中越後, 시모에치고下越後라는 세 지역으로 나누어 불렀다. 북부는 시모에치고를 가리키며 구지명으로 간바라군蒲原郡과 이와후네군岩船郡에 해당하는 지역이다. 중부는 나카에치고를 가리키며 구지명으로 우오누마군에 해당하는 지역이다. 남부는 가미에치고를 가리키며 구지명으로 구비키군에 해당하는 지역이다.
6 1837년의 『호쿠에쓰 눈의 계보』에는 「나에바산 유람기」라는 제목의 글은 없다. 목차에는 나에바산으로 적고 있으며, 본문은 「나에바야마」를 제목으로 적은 글이 있다. 그런데 「나에바산 유람기」라는 글이 『호쿠에쓰 눈의 계보』에 실려 있다는 말은 고구레 리타로의 『산의 추억』 상권에 실린 「미쿠니야마와 나에바산三國山と苗場

山」이라는 글에서도 확인된다. 저자의 「나에바산 유람기」에 대한 기술과 『호쿠에쓰 눈의 계보』의 「나에바야마」 기술이 정확히 일치하고 있지만, 저자가 인용한 부분은 1837년의 목판본에 비해 몇몇 한자가 바뀌어 있고 구두점이 있는 것으로 보아, 목판본을 친본親本으로 한 다른 판본, 또는 고구레 리타로가 「나에바산 유람기」라는 제목을 붙인 것을 인용한 것으로 보인다.

7　전쟁이 끝나고 유자와에 피난해 있던 고바 시게코 모자와 살게 된다. 유자와는 온천과 스키로 유명한 동네다. 1943년 겨울에 조선산악회의 김정태金鼎泰(1916~1988) 등 4명이 경성을 출발해 스키 연수를 간 일이 있었다.

8　유자와역의 뒷산으로 표고 1172미터.

9　오미네에서 보자면 나에바산 바로 앞으로 직선상에 있고 표고도 2030미터라서 나에바산과 표고차도 115미터밖에 나지 않는다.

10　오미네와 나란히 있는 산으로 표고 1181미터.

11　높은 연산을 파노라마로 보는 것. 『산악전망山岳展望(1937)』은 저자의 책 이름이기도 하다.

12　이 일의 발단은 「나에바산 유람기」에서 스즈키 보쿠시가 후지산이 보인다고 써 놓아서 시작되었다. 다케다 히사요시는 나에바산에서는 후지산이 보이지 않는다는 것을, 고구레 리타로는 도쿄에서 나에바산이 보이는 것을 증명했다.

13　불제祓除를 말한다. 재액災厄을 물리치기 위해 행하는 의식.

14　중의적인 표현이다. 풀이 우거지다란 의미와 들판이 끝없이 넓다茫茫는 뜻이 있다.

15　못자리. 눈석임철에 골풀의 일종인 미야마호타루이深山螢藺 등이 오미에서 새싹이 돋아나오는데, 싹이 모처럼 생겨서 붙여진 이름이라고 한다.

16　에도 시대.

17　오곡을 관장하는 신으로 벼농사의 수호신, 음식의 신. 기소코마가타케 편의 우케모치다이진과 같다.

18　1897년에 열었다고 하는 온천. 지금도 야마구치칸山口館은 야마고야로 영업하고 있다.

묘코산
妙高山

표고 **2454미터 (남봉)**
소재 **니가타현** 新潟縣

    고전 『의경기義經記』[1]에 따르면, 홋코쿠지北國路[2]를 더듬어 오슈로 도피행을 이어갔던 요시쓰네[3]와 벤케이[4] 일행이, 나오에쓰直江津에서 빈 배를 발견하고 폭풍 속에서 사도佐渡로 건너가려고 했던 기술에 "묘관음妙觀音[5]의 산岳에서 불어 내린 폭풍에 돛을 내리고……"라는 대목이 있다. 이 **묘관음의 산**을 묘코산妙高山이라고 생각하는 설이 통용되고 있다. 묘칸논 노다케妙觀音の岳가 사투리로 묘코산노다케妙光山の岳, 즉 묘코산妙高山이 되었다는 것이다.[6]

    하지만 그건 아니다. 묘코산은 먼 옛날에 고시越[7]의 나카야마中山로 불렸다. 그 나카야마中山가 나카야마名香山로, 나카야마로는 한시漢詩 등에서 명승지를 넣어 시가를 지을 때 말맛이 거북해 음독으로 묘코잔名香山으로, 다시 글자를 꾸며 묘코산妙高山이 되었다고 생각한다. 실제로 이 산의 기슭에는 지금도 나카야마무라名香山村라는 이름이 남아 있다.

    일본에는 그 지방의 명산을 나카야마라고 부른 풍습이 있다. 『만엽집』에 기사象의 나카야마[8](야마토大和[9]), 『고금집古今集』[10]에 기비吉備의

세키야마 부근 이모리이케いもり池에서 바라본 묘코산

나카야마(빗추備中[11]), 사야佐夜[12]의 나카야마(도토우미遠江[13]), 『습유집拾遺集』[14]에 미오水尾의 나카야마(오우미近江[15]) 등이 보인다. 그리고 그런 식으로 명명하는 유행이 에치고에도 미쳐 고시의 나카야마가 되었을 것이다. 고시의 나카야마라고 불렀을 만큼 묘코산은 에치고의 명산이다. 에치고 후지越後富士라고도 칭한다. 나는 에치고뿐만이 아니라 일본의 명산이라고 생각하고 있다. 그 균형 잡힌 산용의 기품으로 보나, 묵직하게 안정된 양

감으로나, 평온한 스소노裾野의 웅대함으로 보나, 명산이라는 이름에 부끄럽지 않다.[16]

나가노를 출발한 신에쓰센信越線 기차가 좁고 답답한 무레牟禮를 지나 넓은 가시와바라柏原[17]로 나오면, 비로소 묘코산이 눈에 들어온다. 그리고 그것은 기차가 바다 쪽으로 다가갈 때까지 바라다볼 수 있는데, 가장 멋진 것은 세키야마關山[18] 부근에서 본 모습일 것이다. 중앙의 화구구火口丘가 쑥 높아지고, 그 오른쪽으로 간나산神奈山, 왼쪽으로 마에야마前山, 이 두 외륜산外輪山의 줄기가 마치 화구구를 머리로 삼아 양 옷깃을 여민 것 같은 모습을 보인다.

이 중앙 화구구는 신다케心岳라고 부르고 있다. 그 정상에 서면 잘 알겠지만, 이 정도로 전형적인 원형 칼데라도 드물다. 신다케를 한복판에 놓고 마치 **가고메가고메**かごめかごめ[19] 놀이처럼, 간나산, 오쿠라야마大倉山, 미타바라야마三田原山, 아카쿠라야마赤倉山 등이 둥글게 둘러싸고 있다. 그리고 그 화구구와 외륜산 사이의 환상環狀 화구원火口原(이라고 해도 넓지 않다. 들판은 아니고 계곡 모양을 이루고 있다)의 물이 모여 두 개의 화구뢰火口瀨, 즉 오타기리가와大田切川(기타지고쿠北地獄)와 시로타기리가와白田切川(미나미지고쿠南地獄)가 되어, 저 넓은 묘코의 스소노裾野를 관통해 흐르고 있다.

아마 많은 사람이 묘코산의 여름보다 겨울 모습을 잘 알고 있을 것이다. 산기슭의 커다란 비탈은 일본에서 가장 오래된 스키장으로서 사람들에게 사랑받아왔기 때문이다.[20] 내가 처음 스키를 배운 것도 이곳이었다.[21] 세키關 온천은 학생들의 숙소로, 아카쿠라赤倉 온천은 부르주아가 묵는 곳으로 간주되고 있었다. 당시는 아직 시가志賀 고원도 자오藏王도 열리지 않아, 스키 대상지가 묘코산 기슭이나 고시키五色 온천으로 한정되어 있었다. 나는 세키關며 쓰바메燕로 몇 번이나 스키를 타러 갔지만,[22] 묘코산의 정상에 올랐던 적은 없었다. 기껏해야 간나산이며 마에야마로 나서는 정도라서 묘코는 그저 올려다볼 뿐이었다. 스키를 즐기러 온 사람에게

묘코산 정상의 풍경

저 바위투성이의 정상에 올라보려는 투지가 일어나지 않았다.

리프트가 매달리고 위즐Weasel이 운행되어,[23] 화려한 색으로 뒤덮이게 된 오늘날의 묘코 산록의 스키장에서는, 힘들게 묘코에 오르는 사람이 더더욱 없을 것이다. 묘코산은 그 산자락에 변화한 스키장의 장식물로 존재하고 있는 것이나 마찬가지다. 이 멋진 장식물이 없었다면 묘코 산록 스키장의 매력은 대부분 사라져버렸을 것이다.

피서지인 노지리 호수野尻湖, 그곳에서 보았던 묘코산은 조금 일그러진 모양이라고 할 수 있지만, 여전히 호수를 꾸며주는 커다란 경물 중 하나다. 묘코산이 없는 노지리 호수는 뭘까 싶다.

학창 시절부터 나는 방학마다 고향에 돌아가는 길에 얼마나 많이 이 묘코의 자락을 지나다녔는지 모른다. 어쩌다 그때가 낮 기차에다가 맑게 갠 날이기라도 하면, 나는 차창 너머로 묘코산의 아름다운 모습을 계속 우러러보는 것이 지루하지 않았다.

등산로는 아카쿠라와 이케노다이라池ノ平의 두 온천에서부터 나 있다. 화구뢰인 기타지고쿠와 미나미지고쿠 어디를 지나도 덴구다이라天狗平에서 만난다. 거기서부터 위쪽으로 중앙 화구구를 등반하는 것이다. 바위투성이 길이라 도중에 사슬이며 사다리가 매달린 오이즈루이와笈摺岩 따위도 있지만 특별히 어려운 곳은 아니다.

정상에는 거대한 바위가 어지러이 널려 있고, 큰 바위는 높이가 몇 미터에 이르는 것도 있다. 그 사이로 월귤이며 시로미 무리가 모전毛氈처럼 잔뜩 깔려 있어서, 산 위의 정원 같은 정취가 있다.

나는 6월 초에 아카쿠라에서 올라 정상에서 쾌청한 조망을 즐기고 이케노다이라로 내려왔는데, 스키로 친숙한 가야바茅場[24]까지 내려오면, 그곳은 풀밭인 큰 비탈이라서 눈 아래로 계속 노지리 호수가 시야에서 벗어나지 않았다. 잠깐 쉬는 틈에 내 둘레의 고사리를 뜯었는데, 곧바로 손이 넘칠 정도로 가득 찼다. 나는 그것을 기념품 삼아 묘코를 되돌아보며 내려갔다.

주

1 무로마치 시대 초기에 완성된 것으로 추측하는 요시쓰네와 벤케이의 이야기를 다룬 군담 소설.
2 에도 시대에 세키가하라関ヶ原에서 나카센도中山道와 갈라져 호쿠리쿠도北陸道라고 부르는 일곱 지방七國을 거쳐 리쿠오陸奧의 민마야三廐까지 이르는 가도.
3 미나모토노 요시쓰네源義經(1159~1189): 헤이안과 가마쿠라 시대의 무장. 나스다케 편에 등장하는 미나모토노 요리토모의 이복동생이다. 헤이케平家와의 전쟁에

서 주도적인 역할로 단노우라壇ノ浦 해전까지 마무리한 공을 세웠으나, 요리토모 와의 불화로 쫓기게 되었다. 본문의 묘사대로 요리토모의 근거지인 가마쿠라를 피해 호쿠리쿠 쪽으로 돌아서 오슈로 가는 경로를 택했지만, 결국 요시쓰네와 벤케이는 자결이라는 비극적 최후를 맞는다. 『헤이케 모노가타리』에서 비운의 영웅으로 그려져 가장 인기 있는 인물이다. 그와 관련된 작품으로 조루리淨瑠璃와 가부키 작품인 『요시쓰네 센본자쿠라義經千本櫻』가 있다.

4   무사시보 벤케이.
5   아름다운 관음보살. 전설의 묘장왕妙莊王의 막내딸인 묘선妙善이 성불해 관음보살이 되었다는 중국 설화를 바탕으로 관음보살의 이미지가 아름다운 여성으로 정착되었다는 설이 있다.
6   불교의 우주관에서 세계의 중앙에 있다는 산. 묘광산妙光山은 묘고산妙高山과 같은 말이다.
7   일본의 서북해 연안과 쓰루가만敦賀灣에서 쓰가루津輕 반도까지를 포괄한다. 고시는 단순히 '너머'를 의미하는데, 한반도계와 아이누의 영토였기에 야마토의 통치권을 벗어난 (너머) 지역을 뜻했다. 벼 품종인 고시히카리越光의 '고시'가 이 지역의 벼임을 뜻한다.
8   『만엽집』 제1권 70번 노래.
9   옛 지명으로 나라현. 별칭으로 와슈和州.
10 『고금화가집古今和歌集』. 헤이안 시대의 칙찬화가집勅撰和歌集으로 12권으로 되어 있다.
11 옛 지명으로 오카야마현 서부.
12 『신고금화가집新古今和歌集』 등에 나온다. 사요小夜로도 적고 읽는다. 유명한 것으로는 기타다케 편의 『헤이케 모노가타리』를 인용하는 부분에서 다이라노 시게히라가 쓰타노미치를 넘기 전에 "사야의 나카야마에 다다랐지만, 다시는 넘을 수 없으리라는 생각이 들자, 더욱 슬픔이 더해 온통 눈물로 소매를 적셨다"라는 대목이 나온다.
13 옛 지명으로 시스오카현 서부. 별칭으로 엔슈遠州.
14 『습유화가집拾遺和歌集』. 『고금화가집』과 『후찬화가집後撰和歌集』에 이은 세 번째 칙찬화가집이다. 1005년부터 1007년에 걸쳐 완성되었다. 미오의 나카야마는 제10권 신락가神樂歌 605번 노래에 나온다.
15 옛 지명으로 시가현. 별칭으로 고슈江州.
16 이 묘코산과 도가쿠시야마의 이름을 따서 이 일대를 포함하는 지역이 현재 묘코토가쿠시 연산 국립공원妙高戶隱連山國立公園이다. 대표적인 산은 북쪽부터 묘코산·아마카자리야마·야케야마·히우치야마·구로히메야마·다카즈마야마·도가쿠시야마·이이즈나야마 등으로 본문의 편명, 또는 내용에서 언급하고 있다.
17 이 책이 나온 뒤인 1968년부터 구로히메黑姬로 이름을 바꾸었다.
18 구로히메에서 북으로 더 올라가서 묘코산을 포함하고 있는 지역이다.
19 아이들 놀이의 하나로, 눈을 가리고 앉아 있는 술래 주위를 여러 명이 에워싸고 노래하며 돌다가 노래가 끝나 멈춰 섰을 때 술래에게 자기 등 뒤에 있는 사람이 누구

20　아즈마야마 편에서 고시키 온천 스키장이 1911년 12월에 일본 최초로 열렸다고 했는데, 시리베시야마 편의 테오도르 레르히가 1911년 1월부터 스키를 지도한 곳이 묘코 고원과 인접한 조에쓰시上越市 다카다高田의 보병연대 연병장과 가나야산金谷山이었고, 민간인들에게도 스키 레슨을 해서 일본 스키의 발상지로 보고 있다. 다만 다이쇼 시대가 되고 나서 스키가 보급되었다고 하니, 이곳의 스키장은 1912년 이후일 것으로 보인다.

21　저자는 구제 제1고등학교 1학년 때 유도부였으나, 1학년 말에 아놀드 팡크Arnold Fanck(1889~1974)의 영화 『스키의 경이Das Wunder des Schneeschuhs(1920)』를 보고 여행부로 옮기기로 결심한다. 겨울 방학 때 세키 온천의 여행부 합숙에서 스키를 배우게 된다. 2학년 때 여행부로 옮기고 나서 "1고 학생은 도쿄의 양가 자제들이 많아서 고상한 수재들이건만, 촌놈의 체력에는 못 미쳤다. 여행부 같이 비교적 돈이 드는 놀이를 하려면 유복한 가정의 자식이라야 했고 온실에서 자란 이들이 많았다"라고 술회하고 있다.

22　모두 온천을 낀 스키장이지만 현재 쓰바메 스키장은 영업하지 않는다.

23　묘코 온천 스키장은 1927년에 미국에서 수입해 온 설상차가 운행되었고 1950년에는 일본에서 최초로 리프트가 가설되었다. 위즐은 무한궤도가 달린 소형 설상차로, 미군이 설상 작전을 위해 개발한 M29 Weasel을 이르는 것이다. 패전 이후인 1951년 니가타현의 오하라大原 철공소가 설상차 제작을 수주해 M29 Weasel을 원형으로 설상차 '후부키 1호ふぶき1號'를 개발했다. 이를 통상 위즐로 부르고 있었다.

24　띠茅 또는 꼴을 베는 곳, 또는 띠가 많은 곳. 이곳은 이케노다이라 온천 스키장을 구성하는 슬로프인 가야바 겔렌데カヤバ Gelände를 말한다.

034 히우치야마
火打山

표고 2462미터
소재 니가타현 新潟縣

　어느 3월 하순, 시로우마白馬의 산기슭으로 스키를 타러 갔던 나는, 아무도 없는 언덕 위에 서서 산을 바라보고 있었다. 하늘은 푸른 햇살이 반짝이고 있었다. 이런 날은 서툰 스키를 타는 것보다 산을 바라보고 있는 편이 행복하다. 평범한 사람에게는 그저 하얀 산이 줄지어 있는 것에 지나지 않는 산줄기일지라도, 나에게는 어느 한 봉우리, 어느 한 고갯마루에도 추억이 있고 그리움이 있었다.

　북쪽으로 셋이 나란한 산이 눈에 들어왔다. 구비키頸城 삼산이라 부르는 것으로, 한 가운데가 히우치야마火打山, 오른쪽이 묘코산, 왼쪽이 야케야마魔山다. 묘코와 야케는 가지런한 모양을 하고 있건만, 그 사이에 있는 히우치는 긴 능선을 드리운 비뚤어진 삼각형이다. 아무튼 사람들은 정돈된 모양에는 주목하지만, 그렇지 않은 것에는 무관심하기 마련이다. 묘코며 야케는 이목을 끌기 쉬운 데도 히우치는 의외로 놓치고 있다.

　하지만 잘 보면 히우치는 훌륭한 산이다. 그 유양한 모습에 홀딱 반해버렸던 눈을 옆으로 옮기면, 묘코며 야케의 말쑥한 가지런함이 도리

덴구노니와天狗の庭의 지당과 히우치야마

어 히우치만 못해 보인다. 셋 중에는 히우치가 가장 높다. 뿐만 아니라 위도상으로 북쪽으로 히우치보다 높은 산은 없다. 표고 2462미터. 이는 시로우마 이북의 고렌게산小蓮華山·하치가타케鉢ヶ岳·유키쿠라다케雪倉岳 등 북 알프스¹ 능선 위의 산을 제외하면 에치고에서는 가장 높다.

  3월 하순에는 아직 모든 산이 눈을 입고 있는데, 유난히 히우치가 희었다. 아무리 눈이 내려쌓였어도 산을 모조리 뒤덮고 있을 수는 없다.

어딘가에 눈을 붙이지 않는 낭떠러지나 암벽이 있다. 그런데도 히우치만은 완벽하게 희었다. 이렇게 한 점 검은 것도 없이 순백이 되는 산은 내가 아는 한 가가의 하쿠산과 히우치 이외에는 없다.

에치고 출신인 다카토 쇼쿠의 노작『일본산악지』에 히우치야마가 실려 있지 않은 것을, 나는 이상하다고 또한 유감이라고도 여기고 있다. 그토록 여러 책이며 고지도를 뒤졌던 다카토 씨가 어째서 히우치야마를 간과했던 것일까. 묘코는 다구치田口와 세키야마 주변에서 현저하게 보이는 산이어서, 고래로 그 이름이 알려져 있다. 야케야마도 이토이가와糸魚川 언저리에서 보면 눈에 띄는 찐빵饅頭(만주) 모양을 하고 있는 덕분인지, 도쿠가와 시대의 유명한 나가쿠보 세키스이²의『신각 일본 여지노정전도新刻日本輿地路程全圖』에도 기입되어 있다. 히우치만 보이지 않는다.

『에치고 토산越後土産』³ 2편(겐지元治 원년 간행) 중에 에치고 산의 순위표番附⁴가 실려 있는데, 그에 따르면 히우치야마는 마에가시라 산마이메前頭三枚目⁵로 되어 있다. 이렇게까지 히우치가 불우했던 것은 평야에서 쉽게 보이지 않는 산이었기 때문일 것이다. 등산이 활발해지고 나서야 겨우 그 진가를 알아보기 시작했던 것이다.

구비키 삼산은 본디 2400미터 이상의 산이 세 개의 머리를 견주고 있는 점에서 만만치 않은 존재다. 나는 여러 곳의 산에서 이 삼산을 몇 번이나 보았다. 바로 저것이라고 식별할 수 있는 두드러진 산세를 지니고 있다. 2400미터라는 것은 일본 알프스, 야쓰가타케, 하쿠산을 따로 놓고 보면 일본에서는 고봉에 속한다. 그 산들을 바라볼 때마다, 나는 북방에 야무진 삼산이 당黨⁶을 이루어 하나의 세력을 과시하고 있는 것 같은 인상을 받는다. 그리고 그중에서 동량棟梁은 물론 히우치야마다.

히우치의 진가는 그 산에 가까이 다가갈수록 발휘된다. 보통 사사가미네笹ヶ峰 목장에서 오르지만, 올라가는 길이 단조롭지 않고 수풀, 높게 더기, 지소가 있어 변화가 풍부하다. 특히 반가운 것은 눈이 많은 점이다. 눈은 산을 위엄 있고 아름다워 보이게 한다. 내가 들렀던 것은 유월 하순

구비키 삼산의 동량 히우치야마

히우치야마에서 바라본 야케야마의 돔

이었지만, 아직 산의 대부분은 눈에 덮여 있었다.

사사가미네에서 전망이 좋은 후지미다이라富士見平까지 오르면 비로소 이 산의 크기를 알게 된다. 이 얼마나 드넓은 산허리더냐. 그 위로 히우치의 꼭대기가 산뜻하고 정결하게 서 있다. 그 중턱에 넉넉한 평지를 지닌 고야이케高谷池가 있다. 못 부근의 풍경은 참으로 멋지다. 여름이 오면 고산식물이 깔린다.

고야이케에서 능선에 붙어서 정상까지 산줄기를 타고 가는 길은 눈잣나무의 두꺼운 뿌리가 얽혀 있고, 길섶에는 지시마벚나무千島櫻의 꽃이 한창이었다. 눈잣나무 지대를 나와서 뇌조雷鳥가 노닐고 있는[7] 마지막 바위 너덜을 오르자 거기가 정상이었다. 평평한 땅 주변으로는 두메민들레深山蒲公英가 피어 있고, 구석에 돌로 만든 부동명왕이 놓여 있었다.

바로 눈앞으로 야케야마의 돔dome이 서 있다. 그것에 이어진 가나야마金山와 덴구하라야마天狗原山의 평평한 산릉. 야케와 가나야마 사이에는 내가 사랑하는 아마카자리야마가 다소곳한 자태를 보여주고 있었다. 그리고 그 위로는 아득히 북 알프스. 나는 그 북 알프스에서 이 히우치를 얼마나 바라보았던가.

남쪽으로 눈을 돌리니 다카즈마, 오토즈마가 바로 눈에 띄었는데, 내가 좋아하는 산이어서이다. 동쪽은 헤아려 보자니 끝이 없었다. 그중에서 특히 나에바산과 이와스게야마岩菅山가 도드라졌다. 그리고 이웃의 묘코산은 외륜산外輪山 위로 왕관 같은 머리를 들고 있었다.

나는 전쟁 전에 묘코와 야케야마에는 올랐다. 산푸쿠쓰이三幅對[8]에서 하나 남은 히우치의 정상에 서는 데 20년을 보냈다. 그런 만큼 이 등정이 한층 뿌듯했다.

주

1 히다飛驒 산맥의 별칭. 이 명칭은 윌리엄 고랜드가 최초로 붙인 이름이다. 이어서 기소木曾 산맥은 중앙 알프스, 아카이시赤石 산맥은 남 알프스라는 식으로 명명되었다. 이런 식으로 일본 알프스라는 명칭은 1890년대 말부터 통칭이 되었지만, 당시 전통적인 등산을 하고 있던 일본의 문사들은 이런 오리엔탈리즘에 거부감을 느껴 오마치 게이게쓰는 일본고령日本高嶺이라는 이름을 만들었고, 다나베 주지는『일본 알프스와 지치부 순례』의 저자 서문에서 "나는 일본 알프스라는 명칭이 시원치 않다. 지금까지 일본 알프스라는 명칭에 의해 총괄되고 있는 산맥을 개괄적으로 나타내야 할 마땅한 명칭이 없고, 또 지금 갑자기 적당한 명칭을 새로 만들 수도 없어서 여전히 이것에 따랐다는 것을 여기서 말해 둔다"라고 못마땅한 심정을 드러낸다.

2 나가쿠보 세키스이長久保赤水(1717~1801): 유학자이자 에도 시대 중기의 지도제작자.『신각 일본 여지노정전도(1779)』는 경도와 위도가 기입되어 있다.

3 1864년에 간행된 기노 오키유키紀興之가 쓴 책. 에치고의 간단한 지지 정보와 함께 자연·특산물·볼거리·음식 등에 대해 반즈케를 중심으로 엮은 일종의 여행 안내서.

4 반즈케番附: 스모相撲에서 씨름꾼의 순위를 기록한 표. 반즈케는 가부키, 음식점, 상점 등의 순위표로도 쓰였다. 이 책에 나오는 '산의 반즈케'에서 나에바산과 이이데산 두 곳을 요코즈나橫綱 다음 서열의 씨름꾼인 오제키大關로 꼽고 있다.

5 마에가시라(젠토)前頭는 스모에서 씨름꾼 계급의 하나로, 요코즈나를 정점으로 하고 다섯 번째 역량을 가진 씨름꾼 그룹을 말한다. 마에가시라 산마이메는 마에가시라 중에서 다시 세 번째 그룹이다. 가부키의 반즈케에서 산마이메는 익살을 담당하는 배우를 뜻했고, 이후 연극과 영화에서도 같은 의미였으나, 우리말 속어로는 급이 낮은 배우나 막치를 뜻하게 되었다.

6 당은 일본 중세의 지방 호족 집단을 말하며 그 적통이나 우두머리를 동량이라고 불렀다.

7 라이초다이라ライチョウ平를 가리킨다. 뇌조는 들꿩과의 일종으로, 일본의 중부 고산지대에 사는 특별천연기념물이다. 고래로 슈겐도에서는 산신의 사자로 여겨서 뇌조가 사는 곳을 영산으로 삼았다. 히우치야마 등산로 입구에서 뇌조 보호 협력기금 500엔을 내는 사람에게는 나무로 만든 기념 표찰을 준다.

8 세 폭이 한 벌로 된 족자, 또는 세 개가 한 조로 된 것. 산부쿠쓰이로도 읽는다.

035

다카즈마야마
高妻山

표고 **2353미터**
소재 **니가타현**新潟縣
　　　나가노현長野縣

　　　다카즈마야마高妻山는 도가쿠시戶隱 연산의 최고봉이다. 도가쿠시야마戶隱山는 다지카라오노 미코토手力雄命[1]가 아마노이와토天岩戶[2]를 열고 그 문을 하늘에 던지니, 그것이 아시하라노나카쓰쿠니葦原中國[3]로 떨어져 산이 되었다는, 그런 오래된 전설을 지니고 있다. 도가쿠시 오쿠샤奧社는 다지카라오노 미코토, 주샤中社는 오모이카네노 미코토思兼命[4], 히노미코샤日之御子社[5]는 아메노우즈메노 미코토天鈿女命[6]를 모신다. 모두 이와토岩戶를 여는 데 참석했던 신들이다.[7]

　　　도가쿠시는 헤이안 조朝(794~12세기 말) 초엽부터 신불혼효神佛混淆되었다.[8] 최고 전성기는 헤이안 조 말기부터 가마쿠라 시대(12세기 말~1333) 중엽까지였다고 한다. 오쿠노인奧院·주인中院·호코인寶光院이라는 세 개의 군락群落[9]으로 나뉘어 각각 무수한 신사와 절이 지어져, 그 번영이 고야高野며 히에이比叡[10]에 못지않았다고 한다. 그 후 전화戰火로 대부분이 폐허가 되었다지만, 오늘날에도 주사까지 가서 두꺼운 띠茅로 이은 지붕萱葺き(가야부키)이 드높이 줄지어 있는 것을 보면, 옛 시절이 떠오르는 듯하다.[11]

가가미이케鏡池에서 바라본 도가쿠시 연산

    그곳의 집은 모두 신관의 살림집이어서, 옛날에는 야마부시山伏며 슈겐자修験者를 묵게 했을 테지만, 지금은 내부를 개조해 료칸풍으로 만들어져 있다.[12] 그리고 여름은 피서객이며 학생단체, 등산객과 하이커로 가득 차는 성황을 이룬다. 예전에는 가루이자와輕井澤며 노지리 호수의 화려함을 좋아하지 않는 소수의 지식인이 조용하게 여름을 보내는 곳이었는데, 이제는 여느 관광지처럼 붐빈다.

    어째서 옛날에 이런 도린곁이 번영했을까. 해발 1000미터의 커다란 고원이 이런 산중에 펼쳐져 있는 것도 드물지만, 여기에 큰 절이 처마를 잇대고 있는 것은 아마 도가쿠시야마가 있어서일 것이다. 슈겐자는 대

체로 바위가 험한 산을 고른다. 오미네산, 이시즈치산, 핫카이산, 료카미산 등 모두 그러하다. 병풍처럼 기다란 암벽을 이은 도가쿠시야마가 눈에 띄지 않았을 리가 없다.

오쿠샤의 안쪽에서 올라 아리노토와타리蟻ノ戸渡り[13]라든가 쓰루기노하와타리劍の刃渡り[14]라는 암장을 지나, 핫포니라미八方睨[15](1911미터)에 닿는다. 여기를 보통 도가쿠시야마의 정상으로 여기고 있다.[16] 거기서부터 다시 암벽의 위쪽 가장자리의 산줄기를 하나하나 오르내리면서 이치후도一不動[17]라는 기렛토切戸[18]까지 나와서 도가쿠시 목장으로 내려온다. 이것이 도가쿠시의 오모테야마表山로, 등산자가 많은 길이다.

이 봉우리 길에는 옛날에 오모테야마 33굴窟[19]이라고 해서 곳곳의 바위에 불상이 모셔져 있었다고 한다. 발밑부터 기슭의 숲까지 단번에 깎아내린 것 같은 암벽이며 그 숲에서 이즈나飯繩 고원까지 펼쳐진 농담濃淡이 뒤섞인 아름다운 들 등이 있어서, 이 산줄기의 길을 더듬어 가면서 즐거운 경치를 볼 수 있지만, 혹시 정말로 산을 좋아하는 사람이라면 그 눈을 바로 반대쪽으로 돌리는 것을 잊지 않을 것이다.

그쪽으로 바로 가까이에 다카즈마야마가 우뚝 서 있기 때문이다. 우뚝이라고 형용하는 것이 그대로 들어맞는 고상한 피너클pinnacle[20]이다. 거의 그 토대부터 절정까지 전체 모습을 바라다볼 수 있다.

일제히 서 있는 도가쿠시 오모테야마戸隱表山의 끝에 한층 더 높이 산머리를 들고 있는 다카즈마야마, 그 곁에서 시중들듯이 다소곳하게 따르고 있는 오토즈마야마乙妻山.[21] 시로우마 연봉, 시가 고원, 구비키의 산에서 언제나 멀리서 바라봤지만 지루하지 않은 산이었다. 그다지 이름이 잘 알려지지 않은 것은 평야에서 바로 보이는 산이 아니라, 아주 곁으로 다가가거나 멀리 떨어지지 않으면 쉽게 그 모습을 내보이지 않기 때문이다. 일찍부터 내가 좋아했던 산이다.

다카즈마는 2353미터, 오토즈마는 2315미터. 도가쿠시·이이즈나·구로히메黑姬 연산에서 최고봉일 뿐만 아니라, 산의 품격으로 말해도

등산 들머리인 오쿠샤로 가는 삼나무 길

아리노토와타리를 건너는 등산자

도가쿠시야마에서 바라본 다카즈마야마

가장 훌륭한데도 오르는 사람이 드물다. 옛날에는 이 다카즈마와 오토즈마도 도가쿠시의 우라야마裏山로 칭하고 슈겐자가 등배登拜[22]했다. 일 부동一不動을 우라야마 순례의 출발점으로 해서, 이 석가二釋迦, 삼 문수三文殊, 사 보현四普賢을 거쳐 오 지장악五地藏岳(1995미터)[23]에 닿았다.

벌써 20여 년 전, 나는 혼자서 다카즈마와 오토즈마에 오를 마음으로 오 지장까지 가서, 당시에 거기에 있었던 무너진 오두막에서 묵었다. 하지만 다음 날 아침은 짙은 안개 때문에 한 치 앞도 보이지 않았다. 안개가 걷히기를 기다렸지만, 그런 보람도 없이 결국 단념하고 돌아섰던 적이 있다. 오 지장五地藏 앞으로는 육 미륵六彌勒, 칠 약사七藥師, 팔 관음八觀音, 구 세지九勢至를 지나, 다카즈마야마의 정상에는 아미타여래阿彌陀如來²⁴가 모셔져 있다고 한다. 거기에서 다시 십일 아축十一阿閦, 십이 대일十二大日을 지나면 오토즈마야마이고, 그 정상에는 허공장보살虛空藏菩薩²⁵이 있었다고 한다.²⁶

　　　　다카즈마야마에 오르지 못하고 그때부터 오랜 세월 언제나 마음속에 계획은 품고 있었으면서도 기회가 없었다. 마침내 그 숙원을 이룰 수 있었다. 아침 네 시에 주샤의 숙소를 나와서 도가쿠시 목장²⁷까지 싱그러운 새벽을 걸어간 다음, 이치 후도에 올랐다. 그 앞으로는 산줄기를 타고 가게 된다. 간혹 길가에 돌로 만든 호코라祠가 눈에 띄었던 것은 옛날 영장靈場 순례의 흔적일 것이다. 오 지장부터 고부瘤²⁸ 두 개를 넘고 나서 다카즈마야마로 가는 긴 오르막은, 가파르고 험해서 정말로 힘들었다. 겨우 정상에 닿아 더할 나위 없이 기뻤지만, 이미 오토즈마까지 발을 내밀 기운이 없었다.

주

1　괴력의 신. 오쿠샤에서는 아메노타지카라오노 미코토天手力雄命로 적는다.
2　일본 신화에서 천상에 있다는 동굴의 문. 스사노오가 하늘나라인 다카마가하라에서 난동을 피우자, 견디지 못한 아마테라스가 동굴에 숨어 버린다. 천상을 다스리던 태양신이 사라지자, 지상은 암흑세계가 되고 수많은 재앙으로 가득 찬다. 그러자 당황한 야오요로즈노카미八百萬神들이 의논 끝에 굿판을 벌이기로 한다.
3　천상인 다카마가하라와 저승인 고센노쿠니黃泉國 사이에 있다고 여기는 세계. 일본 땅으로 해석한다.
4　주샤에서는 아메노야고코로오모이카네노 미코토天八意思兼命로 표기한다. 사려를 아우른 신이라는 뜻이다. 동굴에 틀어박힌 아마테라스를 밖으로 끌어내기 위해 대책을 마련했다고 한다.
5　도가쿠시에서는 히노미코샤火之御子社로 표기한다.
6　무녀巫女 역의 신. 신들의 잔치 때 아마테라스를 동굴 바깥으로 나오게 하려고 나체로 외설스러운 춤을 추었다. 이에 모인 신들이 한꺼번에 웃어대자, 이를 이상하

게 여긴 아마테라스가 동굴 문을 살짝 열었을 때 다지카라오가 재빨리 아마테라스를 낚아채어 밖으로 끌어내고 문을 떼어서 던져버렸다.

7 이를 아마노이와토의 신들의 잔치天岩戸の神遊び로 부른다. 이때 춘 아메노우즈메의 춤을, 신에게 바치는 가무인 가구라神樂의 기원으로 본다.

8 신불혼효는 신불습합神佛習合과 동의어로 서로 다른 교리를 절충·조화시키는 것을 가리키는데, 도가쿠시에서는 문자 그대로 혼효되어 있다. 예를 들면 도가쿠시에서 가장 오래된 건물이라는 즈이신몬隨神門은 사찰에서 금강문(인왕문)과 같은 역할을 하는 문이며, 금강문 좌우의 아훔阿吽을 본떠 고사기에 등장하는 구시이와마토노카미櫛石窓神와 도요이와마토노카미豊石窓神를 두었다. 즈이신몬을 지나 본사本社로 부르는 오쿠샤奧社로 깊숙이 올라가면 오쿠샤와 구즈류샤九頭龍社가 나란히 있는데, 구즈류샤의 제신祭神 구즈류노오카미九頭龍大神는 오쿠샤에서 다지카라오를 제신으로 삼기 이전부터 모셨다는 매우 깊은 역사를 가진 것으로 알려져 있으며, 도가쿠시의 개산조로 알려진 가쿠몬 교자學問行者가 지주신地主神인 구즈류와 마주치고 이 곳에 절을 세우게 되었다는 불교계 신앙설을 상징한다. 또한 도가쿠시 능선 위에는 신도계의 도가쿠시야마와 불교계의 구즈류산九頭龍山이 있으며, 각 지점의 이름을 불교에서 가져왔다.

9 군락은 일정한 지역에 모여 있는 마을을 뜻하며, 현재 이곳은 전통적 건조물군 보호지구傳統的建造物群保存地區, 약칭 전건傳建으로 지정되어 있다. 현재는 오쿠노인·주인·호코인이라는 구분 대신 오쿠샤·구즈류샤·주샤·호코샤·히노미코샤 등 다섯 신사五社로 도가쿠시 신사戸隱神社 전체를 지칭하는 것으로 보인다.

10 804년에 사이초最澄는 구카이空海와 함께 견당사遣唐使의 일원으로 당나라에 유학했다. 두 사람은 처음에는 협력하는 듯 보였으나 끝내 견해차가 좁혀지지 않았고, 사이초는 교토 북부 히에이산比叡山의 천태종天台宗, 구카이는 교토 남부 고야산高野山의 진언종眞言宗으로 완전히 각자의 갈 길을 갔다. 이는 역사적으로 천태종과 진언종이 극심하게 대립하게 된 계기를 낳았고 도가쿠시에서도 마찬가지로 영산靈山의 넋을 두고 세력다툼을 벌였다.

11 가야부키는 샤리다케 편의 신메이즈쿠리의 지붕 양식으로 고대의 건축양식을 반영한다. 현재는 유지 관리가 어렵고 비용이 많이 드는 탓인지, 슈쿠보 간바라宿坊神原 등 몇몇 건물을 제외하고 모두 현대식 지붕으로 개량되어 있다.

12 현재 료칸으로 영업하는 곳은 37곳 정도다.

13 현지 표지판과 지도 등에는 '개미탑 넘기'라는 뜻의 아리노토와타리蟻ノ塔渡り로 적고 있다. 폭 1미터 미만, 길이 20미터 정도의 좁은 능선이다.

14 아리노토와타리에서 바로 이어지는 곳이다. '칼날 넘기'라는 말처럼 구간 길이 약 5미터 정도의 매우 좁은 능선이다.

15 원래 어느 쪽에서 보나 보는 사람을 노려보는 것처럼 보이는 그림을 말한다. 그림으로는 가쓰시카 호쿠사이가 나가노의 간쇼인岩松院에 천정화로 그린 만년의 노작인 핫포니라미 봉황도鳳凰圖가 유명하다.

16 핫포니라미는 현재 실측표고가 1900미터이고 오쿠샤에서 올라와 만나는 능선

	과의 접속점이다. 능선에서 북쪽으로 조금 더 가서 1904미터의 도가쿠시야마가 있다.
17	이치 후도의 안부로부터 오모테야마와 우라야마로 나뉜다. 즉 도가쿠시 목장으로 내려가면 오모테야마, 계속 올라가면 우라야마가 된다.
18	산릉이 V자 형태로 깊이 잘려 낮아진 곳. 대개 암릉을 오르내리는 구간이라 험하다. 나가노 지방의 사투리로 그쪽 산에서 쓰는 말이며, 도야마 쪽에서는 마도窓라고 부른다. 대표적인 것들로는 북 알프스 기타호타카데의 다이키렛토大キレット, 쓰루기다케의 오마도大窓 등이 있다.
19	도가쿠시 오모테야마 33굴戸隱表山三十三窟이라고 부르는 곳으로, 오쿠샤를 제1굴로 하는 소규모 석굴이 길가며 산허리 등 곳곳에 흩어져 있다. 석굴마다 번호가 매겨져 있고 고유한 이름으로 부르고 있다.
20	첨탑尖塔처럼 뾰족한 바위나 봉우리, 또는 그것의 연속.
21	오토쓰마야마로도 읽는다. 다카즈마야마 또한 다카쓰마야마로도 읽는다.
22	산을 올라 참배하는 것.
23	지도상 표기는 고지조야마五地藏山.
24	여기가 십 아미타十阿彌陀다.
25	십삼 허공장이라고 부르는 곳. 13불이나 33같은 숫자는 무로마치 시대부터 민간에 퍼진 것으로, 사자의 추선공양追善供養으로 초칠일부터 33주기까지 불사를 베풀 때 본존으로 삼는 13불에서 왔다. 예를 들어 죽은 지 초칠일이면 일 부동명왕이, 33주기周忌가 되면 십삼 허공장보살이 본존이 되는 식이다.
26	다카즈마야마로 가는 지점마다 일 부동一不動부터 십삼 허공장十三虛空藏까지 열세 곳의 불보살을 모신 자그마한 석조 호코라가 있어서 이것을 우라야마 13불이라고 부른다.
27	이곳에 나가노현에서 가장 평이 좋은 캠핑장이 두 곳 있다. 도가쿠시 목장에서 1961년부터 운영하기 시작한 도가쿠시 캠프장과 그 입구 쪽에 있는 도가쿠시 이스턴 캠프장이다.
28	혹瘤처럼 봉우리라고 부르기는 애매한 것, 또는 암릉 위의 뾰족한 돌기.

036 난타이산
男體山

표고 **2486미터**
소재 **도치기현** 栃木縣

일본의 명산은 비범한 스님에 의해 열린 것이 많지만, 대개는 전설처럼 보인다. 그중 기록으로 가장 실증성이 있는 것이 닛코日光의 난타이산男體山이다. 그 산의 초등은 지금으로부터 약 1200년 전인 덴오天應 2년(782) 3월, 쇼도[1] 쇼닌上人에 의해 이루어졌다. 이 등산은 『성령집性靈集』[2]이라는 고서에 나와 있다. 저자는 구카이 스님이다.

쇼도 쇼닌의 첫 번째 등산은 진고케이운神護景雲 원년(767) 4월 상순에 시도되었다. 그는 다이야가와大谷川 북쪽 강가의 초암草庵을 출발해 난타이산으로 향했지만, 산에 접어드니 눈이 깊고 바위가 험한 데다 폭풍을 만나 오를 수가 없었다. 어쩔 수 없이 단념하고 앞서 발견한 주젠지 호수中禪寺湖의 물가로 돌아와서, 그곳에 머물며 수도하기를 세이레 뒤에 초암으로 되돌아갔다.

그로부터 14년 후인 덴오 원년(781) 4월 상순, 그는 다시 난타이산을 노렸지만 이때도 날씨가 허락하지 않아 실패로 끝났다. 하지만 정상을 향한 마음을 누를 길 없어서 이듬해 3월 세 번째 시도를 했다.

주젠지 호수와 난타이산

　　그는 "이번에야말로"라고 굳은 결심을 했을 것이다. 주젠지 호숫가에 이르러 독경예불讀經禮佛하기를 이레째, 오로지 신불의 가호를 빌며 산으로 오르는 발걸음을 내디뎠다. 때는 쇼도의 나이 48세, "내가 만약 산정에 이르지 못한다면 다시는 보리菩提에 이르지 못 하리라"라는 강한 발원發願이었다.

　　호반에서 산정까지는 약 1200미터의 높이로 거의 오르막뿐인 된 비탈이다. 쇼도는 몸소 길을 열어 가야 했다. 아직 잔설도 깊은 데다 수목이 우거져 있는 틈을 극터듬어 가는 고생은 어지간한 것이 아니었다. 몸은 지치고 힘이 다해서, 도중에 이틀 밤의 비바크Biwak[3]를 거듭하고 원기

를 가다듬고는 등행을 이어가 드디어 그 절정에 섰다. 그때의 모습이 구카이의 글에 이렇게 적혀 있다.

"마침내 그 꼭대기를 본다. 황황홀홀悦悦惚惚[4]해서 비몽사몽하고…… 한 번은 기쁨, 한 번은 슬픔, 온정신을 차리기 어렵다."

한 번은 기쁨, 한 번은 슬픔, 온정신을 차리기 어렵다. 이 마지막 말이 참으로 간결하고 적절하다. 몇 번이고 실패했던 숙원의 산정에 기어코 닿았을 때 환락이 극에 달해서, 애상이 거듭되는 감동이 일어나는 것은 대부분 등산가가 경험해보았을 것이다. "승리의 첫 기쁨 뒤에는 산이 굴복했다는 슬픔, 당당한 여신의 머리가 숙어졌다는 슬픔이 뒤따랐다"[5]라고 쓴 것은 히말라야의 난다 데비Nanda Devi를 초등했던 틸먼[6]이었다.

모든 호수는 그 옆에 우뚝 솟은 산의 모습에서 생기를 얻고 있지만, 주젠지 호수와 난타이산의 조화만큼 과부족이지 않으면서, 저편과 이편이 서로 돋보이는 수려하고 웅대한 경색을 만들고 있는 예도 드물다. 하늘이 만든 걸작이라고 할 수밖에 없다. 주젠지 호수가 난타이산의 오모테구치表口가 되는 것은 당연해서, 호숫가에 후타라산二荒山 신사가 모셔져 있다.

후타라산은 난타이산의 별칭인데, 그 '후타라フタラ'는 후타라쿠센補陀洛山[7]에서 온 것일까. 닛코는 원래 후타라쿠센補陀洛山으로 불렸다. 후타락은 범어梵語 Potalaka의 음역인데, 번역하면 광명산光明山, 해조산海鳥山[8], 소화수산小花樹山이라는 뜻이라고 한다. 또한 일설에는 후타라二荒는 '후타아라フタアラ'인데, 그것은 말레이어[9] 푸토가라プトガラ의 와전이어서, 푸토는 **희다**라는 뜻이고, 가라는 **사나워지다**라는 뜻으로, 다시 말해 '흰 연기로 사나워지다'라는 것이라고 한다. 조금 억지스럽기도 하지만 후타라산이 분화로 사나워진 산이고, 일본어를 남양계南洋系[10]의 말로 해석하려고 시도하는 사람도 있는 때에,[11] 일고의 가치는 있는 설이 아닐까.

난타이산이라는 이름은 어디에서 왔을까. 나는 이렇게 생각한다. 예로부터 일본에서는 두 봉우리가 나란한 산을 하나는 남신으로, 다른 하나는 여신으로 보는 관습이 있다. 히타치常陸[12]의 쓰쿠바산[13], 분고豊後[14]의

정상 부근에서 내려다본 주젠지 호수

정상에 박혀 있는 검. 명문은 후타라산오카미二荒山大新神 고신켄御神劍

쓰루미다케鶴見岳[15] 등이 그렇고, 여러 지방에 있는 후타카미산二上山도 후타카미산二神山이라는 뜻이다. 난타이산도 그와 마찬가지로 쌍봉은 아니지만, 인접한 산으로 이어져 있는 뇨호산女峰山의 상대로 붙은 이름일 것이다. 게다가 난타이와 뇨호 사이에는 오마나고大眞名子와 고마나고산小眞名子山(마나고眞名子는 마나고愛子[16]라는 뜻일까)이 있고, 조금 북쪽으로 벗어나서는 다로산太郎山[17]이 있는 것은, 아무리 생각해도 한 가족의 산이라는 기분이 들어 재미있다.[18]

이상 다섯 산의 정상에는 어느 곳이나 호코라祠가 있고, 이른바 **부슈교봉修行**[19]를 하는 행자들은 그 산들을 여기저기 두루 돌아다니기 마련이었다.

내가 난타이산에 올랐던 것은 쇼와 17년(1942) 8월 5일. 특별히 이 날을 고른 데에는 후타라산二荒山 신사의 오쿠미야奧宮[20] 등배제登拜祭가 한창일 때라서 사전社殿 옆 등산 들머리의 문이 개방되어 있고, 또한 이 공식 등산로가 쇼도 쇼닌이 잡았던 루트와 가장 가깝다고 생각해서다. 매우 가파르고 험해서 호반에서 정상까지 오로지 오르막뿐이다. 행정을 열 구간으로 구분했을 때 산고메三合目에서야 비로소 나무 사이로 주젠지 호수를 굽어볼 수 있었다. 정상은 가늘고 긴 낫 모양으로 뻗어 있고, 눈 아래로 수십 길 깊이로 폭렬화구가 움푹 패어 있었는데, 그것은 호숫가에서 바라보기만 해서는 상상도 못 할, 난타이산의 매우 난폭한 모습이었다.

주

1 쇼도勝道(735~817): 나라·헤이안 시대 전기의 승려. 쇼닌은 지덕을 갖춘 고승을 말한다.
2 구카이가 아니라 제자인 신제이眞濟가 편집한 완성연도가 불분명한 한시 문집이다.
3 (D) 등반 중에 텐트 없이 지형지물을 이용해 하룻밤을 지내는 것. 불어로 비부악 bivouac.
4 황홀恍惚의 옛 표현.

5   난다 데비는 기쁨의 여신이라는 뜻이다. 틸먼의 책과 저자의 번역을 대조해 우리말로 옮겼다. 원문 출처는 The Ascent of Nanda Devi (The Cambridge University Press, London, 1937), p.196.

6   헤럴드 틸먼Harold William Tilman(1898~1977): 흔히 빌 틸먼으로 불린다. 전쟁영웅으로도 유명하며 두 차례 에베레스트 원정에 참여했다. 가르왈 히말라야Garhwal Himalaya에 속한 난다 데비(7816미터)의 초등은 1936년에 영미 합동원정대의 틸먼과 노엘 오델Noel Odell(1890~1987)이 함께 했다.

7   후다라쿠센으로도 읽는다. 보타락산의 락은 대개 落이지만 낙산사洛山寺에서처럼 洛으로도 적는다. 인도의 남해안에 있다는 관세음보살의 거처라고 전하는 산, 또는 관세음보살이 나타났다는 영장을 말한다.

8   보타락가의 음역은 해도海島이므로 도島를 조鳥로 오기, 또는 오식한 것으로 보인다.

9   일본 신화와 고대사에서 규슈 남부에 살았던 하야토隼人 종족이 인도네시아계라는 설에서 말레이어로 보고 있다.

10 남양南洋: 남중국해와 동남아시아 연안의 지역을 총칭하는 말이다. 또한 태평양전쟁 전 일본의 관점에서는 적도 부근의 해양과 그 해상에 있는 섬들의 총칭으로 서태평양의 구 독일령 북마리아나 제도, 캐롤라인 제도와 마셜 제도 등을 부르던 말이었다.

11 일본어의 기원에 관한 언어학적 논점 중 하나다. 예를 들어 오구라 신페이小倉進平(1882~1944)는 조선어 방언 수집과 연구 등을 통해 조선어설을 뒷받침했다. 제설 중에서 기타사토 다케시北里闌(1870~1960)는 1931년 「일본어의 근본 연구日本語の根本的硏究」와 1942년 「일본 고대어와 남양 타갈로그어日本古代語と南洋タガロ語」라는 논문 등을 통해 오스트로네시아어족으로 보는 남양계설을 주장했다.

12 옛 지명으로 이바라키현의 동북부에 해당하는 지역. 별칭으로 조슈常州.

13 쌍봉산이며 봉우리가 각각 난타이산男體山, 뇨타이산女體山이다.

14 옛 지명으로 오이타현의 대부분을 차지하는 지역.

15 이 경우는 유후다케由布岳와 쓰루미다케鶴見岳로 인접한 산이며, 유후다케는 다시 동봉과 서봉으로 나뉘어 있다.

16 귀여운 아기, 또는 사랑하는 자식.

17 다로太郞는 맏아들을 말한다.

18 닛코후지日光富士로도 부르는 난타이산은 쇼도가 초등했을 때 정상에서 아버지 오나무치노 미코토大己貴命·어머니 다고리히메노 미코토田心姬命·아들 아지스키타카히코네노 미코토味耜高彦根命 삼신을 보았다는 전설에서 난타이산은 이 삼신 가족을 모신다. 다고리히메는 뇨호산, 아지스키타카히코네는 다로산에 모시고 있다.

19 오미네산 편의 부추峰中를 말한다. 부추슈교峰中修行, 뉴부入峰, 또는 미네이리峰入り라고 하는 야마부시의 산중 수행을 말한다. 바위 절벽을 맨손으로 타거나, 폭포수를 맞으며 불경 외우기, 한겨울 밤에 얼음을 깨고 물에 들어가기 등의 수행이 있다.

20 제신祭神이 같고 본전인 혼구(모토미야)本宮보다 안쪽에 있는 신사. 오쿠샤(오쿠야시로)奧社.

037 | 오쿠시라네산
奥白根山

표고 **2578미터**(오쿠시라네산奥白根山)
소재 **도치기현**栃木縣
　　　군마현群馬縣
지도 **닛코시라네산**日光白根山

　　이 산에 관해서 가장 상세하게 쓴 가장 오래된 책은 우에다 모신[1]의 『닛코 산지日光山志』 제4권(덴포天保 7년[1836] 간행)인데, 그 기사에는 외륜산外輪山의 한 봉우리를 마에시라네산前白根山, 그 서쪽의 본봉本峰을 오쿠시라네산奥白根山이라고 부르고 있다. 보통 닛코시라네산日光白根山이라고 부르고 있는 것은 구사쓰의 시라네산白根山과 구별하기 위해서다. 닛코 산군의 최고봉이면서 난타이산의 오쿠노인奥院으로도 일컬어진다.

　　오쿠닛코奥日光[2]로 놀러 가는 사람은 바로 앞에 있는 커다란 난타이산이며 다로산에 눈을 빼앗겨 오쿠시라네산에 주목하는 사람은 극히 드물다. 주젠지 호반에서 센조가하라戰場ヶ原[3]의 한쪽 끝에 서면, 들판을 사이에 두고서 왼쪽으로 잇달아 있는 앞산들 위로 오쿠시라네산의 뾰족한 끝이 겨우 보이지만, 나아갈수록 모습을 감추고 유모토湯元에서는 전혀 보이지 않는다. 그래서 닛코시라네산이라고는 하지만 누가 봐도 친근한 산은 아니다.

　　이 산을 잘 보려면, 난타이산이며 스카이산, 또는 호타카야마며 히우치다케 등 동서남북의 산에서 바라보아야 한다. 그제서야 실로 닛코 군산의 맹주에 어울리는 위엄과 중후함을 갖춘 산세를 눈에 담을 수 있다. 일찍이 히라가타케의 정상에서 바라보고서, 연산을 넘어 한층 더 높이 호연하게 솟아 있는 그 당당한 모습에 놀랐던 적이 있다. 조신에쓰上信越[4] 국경[5]에서는 가장 높은 봉우리다. 아사마보다도 높다.

기슭에서는 전체 모습을 파악하기에 곤란한 산이지만, 멀리 벗어나면 잘 보이는 장소가 있다. 그것은 우에노上野에서 다카사키高崎로 가는 기차[6]의 창 너머로 아카기가 보이기 시작할 때쯤 오른편에 가지런한 원추형의 난타이산, 그와 나란히 더욱 높고 볼륨 있는 시라네산을 바라볼 수 있다. 간토 평야가 황량한 겨울 풍경 일색으로 덮여 있는 때, 그 끝에서 순백의 눈을 빛낸다.

오쿠시라네는 가미쓰케上野와 시모쓰케下野[7]의 국경 위에 위치하고, 보통 시모쓰케의 닛코 쪽에서 오르는 사람이 대부분이지만, 이 산의 오모테구치表口는 가미쓰케 쪽일 것이다.『닛코 산지』에 따르면 조슈에서는 아라야마곤겐荒山權現을 모시고 우부스나가미産土神[8]로서 숭상하는데, 양잠이 활발한 땅이라서 매년 새 누에고치에서 뽑은 실을 집집마다 들고 등배登拜했다고 한다. 그 실을 금줄처럼 이어놓았기에, 멀리서 바라보면 천을 당겨 놓은 것처럼 보였다고 한다. 5만 분의 1 지도의 가미쓰케 쪽에서 올라가는 길에 도토리이遠鳥居, 후도손不動尊, 로쿠지조六地藏, 사이노카와라賽ノ磧, 지노이케지고쿠血ノ池地獄, 다이니치뇨라이大日如來 등으로 기재되어 있는 것을 보아도, 지난날 등산이 활발했던 것을 헤아릴 수 있다. 하지만 지금은 그런 자취 같은 것은 거의 없다.

나는 닛코 쪽에서 올랐다. 유모토에서 시라네자와白根澤의 된비탈을 기어올라 마에시라네산의 꼭대기에 도착하니, 눈앞으로 오쿠시라네산이 커다랗게 솟아 있다. 일본산악회의 대선배 다카노 다카조[9]의 오쿠시라네 등산기가 있는데, 메이지 시대의 기행문이 대체로 미사여구로 꾸며지고 있는 예에서 벗어나지 않아서, 그가 마에시라네에서 오쿠시라네를

고시키야마五色山에서 바라본 고시키누마와 오쿠시라네산

보았던 묘사도 다음과 같다. "바위너설 물가의 풍파에 시달리고 시달려, 옹이투성이 손의 늙은 사공이 어깨를 드러낸 채, 난바다로 가는 배를 바라보며 꼼짝도 하지 않고 박혀 있는 양, 올올하게 검붉은 반신을 쳐든다." 하기야 그런 식으로 생각해보면, 그렇게 보이지 않는 것도 아니다.

마에시라네에서 한 차례 내려가 화구원火口原 같은 평평한 풀밭에 닿았는데, 그 도중에 눈 아래로 고시키누마五色沼가 내려다보인다. 『닛코 산지』에 마의 호수魔ノ湖라고 이름이 붙어 있는 화구호로, 주위의 산으로 둘러싸인 깊은 호수일 뿐인데, 무언가 구슬프고 애달픈 느낌이 있는 점이

오카마오와레

마魔를 느끼게 하는 것 같다.

    화구원에서 오쿠시라네의 가파른 오르막이 시작된다. 수림 사이를 헐떡거리며 올라가니, 얼마 안 가서 서벅거리는 사력砂礫을 밟는 고산대가 되고, 마침내 큰 바위가 어지러이 흩어져 있는 정상에 선다.

    오쿠시라네의 정상은 이상한 모양이다. 그것은 벌집처럼 요철이 심해 어디를 최고점으로 삼아야 할지 판단이 어렵다. 작은 화구의 흔적이 군데군데 흩어져 있고, 그것을 둘러싸고 암석으로 된 작은 언덕이 복잡하게 뒤섞여 있다. 그 언덕 중 하나에 보잘것없는 작은 호코라祠가 있고 시라

네곤겐白根權現이 모셔져 있다. 조금 떨어진 작은 언덕 위에 삼각점이 있으니, 그곳을 최고점으로 보아도 좋을 것이다.

규모가 있는 화구를 꼽아 봤을 뿐인데도 다섯 손가락을 넘겼다. 이 산이 얼마나 격렬한 분화를 반복했는지를 말해주고 있다. 기록으로 남아 있는 최초의 분화는 간에이寬永 2년(1625)인데, 그 뒤로도 여러 번 폭발이 있었고, 메이지 시대에 이르러서도 여섯 번을 헤아린다. 마지막은 메이지 22년(1889)이었는데, 12월 4일 갑자기 멀리서 우레 같은 울림이 시작되어서, 산기슭의 사람들은 반다이산의 전철을 밟는 것이 아닌가 하고 두려워서 피난했지만, 특별한 피해는 없었다.

하산하는 길을 나는 조슈 쪽으로 잡았다. 정상에서 조슈 방면으로 엄청난 산사태가 나 있다. 그것을 오카마오와레御釜大割れ라고 부르고 있는데, 메이지 6년(1873)의 대폭발로 생긴 것이다. 아래에서 올려다본 이 거대한 산사태 흔적은 장관이었다. 양쪽은 깎아지른 절벽인데 나락奈落의 모습을 보인다. 시치미다이라七味平[10]라는 기분 좋은 작은 초원까지 내려가니 그곳은 어느새 수림대여서, 우듬지 사이로 올려다본 오쿠시라네산은 바위로 만든 맹장자를 늘어세운 것 같은 어마어마한 벽으로 되어 있었다.

주

1 　우에다 모신植田孟縉(1758~1844): 에도 시대 말기의 향사鄕土로 에도의 경찰 역할을 했던 조직인 하치오지 센닌도신八王子千人同心의 조장을 맡았다. 5권으로 구성된 『닛코 산지』는 공식적으로 덴포 8년(1837)에 간행된 것으로 나온다. 우에다의 다른 지리지로 『무사시 명승도회武藏名勝圖會』가 있다.

2 　도치기현의 서북부. 닛코 국립공원에 속하며, 특히 센조가하라를 중심으로 하는 고원지대를 가리키는 경우가 많다.

3 　난타이산을 둘러싼 분지상盆地床(basin floor)에 있는 습원. 난타이산의 산신인 이무기 오로치大蛇와 아카기산의 산신인 지네 오무카데大百足가 영역 싸움을 했다는 전설에서 유래했다고 한다. 아카기산이라는 이름은 싸움에서 상처를 입고 돌아온 오무카데의 피가 물들어서라는 전설에서 왔다.

4 고즈케上野·시나노信濃·에치고越後 지방. 군마·나가노·니가타 등 3현.
5 본문에서 몇 차례 언급하는 조신에쓰 국경은 군마·나가노·니가타의 경계에 있는 산역을 말한다. 대개 조신에쓰 고원으로 통한다.
6 도쿄의 우에노와 군마현의 다카사키를 잇는 다카사키센高崎線을 말한다. 다카사키까지의 개통은 1884년으로 일본 최초의 사철노선이다.
7 게노毛野: 가미쓰케는 가미쓰케노上毛野의 약칭이며 시모쓰케는 시모쓰케노下毛野의 약칭이다. 이를 함께 게노라고 부른다. 가미쓰케는 오늘날 군마현이며 가미쓰케의 발음이 변한 고즈케上野, 또는 조슈上州로도 부른다. 시모쓰케는 오늘날 도치기현이며 별칭으로 야슈野州라고 한다.
8 그 사람이 태어난 고장을 수호하는 토지신, 또는 그 수호신을 모신 신사. 아이즈코마가타케 편의 진주鎭守와 같다.
9 다카노 다카조高野鷹藏(1884~1964): 일본산악회 발기인 중 한 사람이며 일본산악회 명예회원. 조운업과 숙박업을 했고 당시 고액납세자 중 한 사람이었다. 또한 일본 최초로 등산장비를 수입했던 인물이었다. 1905년 일본산악회 창립 당시에는 박물학동지회의 산하로 명칭도 단지 '산악회'였으나, 그가 사무실을 내어주면서 1909년에 '일본산악회'로 명칭을 바꾸고 독자적인 활동을 하게 된다. 사진과 고산식물, 나비연구에도 관심이 많아서 저서로『엽류명칭류찬蝶類名稱類纂(1907)』이 있다. 1905년 입회 회원번호 3번이라, 1935년 입회 회원번호 1586번인 저자의 대선배다.
10 지도나 안내판에는 나나이로다이라七色平로 되어 있다. 지명의 유래에 관한 것으로 이곳의 안내판에는 이곳을 정토淨土의 일곱 가지 색 무지개 같은 장소로 여겼으리라고 추측하고 있다. 저자가 적은 시치미는 여러 재료를 섞은 조미료인 시치미토가라시七味唐辛子를 줄여 부르는 말이며, 알록달록한 색 때문에 나나이로토가라시七色唐辛子로도 부른다. 시치미로 부른 것은 저자의 착오일 수도 현지인의 말을 옮겼을 수도 있어 보인다.

038 스카이산
皇海山

표고 **2144미터**
소재 **도치기현**栃木縣
군마현群馬縣

　　　스카이산皇海山이라는 기묘한 독법을 가진 산을 처음으로 알았던 것은 아직 내가 학창 시절일 때로, 고구레 리타로의「도쿄에서 보이는 산」[1] 이라는 사생에서였다. 그 산은 아카기산과 난타이산 사이에 뒤섞여 있는 앞산들 안쪽으로 소잔등 같은 묵직한 산용을 언뜻 내비치고 있었다.

　　이 산이 더욱 나의 흥미를 끌었던 것은 그 등산기였다. 다이쇼 8년 (1919) 고구레 리타로와 후지시마 도시오 두 분이 등산로를 찾아가면서 고생 끝에 정상에 닿았던 기행문이다. 그 무렵은 아직 일본에서도 어디부터 오르면 되는지 모르는 채, 몸소 길을 찾아내거나, 헤매고, 덤불을 휘젓고, 들판에서 한둔을 해서 겨우 정상에 닿았다고 하는, 정말로 산 오르는 즐거움을 맛볼 수 있는 산이 있었던 것이다.

　　이제 그런 산은 거의 없어졌다. 하지만 끝내 열렸던 산 중에서도 스카이산 같은 곳은 아직도 찾아드는 사람이 드문 산으로 칠 수 있으리라. 고구레 씨의 등산기 맨 처음에 "스카이산이란 건 도대체 어디에 있는 산인가. 이름을 들어보는 것도 처음이라는 사람이 아마 많을 것이다. 그도

고신잔에서 바라본 스카이산

그럴 것이다. '이제 와서 이런 산은 일본 알프스라고 해도 없을 게야'라는 빙퉁그러진 패거리가 '2000미터를 넘는 재미있을 만한 산은 없을까' 하고 원숭이가 벼룩 잡듯이 두리번거리며 샅샅이 뒤지는 눈매로 지도를 훑고 나서 '여기에도 하나 있었네'라고 겨우 찾아낼 정도로 세상에 알려지지 않은 산인 것이다"라고 쓰고 있는데, 이 말은 40년 후인 오늘날에도 여전히 통용된다. 스카이산은 아직도 정적 속에 있다.

하지만, 나는 빙퉁그러진 마음가짐으로 이 산을 다루는 것이 아니다. 훌륭한 풍격을 지닌 산이기 때문이다. 도쿄에서 보는 견취도見取圖(미토리즈)[2]에서는 가로로 산등이 길었지만, 처음으로 가까운 곳에서 바라봤을 때, 그 가로가 줄어들어 선드러지게 산머리를 쳐들고 단박에 아래의 골짜기까지 떨어져 있는 모습은, 엉겹결에 모자를 벗고[3] 싶을 만큼 기품을 갖추고 있었다.

뿐만 아니라 고구레 씨의 고증에 따르면, 이 스카이산은 사쿠산ササヶ山이라는 이름으로 쇼호正保 시대(1644~1648)의 지도에도 기입되어 있고, 그 이후의 지지류地誌類에도 실려 있다고 한다. 사쿠산은 일명 고가이산笄山으로도 불렸다. 고가이笄[4] 모양을 하고 있기 때문일 것이다. 그 고가이를 고가이皇開로 군두목 하고, 그것이 고카이皇海가 되었다. 고皇는 스메スメ라고 읽으므로 고카이皇海를 스카이スカイ라고 읽게 되었을 것이라는 설이다.

사쿠산은 샤쿠산笏山으로부터 온 것은 아닐까, 이것은 나의 상상이다. 옛사람들은 산의 이름을 물건의 모양에 비겨서 붙이는 일이 많기도 하고, 고부가하라古峰ヶ原 언저리에서 바라보면, 쑥 솟아 있는 모습이 홀笏을 세워놓은 모습으로 보이기도 한다.

스카이산의 앞산인 고신잔庚申山은 바킨[5]의 『난소사토미 팔견전南総里見八犬傳』 중에도 나오고 있다. 간토에서는 유명한 신앙의 산이어서 도쿠가와 시대에는 번영했던 것 같은데, 그 오쿠노인奧院이 스카이산이었다고 한다. 지금도 산정의 동쪽에는 청동 검을 바치고 박아놓은 것이 있는데, 거기에는 '당산개조 목림유일當山開祖木林惟一'이라고 적혀 있고, 메이지 26년(1893) 7월 21일이라는 날짜를 읽을 수 있다. 기바야시 다다카즈木林惟一는 도쿄 고신코庚申講[6]의 선달先達[7]이었고, 고신잔에서 스카이산에 이르는 길을 열었다고 한다.

고신잔 참배가 활발했던 도쿠가와 시대는 오쿠노인인 스카이산으로 통하는 길이 있었겠지만, 메이지 12년(1879)에 편찬한 군촌지郡村誌에

노코기리다케

는 "고준高峻해서 높이가 불상不詳하다. 험해서 등로가 없다"라고 하니, 도쿠가와 시대가 끝나게 되자 길도 가뭇없이 사라졌고, 그것을 메이지 중기에 부흥시켰던 것 같다. 그리고 그 한 시기를 지나자 다시 길이 끊어져서, 다이쇼 시대의 고구레 씨 무렵에는 길을 알아볼 수 없게 되었다.

등산이 활발해진 오늘날, 길은 나 있지만 오르는 사람이 적은 증거로, 우리가 갔던 때가 5월 연휴의 맑게 갠 날이었는데도 등산자가 아무도 없었다. 이것은 이 산이 외지고 깊은 것에도 원인이 있었을 것이다. 먼저 고신잔에 오른 다음, 열 개 정도 작은 피크를 넘어 노코기리다케鋸岳에 닿았다.[8] 피크에 하나하나 이름이 붙어 있는 것은 신앙등산의 흔적이다. 노코기리에서 한 차례 깊이 안부로 내려간 곳부터 스카이산의 정상까지는 오로지 오르막이다.

정상은 나무로 둘러싸인 고요한 작은 평지이고 전망은 되지 않는다. 하지만 고신부터 스카이까지 이르는 도중에 날씨가 맑아져, 우리는 굉장한 산악 전망을 얻었다. 가까운 오쿠닛코, 조신에쓰의 산들은 물론, 북·남 알프스, 후지산까지 시야에 들어와서, 우리는 그 덕분에 여러 번 즐겁게 발걸음이 멈추는 대로 내맡겼다.

스카이산은 남으로 로쿠린반 고개六林班峠를 거쳐 게사마루야마袈裟丸山에 이어지고, 북으로 미쓰마타야마三俣山를 거쳐 슈쿠도보산宿堂坊山, 스즈가타케錫ヶ岳, 시라네산白根山으로 뻗어 있다. 이 긴 산릉도 길이 열려 있는 것은 일부라서, 나머지는 덤불과 전쟁을 해야 한다. 그만큼 아직 원시적인 자연미를 지닌 산역山域이어서, '숨겨진 산'을 찾는 사람들에게는 앞으로 흥미로운 무대가 될 것이다.

주

1 1913년과 1914년 무렵 고구레 리타로가 스케치해서 『산의 추억』의 부록으로 나온 파노라마 스케치. 구로베고로다케 편의 나카무라 세이타로가 최초로 그린 것을 바탕으로 하고 있다고 밝히고 있다.
2 스케치 맵. 일정한 위치에서 눈에 비친 대로의 실제 경치(지형·지물·건축 등)의 개요를 그린 그림.
3 예의를 갖추기 위해 하는 행동.
4 비녀를 뜻하는 계笄, 잠簪, 채釵는 원래 성별 구분이 없었다. 일본 남성들은 일종의 동 곳처럼 간모를 쓸 때 간모를 고정하거나, 머리가 가려운 곳을 긁거나 정리하기 위한 도구로 고가이笄를 썼다. 전국시대에 전쟁이 계속되면서 투구 속의 머리를 긁기 위해 칼을 장식하는 부속으로 바뀌어 화려한 것이 많다. 따라서 대개 고가이는 이 칼의 장식물을 말한다. 전국시대가 끝나고 16세기 후반에 들어와서 다시 여성들도 고가이를 쓰게 되었다. 여성들의 머리 장식을 위한 것을 가리키는 경우에는 보통 귀이개가 달리고 두 갈래로 갈라진 것을 간자시簪라고 하고 막대형으로 길쭉한 것을 고가이라고 부른다.
5 교쿠테이 바킨曲亭馬琴(1767~1848): 에도 시대 후기의 소설가. 『난소사토미 팔견전』이 1814년부터 1842년까지 쓴 98권 106책의 대작으로, 화려한 삽화가 수록된 요미혼讀本 형식의 소설이다. 난소는 지바현 남부를 차지했던 아와安房의 별칭이며, 사토미는 이곳의 사토미 가문里見氏을 말한다. 이 가문의 딸과 인연을 맺은, 성에 이누犬가 들어있는 핫켄시八犬士라는 젊은이들의 무용담을 다루고 있으며, 스카이산은 괴물 고양이를 퇴치하는 무대로 등장한다.

6　강講이란 불교의 강회講會에서 유래한 말이다. 후지코富士講, 미타케코御岳講처럼 종교등산에서 강중講中, 또는 강사講社는 계를 만들어 신불에게 참배하는 단체를 말한다. 고신코는 도교에서 유래한 신앙으로 밀교가 가미되었다. 몸 안에 산다는 삼시三尸라는 벌레가 천제天帝에게 죄를 고하러 가는 날이 경신일 밤이기에, 간지干支가 경신庚申이 되는 날 밤에 근신하며 밤새울 필요가 있다고 해서 밤새 술과 음식을 나눠 먹으며 환담했다. 이런 이유로 에도 시대 이래로 서민들의 사교 모임 성격의 조직이 되었다.

7　센다쓰先達: 불교에서 유래한 말로 먼저 깨달은 사람이라는 뜻이다. 종교등산에서는 강중의 리더, 또는 등배를 안내하는 역할로도 말한다. 등배를 안내하는 사람으로서의 센다쓰는 이외에도 도도東道, 오시御師, 주고中語 등으로 불렀다.

8　노코기리야마鋸山로도 부른다. 노코기리鋸 11봉이라고 부르며, 이름처럼 톱날 같은 연봉이다.

호타카야마
武尊山

039

- **표고** **2158미터**(오키호타카沖武尊)
- **소재** **군마현**群馬縣

　　武尊을 호타카ホタカ로 읽을 수 있는 사람은 산을 좋아하는 사람 외에는 그다지 없을 것이다. 산 이름은 야마토타케루노 미코토日本武尊에서 왔다고 한다. 마에호타카前武尊의 정상에는 높이 네 척 정도의 동상이 서 있는데, 그것은 야마토타케루를 표현한 것이다.

　　야마토타케루의 동방정벌과 산은 인연이 깊다. 우스이 고개碓日峠, 아즈마야산, 료카미산, 부코산武甲山, 미사카 고개神坂峠, 이부키야마에 모두 이 고대 무장의 전설이 남아 있다. 그리고 호타카야마武尊山[1]에 이르러서는 이름까지 같다. 그런데, 이곳에는 전설이 있을 뿐 근거가 될 만한 옛 기록이 없다.

　　호타카야마가 예로부터 종교의 산이었던 것은 최고봉의 꼭대기에 미타케산오카미御岳山大神라고 새긴 돌이 있거나, 겐가미네劍ヶ峰[2] 꼭대기에 후칸 레이진普寬靈神[3]이 모셔져 있는 것으로도 헤아릴 수 있다. 대체로 일본에서 먼 옛날부터 행자가 신앙으로 오르는 산은 공통적인 성격을 띠고 있다. 그것은 대개 우락부락한 바위가 있는 산이며, 그곳의 험한 곳을

동쪽 화이트월드 오제이와쿠라尾瀬岩鞍 스키장에서 바라본 모습

통과하는 일을 수행으로 삼는다. 간토의 료카미산이며 고신잔, 신슈의 도가쿠시야마, 간사이關西4의 오미네산 등이 모두 그러하다. 그리고 암장에는 어마어마한 사슬이며 철 사다리가 붙어 있는데, 그것들은 등반을 쉽게 하기 위해서라기보다, 참배자에게 몹시 두려운 마음을 불러일으키게 하려는 장치라는 느낌이 있다. 일부러 험악한 구간을 고르는 등 길을 내는 방법마저 비슷하다.

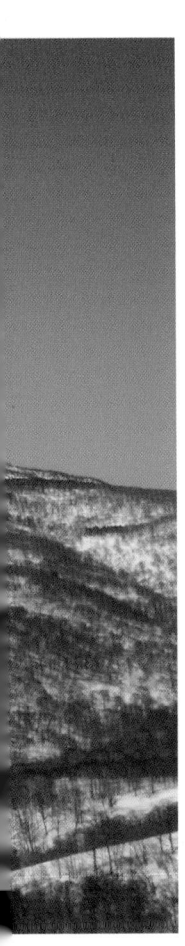

호타카야마 신앙등산의 공식적인 길은 하나사키구치花咲口부터였을 것이다. 마을 끝의 작은 호코라祠에는 예전에 호타카코武尊講의 오후다御札가 많이 걸려 있었다고 한다. 야시로社 옆 하나사키이시花咲石에는 "꽃이 핀 듯이 문양이 있는 고로 하나사키이시라고 한다"라고 적혀 있고, 이 돌에도 야마토타케루와 관련 있는 이야기가 남아 있다.

이 등산로 도중에 다이쇼 초기까지는 고모리도籠堂5와 석불이 2좌 있었는데, 그중 하나의 등背에 있는 '어산개벽 목식상인6 보관행자御山開闢木食上人普寛行者'라는 글자를 알아볼 수 있었다고 하니, 호타카야마는 후칸 교자普寛行者가 열었다고 보아도 좋을 것이다. 맑은 물이 흐르고 있는 미사와御澤는 등배登拜하는 흰옷차림의 신자가 목욕재계했던 곳이라고 전해진다.

하지만 그런 것들을 알게 된 것은 그 뒤의 일이고, 내가 맨 먼저 호타카야마에 심하게 끌렸던 것은, 그런 사람의 자취가 있는 산으로서가 아니라, 굉장히 훌륭한 자연으로서였다. 조에쓰 국경에서, 예를 들어 다니가와다케 위에서라도 좋다. 동쪽을 바라보면 장대한 장벽처럼 산이 보인다. 그것은 하나의 출중한 피라미드라든가 특이한 독립봉으로서 주목받는 것이 아니라, 그 크나큰 벽 전체로서 우리의 눈을 놀라게 하는 것이다.

그 벽은 오키호타카沖武尊, 가와고다케川籠岳, 이에노쿠시家ノ串, 겐가미네, 마에호타카 등의 산줄기에서 생겨났다. 그리고 그 산머리들은 모두 2000미터 이하가 없는 높이로 줄지어 있다.

나는 조슈의 산에 오를 때면 언제나 이 떡하니 가로막고 서 있는 장벽을 바라보는 것이 낙이었다. 언젠가는 이 산에 찾아들려고 마음먹고 있으면서도, 그 긴 산줄기를 걷는 것이 어지간히 힘들어 보여서 무심결에 뒷전으로 미뤄 두고 있었다.

긴 세월을 그리워했던 호타카야마로 마침내 등산의 소망을 이룬 것은 어느 해 6월이었다.

6월이라는 달은 날이 길고 산 위의 한기도 누그러지는 데다 여름

겐가미네

철 혼잡기까지는 아직 일러서, 등산에는 안성맞춤인 때이기는 하지만, 한 가지 곤란한 점은 장마라는 골칫거리다. 하지만 장마도 비만 내리는 것은 아니다. 이따금 나무말미가 있다. 그 **이따금**을 노리고 나는 아내를 데리고 나섰다.

중년을 넘긴 우리 부부는 무리한 등산을 탐탁해 하지 않는다. 하루만에 종주하는 것은 무리인 것 같아, 도중에 해가 저물어도 좋을 요량으로 간단히 야영을 준비해서 갔다. 조금이라도 편하려고 출발점은 표고가 높은 우에노하라上ノ原의 고쿠테쓰 야마노이에國鐵山の家[7]를 골랐다. 말하

자면 호타카야마의 안쪽에서 오르는 셈이다. 우리는 건각인 사람 두 배의 시간이 걸려, 먼저 최고봉인 오키호타카의 정상에 섰다. **오키**沖호타카는 아마 **오쿠**奧호타카가 바뀐 것일 테고, 오모테구치表口[8]에서 오르면 여기가 가장 안쪽의 봉우리가 된다. 그 정상에서 전망을 즐기고 나서 긴 산줄기를 타고 가기 시작했다.

가와고다케는 중턱의 얼룩조릿대 가운데를 우회하고, 바로 이어서 이에노쿠시의 꼭대기로 나왔다. 이에노쿠시의 '구시クシ'는 용마루棟를 뜻하는데, 조슈의 게사마루야마에도 같은 이름의 땅이 있다.[9] 산의 모양에서 이름이 붙여졌을 것이다. 거기부터 겐가미네를 넘기까지가 좁아진 암릉이라서 곳곳에 사슬이 달려 있다. 나로서는 이렇다 할 정도의 구간은 아니었지만, 등산 초보자인 아내의 간담을 서늘하게 만들기에는 충분했다.

마에호타카 위에서 하나사키花咲 길과 가와바川場 길이 두 갈래로 나뉘어 있다.[10] 우리는 가와바 길을 택했는데, 여기는 상당히 고약한 길이어서 내려가는 중에 예상대로 해가 저물었다. 어둠 속을 계류까지 내려간 곳에 사람 없는 오두막을 발견해서 하룻밤 지새우고, 이튿날 가와바 온천으로 나왔다. 출발점에서 종착점까지 한 사람의 등산객도 만나지 못한 조용한 산행이었다.

주

1 북 알프스의 호타카다케穂高岳와 발음이 같아서 구별하기 위해 주로 조슈호타카上州武尊로 부른다.

2 이 겐가미네는 마에호타카와 오키호타카 사이의 2083미터 봉우리다. 일본의 산에 겐가미네는 여러 곳에 있다. 분화구의 가장자리를 뜻하기도 하고, 봉우리의 이름으로 부르기도 한다. 대개 후지산 최고점의 이름으로 유명하다.

3 후칸普寬(1731~1801): 슈겐자. 가쿠메이覺明(1718~1786)와 더불어 미타케코御岳講의 개조다. 1792년 기소 온타케木曾御嶽를 오타키무라大瀧村에서 처음으로 등배

했다. 후칸 레이진普寬靈神, 또는 후칸 교자普寬行者로도 불린다.
4 간토 지방에 대해서 교토·오사카 지방의 개괄적인 총칭.
5 신불에 기원하기 위하여 신사나 절에 일정 기간 머무는 곳.
6 모쿠지키 쇼닌木食上人. 출가한 후 쌀과 채소를 먹지 않고 나무 열매와 산나물만을 먹으며 수행하는 승려의 통칭.
7 호다이기寶臺樹 스키 리조트 내에 있다. 고쿠테쓰 야마노이에는 한때 일본 전국 각지에서 일본 국유철도가 운영하던 숙박시설이다. 등산이나 스키 이용객을 위한 시설이라, 이름 그대로 산 근처에 있지만 평지에 있는 것도 있었다. 역 창구에서 예약이 가능한 시설도 있고 기차표 모양의 숙박권이 발행되었다. 지금은 몇 곳 남아 있지 않고 본문의 시설도 '롯지Lodge 우에노하라 야마노이에'로 이름을 바꿔 민간이 운영하고 있다.
8 하나사키를 말한다. 요즘은 대개 교통이 편리한 가와바 쪽에서 오른다.
9 이곳은 넓은 비탈땅에 이에노쿠시家ノ串라는 이름이 있다.
10 호타카야마의 지명은 하나사키 쪽과 가와바 쪽이 혼재하고 있다. 두 지역에서 부르는 지명이 달라서 주의가 필요하다고 하니 참고로 덧붙인다. 가와코다케川籠岳(하나사키)·나카노다케中ノ岳(가와바), 마에호타카前武尊(하나사키)·아사히다케朝日岳(가와바), 겐가미네劍ヶ峰(하나사키)·겐가타케劍ヶ岳(가와바), 이에노쿠시야마家ノ串山(하나사키)·고도리다케小鳥岳(가와바), 겐가미네야마劍ヶ峰山(가와바)·니시호타카西武尊(하나사키) 등이다.

040 아카기산
赤城山

표고 **1828미터(구로비야마**黑檜山**)**
소재 **군마현**群馬縣

 산에는 우리를 냉정하게 대하는 산과 따듯하게 포용해주는 산, 두 부류가 있다. 아카기산赤城山은 후자에 걸맞은 대표적인 산이다.
 아카기만큼 사람에게 친밀하게 다가온 산도 드물다. 그렇다고 해도 종교라든가 신앙 따위의 케케묵은 일본적인 산이 아니라, 고원과 호수와 목장의, 서양화 같은 풍경이 근대인의 기호에 부응해서일 것이다. 시가 나오야의 단편 「화톳불焚火」을 시작으로 아카기의 자연은 일찍부터 여러 문화인에게 회자되었다. 그중에는 일 년에 한 번은 찾지 않으면 성에 차지 않는다는 아카기 신도마저 있다. 돌아가신 선배인 세키구치 다이[2]도 그 열렬한 신도 중 한 분이라 아카기에 관해 자주 말씀하셨고, 『산호수필山湖隨筆』이라는 저서까지 있다. 아카기에 샬레chalet[3]를 짓고 사계절 그곳에 가는 것을 낙으로 삼았다.
 아카기는 등산이라기보다 소요라는 말이 어울리는 큼직한 운동장이고, 그 중심은 산 위의 화구호인 오노大沼다. 호수를 에워싼 구로비야마黑檜山, 지조다케地藏岳, 스즈가타케鈴ヶ岳 등 세 산이 세발솥鼎처럼 서 있다.

아카기산 서쪽으로 보이는 조신에쓰와 일본 알프스의 산의 장벽

구로비야마가 가장 높다고 해도, 호숫가에서 두 시간도 안 걸려 정상에 설 수 있다. 꼭대기는 풀이 우거져 있고 조망이 멋지다.

그 구로비며 지조다케에 오르든지, 그러기 싫은 사람은 호수의 물가를 산책하거나, 조금 발을 뻗어 고노小沼에 들러 가면서 온종일 노닐기에 부족함이 없다. 고노는 산에 둘러싸인 고요하고 조용한 늪인데 수면이 환하다. 너무나 환하고 너무나 조용해서, 오히려 왠지 모를 꺼림칙한 기분이 들었던 것이 기억난다. 예전에 이 늪 주변은 큰 나무가 울창해서 낮에도 어두컴컴했다고 한다. 미녀가 큰 뱀으로 둔갑해 늪 바닥에 살고 있다는 전설이 있었다.

우에노에서 다카사키까지의 차창 밖으로 우리를 가장 즐겁게 해 준 것은 아카기산이다. 쭉쭉 뻗은 스소노裾野를 드리운 능선이 멋진데, 아마 이만큼 산줄기가 활짝 퍼져 있는 곳은 다른 예를 찾기 힘들 것이다. 게다가 조금도 엉클어지거나 막히지 않고, 누긋하게 우미한 선으로 뻗어 있는 모습은 가슴이 탁 트이는 것 같다.

그 멋진 선을 올려다보면서 가면, 산을 잘 아는 사람이라면 나베와리야마鍋割山, 아라야마荒山, 지조다케, 조시치로산長七郎山, 고마가타케駒ヶ岳, 구로비야마까지 차례대로 높아지는 것을 분간할 수 있을 것이다.[4] 하지만 그 산들의 어수선함도 그것을 올려놓은 대좌臺座의 장중한 크기와 비교해보면, 조금도 그 우미한 펼쳐짐을 해칠 일이 없다.

그 넓은 스소노의 각 방면에서 등산로가 나 있다. 이렇게 오르는 길이 많은 산도 드물다. 그만큼 주변 산기슭의 주민에게 친밀하게 여겨져 왔을 것이다. 조슈의 바쿠도博徒[5] 두목이 이 산으로 도망쳐 숨어들었다고 해도 별로 미심쩍지 않다. 나는 앞서 이 산에는 신앙등산의 풍습은 없다고 했는데, 그것은 흰옷차림의 육근청정六根淸淨식 등산[6]이 없었다는 것이고, 산언저리의 신심 깊은 주민이 먼 옛날부터 이 산에 참배하는 관습은 있었다.

오노의 둔치에 아카기 신사가 있는데, 이 아카기 신에게 닌묘텐노仁明天皇 조와承和 6년(839) 6월에 종오위하從五位下를 내린 일이 있었을 정도이기에 그 역사는 오래되었다. 신사의 창립연월은 분명하지 않지만, 다이도大同 연중(806~810)이라는 설이 있다. 얼마나 존숭해왔는지는 간토 각지에 여러 분사分社가 있는 것으로도 헤아릴 수 있다.

하지만 지금은 그런 종교적 분위기는 거의 없고, 현대적인 반데룽Wanderung을 하는 산이 되어 있다. 봄가을 행락철뿐만 아니라 겨울철 스키장으로서도 많은 사람이 찾게 되었다. 아카기를 스키장으로 열었던 사람은 일찍이 오노 호숫가 다이도大洞의 이가야료칸猪谷旅館 주인이었던 이가야 구니오[7]다. 그는 아직 일본에 스키 점프가 드문 시절에 가장 먼저 지조다케의 동면에 몸소 샨체Schanze[8]를 설계했을 정도로 선각자였다. 스키계의 기린아 지하루[9] 군 등이 아직 이 세상에 모습도 드러내지 않았을 무렵이다.

이가야 씨는 스키장뿐만 아니라 아카기에 근대적 분위기를 가져온 진보적인 사람이라고도 말할 수 있으리라. 그 무렵 아카기에 모인 사람들은 대개 그를 만나는 것을 기대하고 있었다. 「화톳불」 속에 나오는 K가

다카마가하라高天原에서 바라본 오노와 아카기산

그분이다.

　나의 학창 시절에는 아카기로 가는 것이 여행을 좋아하는 학생 사이에서 일종의 관례였다. 다이쇼 시대 말기로, 아직 이가야료칸이 있었던 무렵이다. 지금은 미노와箕輪에서 간단히 들어갈 수 있게 되었지만, 당시는 보통 미즈누마水沼에서부터 도리이 고개鳥居峠를 넘어 오노 호숫가로 나왔다. 구로비야마에 오르거나 호숫가를 산책하기도 했고, 돌아오는 길은

시키시마敷島로 나왔던 적도 있었다. 니혼나라二本楢를 거쳐 가타시나가와 쪽으로 내려간 적도 있었다. 어느 길을 택한다 한들 지금처럼 산이 혼잡하지 않던 시대였기에, 거의 사람을 마주치지 않는 조용한 산이었다.

주

1. 시가 나오야志賀直哉(1883~1971): 가쿠슈인을 거쳐 도쿄제국대학 국문과를 중퇴했다. 다이쇼 시대부터 쇼와 시대를 대표하는 소설가 중 한 사람으로 소설의 신이라는 별명이 있다. 가쿠슈인 출신의 동인지 『시라카바白樺』를 창간하고 시라카바하白樺派라는 사조를 이끌었다. 「화톳불(1915)」은 이가야 구니오에게 야마고야를 지어달라고 부탁했던 체험을 바탕으로 썼으며, 함께 발표한 「아카기에서 어느 날 赤城にて或日(1915)」이 있다.
2. 세키구치 다이關口泰(1889~1956): 일본산악회 회원, 언론인, 교육자. 도쿄제국대학 법대를 졸업했다. 아사히신문 논설위원과 정치부장을 지냈으며, 문부성 국장을 거쳐 요코하마시립대학 초대 학장을 지냈다. 유럽의 산도 많이 올랐으나 우울증으로 자살했다.
3. (F) 농민이나 목동이 사는 건물, 또는 그것을 모방한 별장.
4. 아카기산은 이 산들의 총칭이며 구로비야마는 아카기산의 별칭이기도 하다.
5. 도박꾼이자 폭력단. 막부의 단속에 맞서 에도와 그 근교의 도박꾼들이 조슈 부근에 몰려들어 막부에 대항했다고 한다. 이들이 두목을 오야붕親分, 부하를 꼬붕子分이라고 부르는 등으로 조직의 위계를 정하는 방식이나, 중매인 나코우도仲人를 두고 엄숙한 의식을 행하는 방식이 지금의 야쿠자와 매우 닮아 있다.
6. 불교에서 육근은 목이비설신의目耳鼻舌身意를 이르는 것이고, 종교등산에서 영산을 오를 때 곤고즈金剛杖를 짚고 롯콘쇼조六根淸淨를 외치며 오르는 것을 말한다. 그로 인해 등산자의 마음이 맑아지고 그 공덕으로 무사히 등산을 할 수 있도록 기원하는 것을 말한다.
7. 이가야 구니오猪谷六合雄(1890~1986): 일본 근대 스키의 창시자라고 부르는 인물이다. 이가야료칸의 장남으로 태어나 1914년에 스키를 접했고, 홋카이도에 살 때인 1924년에는 사할린을 스키 종주했다.
8. (D) 스키 도약대.
9. 이가야 지하루猪谷千春(1931~): 이가야 구니오의 아들. 알파인 스키선수로 1956년 이탈리아 코르티나 담페초Cortina d'Ampezzo 동계 올림픽 은메달을 획득했고, 이 기록은 일본 최초의 동계 올림픽 메달 기록으로 일본에 열광적인 스키 붐을 일으켰다. IOC 부회장을 역임했으며 기업가로 활동하고 있다.

구사쓰시라네산
草津白根山

표고 **2171미터**(모토시라네산本白根山)
소재 **군마현**群馬縣

시라네라는 이름이 붙은 산은 남 알프스¹의 시라네 삼산(기타다케·아이노다케·노토리다케) 외에 닛코시라네日光白根와 구사쓰시라네草津白根가 있다. 시라네가 백봉白峰 혹은 백령白嶺으로부터 유래한 것은 말할 것도 없다.²

시가 고원에서 시부 고개澁峠를 넘어서 구사쓰³로 나오는 도중, 요시가다이라芳ヶ平 언저리에서 눈앞으로 이 산이 덩실하게 올려다보인다. 지금은 버스가 다녀 편리해졌지만, 예전에는 말잔등이며 가마를 타고 출렁거리며 갔다고 하는 만자萬座 온천, 거기에서도 이 산은 가깝다.

옛날에는 구사쓰며 만자로 갔어도 요즘처럼 1박 2박의 주말여행이 아니라 장기 체류였기에, 온천 치료가 따분해진 온천 손님들은 하루를 빼서 구사쓰시라네산草津白根山에 올랐던 것 같다. 덴포天保 9년(1838) 여름, 유학자 아사카 곤사이⁴는 구사쓰에서 하루 만에 이 산을 왕복하고 「등백근산기登白根山記」라는 장문의 기행을 초잡았다. 당시 그는 쉰 살에 가까웠고, 데리고 갔던 소년은 열세 살이었기에 시라네산은 온천 치료객에게 그

노조리 호수野反湖에서 바라본 구사쓰시라네산

렇게까지 곤란한 등산은 아니었다. 지금도 만자에서는 할머니며 아이가 즐거이 장난치며 등산을 즐기고 있는 모습을 볼 수 있다.

곤사이의 글에는 "(못을 둘러싸는) 여러 봉우리는 모두 유황기硫黃氣 때문에 훈증薰蒸하는 곳이 된다. 검거나 붉은 흙의 **골립무부**骨立無膚. 전혀 초목을 자라게 하지 않아서 괴이하고 비범한 상태가 극에 달한다"라고 나와 있다. 이 **골립무부**라는 형용이 재미있다. 산 전체가 불타 문드러져 뼈

골립무부와 유가마

만 남고 껍질이 없어졌다는 뜻일 것이다.

　구사쓰사라네산은 절정까지 오르고 쾌재를 부른다는 산은 아니다. 현저한 정상 같은 것도 없다. 화구를 돌며 높아졌다 낮아졌다 하는 능선이 이어져 있고, 가장 높은 곳을 정상이라고 부르기는 해도, 이 산의 특색은 정상보다 오히려 단애를 이룬 화구벽이며 화구호의 절묘함에 있다.

　화구호는 세 개가 나란한데, 중앙의 가장 큰 것을 유가마湯釜라고 부르고 뿌연 벽옥 빛깔의 물을 가득 채우고 있다. 그 색이 실로 아름답다. 화구벽을 올라 유가마가 눈앞에 확 펼쳐졌을 때 누구라도 탄성을 지르게 될 것이다. 그것은 전혀 예상치 못한 불의의 일격을 받은 아름다움이다. 호수의 한쪽 구석에서는 소리를 내며 분연이 올라오고 있다.[5]

등산객은 서벅거리는 하얀 모래흙을 밟으며 화구벽 위의 길을 간다. 기력이 있는 사람은 한 바퀴도 가능하다. 풀 한 포기, 나무 한 그루도 남아 있지 않은 상태의 민둥산이기에, 주변은 드넓고 세상없이 환하다. 부근의 산들은 새카맣게 수목으로 덮여 있는데도 이 산만이 고립무부라서, 그 특이한 콘트라스트는 더욱더 일본을 벗어난 독특한 풍경을 보여주고 있다. 그늘 없이 밝으면서도 무언가를 감추고 있는 느낌이다.

이 산의 남쪽 약 3킬로미터에 모토시라네산本白根山이 있다. 이쪽이 10여 미터 높아서 이것을 구사쓰시라네의 본봉으로 볼 수밖에 없을지도 모른다. 하지만 일반인은 유가마가 있는 풍경으로 만족해서, 모토시라네까지 발을 뻗는 사람은 적어 보인다. 민둥산 자락에 있는 유미이케弓池에서 삼림대로 들어서고 한 시간도 걸리지 않아 이 산의 정상에 도착했다.

모토시라네산의 정상은 눈잣나무며 월귤이 잎을 포개며 돋아나 있는 고산대이지만 무엇보다 먼저 그곳에서 굽어본 로쿠리가하라六里ヶ原의 광대한 경치에 놀란다. 눈이 닿는 끝까지 드넓은 황야가 각양각색의 굴곡을 보이며 널리 펼쳐지고 있다. 그리고 그 맞은바라기에 아사마야마가 제왕처럼 솟아 있다.

이곳의 정상도 커다란 화구를 지니고 있지만, 벌써 먼 옛날에 활동을 멈춰 관목이며 암석으로 덮여 있다. 그것은 고대 로마의 원형경기장을 떠올리게 한다. 화구벽 안쪽은 구경꾼들로 가득 차고, 화구 바닥의 평지에서는 맹수의 투희鬪戱가 벌어지고 있다. 그런 광경을 상상해도 조금도 어색하지 않을 정도로, 그것은 자연의 원형경기장을 보여주고 있다.

내가 처음으로 구사쓰시라네를 찾았던 것은 6월로, 신슈의 스자카須坂에서 '구름 위를 달리는 버스'라는 선전문구가 있는 버스에 올라, 정말 문자 그대로 구름 위를 달려 만자에 도착했다. 이 산의 온천은 표고 1740미터라서, 연중영업하고 있는 온천으로서는 일본에서 가장 높은 곳에 있는 곳일 것이다.

만자부터, 얼룩조릿대가 숲속 나무 그늘에 돋아 있는, 솔송나무栂

유미이케

모토시라네산 중앙 화구의 일부. 좌측의 바위 주변이 전망 장소

의 원생림 가운데로 난 길을 끊임없이 지저귀는 작은 새소리를 들으며 걸어가면, 얼마 안 가 수풀이 펼쳐지고 드넓은 고원으로 나온다. 바로 그곳에 있는 것이 유미이케이고, 눈앞으로 불타 문드러진 시라네산이 서 있다. 나는 그곳에 오르고 나서 모토시라네에도 올라갔고, 돌아오는 길은 구사쓰로 내려왔다. 아직 눈이 남아 있는 계곡을 내려가니 유황광산으로 나온다. 거기부터는 서벅서벅한 가파른 내리막인데, 셋쇼카와라殺生河原의 골짜기를 가로지르면 구사쓰 스키장인 덴구하라天狗原의 큰 비탈로 나오고, 머지않아 온천가溫泉街였다.

　　근년에 가루이자와에서 만자로 버스가 다니고, 구사쓰에서도 큰 도로가 뻗어 있다. 스키가 성행하게 되어 유미이케 언저리까지 케이블이 이어졌다. 가까운 시일 안에 구사쓰시라네산 일대가 화려한, 그러나 상스러운 관광지의 흥청거림을 보여줄 것은 정한 이치다.

주

1　아카이시赤石 산맥.
2　일본어에서 령嶺과 근根은 어원이 같은 말로 본다. 마이니치每日신문사 교열 센터 2019년 04월 16일자 기사에 따르면『명경국어사전明鏡國語辭典』2판과『대사천大辭泉』2판의 미네ミネ 항목을 인용해 "'미'는 섭두어이며 '네'는 산의 쏙대기를 뜻한다. 산의 꼭대기를 뜻하는 말은 네根가 먼저 있었고 여기에 미가 붙어 미네御根가 생겨났다. 현재 일반적으로 령嶺, 또는 봉峰에 해당하는 것이다." 높은 산봉우리를 가리키는 다카네たかね도 사전의 표제에서 高根과 高嶺 두 가지로 올라 있다. 지붕을 뜻하는 야네屋根에서도 根를 집의 꼭대기에 비유하는 것을 알 수 있다.
3　유명한 구사쓰의 온천이 몰려 있는 구사쓰마치草津町를 가리킨다.
4　아사카 곤사이安積艮齋(1791~1861): 에도 시대 말기의 주자학자, 막부 직할 교육기관인 쇼헤이코昌平黌의 교수. 이즈 반도를 일주한 기행「유두기승遊豆紀勝」, 아다타라야마와 쓰쿠바산의 등산기가 수록된「동성속록東省續錄」외에 아사마야마와 구사쓰시라네산의 유람기를 남겨 문인등산 전통을 보여준다.
5　근래에 화산성 지진이 증가하여 유가마 출입이 제한되고 있다. 2018년 1월에 수증기 분화가 발생해 1명이 사망하고 11명이 부상하는 재해가 있었다. 이 여파로 5개의 화구로 이루어진 모토시라네산도 출입금지다.

042

아즈마야산
四阿山

표고 2354미터
소재 군마현群馬縣
나가노현長野縣

　스가다이라菅平로 스키를 타러 갔던 사람은 정면으로 솟은 두 산을 기억하고 있을 것이다. 아즈마야산四阿山과 네코다케根子岳. 저 산들이 아니었다면 스가다이라의 값어치는 사라진다. 둘 다 같은 높이처럼 보이지만, 아즈마야 쪽이 150미터나 높다. 진짜 정상은 삼각점이 있는 곳보다 15미터 정도 높다.[1] 조에쓰 국경에서는 아사마를 제외하면 가장 높은 산이다.

　야마토타케루노 미코토가 동방 정벌에서 돌아오는 길에, 도리이고개鳥居峠[2] 위에 서서 동쪽을 되돌아보고 오토타치바나히메를 그리며, "내 아내여吾妻はや(아즈마하야)!"라고 한탄했다. 그래서 고개의 바로 북쪽에 솟은 산을 아가쓰마야마吾妻山[3]라고 이름 붙였다고 한다. 그 산에서 조슈 쪽으로 흐르는 강은 아즈마가와吾妻川[4]요, 동쪽은 아가쓰마군吾妻郡이며, 쓰마고이嬬戀[5]라는 로맨틱한 이름을 가진 마을도 있다. 조슈의 아가쓰마야마吾妻山는 신슈에서 아즈마야산四阿山으로 불린다.[6]

　아즈마야라는 이름도 상당히 좋다. 산의 생김새가 정자의 지붕과 닮아서 이름이 유래했다고 한다. 확실히 그렇게 보인다. 신에쓰센信越線의

도리이 고개로 향하는 도로인 쓰마고이 파노라마라인에서 바라본 아즈마야산

우에다上田에 다가가면, 간가와神川(아즈마야산에서 흘러나오는 강)의 골짜기 깊숙한 곳으로 아득하게 이 산을 바라다볼 수 있는 곳이 있다. 정상이 약간 왼쪽으로 기운 지붕 모양이고, 그 오른쪽 끝으로 젖꼭지 같은 언덕이 솟아 있다. 잘생긴 모양이다. 옛사람들은 그저 아무 산이나 명산이라고 부르지 않았다. 바라봐서 아름답고 품격이 있는 산이어야 했다.

요즘에야 아즈마야산 따위는 그다지 아무도 거들떠보지 않게 된 모양이지만, 우리 같은 산의 올드 보이들로서는, 짚신에 감발치고 산을 올랐던 사람들로서는 반드시 올라야 할 산 중의 하나였다. 나의 친한 선배인 구로다 마사오[7], 후지시마 도시오, 다나베 가즈오 등이 모두 다이쇼 시대에 올랐다. 그리고 한결같이 좋은 산이라고 주장하고 있다. 피켈자일당 Pickel-Seil黨[8]에게는 관심 밖일지 모르겠지만, 가슴속이 절절한 정취를 지닌 일본적인 산이다.

그 무렵 사람들이 쓴 것을 읽어보니, 아즈마야산을 신슈 쪽 기슭에서 **시카와산**しかわさん이라고 부르는 경우도 있었다고 한다. 사아四阿의 '아阿'를 실수로 '하河'로 읽었던 것은 아닐까도 의심되지만, 이 산에서 흘러나오는 강이 대체로 사방으로 갈라져서 흐르므로, 시카와산四河山(또는 시가와산四側山인지)으로 칭하게 되었다는 것을 이해할 수 있었다.

그렇다면 거꾸로 사하四河가 사아四阿로 잘못 적힌 것이 아닐까도 생각해볼 수 있지만, 결코 그런 것은 아니다. 아즈마야산이라는 이름은 덴포天保 연대年代(1830~1843)에 나온 「후지미 십삼주 여지전도富士見十三州輿地全圖」[9]에도 분명히 올라 있다. 아니 그보다 아득한 옛날에, 정상의 호코라祠에 바쳐져 있던 신경神鏡[10]에는 분안文安 3년(1446)의 명문이 남아 있었다고 한다.

그 정도로 예로부터 존숭했던 산이었다. 가늘고 긴 정상의 양 끝에 신슈 쪽을 향해 세운 신슈 호코라祠와 조슈 쪽을 향해 세운 조슈 호코라가 있다. 신슈 호코라에는 야마토타케루노 미코토, 오토타치바나히메, 이자나미노 미코토伊邪那美命[11]를 모시고, 조슈 호코라에는 오나무치노 미코토大己貴命[12], 스세리히메노 미코토須勢理姬命[13]를 모신다. 제신祭神에 관해서는 이설도 있지만 생략한다. 그것이 무슨 신이건 간에 요즘 사람들은 관심이 없을 테니까.

먼 옛날부터 이름 높은 이 산을 나는 오랫동안 오르지 않고 남겨놓았는데, 간신히 삼월 중순 스키로 그 정상에 설 수 있었다.[14] 친구 둘을 불러내서 스키를 메고 스가다이라로 나섰던 것은, 처음부터 목적이 겔렌데 Gelände[15]가 아니라 아즈마야산이었다. 스가다이라에 운집하는 스키어 중에 네코다케로 오르는 사람은 많지만, 아즈마야산까지 발을 뻗는 사람은 천에 하나 정도밖에 없다고 한다. 네코다케는 아즈마야산의 부록 같은 것

아즈마야산에서 바라본 네코다케

이다. 우리는 부록으로는 만족할 수 없다.

세 사람은 아침 여덟 시쯤, 구름이 뒤덮인 끄느름한 날씨를 불안해하며 스가다이라의 민박집을 나섰다. 스키선수인 숙소의 젊은 주인도 아직 눈 덮인 아즈마야산에 오른 적이 없다고 해서 같이 따라왔다. 다이묘진사와 大明神澤를 건너서 광대한 비탈로 나온다. 1917미터 삼각점[16]의 산허리를 우회한 언저리에서 구름 위로 나오니 굉장한 조망이 펼쳐졌다. 어느새 스키의 군집에서도 하계에서도 멀리 벗어나서, 우리의 상대는 무수히 보이는 산들뿐이다.

고아즈마야小四阿라고 부르는 앞산을 지나자, 턱이 빠질 것 같은 된비탈과 만났다.[17] 그곳을 다 오르니 경사가 완만해지고 넓은 들판이 이어져 있었다.[18] 그것이 참 길었다. 겨우 그 끝으로 젖꼭지 같은 정상이 나타나 마지막 안간힘을 다해 그 위에 섰다.

도착한 정상에는 조슈 호코라가 있었고, 눈 덮인 좁은 능선을 조금 더듬어 가자 신슈 호코라가 있었다. 양쪽 모두 돌을 쌓아 둘러치고 있었

정상의 조슈 호코라

는데, 절반은 눈에 묻혀 건물에서 새우꼬리[19]가 펼쳐져 나오고 있었다. 네코다케는 바로 눈 밑에 있다. 질냄비산土鍋山(도나베야마), 밥산御飯岳(오메시다케) 등 부엌 티가 나는 이름을 가진 조신 국경의 연산이 잘 보였다.

바람이 차가워 정상에 느긋하게 머무르지 못했다. 하지만 스키의 실을 벗기는 사이에도, 내 눈은 주위의 광대한 경치에서 벗어나지 못했다.

주

1 삼각점의 표고는 2333미터.
2 일본 내에 도리이 고개라는 지명은 각지에 있다. 이곳은 아즈마야산 남쪽에 있는 고개다.
3 아즈마와 아가쓰마는 같은 말이며 아가쓰마야마吾嬬山로 쓰기도 한다. 아즈마야마 편에서 소개된 오우 산맥에 속한 아즈마야마吾妻山와 한자는 같지만 읽는 법과 위치는 다른 산이다.
4 지명으로는 아가쓰마가와吾妻川로 읽으며, 도리이 고개에서 발원해 동쪽으로 흐

르는 도네가와의 지류다.

5 쓰마고이는 떨어져 있는 부부가 서로 그리워하는 것을 뜻하며, 아가쓰마군에 있는 쓰마고이무라嬬戀村를 말한다. 만자 온천이 속해 있는 마을이기도 하며, 아즈마야산과 아사마야마의 소재지다.

6 당시에는 조슈 쪽에서 아가쓰마야마吾妻山로 불렸던 것 같으나, 이제 조슈 쪽에서도 吾妻山으로 적고 신슈와 마찬가지로 아즈마야산으로 읽는다.

7 구로다 마사오黑田正夫(1897~1981): 일본산악회 회원이며, 저자의 구제 제1고등학교 여행부 선배다. 도쿄제국대학에서 금속공학을 전공했고 일본설빙학회日本雪氷學會 회장을 지내기도 한 빙설 전문가다. 1933년에 아내인 하쓰코黑田初子(1903~2002)와 우리나라의 남포태산南胞胎山과 설령雪嶺, 여름 백두산과 겨울 관모봉冠帽峯을 등산했으며, 1942년에는 마천령摩天嶺에서 백두산 구간을 동계 종주했다. 하쓰코 여사는 1931년 정월에 야리가타케를 여성 최초로 동계 등반할 정도로 적극적이었다. 마사오가 등산할 때 휴대했던 벼루와 붓으로 그린 삽화를 실은 부부 공저의 『산의 소묘山の素描(1931)』가 있다.

8 근대등산(알피니즘)을 추구하던 등산가(알피니스트)를 말한다.

9 1842년에 간행되었다. 후지산이 보이는 13쿠니國의 전도라는 뜻이다. 13쿠니는 시나노信濃·도토우미遠江·스루가駿河·가이甲斐·이즈伊豆·사가미相模·무사시武藏·아와安房·가즈사上總·시모우사下總·히타치常陸·시모쓰케下野·고즈케上野로, 간토 일원을 가리킨다.

10 신쿄神鏡: 신령으로 모시는 거울.

11 남신인 이자나기와 부부신이지만 근친간이며, 음양의 밀고 당기는 관념을 신격화한 것이다. 일본 신화에서 국토와 많은 신을 생산한 원초적 부모신격이다.

12 오쿠니누시노 미코토의 어릴 때 이름.

13 스사노오의 딸로서 오나무치의 적처嫡妻.

14 1961년에 후지시마 도시오, 야마카와 유이치로와 함께 올랐다.

15 (D) 토지, 노는 지형을 뜻하시난, 등산용어로서 일본과 한국에시는 스기 슬로프, 암벽등반의 훈련장, 오리엔티어링 등의 연습장이라는 뜻을 가진다.

16 고아즈마야의 표고.

17 이곳은 고아즈마야가 아니라 표고 2106미터의 나카아즈마야中四阿로 보인다. 왜냐하면 앞서 1917미터 삼각점이 고아즈마야인데 이미 지나왔고, 나카아즈마야가 아즈마야산의 앞산에 해당하며 급경사를 올라가야 하는 곳이 이 지점부터이기 때문이다.

18 네코다케와 아즈마야산 사이의 도가하라十ヶ原를 말한다.

19 에비노싯포海老の尻尾를 말한다. 무빙霧氷의 일종으로 고산 등에서 0도 이하로 과냉각된 안개나 구름의 알갱이가 돌이나 나무 등에 몰아쳐 얼음으로 붙은 것이다. 바람맞이 쪽으로 뻗어나가서 새우꼬리 모양이 된다.

아사마야마
淺間山

표고 **2568미터**
소재 **군마현**群馬縣
      나가노현長野縣

　　　조에쓰센메구리上越線廻り 호쿠리쿠 급행北陸急行이 아직 없을 무렵, 내 고향에서 도쿄행은 신에쓰센信越線에 의지했다.[1] 저녁 즈음 기차에 오르면 가루이자와 쯤에서 어렴풋이 날이 샌다. 강철색을 띤 넓은 하늘에 땅딸막하게 몽구리를 한 산이 떠 있다. 아사마야마淺間山다. 긴 밤기차의 끝에서 처음으로 나를 맞아주었던 자연이 이 산이었다. 간토에 가까워졌구나 하는 느낌을 이때만큼 신선하게 받았던 적은 없었다.

　　도쿄에서 유학한 이래, 나는 방학마다 이 산자락을 수십 번은 지나다녔을 것이다. 그 산은 언제나 방대한 부피, 독점적인 형태, 속속들이 드러내는 거죽으로 그리고 꼭대기에서는 늘 옅은 연기를 토하고 있었다. 기차의 창 너머로 이토록 눈 가까이, 높이, 크게, 숨김없는 모습으로 우러를 수 있는 산은 달리 예가 없다.

　　예전에는 오래된 가도가 산자락을 지나고 있었다. 북에서 홋코쿠카이도北國街道[2], 서에서 나카센도中仙道[3]가 산기슭의 고지대로 올라와 오이와케道分[4]의 역참[5]에서 한 줄기가 된다. 지금의 가루이자와[6]는 여전히

황량했던 불모의 고원이었다. 그리고 길손의 눈을 자극하는 것은 아사마야마였다. 어느 가인은

> 시나노[7] 아사마산에서 피어오르는 연기가 사람들에게는 안 보이는 걸까[8]
> 信濃なる淺間の岳に立つ煙をちこち人の見やはとがめぬ

라고 지었다. 하이진俳人 바쇼는

> 바람에 날아다니는 돌, 아사마의 폭풍이구나[9]
> 吹飛ばす石は淺間の野分かな

라고 읊었다. 이런 풍류심이 없는 서민조차

> 아사마님 왜 불을 뿜으시나이까
> 산허리에 오이와케를 품고 계시면서
> 淺間さんなぜ燒けしゃんす
> 腰に追分もちながら

라고 노래했다. 구슬픈 가락으로 알려진 오이와케부시追分節[10]의 발생지가 이곳이다.

아마 아사마야마만큼 예술의 대상이 되었던 산도 없을 것이다. 근대가 되고 나서도 시마자키 도손[11]의 시로 지어지고, 호리 다쓰오[12]의 문장에서 나타나고, 우메하라 류사부로[13]의 유화로 그려지고 있다.

일본에서 대표적인 화산으로 말하자면 아사마[14]와 아소다. 언제부터 뿜기 시작했는지는 알 수 없지만, 오늘날에 이르기까지 끊임없이 연기를 내고 있다. 아사마야마는 연기와 함께 태어났고, 지금도 연기 때문에

연기와 구름의 아사마야마와 사이노카와라. 오른쪽 뒤가 구로후야마 능선의 암벽 일부

이름을 떨치고 있다. 평상시에는 옅은 흰 구름인가 하고 잘못 볼 만큼 얌전하게 내뿜는 식이지만, 가끔 더 이상 참지 못하고 마구 날뛴다. 최근 이십 년 동안만 해도 크고 작은 폭발이 1800회 이상에 달한다고 한다. 예로부터의 아사마야마 분화사를 더듬어본다면 막대한 횟수가 될 것이다. 그중에서도 유명한 것은 덴메이天明 3년(1783)의 대폭발인데, 수 킬로미터에 걸쳐 용암이 흘러 산록지대에 큰 재해를 입혔다. 지금은 명소가 되어 있는 오니오시다시鬼押出し[15]는 그 흔적이다.

    일본 중부의 산에 오르는 사람은 그것이 어디의 산이건 그곳에서

아사마야마를 놓치지 않을 것이다. 그 홀로 선 커다란 산용과, 마치 자신의 표식 같은 연기를 피우고 있어서 바로 눈에 띄게 된다. 엄동의 요코테야마橫手山16 정상에서 바로 맞은편에 새파란 하늘로 뭉게뭉게 양배추 같은 연기를 뿜고 있던 아사마, 만추의 야쓰가타케 위에서 사쿠다이라佐久平를 사이에 두고서 커다란 실루엣이 되어 저물어갔던 아사마, 아사마만큼 어디에서라도 보이는 산은 없다. 겨울에 맑고 바람이 강한 아침이라면 도쿄의 교외에서라도 알아볼 수 있다. 거꾸로 이 정도로 사방의 산을 바라볼 수 있는 좋은 전망대도 없을 것이다. 일본 알프스, 지치부秩父, 조신에

고모로 쪽에서 올라와 아리가사야^{槍ヶ鞘}에서 바라본 아사마야마

쓰, 닛코의 대부분 산을 손으로 짚을 수 있다.

  내가 처음으로 아사마에 올랐던 것은 고등학교 1학년(1922) 여름이었다. 고모로小諸에서 시작해 밤새 올랐다. 평범하게 미네노차야峰ノ茶屋 17에서 오르는 것은 서벅거리는 사력砂礫을 밟으며 가는 단조로운 길이지만, 고모로부터의 등산은 깃파야마牙山며 구로후야마黑斑山 등의 암벽을 올려다보고 고산식물이 어우러져 핀 유노다이라湯ノ平 고원을 지나는 변화가 다양한 즐거운 길이었다. 유노다이라에서 정상의 돔dome에 다다랐고, 절정의 화구벽에서 분연에 휩싸여 도망치려고 우왕좌왕했던 일이 아직도 기억난다.

  전쟁 전, 나는 오이와케에서 여름 한 철을 보낸 적이 있었다. 와키

혼진脇本陣[18]인 아부라야油屋[19]에서 묵고 있었던 호리 다쓰오의 소개로, 그 이웃에 과거 조로야女郎屋[20]였다는 오래된 집의 2층을 내가 빌렸다.[21] 책상을 차려놓은 앞쪽인 2층의 낮은 창 너머로, 삼각형으로 뾰족한 아사마의 겐가미네劍ヶ峰가 잘 보였다. 그 여름 한철 동안, 나는 아사마야마 주변을 거의 남김없이 걸었다. 고아사마야마小淺間山에도, 세키손산石尊山(기생화산의 하나)에도 올라가보았다. 누긋한 경사를 가진 커다란 스소노裾野 속으로 몇 번이나 떠돌았다. 낙엽송의 수풀 속으로 이어진 옛 구사쓰카이도草津街道를 더듬어보았던 적도 있었다. 그리고 그 반데룽Wanderung들의 결정적인 배경을 이룬 것은 언제나 아사마야마였다.

주

1 똑같이 군마현의 다카사키역이 기점이지만, 조에쓰센은 남북으로 거의 직선으로 뻗은 노선인데 반해, 신에쓰센은 가루이자와 부근 우스이 고개의 경사도 66.7퍼밀의 구간을 치상궤도로 지나던 시절이었다. 따라서 신에쓰센은 느린 데다 나가노시를 경유하기 때문에 둥글게 돌게 된다. 이에 따라 일본처럼 철도가 발달해있고, 운영주체가 많은 경우의 특례 중 하나로서, 목적지가 같으면 지정된 노선이나 역을 거치지 않고 환승해도 부정승차가 되지 않는 제도가 있다. 조에쓰센의 직선과 신에쓰센의 곡선 구간을 이어보면 순환하는 것처럼 보이기에, 이런 노선들을 메구리라고 부른다. 이제는 호쿠리쿠 신칸센의 개통으로 도쿄역에서 후쿠이역까지 직행으로 3시간 30분에 갈 수 있다.
2 나카센도의 시나노오이와케信濃追分에서 나가노를 거쳐 호쿠리쿠도의 나오에쓰에 이르는 길.
3 교토에서 중부 지방의 산악지대를 거쳐 에도에 이르는 길.
4 길이 두 갈래로 갈라지는 곳이라는 뜻으로, 일본 여러 지방에서 그대로 지명이 되었다. 여기에서는 시나노오이와케를 말한다.
5 오이와케 같은 역참을 슈쿠宿, 또는 슈쿠바宿場라고 했다. 여기에서는 오이와케슈쿠追分宿를 말한다.
6 현재 가루이자와는 유명한 휴양지로 고급 별장이 가장 많은 곳으로 알려져 있다. 이에 따라 인근의 오이와케는 거꾸로 가루이지와에 속한 곳이 되었다. 가와바타 야스나리는 1937년에 『설국』으로 받은 상금으로 이곳의 별장을 샀고, 이곳에서 휴양하는 동안 오이와케에 요양차 왔던 저자 내외와 왕래했다. 근년에 호쿠리쿠 신칸

7 나가노현의 옛 이름.

8 한 남자가 교토에서 살기 힘들어져서 동쪽 나라에서 살 곳을 알아보려고 친구와 둘이서 떠났다. 여행 도중 아사마야마에서 연기가 하늘로 치솟는 것을 보고, 산에서 연기가 피어나는 것은 분화하고 있는 것일 텐데, 사람들이 쳐다만 보고 소동이 없어서 어이없는 심경이란 뜻이다. 헤이안 시대의 작자미상인 『이세 모노가타리伊勢物語』에 실려 있다. 『이세 모노가타리』는 "옛날, 한 남자가 있었다"로 시작하며, 아리와라노 나리히라在原業平(825~880)라는 인물로 짐작되는 남자를 모델로 삼아 125편의 시가를 모은 책이다.

9 마쓰오 바쇼의 『사라시나 기행更科紀行(1709)』에서 마지막 하이쿠로 수록되어 있다. 시라시나更科는 시나노에 있었던 시라시나군更級郡을 말하며 오늘날 나가노시 일대다. 늙은 자기 숙모를 친어머니처럼 봉양하던 사람이 결혼 후 아내의 강권에 못 이겨 산에 숙모를 버렸으나, 다시 데리고 와서 모셨다는 전설이 있는 달맞이 명소인 가무리키야마冠着山(일명 오바스테야마姨捨山)와 고찰 젠코지善光寺 등을 둘러보고 끝으로 오이와케를 찾은 것으로 보인다. 노와키野分는 들판의 풀을 헤치고 지나가는 바람이란 뜻으로, 태풍의 고칭이다. 특히 니햐쿠토카二百十日라는 입춘으로부터 210일째인 9월 1일 전후에 부는 폭풍을 말한다. 이와 관련해 나쓰메 소세키의 『태풍野分(1907)』과 『이백십일二百十日(1906)』이 있다.

10 오이와케의 역참에서 일하던 유녀들이 불렀던 것이 기원이라고 한다. 본문의 노래는 오이와케부시 중 시나노오이와케信濃追分라는 곡이다. 오이와케슈쿠追分宿는 가루이자와슈쿠輕井澤宿, 구쓰카케슈쿠沓掛宿와 함께 아사마네코시淺間根越し의 삼숙三宿이라고 불렸으며, "산허리에 오이와케를 품고 계시면서"를 "산자락에 삼숙을 가지고 계시면서裾に三宿持ちながら"로 바꿔 부르기도 한다.

11 시마자키 도손島崎藤村(1872~1943): 시인, 소설가, 일본산악회 회원. 일본 펜클럽을 결성하고 초대 회장을 지냈다. 본문에서 말하는 시는 그가 1899년부터 1905년까지 6년간 아사마야마 밑의 고모로 기주쿠小諸義塾에서 영어와 국어교사로 교편을 잡았을 때의 것을 말한다. 홀로 슬퍼하는 나그네를 묘사하는「고모로의 옛 성 언저리小諸なる古城のほとり」라는 시에서 "해질녘이 되면 아사마도 보이지 않고"라는 구절이 나온다. 이 시기 그의 수필『지쿠마 강 스케치千曲川のスケッチ(1911)』라는 사생문寫生文에서도 아사마가 등장한다. 이 시기를 그의 공백기로도 보는데, 그의 대표작인『파계破戒(1906)』를 발표하며 낭만주의 시인에서 자연주의 소설가로 탈바꿈한다.

12 호리 다쓰오堀辰雄(1904~1953): 소설가. 구제 제1고등학교를 거쳐 도쿄제국대학 국문과를 졸업했고 아쿠타가와 류노스케를 사사했다. 저자와는 제1고 문예부에서 알게 되었다. 나이는 저자보다 어렸지만 저자가 입학이 늦은 관계로 1년 선배였다. 대학생 시절 가루이자와에서 아쿠타가와와 처음 만나 교류했던 그는, 아쿠타가와가 자살하자 받은 충격을 졸업논문『아쿠타가와 류노스케론芥川龍之介論』으로 제출했다. 저자와 문예지의 동인이기도 했으며 결핵을 앓아 오이와케에서 장기

간 요양했고, 이곳에서 만난 다에코堀多惠子(1913~2010)와 결혼했다. 오이와케의 터줏대감으로 불리며 짧은 생을 마쳤다.

13 우메하라 류사부로梅原龍三郎(1888~1986): 프랑스로 유학해 르누아르에게 그림을 배웠다. 유럽에서 배운 유채화에 일본 전통 미술을 도입해, 자유분방하고 현란한 색채와 호방한 터치가 만들어 내는 서양화를 그렸다. 아사마야마를 그린 작품으로는 석판화 등이 몇 점 있다.

14 아사마의 어원으로는 여러 가지 설이 있는데 말레이어로 '아사'가 '연기'라는 뜻이 있어 화산, 또는 화신火神을 가리킨다는 것이 있다. 후지산 기슭에서 화신으로 모셔왔던 신도 아사마노오카미淺間大神다.

15 오시다시押出し: 화산의 중턱으로 흘러내린 용암과 이류가 쌓인 것.

16 구사쓰시라네산에 있는 산.

17 이곳은 아사마야마의 동쪽인 고아사마야마 쪽에 있다. 차야茶屋는 나그네를 상대로 한 휴게소로, 간단한 식사·차·술 등을 파는 가게다. 오미네산 편에서처럼 산을 오르는 행자들을 위한 시설이기도 했다.

18 에도 시대에 가도의 역참에 두었던 숙사로, 다이묘 등 신분이 높은 사람들이 머물던 공인된 숙사인 혼진本陣의 보조 숙사를 말한다.

19 1688년에 창업한 숙사로, 본문에서 언급하는 인물만 해도 저자를 비롯하여 가와바타 야스나리, 나쓰메 소세키, 다나베 주지, 시가 나오야, 시마자키 도손, 오자키 기하치 등 수많은 문사와 지식인들이 집필하던 곳으로 유명하다. 호리 다쓰오의 소설 『나호코菜穗子(1941)』와 『고향 사람ふるさとびと(1943)』에 등장하는 보탄야牡丹屋라는 료칸의 모델이 된 곳으로 대규모 시설이었으나, 저자가 다녀간 해인 1937년에 화재로 소실되었다. 지금은 이듬해에 다시 소규모로 지은 료칸에서 숙박과 문화센터 기능을 하고 있다. 호리 다쓰오는 이곳의 재건을 위한 모금활동을 했다.

20 유곽을 말한다. 과거 역참이었던 오이와케에는 전성기에 수백 명의 유녀가 있었다고 한다. 이들은 1872년의 포고로 해빙되었고 같은 해 여성들의 입신 금지였던 여인금제도 포고로 폐지되었다. 이는 메이지 신정부의 여권신장 정책이었지만, 유녀도 여인금제도 쉽사리 사라지지 않았다. 저자는 여기 머무는 동안 한번은 유녀들의 묘지를 찾아가서, '○○비구니, 교호享保(1716~1735) 몇 년 몇 월 며칠'이라고 새겨진 유녀의 묘비를 보고 가엽다며 애상哀傷하고 있다.

21 아부라야의 기록에는 후카다 규야도 숙박했던 것으로 나와 있으니 아부라야의 별채였던 것으로 보인다. 저자는 이곳을 여전히 스미야すみや로 부른다며, 겉으로 기름가게라는 뜻의 아부라야油屋가 아닌 이세伊勢의 유곽을 가리키는 아부라야油屋와 마찬가지로, 겉으로 숯가게 스미야炭屋가 아닌 교토의 유곽인 스미야角屋를 암시하고 있다. 기타바타케 야호의 지병인 척추 카리에스가 중해지자 요양을 겸해서 묵었다. 그러나 이곳에서 병세가 나빠져 농양이 터지는 지경에 이르자, 야호는 집이 있는 "가마쿠라로 돌아가서 죽고 싶다"라고 바랐을 만큼 처참했다.

쓰쿠바산
築波山

표고 877미터(뇨타이산女體山)
소재 이바라키현茨城縣

쓰쿠바산築波山을 일본백명산의 하나로 고른 것에 불만인 사람이 있을지도 모른다. 높이가 1000미터에도 못 미치는 이런 통속적인 산을 꼽을 정도라면, 다른 곳에 좀 더 적당한 명산이 얼마든지 있는 것 아니냐고. 하지만 내가 굳이 이 산을 추천하는 이유는 무엇보다도 그 역사의 깊이다. 옛날 옛적, 신들의 조상이 신의 거처를 여기저기 차례로 돌아다닌 끝에 해가 저물어 후지산에 도착했다. 잠잘 곳을 청하니 후지의 신[1]은 모노이미物忌み를 이유로 거절했다.[2] 조상신은 크게 노해 "이제부터 네가 있는 산은 여름 겨울을 불문하고 눈이며 서리로 가둬버릴 테다"라는 말을 남기고 동쪽으로 가니 쓰쿠바산이 있었다. 그곳의 신은 따뜻하게 맞이하고 음식을 장만해 환대했다. 조상신의 기쁨은 더할 나위 없어서 "그대가 있는 산은 해와 달과 함께 행복하여라. 이제부터 사람들이 모여 오르고 먹을 것도 풍성하게 바치리라. 그것이 대대로 끊이는 일 없이 천추만세 유락의 끝을 모르게 될진저"라고 축복했다.

이것은 나라 조朝(710~794) 초기에 나왔던 『히타치 풍토기常陸風土

도쿄 방향인 남쪽에서 바라본 쓰쿠바산

記』[3] 중에 나와 있는 기사인데, 아마 히타치 사람들 사이에서는 그보다 훨씬 전부터 구전되었던 이야기가 틀림없다. 자신들과 가까운 쓰쿠바산을 편들기 위해 후지산을 나쁘게 말했을지도 모른다.

이미 그 무렵부터 많은 사람이 오르고 있었다는 것은 마찬가지로 『히타치 풍토기』에 따르면, 간토 여러 고을의 남녀는 봄꽃이 필 무렵과 가을 단풍철에 서로 손을 잡고 올라, 산 위에 진수성찬을 차려놓고 노래를 부르고 춤을 즐기며 거기서 밤을 보내는 이들도 있었다.[4] 쓰쿠바산에 올라 그런 잔치에서 남자에게 청혼받지 못한 여자는 한 사람 몫을 못 한다는 소리마저 들었다. 일본은 종교등산을 최초처럼 말하고 있지만, 쓰쿠바산처럼 대중의 유락등산도 일찍부터 이뤄지고 있었던 것이다.

『만엽집』에 야마베노 아카히토[5]와 나란히 후지산의 조카長歌[6]를 남겼던 다카하시노 무시마로[7]는 산을 좋아하는 사람이었던 것으로 보이는데, 같은 책에 실린 서른여섯 수首 중에 열다섯 수까지가 산과 관계가 있다. 그 가운데 쓰쿠바산의 노래가 세 수 있다. 그중 하나.

나그네의 잠자리草枕.[8] 풀베개를 베고 자는 나그네의 근심을 달랠까 하고 쓰쿠하에 올라 바라보니, 억새가 흩어진 시쓰쿠師附의 논에 기러기도 스산하게 날아들어 울고 있다. 새로 개간한 도바鳥羽[9] 호수도 가을바람에 흰 물결이 인다. 쓰쿠하에 와서 멋진 경치를 보니, 기나긴 날 마음에 쌓아둔 근심이 사라진다.[10]

草枕旅の憂を慰もる事もあらむと築波嶺に登りて見れば尾花散る師附の田井に雁がねも寒く來鳴きぬ新治の鳥羽の淡海も秋風に白波立ちぬ築波嶺のよくくを見れば長き日に念ひ積みこし憂は息みぬ

한카反歌[11]

쓰쿠하 산기슭의 논에서 가을걷이하는 사랑스러운 소녀에게 보낼 단풍을 꺾어야겠구나

築波嶺の裾廻の田井に秋田刈る妹がり遣らむ黃葉手折らな

이것은 가을의 노래이지만, 무시마로가 여름철 풀이 무성한 더운 무렵에 땀을 흘리며 올랐던 것을 적은 노래도 제9권에 나와 있다.[12]

그 이래로 오늘날에 이르기까지 쓰쿠바산을 소재로 삼은 시가는

정상에서 내려다본 간토 평야 일대

무수히 있을 것이다. 눈의 후지, 보라紫의 쓰쿠바[13]는 간토의 두 명산이라서, 읊고 노래하는 대상이었을 뿐만 아니라 에도에 짝지어진 좋은 그림 소재이기도 했다.

스모그로 하늘이 오염된 오늘날에도 도쿄의 높은 건물에서 보이는 독립해 있는 산을 말하자면 후지와 쓰쿠바다. 다이쇼 초기, 시골에서 올라와 혼고 무코가오카本郷ヶ丘[14]의 기숙사에 들어갔던 청년이 아침에 기숙사의 창문에서 "오, 후지산이 보인다!"라고 소리쳤다. 그것은 쓰쿠바산이었기에 모두에게 큰 웃음을 샀지만, 히타치 평야의 한복판에 선 쓰쿠바는 생각 이상으로 높다.

나도 몇 번이나 눈을 의심했던 기억이 있다. 간토 주변의 산에서 먼 곳을 바라보니, 아침안개 위로 날카롭게 서 있는 봉우리가 있다. '저런 곳에 저런 높은 산이 있을 리가 없는데……'라고 잠시 잠이 덜 깬 듯이 허둥댄 뒤에 그것이 쓰쿠바산이라는 것을 분명히 알게 되었다.

낮에 도호쿠센東北線에 올랐을 때면, 나는 언제나 쓰쿠바산을 보는 것을 낙으로 삼고 있다. 정상은 두 개의 봉으로 나뉘어 있다. 그 모습이 가장 아름답게 바라보이는 곳은 마마다間々田와 오야마小山 사이다. 오야마를 지나 고가네이小金井까지 가는 동안에는 두 봉우리의 간격이 너무 벌어져 먼젓번의 카랑카랑한 긴장감이 없어진다.

이 두 봉우리가 나란히 서서 쓰쿠바산의 멋진 모습을 만들어내 예로부터 남신과 여신으로 숭배해왔다. 동봉을 뇨타이산女體山으로 삼아 이자나미노 미코토를, 서봉을 난타이산男體山으로 삼아 이자나기노 미코토伊邪那岐命를 모셨다.

역사가 오랜 만큼 이름의 내력에 여러 가지 설이 있다. 조반센常磐線의 이시오카石岡 주변에서 바라보면, 두 봉우리가 포개져 하나의 첨봉을 이루어 날카롭게 하늘을 찌르고 있는 형국이어서 "아이누어로 '우뚝 솟은 머리'라는 뜻인 쓰쿠바ックパ"라는 설도 있다. 또한 "『만엽집』에서는 쓰쿠하ックハ라고 맑은소리로 읽었다. 이것은 남방어 계통인 참어15에서 유래했던 것인데, 쓰쿠ック는 달月을 가리키는 것이고, 이 땅에 달의 신이 진좌하고 있었기에, 달의 신이 계신 평야라는 뜻으로 쓰쿠하라는 이름이 생겼다. 처음에는 이 일대의 지명이었지만, 그것이 산의 이름으로 옮겨갔다"라고도 한다.

주

1 『히타치노쿠니 풍토기常陸國風土記』에는 후지신福慈神, 『만엽집』에서는 후지신不盡神으로 적고 있다.
2 모노이미는 부정한 것과 일정한 거리를 유지하거나 격리하는 것을 말하는데, 이는 결국 조상신을 부정하다고 여기고 꺼려서 피했다는 말이다.
3 히타치의 고풍토기古風土記인 『히타치노쿠니 풍토기常陸國風土記』를 말한다. 풍토기란 나라 시대의 지방지를 말하며, 조정에서 713년에 각 구니國에게 편찬을 명해 나오게 된, 지명의 유래와 산물·지리·전승 등의 보고서다. 이즈모出雲·히타치常陸·하리마播磨·분고豊後·비젠備前 풍토기 일부가 전해지고 있다. 이를 뒤에 나오는 신편新編 등과 구분해 고풍토기라고 한다.

4   이것을 우타가키歌垣라고 하는데, 아래 인용한『만엽집』제9권 1759번 노래에서는 쓰쿠하의 우타가키를 가가히嬥歌(嬥詞)라고 했다고 적혀 있다. 특정 날짜와 장소에 남녀노소가 모여, 먹고 마시며 노래를 나누는 주술적 행사로, 서로 구애가를 부르면서 짝을 지어 성을 교환했다고 한다.
5   야마베노 스쿠네 아카히토山部宿禰赤人: 생몰년 미상의 나라 시대의 가인.
6   와카和歌의 한 형식으로 5·7의 구를 반복하다가 맨 뒤는 7·7의 구로 맺는 시가.
7   다카하시노 무라지 무시마로高橋連蟲麻呂: 생몰년 미상의 나라 시대의 가인.
8   이와 같은 것을 마쿠라코토바枕詞라고 하며 특정한 단어를 상투적으로 수식하는 말이다. 어원을 알 수 없는 것도 있어서 대부분 해석하지 않고 있으며 생략하고 읽어도 무방하다고 한다.
9   모두 이바라키현에 있던 옛 지명으로, 시쓰쿠는 현재 가스미가우라시霞ヶ浦市, 도바 호수는 쓰쿠바산 서쪽 기슭에 있었던 호수를 가리킨다.
10 『만엽집』제9권 1757번 노래.
11 『만엽집』제9권 1758번 노래. 한카는 가에시우타返し歌라고도 하는 답가다. 조카 뒤에 더하는 단카로 조카를 요약하고 보충하는 노래다.
12 『만엽집』제9권 1759번 노래. 제목은「쓰쿠하 산에 올라 가가히를 했던 날에 지은 노래 한 수와 단카」. 내용은 "수리鷲가 사는 쓰쿠하 산 모하키쓰裳羽服津 샘가에서, 남녀가 모여 번갈아 노래를 주고받고 꾀는 가가히에서, 나도 남의 아내와 섞으리라. 내 아내에게도 말을 걸어 주게. 이 산을 다스리시는 신이 예로부터 금하지 않는 풍습이니, 오늘만은 감시도 하지 말게. 남녀가 하는 일을 나무라지 말아주게.(동국에서는 우타가키를 방언으로 가가히라고 했다.)"
13 또는 서의 후지, 동의 쓰쿠바로도 부른다. 쓰쿠바는 시호紫峰라는 미칭으로, 쓰쿠하네築波嶺라는 고칭으로도 불린다. 보라색은 고래로 동서양을 막론하고 매우 얻기 어려웠던 색이었기에, 신선이나 제왕이 사는 곳의 빛깔로 보았고 상류층의 전유물이었다. 마찬가지로 일본에서도 고귀함을 자색으로 표현했기 때문에, 고대부터 신역으로 여겼던 이 산의 우아한 산용을 자색으로 표현했던 것으로 본다. 또한 산자수명山紫水明이라는 성어에서 보듯이 산이 주로 아침저녁에 빛을 받아 보라색으로 물드는 일은 흔하다.
14 저자가 다녔던 구제 제1고등학교와 도쿄제국대학이 있던 곳이다. 당시는 혼고구本鄕區였고 현재 분쿄구文京區의 동부에 해당한다.
15 참족占族의 언어. 참족Cham은 인도차이나 반도와 말레이 반도 일대에 거주하는 민족이며 오스트로네시아어족이다.

4부
북 알프스
北アルプス

시로우마다케
白馬岳

표고 **2932미터**
소재 **도야마현** 富山縣
　　　나가노현 長野縣

　　일본 알프스와 첫 대면이 시로우마다케白馬岳였던 사람은 드물 것이다. 고봉에 처음인 사람을 안내하기에 알맞은 산이다. 다이셋케이大雪溪[1]가 있고, 풍부한 꽃밭이 있고, 조망이 생각보다 훨씬 좋다. 나의 지인 중에는 이곳 정상에서 태어나서 처음으로 동해를 보았다는 사람도 있다.

　　오르기에 변화가 있는 데다 쉽고, 길도 오두막도 잘 갖추져 있다.[2] 코스도 여럿 있어서 정면의 다이셋케이에서 올라가 돌아오는 길은 북쪽으로 가서 시로우마오이케白馬大池에 들르는 것도 좋고, 남쪽으로 가서 일본에서 가장 높은 곳의 노천온천인 시로우마야리白馬鑓 온천[3]에 한번 담가 보는 것도 재미날 것이다. 건각인 사람은 다시 우시로다테야마後立山 연봉으로 발을 뻗는 것도 좋고, 도중에 구로베단黑部谷[4]으로 내려가는 것도 흥미롭다. 어느 모로 보든 시로우마다케는 야리가타케와 함께 북 알프스에서 가장 붐비는 산이다.

　　시로우마다케는 서쪽의 엣추며 에치고 쪽에서 오렌게산大蓮華山이라고 불렀다. 북쪽에 있어서 눈이 많다. 그 백설로 반짝이는 산세가 바다

핫포이케八方池에서 바라본 시로우마 삼산.
중앙부터 시로우마야리가타케, 샤쿠시다케, 시로우마다케

다이셋케이를 오르는 등산자들

쪽에서 보면 연꽃이 핀 것과 닮아서일 것이다. 신슈 쪽에서 우러러봐도 실로 당당한 묵직함을 지니고 있다. 하지만 나는 이 산을 동서 가로로 바라보는 것보다도 남북 세로로 바라본 모습이 좋다. 세로로 보았던 시로우마다케는 가로로 보았던 것과는 아주 딴판으로 보인다. 동쪽이 예리하게 잘려 나가, 쑥 머리를 쳐든 모습은 성난 사자 같다는 느낌을 항상 받는다. 선드러진 모습이다.

　이 훌륭한 산이 예전에 신슈 쪽에서는 이렇다 할 이름도 없이 그저 서산西山이라고 불리고 있었다.⁵ 그것이 언제쯤부터 시로우마다케代馬岳란 이름이 붙었고, 오늘날 시로우마다케白馬岳로 바뀌었다. 대마代馬보다 백마白馬 쪽이 글자 배열의 시각적인 느낌이 좋으니 이런 변화는 당연할 수도 있지만, 그에 따라 하쿠바ハクバ라는 발음이 생겨나, 지금도 사람들 대부분이 하쿠바산白馬山이라고 잘못 부르게 되었다.⁶ 이 오칭을 막기 어렵다. 이미 산의 소재지부터 하쿠바무라白馬村라고 부르짖게 되었다.

　시로우마다케代馬岳라는 이름의 기원은 산의 한 부분에 잔설이 사라진 자취가 말 모양이 되어 나타나기 때문이었다. 모내기철이 되기 전 모판을 써레질할 때쯤에 이 말 모양이 보이기 시작해서, 나와시로우마齒代馬⁷라는 뜻으로 시로우마代馬라고 불렀다고 한다. 벌써 이십여 년 전, 내 친구 다나베 가즈오가 5월 하순에 산기슭으로 가서, 옛일에 소상한 노인의 이야기를 듣고 그 말 모양을 밝혀내어 카메라에 담아왔다. 그것은 주봉보다 훨씬 오른쪽으로 다가간 고렌게산⁸ 오른쪽 어깨 언저리의 잔설 중간에 있었다. 자그마한 맨땅 위의 가라말이었다.

　일설에는 주봉과 고렌게의 안부 왼쪽 아래에 잔설 사이로 나타나는 맨땅의 모양을 그 말이라고 가리키는 사람도 있다. 어쨌거나 현지에서 "저것이야"라고 가리키지 않는다면 분간할 수 없는 형태다. 하지만 조석으로 산을 우러르며 일하고 있는 산기슭의 근면한 농부들에게는 농사의 표식이 되는 분명한 존재였을 것이다. 일반 등산객으로 붐비는 7월경에는 벌써 눈도 어지간히 녹아 말 모양은 거의 알아보지 못하게 된다.

박모 속 시로우마 정상에서 내려다본 우시로다테야마 방면의 시로우마 연봉

시로우마야리가타케에서 바라본 등산로가 횡단하는 샤쿠시다케와 좌측의 시로우마다케

일본의 고산에는 대체로 그 정상에 먼 옛날부터 호코라祠가 모셔져 있지만 시로우마다케에는 없다. 이 아름다운 산을 찬양하는 시가詩歌[9] 등도 오래된 기록에는 눈에 띄지 않는다. 메이지 27년(1894) 웨스턴[10]이 정상에 서기까지, 아마 약초꾼이며 사냥꾼에게만 맡겨졌던 원시적인 산이었을 것이다. 웨스턴은 렌게蓮華 광산 쪽에서 올라 대설계를 내려갔다.

일본의 등산가로서 최초로 올랐던 사람은 고노 레이조[11], 오카다 구니마쓰[12] 등의 일행으로 메이지 31년(1898)이었다. 그렇게 해서 시로우마다케의 기사가 처음으로 나타난 것은 그 이듬해였다. 이런 식으로 시로우마다케가 세상에 알려지는 것이 늦었던 것은 벽원한 땅에 있어서일 것이다. 오늘날에야 하룻밤에 기차로 산기슭에 닿을 수 있지만, 반세기 전에는 신슈의 깊은 곳 기타아즈미北安曇까지 여행하는 사람이 극히 드물었던 것이 틀림없다.

내가 처음으로 등정한 것은 다이쇼 2년(1923) 7월로, 탈것이라고는 겨우 오마치까지밖에 없었다. 거기부터 하루를 걸어 요쓰야四谷[13]에서 묵고, 이튿날 아침부터 산에 매달렸다. 정상에 닿고 그날 중으로 오이케大池까지 왕복했기에, 당시에는 체력이 좋았음을 헤아릴 수 있다.

그 뒤로 나는 네 계절을 연달아 시로우마에 올랐다. 적설기에는 쓰가이케栂池 쪽에서 올라 정상에서 엎드려 동면 암벽의 빙설의 전당殿堂을 들여다봤다. 신록의 계절에는 아직 잔설이 그득한 대설계를 오르면서 양쪽 산줄기의 사스래나무岳樺가 점점 움트는 아름다운 빛을 바라보았다. 단풍을 보러 갔던 가을에는 가랑비를 맞고, 그저 혼자뿐인 정상에서 자욱한 안개가 서리도록 내맡겼다.

요즘은 시로우마 산록으로 스키를 타러 가는 사람이 많아졌다. 물론 산에 올라갈 생각은 하지 않고 오로지 리프트에 의지해 활강을 즐길 뿐인 사람이 대부분이지만, 비록 등산에 인연이 없는 그들 스키를 타는 대중이라 할지라도 시로우마, 샤쿠시杓子, 야리鑓, 이른바 시로우마 삼산이 은빛으로 반짝이고 있는 것을 우러러보면, 그 고상한 아름다움에 감동하지 않을 수 없을 것이다.

주

1 시로우마다케의 대설계는 일본에서 가장 큰 설계로 지리용어가 아니라 지명으로 통용된다. 사루쿠라猿倉 등산 들머리를 지나 올라가면 능선을 향해 이어지고, 능선상에 있는 하쿠바다케 산정숙사白馬岳山頂宿舍에 닿는다. 시로우마다케 대설계, 하리노키針ノ木 대설계, 쓰루기자와劍澤 대설계를 가리켜 일본 삼대 설계라고 부르는데, 모두 북 알프스에 있다.

2 시로우마다케에는 이전에도 오쿠야마마와리나 육지측량부를 위한 오두막이 있었으나, 종교등산 등이 아닌 일반 등산자를 위한 최초의 야마고야는 하쿠바산소白馬山莊로, 1906년(하쿠바산소 홈페이지에서는 1905년)에 세워졌다. 일본 최대 규모를 자랑하며 좋은 시설을 갖추고 있다.

3 시로우마야리白馬鑓는 시로우마 삼산 중 하나인 야리가타케鑓ヶ岳를 가리키는 말이다. 저자의 독법처럼 시로우마야리라고 읽는 것이 맞지만, 이곳의 야마고야 이름도 하쿠바야리온센고야白馬鑓溫泉小屋로 읽고 있다. 표고 2100미터 지점에 있어서 한때는 일본 최고 지점의 온천으로 알려졌으나, 실제로는 다테야마의 미쿠리가이케 온천이나 야쓰가타케의 모토자와本澤 온천이 더 높다고 한다.

4 골짜기를 부를 때 도야마 사람들은 다니谷를 단谷으로 부른다. 히다 산맥의 계곡 동서를 경계로, 도야마 사람은 단谷으로 부르고 나가노 사람은 사와澤로 부른다고 한다. 두 지역의 경계가 불확실한 시로우마다케 위쪽에서는 섞여서 나타난다.

5 이것 말고도 우에코마가타케上駒ヶ岳라는 이름도 있었다. 우에上는 전국시대 에치고의 다이묘 우에스기 겐신上杉謙信(1530~1578)을 가리키며 겐신이 금은 광산을 개발하려고 했다는 전설에서 유래했다.

6 이는 쇼와 초기에 관광업자들이 '백마 탄 왕자'의 이미지를 만들어 홍보한 탓으로 보고 있다. 따라서 아직도 유래를 살피는 등산객은 시로우마로, 세간에서는 하쿠바로 부르는 경향이 있다.

7 못자리 말, 즉 못자리할 때를 알려주는 말이라는 뜻이다. 써레질 말이라는 시로카키우마代搔き馬라는 표현을 주로 쓴다. 산의 표면에 눈이 녹으면 나타나는 형태를 설형雪形이라고 하는데, 봄에 높은 사면에 보이는 말·새·사람 등의 모양을 한 잔설을 말한다. 옛날에는 설형의 출현을 농사의 대중으로 삼았다.

8 북쪽으로 하쿠바오이케로 가는 능선 위에 있으며 다이니치다케大日岳로도 부른다.

9 한시漢詩와 와카和歌.

10 월터 웨스턴Walter Weston(1860~1940): 알파인클럽 회원, 일본산악회 최초의 명예

회원, 일본 근대등산의 아버지라고 부르는 인물이다. 케임브리지 대학을 마치고 일본에 성공회 선교사로 부임했다. 요코하마에 부임했을 때 자신을 찾아온 고지마 우스이 등에게 알파인클럽을 본뜬 산악회 결성을 권유해서 1905년에 일본에 산악회가 탄생하게 되는 계기를 마련했다. 그가 시로우마다케를 등산하고 시무라 우레이가 찍은 시로우마 삼산의 하나인 샤쿠시다케杓子岳 사진을 알파인클럽의 기관지『알파인 저널』제23권(1907)에 실어 일본 알프스를 최초로 유럽에 소개했다. 일본과 영국이 적대국이 되자 가미코치에 있던 그의 부조를 파괴하려는 움직임도 있었으나 전후에 그의 위상을 되찾았다. 그의 대표작『일본 알프스 등산과 탐험』은 영국에서 발행된 책이며, 이 책의 부록Appendix B에는 당시 제물포 송학동 성공회 성당 소속인 내과 의사 엘리 랜디스Eli Barr Landis(조선이름 남득시南得時 [1865~1898]) 박사가 제공한 「조선의 푸닥거리에 관한 참고사항Notes on the exorcism of spirits in Korea」이 330페이지부터 339페이지까지 실려 있다.

11 고노 레이조河野齡藏(1865~1939): 일본산악회 회원. 오마치의 소학교 교장을 지냈다. 일본 알프스‧홋카이도‧지시마의 산에 올라 고산식물을 연구했고 고향 나가노의 산악회와 박물학회를 이끌었다. 1898년의 이 등산은 시로우마다케에서 행한 최초의 학술적 등산이었다.
12 오카다 구니마쓰岡田邦松: 기타아즈미군 나나키七貴의 소학교 교사.
13 현재 하쿠바무라를 말하며 요쓰야四谷는 신주쿠新宿에 있는 지명이어서 대개 요쓰야四ッ谷로 적는다. 저자도 다른 책에서는 요쓰야四ッ谷로 적고 있다. 1932년에 이곳에 생긴 역은 시나노요쓰야信濃四ッ谷역으로 개업했고 1968년에 하쿠바白馬역으로 이름을 바꾼다.

고류다케
五龍岳

표고 **2814미터**
소재 **도야마현**富山縣
　　　나가노현長野縣

　　기타아즈미에서 우시로다테야마 연봉을 바라보면, 높이는 특별할 것 없지만 산용웅위山容雄偉 암릉준려巖陵峻厲하고 산줄기가 퍼진 모습이 장중한 산이 눈에 띈다. 그야말로 대지大地에서 돋아난 것처럼 빈틈없이 단단해서 꿈쩍도 하지 않을 느낌이다. 이것이 고류다케五龍岳다. 북쪽은 다이고쿠大黑의 암봉을 거쳐 가라마쓰다케唐松岳로 이어지고, 남쪽은 하치미네키렛토八峰キレット[1]의 낭떠러지로 가시마야리다케에 연결되어, 옛날에는 우시로다테야마 종주 중의 난관이었다.
　　이 다가가기 어려운 산도 근년에 많은 사람이 보다 가깝게, 더욱 또렷하게 바라볼 수 있게 되었다. 핫포오네八方尾根[2]에 편리한 리프트가 매달려 있기 때문이다. 그것이 없었다면 겨울에 그런 높은 곳까지 간 적이 없었을 것이 분명한 화려한 여성이 "저건 무슨 산이에요?"라며 동행한 청년에게 묻고 있는 것을 한두 번 들은 게 아니다. 아무리 산에 무관심한 스키어라도 캐묻지 않고는 배기지 못할 정도로 핫포에서 본 고류는 강렬하다.

고류산소五龍山莊 야영장에서 바라본 고류다케

가라마쓰다케에서 바라본 고류다케

그것은 마치 바위로 된 혹투성이 같은 근골이 우람한 상체를 드러내고 있다. 다른 산들처럼 맵시 있지는 않다. 울퉁불퉁하고 거친 남성적인 든든함을 갖추고 있다.

더욱 훌륭한 고류다케를 보고 싶은 사람은 가라마쓰다케 위에서 바라볼 일이다. 그곳에서의 고류는 장대하다. 엣추 쪽 가키타니餓鬼谷의 바닥에서 정상까지 단박에 밀어 올린 자세는 실로 당당하다.

예전에 엣추 쪽에서의 호칭은 가키가타케餓鬼ヶ岳였다. 마에다 가문前田氏[3]의 번정藩政[4] 시대에, 신에쓰信越[5] 국경의 산으로 오쿠야마마와리奧山廻り[6]라고 부르는 조사대가 몇 번이나 파견되었다. 그중 가장 오래된 기록인 겐로쿠元祿 13년(1700)의 『오쿠야마 경계일람회도奧山御境目見通繪圖』에는 가키가타케라고 역력히 기재되어 있다. 그 이후의 회도에도 가키가타케라는 이름은 변동이 없다.

일본에서 아귀餓鬼라는 지명은 대체로 바위가 험한 장소를 말하는 것으로 보이는데, 옛날에 우시로다테야마 연봉을 걸었던 사람들이 고류에 와서, 여러 겹으로 험악한 바위의 모습을 보고 이것을 가키가타케라고 이름 붙였던 것은 당연했다고 본다.

우시로다테야마 연봉이라고 부르는 법은 북 알프스가 일반 등산객에게 개방되고부터 통용되기 시작했다. 번정 시대의 회도에도 우시로다테야마後立山라는 이름은 있었다. 하지만 그것은 류잔立山(다테야마立山를 옛날에는 류잔立山으로도 불렀다)에서 본 구로베가와黑部川 건너편의 산을 고류잔後立山으로 칭했던 것이다.

이 방면의 옛 기록에 정통한 나카시마 마사후미[7]의 설을 빌리면 "고래로 하리노키 고개針ノ木峠 이북부터 가키가타케 사이에는 여러 좌[8]의 산이 줄지어 있는데, 그 최고봉만 고류잔後立山이라고 불렀고, 나머지는 이름이 없는 산으로서 종속적으로 고류잔이란 이름에 포함되었다. (…) 이것이 다시 후세에 이르러 고류잔後立山이라는 산이 어디를 가리키는지가 명확하지 않게 된 원인遠因을 만든 것이 아닐까 한다."

도미오네에서 바라본 네 개의 마름모가 드러나는 고류다케

고류後立가 어느 산을 가리키는가에 관해서는 초기 『산악』 지상에서 열띤 논쟁이 있었는데, 고류ゴリュウ가 고류五龍로 통하는 점 때문에, 지금의 고류다케五龍嶽일 것이라는 설이 승리를 차지했다. 하지만, 그 이후 이런저런 검토 끝에 옛날의 고류後立는 지금의 가시마야리鹿島槍에 상당한다는 것으로 확정되었다.

신슈 쪽에서는 전국시대(15세기 말~1573)에 이 지방이 다케다 신

겐[9]의 세력 범위였기에, 산의 잔설 모양이 다케다 가문의 문장[10]을 나타내는 마름모菱와 닮아 있는 점에서 고료御菱라고 불렀다.[11] 그것이 고류로 와전되었다는 설이 있는데 확실한 문헌은 없다. 산기슭의 사람들은 와리비시노아타마割菱ノ頭라고 부르고 있었다.

고류ゴリュウ에 고류五龍라는 군두목을 붙인 것은 이 산에 가장 먼저 올랐던 사에구사 이노스케[12]로, 메이지 41년(1908) 7월의 일이었다.[13] 그 이래로 고류는 확고부동해졌는데, 경박한 점이 조금도 없는 빈틈없이 단단한 산에 고류라는 중후한 이름은 딱 들어맞는다고 생각한다.

옛날의 가키가타케가 고류다케로 바뀐 이래, 그 이름은 간신히 이 산에서 흘러나오는 가키타니에 아쉬움을 새기고 있다. 그 가키타니 우안右岸[14]의 2128미터 봉우리에 가키야마餓鬼山라는 이름이 붙어 있는데, 이것은 가져갈 곳이 없어진 고래의 명칭을 이 봉우리에 내어준 것이 아닐까.(쓰바쿠로다케燕岳의 북쪽에도 가키다케餓鬼岳가 있는데, 이것은 전혀 다른 산이다.)

고류다케 북쪽의 가에라즈不歸[15]와 남쪽의 가시마야리 동면의 암벽들은 근년에 암벽등반의 훈련장으로 주목받고 있는데, 그에 비해 고류의 동면을 의외로 놓치고 있는 것은, 이곳에는 클라이머를 매혹하기에 충분한 암벽이 부족해서일까.

직접 이 산에 오르려면 신슈의 가미시로神城에서 도미오네遠見尾根를 거쳐 시라타케白岳에 닿은 다음, 산정으로 향한다. 엣추 쪽에서는 가키타니의 상류 다이코쿠도잔大黑銅山[16] 유적에서 오른다. 이 루트는 옛날 등산자가 택한 것이었는데, 지금은 이용하는 사람이 거의 없는 것 같다. 일반적으로 고류다케에만 오르려는 사람은 적어서, 대부분 우시로다테야마 종주 중에 이 봉우리에 올라선다. 내가 삼십 년 전에 처음 고류다케의 정상에 섰던 것도 역시 종주 도중이었다. 지금의 종주로는 고류의 정상을 피해 신슈 쪽으로 우회하고 있는데, 아무쪼록 한 걸음 수고를 들여 이 웅장하고 훌륭한 봉우리 위에 서야 마땅할 것이다.

주

1. 북 알프스에서 다이키렛토大キレット, 가에라즈키렛토不歸キレット와 더불어 3대 키렛토로 불린다.
2. 가라마쓰다케를 정점으로 하는 지능선으로, 문자 그대로 팔방을 둘러볼 수 있어서 우시로다테야마 연산이 좌우로 한 눈에 들어온다. 나가노 동계 올림픽 당시 핫포오네 스키장을 알파인 스키 경기장으로 썼다.
3. 가가번加賀藩을 지배했던 가문. 가가번은 이시카와현의 남부인 가가, 이시카와현의 북부인 노토, 도야마현인 엣추 등을 지배한 마에다 가문의 번이다. 메이지 2년의 판적봉환版籍奉還으로 본거지인 가나자와金澤의 이름을 따서 가나자와번이라고 부르기도 한다. '가가 백만석加賀百萬石'이라는 말로 대변되는 번주의 지위로서도, 경제력과 인구에서도 가장 강력한 번이었다.
4. 영주가 자신의 영지를 기반으로 하는 통치.
5. 시나노信濃와 에치고越後 지방. 나가노와 니가타현.
6. 산악은 영주의 당연한 재산으로 간주했고 국경문제도 함께 포함했기에 막명幕命이나 번명藩命으로 일반인의 출입을 엄격히 금했다. 가가번의 명산 하쿠산은 영토분쟁에서 막부의 조정에 따라 에치젠越前 후쿠이번福井藩의 산이 되었던 쓰라린 경험도 있었다. 이에 따라 가가번이 다테야마와 하쿠산의 깊은 산에 국경경비, 도벌방지와 삼림관리를 위해 중요한 수목 7종의 보전을 위해 실지답사를 할 조직을 만들었다. 그중에 구로베黑部 오쿠야마마와리는 1640년부터 메이지 시대로 들어 판적봉환이 되었던 1869년까지 계속되어, 지금의 북 알프스의 주요한 산을 거의 다 답사했다고 볼 수 있다. 북 알프스의 등산 거점인 가미코치는 마쓰모토번松本藩의 영지이지만, 도벌을 관리하기 위해 경계를 공유하는 조건으로 협상을 벌여서 도야마의 벌목 수송로로 이용하는 대신, 마쓰모토번에 소금을 공급하기로 하고 도야마의 오쿠야마마와리가 드나들 수 있게 되었다. 근대등산 여명기에 오쿠야마마와리 출신들이 그대로 가이드가 되었던 경우가 많아서, 일본 등산사에서도 자주 언급한다.
7. 나카시마 마사후미中島正文(1898~1980): 일본산악회 회원. 필명 나카시마 교시中島杳子. 간사이대학을 중퇴했고 도야마현 도서관 협회장을 지냈다. 저서로『북 알프스의 사적연구北アルプスの史的研究(1986)』등이 있다.
8. 일본은 고대부터 산악종교의 영향으로 산을 신체神體로 보았다. 이에 따라 개個로 세지 않고 좌座로 센다. 이런 관습이 우리나라에도 미쳐서 '히말라야 14좌' 같은 말로 전해졌다. 마찬가지로 신불을 세는 양수사도 좌座, 체體, 주柱 등을 써서 적고 있으나 가장 익숙한 좌로 통일했다.
9. 다케다 신겐武田信玄(1521~1573): 전국시대의 다이묘. 근거지가 야마나시 지역이어서 가이甲斐의 호랑이라고 불렸다. 가와치겐지의 후손으로 알려져 있으며 이에 따라 와리비시割菱를 가몬家紋으로 썼다.
10. 가몬家紋을 말한다. 이 가몬의 유래는 하치만타이 편에서 언급하는 하치만타로의

아버지인 미나모토노 요리요시가 아베 가문을 정벌하기 위해 오슈로 떠나기 전년인 1050년에 신탁으로 받았다는 깃발과 갑옷의 투구장식에 박힌 마름모무늬에서 유래했다. 갑옷은 고자쿠라 가와오도시요로이小櫻韋威鎧, 또는 방패가 필요 없는 갑옷이라는 뜻의 다테나시요로이楯無鎧로 불렸으며, 후예인 다케다 신겐 대에까지 가보로 전해졌다. 이 갑옷은 이미 다이보사쓰다케 편의 요시미쓰, 나스다케 편에 등장하는 요리토모의 아버지인 미나모토노 요시토모源義朝(1123~1160) 등 가와치겐지의 동량들이 물려받았던 것으로 알려져 있고 현재 국보로 지정되어 있다.

11 고료御菱와 와리비시菱割는 요쓰와리비시四割菱, 다케다비시武田菱라고도 부른다. 마름모를 네 조각으로 나눈 것으로 다케다 가문의 가몬을 말한다. 참고로 기업명 미쓰비시三菱는 마름모 세 개를 뜻한다.

12 사에구사 이노스케三枝威之介(1886~1975): 일본산악회 명예회원. 히토쓰바시一橋 대학의 전신인 도쿄고등상업을 졸업했고 일본산악회에 20세에 입회해 줄곧 간사를 맡았다. 일본 등산사에서 탐험시대에 북 알프스와 남 알프스에 많은 발자취를 남긴 인물이다. 특히 그는 와루사와다케 편의 1909년의 아카이시 산맥 종주 때 장비담당이어서 같은 일본산악회 회원이며 범포가게 가타기리片桐를 운영하는 가타기리 사다모리片桐貞盛에게 륙색과 스위스의 텐트를 참고해 설계한 일본 최초의 캔버스 텐트를 주문했다. '가타기리 륙색'은 곧바로 모든 등산가의 선망의 물건이 되었고 저자의 첫 륙색도 가타기리였다.

13 이때의 등산기록은 『산악』 제4년 제1호(1909)의 권두사진 「신에쓰 국경 고류다케 信越國境五龍嶽」와 본문에 「일본 북 알프스 종주기」로 실려 있다.

14 하류를 향하고 볼 때 오른쪽 기슭.

15 대개 가에라즈노켄不歸ノ嶮이라고 부르는 험준한 구간. 덴구노아타마天狗ノ頭에서 가라마쓰다케 사이에 연속한 암봉으로, 북쪽부터 Ⅰ·Ⅱ·Ⅲ봉의 순서로 이름이 붙어 있다.

16 1918년에 폐광된 동광산.

가시마야리다케
鹿島槍岳

047

- 표고 **2889미터(남봉)**
- 소재 **도야마현**富山縣
  나가노현長野縣
- 지도 **가시마야리가타케**鹿島槍ヶ岳

한낮의 구름
배처럼 생겼는데 움직이지 않네
가시마야리라는
쪽빛의 산이구나

晝の雲
舟のさまして動かざる
鹿島槍てふ
藍の山かな

이것은 미요시 다쓰지[1]의 노래다. 이 시인은 오래전에 시가 고원의 홋포發哺에 머물렀던 적이 있는데, 그 무렵에 지은 것이다. 홋포 온천에서 바라보는 북 알프스의 광대한 경치는 굉장하다. 시야의 끝에서 아름다움을 겨루는 듯 고악웅봉高嶽雄峰이 어깨를 견주고 있다. 이런 멋진 파노라마 속에서 가시마야리다케鹿島槍岳의 아름다운 모습이 미요시 군의 눈을

하치미네키렛토에서 이어지는 가시마야리다케와 쓰리오네. 왼쪽이 북봉, 오른쪽이 남봉

사로잡았던 것이 분명하다.

　　　가시마야리는 내가 참 좋아하는 산이다. 높은 곳에 서서 북 알프스 연봉이 나타나면, 맨 먼저 나의 눈이 찾는 것은 쌍이봉雙耳峰을 지닌 이 산이다. 기타야리北槍와 미나미야리南槍 두 봉우리가 느슨함 없이 밑에서부터 밀어 올린 듯 솟아나 있고, 그 둘을 연결하는 약간 기울어진 쓰리오네吊尾根[2], 그 기품 있는 아름다움은 보기에 지루할 일이 없다.

한 마디로 아름답다고 말한다고 해도, 가사가타케처럼 단정하지도, 야쿠시처럼 웅대하지도, 쓰루기다케처럼 준열하지도 않다. 그런 투의 마침맞은 형용을 찾을 수 없는 통속적이지 않은 아름다움이다. 이키粹[3]라는 말이 적당할까. 이키가 있으면서 결코 경박하지 않다. 대충대충 산을 보는 사람은 간과하기 십상인 겸손한 존재이지만, 일단 그 가치를 알게 되면 어느새 좋아서 견딜 수 없게 되는, 그런 매력을 지닌 아름다운 모습이다.

매력은 뭐라 해도 두 창槍과 그 사이에 있는 쓰리오네의 아름다움인데, 특히 이 산을 완전히 옆에서 보는 것보다 비스듬하게라든가, 혹은 세로로 바라보는 편이 다소 지루하게 느껴지는 좌우의 능선이 줄어들어 한층 야무진 아름다움이 된다.

이 산은 신슈 쪽에서 보는 것이 좋고, 엣추 쪽에서는, 예를 들어 다테야마 연봉에서 바라보는 것은 조금 정채精彩가 부족하다. 매력적인 쓰리오네가 어딘가 느슨해지고 만다. 신슈 쪽에서는 어디에서 보아도 좋은데, 특히 인상적이었던 것은 이토이가와카이도糸魚川街道의 호숫가를 걸어가며 호수의 맞은편을 가르는 앞산들 위로 두 개의 창이 우뚝 머리를 쳐들고 있는 것을 발견했을 때였다. 혹은 고류다케의 꼭대기에 서서 깊은 계곡을 사이에 두고, 바로 맞은편에 흘러가는 옅은 구름 사이로 아른거리는 쓰리오네를 바라보았을 때였다. 저런 구도는 어떤 천재적인 화가라도 떠오르지 않을 것이다.

가시마야리다케라는 이름은 메이지 이후에 산기슭 가시마 마을의 이름을 채택했던 것이다. 이 마을은 헤이케 오치무샤平家落武者[4]가 살았던 곳이라고 전해지고, 더욱 깊은 곳인 가시마야리 북면의 암벽 아래에는 가쿠네자토カク네里[5]라는 지명까지 남아 있다. 가쿠네자토는 가쿠레자토隱れ里[6]의 와전인 것일까.

하지만 그 전에, 훨씬 옛날부터 이 빼어난 산에는 이름이 있었다. 신슈 쪽에서는 세쿠라베背比べ[7], 혹은 쓰루가타케鶴ヶ岳라고 불렀다고 한

가시마야리 스키장에서 바라본 가시마야리다케

다. 세쿠라베는 쌍이봉에서 유래한 것이고, 쓰루가타케는 잔설의 모양과 관련 있다.[8] 엣추 쪽에서는 고류잔後立山이라는 칭호가 있었다. 엣추의 옛 문헌에 고류잔이라는 이름이 있는데, 그 산이 어느 것을 가리키는 것인지 여러 논의가 있었다. 결국은 지금의 가시마야리가 그것이라는 게 확실해졌다.

등산자가 이 산에 주목해 오르기 시작한 것은 메이지 말기였고, 그 이후 점점 많은 사람이 가게 되어서, 이른바 우시로다테야마後立山 종주라는 말이 생길 정도가 되었다.

가시마야리의 적설기 초등은 다이쇼 15년(1926) 4월, 나의 산 친구인 다나베 가즈오, 시오카와 미치카쓰[9], 이시하라 이와오[10] 이 세 사람에 의해 이루어졌던 것을 그들의 명예를 위해 덧붙여두려고 한다.[11] 그 뒤로 겨울철 등산은 점점 활발해져, 근년에는 정월 휴가에 북 알프스에서 가장 붐비는 산 중의 하나로까지 되었다. 록클라이밍의 무대로서도 이름나, 동면과 북면의 험절險絕한 암벽을 노려, 히가시오네東尾根, 덴구오네天狗尾根 등도 잇달아 등반되었고, 이제는 가시마야리가 있는 신슈 쪽의 암벽, 골짜기 길, 산줄기는 거의 남김없이 밝혀져서 요시다 지로[12]의 『가시마야리 연구』라는 한 권의 훌륭한 책까지 탄생했을 정도다.

산은 그 정상에 올라보는 것에 의해 한층 친밀함이 늘어나는데, 나는 쇼와 9년(1934) 여름, 고바야시 히데오와 둘이서 비로소 그 꼭대기에 섰다. 그 이래로 가시마야리는 내 마음을 사로잡아 오늘까지 이르고 있다. 산이 좋아 평생 산 그림만 그렸고, 예순이 넘어 결국 산에서 돌아가셨던 이바라기 이노키치[13] 화백도 가시마야리를 좋아해, 자주 아오키 호수靑木湖 언저리로 사생하러 가셨다. 나는 이바라기 씨에게 부탁해 가시마야리를 그린 그림을 받았는데, 그의 유작이 지금도 내 방을 꾸미고 있어서 일손을 멈출 때는 넋을 잃고 보고 있다.

주

1 미요시 다쓰지三好達治(1900~1964): 저자의 친구로 주지주의 서정시인, 비평가, 번역가다. 육군사관학교를 중퇴하고 도쿄제국대학에서 불문학을 전공했다. 결핵을 앓고 나서 요양차 홋포에서 장기 체류했다.
2 등산에서 두 봉우리를 잇는 능선의 곡선이 현수교의 케이블이 이루는 곡선처럼 완만한 활 모양을 그리는 곳, 또는 그런 구간을 지명처럼 가리키는 곳도 여럿 있어서, 기타다케 편 등에서도 언급한다. 유명한 것으로는 가미코치에서 바라볼 때 오쿠호타카다케와 마에호타카다케 사이의 능선을 쓰리오네라고 부른다.
3 이키라는 개념은 모노노아와레物の哀れ, 와비사비侘び寂び처럼 일본의 미의식 중 하나다. 에도 시대에 도시의 상인과 장색 계급인 조닌町人에서 생겨난 말로, 원래 화류계와 관련해 산뜻하게 노는 방식을 가리켰다. 이는 '격에 맞는 멋을 가지고 노는 일'을 가리키는 '풍류'와 비슷하다. 또한 세련되고 운치와 성적 매력이 있지만, 그것을 대놓고 드러내지 않는 태도나 불필요한 것을 걷어내는 것을 가리키기도 한다. 이는 '차림새·행동·됨됨이 따위가 세련되고 아름다움, 때 벗음, 고상한 품격이

	나 운치'를 뜻하는 '멋'과 비슷하다.
4	싸움에 지고 도망친 무사. 헤이케 오치우도平家落人라고도 한다.
5	빙하가 있는 곳이다. 이 지역의 설계를 오마치 산악박물관 등이 학술조사한 결과 2018년에 다테야마 연봉의 빙하와 더불어 빙하로 인정했다. 이는 알프스나 히말라야 산군의 거대한 빙하가 아니라 계곡 일부를 흐르고 있어서, 겨우 빙하라는 이름을 붙일 수 있는 규모다.
6	숨겨진 마을을 말한다. 이상향이나 선경을 뜻하기도 하지만, 역시 헤이케 집락平家集落에 관한 것이 대표적이다.
7	키 재기.
8	남봉 바로 아래에 학과 사자 모양의 설형이 나타난다.
9	시오카와 미치카쓰鹽川三千勝(1905~1941): 구제 제1고등학교 여행부 시절부터 저자의 친구였다. 나가노의 은행가 집안의 장남이었던 그는, 도쿄제국대학 정치과를 졸업하고 가업을 이었다. 시로우마다케 근처인 쓰가이케 고원에서 눈사태로 사망했다.
10	이시하라 이와오石原巖: 저자가 산의 은인으로 꼽는 네 사람 중 한 사람이며, 저자의 등산이력에서 중요한 인물이다. 구제 제1고등학교 여행부 친구였고 그의 권유로 1934년에 제1고 여행부 OB 모임인 아자라시카이アザラシ會에 입회한다. 또한 이듬해 6월 저자는 그와 누카다 하야시額田敏(1892~1980)의 추천으로 일본산악회에 입회한다. 기리가미네 편에서 언급하는 '기리가미네 산의 모임'을 아즈사쇼보梓書房에서 발행하던 잡지 『산』의 편집장이었던 그가 주선하고 저자와 진행을 상의했다. 이런 친구였기에 저자는 "······산이며 스키에 관해 나의 관심을 넓혀주었던 하반신이 마비된paraplegia 이시하라 이와오 군. 그가 산에 가지 않게 된 일은 내게 크나큰 적료寂寥이다"라고 술회하고 있다.
11	세 사람 모두 저자의 절친한 친구로, 이 글을 쓰고 있을 당시에 두 사람은 고인이 되었고, 한 사람은 생사를 알 수 없으나 하반신 마비가 되어 있었다.
12	요시다 지로吉田二郎(1931~2003). 전쟁 후 등산 전문지 『기쿠진岳人』과 『산과 계곡 山と溪谷』에 기사를 기고했고, 자신의 가시마야리가타케 북벽 초등기록 등을 정리한 『가시마야리 연구(1957)』를 출판했다. 그러나 요시다가 주장한 루트 중 8건에 대해 의혹이 있다는 견해가 소속 산악회인 등령회登嶺會에서 나와 『가쿠진』에 게재됐다. 요시다는 이에 따른 반론을 내놓았지만 이후 등산계에서 자취를 감췄다.
13	이바라기 이노키치茨木猪之吉(1888~1944): 일본산악회 회원. 고지마 우스이의 친구였던 인연으로 등산에 발을 들였다. 『산악』과 고지마 우스이의 저작 등에도 권두화와 삽화를 실었다. 그중 『산악』 제11년 제2호(1916)에 다나베 주지가 기고했던 「야리가타케에서 동해까지」에 삽화로 실렸던 작품이 유명하며, 이는 1913년에 그가 가미코치에서 고구레 리타로와 다나베 주지를 만났을 때의 인상을 담은 것이다. 1936년에 나카무라 세이타로 등과 일본산악화협회를 설립했고, 1944년 10월 2일 호타카다케에서 실종되었다.

048

쓰루기다케
劒岳

표고 **2999미터**
소재 **도야마현**富山縣
지도 **쓰루기다케**劒岳

　북 알프스 남부의 중진重鎭을 호타카穗高라고 한다면, 북부의 준영俊英은 쓰루기다케劒岳일 것이다. 층층의 바위로 갑옷을 입은 그 호탕, 준열, 고매한 풍격은 이 양 거봉에 상통하는 것이 있다. 대학산악부가 유능한 후계자를 육성하기 위한 여름합숙, 정예를 자랑하는 클라이밍 클럽이 어렵고 힘든 루트를 찾아 빙설에 도전하는 도장을 대체로 이 호타카나 쓰루기로 고르는 것도 그런 연유가 아닐까 한다.

　나는 『만엽집』에 실려 있는 오토모노 야카모치[1]의 「다치야마후 및 단카立山の賦並に短歌」[2]에서 찬양하고 있는 다치야마立山는 지금의 다테야마立山가 아니라 쓰루기다케일 것이라는 견해를 가지고 있다. 다치太刀[3](검劒)[4]를 세워 한 줄로 이어놓은 것 같은 모양이기에, '다치야마たちやま'[5]라는 이름이 붙었다. 야카모치의 노래에 나오는 "가타카히가와可多加比河(片貝川)의 청아한 여울에는……"[6]이라든가, 그 노래에 화답하는 오토모노 이케누시[7]가 지은 노래 중에 "험한 바위도 거룩하고……"[8]라는 묘사는 쓰루기다케 외에는 생각할 수 없다.

벳산別山 근처에서 바라본 쓰루기다케

　참으로 쓰루기다케는 그 옛날부터 그것을 우러르는 사람들의 마음을 드높이는 산이다. 무엇보다 그 풍채가 호의豪毅해서 삽상한 점이다. 일본 알프스의 고봉에는 각각의 풍격이 있지만, 하나의 첨단을 정점으로 해서 가슴 후련하고 산뜻한 금자탑을 만들고 있는 것은 이 쓰루기다게와 가이코마가타케 정도다.

　쓰루기다케는 참으로 다치의 예리함과 강인함을 가지고 있다. 그

우시로다테야마 능선 위에서 바라본 다테야마 연봉과 쓰루기다케

강철 같은 바위문은 세차게 치솟아 있어 눈을 얼씬도 못 하게 한다. 사방의 산들이 하얗게 단장해도 쓰루기만은 새카만 골릉骨稜을 드러내고 있다. 그 철의 성채와 가파르고 험한 눈의 계곡으로 지켜져 오랫동안 등정이 불가능한 봉우리로 여겨져 왔다. 고보 대사가 짚신 천 켤레를 쓰고도 오르지 못했다는 전설은 차치하고라도 일본 알프스의 산들이 완등되던 마지막까지 이 봉우리는 남았다.

  그런 쓰루기다케의 신비를 벗길 날이 왔다. 메이지 40년(1907) 7월 13일, 육지측량부 일행이 마침내 정상에 올랐다. 그런데, 인적미답이라고

여겨지고 있던 그 산의 절정에 처음으로 섰던 사람은 그들이 아니었다. 이미 그보다 이전에 올랐던 사람이 있었다. 측량부 일행이 정상에서 창촉槍鏃과 석장錫杖의 머리 부분을 발견했던 것이다.[9]

창촉은 길이가 약 한 자, 수행자가 정상에서 수도할 때 사용했던 종교용 검이었다. 석장의 머리는 길이가 여덟 치 한 푼, 두께 서 푼,[10] 이것은 극히 오래된 물건으로, 학자들은 중국의 룽먼석굴龍門石窟 불상의 석장과 같은 것으로 보이는, 당나라 때에 만든 것으로 감정했다. 창촉도, 석장의 머리도 오랜 세월 풍설에 삭았고, 조금 간격을 두고 남아 있었다. 전자는 그다지 심하게 녹슬어 보이지도 않았고, 후자는 매우 아름다운 녹청색을 보여주고 있었다.

고래로 등산자가 전혀 없었을 것으로 보였던 이 준험한 산에 누군가 용맹과감勇猛果敢한 스님이 오르고 있었던 것이다. 그것은 어느 무렵에 어느 코스를 취했던 것일까. 모르겠다. 창촉과 석장의 머리는 같은 사람이 지니고 온 물건이었을까, 각기 다른 사람의 물건이었던 것일까. 모르겠다. 그리고 이 물건은 기념하기 위해 정상에 남겨놓고 간 것일까, 아니면 등반자가 날씨의 이변을 만나 버티지를 못해서 소지품만 남겨졌던 것일까. 모르겠다. 어쨌든 불퇴전不退轉의 용기와 강철 같은 의지를 지녔던 수행승이 열렬한 신앙심에 사로잡혀 이 정상에 닿았던 것만큼은 역연한 사실이다.

이 발견으로부터 2년 뒤에 순수한 등산을 목적으로 네 명으로 이루어진 파티가 등정했는데,[11] 그를 안내한 사람은 전에 측량대와 동반했던 우지 조지로[12]였다. 그리고 이때 일행이 등로로 택했던 설계雪溪에 조지로단長次郎谷이라는 이름이 주어졌다.

우지 조지로와 나란히 일본 근대 등산의 여명기에 엣추의 명가이드로 불렸던 사에키 헤이조[13]도, 역시 쓰루기다케 동면의 설계에 헤이조단平藏谷이라는 이름을 남겼다. 그리고 조지로단과 헤이조단을 나누는 암릉은, 역시 명가이드 한 사람의 이름을 택해 겐지로오네源次郎尾根[14]라고 불리고 있다.

센닌이케와 쓰루기다케

　어디에서 보아도 단애와 암벽으로 갑옷을 두르고 있어서, 어디에서 오를 수 있을까 어림잡아 보기조차 어렵던 쓰루기다케도 지금은 온갖 코스가 채택되고, 젊고 용감한 클라이머들은 어렵고 힘든 암벽 루트를 찾고 있다. 그리고 오마도大窓, 고마도小窓, 산노마도三ノ窓,15 야쓰미네八ッ峰 등의 고풍스러운 이름과 함께 니들needle16, 친네Zinne17 등의 서양풍 이름도 섞여, 『만엽집』의 다치야마太刀山는, 중세 슈겐자修驗者의 쓰루기다케는 근대적인 클라이밍의 훈련장이 되어 있다.

　아마 쓰루기다케의 가장 멋진 경관은 센닌이케仙人池 주변에서 바라보는 것이리라. 눈앞으로 바위와 눈이 뒤섞인 다이내믹한 광경이 다가

온다. 씩씩한 암봉과 그 간극에 빛나는 순백의 눈. 이 정도로 알프스 같은 든든한 구도는 달리 견줄 데가 없다. 그 남성적인 경치에 긴장한 눈을 아래로 옮기면, 거기에는 메르헨Märchen[18] 같은 들판이 부드럽게 펼쳐지고, 그곳의 지소에는 바위와 눈의 쓰루기다케가 거꾸로 비치고 있다.

주

1 오토모노 야카모치大伴家持(718~785): 『만엽집』에는 오호토모노 스쿠네 야카모치大伴宿禰家持로, 『백인일수』에서는 주나곤 야카모치中納言家持로 나온다. 나라 시대의 대표적 가인이며 귀족이다. 『만엽집』에 실린 그의 시가가 10퍼센트를 넘고 있어서 만엽집의 편집자로 지목된다.

2 『만엽집』 제17권 4000번 노래로 「다치야마후 한 수와 단카立山賦一首并短歌」라는 제목으로 실려 있다.

3 일본도의 일종으로 고전적 칼이다. 주로 기병이 사용한 평균 80센티미터 정도의 곧은 날을 가진 칼이고, 날을 아래로 해서 허리부터 내려서 패용한다. 일반적으로 알고 있는 일본도는 우치가타나打刀이며 보병용이고, 날을 위로 향해 허리춤에 찔러 넣어 패용한다.

4 원문에 '검'이라고 병기하고 있으나 '도'는 외날, '검'은 양날이 있는 칼이다. 다만 고대의 기술로는 도를 만들기가 어려워 대부분의 칼은 검이었기에, 도가 일반화된 이후에도 검을 혼용해서 쓰기도 했다.

5 『만엽집』 제17권 4000번 노래에서 다치야마多知夜麻로 적고 있다.

6 『만엽집』 제17권 4000번 노래.

7 오토모노 이케누시大伴池主: 『만엽집』에는 오호토모노 스쿠네 이케누시大伴宿禰池主로 나온다. 생몰년 미상의 나라 시대의 귀족이며 관리다.

8 『만엽집』 제17권 4003번 노래.

9 이 과정은 닛타 지로의 소설 『쓰루기다케 점의 기록劍岳 點の記(1977)』에서 묘사되었다. '점의 기록'이란 삼각점 각각의 호적대장이라 할 수 있는 영구보존자료다.

10 도야마현의 다테야마 박물관에서 공개한 실측 치수에서 창촉은 길이 22.6센티미터, 두께 2.0센티미터이고, 석장의 머리 부분銅錫杖頭附은 길이 13.4센티미터, 부채꼴 바퀴의 지름은 10.9센티미터. 창촉은 철검鐵劍으로 보기도 해서, 두 유물을 함께 동석장두부철검銅錫杖頭附鐵劍이라는 명칭으로 부른다. 석장의 머리 부분은 도야마의 다테야마 박물관에서 전시중이다.

11 일본산악회의 요시다 마고시로吉田孫四郎, 이시자키 고요石崎光瑤 등이 올랐다.

12 우지 조지로宇治長次郎(1872~1945): 도야마 출생. 어려서부터 삼림벌채 일을 하던

중 농상무성 삼림국의 경계측량에 참가하게 된 것을 계기로 북 알프스의 여러 산을 익혔다. 온후한 성품으로 존경받았으며 고구레 리타로를 비롯해 구로베 협곡 답사에 간무리 마쓰지로를 지원하는 등 일본 근대등산의 여명기에 많은 등산가를 안내했다.

13   사에키 헤이조佐伯平藏(1878~1943): 도야마 출생. 우지 조지로와 마찬가지로 무수한 등산가를 안내했다. 1921년에 다테야마 안내인조합 초대 회장이 되었다.

14   겐지로는 옥호屋號이고 본명은 사에키 겐노스케佐伯源之助. 다테야마의 개산조가 사에키노 아리요리인 때문인지 이 일대에는 사에키라는 성을 가진 사람이 매우 흔하다.

15   모두 쓰루기다케 북쪽의 능선 위의 안부. 마도窓는 산릉이 V자 형태로 깊이 잘려 낮아진 곳을 말하며 나가노 쪽에서는 기렛토切戶라고 부른다.

16   침봉針峰, 또는 첨봉尖峰.

17   (D) 커다란 암벽을 가진 첨봉.

18   (D) 옛이야기. 마술적, 또는 초자연적 요소를 특징으로 하는 민간설화. 일본에서는 동화라는 뜻으로 쓴다.

049 다테야마
立山

표고 **3015미터(오난지야마**大汝山**)**
소재 **도야마현**富山縣

    다테야마立山[1]는 일본에서 가장 빨리 열렸던 산 중 하나다. 연기緣起에 따르면, 다이호大寶 원년(701) 사에키노 아리와카佐伯有若가 엣추의 고쿠시國司[2]로 재임하던 중에, 그의 아들 아리요리有賴가 흰 매를 쫓아 다테야마의 안쪽 깊이 들어가 미타삼존彌陀三尊의 모습을 접하고, 수희갈앙隨喜渴仰하여 지코慈興[3]로 호를 삼고 다테야마다이곤겐立山大權現[4]을 건립했다고 한다. 이런 유래야 어쨌든지 국사『삼대실록三代實錄』[5]에도 "세이와텐노 조간貞觀 5년(863) 9월 갑인甲寅, 정오위하正五位下인 오야마카미雄山神께 정오위상正五位上을 드렸다"라는 기록이 있다. 오야마카미라는 것은 다테야마다.
    나는『만엽집』에서 읊고 있던 다치야마立山는 아마 쓰루기다케일 것이라는 이야기를 쓰루기다케 편에서 했는데, 그 노래 중에 "스메가미皇神께서 다스리고 계시는"[6]이라는 것은 오야마카미로 보아도 좋을 것이다. 옛날에는 다테야마도 쓰루기도 하나같이 다테야마라고 총칭했음이 틀림없다.
    엣추의 평야에서 바라보면 다테야마는 딱히 피라미드처럼 솟은 봉우리도 아니거니와, 좌우로 두드러진 능선을 드리운 모습도 아닌, 다시 말해 일개 독립된 산이라기보다 파도처럼 이어진 산 같은 느낌이다. 특히 도야마富山 부근에서는 그 전방으로 다이니치다케大日岳가 떡하니 가로막고 있어서 다테야마는 그 뒤로 머리를 내밀고 있을 뿐이라, 산에 밝은 사람이 아니라면 다테야마를 적확하게 지적할 수 없을 것이다.

그처럼 다테야마가 예로부터 번영했던 것은 다테야마곤겐을 선전한 덕분일 것이다.[7] 메이지 유신의 신불분리까지 산기슭의 이와쿠라지岩峅寺[8]에는 다테야마지立山寺가, 아시쿠라지芦峅寺[9]에는 나카미야지仲宮寺가 있어서 양사 모두 많은 절집을 가지고 있었다.[10] 다테야마곤겐을 모시는 사람은 이 승려들[11]인데, 각 절집은 거의 일본 전역을 분담해서 단카檀家[12]를 담당했고, 매년 단카마와리檀家廻り[13]를 해서 다테야마의 오후다御札를 나눠주고[14] 등배登拜를 권유했다. 아마 이것이 엣추의 약 파는 도붓장사[15]의 기원이 되었을 것이다.

다테야마를 오르는 흰옷차림의 참배자는 전국에서 모여들었다. 다테야마곤겐의 공덕은 물론이거니와, 이 산이 매우 변화가 풍부해 등산의 즐거움이 많은 것도 하나의 매력이 되었을 것이다. 아시쿠라에서부터 정상까지의 옛길에는 과거의 번영을 떠올릴 만한 전설이며 고적이 가는 곳마다 남아 있다.

우선 자이모쿠사카材木坂[16]가 있다. 다각형의 주상절리를 가진 안산암이 재목 같은 모양으로 종횡으로 누워 있다. 옛날 뇨닌도女人堂[17]를 세우려고 목재를 이곳까지 옮겨두었을 때 어느 비구니 스님이 와서 그것을 넘자 하룻밤 사이에 목재가 전부 돌로 변했다고 전해진다.

거기부터 광활한 미다가하라彌陀ヶ原에 접어들면 왼쪽에 쇼묘다키稱名瀧가 떨어지고 있다. 4단으로 단애에 걸린 일본 유수의 멋진 폭포다.[18] 미다가하라는 아름다운 산 위의 넓은 고원인데, 지당池塘이 흩어져 있고 고산식물이 가득 피어, 속세에서 올라온 사람들은 이곳에서 천상에 든 기분이 든다.

다테야마무로도에서 바라본 다테야마 본봉

편평한 큰 돌이 있다. 개기開基인 아리요리를 그리워하던 유모가 거기까지 올랐는데, 더 이상 나아가지 못하고 겨우 소중히 품었던 거울을 던졌을 때 그것이 돌이 되었다고 한다. 가까이에 우바이시姥石19라는 것도 있다.20

하지만 다테야마에서 가장 사람들의 눈을 놀라게 하는 것은 지고쿠다니地獄谷일 것이다. 골짜기가 온통 회백색으로 불타 문드러져 여기저기에서 소리를 내며 증기를 뿜어 올리고 있는 처참한 광경이라, 옛사람들이 현세의 초열지옥焦熱地獄으로 보았던 것도 수긍이 된다. 죄장罪障이 깊은

미쿠리가이케에서 바라본 다테야마 본봉

자가 사후에 이 지옥으로 떨어졌다는 이야기가 『곤자쿠 모노가타리今昔物語』[21]에 나와 있기도 하고, 또 이 지옥으로 가면 죽음으로 헤어졌던 부모며 처자와 만날 수 있다고 하는 이야기도 요쿄쿠謠曲 「우토우善知鳥」[22] 속에 남아 있다.

　　지고쿠다니에서 올라간 곳에 미쿠리가이케三繰ヶ池라고 부르는 감벽紺碧의 물을 담고 있는 아름다운 호수가 있다. 물론 전설 없이는 넘어가지 않는다. 옛날에 어떤 중이 사람이 말려도 듣지 않고 이 못에서 헤엄쳤다. 맨 처음은 회검懷劍을 입에 물었던 덕분에 무사했지만, 못을 깔보고 칼

없이 헤엄쳤을 때 한 바퀴, 두 바퀴, 세 바퀴째에 못 가운데 깊은 곳에 가라앉은 채 결국 보이지 않게 되었다. 미쿠리가이케라는 이름은 거기에서 나왔다고 한다.23 이윽고 우리는 무로도室堂24에 도착했다. 이 건물은 겐로쿠元祿 8년(1695) 가나자와金澤 번주가 조영造營했다고 하니, 현존하는 것으로는 일본에서 가장 오래된 야마고야일 것이다.25

이런 갖가지 오랜 유서를 지닌 다테야마도 오늘날에는 아주 달라진 근대적인 관광지가 되어가고 있다. 케이블카가 다니고, 새로운 자동차 도로가 개통되고, 여행자 숙소가 여기저기 세워져, 이제 사람들은 힘들이지 않고 도시의 복장 그대로 고산의 기운을 접할 수 있게 되었다. 들리는 말에 따르면, 머지않아 이 산 허리에 터널이 뚫려 구로베黑部 계곡으로 관광도로가 생긴다고 한다.26 참배하는 산으로서의 다테야마는 사라지고, 등산의 대상으로서의 다테야마도 사라지고, 오로지 번화한 산 위의 유원지가 되어가는 분위기다.

다테야마는 내가 가장 많이 그 꼭대기에 올라섰던 산 중 하나다. 그중에서도 정상의 오야마 신사의 사무소社務所에서 신세 지고, 첫새벽에 해돋이를 맞이했던 때의 인상은 잊을 수가 없다. 사방의 산들이 운해 위로 싹트듯이 떠올라오는 것을 바라보며, 과연 다테야마는 천하의 명봉인 것을 의심하지 않았다.

주

1 이곳의 여러 산을 통칭하는 말이다. 특히 무로도에서 바라보았을 때 좌에서 우로 후지노오리다테富士ノ折立(2999미터), 최고봉인 오난지야마大汝山(3015미터), 주봉인 오야마雄山(3003미터) 등 세 봉우리를 다테야마 본봉이라고 한다.
2 율령기에 조정에서 지방으로 파견한 지방관.
3 전설상의 인물로 지코 쇼닌慈興上人으로 부른다.
4 오야마 신사雄山神社의 옛 이름이다. 최초 건립 연대와 위치는 불상하다. 오늘날은 특히 오야마 정상의 미네혼샤峰本社를 가리키며, 미네혼샤, 주구키간덴中宮祈願

	殿, 마에타테샤단前立社壇 등 3사를 가리킨다.
5	『일본삼대실록日本三代實錄』. 901년에 성립되었고 일본 육국사六國史 중 여섯 번째 사서.
6	『만엽집』 제17권 4000번 노래 중에 나오는 구절이다. 스메가미皇神는 일본 황실의 조상신을 말한다.
7	다테야마의 경우 오시御師들이 부적·약품·다테야마 만다라曼茶羅·특산품 등을 가지고 포교 목적으로 전국을 돌았다. 이로 인해 에도 시대에 다테야마의 존재가 전국으로 알려지게 되었다.
8	조간지가와常願寺川 계곡 어귀에 있는 지구地區를 가리키며 다테야마초立山町에 속한다. 오야마 신사의 전립사단前立社壇이 있다. 사단은 사전社殿의 다른 말이고 전립사단은 신체인 다테야마(오야마) 앞에 세운 신사라는 뜻이다. 조간지가와 상류의 아시쿠라지와 함께 다테야마 신앙의 중심지로서 번창했다. 현재 에도 시대 말기까지 24곳이었던 절집으로 종교집락이 형성되어 있다.
9	계곡 어귀의 이와쿠라지와 마찬가지로 다테야마초의 지구로 다테야마 연봉의 관문이다. 에도 시대부터 타테야마 신앙의 거점으로 번창했고, 패전 이후에는 등산 가이드의 마을로 알려졌다. 현재 에도 시대 말기까지 33곳이었던 절집으로 종교집락이 형성되어 있다.
10	신불분리의 여파로 이와쿠라지와 아시쿠라지가 폐사되어 오야마 신사에 강제로 개편되었고, 지고쿠다니는 히부키산火吹山, 무로도는 무로도코로室所로 개명되기도 했다.
11	신직神職의 일종인 오시御師를 가리킨다. 오시의 기원은 '기도하는 스님御祈禱師'이었다. 신사에도 오시가 있지만 유래는 사찰이다. 헤이안 시대 말기에 영장 순례가 활발해지자, 기도·숙박·부적 배포 등에서 편리를 제공했다. 다테야마에서는 오시와 사단師檀 관계에 있는 단나의 소원을 신전에 전달하고 그 기원을 대표했다. 사단은 스님과 단도檀徒를 뜻한다. 근세에는 행상을 포함해 상업과 금융업에 종사하기도 했다. 근세 말이 되어 종교등산의 주체가 강중講中으로 바뀌자, 등배와 숙박의 편의를 제공하는 역할로 한정되어 갔다. 오시는 다른 말로 센다쓰先達로도 불렸으며 다테야마에서는 주고中語라고 불렸다. 쓰루기다케 편의 안내인들은 모두 주고 집안 출신이어서, 전통적인 오시의 역할인 등산 안내는 물론 숙박 제공도 겸하는 모습을 보여준다.
12	단카란 사단寺檀 관계를 맺은 집을 말한다. 사단은 절과 단도를 말하며, 단도에서 단나檀那란 산스크리트어 dāna의 음역이다. 일본어에서 대개 남성에 한정해 쓰는 나리·주인·남편·손님이라는 뜻의 단나의 유래다.
13	스님이 시주를 위해 단카를 도는 것.
14	오후다쿠바리御札配り를 말하며 신사와 절에서 내는 각종 부적류인 오후다를 나눠주는 것이다. 다테야마의 부적은 많은 종류가 있었다. 대표적인 것으로는 입산지보立山之寶라는 호부護符인데 다테야마를 상징하는 매가 찍혀 있다.
15	정식 명칭은 '엣추 도야마의 약장수越中富山の藥賣り'로, 도야마의 매약행상賣藥行

商을 가리키는 말이다. 저자의 추측대로 오시의 오후다쿠바리를 기원으로 보고 있다. 도야마의 매약은 가가번의 분번分藩이었던 도야마의 2대 번주 마에다 마사토시前田正甫(1649~1706)가 시작했다고 전해지는데, 도야마의 명물 상비약인 한콘탄反魂丹의 판매에서 시작된 조직이다. 사용한 만큼 돈을 지불하고 약은 다시 채워주는 선용후리先用後利 시스템으로 시골 구석구석에 가정용 상비약을 공급했고, 이런 방식을 오키구스리置き藥라고 하며 단골의 거래 내역이 담긴 장부는 자식에게 대물림했다. 이 방식과 조직은 곧 일본 전국으로 퍼져나갔고, 번정 시대 도야마 재정수입의 큰 비중을 차지하게 되었다. 매약상인 조합은 학교를 세우는 등 교육에도 힘썼으며, 제약회사를 세워 오늘날 도야마가 제약 중심지로 발전하게 된 기틀을 만들었다. 오키구스리는 오늘날까지도 이어져, 같은 방식으로 매약행상들이 대대로 물려받은 버들고리에 약을 담고 가정방문을 하며, 약 320만 건의 단골 거래처가 있다고 한다.

16   자이모쿠이시材木石라고 부르는 목재를 쌓아 놓은 것 같은 주상절리 돌더미가 있는 오르막이다. 다테야마 케이블카역과 비조다이라美女平역 구간의 좌측에서 오르는 고전 등산로이다.

17   영산에 여인금제가 있던 시절, 절의 바깥에 두어 여성이 독경이나 염불을 하던 곳.

18   깊이 150미터의 V자 협곡에서 흘러내려와 낙차 350미터로 떨어지는 일본 제일의 폭포다. 등산으로는 어프로치가 어렵기로 유명하고 무로도로 올라가는 도로의 전망대에서 볼 수 있다.

19   어머니와 아들의 이별 전설이나 여인금제의 경계에 있는 돌에 얽힌 전설, 또는 그 돌을 말한다. 상당수는 여성이 금제를 어겨 돌이 된 것으로 전해진다. 일본 전국에 흩어져 있다.

20   자이모쿠사카·가가미이시·우바이시·뇨닌도와 나이 많은 여성을 위한 법당인 우바도姥堂 등은 모두 여인금제에서 나온 전설과 시설이다.

21   『곤자쿠 모노가타리슈今昔物語集』. 헤이안 시대 말기에 완성된 작자미상의 설화집. 모두 31권으로 이루어졌으며, 실화 1000여 편이 수록되어 있다. 책 이름의 유래는 이야기의 첫 부분이 "지금은 옛날이야기가 되었지만今ハ昔"으로 시작하고 있어서다. 『겐지 모노가타리』와 더불어 헤이안 시대를 대표하는 작품으로 아쿠타가와 류노스케를 비롯한 근대 문학가들에게 준 영향도 대단히 크다.

22   노가쿠能樂의 곡목 중 하나다. 다테야마에서 행각승이 흰수염바다오리(우토우)를 사냥해 생계를 꾸리던 사냥꾼의 망령을 만나서 풀어나가는 이야기다.

23   繰에는 되풀이한다는 뜻이 있다.

24   슈겐자가 숙박하거나 기도하는 집.

25   이웃 하쿠산 등에도 무로도가 있지만 보통 무로도라고 하면 다테야마무로도를 가리킨다. 남실南室과 북실北室 두 개 동이 붙어 있으며 현재 중요문화재로 보호받고 있다. 1980년대까지 야마고야로 영업했다. 무로도는 1617년에 가가번의 번주 마에다 도시나가前田利長(1562~1614)의 정실인 교쿠센인玉泉院이 중창했고 1726년에 재건했다. 문화재로 보호하기 위해 1992년부터 1994년까지 해체·수리를 통해

복원했다. 현역으로 쓰던 시설이었기에 이를 대체할 시설로 바로 옆에 온천을 갖춘 다테야마무로도산소立山室堂山莊라는 대형 산장으로 최근에 재개업했다.

26 터널이란 다테야마 터널을 가리키는데, 관광도로인 다테야마쿠로베 알펜루트立山黑部アルペンルート를 위한 것으로, 1966년 봄에 오야마 직하를 관통하는 굴착공사를 시작했다. 다테야마쿠로베 알펜루트는 도야마의 다테야마역과 나가노의 오우기사와扇澤역을 연결하는 도로로, 총연장 37.2킬로미터의 대규모 산악관광 루트다. 구간마다 버스, 트롤리버스(2025년부터 전기버스로 전환예정), 케이블카, 궤도 케이블카, 도롯코トロッコ열차(광차鑛車) 등으로 이동 수단이 달라지는 재미가 있다. 1971년 봄에 전 노선이 개통되었다.

야쿠시다케
藥師岳

- **표고** 2926미터
- **소재** 도야마현 富山縣

　　야쿠시다케藥師岳는 시로우마며 야리처럼 유행하는 산은 아니지만, 그 중량감 있는 장중한 산세는 북 알프스 중에서 제일이다. 그저 **우두 커니** 커다랗기만 한 것이 아니다. 엄격한 기품도 갖추고 있다.[1]

　　다테야마의 미다가하라까지 올라오면 맨 먼저 눈을 사로잡는 것이 이 야쿠시다케일 것이다. 남북으로 긴 산등을 미다가하라에서 세로로 바라보게 되니, 산의 형태에 바짝 긴장감이 생겨 당당한 묵직함이 있는 산으로 보인다. 그 볼륨의 크기를 만끽하려면 구모노다이라雲ノ平[2]에서 바라보면 좋다. 이곳에서는 그 장대한 산줄기를 그 값어치대로 가로로 바라볼 수 있다. 아주 기막힐 정도로 거대한 벽이 시야의 정면을 장악한다.

　　처음으로 야쿠시다케로 향했던 것은 내가 대학 1학년, 동행은 제1고등학생인 구마가이 다사부로[3], 둘이서 텐트를 짊어지고 나섰다. 구마가이 군은 지금 구마가이구미熊谷組의 사장이다. 당시는 다테야마로 가는 전차가 지가키千垣까지만 다녔다. 지가키에서 1박하고 나서 와다가와和田川를 따라 오르기를 7리, 어느덧 히다飛驒[4] 경계에 가까운 고원에 있는 아리

야쿠시다케의 긴 정상 능선. 그늘진 사면이 카르

미네有峰라고 부르는 마을이다. 옛날에는 여기가 야쿠시다케의 등산 들머리였다. 하지만 내가 갔던 때는 이미 폐촌이 되어 있었다.[5] 마을 사람들이 조상 대대로 물려받았던 땅을 수력전기회사에게 판 돈을 품에 넣고 산에서 내려간 뒤로, 처마는 무너지고 기둥이 기울어진 폐가가 드문드문 있었다. 풀이 무성한 가운데, 무너진 무덤이 줄지어 있는 것도 애처로웠다.

    이 아리미네의 고원에서 바라본 야쿠시다케의 모습은 아직도 기

억에 남아 있다. 옛날 아리미네의 사람들은 산이 날마다 다섯 번 색을 바꾼다고 했다는데, 해 질 무렵 정상 가까운 곳의 잔설이 붉게 비쳐 아래쪽부터 보라색으로 저물어가는 모습은 아름답기 그지없었다. 팔월 하순이라 주변의 풀밭에서는 풀벌레가 끊임없이 울었다. 사람 사는 마을을 멀리 벗어난 이 산중의 외로운 마을도 결국 스러지고 있었고, 평화롭던 마을 사람들이 조석으로 맞이하던 엄숙하고 아름다운 산만이 불괴不壞의 모습으로 남은, 그런 감개가 아직 어렸던 나의 감상感傷을 흔들었다.

아리미네에서 1박한 우리 둘은 이튿날 다로베에다이라太郞兵衛平에 오르는 도중에 길을 잃은 데다, 덤으로 장대비가 덮쳐 야쿠시 등산을 단념하고 마가와眞川의 골짜기 길을 따라 내려왔다. 이 골짜기에는 고약한 구간이 있어서 조간지가와常願寺川로 나오기까지 이틀이 걸렸다. 추억이 많은 산려였다. 그로부터 30년 후, 아리미네 댐의 건조를 구마가이구미가 맡게 되어 구마가이 다사부로가 현지를 보러 갔는데, 지난날 와서 노닐었던 일이 떠올라 감개무량했다고 소식을 전했다. 그럴 만도 할 것이다.

그 뒤로 나는 야쿠시다케의 정상에 두 번 섰다. 한 번은 다테야마 온천에서 고시키가하라五色ヶ原를 거쳐 산줄기를 타고 갔다. 엣추자와야마越中澤山6를 넘어 야쿠시의 능선을 붙들고 나서 정상까지가 참으로 길었다. 이 방대한 산은 가도 가도 정상은 여전히 뒤로 물러나 있었다. 겨우 꼭대기에 닿았지만 그것은 야쿠시 북봉이라고 부르는 곳이라, 또 거기서부터 본봉까지 바위 너덜의 긴 길을 가야만 했다.

본봉의 절정에는 호코라祠가 있었는데, 그 앞에는 바쳐진 보검寶劍7이 녹슬어 부스러진 것이 많이 흩어져 있었다. 옛날 아리미네가 등산 들머리였을 무렵, 등배登拜하는 사람들은 각자 쇠로 만든 보검을 들고 와서 그것을 정상의 호코라에 바치는 것이 관습이었던 것 같다. 그 흔적이다. 나는 그중에서 모양이 좋은 검의 조각을 골라 집으로 가져와, 지금도 이 원고를 쓰고 있는 책상 위에서 문진文鎭으로 쓰고 있다.

아리미네가 사라지고 나서 야쿠시다케만 단독으로 오르는 사람은

정상 부근의 서벽거리는 넓은 능선

야쿠시다케의 정상부와 권곡

없어지고, 대체로 다테야마 쪽에서 야리가타케로 종주하는 도중 그 정상을 통과하게 되었다. 그런데 근년에 아리미네 댐이 준공되어 다시 아리미네 입구부터의 등산이 활발해졌다. 이미 옛날의 아리미네는 물밑으로 깊이 잠겨버렸지만 교통이 편리해져 이곳부터 손쉽게 오를 수 있게 되었다.

나의 두 번째 등산은 그 댐부터였다. 아침에 기차로 도야마에 도착해 그날 저녁 무렵에는 벌써 다로베에다이라고야太郎兵衛平小屋[8]에서 한잔하고 있었던 터라 격세지감이었다. 오두막에서 야쿠시다케로 향하는 길은, 드넓은 고원에서 한 차례 안부까지 내려가고 나서, 삼림대를 올라가면 키 작은 분비나무와 자그마한 못의 배치가 적절해 아름다운 작은 정원 같은 들판으로 나온다.

거기서부터 앞으로는 하얀 사력砂礫이 서벅거리는 산줄기인데, 오른쪽으로는 구로베黑部의 우금을 사이에 두고서 구모노다이라의 커다란 대지臺地가 바라보이고, 왼쪽으로는 아리미네 댐의 호수가 들여다보인다. 능선이라기보다 비탈이라고 말하고 싶을 정도로 폭이 넓은 산등성이라서, 만약 눈보라가 쳐서 시야를 잃어버리면 일찍이 아이치愛知대학의 대량 조난[9] 같은 일도 벌어질 것이다. 정상에 다가가니 눈 아래 오른쪽으로 커다란 카르가 입을 벌리고 있는데, 그 내벽의 줄무늬가 아름답다. 어느새 지난날의 호코라도 없어지고 보검의 파편도 추슬러져, 새로 자그마한 호코라가 바위틈에 모셔져 있었다.

주

1 북 알프스의 귀부인貴婦人으로 불린다.
2 구로베가와黑部川 건너편 지이다케祖父岳의 어깨에 펼쳐진 높게더기.
3 구마가이 다사부로熊谷太三郎(1906~1992): 저자의 중학교, 구제 제1고등학교 여행부 후배다. 교토제국대학 경제학부를 졸업했다. 고교 시절 아라라기카이アララギ會에 입회해 사이토 모키치 등에게 단카를 지도받았다. 가업인 건설업을 이어받아 1940년부터 1967년까지 구마가이구미 사장을 지냈으며 오랫동안 호쿠리쿠 지방

의 갑부를 유지했다. 삼선의 후쿠이 시장, 재판관탄핵재판소 재판장, 후쿠이 공업대학 학장 등을 역임했다.

4　옛 지명으로 기후현 북부지역.
5　이 대목은 이미 저자의 『나의 산들(1934)』에서 자세히 묘사하고 있다. 아리미네 마을의 기원에 관해서 헤이케의 도망자 전설을 언급하고 있으며, 폐허로 변한 마을의 인상 묘사에 에드거 앨런 포의 『어셔가의 몰락』 도입부를 인용하고 있다. 또한 다나베 주지의 『산과 계곡』에서도 그의 고향에 있는 아리미네를 헤이케 오치무샤의 자손이 사는 곳이라고 언급하고 있다.
6　지도상 표기는 엣추자와다케越中澤岳.
7　부동명왕의 삼고검三鈷劍을 상징하며, 슈겐자의 보검으로 표현하는 불구다.
8　다로베에다이라 교차로에 세워진 오두막으로 대개 줄여서 다로다이라고야太郎平小屋로 부른다.
9　1963년 1월 야쿠시다케에서 아이치대학 산악부원 13명 전원이 방향을 잃고 조난 동사했다. 처음에 극지법 등산을 계획했는데, 목격자의 증언에 따르면 악천후 속에 지원을 위해 캠프에 남아 있어야 할 대원까지 모두 정상을 향했다고 한다. 13명 중 배낭을 멘 사람은 한 사람뿐이었으며, 지도와 나침반 등은 모두 마지막 캠프로 삼았던 다로다이라고야에 두고 출발했던 것으로 드러났다. 그해가 쇼와 38년이었고 훗날 '38호설サンパチ豪雪'이라고 불린 기록적인 폭설이 내렸던 때여서, 등산로 입구의 적설량이 3.6미터에 달해 조난자 수색을 위한 접근이 불가능했던 상황이었다. 당시 조난 현장을 헬리콥터로 접근해서 최초로 보도한 사람이 교토대 산악부 출신 언론인 혼다 가쓰이치本多勝一(1932~)였다. 이 사고를 계기로 당시에 자주 발생하던 산악조난사고가 사회문제가 되자, 산악지역을 가지고 있던 지자체가 수색과 구조 활동에 큰 부담을 느끼게 되었다. 야쿠시다케가 있는 도야마현은 1966년에 등산신고서제출 조례를 만들어 현의 관할 내에서도 특히 겨울철에 위험한 쓰루기다케 주변을 동계에 입산하는 등산자에게 신고서를 제출하게 했고, 쓰루기오네劍尾根 등 특별위험지구로 지정된 지역은 동계입산을 금지했다.

구로베고로다케
黑部五郎岳

표고 **2840미터**
소재 **도야마현** 富山縣
기후현 岐阜縣

구로베고로黑部五郎는 사람 이름이 아니다. 산중의 암장을 고로라고 한다.[1] 고로五郎는 고로ゴーロ의 군두목으로, 그것이 구로베가와黑部川의 원류 근처에 있어서 구로베의 고로ゴーロ, 다름 아닌 구로베고로다케黑部五郎岳가 되었던 것이다. 이 밖에도 북 알프스에는 노구치고로다케野口五郎岳가 있다. 두 개의 고로ゴーロ산을 구별하기 위해 구로베와 노구치를 앞에 붙였던 것이다.

어느 해 여름 저녁, 나는 미쓰마타렌게三ッ俣蓮華[2] 쪽에서 비에 젖어 스고로쿠雙六 오두막으로 더듬고 가고 있었다. 거기서 뜻밖에도 나카무라 세이타로[3] 화백을 만났다. 이 부드러운 얼굴의 동심을 지닌 산의 대선배는, 벌써 보름도 전부터 이 오두막에 와서 오두막지기와 비좁은 방에서 같이 지내며 그림을 그리고 계셨던 것이다. 이튿날 온종일 비가 내리퍼부어서 나는 운 좋게도 나카무라 씨와 이야기를 나누며 보냈다. 나카무라 씨는 구로베고로다케의 카르를 그리고 싶어서 여기에서 일부러 구모노다이라까지 사생하러 다니고 있다는 말씀이었다.

산 이름의 유래가 된 정상 직하의 너덜겅

    만약 각각의 사람에게 **마음의 산**이란 것이 있다면, 나카무라 세이타로의 그것은 구로베고로다케임에 틀림없다. 화백은 이미 중학생 무렵 시로우마의 정상에서 가사가타케와 닮은 이 산을 멀리서 바라보고 무척 끌렸다고 한다. 나중에 가미코치上高地[4]에서 가몬지[5] 어르신이 그것이 구로베고로라는 산이라고 가르쳐주셔서 마음이 설렜다고 한다. 그 바람이 이루어져 등정했던 것이 메이지 43년(1910), 사에구사 이노스케와 둘이서, 세 사람의 인부人夫[6]를 데리고 갔다. 물론 아직 길도 인기척도 없는 무서울 정도로 황량한 산이었다. 구로베고로가 세상에 소개되었던 것은 그때의 등산기에 의해서다.

    그때까지는 거의 알려져 있지 않았던 이 산의 정상에 나카무라 일행이 섰을 때 뜻밖에도 기둥 형태의 자연석 두 개가 있었고, 그중 하나에 희미해진 먹으로 '나카노마타하쿠산 신사中之俣白山神社'라고 적혀 있었다. 이 험하고 황량한 산에도 제신祭神이 모셔지고, 참배자가 올랐던 일이 있었던 것이다. 나카노마타中之俣란 스고로쿠타니雙六谷를 말하는 것으로,[7] 히다의 가나키도金木戶 쪽에서 오르는 길을 택했던 것으로 생각된다. 이 산이 일명 나카노마타다케中ノ俣岳라고 불리는 것도 그 근방[8]에서 이름을 붙인 것으로 보인다. 하지만 오늘날 일반적으로 구로베고로다케[9] 쪽이 통용되고 있는 것은 나카무라 씨의 공로다.

나카무라 씨가 얼마나 구로베고로를 옹호하는지 그의 등산기 한 구절을 가져와 보자. "연봉 중에 있는 산들은 왕왕 높이는 높으면서도 바로 이웃한 봉우리와의 관계상, 경계의 범위가 애매해서 참연嶄然히 산머리를 드러낼 수 없고, 쓸데없이 큰 연봉을 구성하기 위해 비참하게 희생되고 말아서 하나의 산으로서는 모두가 빈약하다. 한마디로 말하자면 개성을 잃은 모습이 있는 것에 비해, 우리 구로베고로다케는 연봉 중에 자리하면서도 연봉의 규칙에 얽매이지 않고 당당하게 스스로 개성을 발휘한 천재의 면모가 있다. 나는 실로 이 산이 좋아서 견딜 수 없다."

나카무라 씨는 '**우리** 구로베고로다케'라고 부른다. 초심을 잃지 않고 아직도 노구를 이끌고 산막에 머물며 사랑하는 산의 사생에 전념한다. 소중한 마음가짐이 아니던가.

구로베고로는 나도 참 좋아하는 산이다. 이만큼 독자적인 개성을 가진 산도 드물다. 그중에서도 구모노다이라에서 본 모습이 아주 훌륭해서, 나카무라 씨의 표현을 빌리자면 "특이한 원추圓錐가 장중하게 고원을 압도하고, 정상의 카르는 큰 입을 벌려 눈으로 만든 하얀 치아를 빛내고 있다."

내가 이 산에 올랐던 것은 아직 지금처럼 등산이 활발하지 않았을 무렵이다. 가미노다케上ノ岳[10] 쪽에서 눈잣나무 사이를 지나 구로베고로다케의 어깨에 도착하니, 눈 아래로 거인의 손으로 도려낸 듯 커다랗게 움푹 패여 있다. 삼면이 높은 벽으로 둘러싸인 것이 과연 권곡이라는 느낌

삼면을 바위 능선이 둘러싼 카르와 앞으로 펼쳐진 우라긴자

이다. 나는 그 어깨에서 정상으로 올랐다. 옛 종주로는 이 정상을 거쳐 카르의 위쪽 가장자리에 이어져 있었지만, 지금은 어깨에서 권곡의 바닥으로 내려가는 길이 생겨서 정상까지 일부러 가보는 사람은 적어지게 되었다. 하지만 나는 사랑하는 산의 정상에 닿아보지 않은 채 지나칠 수 없다. 안개 때문에 아무것도 보이지 않았지만, 덜그럭대는 돌을 밟고 정상에 서서 만족하고 산 어깨로 돌아섰다.

어깨에서 권곡의 바닥으로 가파른 비탈을 내려가는 길에는 한여름인데도 아직 눈이 조금 남아 있다. 바닥에서 올려다본 카르는 실로 훌륭하다. 삼면이 바위등성이로 둘러싸여 창공의 대가람大伽藍[11] 속으로 들어온 것 같다. 굉장한 경치는 어디에나 있지만 여기는 달리 유례가 없는 굉장함이다. 권곡의 바닥이라는 느낌을 이 정도로 강렬하게 주는 장소는 달리 없다.

나카무라 세이타로는 구로베고로다케를 불우한 천재에 비유했다. 그러고 보니 세상 사람들이 입을 모아 떠들고 있는 북 알프스의 다른 산들에 비해 그 독자성에서 조금도 손색없는 이 멋진 산을 많은 사람이 놓치고 있다. 하지만 그래도 좋다. 이 강렬한 개성을 세상이 알아볼 때까지는 아직 세월이 필요할 테니까. 구로베고로다케가 TO THE HAPPY FEW[12]의 산인 것이 더욱더 내 마음에 든다.

주

1 　고로ゴ—ㅁ는 큰 바위가 퇴적된 곳을 말한다. 돌과 바위 등이 퇴적되어 발밑이 불안정한 걷기 힘든 등산로가 된다. 돌, 자갈, 모래의 크기에 따라 고로, 가레, 자레로 나눈다. 가레ガレ는 와력瓦礫의 음독인 가레키ガレキ가 어원이며, 이런 지대는 가레바ガレ場라고 부르고 가징 흔하다. 자레ザレ는 사력砂礫의 음독인 사레키サレキ가 어원이며, 이런 지대는 자레바ザレ場라고 부르고 미끄러지기 쉬운 특징이 있다.

2 　미쓰마타三俣: 세 갈래라는 뜻. 세 갈레라는 이름에서 보이듯 도야마·기후·나가노의 현경에 있다. 마타는 俣·又·叉·股·岐 등으로 다양하게 표기한다.

3 　나카무라 세이타로中村清太郎(1888~1967): 일본산악회 명예회원. 1909년 고지마 우스이 등과 아카이시 산맥 종주를 시작으로 본격적인 등산 활동을 했으며, 지도가 없을 무렵 그가 그린 전망도가 산행에 큰 도움을 주었다. 1936년 이바라기 이노키치 등과 일본산악화협회를 창립했다. 1908년 입회 회원번호 153번이라, 1935년 입회 회원번호 1586번인 저자의 대선배다.

4 　마쓰모토시에 속한 특별명승 및 특별천연기념물인 지역. 북 알프스의 중요 등산 거점으로 잘 알려져 있다.

5 　가미조 가몬지上條嘉門次(1847~1917): 가미코치 들머리인 시마시마島々 출신으로 일본 알프스의 개척자이며 월터 웨스턴의 가이드를 했던 등산 안내인이다. 용감·

냉정·친절·선량·예절·고집 등으로 평가받았다. 가미코치는 마쓰모토번松本藩 소유의 어용림으로 멧갓이어서 이 산들을 관리하기 위해 마쓰모토번은 나무꾼을 고용했는데, 그 견습으로 가미코치에 처음 들어왔다. 그는 지금의 야마고야 자리에서 이곳 사람들의 생활 방식대로 곤들매기·영양·곰 등을 사냥하며 살았다. 이 가몬지고야嘉門次小屋는 등록유형문화재이며 현재도 영업 중이다. 이곳에서 로바다야키爐端燒き해서 파는 곤들매기 구이는 맛이 일품이다.

6   본문에 몇 차례 등장하는 인부라는 말은 갓산 편에서 등장하는 고리키를 뜻한다. 그들은 근대등산가들에게 없어서는 안 될 존재였다. 짐의 운반·취사·잠자리의 준비는 물론, 상세지도가 없던 시대에 정확한 지리정보, 탁월한 등강登降 기술과 생활 기술, 적확한 기상판단과 임기응변 등이 능했다. 등강 루트며 물을 건너는 지점, 야영장소의 선정, 방향감각과 지형에 적합한 민첩한 몸놀림 등 지도며 문서 없이 산에서 필요한 지식과 지혜를, 촌락공동체의 집집마다 축적되어 온 자산으로 가지고 있었다.

7   마타俣라는 것은 하나가 둘 이상으로 갈라지는 곳을 말한다. 일본국토지리원에서 온라인으로 제공하는 지도에는 구로베고로다케의 괄호 안에 별명인 나카노마타다케가 병기되어 있다. 이 지도상 남면으로, 위에서 차례대로 기타노마타다케北ノ俣岳가 원류인 기타노마타가와北ノ俣川, 나카노마타다케中ノ俣岳가 원류인 나카노마타가와中ノ俣川, 이들이 모이는 가나키도가와金木戶川가 있다. 이 중 스고로쿠타니는 가나키도가와 상류의 골짜기로서, 스고로쿠 오두막 쪽으로 향하고 있다. 따라서 나카노마타는 스고로쿠타니와 같은 골짜기가 아니라 별개의 골짜기일 가능성이 크다.

8   나카노마타다케로 부르는 기후현의 히다시飛驒市와 다카야마시高山市 두 도시를 말한다.

9   도야마현의 도야마시 쪽에서 부르는 이름.

10 지도상 표기는 기타노마타다케北ノ俣岳.

11 본문에서 몇 차례 등장하는 대가람은 존 러스킨의『근대 화가론』에서 고딕 양식의 대성당을 뜻한다. 저자는 일찍이「산과 문학(1949)」이라는 수필에서『근대 화가론』전권을 소장하고 있음을 밝히며 특히『근대 화가론 4권Modern Painters IV(1856)』을 아직도 통독하고 있다고 했다.『근대 화가론』은 시마자키 도손이 자연 묘사를 공부하기 위해 이미 1894년에 일부 번역한 일이 있고 1903년에 고지마 우스이가 처음 월터 웨스턴을 찾았을 때 웨스턴은『근대 화가론 4권』중 핵심인 제20장「산의 영광The Mountain Glory」의 한 구절을 들려주었다. 이후 러스킨의 경관해석은 일본의 등산가들에게 큰 영향을 끼친다. 산악을 찬양하는 내용인「산의 영광」1절에서 "나에게 산은 모든 자연 경관의 시작이자 끝이다." 그리고 9절에 "그리고 이 거대한 지구의 대성당cathedrals에 있는 바위의 문, 구름의 포도鋪道, 개울과 돌의 성가대석, 눈의 제단, 끊임없이 별이 지나가는 보라색 아치……"에서 러스킨이 스위스의 산악을 대성당으로 비유한 것을 대가람으로 차용한 것으로 보인다.

12 스탕달의 유작 『파르마의 수도원』의 마지막 문장이다. 저자는 1931년에 입영해서 10개월 후 예비역이 되었으나, 전황이 불리해지자 1944년에 재소집되어 이 책을 중국 전선에서 불어 사전 한 권을 펼쳐놓고 읽었다. 이탈리아 북부 지방이 배경인 이 소설에서는 코모Como 호수와 파르마Parma의 뒤로 펼쳐진 알프스 산맥의 묘사가 여러 번 등장한다. 저자는 특히 스탕달을 경모해서 그의 묘비명인 "살고, 쓰고, 사랑했노라"에서 따온 "읽고, 걷고, 썼노라"를 자신의 묘비명으로 삼았다. '행복한 소수happy few'의 해석에 관해서는 바이런의 『돈 주앙』 11번째 칸토Canto의 67절Stanza에서 현세의 낙원을 언급하며 "천 명의 행복한 소수에게 열려 있는 Which opens to the thousand happy few"이나 셰익스피어의 『헨리 5세』 4막 3장에서 아쟁쿠르 전투를 앞둔 헨리 5세의 연설인 "우리는 소수, 행복한 소수, 우리는 전우 We few, we happy few, we band of brothers"라는 예에서 보이듯이 '선택받은 사람'이라는 뜻으로도 볼 수 있다. 또한 이 '행복한 소수'는 자연아自然兒로 번역했던 나투어킨트Naturkind로 연결된다. 나투어킨트는 저자의 『나의 산들』의 해설에서 야마구치 아키히사가 저자를 가리켜 썼던 표현이기도 하며, 이는 '발상과 행위가 세속의 인습을 벗어난 자유로운 인간'을 가리킨다.

052

구로다케
黑岳

표고 **2986미터**
소재 **도야마현**富山縣
지도 **스이쇼다케**水晶岳

    구로다케黑岳는 남북 두 개의 암봉으로 이루어져 있고, 북봉에 있는 삼각점의 2978미터를 이 산의 고도로 보고 있다. 하지만 그 삼각점에서 바라보면 남봉[1] 쪽이 족히 20미터는 더 높다. 그렇다면 구로다케의 최고점은 3000미터를 넘기는 셈이다. 3000미터 봉이 드문 북 알프스에서 이 높이는 좀 더 존중받아도 좋다.

    높이뿐만이 아니라 가장 깊숙한 산이기도 하다. 대체로 산은 그 정상에서 내려다보면 평야라든지, 농경지라든지, 연기가 피어오르는 골짜기라든지, 뭔가 인기척을 찾아내지만, 구로다케에서의 조망은 완전히 그것을 끊어놓고 있다. 빙 둘러 모두가 산이다. 문자 그대로 북 알프스의 **한복판**이어서, 속진을 털어버린 선경에 깃든 고사高士의 면모를 이 산은 지니고 있다.

    에보시烏帽子에서 미쓰다케三ッ岳와 노구치고로다케를 거쳐 미쓰마타렌게에 이르는 산등성이를 타고 가는 길은 예전에는 한적한 코스였지만, 근년에는 **우라긴자**裏銀座[2] 따위의 이름이 붙어서 등산자가 심상치 않

구모노다이라에서 바라본 구로다케

북쪽에서 바라본 구로다케

게 늘어나고 있다. 구로다케는 그 종주로에서 조금 북으로 벗어나 있는 덕분에 빈 깡통이며 휴지조각의 심란함을 면하고 있는 것은 기쁘다. 그저 길을 서두르는 일에만 능사인 종주병 환자는 이 훌륭한 산을 거르는 것이 조금도 아깝다는 생각이 들지 않는 모양이다.

구로다케를 더할 나위 없이 바라볼 수 있는 장소가 두 군데 있다. 하나는 종주로 도중에 아카다케赤岳와 노구치고로다케의 중간 부근에서 바라보는 것이다. 두 개의 산머리가 우뚝 서 있고, 그 정상 능선에서 바위 너설 능선 두세 줄기가 골짜기를 향해 거대한 짐승의 뼈처럼 내려가고 있다. 쌍이봉雙耳峰이 좌우로 드리운 능선의 바로 아래에는 나처럼 지형학에 어두운 사람이라도 바로 그것이라고 알 수 있는 분명한 스리바치擂鉢 형태의 카르가 있다. 쓰지무라 다로3 박사의 설에 따르면 그 빙하지형은 다테야마4며 야리, 호타카에 버금가는 훌륭한 것이라고 한다.

또 하나는 구모노다이라에서인데, 이곳에서 구로다케는 바로 눈 앞으로 우러르는 위치에 있어서 장중한 중량감으로 다가온다. 구모노다이라는 산으로 둘러싸인 아름다운 고원인데, 그곳에서 바라봐서 가장 정연함이 있는 당당한 산은 구로다케다. 만약 이 산이 없었다면 고원의 값어치가 절반은 줄어들었을 것이다. 북쪽으로 보이는 야쿠시다케의 긴(너무 길다) 정상 능선의 회백색에 대비되는 구로다케는 그 이름처럼 새카만 남성적인 힘을 가지고 있다.

구로다케라는 이름은 거기에서 오지 않았을까. 특히, 가까이에 있는 아카다케의 적갈색으로 문드러진 무참한 단애를 보았던 눈에는 구로다케가 대조적으로 검은 인상을 준다. 검은 것은 바위의 색이다. 눈이 있을 무렵에도 미쓰마타렌게다케三ッ俣蓮華岳 언저리에서 바라보면 그 정상만은 바위가 눈을 내떨어 새카맣다.

엣추 오쿠야마마와리의 오래된 기록에는 나카다케쓰루기中岳劍, 나카쓰루기다케中劍岳 또는 롯포세키산六方石山으로 적혀 있다. 나카타케中岳라는 것은 아카다케의 옛 이름이다. 엣추 쪽에서 바라본 옛사람들은 구로다케의 암봉을 검劍으로 비유했을 것이다. 그리고 엣추의 쓰루기다케와 구별하기 위해 나카다케쓰루기 또는 나카쓰루기다케라고 불렀을 것이다. 롯포세키산이란 정상에 겹겹인 바위를 가리키는 것일까, 그렇지 않으면 육각으로 결정된 돌, 즉 수정을 가리킨 것일까.[5]

구로다케의 별명은 스이쇼다케水晶岳다. 이 이름은 포기하기 어렵기는커녕, 오히려 이쪽을 본명으로 삼고 싶어질 정도다. 왜냐하면 지금도 아카다케에서 구로다케로 가는 길에서는 바위 속에서 하얗게 반짝이는 수정이 발견되기 때문이다. 흡족한 도장 재료를 줍겠다는 따위의 욕심 많은 사람은 산등성이 길에서 골짜기 쪽으로 내려가 온종일 끈기 있게 찾아봐도 찾을까 말까 의심스럽지만, 등산 기념을 위한 수정이라면 자그마한 대로 육각 결정의 반투명한 것을 쉽게 손에 넣을 수 있을 것이다.[6]

내가 그 정상에 섰던 것은 9월 하순의 쾌청한 날이었다. 바위 사이로 눈잣나무에 섞여 곰들쭉熊苔桃이 진홍빛으로 타오르고 있는 아름다운 날이었다. 남봉도 북봉도 겹겹이 쌓인 바위만 있는 정상이지만, 그곳의 어느 바위에 걸터앉은 나는 산정의 행복에 취했다.

바로 눈 아래로 이와고케코타니岩苔小谷의 깊은 개울을 사이에 두고서 구모노다이라가 길게 누워 있고, 그 맞은바라기에 어디가 최고점인지 판단하기 어려운 가미노다케의 긴 꼭대기가 뻗어 나간 다음에 왼쪽으로 이어져서, 내가 사랑하는 구로베고로다케가 특색 있는 카르의 커다란 입을 벌리고 있었다. 그 왼쪽으로 저 멀리 그 이름에 충실한 가사가타케가 검은 머리를 들고 있었다. 이와고케코타니는 근래에 주목받기 시작한 구로베黑部의 지류로, 자그마한 못이 있는 들이 내려다보였다. 그 주변은 다카마가하라高天原[7]라고 불리는 별천지라고 한다.

반대쪽으로 눈을 옮기면 구로베의 가장 큰 지류인 히가시자와東澤의 원류가 파고들어 있었다. 이것은 이와고케코타니의 좁은 원류와 대조적으로 풍부한 품을 펼치고 있다. 그 너머로 산 전체가 하얀 모래로 덮인 노구치고로다케, 이는 2900미터가 넘는 방대한 산이지만 표면이 너무 밋

밋해서 종잡을 수 없다. 그 산에 이어진 미쓰다케, 다시 그 깊숙이 우시로다테야마의 봉우리들. 그 봉우리들을 정확히 손으로 짚는 것이 나의 즐거운 취미였다.

주

1 현재 이곳을 최고점으로 하고 있으며 2986미터.
2 간단히 설명하면 에보시다케~노구치고로다케~와시바다케~스고로쿠다케雙六岳~니시카마오네西鎌尾根~야리가타케에 이르는 종주 코스를 말한다.
3 쓰지무라 다로辻村太郎(1890~1983): 일본산악회 명예회원. 중학교 4학년 때 일본산악회에 입회해 1911년에 히다 산맥의 고봉에서 다수의 카르와 모레인moraine 지형을 발견하고 논문을 발표했다. 1912년 도쿄제국대학 지질학과에 입학해, 한반도의 산맥체계를 정리한 고토 분지로小藤文次郎(1856~1935)와 야마자키 나오마사山崎直方(1870~1929)에게 배웠다. 스승인 야마자키와 함께 일본지리학회를 창설하고 도쿄제국대학 교수 등을 역임했다.
4 대표적으로 다테야마의 오야마와 오난지야마 사이에 있는 거대한 야마자키 카르山崎カール가 있다. 독일에서 빙하학을 공부하고 알프스 일대를 둘러본 야마자키 나오마사가 일본으로 돌아온 1902년 여름에 빙하의 존재를 확인하기 위한 답사를 시작했고 시로우마다케를 등산하고 빙하의 존재를 확인했다. 그리고 그 결과를 같은 해에 「과연 빙하가 우리나라에 존재하지 않았는가」라는 논문으로 발표했다. 1903년에는 다테야마 서면의 빙하 지역을 탐사하고 카르를 확인했는데 야마자키 카르는 그의 업적을 기리는 이름이다.
5 육방석六方石은 수정의 다른 이름이다.
6 이제 수정 채집은 금지되어 있다.
7 일본 신화에서 천상의 나라.

053

와시바다케
鷲羽岳

표고 **2924미터**
소재 **도야마현**富山縣
나가노현長野縣

일본산악회가 발행한 『산악』 제32·33·34년(1937·1938·1939)에 연재되었던 나카시마 마사후미의 「구로베의 깊은 산과 오쿠야마마와리야쿠黑部奧山と奧山廻り役」라는 제목의 장문의 기사는, 등산을 그저 스포츠로 여기는 사람들에게는 따분한 읽을거리일 수도 있지만, 나처럼 등산을 좀 더 넓게 생각하고, 비록 산에 가지 않더라도 서재에서 산서山書를 읽고, 산의 유래를 더듬어 밝히고, 산을 사모하는 것까지도 산악인山岳人[1]의 훌륭한 자격으로 꼽고 있는 사람에게는 참으로 흥미진진하고 유익한 글이었다.

  나카시마 씨는 구로베오쿠야마黑部奧山의 귀한 옛 기록과 옛 회도繪圖를 수집해 그것을 검토하고 있다. 옛 기록물은 대체로 마에다번前田藩[2]의 번주가 엣추의 농민들에게 명해, 영지 내의 구로베가와黑部川 원류의 산들을 탐사하게 했던 결과라서, 전설이며 억설이 섞이지 않은 실지實地 조사 기록인 만큼 신뢰할 수 있다. 여기에서 거론할 것은 그중에서도 와시바다케鷲羽岳다.

  북 알프스의 산 이름은 다테야마, 야쿠시, 가사, 야리 등 저명한 것

스고로쿠다케雙六岳 쪽에서 바라본 와시바다케

들을 제외하면 메이지 말기 근대 등산의 개척자들이 안내하는 사냥꾼들에게서 듣고 이름을 붙인 것이 많다. 그런데 와시바다케는 지금으로부터 270년 전인 겐로쿠元祿 10년(1697)의 오쿠야마마와리의 기록 이래 그 이름이 나타나고 있다. 당시는 와시노바가타케鷲ノ羽ヶ岳라고 했다. 와시바다케로 바뀐 것은 분카文化 연대(1804~1818) 이후였다.

처음에 와시바다케란 지금의 미쓰마타렌게다케를 가리키고 있었

구로다케 쪽에서 바라본 와시바다케

다. 그곳이 삼국의 경계선이었기에 이름이 남아 있었던 것은 당연했을 것이다. 그런데 분세이文政(1818~1830) 무렵의 기록에는 그 세 국경 와시바다케의 동북 방향에 있는 현저한 한 봉우리에 히가시와시바다케東鷲羽岳라는 이름이 나타났다.³ 오늘날의 와시바다케는 그 히가시와시바다케다. 하지만 이 봉우리에는 원래 류이케가타케龍池ヶ岳라는 이름이 존재하고 있었다. 류이케龍池는 지금의 와시바이케鷲羽池다.

  이 예로부터 버젓했던 이름이 지금처럼 변경되었던 것은 그리 오래된 일이 아니다. 지금 내가 학창 시절에 가지고 돌아다녔던 5만 분의 1 지도에는 오늘날의 미쓰마타렌게다케가 와시바다케로 되어 있다. 왜 그것이 개악되었을까. 그것은 북 알프스의 초기 등산가들, 즉 우리가 존경하는 일본산악회 선배들의 경솔한 실수가 초래한 것인데, 지금 여기에 그 사정을 상술할 여유는 없다. 나카시마 마사후미의 기사를 참조하시기를 부탁드리고 싶다.

　이미 지금처럼 된 것을 원래의 올바른 이름으로 되돌릴 수는 없다. 게다가 구 와시바다케(현 미쓰마타렌게다케)는 산줄기가 퍼진 것이 크고 당당한 산이긴 하지만, 산용이 준수한 점에서는 옛 히가시와시바다케, 또는 류이케가타케(현 와시바다케) 쪽이 그것을 능가하고 표고도 그보다 높다. 와시바의 원조는 이쪽이 적당할지도 모르겠다.

　와시바라는 이름은 어디에서 왔을까. 나카시마 씨의 글에도 나와 있지 않다. 이 산을 구로베가와 건너편인 야쿠시다케며 다로베에다이라에서 바라보면, 산 거죽의 바위와 눈의 모양이 수리의 날개처럼 보이는 것에서 유래한 것이라는 설을, 나는 무슨 책에서 읽었던 기억은 있지만 진위는 보장하기 어렵다.

　구로베라고 하면 그 우금의 깊이, 험함, 아름다움으로 유명한데, 그 구로베가와가 산성產聲을 내는 곳이 와시바다케다. 이 산의 꼭대기에 서면 구로베가와의 유년 시대의 발육상發育相을 손바닥 보듯이 알 수 있다. 원류는 한걸음에 넘을 수 있는 보잘것없는 시냇물이다. 그 물이 이윽고 연담淵潭이 되고 폭포가 되어 깎아 선 절벽 사이를 사납게 흘러가는 것이다. 격렬한 청장년 시대를 운명지은 사람의 아직 앳된 얼굴이 구로베의 상류에서 발견된다.(안타깝게도 지금은 구로베가와의 왕성한 청장년기가 댐 호수에 묻혀버려, 유소년기만이 옛날 그대로 남아 있다.)[4]

　예전에는 와시바다케에 닿으려면 어느 출발점부터 잡아도 도중에 2박은 필요했다. 그 정도로 산이 깊었다. 정상에서 남쪽으로 내려간 안부는 와시바놋코시鷲羽乘越라고 부르는데, 구로베가와와 다카세가와高瀬川의 분수령을 이루고 있다. 근년에 그 다카세가와의 원류인 유마타가와湯俁川를 거슬러 올라 놋코시乘越[5]로 난 새 길이 열려, 우리는 비로소 긴 산줄기를 더듬어가는 일 없이 북 알프스의 핵심에 쉽게 발을 들여놓을 수 있게 되었다.[6]

　와시바놋코시는 눈잣나무로 덮인 대지臺地로, 그 가장자리 안에

묻힌 듯이 야마고야[7]가 있다. 거기서부터 와시바다케로의 오르막이 시작되는데, 오두막 앞에서 우러르는 와시바의 모습은 씩씩하고 아름답다. 된 비탈을 올라가면 능선 오른쪽으로 스리바치擂鉢 형태의 화구호가 있고, 그 바닥에는 물이 가득 차 있다. 이것이 옛 이름 류이케, 지금의 와시바이케다. 이곳에서의 가장 좋은 경치는 야리가타케다. 야리를 바라다보는 장소는 여러 곳에 있지만, 여기만큼 기품 높고 아름답게 보이는 장소는 드물 것이다. 그 아스라한 바위의 이삭穗[8]이 이 못까지 그림자를 떨어뜨리러 온다.

등산자로서 와시바다케에 최초로 발자국을 남긴 사람은 메이지 40년(1907) 여름, 시무라 우레이[9]였다. 시무라 씨는 에보시 쪽에서 종주해와서 와시바의 절정에 섰고 "남쪽에 눈 아래로 작은 호수 하나를 발견했다. 이는 완전히 하나의 분화구다. (…) 와시바의 분화구는 아마 누가 듣더라도 새로운 사실임에 틀림없다"라고 기록하고 있다. 일본 알프스의 탐험시대에는 이런 뜻밖의 발견이 도처에 있었을 것이다. 쇼와 시대인 오늘날, 등산은 지극히 편리해졌지만 이제 이런 놀라움은 사라졌다.

주
_____

1   원문 전체에서 유일하게 등장하는 산악인이란 표현이다.
2   마에다 가문이 지배한 가가번을 말한다.
3   이 산을 또 히가시와시바가타케東鷲羽ヶ岳, 또는 시시가타케獅子ヶ岳로도 불렀다.
4   구로베 댐은 1956년에 건설을 시작해 1963년에 완성되었다. 야쿠시다케 편에서 언급했던 구마가이구미가 2공구 공사에 참여하기도 했다. 이때 나가노 오마치 방면에서의 자재 수송 루트는 그 후 개통한 다테야마쿠로베 알펜루트와 함께 관광지가 되었다.
5   놋코시는 안부의 다른 말이기도 해서 두 봉우리 사이의 낮아진 부분, 산줄기를 넘는 곳을 말한다. 엄밀하게 말하자면 도게峠에는 반드시 산 아래부터 종단하는 교통로가 있고, 놋코시는 종단하는 길은 없지만 지나갈 수는 있는 경우를 말한다. 이는 안부의 영어인 pass와 col의 구분과 같아서 모든 pass는 col이지만 모든 col이

pass는 아니라는 뜻과 같다.

6   이 길은 미쓰마타산소三俣山莊의 초대 주인 이토 쇼이치伊藤正一(1923~2016)가 1956년의 유마타산소湯俣山莊의 신축에 맞춰 유마타산소와 마쓰마타산소를 잇는 11킬로미터의 길을 열어서 이토신도伊藤新道라고 불린다. 1979년에 다카세 댐이 완공되자 수위가 높아져 저수압貯水壓 때문에 주변의 산 전체가 무너지기 쉬운 지질로 변했다. 결국 이 길은 1980년대에 붕괴되어 한동안 폐도였다가 2023년 8월에 그의 아들에 의해 재개통되었다. 북 알프스의 마지막 비경으로 꼽히지만, 계곡을 거슬러가야 해서 15번 이상 물을 건너는 곳이 나온다. 물 건너기가 매우 험하고 무너지기 쉬운 좁은 길이 많아 별도로 통행신고서를 제출해야 한다. 이토 쇼이치는 가업으로 마쓰모토 제일의 요정을 하고 있었고 스스로는 항공기 엔지니어였지만, 전쟁 후에 전 자산을 산장 건설에 쏟아 북 알프스에 여러 산장을 건설했다.

7   미쓰마타산소를 가리킨다.

8   여기서는 산으로 이룬 수풀 속에서 솟아오른 이삭처럼 보인다는 뜻도 있다. 이삭에 관해서는 호타카다케 편 주 참조.

9   시무라 우레이志村烏嶺(1874~1961): 일본산악회 회원, 식물학자, 사진가. 나가노에서 교사 생활을 한 인연으로 북 알프스의 여러 산을 올랐다. 일본산악회 창립 후 『산악』 창간호에 권두화로 실린 「시로우마 중턱의 다이셋케이大雪溪」는 일본 등산 사상 최초의 출판물에 실린 사진의 지위를 갖게 되었다.

054

야리가타케
槍ヶ岳

표고 **3180미터**
소재 **나가노현**長野縣
기후현岐阜縣

　　새삼스럽게 야리가타케槍ヶ岳에 대한 이야기를 늘어놓는 것도 바보 같을 정도인 주지의 산이다. 3000미터를 넘기는 높이로든, 선드러진 날카로운 형태로든, 일본의 산 중에서 가장 독특한 존재다.

　　후지산과 야리가타케는 일본의 산을 대표하는 두 가지 타입이다. 하나는 가지런히 정돈된 피라미드로 유연悠然한 산자락을 드리운 '후지형富士型'인데 반해, 다른 하나는 첨예한 투겁창鋒으로 하늘을 찌르는 '야리형槍型'이다. 이 둘의 상반된 타입은 다른 지방의 여러 산에 '무슨무슨 후지'며 '무슨무슨 야리'를 낳게 했다.

　　우리가 어딘가의 산에 올라 "야! 후지가 보인다"라고 기뻐하는 것과 마찬가지로, "야! 야리가 보인다"라고 외치는 소리를 듣는다. 실제로 그 독특한 바위의 이삭穗은 착각할 일이 없다. 한눈에 알아볼 수 있는 것이다. 어디에서 보아도 그 날카로운 삼각추는 바뀌는 법이 없다. 그것은 슬플 만큼이나 홀로 하늘을 겨누고 있다.

　　야리가타케의 초등자는 반류[1]라는 엣추 태생의 염불승이었다. 그

아침노을 속 정면 히가시카마오네와 야리가타케

야리가타케산소 槍ヶ岳山荘에서 바라본 바위 창의 이삭

는 제국諸國을 편력해서 많은 신자를 가지고 있었고, 분세이文政 6년(1823)에 신자와 더불어 히다에서 가사가타케에 올랐다. 그 정상에서 아스라한 야리가타케의 거룩한 모습을 바라보고 크게 감동해서, 야리 등정의 대원大願을 일으켰다고 한다.

3년 후 반류는 시나노 아즈미군安曇郡 오구라무라小倉村[2]로 와서 그곳의 무라야쿠닌村役人[3] 나카타 구자에몬中田九左衛門의 집에서 묵었다. 야리 등산의 뜻을 고하자 그도 찬성해주어서, 바로 준비를 갖춰 산에 밝은 마타주로又重郎[4](구자에몬의 사위)를 안내인으로 삼아 산으로 향했다. 우선 오타키야마大瀧山와 조가타케蝶ヶ岳를 넘어 가미코치로 들어갔다. 아즈사가와梓川를 거슬러 올라 야리사와槍澤의 이와무로岩室(현재 보즈이와고야坊主岩小屋)[5]를 근거지로 정했다. 그곳에서 염불수행을 하면서 야리가타케 등정을 노렸다. 하지만 그해는 정찰로 끝났다.

신앙이 두터운 반류는 그것으로 좌절하지 않고, 그로부터 2년간 제국을 순례하며 정재淨財를 모아 다시 야리가타케로 향했다. 등에는 아미타여래, 관세음보살, 문수보살 등 삼존三尊을 지고 있었다. 불보살의 가호를 빌며 반류는 마침내 분세이 11년(1828) 7월 28일 야리의 정상에 닿았다. 숙원을 완수했던 그는 정상에 삼존을 안치하고 높은 불은佛恩에 감사했다.

반류는 그 뒤로 두 번이나 야리가타케에 올라, 길을 고치거나 정상의 땅을 고르기도 하며 신자에게 등배登拜를 권했다. 등배자登拜者의 안전을 도모하기 위해 바위에 사슬을 매다는 일을 계획했던 때에 우연히 덴포 대기근天保大飢饉[6]이 들어서, 일부 마을사람은 흉작을 그의 등산 탓으로 돌려 계획을 금지했다. 하지만 이윽고 풍년이 들자 그의 염원을 들어주어 사슬을 거는 것을 허락했다. 참으로 반류는 위대한 알피니스트였다. 그의 공적을 기리는 명저로 호카리 미스오[7]의 『반류』[8]가 있다. 일본 알프스의 선구자로서 반류의 이름은 더욱 여러 사람에게 기억되어야 마땅할 것이다.

그 뒤로 야리가타케 등산은 끊어져 있었는데, 메이지 시대에 이르자 이 현저한 일본의 마터호른Matterhorn을 내버려두었을 리가 없다. 메이지 11년(1878), 일본 알프스라는 이름을 지어준 영국인 윌리엄 고랜드[9]가 등정했다. 이어서 메이지 25년(1892), 월터 웨스턴이 등정했다. 일본 등산가로는 고지마 우스이[10]가 최초였고 메이지 35년(1902)이었다. 그 이후 차츰 오르는 사람이 많아져, 야리사와에서 시작하는 정면 코스뿐만이 아니라 사방에서 길이 열리게 되었다.

야리가타케는 동서남북 네 갈래의 산릉을 드리우는데, 그것이 좁고 험한 곳이라서 가마오네鎌尾根라고 불리고 있다. 스고로쿠에 이어지는 니시카마西鎌며, 호타카에 나란히 줄지어 있는 미나미카마南鎌(라고는 보통 말하지 않지만)를 처음으로 걸을 수 있었던 것은 메이지 시대도 끝이 가까워지고 나서였다. 그중에서도 고약한 것은 기타카마北鎌로, 지금도 이 산등성이를 오르는 것은 숙련자에 한해서다. 그런데도 몇 사람의 희생자를 내고 있다.[11] 단독 등산자로 유명한 가토 분타로[12]의 행방이 끊어졌던 것도 이 바위등성이었다. 이 기타카마를 처음으로 올랐던 것은 다이쇼 11년(1922) 7월로, 와세다早稻田와 가쿠슈인學習院[13]의 양 파티가 초등을 다퉜다고 하는 극적인 일화도 남아 있다.[14]

내가 처음으로 야리에 올랐던 것 또한 같은 해 칠월로, 야리사와에서 시작하는 일반 코스였다. 쓰바쿠로 쪽에서 야리로 향했는데, 아직 기사쿠신도喜作新道[15](즉 히가시카마東鎌)가 열려 있지 않았다. 쓰바쿠로오네燕尾根에서 조넨으로 돌아,[16] 이치노마타타니一ノ俣谷로부터 나카야마 고개中山峠에서 니노마타타니二ノ俣谷를 넘은 다음, 야리사와로 빠져나왔다. 히가시카마오네東鎌尾根에 길이 난 것은 이듬해였다. 사십 년 전의 일이라서 기억이 가물거리지만, 그 무렵 단 하나뿐인 오두막이었던 셋쇼殺生[17]에서 묵고, 이튿날 맑게 갠 야리의 정상에 섰다. 나의 첫 3000미터 봉이었다.

지금은 가미코치에서 야리까지의 길목에 몇 개씩이나 오두막이 생겼고, 여름은 등산객이 줄지어 있다. 일생에 한 번쯤은 후지산에 오르고

덴구이케天狗池에서 바라본 야리가타케

싶다는 것이 서민의 소망인 것처럼, 적어도 등산에 흥미를 갖기 시작한 사람치고 아마도 야리가타케 정상에 서 보고 싶다고 바라지 않는 사람은 없을 것이다.

후지산이 구시대 등산의 대상이었다고 한다면 근대 등산의 그것은 야리가타케다.

주

1 반류播隆(1786~1840): 반류 쇼닌播隆上人이라고 높여 부르며 북 알프스의 관문인 마쓰모토역 광장에 그의 동상이 서 있다.
2 옛 지명으로 나가노현 아즈미노시安曇野市 미사토오구라三鄕小倉. 아즈미노는 나가노 쪽 북 알프스 대부분에 해당하는 지역이다.
3 에도 시대에 마을의 공무를 맡아보던 사람.
4 『아즈미노 군지安曇野郡誌』 등의 기록에 의하면 나카타 마타주中田又重(1795~1852)와 일치한다. 등산 안내인이자 등산로 개척자로, 히다로 진입하는 새 길을 내는 일을 진두지휘했다. 반류의 안내인일 때 보즈이와고야에서 기진한 반류를 구출하기도 했으며 야리가타케 정상에 사슬을 설치했다.
5 야리가타케가 잘 바라다보이는 야리사와 권곡 바닥에 있다. 현재 굴 입구의 안내판에는 반류굴播隆窟이라고 적혀 있다.
6 1833년부터 1837년까지 일어난 대기근.
7 호카리 미스오穂苅三壽雄(1891~1966): 마쓰모토 태생으로 다이쇼·쇼와 시대의 산장 경영자, 사진가, 반류 연구자다. 북 알프스에 매료되어 1917년에 야리사와고야槍澤小屋, 1926년에 현재 야리가타케산소槍ヶ岳山莊인 야리가타케 카타노고야槍ヶ岳肩ノ小屋를 지었다. 현재 야리가타케산소는 수용인원 650명의 대형 산장이다.
8 『야리다케 개조 반류槍岳開祖播隆(1963)』. 반류를 다룬 책으로는 닛타 지로의 소설 『야리가타케 개산槍ヶ岳開山(1968)』도 있다.
9 윌리엄 고랜드William Gowland(1842~1922): 광산과 야금기술자, 고고학자. 스톤헨지의 고고학적 조사에 참여했으며 일본 고고학의 아버지로 부르는 사람이다. 메이지 정부의 초청으로 일본 조폐국Mint의 전신인 오사카 조폐국의 야금 기술 고문으로 일본에 왔다. 이후 대포 등 무기제작에도 관여했으며 많은 유적지를 발굴했다.
10 고지마 우스이小島烏水(1873~1948): 일본산악회 초대회장, 문예 비평가. 요코하마 상업학교를 마치고 「히구치 이치요 양에 대하여」라는 에세이로 주목받아 현재까지 발행되고 있는 신초샤新潮社의 문예지『신조新潮』의 전신인『문고文庫』의 편집자가 된다. 오늘날 외환은행 기능을 하는 요코하마정금은행橫濱正金銀行에서 근무했다. 징병검사 때 만난 절친한 친구인 오카노 긴지로岡野金次郎(1874~1958)와 취미로 등산을 하러 다니던 그는, 월터 웨스턴의 책을 읽어 본 오카노의 권유로 당시 요코하마에 와 있던 웨스턴과 만나게 된다. 웨스턴의 권유로 1905년에 설립된 일본산악회는 일본박물학동지회日本の博物學同志會의 지회支會로서 창립되었고 최초의 이름은 산악회山岳會였다. 산악회는 알파인클럽의 전통인 산악기행과 산악연구를 추구하게 되었다. 비평가로서 당대의 문인들과 교류했고 미문의 글쓰기에 능했으며, 특히 우키요에浮世繪에 조예가 깊어서 안도 히로시게安藤廣重(1797~1858)와 가쓰시카 호쿠사이의 연구에도 많은 업적을 남겼다.

11 기타카마의 정식명칭은 기타카마오네北鎌尾根다. 본문에서 암시하는 인물로 마쓰나미 아키라松濤明(1922~1949)의 1949년 1월 혹한기 조난이 유명하며, 조난 중에 남긴 그의 일기며 유서를 사후에 『풍설의 비바크風雪のビバーク(1960)』라는 이름으로 출판했다. 유서가 담긴 수첩의 실물은 오마치 산악박물관大町山岳博物館에서 전시 중이다.

12 가토 분타로加藤文太郎(1905~1936): 등산에 관한 사상과 극적인 인생 때문에 일찍이 닛타 지로의 『고고한 사람孤高の人(1969)』이나 다니 고슈谷甲州(1951~)의 『단독행자(알라인갱어) 신 가토 분타로 전單獨行者(Alleingänger) 新加藤文太郎傳(2010)』 등의 모델이 되었다. 당시는 여러 사람이 파티를 이루고 가이드에 의한 등산이 상식이었다. 하지만 이런 방식은 장비의 구색이나 안내인의 고용, 기타 경비 등에 따르는 비용이 상당했다. 고급 스포츠로서 소수의 사람만 등산을 즐길 수 있었던 때에 그는 등산화도 없이 지카타비地下足袋를 신고 홀로 여러 겨울 산을 오른 기록을 남긴 사람으로 유명하다. 그러나 이는 모델 소설의 한계와 특성을 고려하지 않고 전기처럼 받아들인 영향이 크다. 사실 그는 후지키 구조藤木九三(1887~1970)가 이끌던 고베神戶의 RCC(Rock Climbing Club)에 1928년에 입회했고, 등반기술이 필요한 코스에서는 암벽등반이 능숙한 파트너와 등산하기도 했다. 그런 증거로 등반이 능숙했던 요시다 도미히사吉田富久와 최후의 등산을 함께 했다. 엄청난 산행 속도를 보였던 그는 로프 사용이 불필요한 코스에서는 어중간한 파트너라면 안전성을 높여주지도 않고 발목을 잡아 오히려 위험하다고 판단하고 있었다. 이런 개념은 현대의 알파인 클라이머들의 주장과 일치하는 점이다. 이는 단지 그가 사람과 어울리지 못하는 성격에다 돈이 없어서의 문제가 아니었다는 것을 시사한다. 1월 초에 조난했던 그들은 4월이 되어 덴조사와天上澤에서 발견되었다. 유고집인 『단독행單獨行(1941)』은 대부분 자신의 단독등산을 기록한 책이며, 유고집 후반부 「단독행에 대하여」라는 단락에서 그의 등산관을 펼쳐 놓았다. 여기서 단독행을 구체적으로 알라인갱어Alleingänger라고 지칭하는 표현이 등장하며 이후 소설 제목으로 쓰인 「고고한 사람」은 난독행자를 상상하는 말이 되있나. 저자도 그의 유고집 중에서 1930년에 다테야마에서 스키 등산을 했던 기록인 「1월의 추억」을 모델로 『설산의 일주일(1971)』을 썼다.

13 가쿠슈인대학의 전신이다. 당초에 일본의 화족을 위한 교육기관으로 메이지텐노明治天皇의 지시로 만들어졌다.

14 그 일화란 가쿠슈인 파티라고 하더라도 이 파티에는 도쿄제국대학 학생이 두 사람 있었다. 그리고 그 도쿄제국대학 학생 중 한 사람이 가쿠슈인 출신의 마쓰카타 사부로였다. 게다가 이 파티에는 당시의 명가이드였던 고바야시 기사쿠小林喜作(1875~1923)가 포함되어 있었고, 이 소식을 접한 와세다 파티는 가이드를 대동한 가쿠슈인 파티에게 절대 기타카마를 내 줄 수 없다고 출발했다. 결과적으로 와세다 파티가 기타카마를 먼저 끝냈는데 가쿠슈인이 초등한 것으로 오보가 났다. 와세다 파티의 리더인 후나다 사부로舟田三郎(1899~1979)는 이렇게 말했다. "오보에 대해 우리는 항의하지 않았다. 초등반의 기쁨은 남에게 알리는 것이 아니라 자신

만 만족하면 되는 것이다."

15 북 알프스의 오모테긴자表銀座 종주로의 중간에 위치해 남쪽의 아카이와다케赤岩岳를 거쳐 야리가타케에 이르는 히가시카마 능선 길을 말한다. 1918년부터 1922년에 걸쳐 고바야시 기사쿠에 의해 열려 기사쿠신도라고 부르고 있다. 구도는 다이쇼 초기에 영림서營林署에서 마련한 길로, 오텐조다케大天井岳에서 아즈사가와로 내려가 야리가타케로 거슬러 올라가는 길이었다. 오모테긴자 루트의 기점인 나카부사中房 온천부터 시작하면 통상 나흘이나 닷새가 걸리는 길이었지만, 능선을 잇는 신도의 개통으로 하루 이틀 거리로 단축되었다. 3000미터에 달하는 고소에서 난공사가 이어지자 고용한 인부들이 모두 도망쳐서, 고바야시 혼자서 80킬로그램씩 짐들을 져 나르며 완성한 길이다.

16 기사쿠신도의 개통은 문헌에 따라 1922년과 1923년이 있는데, 저자가 등산하던 당시 충분한 정보가 없었을 것으로 보인다. 따라서 길이 없을 수도 있는 무리한 루트를 택하기보다 확실한 루트를 택해 엄청난 우회를 했던 것으로 보인다.

17 현재 셋쇼 휘테殺生 Hütte를 말한다. 1922년에 고바야시 기사쿠가 셋쇼고야殺生小屋로 개업했다. 고바야시는 이듬해 아들과 함께 눈사태로 사망한다.

055 호타카다케
穗高岳

표고 **3190미터**
소재 **나가노현**長野縣
　　　기후현岐阜縣
지도 **오쿠호타카다케**奧穗高岳

　　　　호타카다케穗高岳는 옛날에 고헤이다케御幣岳라고도 했다. 하늘 높이 솟은 암봉이 고헤이御幣의 모양을 닮아서이다. 또한 오쿠다케奧岳로도 불렸다. 사람 사는 마을로부터 멀리 떨어진 오지에 있어서일 것이다. 아즈사가와를 따라 버스가 다니게 된 이래, 사람들은 손쉽게 가미카와치神河內 1(가미코치上高地)에 들어가서 그곳부터 호타카를 우러러 수 있게 되었지만, 그 이전에는 도쿠고 고개德本峠를 넘어야 했다.2 고개에 섰을 때 갑자기 눈앞으로 나타나는 호타카의 고상한 암봉군은 일본의 산악 경관 중 최고라고 여겨지고 있었다. 그 불의의 일격에 놀라지 않은 사람은 없었다. 고다 로한3도 쓰고 있다.

　　　　"눈앞에 펼쳐진 깊고 넓은 비탈, 그 너머로 외외당당巍巍堂堂한 산. 이 얼마나 남자다운, 거룩함을 지닌 반가운 모습이더냐. 무심결에 눈물겨운 심정이 되어 아슬아슬하게 손길을 뻗치고 싶은 마음이 들었다. 나의 영혼으로 그를 보았을까, 그에게서 나의 영혼을 보았던 걸까, 분간하기 어려운 순간이었다."

가미코치에서 바라본 호타카 연봉과 아즈사가와. 정중앙 오쿠호타카다케부터 우측 마에호타카다케까지 오목하게 이어진 능선이 쓰리오네

호타카의 이름은 바위의 이삭秀이 높은 것에서 왔을 것이다. 수秀는 수穗로 통한다.[4] 그 준수한 모습에서 먼 옛날에는 호타카다이묘진穗高大明神의 산이라고 구전되어 간단히 묘진다케明神岳라고도 불렸다. 지금의 묘진다케는 호타카에서 아즈사가와로 내려간 암릉의 봉우리 이름이다. 그 자락에 호타카 신사[5]가 있고 묘진이케明神池가 있다.

호타카 신사의 연기緣起에는 "시나노도 일찍이 바다였다. 와타쓰

묘진다케

미海神6였다. 아즈미安曇는 **와타쓰미**의 와전이라고 한다. 그 오와타쓰미노카미大綿津見神의 아들 호타카미노 미코토穂高見ノ命가 이 산으로 수적7하셨다"라고 나와 있다. 이 신은 아즈미의 물을 다스리시기에 지금도 물의 신으로 모셔져 있다.

　　이렇게 이 산은 먼 옛날부터 영악靈嶽으로서 우러러 받들고 있었다. 묵직하게 자리 잡은 바위너설의 산이기에 등배登拜는 곤란해서 단지 요배遙拜8하고 있었을 것이다. 부근의 가사가타케며 야리가타케가 신앙이 두터운 승려에 의해 등정되었던 뒤에도 호타카만 남았던 것은 어려운 산이기 때문이었을 것이다. 그런데도 분세이文政 정축丁丑(편집부 주: 다카토 쇼쿠의 『일본산악지』에 따랐으나, 분세이 연간에 정축년은 없고, 정축년은 분카文化 14년인 1817년에 해당한다.)9 여름, 아즈미군安曇郡 호타카무라穂高村의 의사 다카시마 쇼테이10는 친구의 권유로 오르고 그 지리地理를 묘사해 「호타카다케기穂高嶽記」라는 글을 남겼다. 하지만 그 기록으로 미루어보면 그가 정상에 섰다고는 생각되지 않는다.

　　호타카에 올랐던 최초의 인물은 메이지 26년(1893) 여름, 가몬지와 동행한 웨스턴이었다. 그렇다고는 하지만 그보다 2주 전, 육군성陸軍省11의 시찰원視察員이 역시 가몬지를 동행해 올랐다. 하지만 그들이 개척자로서 등정했던 것은 지금의 마에호타카前穗高였고, 당시에는 그곳을 최고점으로 여기고 있었다.

　　메이지 말기 무렵부터 일본산악회의 선배들이 잇달아 올라, 그때까지 일괄해서 호타카로 부르던 암봉군에, 기타호타카北穗高, 오쿠호타카奧穗高, 가라사와다케涸澤岳, 마에호타카, 니시호타카西穗高, 묘진다케라는 식으로 각각 명칭이 부여되었다. 그중 가장 높은 것은 오쿠호奧穗이며 일본에서 세 번째다. 초등은 메이지 39년(1906) 육지 측량의 시기였고, 그로부터 3년 늦게 등산가로서는 우도노 마사오12가 최초였다.

　　다이쇼 시대에 들자 호타카는 암벽등반과 적설기 등산의 도장이 되었다. 3000미터의 피크가 네 개나 있는 바위의 대가람이다. 당시 전위적인 대학산악부의 젊은이들은 앞다투어 이 산을 노렸다. 그들은 차차 새로운 등반 루트를 열어나갔다. 그리고 장다름Gendarme13, 당나귀 귀ロバの耳, 크랙 오네Crack 尾根14, 마쓰타카 룬제松高 Runse15라는 서구 알프스풍의 이름이 곳곳의 암장에 붙었던 것은 쇼와 시대가 되고 나서였다.

　　이처럼 세계대전 전까지는 이 대가람의 산줄기며 암벽이며 골짜기 길을 거의 샅샅이 뒤진 감이 있었다. 그런데도 마쓰카타 사부로16가 쓰고 있는 것처럼 "저 호타카 어딘가의 한 귀퉁이에 세 방향은 단애로 지켜지고, 뒷면 또한 절벽으로 되어 있어서 어지간한 산의 달인이 아니면 다가갈 수 없을 것 같이 자그마한, 비유해서 말하자면 도깨비 춤판17이라고도 부를 만한 테라스terrace18가 있고, 그 **벼랑 턱**에 겨우 다다라서 보면 그 근방은 온통 꽃밭이라 에델바이스 등이 어우러져 피어 있다. 그런 따위의 상상에 빠지거나 하는 것이다." 그런 공상을 허락하는 것도 호타카라는 볼륨의 크기다.

호타카 연봉의 구름 사이로 보이는 야리가타케

오쿠호타카다케부터 니시호타카다케로 이어지는 종주로

전쟁이 끝난 뒤로는 겨울철 암벽등반이 활발해져, 정월 휴가 등에는 여러 파티가 여기저기의 빙벽을 노리고 과감한 도전을 시도하게 되었다. 그리고 어느새 동계 초등 루트도 남아 있지 않게 되었다.

아마 산악단체에 속한 사람으로서 가라사와澗澤 생활을 경험해보지 않은 사람은 없을 것이다. 여름에는 수십 개의 텐트가 그곳에 늘어서서, 글리사드glissade[19]며 암벽등반 훈련을 하러 나서고 있다. 호타카는 알피니스트의 메카가 되었다.

하지만 그곳에 영원히 잠든 사람도 많았다. 오시마 료키치도, 이바라기 이노키치도 호타카가 무덤이 되었다. 근년에는 겨울철 등산에 매년같이 희생자를 내고 있다. 고사카 오토히코小坂乙彦도 죽었다. 우오즈 교타魚津恭太도 죽었다.[20] 죽는 사람은 앞으로도 끊이지 않을 것이다. 그런데도 여전히 호타카는 그 혹독한 아름다움으로 유혹을 이어나갈 것이다.

주

1 『산악』 제29년 제1호(1934)에 고지마 우스이가 「가미코치는 가미카와치가 옳다는 설上高地は神河内が正しき說」을 시론試論으로 발표해서, 저자도 그 의견을 좇은 것으로 보인다. 또한 가미카와치神河内는 속화한 가미코치上高地와 구분할 때 쓰기도 하지만 그냥 가미코치로 읽기도 한다. 어원은 강 상류를 뜻하는 가미카와치上河内에서 온 것으로 보고 있다. 또한 이후 본문에서 서술하는 호타카미노 미코토의 강림 전설을 바탕으로 가미코치神垣内로 표기하기도 했다. 문헌상으로는 마쓰모토번 공문서에서 가미카와치上河内, 또는 가미구치上口로 부르다가 에도 시대 말기에 가미코치上高地로 기록된 것이 굳어졌다.

2 클래식 루트라고 부르는 길이다. 에도 시대 이전부터 있던 시마시마~도쿠고 고개~호타카 신사를 잇는 등산로를 야리가타케까지 연장해 1916년에 정비했다. 이는 당시 일었던 등산 붐에 황실도 가세하자 영림서營林署의 전신인 도쿄의 대림구서大林區署에서 직접 나선 일이다. 가마 터널釜トンネル이 뚫려 1927년에 자동차도로가 생기고 나서 이 길은 잘 다니지 않게 되었다. 저자는 1956년 8월에 가족과 가미코치에 갔는데 사흘 내내 비가 와서 그냥 돌아갈 수밖에 없었다. 부인과 아이들이 버스를 타지 말고 아쉬운 대로 도쿠고 고개까지라도 가자고 졸랐는데, 사실은 출발 전에 장남이 조르던 야시카Yashica 이안 리플렉스 카메라를 사 주느라 버스비가

100엔 모자라 시마시마까지 걸어 가야했기 때문이었다. 결국 늦은 아침 10시에 빗속에 가미코치를 출발해서 도쿠고 고개를 넘어 시마시마에 밤 9시에 도착했다. 이때 요코오산소横尾山莊 앞에서 찍은 가족사진이 남아 있다.

3 고다 로한幸田露伴(1867~1947): 소설가, 수필가, 고증가考證家. 어릴 때부터 한적과 불교서적, 에도 문학 등을 독학했다. 홋카이도에서 전신기사로 일하다가 도쿄로 돌아와서 소설을 발표하고 등단했다. 나쓰메 소세키, 모리 오가이森鷗外와 더불어 일본 근대문학의 대표적 작가 중 한 사람이다. 1937년에 제1회 문화훈장을 받았다. 본문의 글은 고다 로한의 「호타카다케(1928)」이며 1928년 7월 30일에 발행한 지쿠마 전기철도筑摩電氣鐵道의 『가미코치』에 실린 짧은 글이다. 산과 관련한 글로는 「지치부 기행知々夫紀行(1898)」도 있다.

4 두 글자는 어원적으로 같으며 이삭·꽃·열매를 뜻한다. 일본어 훈독도 모두 호ほ이며 칼·창·송곳·붓 등의 끝과 같이 이삭처럼 생긴 것을 가리켰다. 야리가타케 편에서 '바위의 이삭'으로 표현했다.

5 호타카진자오쿠미야穂高神社奥宮를 말한다. 입구에 가몬지고야가 있다.

6 와다쓰미로도 읽으며 와타쓰미蒼海로도 적는 등 다양한 독법과 표기법이 있다. 와타ワタ는 바다海의 고어이며 우리말 바다가 어원이다. 와타쓰미海神는 해양을 말하기도, 바다를 신격화한 말이기도 하며 그 지방의 바다·비·물을 관장한다고 한다. 고산高山과 해신海神의 이상한 조합이지만 아즈미노安曇野라는 것은 기타큐슈北九州에서 물질에 종사했던 아즈미 가문安曇氏이 이주한 것에서 유래했다고 한다.

7 본지수적本地垂迹.

8 멀리 떨어진 곳에서 참배하는 것.

9 본문의 편집부 주는 신초샤新潮社 편집부에서 지적한 유일한 원문 주다. 그러나 출처인 『일본산악지』 278페이지는 『젠코지 길의 명소 도회 1권善光寺道名所圖會 巻之一(1849)』 끝부분에 2페이지 분량으로 실린 「호타카다케기」를 요약해서 올린 것인데, 『젠코지 길의 명소 도회』의 한문 원문은 '문정정축지하文政丁丑之夏'라고 나와 있고 다카토 쇼쿠도 이에 따르고 있어서, 저자와 다카토의 오기는 아닌 것으로 보인다.

10 다카시마 쇼테이高嶌章貞(1804~1869): 가업으로 의사를 했으며 외과에 뛰어났다. 13세 때 가미코치와 호타카진자오쿠미야를 참배했다. 그때의 경험을 바탕으로 「호타카다케기」를 썼고, 당시 인기 있던 여행안내서인 『젠코지 길의 명소 도회』에 실려 가미코치를 처음으로 전국에 알렸다.

11 1945년 패전과 함께 폐지된 조직.

12 우도노 마사오鵜殿正雄(1877~1945): 나가노 출생으로 기소木曾산림학교를 졸업하고 조선으로 건너가서 일본산악회에 가입했다. 기타호타카다케와 미나미다케南岳를 연결하는 다이키렛토大キレット를 최초로 트래버스한 것으로 알려져 있다. 그때의 기록은 『산악』 제5년 제1호(1910)에 「호타카다케 야리가타케 종주기」로 남아 있다. 일본산악회의 전신인 박물학동지회부터 활동했고, 농사를 지으면서 해냈던 엄청난 등산 기록에도 불구하고 도쿄 중심 일본산악회의 주류가 되지 못했던

인물이다. 그에 관한 책으로 가미조 다케시上條武(1921~ ?)의 『고고한 길잡이孤高
の道しるべ(1983)』가 있다.

13 가미코치에서 바라보면 오쿠호타카로 가기 전에 있다. 일본어로 고유명사화 해
서 쟝다름ジャンダルム으로 적고 있다. 당나귀 귀를 뜻하는 '로바노미미'와 나란히
있다.

14 크랙crack: 바위의 균열부로 대개 손가락 끝부터 팔이 들어갈 정도까지 너비를 말
한다. 많은 등반 루트가 크랙의 자연스러운 선을 따라간다.

15 룬제Runse: (D) 계곡, 또는 주로 빙하의 침식에 의해 산허리에 세로로 갈라진 가파
른 암구岩溝. 영어로 걸리gully. 불어로는 쿨르와르couloir. 지리학에서는 우곡雨谷
의 일종으로 본다.

16 마쓰카타 사부로松方三郎(1899~1973): 언론인, 실업가. 가쿠슈인學習院을 거쳐 도
쿄제국대학을 졸업했다. 알파인클럽 회원이며 일본산악회 제5대와 제10대 회장
을 지냈다. 1970년 에베레스트 원정대장을 맡았고, 이때 우에무라 나오미植村直己
(1941~1984)가 정상에 올랐다. 1961년에 방한해 손경석孫慶錫(1928~2013)을 만나
기도 했다. 손경석은 등산연구가로 일본산악회 명예회원이었으며 저자의 『히말라
야 등반사(1957)』를 『榮光과 悲劇의 히말라야 初登頂記(1973)』로 번역·출판했던
인물이다.

17 덴구노오도리바天狗の踊り場를 말한다. 호타카 동북쪽의 쓰바쿠로다케, 조신 국
경의 다니가와다케 등 각지에 있다. 대개 몇 사람이 올라갈 만한 좁은 바위를 가리
킨다.

18 암벽 중간에 튀어나온 선반 모양의 크고 작은 평지.

19 피켈을 사용한 제동활강制動滑降, 또는 자기제동self-arrest.

20 고사카 오토히코와 우오즈 교타는 이노우에 야스시의 소설 『빙벽氷壁(1957)』
의 주인공이며 모두 마에호다카다케 동벽을 오르다가 죽는다. 고사카의 죽음
은 1955년 1월에 마에호타카다케 동벽에서 불량 나일론 자일 절단으로 당시 대
학 1학년이던 와카야마 고로若山五郎가 사망한 사건을, 우오즈의 유서는 마쓰
나미 아키라의 『풍설의 비바크』에서 가져와 소설의 모델로 삼았다. 『빙벽』은 마
키 유코가 이끈 1956년의 마나슬루 초등에 이어 등산 붐을 일으키는 데 일조했
다. 그리고 1951년에 난다 데비를 오르다 실종된 프랑스 등산가 로제 뒤플라Roger
Duplat(1919~1951)의 유작 시 「만약 어느 날Si un Jour」이 이 소설 중간에 나오는데,
이노우에는 저자에게 산악시에 대한 자문을 구했고 저자가 1956년에 번역한 것을
소설에 실어서 이 시가 우리나라에까지 유명해졌다.

056 | 조넨다케
常念岳

표고 **2857미터**
소재 **나가노현**長野縣

평론가 우스이 요시미[1]가 썼다. 마쓰모토松本에서 그의 소학교 교장은 언제나 창밖을 가리키며 "조넨을 보라!"고 했는데, 그 말씀만이 지금도 강하게 기억에 남아 있다고. 또한 마쓰모토에 몇 년을 살면서도 조금도 등산에 흥미를 느끼지 않았던 사내였지만, 그냥 조넨만은 한 번쯤 올라보고 싶었다고 털어놓은 친구가 있었다. 마쓰모토다이라松本平[2]에서 보는 조넨다케常念岳를 알고 있는 사람은 그 기분을 이해할 것이다.[3]

그것은 내 친구뿐만이 아니다. 60여 년 전에 웨스턴이 말하고 있다. "마쓰모토 부근에서 우러르는 모든 봉우리 중에 조넨다케의 우아한 삼각형만큼 보는 사람에게 인상적인 것은 없다"라고. 웨스턴도 역시 그 아름다운 금자탑에 이끌려 올랐을 것이다. 그가 정상에 섰던 것은 메이지 27년(1894) 여름이었다.

금자탑으로 부르기에 어울리는 산을 일본에서 몇 개쯤은 꼽을 수 있지만, 가장 대표적인 하나로 조넨다케를 꼽을 수 있으리라. 웨스턴은 그 정상에서 자그마한 케른을 발견했다. 웨스턴보다 이전에 이미 곰이며 영양을 쫓는 사냥꾼들이 오르곤 했던 것이다. 일찍이 덴구天狗[4]를 모셨던 작은 호코라祠도 있었다고 하는데, 웨스턴은 그곳에서 두세 개의 돌이 흩어져 남아 있는 것을 보았을 뿐이었다. 일본 알프스의 개척자인 이 외국의 등산가에게서 우리는 조넨이라는 이름의 내력마저 배운다. 그가 길을 안내하는 사냥꾼에게서 들었던 이야기에 따르면, 옛날에 밀렵꾼이 이 산골짜기에서 야영하고 있자니 정상에서 바람을 타고 저녁때 근행勤行하는 독경과 종소리가 들려왔다. 그것이 밤새도록 이어져서 밀렵꾼은 양심의 가책을 받아 두 번 다시 이 산에 가까이 가려고 하지 않았다. 그것을 전해들은 산기슭의 사람들은 이 산에 조넨보常念坊라는 이름을 붙였다고 한다. 항상常 염불念하고 있는 스님坊이 있는 산이라는 뜻이다. 또 일설에는 어디 사람인지도 모르는 스님 행색을 한 사람이 산기슭의 술집에 나타나 기적을 보였기에, 사람들은 이를 산신령의 화신으로 여겨 조넨보라고 불렀다고도 전해진다. 옛날에는 조넨다케라고 하지 않고 조넨보라고 부르고 있었다.

일본의 등산가로서 최초로 조넨다케를 세상에 소개했던 사람은 고지마 우스이인데, 그가 올랐던 것은 웨스턴보다 10여 년 늦은 메이지 39년(1906) 여름이었다. 그 무렵은 아직 북 알프스도 자세하게 알려지지 않았고, 야리가타케가 후지산에 이어 일본에서 두 번째로 높은 봉우리로 여겨지고 있었는데, 그 야리와 조넨 어디가 높은지 진지하게 논의되곤 했다. 그 정도로 조넨다케는 하늘을 찌르는 돋보이는 산이었다. 우스이는 오텐쇼다케大天井岳[5] 쪽에서 종주해와서 이 정상에 섰다. 꼭대기로 접어드는 아래에 눈잣나무로 엮은 무너진 오두막이 기울어져 있었다.

이 망가진 오두막이 훗날 조넨고야常念小屋의 기원이 되었을 것이다. 조넨고야를 세웠던 것은 다이쇼 8년(1919)이고, 그로부터 3년 뒤에 나는 그 오두막에 묵었다. 거기서부터 돌덩이가 널브러져 난잡하게 덮쌓여 있는 곳을 디뎌가며 정상에 닿았다. 오두막에서 이틀 밤 묵었기에 그 모습은 아직도 기억에 있다. 단순히 넓기만 한 단칸방 귀퉁이에서는 오두

마쓰모토 교외에서 오마치로 향하는 도중에 바라본 마에조넨다케

조가타케 휘테蝶ヶ岳ヒュッテ에서 바라본 조넨다케

조넨고야에서 바라본 조넨다케 정상부

막지기가 밥을 짓고 있었다. 동행한 친구가 쓰바쿠로다케부터 여기까지 종주하는 도중, 폭풍우와 피로로 인사불성이 되어 오두막으로 실려와 겨우 살아났다.6 그런 사건이 있어서 한층 더 기억이 짙은 것 같다.

조넨고야는 일본 알프스 내에서 가장 오래된 오두막 중 하나였는데, 나중에 조넨의 **터줏대감**이라고도 할 만한 야마다 토시카즈7가 개축했다. 그는 전쟁 뒤에 아즈사가와 냇가에 요코오산소橫尾山莊를 세우고 그 뒤편에서 조가타케로 오르는 길을 새로 열었다. 나는 그 길을 따라 오랜만에 조넨다케에 가기로 야마다 씨와 약속해두고 있었지만, 그것을 지키기 전에 **터줏대감**은 돌아가셨다. 조넨다케를 위해 일생을 바쳤던 분이었다.

산에는 각각 옹호자가 있다. 조넨에는 젊고 용감한 클라이머를 끌

어들이는 암벽이며 어렵고 힘든 골짜기가 없지만, 그 아름다운 모습으로 예술가 기질의 사람들을 매혹한다. 화가며 사진가에게 이 산은 많은 소재를 제공해왔다. 일례로 나와 다부치 유키오[8]의 사진집 『산등성이 길尾根路』이 생각난다. 다부치 씨는 조넨다케 바로 아래 산기슭인 마키무라牧村[9]에 살아서 이 산이 뒤뜰만큼 정들었던 사람이다. "내가 가장 많이 오르고 있는 산은 말할 것도 없이 조넨, 오타키다. 횟수로 쳐도 백 번은 훨씬 넘는다"라고 하니, 그 심취함이 예사롭지 않다. 그렇기 때문에 조넨의 표정을 골골샅샅이 알고 있는 것 같은 훌륭한 사진이 태어났을 것이다.

조넨다케는 북 알프스의 다른 깊은 산들과는 달리, 산기슭의 풍경과 어울리고 있는 점이 예술가 기질의 사람들에게 친밀한 이유일 것이다. 하지만 정작 오르려고 하면 마을에서는 멀다. 그래서 대체로 등산자는 쓰바쿠로나 오타키야마에서 산등성이를 종주하거나, 혹은 안쪽의 아즈사가와 언저리부터 오르는 것이 상常이다.

마쓰모토에서 오마치로 향해 아즈미노安曇野를 달리는 전차의 창 너머로, 어쩌다 그때가 겨울이면 앞산들을 넘어 번쩍 빛나는 새하얀 피라미드가 보인다. 나는 거기를 지날 때마다 언제나 그 아름다운 봉우리에서 눈을 떼지 못한다. 그리고 올해야말로 오르겠노라고 새롭게 결심하는 것이 상常이다.

주

1 우스이 요시미臼井吉見(1905~1987): 편집자, 소설가. 도쿄제국대학을 졸업했다. "조넨을 보라!"는 「어린 시절의 산들幼き日の山やま」이라는 수필에서 조넨 교장으로 불렸던 사토 가이치佐藤嘉市(1877~1959)가 한 말이다. 사토는 조넨 연구회를 조직해 1919년 마에조넨다케前常念岳에 조넨다케이시무로常念岳石室를 세우기도 했다. 우스이의 자전적 대하소설 『아즈미노安曇野(1974)』에서 일종의 고로아와세語呂合せ를 이용해 지은 이름인 사토 도잔佐藤登山(登山)이라는 인물로 등장하기도 한다.

2 마쓰모토 분지. 오마치·마쓰모토·시오지리鹽尻 등의 도시가 속해있다. 지쿠마노

築摩野, 또는 아즈미다이라安曇平로도 불린다.

3 마쓰모토에서 부르는 조넨다케는 실제로 마에조넨다케前常念岳이고 표고 2662미터이다. 조넨다케는 더 뒤로 물러나 있어서 볼 수 없으며, 야리가타케 등에서 동쪽으로 전체가 보인다.

4 날개와 신통력이 있어서 주로 야마부시 복장으로 하늘을 날아다닌다는 상상의 괴물. 깊은 산에 살며 얼굴이 붉고 코가 길다.

5 가장 흔한 독법은 오텐조다케이지만, 다이텐조다케로도 읽는다.

6 1922년 제1고 1학년 여름방학 때 여행부의 산행에 참가해 쓰바쿠로다케부터 조넨다케, 야리가타케로 종주했던 일을 말한다. 저자는 이때 처음으로 북 알프스에 발을 들였으며 야리가타케 편에서 언급하는 첫 3000미터 봉 등산이 이것이다.

7 야마다 도시카즈山田利一(1893~1956): 산장 경영자. 1917년 24세 때 호카리 미스오와 야리사와고야槍澤小屋를 공동 창업했고 이후 경영권을 매각하고 조넨고야를 지었다. 개업 당시 정식 명칭은 조넨보 놋코시고야常念坊 乘越小屋. 또한 조넨다케를 내려가 가미코치 가까운 곳에 이치노마타고야一/俣小屋도 1925년에 개업했으나 1943년 화재로 소실되었다. 가미코치로 교통편이 없던 시대에는 야리가타케 방면으로 오르려면 조넨 산맥을 넘어가는 것이 최단 루트이기도 해서, 오두막이 위치한 안부인 조넨놋코시常念乘越가 야리가타케의 관문이었던 셈이다. 이 오두막은 1962년에 개축되어 현재 3대째 운영되고 있다.

8 다부치 유키오田淵行男(1905~1989): 교사를 거쳐 일본영화사에 입사했고 1945년에 조넨다케의 산기슭으로 소개疏開된 후 정착했다. 산악사진 작업과 산의 표면에 눈이 녹으면 나타나는 형태인 설형雪形과 고산나비의 생태를 연구했다. 『산등성이 길』은 1958년에 출판되었으며 아즈미노시安曇野市에 그의 작품과 등산용품 등을 전시한 아담한 기념관이 있다.

9 오늘날 아즈미노시 호타카마키穗高牧.

057 | 가사가타케
笠ヶ岳

표고 **2898미터**

소재 **기후현**岐阜縣

산의 이름에는 간무리冠[1]나 에보시烏帽子[2], 삿갓笠처럼 머리에 쓰는 물건의 이름을 취한 것이 많다. 같은 삿갓에도 아미가사야마編笠山, 도가사야마遠笠山, 기누가사야마衣笠山 등이 있는데, 역시 가장 많은 것은 단순한 가사가타케笠ヶ岳이다. 물론 그것은 삿갓 모양을 하고 있으니까 이름을 붙인 것이 분명하지만, 이름만으로는 믿을 수 없다. 앞에서 바라보면 삿갓으로 보여도 옆으로 돌면 완전히 모양이 바뀌는 것이 있기 때문이다.

그 많은 삿갓의 필두로 꼽는 것은 북 알프스의 가사가타케笠ヶ岳다. 그리고 이 산만큼 그 이름에 충실한 것도 없다. 어디에서 바라다보아도 삿갓의 형태가 흐트러지지 않는다. 먼 다테야마에서 내다보아도, 가까운 호타카에서 보아도, 산기슭인 히라유平湯에서 우러러보아도, 히다의 다카야마시高山市에서 바라보아도 "바로 저거다"라고 지적할 수 있다. 문자 그대로 삿갓산이다.

그만큼 눈에 띄게 단정한 산이기에 먼 옛날부터 사람들의 관심을 끌어 신앙의 산이 된 것은 당연했을 것이다. 초등자는 엔쿠[3] 쇼닌이라고

후나야마船山에서 바라본 가사가타케

야케다케 등산로에서 바라본 가사가타케

전해진다. 엔쿠는 나대鉈[4] 한 자루로 불상을 조각했던 별난 스님인데, 근년에 그 조각이 유명해져 전람회가 열리기도, 작품의 사진집이 나오기도 했다. 스님은 덴나天和 3년(1683) 다카야마에 와서 오악연행五嶽練行을 했다. 오악이란 가사, 야리, 호타카, 야케, 노리쿠라로, 그는 그중 노리쿠라와 가사에 올랐다고 한다. 그 이전에도 각지를 돌아다니면서 에조치까지 갔을 정도의 사람이었기에, 이 등정은 믿어도 좋을 것이다.

그 이후 덴메이天明 2년(1782), 다카야마 소유지宗猷寺의 난에이[5] 쇼닌이 올랐다. 이것에는 확실한 기록이 있다. 그로부터 약 40년 늦게 반류 쇼닌이 등정했다. 분세이文政 6년(1823) 유월의 일로, 하산하고 나서 산기슭 사람들과 의논해 등산로를 완성했다. 그리고 같은 해 8월 5일, 반류를 앞세우고 동행한 열여덟 사람이 산의 절정을 결정하자, 내영來迎[6]이 구름 속에서 떠올라 아미타불이 세 번 나타났기에, 모든 사람이 수희隨喜의 눈물을 흘리고 절을 올렸다. 이것에 관해서는 반류가 쓴 「가타가타케 재흥기迦多賀岳再興記」라는 상세한 기록이 남아 있다.

이듬해 분세이 7년 8월 5일, 반류는 또다시 일행 예순여섯을 거느리고 가사가타케를 등정해서 아미타불을 바쳤다. 이날도 내영이 여러 차례 나타났다고 한다. 그가 이 정상에서 저 멀리 야리가타케의 영자英姿를 바라보고 그곳에 등정하려는 염원을 일으켜, 마침내 야리의 초등자가 되었던 것은 유명한 이야기다.

북 알프스에 가서 가사가타케를 못 보고 지나친 사람은 없을 테지만, 그 정상에 섰던 사람은 의외로 적은 것 같다. 그것은 일반 종주로에서 벗어나 있기 때문일 것이다. 내가 갔을 때에도 주맥主脈 위의 스고로쿠고야雙六小屋는 만원이었는데, 가사가타케로 향하는 지맥支脈으로 들어서자 사람 그림자가 거의 없었다.

스고로쿠부터는 기분 좋은 조용한 길로, 깊은 계곡을 사이에 둔 맞은바라기에는 야리에서 호타카로 이어지는 3000미터의 산의 물결이 대자연의 벽을 만들고 있었다. 이 정도 대규모의 벽은 일본에서는 유례가

노을 속의 가사가타케

없을 것이다. 거친 바위의 맹장자와는 반대로, 이쪽은 동글동글한 느낌의 군데군데 올록볼록한 초목의 비탈이 누긋하게 스고로쿠타니로 떨어지고 있었다. 산등성이 길은 넓어서 고원처럼 한가로운 곳도 있고, 하룻밤 텐트에서 지내보고 싶어지는 지소를 지닌 풍경도 있었다. 특히 누케도다케抜戸岳를 거쳐 가사까지의 사이는 완전히 천연공원처럼 아름답게 눈잣나무가 깔려 있고, 그 그늘에 숨어든 뇌조雷鳥 가족도 보였다.

    정상은 깨끗해서 종이 부스러기, 빈 깡통 하나 없었다. 비바람에 씻긴 민틋한 돌조각으로 덮인 한쪽 구석에는 돌부처가 놓여 있었다. 그 마멸된 돌의 표면을 살펴보니 '분세이 7년 가타가타케迦多賀岳'라는 글자를 읽을 수 있었다. 가사가타케는 옛날에 가타가타케肩ヶ岳라고 불렸고, 그 가타가타케肩ヶ岳를 가타가타케迦多賀岳라고 썼던 것이다. 반류가 최초로 올랐던 때는 가사가타케大ヶ岳라고 부르고 있어서, 혹시 가타가타케迦多賀

岳는 그것의 와전일지도 모른다. 가사가타케大ヶ岳는 가사가타케傘ヶ岳에서 유래했다고도 한다.

  내가 정상에 섰던 때에는 아쉽게도 안개에 둘러싸여, 전망을 얻지 못했던 것의 보상으로 반류 쇼닌처럼 우연히 내영과 만났다. 가마다타니蒲田谷[7]에 면한 구름 속에서 원광圓光이 나타나, 그 광륜光輪 속에서 아미타불이 아닌 나의 그림자를 찾아냈다. 아직 북쪽 어깨의 오두막[8]이 없었을 때여서, 그날 중으로 야리미槍見 온천까지 내려왔는데, 그 길은 길었다.

  옛날에 승려가 올랐던 것은 차치해두고, 메이지 시대가 되고 나서 초등자는 웨스턴이었다. 산을 좋아하는 이 선교사는 메이지 25년(1892)부터 2년 연속 불편한 산기슭까지 찾아왔지만, 미신이 깊은 마을 사람들에게 가로막혀 오르지 못하다가, 겨우 3년째 되던 해 8월 1일에 염원하던 정상에 섰다. 젊은 사냥꾼이 마을사람들의 미신을 비웃으며 몰래 안내해주었던 것이었다. 웨스턴은 소박한 일본의 산촌을 사랑했지만, 산기슭의 가마다蒲田 사람들은 가사가타케의 절벽이며 계곡에도 마력을 가진 산신령이 살고 있다고 믿고 있었다. 그리고 난데 사람을 신성한 산으로 안내하면 무서운 폭풍이 마을을 덮친다고 믿고 있었던 것이다. 메이지 20년대의 외지고 깊은 마을은 대개 이런 형편이었을 것이다.

주

1 공가나 무가의 성인 남성이 궁중에 들 때 쓰는 관모冠帽.
2 전통 예복을 입을 때 남성이 쓰는 예모禮帽.
3 엔쿠圓空(1632~1695): 에도 시대 초기의 승려. 그는 약 12만 개의 나무 조각상을 만들어 발원했다고 하는데 현재 2천 수백 개가 발견되었다. 현재 이를 엔쿠보리圓空彫라는 이름으로 다카야마시에서 생산해서 기후의 향토공예품으로 인정받고 있다.
4 농기구의 일종으로 나뭇가지를 치거나 장작을 패기 좋은 묵직한 칼이다. 요즘은 캠핑용으로도 많이 쓴다. 일본어로 나타鉈, 제주 방언으로 나대라고 부른다.
5 난에이南裔(1730~?): 에도 시대 중기의 승려. 기후현 다카야마 출생.
6 불도를 닦던 사람이 죽을 때 아미타불이 나타나 극락으로 인도함을 말하는데, 여기서는 고산에서 일출이나 일몰 때 태양을 등지고 서면, 자신의 그림자가 전면의 안개에 비쳐 아미타불이 광배를 지고 내영하는 것처럼 보이는 브로켄Brocken-gespenst 현상을 말한다.
7 다카야마시의 가마타가와蒲田川 계곡. 이곳의 지류인 아나케타니穴毛谷가 가사가타케에 오르는 가장 빠른 고전적 루트여서 월터 웨스턴이나 고지마 우스이도 이 길을 이용했던 것으로 알려져 있다.
8 가사가타케산소笠ヶ岳山莊를 가리킨다.

058 야케다케
燒岳

표고 2455미터(남봉)
소재 나가노현 長野縣
　　　기후현 岐阜縣

　　시마시마島々[1]에서 버스로 가미코치에 들어가려고 할 때 가마釜 터널을 빠져나오면, 불시에 눈앞으로 마치 지금부터 전개되는 산악 대가람의 위병衛兵처럼 우뚝 서 있는 것이 야케다케燒岳다. 익숙한 풍경이라고는 잘 알고 있으면서도, 언제나 나는 여기에서 처음 보는 풍경과 만나는 것 같은 신선한 놀라움을 느끼는 것은 무슨 까닭일까.

　　야케다케는 미묘한 색채의 뉘앙스를 지니고 있다. 갈맷빛 수림과 선녹색의 조릿대밭, 다갈색의 이류泥流가 쌓인 것. 그런 색이 섞여서 아름다운 모자이크를 이루고 있다. 게다가 사계절의 추이에 따라 그 모자이크도 한가지 모습이 아니다. 어느 가을 맑게 갠 날 야케다케는 마치 오색의 기모노着物를 입은 듯이 멋졌다.

　　저런 모습들도 큰 관심 없이 대강 보아 넘기면 그저 혹처럼 불거진 모습에 불과하지만, 잘 살펴보면 바위며 균열의 상태가 복잡한 산세를 만들고 있다. 학문 분야에서는 종상화산이라고 해서 유형이 드문 화산이라고 한다. 조촐하고 아담한 모양을 하고 있어서, 발치에서 꼭대기까지 산

다이쇼이케와 야케다케

전체를 한눈에 볼 수 있는 것도 북 알프스에서는 드물다.

    야케다케는 부근의 군웅群雄에 비하면 하잘것없는 작은 몸집일 수도 있다. 그렇지만 이 조무래기는 다른 곳에서는 볼 수 없는 독자성을 지니고 있다. 먼저, 일본 알프스를 통틀어 유일한 활화산이다. 정상에서 연기가 올라오고 있는 산은 다른 곳에는 없다.

    그리고 조무래기 주제에 아즈사가와의 풍경을 확 바꿨다. 그 폭발

로 다이쇼이케大正池를 만들었다. 사람들은 자주 '국파산하재國破山河在'[2]라는 문구를 끌어다 자연이 불변한다고 타이르지만, 일거에 저 커다란 변모를 일으킨 야케다케의 잠재력은 위대하다.

다이쇼 4년(1915) 6월 6일, 야케다케는 지진을 동반한 폭발로 정상의 옛 화구에서 폭 330미터, 깊이 2미터 남짓한 이류를 밀어내어 아즈사가와를 막아버렸다. 다이쇼이케는 그 부산물이다. 못 가운데에는 고사한 자작나무가 숲을 이루고, 그 수면으로 호타카며 야케가 그림자를 떨어뜨리는, 좀처럼 일본에 유례가 없는 이국적인 풍경을 자아냈다. 그리고 그 풍경은 그림엽서로 만들어지고, 자작나무 세공이 되는, 이제는 가미코치의 가장 대표적인 명소가 되어 있다. 갓파바시河童橋[3]와 다이쇼이케는 아마추어 사진가의 카메라에서 벗어날 수 없다.

그 다이쇼이케도 세월과 함께 얕아지고 좁아지고, 명물인 자작나무 고사목도 줄어들어서, 예전의 면모를 잃어가고 있다. 못은 차차 강으로 되돌아가고 있다는 느낌을 받는다. 야케다케는 겉으로는 평온하게 꾸미고 있으면서도 다음 꿍꿍이를 생각하고 있을지도 모른다. 학자들의 설에 따르면 휴지기에 가까운 화산이라고 하는데, 최후의 아바레暴れ[4]를 한바탕 펼쳐 또 무언가 새로운 풍경을 가미코치에 보태줄지도 모른다.(후기: 이렇게 쓰고 나서 3년 후 예상대로 야케다케는 대폭발했다.)[5]

야케다케의 분화는 다이쇼이케 때가 처음이 아니다. 『젠코지 길의 명소 도회善光寺道名所圖會』[6]는 산악지가山岳誌家[7]가 자주 인용하는 옛 문헌인데, 그중에 "항상 곳곳에 연기가 일어나 추운 날씨에도 눈이 쌓이지 않고, 산기슭에는 온천이 솟는다"[8]라고 나와 있는 것을 보더라도 꽤 옛날부터 분화하고 있었던 것 같다. 무엇보다도 야케다케라는 이름이 그것을 증명하고 있다.

내가 처음 가미코치에 들어갔던 것은 다이쇼이케가 생긴 지 몇 년 뒤다. 산에 관한 한, 물건을 잘 다뤄서 오래 쓰는 나는, 그 무렵에 사용했던 5만 분의 1「야케가타케燒ヶ岳」도폭(그 뒤「가미코치」로 바뀌었다)을 지금

갓파바시에서 바라본 야케다케

도 보존하고 있다. 그 낡은 지도를 보면, 큰 활화산 쪽, 다시 말해 지금의 야케다케에는 이오다케硫黃岳라는 이름이 붙어 있고, 지금의 이오다케(나카오 고개中尾峠 바로 동북쪽에 있는 약 2100미터의 봉우리)가 야케가타케로 되어 있다.9 이것은 히다 쪽 사람들이 부르던 관습이었다고 해서 육지측량부원이 그것에 따랐다. 그런데 신슈 쪽에서 부르는 법은 그것과 반대인데, 그쪽이 타당하다. 그 이후 지도도 그렇게 수정되어 지금은 어느덧 야케와 이오의 위치가 고정되었다.10

　근래에 가미코치는 더욱더 번창해 등산지라기보다 관광지가 되었

다. 순수 등산파는 지체 없이 그냥 지나쳐 산으로 향하고, 레인코트에 단화 차림의 순수 유람파만이 갓파바시며 다이쇼이케의 물가를 산보하고 있다. 하다못해 야케다케라도 오른다면 그들의 가미코치 유람에 큼직한 수확을 보탤 수 있을 것이다. 한나절이면 오갈 수 있는 쉬운 산이다.

가장 큰 수확은 나카오 고개까지 오르고 나서부터의 전망이다. 지금까지 보지 못했던 샤쿠조錫杖[11], 가사, 누케도의 연봉이 바로 눈앞으로 펼쳐진다. 특히 가사가타케라는 금자탑이 이렇게 훌륭하게 보이는 장소는 다른 곳에 없다. 고개에서 느긋하게 쉰 다음, 무너지기 쉬운 가파른 산등성이를 올라가면 정상이다. 깊이 꺼진 분화구에 못이 있는데, 감벽紺碧의 물이 가득 차 있으며, 그 한 모퉁이에서 기세 좋게 증기가 뿜어져 나오고 있다. 생생한 활화산이라는 인상을 강하게 받는 정상이다.

주
───────────────────────────

1   마쓰모토에서 가미코치로 들어가는 관문이었다. 현재 시마시마는 폐쇄되었고 바로 옆에 신시마新島々역이 생겼다. 역 광장에서 버스로 갈아타고 가미코치로 향한다.

2   두보杜甫의 「춘망春望」에 나오는 시구. "나라는 망했지만 산천은 그대로라, 성안에 봄이 드니 초목이 우거지네國破山河在, 城春草木深"

3   가미코치의 아즈사가와에 걸린 다리로 경치가 매우 좋다. 갓파는 민담에 자주 등장하는 전설상의 동물, 또는 요괴로, 헤엄을 잘 치고 오이와 씨름을 좋아한다고 한다. 아쿠타가와 류노스케는 17세 때 가미코치를 유람하고 「야리가타케 기행槍ヶ嶽紀行(1920)」을 썼고, 그때의 경험으로 유작인 『갓파河童(1927)』에서 가미코치의 정경을 묘사했다. 『갓파』는 아쿠타가와의 기일을 「갓파키河童忌」라고 부르게 된 유래가 되었다.

4   가부키에서 큰북 다이코太鼓를 주로 하는 연주. 용맹한 동작인 아라고토荒事가 나오는 순간이며 난투 장면인 다치마와리立ち回り에 쓴다. 날뛴다는 뜻으로 많이 쓴다.

5   1962년 6월 17일의 폭발. 이 폭발로 당시의 야게다케고야燒岳小屋가 화산재로 대파되고 종업원 두 사람이 다쳤다. 붕괴 위험 때문에 2010년부터 남봉은 등산이 금지되어 있고 표고가 조금 더 낮은 북봉(2393미터)만 등산이 허용된다. 다만 남봉도

눈과 얼음으로 덮이는 겨울철에는 붕괴 위험이 낮아져 등산이 가능하다.

6   1849년에 나고야에서 발행한 일종의 여행안내서. 젠코지 길은 홋코쿠 니시카이도 北國西街道를 말한다. 젠코지는 나가노시에 있는 7세기에 세워진 일본을 대표하는 사찰 중 하나다. 주변에는 39개의 작은 절이 있으며 현대 도시 나가노시는 젠코지를 중심으로 세워진 사하촌寺下村에서 시작되었다.

7   산악지山岳誌: 아직 우리나라에서는 낯선 개념이다. 오로그래피orography를 산악지 혹은 산악학으로 번역한다.

8   「호타카다케기」 바로 뒤에 나오는 글이다.

9   중요한 교역로로 이용하던 나카오 고개는 1915년의 대폭발로 막혔고, 그 동북쪽 인근에 신나카오 고개新中尾峠가 새로 생겼다. "바로 동북쪽에 있는 약 2100미터 봉우리"는 이 두 고개의 동북쪽에 해당하는 2159미터의 무명봉을 가리키는 것으로 보인다. 1924년에 완료된 국토의 측량사업 초창기에 참고했을 것으로 보이는 『일본산악지』 279페이지에서 짧게 "야케다케燒嶽는 히다노쿠니飛騨國 요시키군吉城郡과 시나노쿠니信濃國 미나미아즈미군南安曇郡에 걸쳐 있고, 가미타카라무라上寶村 오아자大字 나카오中尾에서 대략 1리 18정 거리로 산정에 도달한다. 이오다케硫黃嶽는 히다노쿠니 요시키군과 시나노노쿠니 미나미아즈미군에 걸쳐 있고, 가미타카라무라 오아자 나카오에서 2리 거리로 산정에 도달한다. 표고는 6775척이다"라고 나란히 나와 있어서, 다른 산이라는 혼란을 준 것으로 보인다. 그러나 다른 문헌을 포함해 가미코치 홈페이지에서는 "야케다케를 기후현 쪽에서는 이오다케라고도 불렀다"라고 분명히 밝히고 있어서 결국 같은 산을 지역에 따라 달리 불렀던 것이 된다.

10   위치가 고정되었다고는 하지만 앞 주에서 밝힌 이유로 현재 야케다케 지도에는 이오다케라는 명칭은 없다. 다만 일본국토지리원에서 공개한 다이쇼 2년(1913)에 임시 발행된 지도를 보면 저자의 설명대로다. 그러나 다이쇼이케가 생성되고 나서 1917년에 정식 발행된 지도부터는 이미 이오다케가 빠져 있다.

11   샤쿠조다케錫杖岳. 어프로치가 불편하지만 암벽등반 루트가 잘 발달해 있다.

059

노리쿠라다케
乘鞍岳

표고 **3026미터(겐가미네**劍ヶ峰**)**
소재 **나가노현**長野縣
　　기후현岐阜縣

　　어느 산이라도 각각 신자들을 거느리고 있고, 그 신도에게는 각각 특유의 분위기가 있는 듯하다. 예를 들어 근대 등산 정예분자들의 도장인 북 알프스, 그중에서 호타카와 노리쿠라를 꼽아보면, 두 신도 사이에는 어딘가 뉘앙스의 차이가 있다.

　　그것을 조금 과장해서 말하면, 호타카 신자는 투쟁적이고 현실적이고 드라이한 데 반해, 노리쿠라 신자는 평화적이고 낭만적이고 위트가 있다. 물론 여기서 말하는 노리쿠라 신자라는 것은 신앙등산의 그것이 아니고, 더구나 유람버스에 실려오는 대중도 아니다. 돈은 별로 없지만 시간은 남아돈다는 학창 시절에 노리쿠라에 **살았던** 적이 있는 사람들을 가리킨다. 전적으로, 노리쿠라는 **오른다**고 말하기보다 **산다**고 말하는 쪽이 어울리는 산이다.

　　그 신자들이 참배하는 들머리는 무조건 오노가와大野川가 아니면 안 된다. 시마시마를 출발해, 마에카와도前川渡[1]에서 아즈사가와와 갈라져 오노가와 쪽으로 접어들면, 그들의 가슴은 기쁨으로 떨린다. 반도코로番所

까지 가서 앞산들 뒤로 머리를 들고 있는 노리쿠라를 보면, 그들은 오랜만에 제집으로 돌아온 것 같은 기분이 된다.

구라이가하라位ヶ原까지 오르면, 비로소 바로 정면으로 거칠 것 없는 노리쿠라다케乘鞍岳 그 자체를 접한다. 여기부터의 경치를 나는 일본에서 가장 빼어난 산악풍경 중 하나로 꼽을 수 있다. 무엇보다 그 모습이 마음에 든다. 웅대하지만 단조롭지 않다. 누긋하게 세 개의 머리를 나란히 한 그 왼쪽 끝이 주봉이다. 주봉 오른쪽 어깨의 거대한 바위가, 느슨해지는 것을 다잡는 여줄가리로 되어 있다. 그리고 전경前景의 넉넉한 펼쳐짐이 좋다. 가슴 후련하게 뻗어 있고, 비좁고 여유 없는 곳이 없다.

노리쿠라는 북 알프스에 속해 있지만, 먼 곳에서 바라보면 북 알프스의 연봉과는 독립된 형태로 온타케와 나란히 서 있다. 그리고 온타케의 중후함과 대조적으로 노리쿠라에게는 삽상한 느낌이 있다.

친밀한 사랑으로 만났던 노리쿠라는 지금 멀리 있지만, 한 번 본 것만으로도 영원히 자랑스러우리라

うるはしみ見し乘鞍は遠くして一目といへどながくほこらむ

이것은 나가쓰카 다카시[2]의 노래인데, 노리쿠라의 모습을 한번 본 사람은 결코 그 산을 잊을 수 없을 것이다.

모름지기 예로부터 존숭하던 산이었다. 개산은 언제쯤인지 분명하지 않으나 『노리쿠라산 연기乘鞍山緣起』[3]라는 책에는 다이도大同 2년(807) 다무라[4] 장군이 노리쿠라 삼좌三座의 신에게 기원을 담았고, 그 뒤 겐랴쿠建曆 2년(1212)에 사전社殿이 조영되었으나, 오닌應仁[5] 이후에 차츰 황폐해졌다고 나와 있다. 행자의 신앙등산이 흥하게 되고부터 몇 사람의 대선달大先達이 나타났는데, 그중에는 모쿠지키 쇼닌이며 엔쿠 쇼닌의 이름도 보이고, 각자의 전설을 남기고 있다.

일본에는 그 산의 생김새로부터 '안장鞍'이라는 글자가 붙은 산이

구라이가하라 직전의 침엽수림대에서 바라본 겐가미네와 어깨의 거대한 바위

겐가미네를 오르는 등산자

겐가미네 부근에서 내려다본 곤겐이케權現池

많은데, 노리쿠라는 그 대표로 보아도 좋을 것이다. 먼 옛날에는 구라가미네鞍ヶ嶺라고 불렸고, 꼭대기가 밑으로 늘어져 노리쿠라騎鞍[6] 모양을 한 것에서 산 이름이 되었다. 노리쿠라젠조騎鞍禪定[7]라고 해서 사람들은 여름에 산허리에 있는 노리쿠라곤겐 요배소騎鞍權現遙拜所까지 올라가 정상을 향해 배례했다고 한다.

   근대의 노리쿠라 신자는 신슈의 오노가와에서 오르지만, 옛날의 등배자登拜者는 대체로 히다 쪽에서 왔다. 이 산을 읊은 많은 시가詩歌들이 히다 쪽에 있는 것만 보아도 옛날에 노리쿠라는 히다의 산이었던 것이다.

그리고 몇 줄기 등산로도 그쪽부터 열려 있었다.

전쟁 후, 정상까지 등산버스가 다녔던 것은 일종의 경이었다. 길거리를 걷는 차림으로 3000미터의 구름 위를 산책할 수 있으리라고는 누가 예상했겠는가. 하지만 자동차도로가 난 덕분에 그 도로에서 벗어난 장소는 오히려 적적해져서, 정말로 산을 좋아하는 사람에게 조용한 장소를 남겨주게 되었다.

지금 여름철의 정상은 어지간한 변화가 분위기를 띠고 있다고 하는데(나는 아직 모른다) 노리쿠라 전체는 버스도로 정도로 통속적으로 바뀔 만한 쩨쩨한 덩치가 아니다. 이 정도의 넉넉함과 두터움을 지닌 산도 드물다. 요쓰다케四ッ岳부터 오니우다케大丹生岳[8], 에비스다케惠比須岳, 후지미다케富士見岳 등 노리쿠라 주봉과 이어지는 이 광대한 산성山城에는 여러 산상 호수가, 삼림이, 고원이 있다.

그저 정상을 오르는 정도로는 성에 차지 않는 사람, 그곳의 호소며 삼림이며 고원에서 짬을 내어 떠도는 것에서 즐거움을 찾아내는 사람. 내가 말하는 노리쿠라 신자가 대부분 로맨티시스트라는 것도 그런 데서 오고 있다. 변화 있는 풍경과 정취라는 것이 이 산에서는 무진하다.

내가 처음으로 주봉에 섰던 것은 전쟁 전 초겨울 쾌청한 날로, 그곳에서 바라보았던 일본 알프스는 말할 나위 없고, 눈앞으로 커다랗게 온타케, 저 멀리 아름다운 하쿠산 그리고 그 두 산 사이로는 한없이 산의 물결이 이어지고 있었다. 두드러지는 높은 산들은 아니지만 산 넘어 산이 첩첩했다. 눈으로 대충 세어보았을 뿐인데도 열네 겹이나 되었다.

여기에서 보이는 히다야말로 진정한 산의 나라라는 느낌이 깊었다.

주

1. 1969년에 완공된 나가와도奈川渡 댐 때문에 이 지역은 수몰되어 아즈사 호수梓湖라는 댐 호수로 변했고, 마에카와도 대교가 생겼다.
2. 나가쓰카 다카시長塚節(1879~1915): 『아라라기』 동인의 대표적 가인이자 소설가. 일본 최초의 농민문학인 소설 『흙土(1912)』을 발표해 빈농의 비참한 삶을 극명하게 묘사했다.
3. 슈겐자 메이카쿠明覺가 기록한 1820년의 책.
4. 사카노우에노 다무라마로.
5. 오닌은 1467년부터 1469년까지 연호를 말하나, 1467년부터 1477년에 걸쳐 교토를 중심으로 일어난 내란인 오닌의 난을 염두에 둔 것으로 보인다. 오닌의 난 이후로 일본은 전국시대로 접어들게 된다.
6. 기안騎鞍은 안장鞍裝을 구성하는 부분 중에서 타는 부분을 가리키던 말이지만, 지금은 안장으로 통용되어 잘 쓰지 않는다.
7. 선정禪定: 행자의 입산수도.
8. 대개 오뉴가타케大丹生岳로 읽는다.

060 온타케
御嶽

- 표고 **3067미터**(겐가미네劍ヶ峰)
- 소재 **나가노현**長野縣
  기후현岐阜縣
- 지도 **온타케산**御嶽山

온타케御嶽는 일반적으로 일본 알프스 안으로 넣을 수는 있겠지만, 이 산은 격이 다르다. 그런 범주에서는 벗어나 있다. "북이라느니, 중앙이라느니, 남이라느니 하면, 알프스는 박작거리고 있겠네. 그런 곳에서 한패가 되는 건 사양할래"라고 말하고 싶은 듯이 유연悠然하게 홀로 서 있다.[1]

확실히 이 볼륨 있는 산은 그 자체로 하나의 왕국을 형성하고 있다. 일개 산으로서 이만큼 덩치가 큰 존재도 드물다. 산정은 가장 높은 겐가미네劍ヶ峰를 시작으로, 마마하하다케繼母岳, 마리시텐야마摩利支天山, 마마코다케繼子岳 등으로 이루어져 있고, 그 사이에 니노이케二ノ池, 산노이케三ノ池, 물이 마른 이치노이케一ノ池, 혹은 사이노카와라賽ノ河原라고 부르는 드넓은 들판, 서벅거리는 외륜벽 등이 여기저기에 있어서 변화가 매우 풍부하다. 하지만 먼 곳에서 바라보면, 그 전부가 하나의 커다란 정상을 이룬 곳에서 산자락을 향해 느긋한 사선을 늘어트리고 있다.

이 빗금이 멋지다. 방대한 정상을 떠받치기에 충분한 산줄기가 퍼져서, 온타케 전체를 균형 잡힌 아름다운 산으로 만들고 있다. 멀리서 봐

기소코마가타케에서 바라본 온타케

서는 스소노裾野까지 볼 수 없다. 앞산들 위로 상반신만 떠 있다. 그것이 한층 이 산을 거룩하게 보이게 하는 것 같다. 예로부터 "기소木曾의 온타케님은 여름에도 춥다"라고 노래하니,[2] 신앙의 산이 된 것도 고개가 끄덕여진다.

후지산, 조카이산, 다테야마, 이시즈치산 등은 먼 옛날부터 종교등산이 성행했지만, 오늘날에는 일반 등산 속으로 녹아들어 있다. 신앙등산

의 조직과 계율과 풍속을 아직도 농후하게 보전하고 있는 것은 온타케뿐일 것이다. 여름에 오모테구치表口인 오타키王瀧나 구로사와黑澤로부터 올라가면, 길이 하얗게 보일 정도로 흰옷차림의 신자가 이어져 있다. 그것이 어린아이부터 할아버지 할머니에 이른다. 그들은 등산에 취미를 가지고 있는 것이 아니다. 내가 알고 있는 어느 번화가 찻집의 여주인은 도무지 산과 인연이 없는 사람이지만, 매년 온타케산御嶽山에는 참배를 거르지 않는다.

넓은 정상의 적당한 곳에는 군데군데 종교적 모뉴망monument이 세워져 있고, 신자 한 무리를 인솔한 선달先達이 거기서 가지기도加持祈禱[3]를 하는 모습을 볼 수 있다. 신자에게 오하라이御祓를 베풀 때 선달의 표정은 엄청나다. 이곳은 온전히 신앙의 산, 서민의 산이어서 피켈에 등산화 차림의 알피니스트는 소외자 같은 느낌이다. 그들은 그와 같은 산을 속화俗化라고 부르며 멀리한다. 겨우 계절을 벗어난 시기에 소수의 순수 등산자를 보는 정도다.

하지만 이 망양茫洋하게 큰 산은 아직도 미지의 것을 많이 품고 있다. 이상한 이야기지만, 등산자들이 꺼려했던 덕에 이 산의 비밀이 지켜지고 있다. 거기에 더해 이 산의 원시성을 지켰던 것은 남벌을 허락하지 않았던 광대한 황실 소유의 멧갓이다.[4] 히노키檜, 아스나로翌檜, 고야마키高野槇, 사와라椹, 네즈코楓[5]가 기소 오목木曾五木[6]으로 불리며 예로부터 유명했는데, 온타케 주변을 덮은 울창한 삼림은 참으로 멋지다.

속화로 비치는 것은 오모테산도表參道[7] 들머리뿐이고, 뒤쪽裏인 히다 쪽으로 내려가면 소박한 다케노유嶽ノ湯가 있다. 최근에는 이 온천 가까

이 버스가 연장되어 이쪽도 점점 번창을 가져다줄 것이다. 사람의 흔적을 싫어하는 사람은 근년에 가이다開田에서의 등산로를 택하는 모양이다.

5만 분의 1 온타케 지도를 보고 있으면 이 산의 대부분이 아직 원시의 모습으로 남아 있는 것을 헤아릴 수 있다. 그 미지의 영역에 발을 들여놓으면, 짐승의 냄새가 나는 깊은 수풀, 아름다운 여울이나 깊은 못을 지닌 계류, 그 자리에서 한나절쯤 아무렇게나 누워 뒹굴거리고 싶은 조용한 풀밭이 곳곳에 눈에 띨 것이 틀림없다. 속화했다고 여기고 있는 이 산이 실은 가장 속화되지 않은 것이다.

산기슭을 돌아다니며, 잊혔을 법한 고개 몇 군데를 오르내리며, 인정이 도타운 호젓한 마을들을 찾아 걸어 다니는 것도 산려의 크나큰 즐거움일 것이다. 온타케와 노리쿠라 주위에는 그런 조용한, 아직 그리 알려지지 않은 코스를 여럿 찾을 수 있을 것 같다.

기소지木曾路[8]의 나라이奈良井[9]에서 옛 가도는 도리이 고개鳥居峠로 올라갔다. 그 고개 위가 온타케 요배소遙拜所라서 그곳에 호코라祠를 모셨고, 그 석조 도리이로부터 고개 이름이 유래했다. 옛 나그네는 고개에 오르고서야 비로소 바라보았던 온타케에 정녕 감격했을 것이다. 기소지로 접어들면 이제 그 깊은 계곡의 바닥에서는 온타케를 바라다볼 기회가 사라져버린다.

태고부터 경외했던 모든 것에는 그것에 젖어들면 들수록 또 다른 새로운 발견과 신선한 놀라움이 있기 마련인데, 온타케의 위대함도 그와 닮아 있다. 이 산의 무진장한 모습은 아직 대부분이 언커트uncut[10]된 방대

2014년 폭발 당시의 온타케

한 책과 같은 것이다. 그 두꺼운 책의 서구書口[11]를 보면서 이제부터 느긋하게 읽어나갈 기대에 설렌다. 어느 페이지를 펼치더라도, 다른 어떤 책에도 나와 있지 않은 것을 발견하게 될 것이다. 그런 산이다.

온타케의 무수한 종교적 조형물

주

1   온타케는 활화산이어서 2014년 9월 27일에 폭발해 등산객 58명이 사망하고 5명이 실종되는 참사가 있었다.
2   기소 지방의 민요인 기소부시木曾節에 "여름에도 추운"이라는 구절이 나온다. 시마자키 도손의 『동트기 전』에 실려 있기도 하며, 벌목할 때 부르는 일종의 노동요로 이 중에 기소 오목이 등장한다.
3   밀교에서 병이나 재난, 부정 따위를 면하기 위하여 신불에게 드리는 기도.
4   기소 오목의 관리가 얼마나 엄격했던지 1669년 7월, 기소 아라라기무라蘭村의 곤에몬權右衛門이라는 자가 나무껍질을 벗겨 채취했다는 이유로 참수해 옥문에 효

　수했고 처자는 영외領外로 추방되었다. 1675년 8월, 기소 유후나자와산湯舟澤山에서 도쿠자에몬德左衛門이라는 자가 노송나무의 껍질을 벗겨 훔쳐갔다는 이유로 책형磔刑에 처해지고 처자는 영외·에도·교토·오사카로 추방하는 등의 기록이 남아 있는 참으로 잔혹한 것이어서 『동트기 전』에 "옛날에는 이 기소야마木曾山의 나무 한 그루를 베면 목 하나가 날아갔어"라고 나와 있을 정도였다.

5 　구로베黑檜, 또는 구로비黑檜의 별칭. 상록침엽교목으로 껍질이 적갈색이며 광택이 있다. 『동트기 전』에서도 기소 오목을 언급하고 있는데, 소설 속의 한자는 쥐똥나무 랍欄으로 적고 네즈코로 읽고 있으나 네즈코楓와 같은 뜻으로 보인다.

6 　모두 상록침엽수에 속한다. 우리말에 대응하는 이름도 있으나, 한자명의 나무가 동명이종同名異種이 많고 우리나라의 나무와 일본에서 가리키는 나무가 일치하지 않아 일본어로 적었다.

7 　신사나 불각의 참배로 가운데 주로 정면에 위치하는 것을 말한다. 1920년에 메이지 신궁明治神宮의 참배로로 도쿄에 조성된 큰 길이 대표적이다.

8 　나카센도中山道의 한 구간이다. 도리이 고개 부근에서 마고메 고개馬籠峠까지 이르는 사이를 말하며 기소카이도木曾街道로도 불린다.

9 　에도 시대 69개 역참 중 하나인 나라이슈쿠奈良井宿가 있는 곳.

10 　접지摺紙된 가장자리를 도련刀鍊하지 않은 책을 말한다. 초기의 책은 단순히 인쇄된 종이를 접은 상태로 임시로 제본해 재제본을 전제로 판매했다. 즉 한 장씩 페이퍼 나이프로 개봉해서 다시 화려하게 제본해서 장서했다. 요즘도 언커트 본을 일부 만들고 있는데 언커트가 책의 원래 형태라는 것과 직접 열어 보는 기대감이 작용한 것으로 보인다.

11 　책의 배腹. 접지를 도련한 단면. 일본어로는 고구치小口.

5부
우쓰쿠시가하라 美ヶ原
야쓰가다케 八ヶ岳
지치부 秩父
다마 多摩
미나미칸토 南關東

우쓰쿠시가하라
美ヶ原

표고 **2034미터 (오가토** 王ヶ頭 **)**
소재 **나가노현** 長野縣

　신무라 이즈루[1] 박사의 설에 따르면, 고원이라는 말은 메이지 이전의 사전에는 올라 있지 않은 듯하다. 다카하라高原라고 불리는 지명은 있었다. 하지만 오늘날 우리가 말하는 고원은 아마 서양의 지리학이 들어와 플라토plateau 또는 테이블랜드tableland의 번역어로서 뽑아 쓰게 되었을 것이라고 한다.

　고원의 말뜻은 말할 나위 없거니와 고원의 취미도 확실히 메이지 이후에 일어났던 것이다. 그때까지 일본인의 자연관은 오로지 남화풍南畫風[2]의 임천林泉의 멋에 집착해서, 탁 트인 초원을 사랑한 자취는 예술작품상에서 보이지 않는다. 봉건시대가 끝나 자유로운 사상이 퍼지고, 외국문학의 자연묘사며 서양화의 영향도 받아서, 점점 고원에서 아름다움을 발견해 나가고 있었던 것 같다. 서양인에 의해 가루이자와가 개발되었던 것[3] 따위도 하나의 원인일지도 모른다.

　나중에 등산이 활발해짐에 따라 고원을 사랑하는 사람도 많아져서, 머지않아 산과 고원이라고 나란히 불릴 정도가 되었다. 자작나무라는

우쓰쿠시가하라의 케른 너머로 넓게 펼쳐진 고원

    그때까지는 잡목 취급을 받고 있던 나무가 로맨틱한 풍경으로서 쓸모가 생기고, 농경용 소나 말을 풀어먹이는 황량한 땅이 목장이라는 새로운 말로 불리고, 먼 산들을 세간티니[4]의 그림처럼 바라볼 수 있게 되어서, 어느새 고원소요는 등산의 큰 분야를 차지하고 말았다. 기원이 서양취미라서 고원이라는 말에 식상하자 요즘에는 알프Alp라는 말이 쓰이기 시작했다. 알프의 본뜻은 스위스의 고산 중턱의 여름철 목장이라고 한다. 우리는 바로 밝은 태양, 상쾌한 바람, 각양각색의 꽃밭, 젖소의 방울소리와 요들yodel을 상상한다.

    그런 고원 중에서 제일로 꼽고 싶은 것이 우쓰쿠시가하라美ヶ原이다. 이곳만큼 그 조건에 들어맞는 곳도 없을 것이다. 대체로 2000미터 전후의 고도를 가지고 있고, 풍부한 기복이 있는 벌판이다. 북 알프스의 두세 곳의 벌판(예를 들어 고시키가하라, 구모노다이라)을 제외하고는 이만큼 높은 벌판은 없다. 그 **높이**에 **넓이**를 보태면 정말 일본에서 제일일지도 모른다. 그 모습은 오자키 기하치[5]가 「우쓰쿠시가하라 용암대지美ヶ原溶岩

臺地」에서 멋지게 노래하고 있다.

> 올라가다 느닷없이 펼쳐진 눈앞의 풍경에
> 잠시 세상의 천장이 사라진 줄 알았네.
> 이윽고 한 걸음 내디뎌 바위에 걸터앉았지만,
> 이 높이에서 이 넓이를 알기가 더욱더 어렵구나.
> 무변한, 태평한, 거친듯하여 신선한,
> 이 풍경의 정서는 그저 몸에 스미듯 본원적이라,
> 예사 잣대로는 완전히 규모에서 벗어나 있다.
>
> 登りついて不意にひらけた眼前の風景に
> しばし世界の天井が抜けたかと思う.
> やがて一歩を踏み込んで岩にまたがりながら,
> この高さにおけるこの廣がりの把握になおもくるしむ.
> 無制限な、おおどかな、荒っぽくて、新鮮な,
> この風景の情緒はただ身にしみるように本原的で,
> 尋常の尺度にはまるで桁が外れている.

완전히 규모를 벗어난 넓이다. 우쓰쿠시가하라의 범위는 어디까지를 가리키는 것인지 모르겠지만, 남쪽의 자우스야마茶臼山부터 북쪽의 다케이시미네武石峰까지 광활한 산 위의 초원이 끝도 없이 이어지고 있다. "자아, 어디든지 마음대로 걸어보시죠"라는 식으로 이어져 있다.

    그 **넓이**에 다시 **경치**를 보태보련다. 예전에 마쓰모토 분지의 사람들은 우쓰쿠시가하라를 동산, 북 알프스를 서산이라고 불렀다는데, 그 서산의 가장 주요한 부분인 야리, 호타카의 연봉을 동산에서 또렷이 바라볼 수 있다. 그 호쾌한 산세를 감상하기에 최적의 거리다. 그 풍경에 망연해지고 나서 눈을 다른 데로 옮기면, 다른 여러 산이 "나도, 나도" 하면서 제 이름을 대며 다가오는 것을 경험할 것이다.

우쓰쿠시가하라에서 바라본 후지산과 좌측의 야쓰가타케 연봉

우쓰쿠시의 탑 뒷면

옛날에는 우쓰쿠시가하라라는 이름이 아니었다. 270년 전인 겐로쿠元祿 시대에는 방목장으로 이용했다는 기록이 있고, 그 뒤로도 농한기에 소나 말의 휴양장이 되었던 적은 있지만, 인간이 즐기는 아름다운 고원으로서 등장한 것은 쇼와 시대가 되고부터라고 한다. 산기슭에 살던 야마모토 슌이치山本俊一가 이 고원을 사랑해서 길을 열고 조릿대로 지붕을 이은 허름한 오두막을 세웠다. 그것이 지금 야마모토고야山本小屋의 바탕이다. 이후 찾아오는 사람이 점점 늘어나서 이제는 너무 많다는 탄식마저 나오게 되었다. 돌아가신 야마모토 할아버지를 기념해 '우쓰쿠시의 탑美ノ塔'6이 세워지고, 그 뒷면에는 앞서 말한 오자키 기하치의 시가 새겨져 있다.

하지만 그 시인도 오늘날 벌판의 도도한 속화를 한탄해 "웅대한 전망만은 예전과 다름없는 나날에, 나의 시는 스쳐 지나가는 바람 속에 만가挽歌를 부르고 있구나……"라고 쓰고 있다. 그렇다면 한창 오월인데도 사람 하나 마주치지 못했던 우쓰쿠시가하라를 알고 있는 나는 행복한 사람이었다고 해야겠다. 그때 나는 자작나무와 소와 말들이 흩어져 있고, 꽃이 한창인 아그배나무小梨로 그림같이 아름다운 산지로三城 목장부터 벌판의 한 귀퉁이에 올라, 꽃바람을 맞으며 다케이시미네까지 떠돌아다녔고, 완전한 고독 속에서 이 고원의 높이와 넓이와 경치를 마음껏 맛보았던 것이기에.

주

1 신무라 이즈루新村出(1876~1967): 언어학자, 국어학자. 도쿄제국대학 언어학과를 졸업했다. 유럽의 언어 이론을 도입해 일본의 언어학과 국어학의 확립에 힘썼다. 특히 국어사와 어원·외래어·남만南蠻 문화에 관한 고증 등 다방면에 걸친 업적을 남겼다.
2 남화南畫: 일본에서 남종화南宗畫를 부르는 말. 중국과 조선에서 수용해 일본에서 18~19세기에 유행한 남종 문인화풍의 그림이다.
3 메이지 시대에 캐나다 성공회 선교사 알렉산더 쇼Alexander Croft Shaw(1846~1902)

4 　지오반니 세간티니Giovanni Segantini(1858~1899): 이탈리아 태생의 풍경화가로 만년에 스위스에서 활동했다. 소박한 일상을 그린 작품의 배경으로 알프스의 산을 등장시켰다. 만년에 남긴 「생명La Vita」·「자연La Natura」·「죽음La Morte」 등 세간티니 삼부작이 유명하다. 이 중 「죽음」은 그의 갑작스러운 죽음으로 미완으로 남았다.

5 　오자키 기하치尾崎喜八(1892~1974): 시라카바하白樺派 시인, 수필가, 번역가, 일본 산악회 회원. 다카무라 고타로에게 인정받아 등단했다. 해운업을 하던 부유한 집안에서 태어나 게이카京華상업학교를 졸업하고 독학으로 영어·독일어·불어를 익혀 번역시나 번역문 작품도 많다. 그의 번역 중 에밀 쟈벨Émile Javelle(1847~1883)의 『어느 등산가의 회상Souvenirs d'un Alpiniste(1886)』은 명역으로 꼽히며 수필집 『산의 그림책山の繪本(1935)』이 유명하다. 은행원으로 일했던 시기에는 1920년 조선은행(한국은행의 전신)에 취직해서 경성으로 건너오기도 했다. 산과 고원의 시인으로 부르며 저자, 구시다 마고이치와 함께 1958년에 정관파적인 산의 문예지 『알프알프』를 창간했다.

6 　전면에는 야마모토 슌이치의 부조가 새겨져 있다. 우쓰쿠시가하라는 짙은 안개가 끼는 날이 많아 조난이 잦았고 그 대책의 하나로 안개종을 갖춘 피난탑을 세웠다. 1954년 가을에 고원 중앙부에 설치되었고 1983년에 개축했다.

기리가미네
霧ヶ峰

표고 **1925미터(구루마야마**車山**)**
소재 **나가노현**長野縣

묘한 표현법이지만 산에는 오르는 산과 노는 산이 있다. 전자는 숨을 몰아쉬고 땀을 흘려가며 겨우 그 정상에 간신히 도착해서 쾌재를 부르는 식이고, 후자는 노래라도 불러가며 마음 내키는 대로 걷는다. 물론 산이기에 오르막은 있지만, 그저 하나의 목표만 고집하지 않는다. 기분 좋은 장소가 있으면 뒹굴거리며 구름을 보기도 하고, 부러 옆길로 새서 헤매기도 한다.

모름지기 그것은 땅의 기복이 풍부하고 광활한 전망을 지닌 고원상高原狀의 산이어야 한다. 기리가미네霧ヶ峰는 그런 대표적인 산 중 하나다.

아직 전쟁이 시작되지 않았던 무렵, 나는 기리가미네에서 여름 한철을 보내며 **노는 산**의 즐거움을 충분히 맛보았다. 이미 한참 전에 불이 나서 없어지고 말았던 휘테Hütte[1] 2층, 그곳에서 바로 정면으로 노리쿠라, 온타케, 기소코마가 보이는 방 하나를 내가 차지하고, 옆방에는 고바야시 히데오가 있었다.[2] 우리 둘은 날씨마저 좋으면 휘테의 주인 나가오 히로야[3]를 끌어내어 넓은 고원을 돌아다녔다.

조초미야마부터 구루마야마로 이어지는 오솔길

야시마가이케

노는 장소로는 부족함이 없었다. 기리가미네의 최고봉은 구루마야마車山인데, 거기도 뼈가 빠지는 산이 아니라, 완만한 경사를 태평스레 올라가는 동안 어느새 삼각점에 닿는다는 분위기다. 그 가늘고 긴 꼭대기에서 바로 맞은편으로 다테시나, 야쓰가타케의 연봉이 손에 잡힐 듯이 보였다. 특히 해질녘 떨어지는 햇볕을 받은 아카다케가 그 이름처럼 붉게 비치는 모습은 아름다움의 정점이었다.

구루마야마의 자락은 그지없다고 여겨질 만큼 넓디넓은 풀밭이 뻗어 있고, 그 가운데로 자욱길 같은 것이 몇 줄기나 나 있었다. 그런 야와타노야부시라즈八幡の藪知らず⁴ 같은 좁은 길을 헤매지 않고 더듬을 수 있는 사람은 휘테의 주인 정도였다. 그렇다고는 하지만 길을 잃어도 별일 없다. 나도 구루마야마에 오를 때마다 길이 어긋났다.

여름의 고원은 키 높이 정도 멧두릅猪獨活의 하얀 꽃과 큰원추리禪庭花가 귤색으로 덮여 있었다. 나는 밖으로 나갈 때마다 갖가지 꽃을 따와서 그것을 식물도감에서 확인하는 것을 낙으로 삼고 있었다. 나가오 군은 그곳을 보금자리로 삼는 여우며 수리도 알고 있었다.

야시마다이라八島平라고 부르는 커다란 오미는 예전에 늪이었는데, 차츰 선태류蘚苔類가 자라나서 습지로 바뀌어갔다고 하며, 그 늪의 흔적이 야시마가이케八島ヶ池와 가마가이케鎌ヶ池가 되어 한 귀퉁이에 남아 있었다.⁵ 호젓하고 조용한데도 환한 늪이었다.

그 가까이에 모토미사야마舊御射山라는 언덕이 있는데, 가마쿠라 시대에는 그곳이 국가적인 연무장演武場이었다고 한다. 그 언덕이 구경하는 자리라서 지금도 사지키桟敷⁶처럼 계단이 몇 줄기나 나 있었다. 요리토모⁷가 이곳에서 수렵대회를 열었던 것은 믿을 만한 옛 기록에 나와 있다고 한다.

언덕 언저리의 덤불 속에는 자그마한 호코라祠가 있었다. 그것이 스와묘진諏訪明神의 기원이라고 하는데, 호코라 앞의 실개천 바닥에서 먼 옛날의 토기 조각을 주울 수 있었다. 기리가미네는 역사적으로도 그처럼 오래된 땅이다. 광대한 고원의 동쪽을 다이몬카이도大門街道, 서쪽을 나카센도中仙道가 구획 짓고 있는데, 어쩌면 옛날에 그 양 가도 사이의 샛길로서 이 산지를 가로지르는 좁은 길이 이용되었던 것 같다.[8]

실제로 이 넓은 지역에는 무엇이든 있었다. 삼림이 보고 싶다면 조초미야마蝶々御山[9]와 겐부쓰야마見物山[10] 안부의 좁은 길을 따라 동쪽으로 내려가면 그곳은 수림으로 덮여 있다. 골짜기를 원하면 히가시마타東俣로 들면 좋다. 그곳에는 깨끗하고 차가운 시내가 어둑어둑한 골짜기 바닥을 흐르고 있었다. 유명한 스와諏訪의 대제大祭[11]에 쓰는 신목神木은 이곳 히가시마타의 황실 멧갓에서 베어낸 것이라고 한다.

기리가미네라는 이름이 있을 정도라서 안개는 많았다. 짙을 때는 조금 바깥으로 나갔을 뿐인데 휘테가 어디 있는지 분간이 안 된다. 안개는 몇 개씩이나 덩어리를 지어 저희끼리 서로 밀치락달치락하는 모양으로 밀려왔다 흘러간다. 창가에 마련한 책상에서 온종일 그런 소용돌이를 보며 지내는 날도 적지 않았다.

그래서 맑은 날은 소중했다. 기리가미네는 혼슈의 한복판에 자리 잡아서, 그곳에서의 산 경치는 더할 나위 없었다. 산을 보는 것을 좋아하는 나는, 아침에 일어났을 때 어쩌다 곱게 개어 있으면 빠뜨리지 않고 나기카마샤薙釜社[12]의 어느 고지까지 올라, 질릴 만큼 멀거나 가까운 산들을 바라보았다.

초여름에는 아직 많았던 먼 산의 눈도 여름 한창때를 지나면서 점점 없어지고, 하순에는 이제 하얀 곳이라고는 노리쿠라의 가타노고야肩ノ小屋 언저리와 호타카·야리 연봉 중에서 오바미大喰의 설계雪溪[13]뿐이었다.

여름휴가도 끝나고 올라오는 사람도 적어져서, 고원에는 흥청대던 성대한 잔치가 끝난 것 같은 애상哀傷이 있었다. 그렇게 왕성했던 멧두릅도 추하게 말라버리고, 그 후로는 옅은 보라색의 가련한 솔체꽃松蟲草이 온통 어우러져 피었다. 구월 초입은 계속 비가 이어져서, 겨우 맑게 갠 날

벌판으로 나가 보고 놀랐다. 일대의 초목은 여우의 털빛으로 바뀌어 있었다. 고원은 어느새 억새의 가을이었다.

주

1 이곳은 유럽식의 체재형 휘테였다고 한다. 1932년에 지은 휘테 기리가미네는 1936년 12월 23일 실화로 소실되었다. 현재 같은 장소에 같은 이름의 휘테가 있지만 무관한 곳이다.
2 저자가 이곳을 찾은 때는 1935년 8월이었고, 이곳으로 오기 직전인 6월에 일본산악회에 입회했다. 이 여행은 기타바타케 야호의 요양을 겸해 이곳 휘테에서 열린 정관파의 모임인 '기리가미네 산의 모임霧ヶ峰山の會'에 참가하기 위함이었다. 본서에서 언급한 인물로는 고구레 리타로·다케다 히사요시·쓰지무라 다로·야나기타 구니오 등이 강사, 고바야시 히데오·마쓰카타 사부로·오자키 기하치·후카다 규야 등이 수강자로 모여 8월 17일부터 8월 22일까지 열렸다. 현재 기리가미네 고원에 글라이더 활공장이 있는데, 이 모임에서 산악기상을 강의했던 기상학자 후지와라 사쿠헤이藤原咲平(1884~1950)가 활공장의 적지로 제안한 결과였다. 후지와라는 1920년에 노르웨이로 유학을 떠나 기상학계의 거두였던 빌헬름 비에르크네스 Vilhelm Bjerknes(1862~1951)를 사사했다. 후지와라의 조카인 후지와라 히로토가 기상학자이면서 산의 작가인 닛타 지로다.
3 나가오 히로야長尾宏也(1904~1994): 수필가. 도쿄 아테네 프랑세Athénée Français를 졸업했다. 교양과 학식을 갖춘 인물로 알려졌으며 홋카이도부터 북미, 남아공, 우리나라의 산 등을 폭넓게 걸었고 여러 책을 썼다. 휘테가 불탄 후 재건을 위해 노력했으나 결실을 보지 못하고 기리가미네를 떠났다.
4 지바현 이치가와시市川市 하치만八幡에 있는 숲의 통칭이다. 먼 옛날부터 금족지禁足地로 여겨져 왔으며 발을 들여놓으면 다시는 나올 수 없게 된다는 행방불명 전설이 유명하다.
5 현재 야시마다이라八島平라는 지명은 없고, 위치와 특징으로 보아 야시마가하라 八島ヶ原 습원을 가리킨다. 천연기념물로 지정되어 있다.
6 마쓰리, 불꽃놀이 등의 구경을 위해 길이나 강변에 가설한 좌석, 또는 가부키, 스모 등의 고급 관람석. 현지에서는 이것을 토단土壇이라고 부른다.
7 미나모토노 요리토모.
8 다이몬카이도와 나카센도가 남북으로 연결되는 도로라면, 기리가미네를 좌우로 관통하며 이 일대 산지를 연결하는 길이 있다. 그것은 우쓰쿠시가하라를 시작으로 기리가미네, 다테시나야마까지 누비는 길로서 비너스라인이라는 전장 약 76킬로미터의 일본의 대표적 산악관광도로이다. 1968년에 도로의 이름을 공모했는데,

	우쓰쿠시가하라美ヶ原의 美와 다테시나야마를 예로부터 여신에 비유한 것에서 미의 여신, 즉 비너스로 채택했다고 한다. 이 도로는 2002년부터 무료가 되었다.
9	지도상 표기는 조초미야마蝶々深山.
10	겐부쓰이시見物石, 또는 겐부쓰이와見物岩로도 불린다.
11	스와타이샤諏訪大社의 온바시라마쓰리御柱祭를 말한다. 온바시라마쓰리는 일본 삼대 기제奇祭의 하나이며 호랑이寅해와 원숭이申해에 만 6년마다 한 번씩 한 달 간 열린다. 스와타이샤는 일본에서도 몇 안 되는 대사大社라고 부르는 신사다. 산 자체를 신체神體로 삼아 숭배해서 본전이 없이 신체산과 신목을 직접 예배하는 형태의 고대적인 흔적을 보여준다.
12	당시 휘테가 있었던 지점부터 주변에 신사가 있는 곳은 약 1킬로미터 거리의 나기카마薙鎌 신사밖에 없다. 저자가 가마釜와 가마鎌를 혼동한 것으로 보인다.
13	야리가타케와 나카다케中岳 사이에 있는 오바미다케大喰岳 아래 권곡인 오바미 카르大喰カール.

다테시나야마
蓼科山

표고 **2531미터**
소재 **나가노현** 長野縣

옛날 책에서는 아사마야마를 북악, 다테시나야마蓼科山를 남악으로 부르며 이 두 산을 히가시신슈東信州의 명산으로 삼고 있다. 양쪽 모두 번듯하게 잘생긴 원추형의 산이기에 옛사람의 고상함에 들어맞았던 것 같다. 나카센도中仙道에서 내려와 기타사쿠北佐久의 이와무라다岩村田 언저리까지 오면, 지쿠마가와千曲川의 골짜기를 사이에 품고 서로 마주 선 이 두 산이 나그네의 눈을 사로잡는 것이다.

다테시나야마는 흔히 '기타야쓰北八ツ'라고 부르는 연봉의 가장 북쪽 끝에서 한층 더 출중한 봉우리이고, 그 여세를 더욱 북쪽으로 몰아 점점 높이를 떨어뜨리면서 광대한 스소노裾野가 된다. 하지만 그것은 아카기산처럼 스무드한 아름다운 선이 아니고 다소 가지런하지 않은 모양이라서, 사람들의 눈은 그저 그 둥근 꼭대기에만 쏠린다. 이 둥근 꼭대기는 어디에서 보아도 단정한 모양이 흐트러지지 않아서 다테시나야마를 명산으로 찬양하는 근거도 여기에 있을 것이다.

명산이기에 예로부터 여러 가지 이름이 있었다. 옛날에는 다테시

다테시나야마와 우시로다테야마 연봉

나立科로 적었다.[1] 스와에서 바라보면 완전한 원추형을 하고 있어서 스와 후지諏訪富士로도 불렀다. 다테시나야마는 원추형 위에 다시 원추구圓錐丘를 머리에 인 복식화산이라서, 후지를 흉내 내고 있는 것도 실은 이 원추구다. 이 원추구는 어지간히 경사가 가파르고 험해서 산꼭대기에서 가까운 곳은 32도다. 조금 내려가도 28도를 나타내고 있다.

풀 마른 언덕을 몇이나 넘어와도 다테시나산은 여전히 언덕 위에 있네

草枯丘いくつも越えて來つれど も蓼科山はなほ丘の上にあり

라고 노래했던 시마기 아카히코[2]가 보았던 것도 이 원추구였다. 스와에 살았던 아카히코에게 다테시나야마는 친밀한 산이었다. "풀 마른 언덕을 몇 개나 넘어"라는 묘사는 다테시나 남쪽의 지금 다테시나 고원으로 불리고 있는 지세를 가리키는 것이라서, 이 방면에서 바라본 다테시나야마가 가장 모습이 좋다.

시마기 아카히코에게 이끌려 『아라라기アララギ』[3]의 가인들은 다테시나 고원을 찾아 여러 빼어난 노래를 남겼다.

시나노에 이름난 산이 수많다 해도 나에게는 다테시마가 여신의 산[4]이라네[5]

信濃には八十の高山ありといへど女の神山の蓼科われは

_ 이토 사치오[6]

다테시나는 사랑스러운[7] 산이라 생각하며 솔밭으로 들어왔노라

蓼科はかなしき山とおもひつつ松原なかに入りて來にけり

_ 사이토 모키치

그중에도 사치오의 절창인 부분

바이없는 외로움을 견디며 천지에 운명을 맡기는 생명들을 마음속 깊이 생각해보네[8]

さびしさの極みに堪へて天地に寄する命をつくづくと思ふ

기타요코다케北橫岳에서 바라본 아침노을 속의 다테시나야마

다테시나야마에서 바라본 북 알프스의 능선

이것은 과연 이 고원에서 있었던 감동이었다. 그로부터 4년이 지나 사치오는 도쿄의 누항陋巷에서 죽었다. 그의 내면으로는 이따금 다테시나의 '하늘의 꽃밭'9이 오갔을 것이다.

이이모리야마飯盛山10라는 별칭도 원추구의 모양에서 온 것이다. 다카이야마高井山라고 불렸던 것은, 다카이高井는 다카이鷹居로, 매가 살고 있었기 때문일 것이다. 그러고보니 역시 옛날 책에 "산중에는 뇌조雷鳥와 뇌수雷獸11 등이 살아서 여름철에 뇌우雷雨가 일어나면 출몰해 바삐 날아다닌다"라고 나와 있다. 다테시나야마는 울창한 깊은 삼림에 둘러싸여 있다. 새와 들짐승에게는 더없이 알맞은 터전일 것이다.

『삼대실록』에 요제이텐노陽成天皇 간교元慶 2년(878)의 서위敍位 이야기가 나와 있으니, 먼 옛날부터 존숭하던 산이면서 등산자도 많았다.

벌써 30여 년 전 초가을에, 나는 혼자 다이몬 고개大門峠에서 다테시나 목장으로 가서 그곳 목장 사무소에서 신세 지고, 이튿날 아침 정상으로 향했다. 다테시나 고원이라는 이름은 산 남쪽인 스와 쪽에 붙여져 있지만, 고원이라는 느낌은 오히려 북쪽인 기타사쿠 쪽에 어울린다. 이쪽은 실로 광대한 산자락을 드리우고 있어서, 그 안에 교와協和 목장, 다테시나 목장, 아카누마다이라赤沼平, 고센스이御泉水 등 고원다운 풍경이 가는 곳마다 펼쳐져 있다.

목장이라고 해도 축사가 있거나 젖을 짜는 목장이 아니라, 도시 주변의 농부가 소나 말을 맡기러 와서 이 고원에 놓아먹이는 것이다. 그들은 평소의 코뚜레와 고삐를 떼어내고 여름 한철을 유유히 대자연 속에서 산다. 그 사이에 본연의 야성을 되찾는지 가을에 데리고 돌아갈 때는 더러 성미가 난폭해진다고 한다.

목장 사무소부터의 등산로는 고센스이를 통과하면 원시림 속에서 곧장 정상을 향해 나 있다. 가파르고 험한 대신 부쩍부쩍 높아져서 얼마 안 가 산등성이로 나온다. 특징 있는 원추구는 거기서부터 위쪽에 있다. 삼림이 끝나고 커다란 바위가 첩첩이 흩어져 있는 곳을 기어오르면 정상의 한 자락에 붙는다.

    정상은 어딘가 색다른 구석이 있다. 커다란 돌덩이가 널브러져 있을 뿐인 원형의 넓은 땅 중앙에 석조 호코라祠가 하나 있을 뿐이다.(지금은 오두막이 생겼다고 한다.) 나는 가을바람을 맞으며 돌뿐인 정상에서 한 시간 남짓 고독을 맛보았다. 돌아오는 길은 반대쪽인 스와로 내려왔다. 원추구를 내려와 삼림대로 들어서고부터 오로지 내리막인 길로 그럭저럭 다테시나 고원의 신유親湯 온천으로 나왔다.

주

1   지금도 산 아랫마을 이름은 다테시나마치立科町다.
2   시마기 아카히코島木赤彦(1876~1926): 스와 출신의 가인. 나가노사범학교를 나와 소학교 교장을 지냈으며 『아라라기』의 편집에 전념했다.
3   단카 잡지이며 동인. 게쓰신 이치로蕨眞一郞(1876~1922)가 『아라라키阿羅々木(1908)』로 창간해서 이듬해 『아라라기』로 개명했다. 본문에서 언급한 히라후쿠 햐쿠스이, 구마가이 다사부로, 나가쓰카 다카시, 사이토 모키치 등이 동인이며 이토 사치오를 중심으로 편집했다. 잡지는 1997년에 폐간했다.
4   다테시나는 예로부터 메노카미야마女の神山라는 별명이 있었다. 산 아래의 호수도 메가미 호수女神湖다.
5   「다테시나야마우타蓼科山歌」10수 중 제5절.
6   이토 사치오伊藤左千夫(1864~1913): 가인, 소설가. 시마기 아카히코, 사이토 모키치 등을 길러내고 아라라키 동인 중흥의 기초를 만들었다.
7   사랑스러운愛しき, 또는 애처로운悲しき으로도 해석할 수 있는 가나시키かなしき로 적어 놓았다.
8   「다테시나야마우타蓼科山歌」10수 중 제9절.
9   「다테시나야마우타」10수 중 제6절 끝부분 '아마노하나바라天の花原'
10   밥을 담아 놓은 모습의 산.
11   뇌수는 평소에는 겁이 많지만, 뇌우가 격심할 때면 낙뢰와 함께 사나워져 고산의 바위굴에서 나와 수목을 찢고 인축을 해친다는 상상의 괴물이다. 뇌수를 먹이로 삼는 뇌조는 뇌수가 굴에서 나오는 때를 노려 날아다니며 뇌수를 사냥한다고 한다.

야쓰가타케
八ヶ岳

표고 2899미터
소재 야마나시현山梨縣
　　　나가노현長野縣
지도 아카다케赤岳

　주오센中央線 기차가 고슈甲州¹의 가마나시다니釜無谷를 빠져나와 신슈의 전망 좋은 고지대로 올라와 닿으면, 맨 먼저 우리의 눈을 기쁘게 해주는 것이 넓은 스소노裾野를 펼친 야쓰가타케八ヶ岳다. 정말로 넓다. 그리고 그 스소노를 야무지게 끌어올린 꼭대기에 들쑥날쑥한 바위 봉우리가 줄지어 있다. 야쓰가타케라는 이름은 그 꼭대기의 여덟 봉우리에서 왔다고 하지만, 산기슭에서 우러러보며 그렇게 여덟 개를 정확히 셀 수 있는 사람은 아무도 없을 것이다.

　후요하치다芙蓉八朶²(후지산), 핫코다산八甲田山, 야에다케八重岳(야쿠시마)처럼 산 이름에 '팔'이라는 글자를 붙이는 경우가 있는데, 어느 것이나 막연하게 많은 수를 나타낸 것으로 보아도 좋을 것이다. 극명하게 그 여덟 개를 지적하는 사람도 있지만, 억지로 개수를 맞춰본 느낌이 없는 것도 아니다. 천착하기 좋아하는 사람들을 위해 그 여덟 봉우리라고 부르는 것을 꼽아보면 니시다케西岳, 아미가사다케編笠岳, 곤겐다케權現岳, 아카다케赤岳, 아미다다케阿彌陀岳, 요코다케橫岳, 이오다케硫黃岳, 미네마쓰메峰松

얼어붙은 아카다케 호코라의 새우꼬리

目. 그중 아미다다케, 아카다케, 요코다케 주위가 중추로서 모두 2800미터가 넘는다. 2800미터라는 표고는 후지산과 일본 알프스 이외에 여기밖에 없다. 일본에서는 값진 높이다. 이 높이가 혹독한 추위를 불러 알피니스트의 동계등산의 도장이 되고, 이 높이가 노출된 암릉지대를 낳고, 고산식물의 보고를 만들고 있다.

    최고봉은 아카다케. 맹주에 어울리는 의연하고 멋진 원추봉이다. 어느 해 십일월 초 저녁 무렵, 나는 아카이와赤岩(이오다케 서남의 2680미터 암봉) 위에서 침엽수에 파묻힌 야나기가와柳川의 계곡을 사이에 두고서 이 주봉을 바라본 적이 있는데, 갓 내린 신설이 해 질 무렵 비스듬히 비치는

아카다케와 후지산

석양에 붉게, 마치 불타고 있는 듯이 물들어, 그 엄숙한 아름다움이 그지 없었다.

> 바위 무너진 아카다케에 바야흐로 비추는 빛이 거칠게 눈에 사무치 노라
>
> 岩崩えの赤岳山に今ぞ照るひかりは粗し眼に沁みにけり
>
> _ 시마기 아카히코

야쓰가타케의 좋은 점은 고산지대에 이어 층이 두터운 삼림지대

가 있고, 그 아래가 풍성한 스소노로 이루어져 사방으로 전개되고 있는 것이다. 5만 분의 1「야쓰가타케」도폭은 전체가 이 스소노로 덮여 있다. 정상 능선에서 시작되는 등고선이 규칙적으로 차츰 눈금이 넓어지면서 마음껏 뻗어 퍼져나가는 멋진 줄무늬는, 공작이 나래를 펼친 것처럼 아름답다. 그리고 그 날개의 맨 끄트머리를 산촌이 수놓고, 가도가 지나고, 기차가 달리고 있다.

그 광대한 비탈은 노베야마하라野邊山原, 넨바하라念場原, 이데하라井出原, 산리하라三里原, 히로하라廣原, 마나이타하라俎原 등으로 구분되어, 단조로운 듯하면서도 각자 개성 있는 풍경을 지니고 있다. 풍경이라기보다 차라리 분위기라고 해야 하나. 예를 들어 고원철도인 고우미센小海線이 달리는 남쪽의 광활한 미개척지처럼 보였던 소박한 풍경과, 후지미富士見 언저리 사람들에게 친숙한 습곡褶曲이 많은 풍경과는 어딘지 모르게 분위기가 다르다.[3] 고원을 사랑하는 방랑자에게 야쓰가타케가 무한한 매력을 지니고 있는 것은 이런 변화를 곳곳에 품고 있기 때문일 것이다.

옛날에는 신앙등산이 행해지고 있었다고 하지만, 지금은 그런 말향抹香 냄새가 나는 분위기가 티끌만큼도 없다. 오히려 밝고 근대적이다. 아미다阿彌陀라든지 곤겐權現이라는 이름조차도 우리에게 종교를 상기시키기 전에 요들이 드높이 울려 퍼지는 발랄한 젊은이들과 어린이들의 산을 떠올리게 한다.

그 정도로 야쓰가타케는 젊은 대중의 산이 되었다. 광활한 스소노, 울창한 삼림 그리고 3000미터에 가까운 바위 꼭대기라는 변화가 있는 코스는 초보 등산자를 즐겁게 한다. 게다가 정상에서의 방사선상放射線狀 전망은 천하일품이다. 어느 쪽을 내다보아도 눈 아래 시야에는 풍성한 산자락들이 펼쳐져 있고, 그 끝이 다하도록 모든 산을 건너다볼 수 있다. 모든 산을? 과장이 아니다. 혼슈 중부에, 이 정상에서 놓치는 산은 거의 없다고 말해도 좋다.

야쓰가타케의 가늘고 긴 주능선은 보통 나쓰자와 고개夏澤峠에 의

이오다케의 폭렬화구벽

해 둘로 갈라지고, 그 이북이 '기타야쓰'라는 이름으로 등산객에게 익숙해져 있는 것은 근년의 일이다. 기타야쓰의 방랑자 야마구치 아키히사[4]의 아름다운 글의 영향도 있을 것이다. 야쓰가타케 전문가가 지나치게 늘어나서 통속화했기에, 그곳과 대조적인 분위기를 지닌 기타야쓰로 도망가는 사람이 늘어나고 있는 것일지도 모른다.

  40년 전, 내가 처음으로 올랐을 때 야쓰가타케는 아직 조용한 산이었다. 아카다케 광천鑛泉과 혼자와本澤 온천을 빼면 산에는 오두막 같은 것 하나 없었다. 오월 하순이었지만 등산하는 사람은 한 사람도 마주치지 않았다. 물론 산기슭의 버스도 없었다.

  생긴 지 이삼 년째인 아카다케 광천에서 묵고, 이튿날 나카다케中岳를 거쳐 아카다케의 정상에 섰다. 요코다케의 바위등성이를 타고 널찍한 풀밭인 이오다케에 도착해, 그것으로 등산이 끝났다고 한숨 돌리고 있었는데, 그것이 끝이 아니었다. 그 바로 뒤에 친구의 추락사라는 카타스트

로프가 있었다.[5]

지금도 우미노쿠치海ノ口 언저리에서 바라보면, 친구의 마지막 장소였던 이오다케 북면의 암벽이 참혹하게 나의 눈을 찔러온다.

주

1 옛 지명으로 야마나시현. 별칭으로 가이甲斐.
2 부용팔타芙蓉八朶. 부용 여덟 송이라는 뜻이다. 후지산의 이칭이 부용봉芙蓉峰이며 후지산 정상의 위성봉 여덟 개를 비유해서 나온 말이다. 이 부용은 목부용木芙蓉이 아니라 연꽃이다. 후지산은 폐불훼석 이전에 대일여래를 본존으로 하는 불교 성지이기도 해서 대일여래의 좌대를 팔엽연화八葉蓮華라고 부르는 데서 유래했다는 설이다.
3 고우미센은 동쪽의 고모로小諸역부터 서쪽의 고부치자와小淵澤역을 잇는 78.9킬로미터 구간의 노선으로, 고원을 달려서 야쓰가타케 고원선八ヶ岳高原線이라는 애칭이 있다. 이 노선의 동쪽인 노베야마하라에 야쓰가타케 목장이 있다. 우리나라에 "오겡끼데스까"를 유행시켰던 이와이 슌지岩井俊二 감독의 『러브레터(1995)』 마지막 부분을 촬영한 곳으로, 겨울의 눈 덮인 야쓰가타케를 향해 "오겡끼데스까"를 외치는 장면이 그것이다. 후지미는 이 노선의 서쪽을 말한다. 지명처럼 이곳에서 후지산이 보인다.
4 야마구치 아키히사山口耀久(1926~2024): 1944년 소수의 개척자적 등반을 하는 독표등고회獨標登高會를 창립하고 초대 대표를 지냈다. 저자의『나의 산들』에 해설을 쓰기도 했으며『일본백명산』원서에 삽입된 약도도 그와 독표등고회 회원이 만들어 주었다. 독표란 지도 제작을 위해 측량한 장소인 독립표고점의 준말이지만, 흔히 북 알프스의 니시호타카다케놋표西穂高岳獨標라는 한 암봉을 가리킨다. 오자키 기하치가 아끼던 제자였으며 구시다 마고이치와 함께『알프』의 종간까지 편집을 맡았다. 여러 산악 명저를 남겼고 저자가 언급하고 있는 책도『기타야쓰 방황北八ッ彷徨(1960)』을 말한다.『기타야쓰 방황』은 전후 산악문학의 최고 걸작으로 평가받는다.
5 저자가 대학 1학년이었던 때 구제 제1고등학교의 후배였던 요시무라 교이치吉村恭一, 야마자키 후지오山崎不二夫와 야쓰가타케 종주를 시도하던 중 요시무라가 눈 위에서 미끄러져 정지하지 못하고 추락한 사고다. 단자와산 편에서 오다큐 전차를 언급하는데 요시무라의 아버지가 오다큐 전철의 상무였다.

료가미산
兩神山

표고 **1723미터**
소재 **사이타마현** 埼玉縣

　우에노에서 다카사키까지 간토 평야를 세로로 관통하는 기차의 창 너머로 이 평야를 에워싼 여러 산을 볼 수 있다. 아카기, 하루나榛名, 묘기妙義 같은 조슈 삼산이며 아사마야마는 누가 보아도 금방 알 수 있다. 관심이 많은 사람은 더 여러 산을 찾아낼 수 있으리라.

　내가 언제나 유심히 보는 산으로 료가미산兩神山[1]이 있다. 그것은 지치부의 앞산들 뒤로 튼튼한 바위 요새의 모습으로 서 있다. 보통의 산은 세모꼴이거나 지붕 모양이라고 하더라도 좌우로 능선을 드리워 산의 외형을 만들고 있지만, 료가미산은 이상한 모양이다. 그 산은 들쑥날쑥한 정상 능선이 한 가닥 선을 긋고는 있지만, 좌우는 툭 잘려져 있다. 마치 네모난 거대한 바위 블록이 공중에 우뚝 솟아 있는 것 같은 일종의 괴이한 모습을 나타내고 있다. 먼 옛날부터 명산으로 존숭하고 있는 것도 이 위압적인 산세 때문일 것이다. 그것은 어느 첩첩산중에 있더라도 바로 한눈에 알 수 있는 강렬한 개성을 갖추고 있다.

　료가미산은 이자나기伊邪那伎와 이자나미伊邪那美 두 신兩神을 모시

오가노마치小鹿野町에서 바라본 료가미산

고 있는 곳이라서 그 이름이 유래했다고 전해지고 있다. 일본 각지에 있는 후타카미야마二上山도 원래는 후타카미야마二神山라서, 두 봉우리가 서로 나란히 자웅신雌雄神의 모습으로 서 있다. 그런데 료가미산은 어떻게 봐도 두 봉우리가 용립한 형태가 아니다. 그렇다면 어째서 료가미산이라고 불리기에 이르렀을까.

  이 산에는 요카미산八日見山이란 별칭이 있고, 또한 료가미산龍神山

으로도 불리고 있었다. 고구레 리타로는 산 이름의 고증에 집요할 정도로 열심인 분이었는데, 그분도 처음에는 요카미산 혹은 료가미산의 와전이겠거니 하고 생각하고 있었다. 그런데 그 뒤로 이러저런 고문헌을 천착한 결과, 이 산의 맨 처음 이름은 요카미산八見山이었는데, 그것이 료가미龍神가 되고, 료가미兩神로 바뀌었으리라고 기술하고 있다. 이자나기와 이자나미를 모셨던 것은 료가미산兩神山으로 부르게 되고부터라서 그 이전에는 이 두 신과는 아무 관계도 없었다.

    고구레 씨의 고증은 대단히 공들인 장문인데, 줄여서 말하자면 대략 다음과 같다.

    "요카미八見라는 산 이름의 유래는 야마토타케루노 미코토가 동이정벌東夷征伐을 할 때 이 산을 여드레 동안 보셨기에 요카미산이라고 이름이 붙여졌다고 전해진다.[2] 하지만 그것은 요우카미ョウカミ를 요카미八見라고 군두목했기 때문에 생긴 전설이며, 요우카미라는 호칭은 야오가미ヤォガミ에서 온 것이다. 야오가미의 '야'는 여덟八이라는 뜻이고, '오가미'는 오로치大蛇를 뜻해, 불교에서 말하는 용왕龍王이다.[3] 요컨대 야오가미는 여덟 개의 머리를 가진 용왕으로, 이 산의 오래된 연기緣起에 '료토다이묘진龍頭大明神을 제신祭神으로 한다'라고 기록된 것과 일치한다."

    일본에는 『고사기古事記』[4] 이래로 '오가미龗'[5] 신앙의 전통이 있고, 용왕을 모셨던 야시로社는 각지에 있다. 오야마大山(아후리산雨降山[6])의 산신에게 미나모토노 사네토모가 노래를 바치며 "팔대용왕이시여, 비를 멈추어 주소서"라고 기원했던 것도 그런 예일 것이다. 지금의 요가미산兩神山도 시원은 야오가미ヤォガミ이고, 그것이 경음화되어 요우카미ョウカミ로 되었고, 요카미八見라는 글자로 군두목되었다. 또한 야오가미에서 료가미龍神 혹은 료토龍頭가 도출되었고 료가미兩神로 바뀐 것이다.

    료가미산이 그 특이한 생김새로 사람들의 눈길을 끄는 것은 전술한 대로이고, 나도 오랫동안 이 산을 멀리에서 바라보면서도 어프로치의 불편함이 신경 쓰여 멀리하고 있었다. 그런데 요사이 갑자기 발달한 버스

료가미산 핫초오네 八丁尾根

정상의 호코라

노선 덕분에, 도쿄를 아침에 출발해 다음 날 정오에는 그 정상에 서서 다년간의 숙원을 이룰 수 있었다.

지치부의 마을에서 오사미야納宮까지 버스, 거기부터 나라오자와 고개楢尾澤峠[7]를 넘어 히나타오야日向大谷에 있는 료가미산의 사무소社務所에서 묵었다. 이튿날 산정으로 향했는데, 과연 먼 옛날부터 신앙등산의 산이었던 만큼 도중에는 비석이며 석상 따위가 몇 개나 서 있고, 유서 있는 이름이 가는 곳마다 붙어 있었다. 신관 복장을 한 안내자에게 인솔되어 내려오고 있는 한 무리의 사람들도 마주쳤다.

산꼭대기 가까이 료가미 신사의 본사가 있었는데, 그 앞에서 한 쌍으로 지키고 있던 것은 흔한 고마이누狛犬[8]가 아니라, 그레이하운드를 닮은 늑대였던 것이 나의 관심을 끌었다. 왜냐하면, 역시 고구레 리타로의 고증에 이 이리狼가 나오고 있기 때문이다. 오카미狼, 즉 '오이누사마御犬樣'는 료가미산의 권속眷屬[9]이라서, 지치부의 미쓰미네三峰 신사와 마찬가지로 여기에서도 오이누사마의 영험한 호신부를 내고 있다.

정상에는 호코라祠가 있는데, 그 뒤로 한 평 남짓한 바위로 된 평지에 삼각점이 있었다. 다행히 더없이 드맑게 갠 가을날이 베풀어져 그곳에서 주위의 광대한 경치를 마음껏 보게 되었다. 정상은 좁은 바위능선이라서 양쪽이 단숨에 가파르고 험한 기울기로 떨어지고 있었다. 돌아가는 길은 그 좁은 능선을 더듬어 죽순처럼 비죽비죽 서 있는 암봉을 몇 개나 넘어 핫초[10] 고개八町峠로 나왔다. 고개에서 되돌아보면 료가미산은 바위 병풍을 세워놓은 것처럼 가로막고 서 있어서, 예로부터 명산으로 꼽힐 만큼의 묵직함을 보여주고 있었다.

주

1 대개 료카미산으로 읽는다.
2 쓰쿠바산에서 보았다고 전해진다.
3 본문대로 야오가미를 풀이하면 야마타노 오로치八岐大蛇가 된다. 또한 오로치만으로도 야마타노 오로치를 가리키기도 한다. 야마타노 오로치는 '기기記紀'에서 꼬리와 머리가 여덟 개 달렸다고 하는 거대한 뱀, 이무기, 또는 용이다. 종교학자들은 야마타노 오로치와 관련된 신화를 치수설화나 지배계급 재편의 비유로 보고 있다. 팔대용왕은 불법을 수호하는 용족의 여덟 임금이며 일부가 물과 관련이 있다. 일본 신화에서 야마타노 오로치는 수신水神으로서 등장하는데, 팔대용왕의 영향을 받은 것으로 본다.
4 『일본서기』와 더불어 일본에서 가장 오래된 신화·전설·노래를 기록한 역사서. 712년에 완성한 것으로 되어 있다.
5 령靇은 용, 또는 신령을 뜻하고 오가미로 읽으며 물의 신·비와 눈을 관장하는 신·용신(용왕) 등을 말한다.
6 오야마의 이칭인 아후리산雨降山은 '아메후리야마'로도 읽고 있으나, 2200년 이상 되었다는 이곳(가나가와)의 오야마 아후리 신사大山阿夫利神社에서는 고래로 아후리산阿夫利山으로 읽고 있다. 또한 아후리 신사의 연기緣起에는 미나모토노 사네토모의 아버지 요리토모가 헤이케 타도를 위해 거병했을 때 이곳에 칼을 바쳤다고 나와 있다.
7 나라오자와 고개奈良澤峠로도 적는다.
8 사자나 개의 모습을 한 신사나 사찰 입구에 있는 한 쌍의 짐승 상. 고마狛는 고마高麗로도 적으며 고구려를 가리키는 말이다.
9 신의 뜻을 전하는 사자이자, 신에게 임무를 부여받은 사도.
10 핫초八丁: 유래는 후지산 정상 부근에 있는 험한 구간인 무네쓰키핫초胸突八丁이다. 일본 전역의 산에 무네쓰키핫초라고 부르는 힘든 구간이 있나.

구모토리야마
雲取山

표고 **2017미터**
소재 **도쿄도** 東京都
사이타마현 埼玉縣
야마나시현 山梨縣

기슈紀州[1] 남부에 오쿠모토리大雲取, 고쿠모토리小雲取라는 산이 있다. 나치산那智山으로 참배하는 구마노카이도 나카헤치熊野街道中邊路[2]에 해당할 뿐인데, 예로부터 유명해 와카和歌며 하이쿠俳句에서 노래하고 있다. 하지만 여기서 다루는 것은 그 산이 아니고 간토의 구모토리야마雲取山다. 여기에도 오쿠모토리, 고쿠모토리가 있다. 『무사시[3] 통지武藏通志』[4]에 따르면 "오쿠모토리야마는 니시타마군西多摩郡 히카와무라氷川村와 닛파라무라日原村의 서북에 있고, 지치부군秩父郡 오타키무라大瀧村를 경계로 한다"라고 나와 있고, 그 남쪽으로 이어진 작은 봉우리가 고쿠모토리야마로 불리고 있다.

등산자들이 오쿠치치부奧秩父[5]라고 부르고 있는, 오가와야마小川山부터 동쪽으로 향한 구모토리야마까지 이어지는 연봉은, 전체 길이와 고도로 치자면 일본에서 일본 알프스와 야쓰가타케 연봉을 제외하면 다른 예가 보이지 않는 대산맥이다. 특히 그중에 고신甲信[6] 국경을 이루는 긴푸산부터 고부시다케까지는 2500미터의 고도를 지니고, 고부시 이동도

우쓰쿠시가하라·야쓰가타케·지치부·다마·미나미칸토

구모토리야마 정상에서 바라본 후지산

2000미터를 잃지 않고 하후산 破風山[7], 오보라야마 大洞山[8] 등이 고부 甲武[9] 경계를 달리는데, 그 최후의 웅자를 뽐내고 있는 것이 구모토리야마다.

    이 대산맥도 구모토리야마 이동은 수없이 소산맥으로 나뉘어 점점 무사시노 武藏野[10]로 떨어져간다. 이것을 거꾸로 말하면 "무사시노의 평지에 파란을 일으킨 수많은 소산맥이 저쪽에서도 이쪽에서도 아메바의 위족처럼 얽혀 있어, 어느새 대여섯 가닥의 두꺼운 줄기로 한데 모이고, 그것이 다시 하나되어 이곳에서 비로소 2000미터 이상의 고봉이 되었던 것이 구모토리야마다." 이 따옴표 안의 기교 있는 표현은 고구레 리타로의 것이다. 그분 생애에서 가장 사랑하셨던 것은 오제와 지치부였을지도 모른다.

산다마三多摩[11]가 도쿄도東京都[12]에 편입된 이래, 이 거대한 수도는 그 한쪽 모퉁이에 2000미터의 고봉을 지니게 되는 명예를 획득했다. 감히 명예라고 말한다. 매연과 콘크리트 벽과 네온사인만이 쓸데없이 늘어가는 도쿄도에 원생림으로 덮인 구모토리야마가 있는 것은 자랑스러워해도 좋지 않을까. 잊지 말아야 할 것은 도쿄 도민의 생활 근간이 되는 수도水道가 이 산 동면의 커다란 삼림을 수원지로 삼고 있는 점이다.

구모토리야마는 거대한 도쿄도 일원을 내려다보고 있다. 반대로, 도쿄도에서 이 산을 바라볼 수 있다는 것을 알고 있는 사람은 그리 많지 않을 것이다. 하늘이 깨끗이 갠 날이면 나는 종종 가까운 높은 곳으로 산을 보러 나서는데, 맨 먼저 눈이 가는 것이 이 도쿄도의 최고봉이다. 그것은 새삼스럽게 현저한 특장特長을 지닌 것은 아니지만, 힘 있고 장중한 산세를 보여주고 있다. 도쿄에서는 지치부 연봉을 세로로 보기 때문에, 오쿠치치부의 고봉군은 완전히 겹겹으로 포개져 쉽게 구별하기 힘들어도, 구모토리만은 똑똑히 크고 높이 나타난다. 특히 겨울이 되면 꼭대기에서 남쪽에 걸친 풀밭에 쌓인 눈을 선명하게 볼 수 있다.

구모토리라는 이름의 유래는 모른다. 일반적으로 풀어보면 '구름을 손에 쥘 정도로 높다'라는 뜻이 아닐까.『신편 무사시 풍토기고新編武藏風土記稿』[13]에 따르면, 지치부에서 유명한 미쓰미네三峰 신사의 이름에 있는 미쓰미네는 묘호타케妙法岳, 시라이와야마白岩山, 구모토리야마라는 세 봉우리가 높이 솟아 있어서 산호山號[14]로 삼았다고 한다. "구모토리雲採는 본사의 동남쪽 7리 반 정도 거리의 황실의 멧갓 안에 있다. 여기에 돌로 만든 곤겐權現을 모시고 작은 석조 호코라祠를 세웠다"라고 나와 있다.

구모토리야마는 도쿄에서 가장 가깝고, 가장 깊은 산다운 기분이 드는 2000미터 봉우리일 뿐만 아니라, 다카오산高尾山이며 하코네箱根 등의 하이킹적인 등산으로는 어딘가 부족했던 사람이 다음 목표로 삼기에

산조노유

정상 직하 구모토리야마히난고야雲取山避難小屋에서 내려다본 오솔길

알맞은 산이다. 산정으로 나 있는 길은 히카와水川, 닛파라日原, 가모자와鴨澤부터 몇 줄기나 열려 있는데, 가장 편한 일반 코스는 미쓰미네 신사까지 케이블카로 올라간 다음, 산등성이를 타고 시라이와야마를 거쳐서 닿는 것이라고 생각한다. 어느 코스를 잡고 가더라도 상당히 거리가 길어서, 도중에 1박할 예정을 해야 한다.

　　　나는 학창 시절에 구모토리야마 주변은 몇 번쯤 걸었는데, 언제나 정상을 거르게 되었고 그 위에 섰던 것은 겨우 근년에 이르고 나서다. 30여 년 만에 오쿠타마奧多摩15에 발을 들이고서 그 바뀐 모습에 놀랐다. 오고우치小河內 댐을 보고 나서 버스종점인 다바丹波에서 하차해 사오라 고개サオラ峠에 오르고, 그날 밤은 산조노유三条ノ湯에서 묵었다. 이튿날, 별로 세상에 알려지지 않았지만 규모가 큰 아오이와타니靑岩谷의 종유동을 구경한 다음, 두 시간 정도 완만한 오르막으로 구모토리에서 오보라야마로 이어진 능선의 안부에 붙었다. 남면인 고슈 쪽은 환한 가야토茅戶16, 북면인 부슈武州17 쪽은 어두운 삼림이라는 지치부 특유의 명암의 대비는 이 안부에도 있었다.

　　　그 북면의 어두운 원생림 속의 길을 '야마노이에山の家'18까지 더듬었다. 높은 가지에는 소나무겨우살이猿麻梻19가 나부끼고, 겨우살이의 굵은 줄기는 고색창연한 하얀 가루를 내솟고 있다. 저녁때가 가까워지니 어렴풋한 나무 사이로 안개가 조용히 흘러왔다. 발에 닿는 감촉이 부드러운 부식토를 밟고 걸으며, 나는 오랜만에 지치부 산속의 분위기를 만끽했다.

　　　이튿날 아침 구모토리의 정상에 섰다. 공교롭게 구름이 끼어 남쪽으로 후지, 북쪽으로 아사마가 구름 틈으로 보였지만, 이내 그것도 숨어버려서 그저 눈앞으로 무감각해질 정도로 방대한 와나구라야마和名倉山가 의젓하게 앉아 있는 것이 유일한 볼거리였다. 하산은 막 새로 생긴 도미타신도富田新道를 택했다. 구모토리야마의 산신령이라고 불린 '야마노이에'의 주인 도미타 지사부로20가 혼자 힘으로 개척했던 신도로, 역시 조용한 삼림 속에 꼼꼼하게 나 있었다. 이 산신령도 이제 이 세상에 없다.

주

1.   옛 지명으로 와카야마현 대부분과 미에현의 일부. 별칭으로 기이紀伊.
2.   주로 구마노코도 나카헤치熊野古道中邊路로 부른다. 유서 깊은 성지 순례 길로, 교토에서 출발해서 해안선을 따라 기이紀伊 반도를 일주하는 것을 기준으로 삼으면 1000킬로미터가 넘는다. 여러 루트 중에서 나카헤치가 가장 유명하며 대략 와카야마현 다나베시田邊市에서 들어가 구마노혼구熊野本宮를 거쳐 미에현 신구시新宮市로 빠져나오는 길이다. 또한 구마노혼구는 오미네산 편의 칠십오 나비키七十五靡 완전종주의 시작점이다.
3.   옛 지명으로 도쿄도·사이타마현·가나가와현의 일부. 별칭으로 부슈武州.
4.   에도 시대와 메이지 시대의 지지편찬 사업에 참여했던 지리학자이자 관료였던 가와다 다케시河田羆(1842~1920)가 1894년경에 저술한 사찬지지私撰地誌 『무사시통지』 중에 산악편山岳編이 있다.
5.   지치부 산지 중 지치부 분지보다 서쪽의 험준한 산지. 미쓰미네산三峰山과 구모토리야마 등이 있다. 지치부타마카이秩父多摩甲斐 국립공원의 북부를 차지한다.
6.   가이甲斐와 시나노信濃 두 지방을 함께 부르는 이름.
7.   핫푸산으로도 읽는다.
8.   오보라야마는 일본 내에 여러 곳 있다. 이 산명은 사이타마현 쪽에서 부르는 이름이고, 지도에는 야마나시현 쪽에서 부르는 이름인 히류야마飛龍山로 적고 있다.
9.   가이甲斐와 무사시武藏.
10. 도쿄도 서부에서 사이타마현 가와고에시川越市 부근에 이르는 평야.
11. 도쿄도 서부의 호칭. 니시타마西多摩·기타타마北多摩·미나미타마南多摩 등 3군.
12. 수도 도쿄의 정식 행정명칭.
13. 하야시 줏사이林述齋(1768~1841)가 1828년에 편찬한 에도 막부의 관찬지지官撰地誌. 265권과 부록 1권으로 구성되어 있다.
14. 영축산통도사靈鷲山通度寺처럼 사원의 이름 앞에 붙이 사원의 소재지를 나타내는 호칭.
15. 도쿄도 서북부, 다마가와多摩川 상류 지역.
16. 띠茅 등으로 덮여 있는 산줄기나 산허리를 산촌 사람이나 등산객 사이에서 부르는 말이다.
17. 무사시武藏.
18. 등산객, 또는 피서나 요양 등을 위해 고원이나 산속에 지은 집을 말하는데, 이곳은 현재의 구모토리산소雲取山莊를 말한다.
19. 송라松蘿라고 부르는 약재로 쓰는 지의류의 총칭.
20. 도미타 지사부로富田治三郎(1902~1959): 구모토리산소 초대 관리인이다. 신도를 개척할 때 낫으로 잘라가며 열었다고 해서 별칭이 가마센닌鎌仙人이었다. 산장에서 세상을 떠났는데 예로부터 내려오는 산의 장례법인 다비를 했다. 구모토리야마 정상 아래에 그의 부조가 있다.

고부시다케
甲武信岳

표고 2475미터
소재 사이타마현 埼玉縣
　　　야마나시현 山梨縣
　　　나가노현 長野縣
지도 고부시가타케 甲武信ヶ岳

　내가 기억하고 있는 최초의 산악 조난은 고부시다케甲武信岳에서였다. 큰 소동이었다. 아무튼 시골 소년에게도 큰 사건으로 전해졌기에, 당시 세간에 안겨준 쇼크의 크기를 헤아릴 수 있다. 요즘처럼 매주 한 번씩은 등산자의 사망이 보도되는 등산 러시의 시대가 아니라, 저 때가 아마 다이쇼 5년(1916)이었기에, 아직 일반에게는 등산이 모험으로 간주되고 있었다. 게다가 다섯 명의 조난자 중 네 명이 제국대학(현 도쿄대학)에 갓 입학한 전도유망한 청년이었던 점이 한층 소동을 크게 만들었을 것이다. 한 사람만 살아 돌아왔다.

　고부시다케라는 이름이 내 머릿속으로 스며든 것은 그 이후였다. 나중에 알았는데, 제국대학생의 조난은 고부시다케가 아니라, 그곳으로 오르는 도중의 하후산이었다. 밀림 속에서 길을 잃고 호우를 맞아서 피로 동사했던 것이다. 하지만 일반에게는 '고부시다케 조난'으로 전해졌고, 그것은 내가 읽고 있던 소년잡지에도 큼지막하게 나왔다.

　아마 고부시다케라는 산의 존재를 세간에 널리 알려준 것은 이 조

고부시다케에서 바라본 남 알프스

난사건일 것이다. 예로부터 명산으로 칭송받았던 산은 아니다. 정상에 호코라祠도 없거니와 삼각점도 없다. 오쿠치치부에서도 고부시보다 높은 봉우리는 고쿠시國師며 아사히朝日가 있고, 생김새로 쳐도 바로 북쪽의 산포야마三寶山 쪽이 드레져 보인다. 고부시는 결코 눈에 띄는 산이 아니다.

그럼에도 오쿠치치부의 산에서는 긴푸 다음으로 고부시를 들고 싶은 것은 무슨 까닭일까. 아마도 그것은 고부시コブシ라는 이름의 매력인

딱 부러지는 맛, 뭔가 선드러진 산을 떠올리게 하는 이름 때문일지도 모른다. 고부시拳라는 글자를 군두목하고 있다는 것도 본 적이 있는데, 지금은 고부시甲武信가 널리 퍼져 있다. 고슈甲州, 부슈武州, 신슈信州 삼국을 잇는 곳에 자리하고 있어서, 이 지당한 작명법에도 매력이 있다.

산의 모습이라는 것이 멀리서 바라보면 두드러진 특징이 있을 리가 없지만, 삼국에 걸치고 있다는 점은 연봉 위의 돌기에 불과한 단순한 산보다는 산세가 복잡하다. 고부시다케에서 지쿠마가와, 아라카와荒川, 후에후키가와笛吹川 세 강의 원류가 나오고 있다. 그 점으로 쳐도 고부시는 오쿠치치부의 배꼽이라고 말하고 싶은 산이다. 고슈, 부슈, 신슈에서 그 강의 근원을 깊숙이 찾아가면, 어디부터에서라도 이 산의 정상으로 나온다는 것도 재미있지 않은가. 정상에 내린 한 방울은 지쿠마가와에 떨어져 시나노가와信濃川가 되어 동해로 접어든다. 다른 한 방울은 아라카와로 떨어져 거대 도쿄를 관통해 흘러 도쿄만灣으로 흘러 들어간다. 다시 다음 한 방울은 후에후키가와로 떨어져 후지가와富士川가 되어 태평양의 물이 된다.

내가 도쿄의 학교에 입학했던 무렵은 아직 지금처럼 조에쓰의 산도 열리지 않았고, 북 알프스도 불편한 시대여서, 나의 산행은 대부분이 오쿠치치부였다. 다나베 주지[1]의 『일본 알프스와 지치부 순례日本アルプスと秩父巡禮』며 헌책방에서 발견했던 『산악』 지치부 호[2]가 그 안내서였다. 아직 등산로도 정비되지 않았고, 야마고야도 모자랐고, 길잡이 표지판 같은 것도 거의 없었다. 우리는 쌀이며 된장을 장만하고, 톱이며 나대鉈를 가지고 사람 없는 산으로 나섰다. 휴일이 이삼일씩 이어지면 도쿄에 있는 것보다 지치부의 산을 걷고 있는 경우가 많았다.

그 무렵의 나는 고부시다케에 두 번 올랐다. 추억은 모호해졌지만, 맨 처음은 신록의 계절에 후에후키가와의 상류인 히가시자와東澤를 원류까지 거슬러 올라서 정상에 섰다. 지치부의 특색인 깊은 숲과 계곡의 아름다움을 그때 비로소 알았다. 특히 가마노사와釜ノ澤의 아름다움에는 눈

후지산 쪽의 고부시다케

도쿠사야마에서 바라본 고부시다케

이 휘둥그레졌다. 고부시다케의 정상에서 조금 내려간 곳에 산일을 위해 조릿대로 지은 허름한 오두막이 있어서 그곳에서 묵었다. 이튿날은 정상부터 도쿠사야마木賊山, 하후산을 넘어서 가리사카 고개雁坂峠³로 나왔는데, 도중에 길을 헛갈리기도 해서 고개 위로 나왔던 때는 완전히 어두워져 있었다.

그다음도 마찬가지로 단풍들 무렵의 히가시자와를 거슬러 올라 고부시의 정상에 섰다. 십일월 초여서 조릿대 오두막에 머문 그날 밤이 유난히 추웠던 것만 기억난다. 다음 날은 신노사와眞ノ澤로 내려가 몹시 황폐해진 오두막에서 1박하고 가리사카 고개를 넘어 돌아왔다.

고구레 리타로의 책을 보면 신슈 쪽 산기슭인 아즈사야마梓山에서는 고부시다케를 원래 산포야마三方山라고 부르고 있었다. 고부시다케라는 이름이 널리 퍼지고부터 그 산포야마는 산포야마三寶山로 글자를 고쳐 북쪽에 이웃하는 산으로 옮겨졌다고 한다. 산포야마는 1등 삼각점이 놓인 만큼 조망이 좋다. 아즈사야마에서 주몬지 고개十文字峠에 이른 다음, 산포야마를 넘어 고부시다케로 길이 이어져 있다. 또한 고지도며 지지에는 이 삼국의 경계에 서 있는 산에 고쿠시다케國師岳라는 이름이 주어져 있다. 하지만 고쿠시라는 산은 따로 분명히 존재하고 있다. "아마 토박이들이 고부시コブシ라고 부르고 있었던 것을 고쿠시コクシ의 사투리라고 오인한 결과, 고신 경계의 고쿠시다케를 대수롭지 않게 고부시 삼국의 경계에 끌어다 옮겨놓았던 것은 아닐까"라고 고구레 씨는 미루어 짐작하고 있다.

주

1 다나베 주지田部重治(1884~1972): 영문학자, 수필가, 본성 난니치南日. 일본산악회 명예 회원. 도쿄제국대학 영문과를 졸업했고 워즈워스 시집 등을 번역했다. 가나자와의 구제 제4고등학교 여행부 시절의 지도 교수였던 영문학자 하야시 나미키林並木(1855~1929), 대학 입학 후 같이 하숙하던 고구레 리타로의 영향으로 본격적인 등산을 시작했다. 등산에 정관적 태도를 강조하는 산려를 주장해 일본 등산

철학에 큰 영향을 끼쳤다. 이는 격렬한 등반에 의한 등정이 아닌, 고개나 계곡 등을 포함한 폭넓은 산행에 산의 매력을 특징지어, 일본적인 등산의 사고방식인 이른바 낮은 산 돌아다니기低山徘徊를 찬양하는 것이었다. 그의 여정 대부분은 고구레 리타로와 함께했으며 명저『일본 알프스와 지치부 순례(1919)』와 이를 개제改題한『산과 계곡山と溪谷(1929)』으로 소개되었다. 특히『산과 계곡』은 1930년에 가와사키 기치조川崎吉藏(1907~1977)가 일본 최초의 상업 산악잡지인『산과 계곡』을 창간하면서 제호로 택하게 허락해 지금까지 상징적인 이름으로 남아 있다. 구모토리야마에 그를 기념하는 부조가 있다.

2   지치부에 관한 최초의 기사로는『산악』제3년 제2호와 제3호(1908)에 가와다 시즈카 등의 연재가 있었고, 지치부 호는『산악』제11년 제1호(1916)와 제20년 제2호(1925)의 제호인『지치부 1, 2』를 말한다.

3   가리사카 고개(2082미터)는 고류다케 편의 하리노키 고개針ノ木峠(2541미터), 시오미다케 편의 산푸쿠 고개三伏峠(2580미터)와 더불어 일본 삼대 고개다.

068 긴푸산
金峰山

표고 **2599미터**
소재 **야마나시현** 山梨縣
나가노현 長野縣

우리네 산악당山岳黨의 대선배 고구레 리타로가 하신 말씀으로 다음과 같은 것이 있다.

"긴푸산金峰山은 실로 훌륭한 산이다. 홀로 지치부 산맥 가운데 참연儼然히 두각을 드러낼 뿐만 아니라, 일본의 산 중에서도 이류二流로 내려가는 산이 아니다. 세상에서 남자 중의 남자를 일컬어 나백관裸百貫[1]이라고 부르는 속담이 있는데, 긴푸산 역시 어디에 내놓아도 백관의 묵직함을 갖춘, 산 중의 산이다."

긴푸산[2]에 대해 더 이상의 찬사는 없을 것이다. 나도 거기에 찬동한다. 지치부의 최고점은 여기보다 불과 몇 미터 높은 오쿠센조다케奧千丈岳에게 내어주고 있다 해도, 그 산용의 수려고아秀麗高雅한 점으로는 과연 지치부 산군의 왕자王者다. 일반적으로 오쿠치치부의 산들은 이렇다 할 특징이 없는 데다 복잡하게 포개져 있어서, 멀리서 바라보면 산을 일일이 지적하기 어렵다. 그럴 때, 나는 제일 먼저 긴푸산에 눈을 붙인다. 이 산도 막연하게 보는 것만으로는 딱히 다른 것과 구별할 만한 특징이 없다고 해

긴푸산. 중앙에 안표인 고조이와

긴푸산 정상부와 고조이와

도, 다만 그 정상의 고조이와 五丈石(고조이와御像石)는 안표가 된다.

고조이와[3]는 높이가 15미터나 될까. 가까이 다가가면 우뚝한 큰 바위지만 멀리서 보면 극히 작은 하나의 돌기라서, 좌우로 누긋한 능선을 드리운 아름다운 산세의 균형을 깰 정도는 아니다. 오규 소라이[4]의 『협중기행峽中紀行』에는 "북쪽의 산, 그 가장 멀고 가장 가파른, 그리고 작악崒崿[5]하여 하늘을 찌르는 것이 긴푸산이다"라고 적혀 있는데, 이것은 역시 한문 투의 과장이 있어서 고후甲府 분지[6]에서 우러르는 긴푸산은 결코 험준하다고 할 만한 느낌은 없고 오히려 유화柔和하고 우미하다.

먼 옛날부터 고슈 사람들이 이 산을 고을의 북쪽을 지키는 진산鎭山으로 존숭해 그 풍경을 시로 만들고 노래로 읊었던 것도 이상하지 않다. 그리고 많은 사람이 등배登拜했던 것은 『가이 국지甲斐國志』[7]에서 등산 들머리를 아홉 개 표시하고 그 경로를 상세히 적고 있는 것으로도 증명된다. 고슈에서는 긴푸キンプ라고 부르고, 신겐[8] 문서에는 긴푸산金風山이라고 쓰인 것도 있다. 신슈 사람들은 긴포キンポウ로 불렀다.

금봉金峰라는 이름은 어디에서 온 것일까. 『협중기행』에 나와 있는 바에 따르면, 정상은 모두 황금의 땅이고 신은 그것을 엄청나게 소중히 여겨서, 등산한 사람은 하산할 즈음에 짚신을 벗고 맨발로 돌아가야 했다. 짚신에 달라붙은 한 톨의 금이라도 가지고 나가서는 안 되었다.

금이 있는 산이라서 금봉? 하지만 긴푸산이라고 이름 붙인 산은 다른 곳에도 몇 개나 있다. 일종의 산의 미칭의 아닐까. 아니면 오미네大峰 산맥의 긴푸산(산조다케山上岳)을 시작으로, 우젠羽前[9]의 긴푸산(나나하야마七葉山), 히고肥後[10]의 긴푸산, 사쓰마薩摩[11]의 긴푸산 그리고 이 고슈의 긴푸산 등 정상에는 모두 자오곤겐藏王權現이 모셔져 있다. 다시 말해 옛날에 야마토에서 자오곤겐[12]을 천좌한 산을 모두 긴푸산으로 이름 붙인 것은 아닐까. 고슈의 긴푸도 먼 옛날에는 슈겐도修驗道가 성행한 산이었다.

고조이와 남쪽의 평탄한 부지는 오쿠미야奧宮가 있었던 곳으로, 고모리도籠堂가 있고, 그 정면의 감실에는 자오곤겐의 상이 안치되어 있었다고 한다. 지금은 없다. 고조이와에서 조금 벗어나면 삼각점이 있는 정상이다. 그곳에서의 산악 전망이 얼마나 굉장한지는 이 산의 위치를 생각해보기만 해도 이해할 수 있을 것이다.

  긴푸산은 나의 오랜 산력 중에서도 아주 초기에 올랐던 산 중 하나다. 관동대지진이 났던 해 가을이었고, 나는 아직 고등학생이었다. 그때 적어둔 수첩을 보면, 당시 주오센中央線의 시발점인 이이다마치飯田町역에서 밤 9시 40분 기차에 올라 이튿날 아침 4시 반에 고후에 도착하고 있다.13 지금이라면 마쓰모토로 가는 것도 그렇게까지 걸리지 않는다.

  물론 버스 따위도 없던 때라서 걸어서 쇼센쿄昇仙峽로 갔다. 그 막바지에 있는 미타케御岳14의 가나자쿠라 신사金櫻神社15에서 점심 도시락을 먹고, 더 깊숙한 구로비라무라黑平村로 향했다. 그것이 긴푸산의 오모테산도表參道다. 따라서 도중에 이런저런 이름이 붙어 있다. 구로비라로 가기까지는 네코자카猫坂라는 곳을 넘었다. 그 고개의 위에서부터 긴푸와 아사히로 이어지는 오쿠치치부 연산을 한눈에 담고 일단 쾌재를 불렀다.

  예정대로라면 오무로가와御室川의 서덜에서 머물기로 했지만, 가미구로비라上黑平에 도착하니 그곳 여인숙 앞에 커다란 곰 가죽이 붙어 있었는데, 곰 고기를 드시고 묵고 가라는 주인의 부추김에 넘어가 거기서 감발을 풀고 짚신을 벗었다.

  다음 날 아침 일찍 출발했지만, 길을 헛갈리기도 해서 시간을 까먹어, 오무로가와부터 가파른 오르막에서 헐떡거리면서 정상에 도착한 것은 12시 반이었다. 하늘은 완전히 개었고 주위의 경치에 나는 미칠 듯이 기뻤다. 하지만 그 무렵은 아직 그곳에서 눈에 들어오는 산들 가운데 손에 꼽을 정도만 올라본 상태였다. 정상에서 한 시간 정도 쉬고, 데쓰잔鐵山으로 향해 산등성이를 걸어가려고 했지만, 눈잣나무가 우거져 길을 분간할 수 없었다. 단념하고 가와하케川端下로 내려가는 길을 택했는데, 결국 도중에 날이 저물고 덤으로 비도 내려, 추운 벌판에서 한둔하는 하룻밤을 보내고서야 이튿날 겨우 아즈사야마로 빠져나왔다.

주

1. 무일푼이라도 백관의 가치가 있다는 말이다. 화폐단위로 1관은 1000문文에 해당한다.
2. 긴포산으로도 부른다.
3. 정식명칭으로 가나자쿠라 신사 본궁 고조이와金櫻神社本宮 五丈石이며 바위 앞에 도리이가 서 있다.
4. 오규 소라이荻生徂徠(1666~1728): 유학자. 도쿠가와 요시무네의 자문을 맡아 주신구라忠臣藏의 모티브가 되었던 겐로쿠 아코 사건元祿赤穂事件 처리에도 관여했다. 이 사건에서 "사사로운 의론義論으로 공론公論을 해치게 된다면 이후 천하의 법이 서지 못하게 되고 말 것"을 주장해 전원 할복에 처했다. 그의 방법론인 고문사학古文辭學을 이어받은 인물이 국학자 모토오리 노리나가. 기행으로『풍류사자기風流使者記(1706)』와『협중기행(1710)』이 있다. 협중峽中은 두메산골을 말한다.
5. 산세가 고준한 모습.
6. 야마나시현의 중앙부에 위치하는 분지. 375평방킬로미터의 면적으로 현청 소재지인 고후시甲府市를 비롯하여 고슈시甲州市, 야마나시시山梨市 등이 속해있다.
7. 1814년에 완성된 가이甲斐의 종합적인 지지.
8. 다케다 신겐. 이곳 고후가 전국시대 다케다 가문의 본거지였다. 신겐이 긴푸산의 북쪽 산허리에서 금을 채굴해서 산 이름이 생겼다고도 한다.
9. 옛 지명으로 야마가타현.
10. 옛 지명으로 구마모토현. 별칭으로 히슈肥州.
11. 옛 지명으로 가고시마현의 서반부.
12. 야마토의 자오곤겐이란 나라현 요시노야마에 있는 금봉산수험본종金峯山修驗本宗 총본산 긴푸센지金峯山寺의 본당인 자오도藏王堂에 모신 자오곤겐을 말한다.
13. 1923년의 일이다. 이이다마치역은 도쿄 지요다구千代田區에 있었고, 장거리열차의 발착역으로 이용되다가 1933년부터는 여객업무를 근처 신주쿠역으로 이전했다. 이후 화물역으로 존속하다가 1999년에 폐역되었다. 지금 신주쿠에서 고후까지는 주오센 특급 편으로 1시간 30분대다.
14. 긴푸산의 이칭. 미타케는 신이 계시는 성스러운 산에 대한 존칭이기도 하다. 도쿄도 오우메시青梅市의 미타케인 부슈미타케武州御岳와 구별하기 위해 이곳은 고슈미타케甲州御岳로 부른다. 아울러 오미네산 편의 긴푸산은 가네노미타케金御岳로도 부른다.
15. 이 신사는 앞서 언급한 고조이와 본궁이며 긴푸산을 신체神體로 모시고 있다. 이곳의 벚나무는 우콘자쿠라鬱金櫻라는 수종으로 노란빛이 나는 꽃을 피우며 자오곤겐의 신성한 벚나무를 상징한다.

미즈가키야마
瑞牆山

표고 2230미터
소재 야마나시현 山梨縣

옛날 사람들은 산 이름을 붙이기 위해 오늘날의 산악단체가 회지 이름을 고민하는 것처럼 공들이지 않았다. 추상적인 것과는 거리가 먼 지극히 현실적인 이름을 붙였다. 산의 모양, 색, 지세에서 떠올려 창槍, 붉은 산赤岳, 폭삭 무너진 곳大崩이라는 식으로. 또한 비근한 주변의 도구 이름을 취해 채반笊, 안장鞍, 병풍屛風이라고 붙였다.

그래서 지금 아름다운 문학적인 산 이름이 있다면, 그것은 대개 후세의 군두목으로 보아도 좋다. 예를 들어 나는 '조에쓰의 나나쓰고야야마 七ッ小屋山도 예전에 그 꼭대기에 시시고야シシ小屋가 있었는데, 시시シシ를 시치シチ로 잘못 들어서 그 **시치**シチ가 **나나쓰**七ッ로 된 것이겠지'라고 생각하고 있다. 시시고야보다 나나쓰고야가 예술적이다.

미즈가키야마瑞牆山에도 옛날 사람들은 이렇게 공들인 이름을 붙이지 않았다. 대다수 민중은 이런 어려운 글자조차 몰랐을 것이다. 내가 유의해서 고슈의 고지도며 기록을 보고는 있지만, 아직도 서장瑞牆이라는 글자를 만나지 못했다. 하긴 내가 꼼꼼하고 집념이 강한 책벌레는 아니라

서록에서 바라본 미즈가키야마

정상 직하 혹바위라 부를 만한 클라이밍 암장 오야스리이와 大ヤスリ岩

서 간과한 점도 있을 것이다.

　　미즈가키야마를 산기슭 마을에서는 예전에 혹바위瘤岩라고 부르고 있었다고 한다. 나는 다음과 같이 생각해보았다. 세 개의 산릉이 모인 곳을 미쓰나기三繫ぎ로 부르는 경우가 있다. 미즈가키야마는 긴푸산부터 오가와야마¹에 이르는 산릉 도중에 서쪽으로 갈라져 나온 능선상의 돌기다. 산릉이 세 가닥으로 갈라지는 곳을 미쓰나기로 불렀고, 그 **미쓰나기**를 잘못 들어서 **미즈가키**라는 풍류 있는 이름이 되어 지금의 봉우리에 씌워진 것이 아닐까 하고. 물론, 이건 내 멋대로 해본 억측이다.

　　옛 기록에 따르면, 긴푸를 다마가키玉墻라고 했던 고지도가 있다고 하고, 오비小尾와 히시比志 마을 사람들은 긴푸산의 기슭을 가리켜 미즈가키瑞墻라고 불렀다고 한다. 미즈가키瑞牆라는 이름은 거기에서 왔던 것인지도 모른다.

　　유래야 어떻든 간에 나는 미즈가키라는 이름이 무척이나 좋다. 그리고 이 이름은 이 산에 어울린다고 생각한다. 혹바위라고 불렸을 정도로 커다란 바위가 울퉁불퉁 서 있는 산이다. 그 거대한 바위 무리를 미야이宮居의 다마가키玉垣, 즉 미즈가키瑞牆로 보지 않았을 리가 없다.²

　　미즈가키야마라는 이름은 옛 기록에서는 발견되지 않지만, 이 산이 먼 옛날부터 알려져 있었던 것은 고보 대사 문자라든지 고대 문자라고 불리고 있는 것이 아마도리자와天鳥澤³ 상류의 암벽에 새겨져 있다는 구전으로도 헤아릴 수 있다.⁴ 나는 아직 그 문자를 본 적은 없지만, 어쨌든 그런 설이 있는 것만으로도 유서 있는 산이다.

　　그것은 상상으로 그치는 것이 아니다. 긴푸산과 관련해 생각해보면 이해할 수 있다. 긴푸는 예로부터 명산이다. 여러 슈겐자修驗者가 올랐다. 슈겐자는 수행상 암굴이 있는 바위산을 좋아하는데, 긴푸산에 올랐던 그들이 그 서북쪽에 있는 바위너설의 산을 놓쳤을 리가 없다. 일찍이 석이버섯을 따는 사람이 미즈가키야마의 열 길이 넘는 암벽에서 굴 비슷한 것을 발견했는데, 거기로 올라가보니 굴 안에 검 한 자루가 바쳐져 있었

미즈가키야마 산정에서 바라본 동쪽

다고 한다.

　　보통 미즈가키야마에 오르려면 니라사키韮崎에서 마스토미 라듐 광천増富radium鑛泉까지 버스를 타고 간 다음, 혼타니가와本谷川를 따라서 오르기를 약 5킬로미터, 목가적인 고원인 가나야마金山에 닿는다. 여기까지 오면 비로소 미즈가키야마를 볼 수 있다. 이 산은 암봉의 집합체라고 해야 하나. 암봉군을 가진 산은 다른 곳에도 있지만, 미즈가키야마의 독특한 점은 그 암봉이 수림대와 섞여 있다는 것이다. 마치 침엽수의 대삼림에서 비죽비죽 바위가 돋아나고 있는 것과 같은 멋이 있다.

　　오쿠치치부의 개척자라고도 할 고구레 리타로는 이 가나야마의 고원을 좋아했다. 그 때문에 이곳에는 고구레의 흉상이 놓였다. 흉상의 작

가는 사토 규이치로[5]다. 그리고 매년 기념식이 열리고 있다.[6]

나는 그 행사 참석을 기회로 미즈가키야마에 올랐다. 일찍이 지쿠마가와 상류에서 신슈 고개信州峠를 넘어 고슈로 빠져나왔을 때 그 도중부터 보였던 기암이 난립한 미즈가키야마의 인상이 깊이 남아 있었다. 아마 그 도중에서의 경치, 즉 가마세가와釜瀨川 상류의 구로모리黑森 마을에서의 경치가 미즈가키야마의 가장 더할 나위 없이 아름다운 모습일 것이다. 가나야마에서의 경치는 그보다는 못하지만, 이곳부터의 등산은 변화가 있는 즐거운 길이었다. 은방울꽃鈴蘭이 가득 피어 있는 초원을 지나, 햇살 밝은 자작나무 숲을 걸어 맑게 흐르는 계류를 건너면, 잠시 후 세로로 돌짬이 난 거대한 바위가 나타난다. 멋진 바위다. 그 주변부터 지치부 특유의 울창한 원생림 속으로 구절양장의 오르막이 된다.

갖가지 모양으로 우뚝 솟아 있는 멋진 암봉이 눈앞에 나타나기 시작하면, 이제 정상에 가까워졌다는 표시다. 바위틈을 잡고 기어오르면 정상 또한 매끄럽고 커다란 바위라서, 그 위에 널려서 햇볕을 쬐기로 하고 바로 아래 암봉군을 들여다보면서 동료들과 근 한 시간 동안 노닥였다.

주
───────────────────────────────

1 미즈가키야마와 이웃한 이곳은 일본의 요세미티Yosemite라고 부르고 볼더링 bouldering과 스포츠 클라이밍 암장이 많은 산이다. 미즈가키야마는 오가와야마보다 규모가 크고 크랙이 발달한 화강암 암장이 있어서 고전 등반trad climbing 대상지다.
2 미야이는 신사가 있는 곳을, 다마가키는 신사의 울타리를 말한다. 미즈가키 또한 뜻을 풀이하면 상서로운 울타리가 된다. 다만 담 장牆 자를 쓰는 용례는 찾아보기 어렵고 서원瑞垣이나 서리瑞籬로 적고 미즈가키로 읽는다.
3 지도상 표기는 아마도리가와天鳥川.
4 미즈가키야마 서면에 있는 고보이와弘法岩를 가리키며, 고대 문자란 범자梵字를 가리킨다. 고보 대사가 바위에 범자로 대일여래와 부동명왕을 새겼다는 전설이 있으나, 단순히 풍화작용으로 마멸된 바위일 뿐이라는 이야기도 있다.

5　사토 규이치로佐藤久一郎(1901~1984): 조각가, 실업가, 일본산악회 회원. 게이오대학 산악부 시절인 1922년 선배인 마키 유코·오시마 료키치, 가쿠슈인의 마쓰카타 사부로 등과 야리가타케를 3월 적설기에 초등했다. 또한 희수稀壽에 아이거를 등정하기도 했다. 온갖 등산장비를 직접 제작해서 쓸 정도로 손재주가 좋았던 그는, 1954년 일본 마나슬루 원정대장 마키 유코의 부탁으로 원정대의 어프로치 슈즈를 제공하게 되었고, 이를 계기로 현재까지 카라반Caravan 등산화로 유명한 산세이샤山晴社를 창립하게 되었다. 또한 1937년에 월터 웨스턴의 부조를 가미코치에 설치(최초는 사각형, 현존하는 1965년 제작은 원형)했고, 고지마 우스이와 RCC의 창설자 후지키 구조의 부조도 그가 제작했다.

6　매년 10월 3번째 일요일에 가나야마다이라金山平에서 일본산악회 주최로 거행되는 고구레마쓰리木暮祭를 말한다.

7　1957년 7월에 일본산악회 회원 여럿이서 등산했던 일이다. 저자는 행사에 참석했던 목적이 등산이 아니라 고향에서 도쿄로 돌아온 뒤 재기할 수 있게 해준 책이었던 『히말라야 산과 사람(1956)』을 고구레 리타로에게 바치기 위해서였다고 한다. 『히말라야 산과 사람』의 담당 편집자였으며 저자 사후에 『산의 문학전집』을 편집했고, 일본 등산평론의 축이라고 평가받는 곤도 노부유키近藤信行(1931~2022)는 이렇게 전한다. "후카다 씨는 『히말라야 산과 사람』 출판 이듬해인 1957년에 미즈가키야마로 등산이나 다녀오자고 했다. 나는 일 때문에 늦어서 후카다 부부와 합류했지만 이미 식이 끝난 뒤였다. 후카다 씨가 다시 올라갔다 오자고 했고, 비 앞에 가서야 륙색에서 보자기에 싼 책을 꺼내 가슴 언저리에 받쳐 들고 고구레의 흉상에 깊숙이 머리를 숙인 다음 이 책이 완성된 게 고구레 선생 덕분이라고 했다." 이 책에는 "저와 마찬가지로 히말라야 경험은 없으시지만, 누구보다 먼저 히말라야에 정열을 가지셨던 고구레 리타로 씨의 영전에 바친다"라는 헌사가 있다.

070 | 다이보사쓰다케
大菩薩岳

표고 2057미터
소재 야마나시현山梨縣
지도 다이보사쓰레이大菩薩嶺

　　나카자토 가이잔[1]의 『대보살 고개大菩薩峠』가 나오고 나서 이 고개는 엄청나게 유명해졌지만, 내가 처음으로 갔던 다이쇼 12년(1923)에는 아직 찾는 사람도 드물어, 오월의 맑게 갠 일요일이었는데도 전혀 등산하는 사람을 마주치지 못했다. 거짓말 같은 이야기다.

　　그때가 관동대지진 전으로, 나는 우리 학교 여행부[2] 사람들과 함께 새벽에 하지카노初鹿野에서 하차해, 사가시오 광천嵯峨鹽鑛泉에서부터 간가하라스리雁ヶ腹摺[3]와 고가네자와야마小金澤山를 거쳐 다이보사쓰 고개大菩薩峠에 닿았다. 오래된 이야기라 기억이 아련하지만 길이 길었다는 것과 고개에서 운포지雲峰寺로 내려갔던 때는 어두워졌다는 것, 그곳에서 먹었던 메밀국수가 맛있었다는 것 따위가 생각난다.

　　나는 간가하라스리라든가 다이보사쓰라는 이름에 큰 매력을 느꼈다. 소설 『대보살 고개』가 차츰 평판이 좋아져서 쓰쿠에 류노스케机龍之助[4]며 요네토모米友[5]라는 인물이 우리의 화제가 되기 시작했던 것은 그 이후였다고 기억한다. 그 방대한 장편은 다음과 같은 첫머리로 시작하고 있었

다이보사쓰다케로 향하는 목가적 풍경

다. "대보살 고개는 에도에서 서쪽으로 떨어진 30리, 고슈우라카이도甲州裏街道가 가이 고을의 동쪽 야마나시군山梨郡 하기와라무라萩原村[6]로 접어들어 가장 높고 가장 험한 곳, 위아래로 8리에 걸친 난소難所가 바로 그곳입니다."

   옛날에 고슈오모테카이도甲州表街道[7]를 어떤 이유로 꺼렸던 나그네는 이 우라카이도裏街道(일명 오우메카이도青梅街道)를 택했다.[8] 그곳의 가장

높은 곳인 다이보사쓰 고개 위에는 묘켄도妙見堂가 있어서 그곳에 서면 고슈와 부슈 양쪽의 산들이 중첩해 있는 것이 내다보였다. 메이지 초기, 오우메카이도가 다바가와丹波川를 따라가는 길로 대체되어서, 고개를 넘는 사람도 드물어지고 길은 황폐한 채 내버려졌는데, 그 폐도가 다시 하이킹 코스로 부활해 오늘날의 번창을 보여주게 되었다. 지금의 다이보사쓰 고개는 묘켄도에 해당하는 옛날 고개보다 조금 남쪽으로 나 있다.⁹

다이보사쓰 고개라는 이름이 문학에 나타났던 것은 나카자토 가이산보다 한참 이전에 히구치 이치요¹⁰의 글에서였다. 그녀의 『열구름ゆく雲』 중에 "나의 양가養家는 오호후지무라大藤村의 나카하기하라中萩原라서, 눈에 들어오는 것이라곤 덴모쿠잔天目山, 다이보사쓰 고개의 산들과 봉우리가 담을 둘러……"라고 나와 있다. 이치요의 양친은 고개 아래 하기와라무라의 농가 출신이고 젊었을 때 도쿄로 나왔다. 그리고 이치요는 도쿄에서 태어났지만 아마 양친으로부터 그 고장의 풍경에 대해 듣게 되었을 것이다.

다이보사쓰 고개가 많은 사람에게 친밀해지게 된 것은 그 이름의 문학적 매력만은 아니다. 초보자에게 정말로 알맞은 산이기 때문이다. 도쿄에서 당일치기가 되고, 다양한 변화가 있는 안전한 코스가 열려 있고, 전망은 굉장히 웅대한 데다 2000미터 높이의 공기를 마실 수 있다.

고개에서 다이보사쓰다케大菩薩岳(레이嶺)¹¹에 걸친 고슈 쪽은 널찍하고 환한 가야토茅戸라서, 거기서 뒹굴거리며 후지며 남 알프스를 바라보고 있는 일은 정말 기분 좋다.

정상까지는 고개¹²에서 사십 분 정도면 닿을 수 있다. 이 연봉의 최고봉이다. '령嶺'이라는 글자는 '도게とうげ(고개)'로도 읽을 수 있어서, 예전에는 대보살령大菩薩嶺이라는 것이 대보살상大菩薩峠을 가리키는 명칭이었던 것 같으나, 지금 그 이름은 최고봉으로 옮겨가서 하이커들 사이에서 약칭으로 '레이れい(봉우리)'라고 불리고 있다. 지도에도 그리 나와 있다. 『가이 국지』에는 다이보사쓰토게大菩薩嶺로 나와 있는데, 그 이름의 기원

다이보사쓰다케 정상 직하 사이노카와라히난고야賽ノ河原避難小屋에 펼쳐진 환한 가야토

을 다음과 같이 적고 있다. "신라사부로新羅三郎[13]가 오슈를 정벌할 때 이 길로 올랐는데, 산중의 초목이 무성해서 길을 분간하기 어려웠다. 그때 나무꾼이 말을 끌고 오고 있어서 길을 안내하게 해 고개 위에 닿았는데 홀연히 사라졌다. 요시미쓰義光가 아득히 서쪽을 바라보며 후에후키가와 강변을 내려다보니, 팔류八旒의 백기白旗[14]가 바람에 표표飄飄하는 것을 보았다. 다름 아닌 신군神軍이 가호하는 징조로 여겨서 요배遙拜드리고, 오! 하

치만 다이보사쓰八幡大菩薩라고 소리 높여 찬탄했다. 이로 말미암아 마침내 고개의 이름이 되었다고 한다."

다이보사쓰 고개로 오르는 들머리에 운포지라는 고찰이 있다. 본당은 팔작지붕에 히와다부키檜皮葺き15를 얹은 아름다운 건물로, 국보로 지정되어 있다. 덴표天平 17년(745) 교키 보살이 이 산중에서 수행하고 있는 동안 신령스러운 느낌이 있어서 이곳에 절을 세웠다고 전해오는 유서 있는 절이다. 대보살이라는 이름은 이 절에서 유래했다고도 한다.

어느 해 가을이 한창일 때, 나는 수십 년 만에 다이보사쓰다케를 찾았다.16 토요일 밤, 야마고야 쇼엔소勝緣莊에서 묵었는데, 산장 주인 마스다 가쓰토시17로부터 이런저런 재미있는 이야기를 들으며 밤새는 줄도 몰랐다. 이튿날 일요일, 아침에 밖에 나와 보고 깜짝 놀랐다. 꾸불꾸불한 하이커의 행렬이 올라오고 있는 것이 아닌가. 대체로 즈크doek18 신발에 작은 륙색이라는 가벼운 차림인데, 그중에는 레인코트에 단화와 데사게手提げ19를 든 차림도 섞여 있다.

그 큰 무리는 머지않아 고개부터 봉우리까지 걸쳐 있는 따뜻한 햇볕을 받은 가야토에 여기저기 떼 지어 있었다. 화려한 여자만 있는 한 무리가 있는가 하면, 사랑에 빠진 것 같은 커플도 있다. 어젯밤 수면 부족을 채워줄 낮잠을 욕심내는 사람이 있는 한편, 둥그렇게 모여 합창하는 무리도 있다. 한없이 맑게 갠 가을 하늘 아래로 건강한 청춘을 구가하는 풍경이 펼쳐지고 있었다. 어느새 내 머리에서는 문학적·역사적 회고懷古 따위는 흔적도 없이 사라지고, 그저 산뜻한 생명의 숨결만 느껴질 뿐이었다.

주

1 나카자토 가이잔中里介山(1885~1944): 1906년에 등단했으며 1944년에 장티푸스로 사망했다.『대보살 고개』는 사무라이나 닌자 등이 등장해서 칼싸움을 벌이는 장르인 잔바라チャンバラ물로 분류된다. 세계 최장을 목표로 집필된 시대소설이며

대중소설의 선구로 평가받는다. 1913년부터 1941년까지 연재했으나 작가의 죽음으로 미완으로 끝났다.

2 구제 제1고등학교 여행부를 말한다. 구제 고등학교의 여행부는 등산과 스키활동도 했고 나중에 산악부가 되었다.

3 간가하라스리라는 말은 원래 '나는 새도 넘기 어려울 만큼 험한 산속의 좁은 길'을 뜻하는 조도鳥道의 고개가 '기러기도 배가 닿으며 넘어가서 생긴 길'이라는 뜻을 담아 그 고개 인근의 봉우리를 가리키는 말이 되었다. 특히 다이보사쓰레이 근처에는 간가하라스리야마가 많아서 이곳 외에도 사사고간가하라스리야마笹子雁ヶ腹摺山, 우시오쿠노간가하라스리야마牛奧雁ヶ腹摺山, 히카게간가하라스리야마日影雁ヶ腹摺山 등이 있다.

4 연쇄살인을 저지르는 잔인하고 제멋대로인 소설 속 인물. 일본 사극의 피카레스크 주인공의 원조 격이라고 평한다.

5 소설 속 우지야마다의 요네토모字治山田の米友를 말하며 창의 명인.

6 오늘날 야마나시 시의 엔잔鹽山 일대를 가리킨다. 『열구름』의 오호후지무라도 마찬가지다.

7 에도 시대 오가도五街道 중 하나인 고슈카이도甲州街道를 가리키는 것으로 보인다. 고슈카이도는 도쿄와 나가노의 스와를 잇는 길이다. 이를 굳이 나누자면 고슈오모테카이도는 니혼바시日本橋부터 고후甲府까지를, 고슈우라카이도는 고후부터 시모스와下諏訪까지를 말한다. 다만 고슈카이도라고 통틀어 부르며, 일반적으로 우라와 오모테를 구분하지 않는다. 저자는 뒷길이라는 뜻의 고슈우라카이도와 구분을 위해 고슈카이도를 앞길이라는 뜻으로 고슈오모테카이도라고 적은 것으로 보인다.

8 다이보사쓰 고개를 중심으로 오우메카이도는 북쪽이며 고슈카이도는 남쪽으로 길이 나 있다. 오우메카이도는 고슈우라카이도甲州裏街道, 고슈우라미치甲州裏道, 고슈다이보사쓰미치甲州大菩薩道 등으로 불렸다. 이 옛길은 에도에서 출발해 오우메와 다이보사쓰 고개를 지나 고후 동쪽 외곽에서 다시 고슈카이도와 연결되었다. 땔감과 농산물 수송에 이용되었지만, 에도 성江戶城 축성 당시에는 건축용 석회를 운반하기 위한 도로였고, 에도 시대 말기에는 지사志士나 범죄자들이 이용했다고 한다.

9 묘켄도는 북극성을 신격화한 묘견보살妙見菩薩을 모시는 곳이며 『대보살 고개』에서 쓰쿠에 류노스케가 칼을 시험하기 위해 사람을 베는 쓰지기리辻斬り를 했던 장소가 묘켄도라고 나와 있다. 고갯마루에 묘켄도가 있었던 자리로 추정되는 묘켄노아타마妙見ノ頭라는 지명이 남아 있다.

10 히구치 이치요樋口一葉(1872~1896): 소설가, 가인. 『열구름』은 1895년에 발표된 단편 소설이다. 가난에 시달리다가 폐결핵으로 25세에 요절했다. 2004년부터 2024년까지 5000엔권 지폐의 인물이었다.

11 지도에서 표기하는 다이보사쓰레이大菩薩嶺를 다이보사쓰다케大菩薩岳로 적는 사람은 고구레 리타로와 저자 정도로만 알려져 있다. 이런 일의 발단은 우리나라

의 경우 한자 령嶺은 '봉우리'라는 뜻도 있지만 대표훈이 '재'라서 고개로 풀이하는 데 반해, 일본의 경우는 대표훈이 '봉우리'다. 그러나 일본에서도 당연히 '고개'라는 풀이가 있어서, 그럴 경우 '도게'로 읽거나 고개 상峠 자로 적어서 혼동을 피한다. 『가이 국지』에서 령嶺을 '도게'로 읽고 있고 지명의 기원도 고개인 점, 현재 다이보사쓰 고개가 예전의 위치보다 낮아져서 확실히 고개를 가리키는 지명이 되었다는 점 등에서 이 '령'이라는 말은 원래 봉우리라기보다 고개를 가리켰음을 보여준다. 따라서 산이라는 점을 분명히 나타내기 위해 '다케'를 쓴 것으로 보인다.

12 옛날보다 남쪽으로 내려간 고개를 말한다. 현재 가이잔소介山莊가 있는 표고 1897미터 지점인 다이보사쓰토게大菩薩峠를 말한다. 이곳에서 능선을 타고 오르면 정상인 다이보사쓰레이에 닿는다.

13 미나모토노 요시미쓰源義光(1045~1127): 헤이안 시대 후기의 무장. 미나모토노 요리요시의 3남이다. 신라묘진新羅明神 앞에서 관례를 올려서 이름을 신라사부로로 한 것에서 유래했다. 신라묘진이란 엔친圓珍(814~891) 스님이 당나라에서 돌아올 때 배 안에 나타난 신라의 신령(신라묘진)이 엔친을 위해 불법을 수호하겠다고 맹세하자 이를 온조지園城寺에 모신 것이다. 온조지의 목조신라묘진좌상과 그것을 모신 신라젠진도新羅善神堂는 국보다.

14 원문 '八旒ノ白旗'는 여러 가지 해석이 있지만, 류旒와 번幡은 깃발을 뜻하므로 팔류八旒는 팔번八幡과 같은 말이라. '팔류의 백기'는 '하치만八幡 신의 백기', 즉 '겐지源氏의 기'를 가리키는 것으로 본다.

15 편백檜 껍질을 지붕 재료로 지붕을 잇는 방법. 수려한 외관이지만 띠茅나 짚藁에 비해 매우 비싸서 궁궐·신사·사찰 등에만 적용되는데, 『일본서기』 제1권 신대神代 상上에서 편백은 스사노오가 가슴의 털을 뿌려 만든 나무이며 이것을 서궁瑞宮, 즉 궁궐·신사·사찰을 짓는 데 쓰라고 한 것이 유래다. 수명이 15년 정도라서 이 지붕을 택한 일본의 문화재 건물에는 모금함이 따로 있는 곳도 있다. 사찰 건축에서 가장 큰 규모는 긴푸산 편에서 언급한 긴푸센지 본당인 자오도다.

16 1956년 11월.

17 마스다 가쓰토시益田勝俊(1895~1987): 산장 운영자, 히구치 이치요 연구가. 쇼엔소는 지금 휴업중이다. 재미있는 이야기란 이를테면 역사와 문학 이야기부터 쇼엔소라는 이름을 나카자토 가이산이 지어줬으며 가이산이 살기도 했다는 이야기, 히구치 이치요의 부모가 도쿄로 가게 된 이유가 사랑의 도피 때문이었다는 이야기 등을 말한다.

18 원래 네덜란드어로 직물을 뜻하는데 일본에서 범포라는 의미로 굳어진 말이다. 대개 캔버스로 만든 신발을 지칭한다.

19 주머니·바구니·가방 등 물건을 담아 손으로 드는 물건의 총칭.

단자와산
丹澤山

표고 **1673미터(히루가타케**蛭ヶ岳**)**
소재 **가나가와현**神奈川縣

    단자와산丹澤山이 오늘날처럼 등산객들로 붐비게 되었던 것은 언제부터였을까. 적어도 내가 옛날에 단자와에 갔던 때는 이 산이 아직 그다지 알려지지 않았던 것 같다. 아마 나는 『산악』에 나와 있었던 단자와 종주기에 의지해, 아오노하라靑野原에서 야케야마燒山에 올라 히메쓰기姬次[1] 근처까지 갔는데, 길을 분간하지 못해서 돌아섰다. 그것이 처음이었다.

    물론 좀 더 일찍부터 다케다 히사요시 박사 등에 의해 단자와 산괴가 소개되었지만, 그것은 그 무렵 아직 소수였던 산을 좋아하는 사람들 사이에서의 이야기일 뿐이었다. 다케다 씨는 단자와에 대단히 열심이어서, 이 산괴의 개척자 혹은 은인이라고 해도 좋을 것이다. 산의 문헌이며 과학에 관해서는 엄밀함을 견줄 데가 없는 박사가 지켜보고 있는 동안에는 엉뚱한 소리를 할 수 없다. 전쟁 전의 일이지만, 나는 내 책에서 단자와의 특징으로 어느 골짜기나 훌륭한 서덜을 갖추고 있는 점을 들었다. "다른 산에는 중류 이하에나 지니고 있을 법한 널찍한 서덜을 단자와에서는 이미 상류에 갖추고 있다. 이것은 산이 오래되어서 능이陵夷가 발달해 점

단자와 산지

점 평탄해지려는 과정일 것이다"라는 따위로 어설픈 지식을 써놓았다.

그랬더니 그것이 다케다 박사의 눈에 띄어 바로 엽서가 왔다. "단자와 산괴 계곡의 서덜을 상찬하시는 중에 계곡의 역사가 오래되어서? 라고 말씀하셨습니다만, 그와 반대로 그것은 다이쇼 12년(1923)과 이듬해 1월의 지진, 또 거기에 이어진 비로 산이 무너져 밀려나온 돌 조각이 계곡을 메웠기에…… 운운云云." 나는 지금까지도 그 엽서를 소중히 간직하고 있다.

단자와라는 이름이 세간의 일반에게 강한 인상을 심었던 것은 관동대지진일 것이다. 그 진원지로서 갑자기 유명해졌다. 하지만 등산객이 엄청나게 밀어닥치게 된 것은 그보다 한참 뒤의 일로, 아마 산기슭을 오다큐小田急 전차가 달리게 되고서 거리가 가까운 요코하마橫濱산악회가 도가타케塔ヶ岳[2] 위에 야마고야를 세웠던 무렵부터일 것이다. 요코하마산악회의 단자와에 대한 공헌도 잊어서는 안 될 것이다.

단자와 산괴 중에서 도카이도센東海道線의 오다와라小田原 부근에서 가장 현저하게 잘 보이는 것이 오야마라서, 옛사람들은 이런 잘생긴 산을 내버려두지 않았다. 정상에 커다란 바위가 있는데, 그것이 신체神體[3]로서 모셔지고 있다. 덴표쇼호天平勝寶 7년(755) 화엄종의 시조인 로벤[4] 스님에 의해 개산되었다고 전해진다.

오야마를 일명 아후리산이라고 부르는 것은 이 산의 정상에 언제나 구름이며 안개가 많아서 많은 비를 내리게 하기 때문이고, 그래서 기우제의 산으로도 되어 있다. 지금도 그 공식 등산로 들머리에 메구미め組니, 하구미は組니 하는 소방조직[5]이 기부한 비석이 많이 있는 것은 불을 끄는 것과 비가 관계가 깊기 때문일 것이다.

> 단비도 때에 따라 지나치면 백성의 한탄을 자아내노니, 팔대용왕이 시여 비를 멈추어주소서
> 時により過ぐれば民の嘆きなり八大龍王雨やめたまへ

라는 사네토모[6]의 노래는 이 오야마의 산신에게 바쳐진 것이라고 한다.

하지만 현대의 등산자는 그런 인연因緣이 가득한 사람 흔적이 있는 산을 피해서 좀 더 자연 그대로의 원시적인 산에 끌린다. 오야마는 단자와 산괴의 예외라서 주로 등산의 대상으로 삼는 것은 도가타케, 단자와산,

도가타케 정상

히루가타케蛭ヶ岳 등 일련의 산맥과 그 산들을 잠식해온 골짜기 길이다. 마을에서 가장 가까운 도가타케 등은 예로부터 사람들이 자주 올랐던 듯한데, 정상 가까이에 구로손부쓰黑尊佛라고 부르던 높이 5장 8척의 거대한 바위(대지진으로 무너졌다)가 있어서 존숭했던 모양이다. 사가미는 예로부터 도박이 성행한 곳이라, 매년 5월 15일 도가타케에 오르는 길가에는 노름꾼들이 모여들어 떠들썩하게 노름판을 열었다고 들었다.

최고봉은 히루가타케蛭ヶ岳(히루가타케毘盧ヶ岳)로, 일명 야쿠시가타케藥師ヶ岳로도 불렀다. 내가 그 정상에 섰던 것은 꽤 지난 일인데, 자못 깊은 산의 느낌이 들었던 것은 그곳에서 내다본 주변이 울창한 삼림이었기 때문일 것이다. 지금은 어떨까. 히루가타케에서 서쪽으로 땅딸막한 머리를 한 히노키보라마루檜洞丸가 있다. 단자와에서 두 번째로 높은 봉우리

이지만 수목으로 덮여 있고 길이 없어서, 괴봉怪峰이라든가 비봉秘峰으로 불렸던 곳인데 지금은 어떨까.

내가 백명산의 하나로 단자와산(단자와산7이라는 것은 산괴 중의 한 봉우리다)을 다루는 것은 각각의 봉우리가 아니라 전체로서 훌륭해서다. 단자와 산괴라는 명칭은 아마 다카토 쇼쿠의 『일본산악지』에서 시작되었을 것으로 짐작하는데, 그저 바깥의 산등성이를 걷는 것에 그치지 않고 그 안쪽으로 깊이 들어가면 산의 규모가 매우 복잡해서 그 전모를 쉽사리 파악할 수 없다.

『산악』제1년 제1호(1906)에 실려 있는 장문의 도가타케 등산기를 보면 안내인과 동행하고 있다. 그 이후 다이쇼 시대의 등산자도 대개는 안내인을 동반했던 것 같다. 그 정도로 미지의 산이었는데 오늘날의 번창한 모습은 어찌 된 일일까. 첫 번째 원인은 도쿄와 가깝고, 가볍게 갈 수 있어서일 것이다. 다니가와다케와 단자와산은 도쿄 대중등산의 양대 유행지가 되었다. 그리고 다니가와다케 못지않게 이 산도 조난사건이 빈번하게 일어나고 있다.

주

1   히메쓰구로도 읽는다.
2   지도상 표기는 도노다케塔ノ岳.
3   신타이, 또는 신테이로 읽는다. 신의 종류·성격을 말한다. 신격神格·신체·풍채와 같은 외면적인 모습과 내면적인 본질을 말한다.
4   로벤良辯(689~773): 백제계 도래인의 후예로 나라 시대의 학승. 도다이지東大寺와 아후리산 오야마지阿夫利山大山寺의 개산조다. 본문이 가리키는 아후리산 오야마지는 메이지 시대의 폐불훼석으로 원래 있던 자리에서 료가미산 편에서 언급하는 오야마 아후리 신사大山阿夫利神社 아래로 이전했다.
5   18세기 중반의 에도는 인구 백만을 넘어선 데다, 목조건물이 처마를 맞대고 있어서, 튀김 음식인 덴푸라天麩羅조차 실내에서 조리를 금할 정도로 화재는 도시의 운명을 좌우하는 문제였다. 그래서 일찍이 소방조직인 히케시火消가 갖춰졌다. 여

러 소방조직 중 본문에서 언급한 조직은 도쿄의 중심부인 스미다가와隅田川 서쪽을 담당했던 '이로하 48쿠미いろは四十八組'를 가리킨다. 이로하는 이로하우타伊呂波歌를 가리키며 응ん을 제외한 47글자의 팬그램을 말한다. 방귀(헤へ), 음부의 은어(라ら), 불(히ひ), 어조가 이상한(응ん) 대신 백百, 천千, 만萬, 본本으로 바꾸어 48개 조로 조직을 구성했다. 이들은 각각 소속된 조에 해당하는 메め, 하は 등의 이로하와 가몬家紋 등을 넣은 표식인 마토이纏를 들고 화재 현장에 출동했다. 이와 관련해 재미있는 것은 다이쇼 시대의 등산가들은 도비구치鳶口 등의 화재 진압장비로 설계를 등산했다는 점이다.

6 미나모토노 사네토모를 가리킨다. 이 노래는 1211년 7월에 지었고 『금괴화가집金槐和歌集』에 실려 있다.

7 봉우리로서의 단자와산은 표고 1567미터의 산이다.

후지산
富士山

표고 **3776미터(겐가미네**劍ヶ峰**)**
소재 **시즈오카현**靜岡縣
야마나시현山梨縣

    이 일본 제일의 산에 대해 새삼스럽게 무슨 말이 필요할까. 전에 나는 『후지산富士山』이라는 책을 엮기 위해 문헌을 뒤졌는데, 그것이 계속해서 얼마나 부지기수로 나오던지 가망이 없어서 손을 들었다. 아마 이 정도로 많이 회자되고, 노래 불리고, 그려졌던 산은 세계에서도 없을 것이다.

    세계 제일의 자격은 그것만이 아니다. 산악사가山岳史家 마르셀 쿠르츠[1]가 쓴 『세계등정연대기世界登頂年代記』를 보면 후지산은 633년 엔노 오즈누가 등정했고, 그런 높은 산에 오른 것은 이것이 세계 최초다.[2] 오즈누의 등산은 전설적이지만, 헤이안 조朝에 나온 미야코노 요시카[3]의 『후지산기富士山記』에는 정상의 분화구 모양이 나와 있으니, 이미 그 무렵에는 누군가가 올랐음이 틀림없다. 후지산이 인간이 도달한 최고봉의 기록을 가장 먼저 수립한 셈이다. 게다가 이 기록은 그 뒤로도 오랫동안 유지되어, 1523년 포포카테페틀Popocatépetl(5452미터)[4] 등정 때까지 이어졌다. 약 800~900년이나 기록을 유지하고 있었던 것이 된다. 여름 한철에 등산객

게나시야마毛無山에서 바라본 후지산과 넓은 스소노

야쓰가타케 산샤호三叉峰에서 바라본 후지산

이 수만이라는 것도 세계 제일일 것이다. 남녀노소, 모든 계급, 모든 직업의 사람들이 '한번쯤 후지 등산을'이라고 뜻을 품는다. 이만큼 민중적인 산도 드물다.

민중적이라기보다 국민적인 산인 것이다. 일본인들은 어린아이 때부터 후지의 노래를 부르고, 후지의 그림을 그리며 자란다. 자기 고향의 가장 잘생긴 산을 가리켜 무슨무슨 후지라고 이름 붙인다. 가장 아름다운 것, 가장 고상한 것, 가장 신성한 것의 보편적인 전형으로 언제나 손꼽히는 것은 후지不二라는 높은 봉우리였다.

세계 각국에는 저마다 명산이 있다. 그러나 후지산만큼 한 나라를 대표하고 국민의 정신적 자산이 된 산은 달리 없을 것이다. "이야기를 이어 나가자"[5]라고 읊었던 만엽萬葉의 옛 시대부터, 후지는 우리 일본인들에게 얼마나 풍부한 정조情操를 길러주었던가. 만약 이 산이 없었더라면 일본의 역사는 조금 더 다른 길을 더듬고 있었을지도 모른다.

정말이지 이 작은 섬나라에 놀랄 만한 것이 분출되었던 것이다. 후지 이야기를 멈추지 않았던 고지마 우스이의 글에 "정상의 오쿠샤奧社[6]부터 해발 1만 척[7]까지의 등고선은 상당히 가파른 각도를 이루고 있다지만, 거기부터 오모테구치表口인 오미야초大宮町까지의 사이에서 보여주는 거침없이 하늘에서 흘러내리는 선의 유양함, 스케일의 크기, 그 느긋하고 서글서글한 길이는 바다의 수평선을 제외하면 무릇 일본에서 육안으로 볼 수 있는 한, 최대의 선일 것이다"라고 나와 있다.[8]

필시 일본뿐만이 아니라 전 세계를 뒤져보아도 이런 선은 눈에 띄지 않을 것이다. 정상은 3776미터, 오미야구치大宮口 들머리는 125미터. 그 등고차等高差를 조금도 쉴 새 없이 하나의 선으로 그은 예는 지구상에 달리 없을 것이다.

팔면영롱八面玲瓏이란 말은 후지산으로부터 생겨났다. 동서남북 어디에서 보아도 그 아름답고 가지런한 모양새는 변함이 없다. 어떤 산이나 만만치 않은 성격이 있어서 그것이 개성인 매력을 만들지만, 후지산은 그저 단순하고 크다. 그것을 나는 '위대한 통속'이라 부른다. 너무나도 비뚤어진 곳이 없기에 "저 속물 녀석!"이라고 윤똑똑이들은 생배앓지만, 결국은 그 위대한 통속성에 항복하지 않을 수 없는 것이다.

  잔재주를 부리지 않는 크나큰 단순함이다. 그것은 누구에게나 어울린다. 누구라도 거부하지 않아서, 누구라도 그 진제眞諦를 파악하고 있다. 어린아이라도 후지 그림은 그리지만, 그 참모습을 표현하기 위해서는 화단의 거장도 애쓰고 있다. 평생 후지만 찍고, 아직도 회심작이 없다고 한탄하는 사진가도 있다. 후지와 눈겨룸을 하며 사색한 철학자도 있다.

  지면 위로 내뿜은 크나큰 흙덩이, 단지 원추의 큰 몸집에 지나지 않는 산 어디에 그런 신비가 있고, 그런 복잡함이 있는 것일까. 후지산은 모든 예술가에게 마르지 않는 마티에르를 제공하고 있다. "후지不盡의 고령은 아무리 보아도 지루하지 않노라"라고 노래한 이는 야마베노 아카히토였다.[9] "운무가 금세 백경百景을 만들었도다"라고 읊은 이는 바쇼였다. 다이가[10]는 후지에 오르기를 여러 차례, 그때마다 길을 바꾸고 모든 방면으로 관찰해「부용봉백도芙蓉峰百圖」를 만들었다. 호쿠사이[11] 또한 후지의 찬미자로, 그 부악삼십육경富嶽三十六景 중에 걸작「개풍쾌청凱風快晴」과「산하백우山下白雨」를 남겼다. 무소[12] 국사國師는 정원을 꾸미는 배경으로 후지를 취했고, 기타무라 도코쿠[13]는 후가쿠富岳에서 시신詩神을 찾아냈다.

  후지산은 대중의 산이다. 유행가 가락에 실려 불리고, 재담에서 줄곧 익살거리가 되며, 속담과 비유에도 시종 인용되고 있다. 신문 초판의 첫 페이지는 대개 후지산의 풍경이며, 후지라는 이름을 딴 회사와 상품의 이름은 이루 다 헤아릴 수 없을 것이다.

  후지산은 모두가 마음대로 섭취하게 했지만, 누구에게도 허락하지 않는 무언가를 지니고 영구히 커다랗게 솟아 있으리라.

주

1. 마르셀 쿠르츠Marcel Louis Kurz(1887~1967): 스위스 태생의 지지 편집자, 스키어, 작가다. 1930년에 친구 귄터 디렌푸르트Günter Oskar Dyhrenfurth(1886~1975)가 이끄는 칸첸중가 원정대에 참가해 칸첸중가 대산괴 지도를 제작했다. 스위스 알파인 연구재단SSAF(Schweizerische Stiftung für Alpine Forschung)이 펴낸『세계의 산들Berge der Welt』의 편집자였으며『히말라야 연대기Chronique Himalayenne(1959)』는 히말라야 참고문헌의 표준으로 평가받는다.

2. 사학계에서 엔노 오즈누는 생몰년 미상이 정설이다. 행적 또한 전설의 영역이다. 다만『속일본기』에서 몬무텐노文武天皇 3년인 699년에 그가 이즈伊豆로 유배되었다는 것이 사실史實로 나와 있다. 이 유배기사는 밤에 후지산에 오르거나, 구름을 타고 후지산으로 날아다니며 수행했다는 전설을 만들었다. 후지산 등정 연도에 관한 것으로는 덴지텐노天智天皇 2년(663)이라는 구체적이고 그럴듯한 기술도 보이지만 출전이 없다. 저자도 분명히 전설적이라고 밝혔지만, 위키 등에서는 확인할 수 없는 이런 연도에 기대 전설을 사실처럼 게재하고 있다. 이것은 마르셀 쿠르츠의 633년, 덴지텐노의 663년, 조메이텐노의 699년에서 6과 3을 얼버무린 것으로 보인다. 이미 일본 등산사의 표준인 야마자키 야스지山崎安治(1919~1985)의『일본등산사(1969)』에서는 전적으로 전설이라고 못 박고 있으며, 일본의 여러 백과사전 항목과 가장 최근 자료라고 할 수 있는 '산과 계곡사'의『일본등산사연표(2005)』에서도 엔노 오즈누의 후지산 등정은 언급조차 없다.

3. 미야코노 요시카都良香(834~879): 헤이안 시대의 관료, 학자. 전승 등을 기록한『후지산기』는 후지산의 실정에 관한 묘사가 정확해서, 이 문헌부터 후지산 등산의 역사적 기록으로서 중요하게 다룬다.

4. 멕시코에 있는 성층화산으로 현재 공식 표고는 5426미터. 초등은 1522년, 또는 1519년이라는 주장도 있다.

5. 『만엽집』제3권 317번 노래의 마지막 문단. 야마베노 아카히토의 노래이며 "이 후지의 고령은 후세에도 이야기를 이어 나가자"로 마친다.

6. 후지산 정상 근처인 3712미터 지점에 있는 후지산 정상 센겐타이샤 오쿠미야富士山頂上淺間大社奧宮를 말한다. 이 오쿠미야는 산 아래의 후지산 혼구 센겐타이샤富士山本宮淺間大社의 오쿠샤奧社이며, 이 두 신사가 후지산 신앙의 중심이다.

7. 후지산의 등산 코스마다 다르지만 대략 7~8고메目 정도의 해발 3000미터 지점이다. 유명한 무네쓰키핫초胸突八丁 구간이 시작된다. 무네쓰기핫초는 '가슴이 부딪히는 8정의 오르막'이란 뜻이다. 정丁과 정町은 동의어로, 이곳부터 후지산의 정상까지 8정町(약 873미터)의 험한 길이 이어지는 것에서, 산의 정상에 가까운 가파른 오르막이나 마지막 난관 등을 '핫초'라고 부르게 되었다.

8. 고지마 우스이의『빙하와 만년설의 산氷河と萬年雪の山(1932)』등에 실린「불멸의 고령不盡の高根」의 2번째 글 '스소노의 물레방아裾野の水車'에 나온다. 친구 이바라기 이노키치 부자와 후지산을 둘러보고 마지막으로 야쓰가타케 고원으로 가는

기행이다.

9 『만엽집』 제3권 319번 노래. 제목은 「후지산을 읊은 한 수詠不盡山歌一首」. 작자는 야마베노 아카히토가 아니라, 쓰쿠바산 편의 다카하시노 무시마로다.

10 이케노 다이가池大雅(1723~1776): 일본 남화의 대가로 불린다. '지식과 경험을 갖추어라讀萬卷書行萬里路'라는 말을 좋아 여행과 등산을 좋아했다. 삼령산三靈山인 하쿠산·다테야마·후지산을 돌아보고 그 일부를 「삼악기행三嶽紀行」이라는 스케치로 남겼다. 1748년에 통신사의 수행화원이었던 김유성金有聲(1725~?) 등으로부터 정선파鄭敾派의 진경산수화풍을 접했다.

11 가쓰시카 호쿠사이葛飾北齋(1760~1849): 우키요에浮世繪 화가. 자포니즘을 촉발한 대표적인 인물이며 인상파를 비롯한 근대의 세계 미술에 지대한 영향을 미쳤다. 본문의 개풍凱風은 초여름의 산들바람을, 백우白雨는 여름철 소나기를 말한다. 부악삼십육경에는 세계에서 가장 유명한 파도라는 「가나가와 앞바다의 높은 파도 아래神奈川沖浪裏」라는 작품이 있으며, 「개풍쾌청」과 「산하백우」와 함께 호쿠사이의 삼대 걸작으로 꼽는다.

12 무소 소세키夢窓疎石(1275~1351): 가마쿠라 시대 말기부터 무로마치 초기의 승려, 서예가. 교토 덴류지天龍寺의 개산조다. 사찰정원禪庭의 한 양식인 가레산스이枯山水의 완성자로 평가한다. 세계유산으로 등재된 교토의 사이호지西芳寺와 덴류지 정원의 설계자로 전해진다. 그가 후지산을 배경으로 정원을 만든 곳은 후지산 동쪽인 가마쿠라의 즈이센지瑞泉寺다.

13 기타무라 도코쿠北村透谷(1868~1894): 문예평론가, 시인. 본명은 기타무라 몬타로北村門太郞. 도쿄전문학교(현 와세다대학) 정치학과를 1년 다녔다. 초기 낭만주의 운동을 펼쳤고 평화주의운동에 전념했으나 가난과 질병으로 목숨을 끊었다. 본문의 출처는 그와 시마자키 도손 등이 창간한 동인지 『문학계文學界』 창간호(1893)에 실은 「부악의 시신을 생각한다富嶽의 詩神을 思ふ」라는 수필이다. 저자, 가와바타 야스나리, 고바야시 히데오 등은 동명의 『문학계』를 1933년에 창립했다.

073

아마기산
天城山

표고 **1406미터(반자부로다케**萬三郎岳**)**
소재 **시즈오카현**靜岡縣

　아마기天城는 옛날부터 나에게 반가운 이름이었다. 구제 고등학교에 다니던 때 방학이 끝나 기숙사로 돌아오면, 친구 중 누군가가 반드시 이즈伊豆[1] 여행 이야기를 꺼냈다. 그 이야기 중에 아마기산天城山이며 그 골짜기마다 있는 메떨어진 온천 이름이 연달아 나왔다. 어쩌면 그 시절 이즈 여행은 학생 사이에서 일종의 유행이었다. 명작『이즈의 무희伊豆の舞子』의 작가 가와바타 야스나리[2] 등도 그중 한 사람이었을 것이다. 그 작품에 나오고 있을 법한 고등학생이 많았던 것이다.

　하지만 그 무렵부터 산을 좋아했던 나는 신슈며 고슈로만 나다녀서 이즈는 몰랐다. 그런 여행에 여가와 돈을 쓰는 것이 아까웠다. 그렇긴 해도 아마기라는 산은 내 마음에 남아, 그 이름을 들을 때마다 따듯해 보이는 남국의 시와 전설이 깊이 스며든 산이 상상되었다.

　아마기산에 오를 기회를 놓치고 있었던 이유 하나는 5만 분의 1 지도가 없었던 탓도 있다. 요새지대였기 때문이다. 나는 지도를 휴대하지 않은 등산에 흥미가 없다. 아마기에서 가장 높은 것은 반자부로다케萬三郎岳,

반지로다케

오무로야마와 아마기산 너머로 보이는 후지산

다음은 반지로다케萬二郎岳라는 정도는 숙지하고 있는데도, 역시 지도의 등고선을 짚어가며 오르지 않으면 재미가 없다.

전쟁이 끝난 뒤 군이 폐지했던 아마기 지도가 나왔다.³ 5만 분의 1 「이토伊東」⁴ 도폭이다. 아름다운 자연을 갖추고 있는 일본에 비밀지대가 사라진 것은 반가운 일이었다. 하지만 너무 지나치게 열려서, 수수하고 조용한 장소가 사라지게 되는 것도 곤란하다. 이즈의 산도 점점 좁아져 가는 것 같은 형편이다.

전문 서적에 따르면, 지금의 이즈 반도가 있는 곳은 150만 년 전에는 큰 바다였다.(어떻게 그런 햇수의 감정勘定이 가능할까. 학문이란 대단한 것이다.) 그곳에 맨 먼저 넷코猫越 화산이 분출하고, 계속해서 아마기, 다루마達磨, 아타미熱海⁵ 등 네 개의 화산이 활동을 시작해, 크고 높아져 가는 동안 서로 연결되어 커다란 그룹이 되었다. 그것이 오랜 세월 함몰과 침식으로 원형이 훼손되어 지금과 같은 지형이 되었다고 한다.⁶

현재 지도상으로 아마기 산맥이라고 기록된 것은 동해안에서 일어나, 도가사야마, 반지로다케, 반자부로다케, 아마기 고개를 거쳐 사루야마猿山, 주로자에몬야마十郎左衛門山, 조쿠로야마長九郎山와 이어져 서해안에서 끝나고 있다. 다시 말해, 하나를 가리켜 아마기산으로 부르는 봉우리는 없고, 이즈 반도의 중앙을 동서로 가로지르는 이 산맥을 바라보며 그 안에서 어디에 있는지와 상관없이 사람들은 그저 아마기산이라고 부르고 있다.

세월이 흐르고 나는 이즈의 해안을 지났던 적은 있지만 여전히 산은 경험하지 못했다. 그곳에 올랐던 것은 근년의 일이다. 십이월 하순, 나는 아마기 산맥을 동에서 서까지 걸을 작정으로 나섰다. 일단 이토에서 버스에 올라, 구릉 사이를 깎아서 낸 드라이브 도로의 훌륭함에 놀라면서 오무로야마大室山⁷ 아래까지 갔다. 오무로야마는 붓쿠佛供⁸ 같이 크고 둥글게 솟아 있는 데다 산 전체가 낙타색으로 마른, 한 점의 그림자도 없이 속속들이 드러난 민둥산이라서, 어디에서 뒹굴어도 태평스럽게 해바라기

핫초이케

를 할 수 있을 것 같은 따듯한 겨울 햇볕에 싸여 있었다.

환한 오무로야마와 대조적으로 새카만 야하즈야먀矢筈山. 그 이름대로 쌍두봉雙頭峰이 전형적인 화살의 오늬 모양을 하고 있는 산을 쳐다보며, 나는 풀이 말라 있는 완만한 언덕을 넘어 도가사야마 기슭에 있는 롯지lodge에 도착해 1박했다. 지금은 이 백악白堊의 근대적 건축물까지 가는 자동차도로가 완성되었다고 한다. 관광업자가 점점 아마기산을 잠식해 가는 하나의 본보기다.

이튿날은 맨 먼저 도가사야마에 올랐다. 누긋한 능선을 드리운 만주가사饅頭笠[9] 모양을 한 산이다. 그곳에서 한 차례 넓은 들로 내려가 반지로다케로 접어들었다. 반지로다케에서 반자부로다케 일대는 아마기의 중추부인 만큼 과연 깊은 산이라는 느낌이 든다. 마취목馬醉木이며 노각나무姬沙羅, 키 높이의 만병초가 많은 것이 따듯한 나라의 산답기는 하지만, 1300미터 이상인 만큼 바람이 차고 온종일 서릿발이 녹지 않고 남아 있었다.

아마기의 좋은 점 중 하나는 전망이다. 연기를 토하는 오시마大島를 시작으로 이즈 칠도七島가 각자 개성 있는 모습으로 떠 있는 바다를 바라볼 수도 있고, 으레 바로 정면으로 후지산이 커다랗게 서 있다. 정말로 크다. 아마기의 사진으로 말하자면 대부분 후지산이 잡혀 있을 정도로 아마기에서는 빠트릴 수 없는 배경이다. 산을 좋아하는 사람이라면, 후지산 왼쪽으로 저 멀리 남 알프스의 산들이 이어져 있는 것을 놓치지 않을 것이다.

반자부로다케에서 아마기 고개까지의 산줄기를 몇 개쯤 호젓한 고개가 가로지르고 있다. 그 산등성이를 타고 핫초이케八丁池10까지 가서, 나는 조용한 아마기의 산속에서 하룻밤 지새울 생각이었으나, 그런 로맨틱한 계획은 너무 추워서 좌절했다. 아마기 고개에서 유가노湯ヶ野로 내려갔다. 온천의 혜택을 보는 것도 아마기의 특전이라 유가노의 후줄근한 방11에서 아침에 눈을 뜨니, 계류를 사이에 둔 맞은편 언덕에 동백과 밀감이 따듯한 나라에 어울리는 색을 입히고 있었다.

주

1 옛 지명으로 시즈오카현 동남부. 별칭으로 즈슈豆州.
2 가와바타 야스나리川端康成(1899~1972): 구제 제1고등학교를 거쳐 도쿄제국대학 영문과를 졸업했다. 저자와 함께 1933년에 『문학계文學界』를 창립한 동인이었으며 가마쿠라 문사 시절부터 이웃에 살면서 교류했다. 여행 소설인 『이즈의 무희(1926)』는 그의 초기 대표작으로, 이 일대의 지명과 묘사가 많다. 제1고등학생인 주인공이 떠돌이 연예단의 14살 무희 카오루薰에게 마음이 끌려 이즈를 함께 여행하

고 헤어지는 이야기다. 스무 살 때 이즈 여행 중의 실제 체험을 토대로 쓴 것이라고 한다. 그는 "모두 쓴 대로이다. 사실 그 자체이며 허구가 아니다"라고 했다.

3 육지측량부는 1924년에 전국의 측량을 마치고 1925년부터 5만 분의 1 지도를 공식 출판했으나, 1941년에 몇 곳을 제외하고 출판을 금지했다.

4 시즈오카현의 이즈 반도 동안東岸, 사가미나다相模灘 연안에 있는 도시로 국립공원지역.

5 아타미라는 이름을 가진 산은 없고 이 일대의 화산산지를 가리키는 것으로 보인다. 아타미 일대는 낮은 화산으로 연결되어 있는 지형이고, 그중 최고봉인 구로다케玄岳(798미터)를 대표로 보고 있다. 구로다케는 1933년 8월에 대구 출신 여성 파일럿 박경원朴敬元(1901~1933)이 비행 중 추락사한 산이다.

6 이즈 반도는 2018년에 유네스코로부터 세계지오파크로 지정되었다. 필리핀 해판 sea plate에 실려 남쪽에서 온 화산섬이었던 이유로 이 지오파크의 캐치프레이즈는 '남쪽에서 온 화산의 선물'이며 본문에서 언급하는 오무로야마도 지오파크에 속하는 천연기념물이다.

7 이곳에서 서북 방향으로 후지산을 볼 수 있다. 오무로야마의 제신祭神인 이와나가히메石長比賣는 후지산의 제신인 고노하나노사쿠야히메木花之佐久夜毘賣의 언니다. 후지산이 잘 보이는 이 산에서 동생인 후지산을 칭찬하면 지벌을 내린다는 전설이 있다. 이 두 여신은 기리시마야마 편에서 언급하는 니니기노 미코토의 아내다. 니니기는 아름다운 고노하나에게 청혼했지만 자매가 있으면 함께 아내로 맞는 것이 조몬 시대의 관습이었다. 『고사기』에 따르면 추한 이와나가가 소박맞자 모욕을 느낀 장인 오야마쓰미노카미大山祇神는 "이와나가를 맞으면 바위처럼 썩지 않는 영원한 생명을 얻을 것이고, 고노하나를 맞으면 나무의 꽃처럼 번영할 터인데, 이와나가를 돌려보냈으니 너의 자손은 나무의 꽃처럼 덧없을 것"이라고 저주했다. 이로써 역대 천황의 수명이 짧아졌다는 남방계 바나나형型 신화의 전형을 보여 주는 예로 인용된다. 니니기가 혼인 다음 날 고노하나의 수태를 의심하자, 고노하나는 "불길 속에서 무사히 출산하면 니니기의 자식임이 증명될 것"이라면서 불 속에서 무사히 자식을 낳았다. 이런 연유로 고노하나는 출산과 화재 방지의 여신으로 후지산 편에서 등장하는 후지산 센겐타이샤富士山淺間大社의 주제신主祭神이 되었다.

8 일본에서는 주로 부처님에게 공양하는 밥을 말한다. 붓쿠는 오무로야마처럼 매끈한 원추형인 것이 많다.

9 삿갓의 하나로 찐빵 모양으로 생겼다.

10 숲으로 둘러싸인 '아마기의 눈동자天城の瞳'로 부르는 화구호.

11 유가노는 『이즈의 무희』에서 여러 번 등장한다. 저자는 그중에서 유가노의 후줄근한 기친야도木賃宿가 떠올랐던 것으로 보인다.

6부
중앙 알프스 中央アルプス
남 알프스 南アルプス

기소코마가타케
木曾駒ヶ岳

074

표고 **2956미터**
소재 **나가노현**長野縣

　같은 신슈 내의 기소다니木曾谷[1]와 이나다니伊那谷[2] 사이를 가르며 구불구불 이어진 산맥, 이것을 보통 중앙 알프스[3]라고 부르고 있다. 그 주능선은 북쪽의 자우스야마茶臼山부터 남쪽의 고스모야마越百山까지 한참을 2500미터 이하로 내려가는 법이 없다. 완전히 병풍이다. 그중 최고봉이 고마가타케이며, 그를 상대로 동쪽의 이나다니를 사이에 두고서 정면으로 마주하고 있는 남 알프스의 고마가타케와 구별하기 위해, 전자를 기소코마木曾駒(니시코마西駒), 후자를 가이코마甲斐駒(히가시코마東駒)라고 관습으로 부르고 있다.

　산 이름의 유래에 대해서는 여러 가지 설이 있다. 『속일본기續日本紀』[4]에 "덴표天平 10년(738) 봄 정월 1일, 시나노노쿠니信濃國가 신마神馬[5]를 헌상. 검은 몸에 흰 갈기와 꼬리……"라고 나와 있어서 그것으로 이 산 이름의 시작으로 삼는 설, 산기슭 지방의 류가사키 관음龍ヶ崎觀音, 하비로 관음羽廣觀音 등 말의 건강을 비는 효험이 있어서 고마駒라는 이름을 산에 붙였다는 설,[6] 『신저문집新著聞集』[7] 중에 이 산에 엄청난 형상形相의 위모마葦

센조지키千疊敷 카르의 풍경

毛馬[8]가 살고 있다고 적혀 있는 것이 있어서 산 이름이 유래했다는 설. 하지만 그것보다도 바위며 잔설에 의해 산 거죽에 말의 형태가 나타나기 때문이라는 설이 가장 널리 퍼져 있는 듯하다. 그 말 모양 이야기에도 몇 종류가 있는데, 이나 쪽에서 봐서 나카다케中岳[9] 측면의 검은 큰 바위를 말의 몸통으로 해서, 왼쪽 위부터 오른쪽 아래를 향해 검은 말의 모습이 잔설 속에서 나타난다는 것이 구체적인 만큼 가장 그럴싸하다.

고서에 이 산에 관해 "이마무라今村에 류카이야마龍飼山가, 미야도코로宮所에 류가사키龍ヶ崎가 있어서 모두 이 산맥을 용으로 부르는 것이리라"[10]라고 나와 있는데, 옛사람들이 산맥을 용으로 보았던 점에서 그들의 나이브한 감수성을 알아볼 수 있다. 이나의 골짜기에서 혹은 덴류가와天龍川 동쪽의 단구段丘 위에서 잘 바라보면, 붕괴를 거듭해 왕성한 장년기 지형에 이르러 산 거죽이 붉은 기운을 띠면서 아주 길게 이어진 이 산맥은, 확실히 용이 하늘로 용틀임하고 있는 것 같은 모습으로 보인다. 용은 말로 통한다.(8척 이상의 말을 용이라고 한다.)[11] 고마가타케라는 이름은 그런 점에서 왔을지도 모르겠다.

기소다니와 이나다니 양측에서 등산로가 나 있는데, 어느 쪽이 산의 바깥表이고 안裏인지 정하기 어렵다. 만약 신앙등산을 주로 삼는다면 기소 쪽이 바깥일 것이다. 등산 들머리인 아게마쓰上松에서 정상까지 무슨무슨 강중講中[12]의 건물이 마구잡이로 들어서 있다. 그리고 마지막 꼭대기에는 화강암 담장玉垣[13]을 두른 훌륭한 호코라祠가 있다.

덴몬天文 원년(1532) 7월, 기소 도쿠하라德原[14]의 조타이부長大夫[15] 하루야스春安가 정상에 우케모치다이진保食大神[16]을 모셨다. 그 뒤에 본사를 산기슭으로 옮겼고, 이것이 우부스나가미産土神가 되었다. 기소는 예로부터 좋은 농경용 말을 생산했기에, 고마가타케는 옛 시대부터 숭경했을 것이다. 도쿠가와 시대에 행자등산行者登山이 활발해지고 나서, 이 산은 기소다니를 사이에 두고 온타케와 더불어 더욱더 번영했다.

기소 쪽의 종교적 통속화에 비해, 이나다니에서 오르는 길은 원시적인 모습을 간직하고 있다. 하지만 이쪽의 등산도 역사가 깊다. 그것은 신앙으로부터가 아니라 산의 조사며 등산이 목적이었다. 겐분元文 원년(1736)과 호레키寶曆 6년(1756) 두 해 여름에 당시 이나다니를 지배하고 있던 다카토번高遠藩의 사무라이士가 대부대를 조직해 등산했다는 기록이 남아 있다. 제1회 때에는 번사藩士와 종자를 합쳐 21명,[17] 인부 93명, 모두 114명이 올랐다.

우측 뒤로 보이는 호켄다케

아마 그 영향은 서민에게도 미쳐서 그 뒤로 집단등산의 풍습이 오래 전해졌던 것인지도 모른다. 다이쇼 2년(1913) 8월, 이나군伊那郡 나카미노와中箕輪 소학교의 교직원, 학생, 동창회원 등 일행 37명이 산 위에서 폭풍우를 만나 교장을 비롯해 11명의 동사자가 나왔던, 당시에 세상을 놀라게 한 큰 조난사건이 있었다.[18]

고마가타케가 많은 등산자를 맞는 것은 이나 쪽이든 기소 쪽이든 마을에서 가까운 까닭도 있다. 가까운 대신 오르막이 가파르다. 양쪽 모두 마을이 있는 곳은 표고 600~700미터 정도라서, 거기서부터 3000미터 가까운 높이까지 오르기 때문에 가파른 것은 당연하다.[19]

헐떡거리면서 삼림대 속의 가파른 길을 올라 마침내 고산대로 나왔을 때의 장쾌함은 각별하다. 노가이케濃ヶ池는 빙하의 유적인 권곡 바닥에 있는데, 진한 청색의 물이 가득 차 있어서 정상에서 가까운 등산로에서 깊이 내려다보인다. 예로부터 이 못이 신비화되고 전설이 되었던 것도 당연하다는 생각이 든다. 그 물가에서 기우제를 하면 효험이 금세 나타난

다고 해서, 기소와 이나의 농민은 때때로 여기까지 올라서 비를 빌었다.

나는 이 산정에 두 번 섰다. 모두 전쟁 전으로, 처음은 이나에서 올라 기소로 내려갔고, 그다음은 남쪽의 고스모야마에서 주능선을 종주해 이 산 꼭대기로 왔다. 그때는 멋진 날씨를 만나 주위의 전망을 마음껏 즐겼다. 무엇보다 훌륭했던 것은 사방에 커다란 산자락을 펼치고 태연히 솟은 온타케였으며, 동으로 남 알프스와 야쓰가타케, 남으로 눈을 옮기면 날카로운 암봉인 호켄다케寶劍岳의 오른쪽으로 우쓰기다케와 미나미코마가타케南駒ヶ岳 두 산이 키재기하듯 나란히 서 있었다. 정상(혼다케本岳라고 부른다)과 나카다케의 중간은 '뜰庭(니와)'이라고 부르는 드넓고 아름다운 벌판이라, 그곳을 어슬렁거리며 돌아다니다보니 시간 가는 줄 몰랐다.

주

1 기소가와木曾川 상류 유역을 나타내는 명칭. 기소가와의 침식으로 형성된 V자 곡상지형이 연장 약 60킬로미터에 걸쳐 있다. 서쪽으로 온타케가, 동쪽으로 기소코마가타케가 있다.
2 나가노현 남부의 덴류가와天龍川를 따라서 남북으로 뻗은 분지. 이나伊那 분지, 또는 이나다이라伊那平로도 부른다.
3 기소木曾 산맥.
4 797년에 성립되었고 일본 육국사六國史 중 두 번째 사서.
5 신이 타는 말이란 뜻으로 신사에 봉납한 말. 신에게 참배하거나 날씨를 기원할 때 말을 죽여 가라카미漢神에게 헌상하던 말이다. 가미코마神駒라고도 한다. 기우祈雨에는 검은 털, 기청祈晴에는 붉은 털 등 목적에 따라 털빛이 달랐다. 쇼무텐노聖武天皇(701~756)의 불교진흥정책에 따라 살생이 금지된 이래, 신사에 그림으로 그린 말인 에마繪馬를 거는 풍습으로 바뀌어 갔다.
6 예를 들어 이나군 하비로에 있는 주센지仲仙寺에서 관음을 말 관음님馬の觀音樣이라고 부르며 신앙하는 식이다. 이는 밀교의 마두관음馬頭觀音이 특히 말을 보호하는 능력이 있다고 믿었던 것에서 유래했다. 농경용 가축이 말인 경우에는 우리의 소와 마찬가지로 매우 소중히 여겼다.
7 1749년에 완성된 일본의 설화집. 위모마 이야기는 「신슈 고마가타케에서 말이 구름 속으로 사라진 일信州駒嶽化馬入雲」로 2책 6권에서 1664년에 있었던 일로 나온다. 그리고 이어서 "이 고마가타케 동쪽에는 말 모양의 큰 바위가 있다. 봄이 되면

8   위모葦毛란 원래 갈대가 싹을 틔울 때의 청백색에서 따온 말이다. 간단히 회색마를 가리키지만 어원을 살피면 청부루가 옳은 것으로 보인다. 또한 털빛과 모양에 따라 적·흑·백의 위모, 회백색의 돈점박이(연전위모連錢葦毛)를 가리키는 등 분분하다. 또한 항우의 애마 추騅가 위모마라고 풀이하기도 한다. 고대에 털빛이나 얼룩의 생김새로 말을 분류한 명칭은 우리나라에도 수없이 많았다.

9   고마가타케의 정상 앞 남쪽의 표고 2925미터의 산.

10   이마무라와 미야도코로는 현재 기소 산맥의 북쪽 끝인 가미이나군上伊那郡 다쓰노마치辰野町에 속해 있다. 류가사키는 지금 성터로 이름이 남아 있고, 산명도 성이 있었던 야산을 가리키는 시로야마城山로 바뀌었다.

11   일본의 토종말은 체고가 대개 5척을 넘지 않았다.

12   또는 강사講社. 신자가 모여 계를 만들어 신불의 순례에 참가하는 집단을 말한다. 강은 원래 불교 경전을 강설하기 위한 승니僧尼의 모임이나 단체를 말했다. 근세에 후지코富士講, 미타케코御岳講 등을 만들어 명산을 순례하는 등산을 강중등산이라 했다.

13   다마가키玉垣: 신사의 울타리를 가리키는 아어. 미즈가키와 같은 말이다.

14   아게마쓰에서 고마가타케 쪽으로 들어간 마을이다.

15   다이부大夫: 원래 고위 관료의 호칭이었으나 나중에는 종교등산에서 지방 신직神職의 호칭도 되었다. 여기서는 신직을 가리키는 것으로 보인다.

16   오곡을 관장하는 신으로 벼농사의 수호신, 음식의 신. 나에바산 편의 우케모치노카미와 같다.

17   한 명의 번사가 공식적인 외출을 하는 경우 세 명의 종자들을 대동하는 것이 기본 법도였다. 번사 뒤로 창을 드는 야리모치槍持, 짚신을 드는 조리토리草履取, 옷과 짐이 든 상자를 드는 하사미바코모치挾箱持의 순서로 따라갔다.

18   학교의 정식 명칭은 나가비노와 심상고등소학교尋常高等小學校로 오늘날 중학교 수준이다. 교장 아카바네 조주赤羽長重(1871~1913)는 출발 전에 여러 차례 기상예보를 확인했다. 그때마다 날씨가 좋다는 통보를 받았는데, 출발 이후에 당시 과학으로 예측하지 못했던 강력한 태풍이 북상했고, 3000미터에 가까운 고소라서 전날 내리던 비가 결빙될 정도의 악천후를 만났다. 설상가상으로 일행이 머무르려고 했던 오두막이 전에 묵었던 등산객의 실화로 무너져 있었기에 대피할 수 없어서 하산을 강행할 수밖에 없었다. 네발로 기어가야 하는 강풍 속에서 교장은 자신이 입고 있던 옷을 벗어 움직이지 못하는 학생에게 입히고, 업고 내려가다가 함께 숨을 거뒀다. 이를 소재로 닛타 지로는 『성직의 비聖職の碑(1976)』라는 소설로 발표했다.

19   요즘은 주로 1967년에 건설된 로프웨이를 이용해 센조지키千疊敷역에서 내려 등산한다. 유명한 센조지키 카르가 펼쳐지는 곳이다. 로프웨이는 산록부터 표고차 950미터를 7분 30초에 오른다.

우쓰기다케
空木岳

표고 2864미터
소재 나가노현 長野縣

    중앙 알프스의 북반부에는 주봉 고마가타케가 있어서 많은 등산객으로 붐비는데, 남반부를 찾는 사람은 훨씬 줄어든다. 그 남반부에서 가장 높은 산이 우쓰기다케空木岳다. 등산자라는 로맨티시스트는 아름다운 산 이름에 끌린다. 그들 가슴 속에는 아직 찾아간 적은 없지만, 그 아름다운 이름만큼은 깊이 아로새겨져 있는 산 몇 개쯤은 품고 있다.
    나에게 그중 하나가 우쓰기다케였다. 우쓰기, 우쓰기, 뭐라고 딱 꼬집어 말할 수 없는 울림이 좋은 우아한 이름이다. 만일 내가 시인이었다면 우쓰기라는 아름다운 운을 첩운疊韻해서 이 산에 바치는 시를 짓고 싶어질 정도다.
    우쓰기는 아마 식물 빈도리空木에서 온 것 같다.[1] 물론 3000미터에 가까운 정상에 그런 낙엽관목은 없다. 산의 윗부분이 아직 눈으로 빛나고 있는 무렵, 산기슭에서는 벌써 빈도리 꽃이 한창이다. 그 풍경으로부터 온 이름일지도 모른다.[2]
    내가 우쓰기다케를 찾았던 것은 남쪽의 고스모야마에서 산릉을

우쓰기코마호 휘테空木駒峰ヒュッテ에서 바라본 정상 방면

따라 북쪽으로 올라가서였다. 긴 산등성이 길은 온통 눈잣나무로 덮여 있고, 뇌뢰磊磊라고 하는 어려운 한자가 걸맞을 것 같은 바위 무더기가 거인의 장난감 상자를 뒤집어놓은 모양으로 어지러이 흩어져 있는 데다, 그것이 모두 하얀 화강암이라서 눈잣나무의 녹색과 서로 돋보이는 아름다운 풍경을 만들고 있었다. 센가이레이仙涯嶺, 미나미코마가타케를 넘어 우쓰기다케로 다가가면, 돌덩이가 어지럽게 흩어진 것이 점점 심해지는데, 그 어수선한 사이를 지나 마침내 정상에 닿았다. 자그마한 호코라祠가 서 있었다.

정상에서 쉬고 나서 동쪽으로 삼십 분 남짓 내려간 곳에 있는 우쓰기고야塋木小屋에 가서 묵었다. 가까이에 고마이시駒石라고 부르는 커다란 네모 바위가 있는데, 가로세로에 자를 대고 줄을 친 듯 돌짬이 나 있었다. 큰 지진이라도 난다면 집짓기 놀이 나무토막처럼 뿔뿔이 무너질 것처럼 보였다.

오두막은 산속에 움푹 둘러꺼진 자그마한 빈터 한쪽 끝에 있었다. 풀밭 곳곳에 사스래나무가 서 있고 얕은 살여울이 흐르고 있다. 키 높이의 박새梅蕙草에 섞여 에조범꼬리蝦夷伊吹虎ノ尾가 잔뜩 피어 있었다. 그런 어려운 꽃 이름을 내가 알고 있는 것은 동행한 친구가 고산식물학자였기 때문이다.[3] 우리 두 사람은 저녁 준비를 인부에게 맡겨두고, 저물어가는 우쓰기다케를 하염없이 바라보았다.

이튿날 아침, 어둠길을 출발했다. 우쓰기다케의 하늘은 어느 정도 밝아오고 있었지만, 산속에 둘러꺼진 곳에 자리 잡은 숙소에서는 아직 발밑도 똑똑히 보이지 않았다. 다시 우쓰기다케를 향해 올라가는 동안 얇은 종이를 한 꺼풀씩 벗기듯 차츰 밝아져, 온통 각양각색으로 편 고산식물이 아름다웠다. 그 꽃밭에서 눈잣나무 지대로 옮겨가려고 하는 언저리에서, 남 알프스의 실루엣 위로 가로막는 구름 한 줄기 없는 완벽한 일출을 맞았다.

한 시간 정도 걸려 우리는 다시 정상에 섰다. 이나다니는 완전히

고마이시

구름 아래에 있었다. 운해 위로 머리를 내밀고 있는 것은 낯익은 산들뿐이었다. 남 알프스의 왼쪽으로는 야쓰가타케 연봉이 가로로, 긴 육지처럼 떠 있었다. 우쓰기의 산정에서 보는 아침의 광대한 경치에 만족하고, 우리는 기소도노고에木曾殿越라는 안부를 향해 가파른 비탈을 내려왔다.

    그다음의 행정은 안부에서 다시 산릉을 북쪽으로 오른 다음, 2700미터급의 봉우리를 몇 개나 오르내리고 호켄다케를 넘어 고마가타케 본봉까지 닿았던 것이다. 본봉에 서서 되돌아보니, 거쳐 왔던 긴 산릉이 굽이굽이 멀리까지 이어져 있었다. 그 가운데 한층 높이 우쓰기다케와 미나미코마가타케 두 산이 사이좋게 나란히 서 있는 것을 빠트리지 않고 보았다.

　　미나미코마가타케도 당당한 풍채의 산이다. 산에 기질이 있다고 한다면 담즙질膽汁質4일 것이다. 나는 일본백명산으로 기소 산맥 남반부에서는 하나만 고르려고 해서, 우쓰기로 할까, 미나미코마로 할까 망설였다. 어느 것이나 우열이 없는 훌륭한 산이다. 하지만 가까이 붙어 있는 이 두 산을 함께 꼽을 수는 없었다. 근소하게 키가 큰 점과 그 이름의 아름다움에서 우쓰기다케를 고르게 되었다.

　　우쓰기다케에는 따로 마에코마가타케前駒ヶ岳라는 이름이 있는데, 역시 우쓰기다케라는 아름다운 이름으로 해두고 싶다. 바로 북으로 내려간 안부인 기소도노고에. 이런 곳을 말 그대로 요시나카5가 지났을는지는 모르겠지만, 아무리 생각해도 기소도노고에라는 이름이 어울리는 안부였다. 그리고 우쓰기다케에서 동쪽으로 뻗은 산줄기 위로 쇼노후에야마簫ノ笛山라는 산이 있다. 어떤 내력인지 모르겠지만 이것도 우아한 이름이다.

　　우쓰기다케, 기소도노고에, 쇼노후에야마. 재능 있는 작가라면 이런 일련의 이름을 엮어 넣어 옛 시대의 일대 로망을 마무리하기에 좋다. 이 아름다운 이름들은 독자의 상상력에 박차를 가할 것이 틀림없다.

　　내가 갔던 것은 벌써 오래전 일이어서, 고스모야마에서 기소코마까지 종주로에서 한 사람도 마주치지 않았다. 그런 조용한 산이었다. 근년에 이나다니 쪽에서 개발에 힘을 쏟아 새로운 등산로가 나고, 오두막이 세워져서 매우 편리해졌다고 한다.

주

1　　줄기 속이 비어서 빈도리空木라는 이름이 있고 초여름에 흰 꽃을 피우는 것을 가리킨다. 그러나 일본에서는 붉은 꽃이 피는 우리의 고유종인 병꽃나무를 고라이야부우쓰기高麗藪空木라고 부르는 등의 이유인지 사전에서는 우쓰기를 빈도리와 병

꽃나무라고 풀이하고 있다. 또한 우쓰기라는 말이 붙은 식물은 종류도 많아 보이고 꽃의 색도 다양해서, 아라시마다케 편에서는 노란색의 우콘우쓰기鬱金空木를 가리켜 샛노랗다라고 표현하고 있다.

2 이나다니 쪽에서 올려다본 잔설의 모양이 하얀 빈도리 꽃이 핀 것과 닮아서 붙은 이름이라고 한다.

3 1938년 8월의 일이다. 친구란 다나베 가즈오를 말하며 이어서 기소코마가타케에도 동행했다.

4 히포크라테스의 사체액설 Humor theory 중 하나. 다혈질·점액질·담즙질·우울질이 여기에서 나왔다.

5 미나모토노 요시나카源義仲(1154~1184): 헤이안 시대 말기의 무장. 기소도노의 도노殿는 '그곳에 기거하는 사람에 대한 경칭'으로 주로 호족의 우두머리 등에게 붙이던 호칭이다. 두 살 때 아버지 요시카타義賢가 살해당한 후 기소야마木曾山에서 자랐기에 기소 요시나카木曾義仲로도 불렸다. 미나모토노 요리토모·요시쓰네 형제와는 사촌형제지간이나 요시쓰네 군과 싸워서 패배하고 전사한다.『헤이케 모노가타리』의 중반부에서 다뤄지는 인물로서, 오만하고 무지한 언동으로 천황과 귀족의 인심을 잃어 비참한 최후를 맞는 것으로 그리고 있다.

076

에나산
惠那山

표고 **2191미터**
소재 **나가노현**長野縣
　　　기후현岐阜縣

　시마자키 도손의 『동트기 전夜明け前』¹을 읽어본 사람은 미노美濃²의 짓쿄쿠³ 고개十曲峠를 올라 기소지木曾路로 접어드는 입구인 마고메馬籠⁴를 잊지 못할 것이다. 그 마고메에서 남쪽으로 커다랗게 에나산이 솟아 있다. 유년 시절의 도손이 자나 깨나 바라보았던 산이다. 당연히 『동트기 전』에는 이 산이 여러 번 나온다. 예를 들어 에나산을 묘사한 이런 대목이 있다.
　"멀리 미노의 평야 쪽으로 떨어지고 있는 커다란 비탈, 북쪽으로 산의 품속을 펼쳐 보여주고 있는 것 같은 높고 깊은 골짜기, 산허리 쪽으로 흔히 '나베즈루鍋鉉'⁵라고 부르는 반원 모양을 그린 지형, 와라비다이라蕨平, 기리가하라霧ヶ原의 고원들로부터 스소노裾野가 이어져서 포개진 몇 개쯤 되는 언덕의 층까지, 너무 멀지도 가깝지도 않은 위치에서 이렇게 깊은 정취로 바라볼 수 있는 산록은 여간해서 다른 마을에는 없는 것이었다."
　도손의 이 대작을 읽었던 것은 상당히 오래전이지만, 그 무렵부터 에나산은 나에게 강한 인상을 남겼다.
　또 있다. 그것은 웨스턴이다. 일본 알프스의 아버지로까지 불렸던,

마고메에서 바라본 에나산

나카쓰가와시中津川市에서 바라본 에나산

산을 좋아하는 이 영국 선교사는 내가 태어나기 십여 년 전에 이미 에나산에 올랐다. 아직 도카이도센東海道線에서 갈라져 나카쓰가와中津川까지 기차도 다니지 않던 시대에, 그는 아득히 멀리서 찾아와 이 산으로 향했다. 웨스턴의 명저『일본 알프스 등산과 탐험Mountaineering and Exploration in The Japanese Alps』에 담겨 있는 에나산 기행도 진작부터 나의 등산욕을 자아내고 있었다.

그 정도로 옛날부터 알려진 산인데도, 등산에도 일종의 유행 같은 것이 있어서 아무래도 에나산은 잊힌 산이 되어 있다. 그 증거로 내 친구 중에 이 산에 올랐던 사람은 극히 드물다. 그중에는 소재조차 모르는 사람도 있다.

에나산의 원래 이름은 에나산胞山인데, 이자나기와 이자나미 두 신이 아마테라스 오미카미天照大神를 생산했을 때 그 포胞를 이 산꼭대기에 바쳤기에 산 이름이 되었다고 이야기하고 있다.[6] 그토록 예로부터 전해지고 있는 것도 이 산이 평야에서 잘 보였기 때문일 것이다. 나고야名古屋에서 보이고, 쓰시津市에 사는 내 친구 집에서도 보였다. 그 부근에서 바라다보면 정상의 능선이 길고, 마치 배를 엎어 놓은 모양으로 보여서 후나부세산舟覆山으로 불리고 있다.

도카이도東海道[7]에서 갈라져 나카센도中仙道로 들어서고 나서 기소지로 접어들려는 곳에 관문지기처럼 서 있는 것이 에나산이다. 먼 옛날에 나카센도는 에나산의 바로 동북쪽에 해당하는 미사카 고개神坂峠를 넘어 이 나다니로 나왔다. 미사카神坂라는 이름은 야마토타케루노 미코토가 동방 정벌에서 돌아올 때 지났기 때문이라고 전해지고 있다. 사실『만엽집』에도 '힘센 신이 계시는 미사카みさか'[8]라는 노래가 실려 있다. 이 미사카御坂[9]는 와도和銅 연간(708~715)에 주요 도로였지만, 남북조南北朝(1337~1392)[10]로 분열된 전란 무렵부터 이 길은 막히고, 지금의 기소지가 나카센도로서 선택되었다.

그래서 옛날 미사카神坂의 나그네는 질릴 만큼 에나산을 바라보며 지났다. 유명해진 것도 당연할 것이다.

흰 구름 위로 보이는 높은 산봉우리는 미사카겠지
白雲の上より見ゆる足引の山の高嶺やみさかなるらむ

이것은 『후습유집後拾遺集』[11] 중의 노인[12] 법사法師의 노래인데, 만약 그가 '시라카와노세키白河の關'[13]처럼 **전해들은 말**[14]이 아니라 정말 실경을 보고 나서 만들었던 것이라면, 이 '높은 산봉우리'는 에나산이었을 것이다. 미사카는 에나산에서 이어진 산릉 위의 일개 안부에 불과하기 때문이다.

에나산의 공식 등산로 들머리는 나카쓰가와에서 남쪽으로 강을 올라간 곳에 있는 가오레川上라는 작은 마을이다. 이곳에 에나 신사가 있고, 또한 이곳에 예로부터 전해져온 인형극은 가오레분라쿠川上文樂[15]로서 무형문화재로 지정되어 있다. 이 등산 들머리에서 정상까지는 오르는 **품**이 꽤 든다. 보통, 산은 이치고메一合目부터 시작해서 주고메十合目가 정상頂上이지만, 여기는 니주고메二十合目까지 있다.

근년에 이 긴 길을 버리고 좀 더 가까운 편리한 등산로가 열렸다.[16] 내가 고른 길도 그 신도新道인데, 그것은 가오레보다 좀 더 안쪽까지 강을 따라 올라가 에나산의 동남릉에 붙어서 정상에 이르는 것이었다. 사월 하순이었지만 아직 위쪽으로는 눈이 있었다.

정상에서 본 남 알프스의 광대한 경치는 굉장했다.[17] 모두 하얀 눈을 반짝이는 연봉들이 지지 않으려고 기를 쓰고 있는 모습은 정말 놀라움으로 숨이 멎을 것 같은 경치였다. 웨스턴의 기행에서는 아카이시다케의 남쪽 어깨 너머로 후지산이 들여다보인다고 했는데, 그것이 보이지 않았던 대신 전혀 생각지도 않았던 선물이 내게 주어졌다. 그것은 내 고향의 산 하쿠산이 청정한 흰옷을 입고 먼 하늘에 떠 있는 것을 찾아냈기 때문이다.

이자나기와 이자나미 두 신을 모셨던 호코라祠는 태풍 때문에 쓰

에나산 정상의 올라가나 마나 한 망루

러져 있었다.¹⁸ 그 산정을 떠나 높낮이가 있는 긴 정상 능선을 더듬어 미사카 고개로 이어지는 산등성이로 내려갔다. 그날 밤은 고개 가까이 오두막에서 묵고 이튿날 아침, 그곳에서 바로 근처의 후지미다이富士見臺를 산책했다. 드넓은 고원이라 여름에는 목장이 된다. 그 벌판에서 나는 몇 번이나 에나산을 되돌아보았다. 눈으로 점철된 꼭대기가 긴 에나산은 마치 길게 둘러쌓은 성처럼 유연悠然하게 솟아 있었다.

주

1   제1부 서장이 "기소지는 모두 산속이다"라는 유명한 문장으로 시작하는 1935년에 완결된 소설이다. 도손의 아버지를 모델로 메이지 유신 전후를 묘사한 작품으로, 근대 일본문학을 대표하는 소설 중 하나다.
2   옛 지명으로 기후현 남부. 별칭으로 노슈濃州. 미농지美濃紙와 미노야키美濃燒의 산지로 유명하다.
3   소설 속 표기는 짓쿄쿠이나 짓코쿠로도 읽는다.

4 현재 가장 아름다운 역참마을로 소개되는 마고메슈쿠馬籠宿를 가리킨다. 곳곳에서 에나산이 잘 바라보인다. 시마자키 도손은 대대로 이곳의 공인된 숙사인 혼진本陣을 경영하던 집안에서 태어났다. 그의 생가였으며 『동트기 전』의 무대이기도 했던 혼진은 1895년에 화재로 소실되었고 1947년 그 유적에 그의 기념관을 지었다.

5 냄비를 매달 때 이용하는 냄비에 달린 활 모양의 들손. 에나산의 마고메 쪽 별명이다. 토박이들이 산기슭에서 보는 산세가 들손처럼 완만해서 부르는 말이다.

6 포는 태아를 싸고 있는 막과 태반인 태보胎褓를 말하는 것으로, 산에 태를 묻었다는 이런 전설은 고대부터 내려온 우리의 장태藏胎 풍습에서 유래한 태장산胎藏山, 또는 태봉胎峯 등과 비슷하다.

7 도쿄에서 교토까지 해안선을 따라 나 있는 가도.

8 『만엽집』 제20권 4402번 노래. 전문은 "힘센 신이 계시는 미사카에서 폐백을 드리고 이 목숨의 무사함을 비는 것은 부모를 생각하기 때문이다." 변방을 지키는 역인 사키모리防人로 기타큐슈北九州에 파견되었던 가무토베노 고시오神人部子忍男가 지었다.

9 어원적으로는 미御·미神가 같지만 미사카御坂로 적으면 야마나시현에 있는 곳을 가리키며, 에나산이 있는 기후현에서는 미사카神坂로 적는다. 따라서 저자가 말하는 '이 미사카御坂'는 야마나시현의 가마쿠라카이도 미사카지鎌倉街道御坂路의 미사카를 가리키는 것이다. 『만엽집』에서는 미사카美佐賀로 적고 있는데, 해설에서도 미사카를 기후현의 미사카로 추측하고 있을 뿐이라 어느 곳인지는 불명하다.

10 요시노吉野에 세운 남조와 교토에 세운 북조가 대립하던 시대.

11 1086년에 완성된 네 번째 칙찬화가집勅撰和歌集.

12 노인能因(988~?): 헤이안 시대의 승려, 가인.

13 노인 법사의 노래로 잘 알려진 곳이다. 나라·헤이안 시대에 도산도東山道의 미치노쿠陸奧로 가는 관문으로, 시모쓰케下野의 경계에 있었다고 한다. 나코소노세키勿來關와 네즈가세키念珠ヶ關와 함께 삼관三關의 하나로 알려져 있다.

14 '전해들은 말'이란 가 보시 잃고 진해들은 이야기로 시를 썼다는 말로, 『후슈유집』 제9권에 실린 노인의 "봄 안개와 함께 교토를 나섰는데 가을바람 불고 있는 시라카와노세키"라는 노래를 말한다. 이 시의 완성도에 만족했던 그는 실제로 시라카와를 여행한 적이 없었기에, 여행을 떠났다는 소문을 내고 집에 숨어 지내면서 얼굴을 햇볕에 그을려가며 만반의 준비를 한 뒤에 발표했다고 한다.

15 분라쿠는 조루리淨瑠璃에 맞추어 하는 설화說話 인형극이고, 조루리는 음곡에 맞추어 낭창朗唱하는 옛이야기다. 가오레분라쿠는 에도 시대부터 전해져 왔다고 한다. 지금은 에나분라쿠惠那文樂라고 부르고 있으며 매년 9월에 에나 신사에서 공연된다.

16 구로이자와黑井澤 등산로를 말한다.

17 실제 정상은 수목으로 덮여 있어서 조망이 되지 않고 목제 망루가 있는데, 등산자 사이에서는 '올라가나 마나 한 망루'로 유명하다.

18 1960년 4월의 일로, 전년인 1959년 9월에 발생했던 태풍 베라를 말한다.

가이코마가타케
甲斐駒ヶ岳

077

표고 **2967미터**
소재 **나가노현** 長野縣
야마나시현 山梨縣

　도쿄에서 산의 나라 가이를 가로질러 신슈로 가는 주오센中央線. 우리 산악종山岳宗 신도에게 가장 친숙한 이 선로는 한 차례 고후 분지로 달려 내려간 다음, 가마나시가와釜無川의 계곡을 왼쪽으로 굽어보면서 신슈 쪽으로 헐떡이며 올라간다. 조금 전까지 멀리 있었던 남 알프스가 이제 곧바로 차창 밖에서 다가온다. 가이코마가타케라는 금자탑이 괴이한 암봉 마리시텐摩利支天을 한쪽 날개 삼아 우리의 눈을 놀라게 하는 것도 그때다. 기차여행에서 이 정도로 우리에게 육박해오는 산도 없을 것이다. 가마나시가와를 사이에 두고서 우러르는 그 산은 강바닥에서부터 단숨에 이천수백 미터나 치솟아 있다.
　"일본 알프스에서 가장 대표적인 피라미드는?"이라고 물어보면 나는 맨 먼저 이 고마가타케를 꼽으리라. 그 금자탑의 진가는 야쓰가타케, 기리가미네, 북 알프스에서 바라보았을 때 확실히 발휘된다. 남 알프스의 거봉군이 중첩해 있는 와중에, 이 단정한 삼각추는 그 무리에서 조금 벗어나 매우 개성 있는 자세로 서 있다. 그야말로 의연하다는 형용에 걸맞

가이코마가타케의 정상부

정상의 호코라

게 위엄과 품위를 갖춘 산용이다.

"일본 알프스에서 가장 예쁜 정상은?"이라고 물어봐도, 역시 나는 가이코마를 꼽으리라. 조망이 풍부한 것은 말할 것도 없고, 하얀 화강암모래가 가득 깔린 정상의 아름다움을 추천하고 싶은 것이다. 신슈에서는 이 산을 시로쿠즈레산白崩山으로 부르고 있었는데, 그 이름처럼 멀리서는 흰 모래의 봉우리로 보이기 때문이다. 내가 처음 이 봉우리에 섰던 때는 신슈 쪽의 기타자와고야北澤小屋에서 센스이 고개仙水峠를 거쳐 고마쓰미네駒津峰를 넘어서 갔다. 롯포세키六方石(수정)라고 부르는 커다란 바위 옆을 지나면 가이코마의 광대한 품에 안기는데, 온통 새하얀 사력砂礫 때문에 눈이 부실 정도였다. 구월 하순의 일로, 그 순백의 카펫 위로 곳곳에 진홍으로 물든 곰들쭉이 있어서 더욱 아름다움을 더해주고 있었다. 서벅거리는 하얀 모래를 밟으며 정상과 마리시텐의 안부로 이어진 길을 올라갔는데, 그 흰모래가 너무나 고와서 밟기가 죄송할 정도였다. 남 알프스 중에서 화강암 사력으로 아름다운 곳은 이 가이코마와 인근의 호오잔뿐이다.

정상에 화강암 담장玉垣을 두른 호코라祠 바깥으로 비석이 몇 개나 서 있는 것만 보아도, 먼 옛날부터 신앙이 뜨거웠던 산이라는 것이 헤아려진다. 모시는 신은 오나무치노 미코토로, 옛날에는 흰옷차림의 신자가 등산로에 줄을 이었다고 한다. 그 오모테산도表參道라고도 할 만한 코스는 고슈 쪽의 다이가하라臺ヶ原, 또는 야나기사와柳澤에서 오르는 것이라, 양 등산 들머리에는 각각 고마가타케 신사가 있다. 이 두 갈래의 길은 산으로 접어들고 머지않아 합쳐지는데, 거기서부터 위쪽 정상까지 가는 도중에는 도리이鳥居며 불상이며 비석으로 점철되어 있다.

일본 알프스에서 가장 괴로운 오르막은 이 가이코마가타케의 오모테산도가 아닐지 모르겠다.[1] 아무튼 600미터 정도의 산기슭부터 3000미터에 가까운 정상까지 거의 오르막뿐이다. 일본의 산 중에 그 발치에서 꼭대기까지 2400미터의 고도차를 지닌 것은 후지산 이외에는 없을 것이다. 더군다나 고도차는 비슷하지만, 기소코마가타케는 기소에서도 이나

구로토오네의 험준한 하와타리刃渡リ(칼날 위를 맨발로 걷는 곡예) 구간

쪽에서도 등산로는 완만하고 길게 나 있다. 가이코마만큼 오로지 정상을 향해 있지는 않다.

가이코마의 오모테산도는 도중의 구로토야마黑戶山 언저리의 느슨해진 안부를 제외하면 나머지는 된비탈의 연속이다. 위로 갈수록 경사는 심해지고 험해져서, 사다리, 사슬, 쇠줄 따위가 차례로 나타난다. 산기슭에서 하루에 정상까지 닿는 것은 보통 불가능해서, 고고메五合目 또는 나나고메七合目의 오두막에서 1박해야 한다.

일본에는 고마가타케라는 이름이 붙은 산이 많은데, 그 필두는 가이코마일 것이다. 서쪽에 있는 기소코마가타케와 구별하기 위해 예전에는 히가시코마가타케東駒ヶ岳라고 불렀는데, 지금은 가이코마로 통하고 있다. 산 이름의 유래는 고슈에 고마군巨摩郡, 고마키무라駒城村 등의 지명이 있는 것으로 미루어 보아도, 일찍이 산록지방에 말을 매는 목장이 많았기에 그것에서 유래한 것으로 여겨진다.

가이코마가타케는 명봉이다. 만일 일본의 '십 명산'을 고르라고

센조다케에서 바라본 가이코마가타케

한대도 나는 이 산을 빼놓지 않을 것이다. 예로부터 구전되어 숭경해왔던 것도 당연하다. 이 산을 찬양했던 오래된 한시를 마지막에 올려두련다. 「고마가타케를 바라보다駒ヶ岳ヲ望ム」라는 제목이고 가이료[2] 스님이 지었다.

    고슈甲州 산협에 연면한 구학이 겹쳐 있고
    구름 사이로 홀로 빼어난 청가라말의 봉우리
    오월 눈이 사라져 절정을 엿보니
    청천에 푸른 부용이 불쑥 솟아 있구나[3]

    甲峽ニ連綿トシテ丘壑重ナル

雲間獨リ秀ズ鐵驪ノ峰

五月雪消エテ絶頂ヲ窺ヘバ

青天ニ削出ス碧芙蓉

말할 것도 없이 철려鐵驪⁴의 봉우리라는 것은 가이코마다. 이것은 고슈 쪽에서 읊은 것인데, 신슈 쪽에서였다면 푸른 부용이 아니라 흰 부용이 되었을까.

주
_____

1   이 능선을 구로토오네黑戶尾根라고 부르는데, 북 알프스의 에보시다케烏帽子岳를 오르는 부나다테오네ブナ立尾根, 다니가와다케의 니시쿠로오네西黑尾根와 더불어 일본에서 가장 가파른 오르막인 삼대급등三大急登 중 하나다.

2   가이료海量: 승려, 한학자, 가인. 생몰년이 정확하지 않은데 고단샤講談社의 『일본인명대사전』은 1733~1817년으로, 아사히朝日신문출판사의 『일본역사인물사전』에는 1723~1807년으로 나와 있다.

3   칠언절구 형식의 이 시는 마지막 구절에서 이백李白의 「망오로봉望五老峰」 중 "여산동남오로봉廬山東南五老峰 청천삭출금부용青天削出金芙蓉"이라는 구절을 용사用事했다. 루산廬山은 선지식들이 주석駐錫했던 유명한 곳이고 루산의 핵심이라는 절경 우라오평五老峰이 있다.

4   『예기禮記』의 「월령月令」 편에 용례가 있다. 철려鐵驪란 천자가 타는 수레를 끄는 푸른빛이 도는 검은말, 즉 청가라말로 해석한다.

센조다케
仙丈岳

표고 3033미터
소재 나가노현 長野縣
　　　 야마나시현 山梨縣
지도 센조가타케 仙丈ヶ岳

　　내 취향대로 일본 알프스에서 좋아하는 산은 북쪽에는 가시마야리, 남쪽에는 센조다. 무엇보다 그 모습이 좋다. 단순한 피라미드도 아니거니와 둔중한 부피도 아니다. 그 모습에 경박함이며 지둔遲鈍함이 없는 점이 좋은 것이다. 세련되어 품위가 있다. 잠깐 봐서는 알아차리지 못하지만, 자꾸 바라보는 사이에 점점 그 매력을 알아가게 된다고 하는 산이다.
　　남 알프스의 산은 대체로 연봉의 형태를 취하고 있는데, 그중에서 센조다케仙丈岳는 독립한 느낌을 갖추고 있다. 물론 산맥에 이어져 있지만 이웃한 봉우리들 사이에는 뚜렷한 지레목이 있다. 멀리서 바라보면 누긋한 스카이라인을 드리우고 있는데 자못 느긋하고 중후하다. 하지만 그 방대한 산세가 조금도 둔중해 보이지 않는 것은 멋진 악센트가 붙어 있기 때문일 것이다.
　　악센트라는 것은 그 산정부에 있는 세 개의 카르다. 그 현저하게 아로새긴 자국이 산용을 야무지게 만들고 있다. 세 개의 카르는 야부사와藪澤, 고센조사와小仙丈澤, 오센조사와大仙丈澤로, 각각의 수원에서 입을 크게

고센조다케 정상에서 바라본 고센조사와 카르. 능선 너머에 오센조사와 카르가 있다

야부사와 카르 바닥의 센조고야仙丈小屋

벌리고 있다. 가이코마에서 바라보면 야부사와와 고센조사와의 카르가, 기타다케에서는 고센조사와와 오센조사와의 카르가 똑똑히 보인다. 이 세 개의 구덩이에는 가장 늦게까지 눈이 남아 있어서 특히 선명한 인상을 준다.

보통 가장 많은 사람이 택하는 등산로는 기타자와 고개北澤峠에서 곳쿄오네國境尾根를 더듬어 정상에 닿는 것이다. 고개에서 오로지 깊은 삼림 속을 오르는 길은 꽤 가파르고 길다. 하지만 그 밀림을 빠져나와 눈잣나무 지대로 접어들면 주변이 광활하게 펼쳐져서, 가이코마가타케, 기타다케가 손에 잡힐 듯하다. 정상에 이르기 직전의 고부瘤를 고센조다케小仙丈岳라고 부른다. 고센조다케의 머리를 지나가면 바위로 된 산릉이 나오는데, 거기부터 오른쪽으로 야부사와의 카르, 왼쪽으로는 고센조의 카르가 기다리고 있다. 아무리 지형학에 약한 사람이라도 알 수 있을 만한 전형적인 카르다. 정상에 서고 나서 돌아가는 길은 야부사와의 카르로 내려가 보자. 그 바닥에 해당하는 곳에 석실石室이 있다. 그곳까지 내려가 되돌아봤을 때 '과연 이게 권곡이라는 거구나' 하고 다시 한번 분명히 인식하게 될 것이다.

센조다케는 외지고 깊은 산이다. 그 산은 고슈에서는 보이지 않는다. 옛 기행문에서는 오쿠센조다케奧仙丈岳로도 부르고 있다. 센조는 아마 천길千丈에서 온 것 같다. 산의 높이를 나타내는 형용이다. 단고丹後[1]에 센조가타케千丈ヶ岳가, 지치부에도 오쿠센조다케奧千丈岳가 있다.

신슈 쪽에서는 별명인 마에다케前岳와 함께 오가치다케小河內岳[2]로도 불렸다. 마에다케라는 것은 가이코마가타케를 상대로 불렀던 것 같다. 이나다니에서 보면 가이코마는 뒤로 물러나 있어서 센조가 그 앞산의 느낌을 보이고 있다. 앞산이라고는 해도 센조 쪽이 높다. 하지만 고마처럼 화려한 점은 없다. 따라서 고마는 으뜸, 센조는 버금으로 보이는 것일까.

오가치다케라는 이름은 오가치타니小河內谷의 수원에 있는 산이라서다. 현재 오가치타니는 오가치타니尾勝谷로 쓰고 있다. 小河內라는 지명은

다른 곳에도 있으니, 헷갈리는 것을 피하려고 글자를 고쳤을 수도 있다.3

겉보기에 화려함이 없는 산이 역사적으로 소외되었던 것은 어쩔 수 없다. 고전적 지지 『가이 국지』에도 "시라네白峰4의 서북에 있고, 노로가와能呂川와 기타자와北澤를 가르고 있다. 이 또한 이나군의 경계에 있는 고산이다"라고 나와 있을 뿐이다. 언제쯤부터 올랐던 것일까. 확실한 기록은 메이지 말년부터 다이쇼 초기에 걸쳐 있다. 남 알프스의 여명기, 소수의 개척자가 현지 사냥꾼을 안내인으로 고용해 미지의 영역에 발을 들이고 나서였다. 그들은 미부가와三峰川의 원류, 오가치타니尾勝谷, 노로가와에서 길이 없는 곳을 톺아 정상에 닿았던 것이다.

하지만 우리가 활자로 읽을 수 있는 가장 오래된 기록인 메이지 42년 (1909)의 가와다 시즈카5의 등산기에는 그 산의 절정에 '마에다케미하시라오카미前嶽三柱大神6', '아카다케오카미明嶽大神', '구니노토코타치노 미코토國常立尊7 구니노사즈치노 미코토國狹槌尊8'라고 새겨 넣은 세 개의 돌이 세워져 있었다고 하니, 역시 먼 옛날부터 등배자登拜者는 있었던 것 같다. 그리고 아마 그 신앙등산은 이치노세市野瀨9부터였을 것이다. 센조의 꼭대기부터 서쪽으로 뻗은 긴 산등성이, 그것이 옛 등산로였으리라는 것은 도중에 지조다케地藏岳라는 이름의 봉우리가 있는 것으로도 헤아릴 수 있다.

도다이戶臺까지 버스가 들어오게 된 지금은 종점부터 아카가와라赤河原의 오두막까지 걸어간 다음, 하루에 정상까지 오갈 수 있다. 옛날에는 외지고 깊은 산으로 여겨졌던 센조다케도 지금은 남 알프스 중에서 가장 발붙이기 쉬운 산이 되었다. 조만간 노로가와와 도다이가와戶臺川를 잇는 산업도로가 개통된다는 이야기다. 그때가 되면 기타자와 고개 언저리는 북적이는 관광지가 되어 점점 더 센조 등산객이 늘어날 것이다.

나는 한창때가 지난 나이가 되고부터 오랫동안 함께 한 아내와 자주 산에 다녔는데, 센조다케도 그중 하나였다. 구월 하순 기타자와의 조에고야長衛小屋10에서부터 오르막에 붙었다. 산정에는 조난자의 추도비를 겸한 훌륭한 방향반이 세워져 있었는데, 옛날에는 그런 것이 없었다. 나는 어떤 것이라도 산정에 조형물을 놓는 것이 달갑지 않다.

주

1. 옛 지명으로 교토의 북부.
2. 오고우치다케로도 읽지만, 『산악』 제4년 제3호(1909)에서도 오가치다케로 적고 있는 등 지명의 유래를 살핀 본문의 독법이 정확해 보인다.
3. 小河內를 구모토리야마 편의 오쿠타마 소재는 오고우치, 히지리다케 편의 시즈오카 소재는 고고우치라고 읽는다.
4. 고대부터 기타다케 혹은 기타다케를 포함한 아이노다케와 노토리다케 일대를 부르던 말.
5. 가와다 시즈카河田黙(1886~1966): 가와다는 본성이고 야마카와로 잘 알려져 있다. 고산식물 연구자. 박물학동지회부터 참가한 일본산악회 발기인 중 한 사람이며 일본산악회 명예회원. 도쿄제국대학을 졸업하고 게이오대학 교수 등을 지냈다. 본문의 기사는 야마카와 시즈카山川黙 명의로 『산악』 제4년 제3호(1909)에 실려 있다.
6. 센조다케(마에다케)의 삼주대신(미하시라오카미)을 말한다. 하시라柱는 신을 세는 양수사이며, 삼주대신은 세 신을 어떻게 정하는지에 따라 다양한 조합이 나타난다.
7. 『일본서기』 제1권 신대神代 상上에서 천지개벽 때 나타났다는 신들인 국토삼신國土三神에서 가져왔다. 양기만으로 생겨나 짝이 없다는 뜻의 독화삼신獨化三神이라고도 하며 남신으로 정의한다. 구니노토코타치노 미코토는 첫 번째로 나타난 신이다. 국토의 영원한 안정을 뜻하는 신.
8. 국토삼신 중 두 번째로 나타난 신으로, 토지를 관장한다고 한다. 여기에는 없는 세 번째 신은 물, 또는 풍요를 관장하는 도요쿠무누노 미코토豐斟渟尊다.
9. 센조다케의 서쪽 기슭에 있는 하세이치노세長谷市野瀨를 가리킨다.
10. 가이코마가타케와 센조다케의 등산로와 야마고야의 정비에 힘쓴 다케자와 조에竹澤長衛(1889~1958)가 1930년에 세운 야마고야. 기타자와 고개에서는 동북쪽으로 가이코마가타케를 오르는 길이 있다.

079　호오잔
鳳凰山

표고 **2841미터**(간논다케觀音岳)
소재 **야마나시현**山梨縣

　　호오잔鳳凰山이라는 산은 오늘날 지조다케地藏岳, 간논다케觀音岳, 야쿠시다케藥師岳 삼봉을 총칭하게 되었다. 이 삼봉이 각각 어느 봉우리를 가리키는지에 대해서는 이론도 있지만, 여기서는 5만 분의 1「니라사키韮崎」 도폭이 가리키는 곳을 따르려고 한다. 다만 이 도폭에서 관음과 약사를 봉황산으로 하고 지장악은 별도로 하고 있지만, 역시 이 삼봉을 함께 봉황산으로 부르는 쪽이 타당하다고 생각한다.

　　지조다케의 절정에는 두 개의 거석이 서로 끌어안듯이 치솟아 있다. 옛사람들은 이것을 대일여래大日如來[1]에 빗대어 존숭했던 것에서 호오잔法皇山이라는 이름이 생겨났다고 이야기하고 있다. 그 뒤로 도쿠가와 시대 중기부터 지장불 신앙이 활발해지고 나서, 이 거석도 지장불과 형태가 비슷해서 지장불이라고 부르게 되었다.[2] 내가 올랐을 무렵에는 지조다케 아래의 사이노카와라賽ノ河原라고 부르는 곳에, 옛 신앙등산자가 두고 간 자그마한 석조 지장불이 부서진 모습으로 흩어져 있었다.[3]

　　또한 이런 전설을 읽었던 적도 있다. "덴표호지天平寶字 2년(758)

호오잔의 심벌 오벨리스크

5월, 삭발하고 법황法皇[4]이 되신 고켄텐노[5]가 꿈의 계시에 따라 아득한 동국東國[6] 하야카와早川의 상류 나라다奈良田[7]로 천거遷居하셨다. 덴표호지 8년(764), 남도南都[8]로 환행還幸해 중조重祚하셨는데, 그때까지 7년간 나라다에 체재했기에, 그 땅을 야마시로노쿠니山城國[9]와 나라奈良를 연관지어 야마시로군山代郡 나라다奈良田라고 이름 붙였다. 법황과 그 종자는 나라다 체재 중에 아시야스芦安에서 북쪽에 있는 산에 올랐다." 즉 오늘날의 호오

잔鳳凰山이었고, 그것은 호오잔法皇山에서 유래한 것이다. 그리고 지금도 남아 있는 기타오무로北御室, 미나미오무로南御室, 미쿠라이시御座石 등의 이름은 그 당시의 자취라고 전해지고 있다.[10]

지장불은 높이 약 18미터의 지극히 인상적인 오벨리스크Obelisk[11]로, 고후 분지에서도 눈여겨보면 알아볼 수 있다. 그것은 호오잔의 심벌처럼 서 있다. 이 거석에 처음으로 기어올랐던 사람은 월터 웨스턴으로, 메이지 37년(1904) 여름이었다. 웨스턴의『일본 알프스 등산과 탐험』은 유명하지만 그 뒤에 나온『극동의 놀이터 The Playground of the Far East』는 비교적 덜 알려져 있다. 그 책 안에 지장불 클라이밍이 자세히 나와 있다.

두 개의 거암이 맞닿은 부분에 높은 침니chimney[12]가 나 있다. 루트를 관찰하고 나서 그는 일단 낮은 쪽 바위의 볼록한 모서리 위로 나오면 좋겠다고 어림잡았다. 그는 아주 작은 바위 턱 위에 서서, 인부에게 피켈을 눌러달라고 해서 발밑을 고정시켜가며, 맞닿은 지점의 꼭대기 위에 있는 크랙을 향해 80피트 자일[13] 끝에 묶은 돌멩이를 던졌다. 몇 번이나 실패하고 겨우 돌멩이가 크랙에 끼워졌다. 그는 자일을 왼손으로 붙잡고 한 발짝 한 발짝 힘든 등반을 이어간다. 돌출된 화강암 블록 때문에 자일에 의존할 수 없게 되자, 거기서부터 손가락 끝으로 몸을 지탱해가면서 겨우 낮은 쪽 바위 위로 올라왔다. 거기서 최고점까지는 거의 수직이었지만 비교적 쉬웠고, 손이며 발의 홀드hold[14]도 확실히 있었다. 그리고 마침내 클라이밍을 완성해 꼭대기에 섰다.

아마 이것이 일본에서 최초의 알피니즘Alpinism[15]이고, 또한 최초의 암벽등반 기사일 것이다.

"몇 평방야드도 채 되지 않는 자그마한 대臺 위에 섰다. 그곳이 호오잔에서 가장 높은 곳이었다. 나는 매우 만족했다. 내 생애 처음으로 아직 인간의 발자국이 찍힌 일이 없는 정상을 밟았기 때문이다."

웨스턴의 지조다케 초등은 그와 함께했던 사냥꾼들 사이에서 센세이션을 일으켰다. 그들은 웨스턴을 향해 "당신은 저 신성하고 어려운

사이노카와라의 지장보살 석상들

구름 사이로 얼굴을 내민 오벨리스크. 안부가 사이노카와라

바위 위에 처음으로 섰으니, 정상 발치에 신사를 세우고 간누시神主[16]를 하시오"라고 권했다. 목사 웨스턴의 입장에서 이런 신기한 종교적인 청원은 처음이었다.[17]

지장불을 두 번째로 오른 것은 그로부터 13년이 지난 1917년 10월, 고베神戸의 돈트[18]가 이끄는 세 명의 파티가 달성했다. 이 파티는 아시야스의 숙련된 고리키強力 세 사람에게 이끌려 북쪽으로 오르고, 웨스턴 루트로 내려갔다.

내가 처음 올랐던 것은 쇼와 7년(1932) 가을이라 오래된 이야기다. 고바야시 히데오와 곤 히데미[19]가 함께했다. 지금 수중에 남아 있는 당시의 오래된 사진을 보니, 두 사람도 짚신에 감발이라는 활달한[20] 차림을 하고 있다.

그때 우리는 니라사키에서 가이드를 한 사람 고용해서 아오키유靑木湯에서 돈도코자와ドンドコ澤를 올랐다. 손을 써서 기어오르는 이 가풀막은 산과 첫 대면인 곤 군에게는 조금 지나치게 가혹했던 모양이다. 나중에 "첫밭부터 호된 데를 데리고 가는 법이 어디 있냐"라고 그가 잘 털어놓아서다. 돈도코는 어떤 뜻이 있는지 모르겠지만, 왠지 가파르고 험한 골짜기라는 느낌이 든다. 그날 밤은 기타오무로고야北御室小屋에서 지새우고, 이튿날 지장불 아래까지 갔는데 거암에는 오르지 않았다. 그나마 고바야시 군은 산병山病이 들어서, 그 뒤로 종종 나와 함께 산행을 하게 되었다.

주

1   진언종의 본존이다. 밀교에서 우주의 진리 그 자체를 나타내는 본존을 가리키는 말로 비로자나불이다. 본지수적 관념에서 황조신皇祖神으로 간주하는 태양신 아마테라스를 대일여래의 화신으로 여겼는데 대일大日이 위대한 빛이라는 뜻에서 비롯되었다. 종교학자들은 이것을 신도가 불교의 영향 아래에 놓인 것으로 해석한다.
2   일본에서 지장보살은 이계異界의 경계에 관여하는 부처로 여겨서, 길을 수호하고

사람들을 보호하는 행신行神으로 여겼다. 이에 따라 마을 입구, 묘지, 고개에 모셔져서 길을 가다가 흔히 볼 수 있다. 또한 아이의 수호신으로 여겨 동자승이 합장한 모습으로 많이 묘사되고, 대부분 붉은 천을 목에 두르고 있는데, 이것은 아기의 침받이를 뜻한다. 후술할 웨스턴의 책에서도 이것을 쌍기둥twin pillars으로 표현하고 있으며, 갓쇼다치니Gasshō-dachi ni로 기울어져 있고, 합장하는 형태라고 말하고 있다. 오늘날 호오잔은 어느 한 봉우리를 특정하지는 않지만, 두 거석의 형태가 합장한 지장불과 비슷해서 지장불이라고 불렀다는 것과, 이 두 거석이 새의 부리를 닮았고 그것을 봉황의 부리로 빗대어 봉황산이라는 이름을 갖게 되었다는 설 등이 있다.

3 이곳의 지장불은 아이가 없는 이에게 아이를 점지해 주는 지장子授け地藏으로 여겨 지장 1좌를 가지고 돌아가서 아이가 생기면 2좌로 되돌려놓는 풍습이 있었다.

4 양위하고 출가한 천황인 태상천황太上天皇에 대한 존칭. 또한 법황은 법왕法王으로 적기도 한다. 법왕은 원래 법문의 왕, 또는 불법세계의 왕을 뜻하는 석가모니의 존칭으로 썼다.

5 고켄텐노孝謙天皇(718~770): 나라 시대의 마지막 여제. 본문의 기술대로 두 번 즉위했다. 이 시기는 757년 다치바나노 나라마로의 난橘奈良麻呂の亂을 정리하고 이듬해 양위했던 시기이다. 이후 복위해서 쇼토쿠텐노稱德天皇가 된다. 역사적 근거는 없다지만, 자신이 지명을 지었다는 나라다에 7년간 있었기에 나라 임금님奈良王樣으로도 불린다.

6 여기서 동국은 가이甲斐를 가리킨다.

7 호오잔의 남쪽 야마나시현 미나미코마군南巨摩郡의 하야카와초早川町 나라다를 말한다.

8 헤이안쿄平安京라 부르던 교토를 북도北都라고 하는 것에 대해, 헤이조쿄平城京가 있던 나라奈良를 이르는 말.

9 교토의 중남부를 차지했던 구국명舊國名이다. 관습적 지명으로 오늘날 교토부를 부르는 말이기도 하다. 헤이조쿄에서 봤을 때 나라奈良의 북부인 나라야마奈良山(平城山) 구릉지 뒤에 있는 지역이어서 야마시로山背(山代)라고 불렸으나, 794년 교토인 헤이안쿄로 수도를 옮긴 뒤에 산하금대山河襟帶의 지세가 자연히 성을 만들고 있다고 하여 야마시로山城로 개명했다.

10 오무로御室는 귀인의 거처를 가리키거나 교토의 닌나지仁和寺 일대의 지명이다. 우다텐노宇多天皇(867~931)가 오마시도코로御座所를 둔 것에서 유래했다. 미쿠라御座는 귀인이 앉는 자리를 말하며 주로 임금의 옥좌를 가리킨다.

11 웨스턴의 책에는 이것이 한 덩어리의 바위를 뜻하는 모노리스monolith로 나와 있고, 알프스에서 '거인의 이빨'이라고 불리는 당 뒤 제앙Dent du Géant(책에서는 에귀 뒤 제앙Aiguille du Géant)의 축소판이라고 묘사하고 있다. 고대의 오벨리스크는 모노리스로 만들어졌기에, 일본에서는 이곳을 고유명사로 오벨리스크로 부르는 것이 굳어져 있다.

12 암벽이나 산의 표면에 세로로 갈라진 틈으로, 대개 사람이 들어갈 정도의 너비다.

13　웨스턴의 책에서는 알파인 로프Alpine rope로 나와 있는데, 이는 당시 마닐라삼 세 가닥을 꼬아 만들어 방부처리를 하고, 붉은 털실로 표시했던 알파인클럽의 공인 로프를 말한다.
14　등반할 때 잡거나 디딜 수 있는 곳.
15　알피니즘은 '알프스에서 하는 등산', 또는 '근대적인 스포츠 등산'을 가리키는 말이다. 이는 오늘날 도구와 기술을 필요로 하는 '등산Mountaineering'과 동의어다. 일본에서는 1921년 9월에 스위스 아이거의 미텔레기Mittellegi 능선을 가이드와 함께 초등한 마키 유코가 귀국해 알피니즘의 사상·기술·도구를 일본에 수입함으로서 일본에서 '바위와 눈의 시대'가 열리게 된 것을 그 시작으로 본다. 근대까지 '스포츠'는 사냥·낚시처럼 '여가를 바탕으로 한 휴식과 오락을 위한 활동'인 유기遊技를 뜻했고 경기競技 등과는 구분해서 쓰이다가 오늘날에는 경계가 없어졌다. 종교등산 등 일본의 기존 등산과 구분하는 말이 스포츠 알피니즘을 번역한 유기등산遊技登山이었고, 알피니즘(등산)을 하는 사람을 알피니스트(등산가)라고 불렀다.
16　신사의 관리와 의식을 관장하는 신관의 우두머리.
17　웨스턴은 『극동의 놀이터』에서 "교회 건축에 관한 가장 독특한 제안이었으며, 내가 받아본 승진 제안 중 가장 참신했지만, 그것이 진심이었다는 것은 의심의 여지가 없었다"라고 했다. 지장불 클라이밍에 대한 묘사를 포함해 저자가 번역 요약한 원문 출처는 The playground of the Far East (London: J. Murray 1918), pp.118~123이며 웨스턴의 책과 저자의 번역을 대조해 우리말로 옮겼다.
18　존 돈트John Hubert Edward Daunt(1865~1952): 영국 태생의 골퍼, 일본산악회 회원. 웨스턴의 추천으로 알파인클럽에도 입회했다. 지금의 효창공원 자리인 효창원에 우리나라 최초의 골프장 설계를 1919년 5월에 의뢰받아 1921년에 완공시킨 인물이다. 일본 최초의 골프장인 '고베 롯코산六甲山 코스' 회원이었고 1907년에 재일 외국인으로 구성된 고베 가모시카羚羊산악회Mountain Goats of Kobe를 결성해 골프 시즌이 아닐 때 웨스턴의 책에서 보았던 일본의 산들을 되짚어 다녔다.
19　곤 히데미今日出海(1903~1984): 소설가, 평론가, 연출가, 두 쿄제국대학 불문과를 졸업했고 고바야시 히데오, 미요시 다쓰지 등과 동기다. 최승희 주연의 영화 『반도의 무희(1936)』의 각색과 감독을 맡았으며 1968년에는 초대 문화청 장관을 역임했다. "후카다 군은 일단 산에 들면 사람이 변한 것처럼 씩씩해진다. 고바야시 히데오 군은 하계에 있으면 으스대고 있는데도, 산에 들면 후카다 군의 지시를 받아 부랴부랴 장작을 주우러 다니든지 한다"라고 저 때 호오잔 산행에 대한 추억을 회상한다.
20　전통적인 여행자나 순례자의 복장인 초립에 행전 짚신沓脚絆草鞋 차림을 말하는데 호오잔 편의 배경이 가이 지방이라 활달하다는 표현인 가이가이甲斐甲斐로 적어 놓았다.

기타다케
北岳

표고 **3193미터**
소재 **야마나시현** 山梨縣

　일본에서 가장 높은 산이 후지산이라는 것은 누구라도 알고 있지만 "두 번째로 높은 봉우리는?" 하고 물으면 모르는 사람이 많다. "기타다케北岳란다"라고 가르쳐주어도 '그런 산은 어디에 있는 건가?'라는 표정이다. "가이甲斐의 시라네白峰"라고 말하면, 그 이름만큼은 잘 알고 있다. 『헤이케 모노가타리平家物語』[1]에

　……우쓰宇津의 산[2] 언저리 쓰타노미치蔦の道[3]. 불안하게 넘어서 데고시手越[4]를 지나가니 북쪽으로 멀리 눈 덮인 하얀 산이 있다. 물어보니 가히의 시라네라고 한다. 그때 삼위중장三位中將 시게히라重衡[5]는 흐르는 눈물을 삼키며 "아깝지 않은 내 목숨이지만, 오늘까지 염치없이 살아온 보람甲斐이 있어서 가히甲斐의 시라네산을 보는구나."[6]

　라고 한 유명한 대목이 있기 때문이다. 나는 전에 활짝 개었던 어느 겨울날, 그 스루가의 '데고시를 지난' 언저리까지 산을 보러 갔던 적이

기타다케로 이어지는 능선

기타다케산소北岳山莊와 기타다케. 좌단의 설산은 가이코마가타케

있다. 후지산의 서쪽을 지나 아스라이 은백색으로 빛나는 산을 바라봤다. 그런데 그것은 기타다케가 아니었다. 조금 더 앞에 있는 아카이시다케며 와루사와다케였다.

하지만 스루가를 지나 무사시노쿠니武藏國로 들면, 기차의 창 너머로 가이의 시라네, 즉 시라네 삼산이라고 부르는 기타다케, 아이노다케, 노토리다케가 또렷이 보이는 곳이 있다. 전쟁 전, 나는 가마쿠라鎌倉에 살고 있었는데[7] 도쿄로 나가는 도중에 로쿠고가와六鄕川 철교를 건너는 언저리에서, 어쩌다 카랑카랑하게 공기가 깔끔한 날이면 북쪽 하늘로 눈길을 주는 것을 잊지 않았다. 그리고 푸른 하늘 저편으로 순백의 산 셋이 나란히 있는 것을 놓치지 않았다. 그때마다 내가 좋아하는 "북쪽으로 멀리 눈 덮인 하얀 산이 있다"를 읊조리기 일쑤였다.

기차에서 가장 잘 보이는 때는 주오센中央線의 사사고笹子 터널을 빠져나와 가쓰누마勝沼에서 고후 분지로 전속력으로 내려가는 잠깐 동안이다. 분지를 사이에 두고 정면의 하늘을 가르며 시라네 삼산이 위엄과 우아한 아름다움을 겸비해 이어져 있는 것을 바라다보면, 산을 좋아하는 사람으로서 가슴이 고동치지 않을 자가 없을 것이다.

삼산 가운데 최고봉은 가장 북쪽에 있는 기타다케인데, 예로부터 가이가네甲斐ヶ根라는 이름은 이 봉우리에 해당했다.『가이 국지』에 "이 산은 혼슈 제일의 고산이자 서쪽을 지키는 시즈메鎭め다. 고쿠후國風[8]에서 읊는 곳인 가히카네甲斐ヶ根를 이것으로 삼아"라고 나와 있고, 그 정상에 태양신[9]을 모셨다는 기재記載가 있으니, 적어도 200년 전부터 기타다케의 존재는 뚜렷이 알려져 있었던 것이다.

그토록 먼 옛날부터 이름난 산이고, 일본 제2의 고봉이면서도 그다지 사람들에게 알려지지 않은 것은 한편으로 이 산이 겸허해서다. 나는 어때? 라는 것처럼 쑥 나와 있어서 사람 눈길을 끌고자 하는 점이 없다. 기교奇矯한 형태로 그 존재를 뽐내려고 하는 것도 없다. 그런데도 고상한 기품을 갖추고 있다. 언제나 앞산들 뒤에 얌전히, 하지만 늠름한 기개를 지

기타다케 북면 버트레스

니고 서 있다. 그윽한 산이다.

    이 기타다케의 고결한 기품은 진정으로 산을 보는 것을 좋아하는 사람만이 알고 있으리라. 시라네 삼산 중에서도 기타다케는 모습이 세련되어서, 청수淸秀한 고사高士의 면모가 있다. 남쪽의 아이노다케며 노토리다케에서 보아도 훌륭하지만, 조금 지나치게 가깝다. 오히려 북쪽의 고마가타케며 아사요미네ァサョミ峰까지 물러나서 바라보았을 때 기타다케의 모습은 그야말로 절품이다. 우뚝 솟아 하늘을 찌르는 듯 날카로운 두각을 치켜들고, 삽상하되 경박하지 않고, 피라미드이면서 범속하지 않다. 황홀할 만큼 수준 높은 아름다움이다. 후지산의 위대한 통속에 대해 이쪽은 철인적哲人的이다.

게다가 그 어깨부터 위의 출중함을 떠받치고 있는 아랫도리의 몸피는 어떠한가. 이 정도로 장중한 토대를 장악하고 서 있는 봉우리는 드물다. 노로가와가 이 산의 둘레를 크게 돌고 있는데, 그리로 흘러드는 여러 골짜기, 그 골짜기의 어느 한 줄기도 거슬러 올라가는 것이 쉽지 않다는 것을 생각하면, 그 멋지고 커다란 산줄기가 펼쳐진 방식을 헤아릴 수 있으리라.

내가 정상에 섰던 것은 시월 중순이 지난 깨끗이 갠 늦은 오후였다. 그날 아침, 우리는 이케야마고야池山小屋를 출발해 쓰리오네吊尾根라고 부르는 산릉을 더듬었다. 된비탈을 다 올라서 눈잣나무가 깔린 완만한 넓은 산등성이로 나왔을 때 기타다케가 불쑥 우리 앞으로 나타났다. 그때까지 쭉 숨겨져 있었던 봉우리가 너무나도 불시에, 너무나도 높이, 너무나도 가까이, 우리를 놀래주기라도 하듯이 모습을 드러냈다. 클라이머의 도장이 되어 있는 북면 버트레스buttress[10]가 손에 잡힐 듯이 보였다. 그것은 정상에서 바로 절벽에 가까운 기울기로 테라스terrace며 걸리gully[11]며 리지ridge[12]를 새기고 있었다.

정상은 조용했다. 조용히 불어 움직이는 바람조차 없었다. 기타다케의 커다란 삼각의 그림자가 오칸바사와大樺澤를 사이에 둔 맞은편의 산으로 차츰 기어 올라가고 있었다. 맑은 하늘로 후지산은 물론, 남 알프스의 산들이 우리를 에워싸듯이 모두 모여 있었다. 정상에서 더없이 행복했다.

근년에 아시야스부터 야샤진 고개夜叉神峠를 터널로 빠져나와 노로가와의 넓은 서덜까지 차도가 완성되어, 외지고 깊은 산이었던 기타다케도 간단히 오를 수 있게 되었다. 기뻐해야 할지 슬퍼해야 할지, 나는 후자다.

주

1 가마쿠라 시대에 완성된 것으로 추측하는 작자 미상의 군담 소설이다. 군기軍記 문학의 백미로 꼽는 작품이며 수많은 이본이 있다. 이야기 첫머리가 "기원정사祇園精

솜의 종소리는 제행무상諸行無常의 울림이니라"로 시작하고 있어, 성자필쇠라는 불교의 무상관을 들려주는 것으로 만사의 덧없음을 암시한다. 이 작품은 비파법사琵琶法師라는 맹인 승려집단의 구송으로 널리 전파되었고, 시간에 따라 역사적 사건을 기술하는 서사와 아름다운 문장이 결합한 문학적 완성도 높은 걸작으로 평가 받는다.

2 우쓰의 산宇津の山은 시즈오카시靜岡市의 우쓰노야宇津ノ谷와 후지에다시藤枝市에 걸쳐 있는 산이다.

3 쓰타노호소미치蔦の細道를 말한다. 우쓰노야에 있는 옛길로 역사서나 문학에 자주 등장하는 유명한 길이다. 뒤이어 나오는 '불안하게 넘어서'란 『이세 모노가타리』에서 이 길을 "어둡고 좁은데다 담쟁이蔦며 단풍楓이 무성한 적적한 길에 불안한 마음이 들었다"라고 언급한 것이 모티브다.

4 데고시노슈쿠手越宿를 가리키며 일본 중세의 역참이었다. 현재 시즈오카시의 아베가와安倍川 우안에 있다. 중세의 위치는 조금 위 아베가와와 와라시나가와藁科川의 합류점 우안에 있었다.

5 다이라노 시게히라平重衡(1157~1185): 헤이안 시대 말기의 무장, 다이라노 기요모리의 5남. 겐페이 전쟁 중 붙잡혀 가마쿠라로 호송된 후 다시 교토 부근에서 참수된다. 삼위 중장은 근위近衛 임무를 맡은 3위 품계의 장군을 말한다. 본문에서 인용한 것은 『헤이케 모노가타리』 제10권 가이도쿠다리海道下(교토에서 도카이도를 따라 간토 가는 길)에 나오는 시게히라 도행문重衡道行文이다. 도행문道行文이라는 일본 고유의 문장형식으로 가마쿠라까지 호송되는 길의 지명과 고사를 차례대로 묘사했다. 『헤이케 모노가타리』에서는 포로의 몸이 된 시게히라를 헤이케平家의 멸망을 상징하는 비운의 무장으로 애절하게 그리고 있다.

6 가히는 가이의 옛 발음이다. 원문은 甲斐를 한 번만 쓰고 있으나, 가케코토바懸詞라는 중의적 수사여서 따로 따로 옮겼다.

7 '가마쿠라 문사' 시대를 말한다. 관동대지진으로 폐허가 된 도쿄에서 통근권 내에 있고 출판사와 노 왕래가 편리해진 가마쿠라에 많은 문인들이 모이기 시작했는데 이들을 가마쿠라 문사라고 했다.

8 한시에 대해 와카和歌를 말한다.

9 아마테라스 오미카미.

10 고딕 건축물의 부벽扶壁처럼 산을 떠받치듯이 가파르게 치솟은 암벽을 말한다. 이곳은 '버트레스バットレス'라는 고유명사가 되었다. 기타다케에서 등반 대상지로서 버트레스는 동북면에 위치하는데, 현재는 이 버트레스의 위치를 북면이 아닌 동면으로 본다. 저자가 북면으로 봤던 이유는 1902년 8월에 기타다케를 등산하던 웨스턴이 이 암장을 보고 『극동의 놀이터』 82페이지에서 "……거대한 부벽great buttress과 합쳐지는 북릉northern arête의 노출된 바위"라고 언급한 것이 유래다.

11 암구岩溝. 룬제.

12 등반에서 일반적인 종주로를 벗어난 가파른 암릉. 독일어로 그라트Grat, 빙하의 침식으로 만들어진 것은 불어로 아레트arête라고 부른다.

아이노다케
間ノ岳

표고 3190미터
소재 시즈오카현 靜岡縣
　　　야마나시현 山梨縣

　기타다케·아이노다케間ノ岳·노토리다케農鳥岳는 보통 시라네白峰 삼산이라고 부르고 있는데, 이것은 시로우마 삼산(시로우마·샤쿠시·야리)이나 다테야마 삼산(오야마雄山·조도淨土·벳산別山)처럼 한데 묶어 부르기에는 너무 규모가 크다. 삼산이라고 하더라도 각자 독립한 산의 풍격을 지니고 있다. 그것은 호타카 산군의 오쿠호·마에호·기타호 등의 차이에 비할 바가 아니다. 예를 들어 기타다케에서 아이노다케를 바라보자. 놀랄 만큼 방대한 산이 의젓하게 앉아 있다. 생김새로 봐도, 거리로 쳐도 완전히 별개의 산이란 느낌이 든다.

　시라네 삼산이란 명칭은 『가이 국지』에 "남북으로 이어진 삼봉이 있다"라는 기사에서 나왔다. 그리고 그 삼봉은 "그 북쪽에 가장 높은 것을 가리켜 오늘날 오로지 시라네白峰라 칭한다. (…) 중봉을 아이노다케 혹은 나카다케中岳로 칭한다. 이 봉우리 아래에 오월에 이르러 눈이 점점 녹아 새 모양을 이루는 곳이 있어서 토박이들이 이를 보고 논밭을 간다. 고로 노토리산農鳥山이라고도 부른다. 그 남쪽을 벳토시로別當代라고 한다. 모

기타다케에서 바라본 아이노다케와 기타다케산소北岳山莊.
우측의 낮은 봉우리는 나카시라네야마中白根山

두 같은 산줄기의 다른 봉우리이면서 모두 시라네다."

　즉『가이 국지』의 삼봉은 시라네, 아이노다케(또는 나카다케, 또는 노토리산), 벳토시로가 되기 마련인데, 그 삼봉 각각은 과연 현재 어느 봉우리에 해당할까 하는 점에 관해 고지마 우스이와 다카토 쇼쿠 사이에 일대 논쟁이 있었다. 그것은『산악』제7년부터 제9년(1912~1914)에 걸쳐 실려 있는데, 서로 고지도며 고문헌을 꺼내든 박인방증博引旁證, 게다가 제

노토리다케 서봉西農鳥岳에서 바라본 노토리고야農鳥小屋와 아이노다케

3자, 제4자의 훈수가 들어와 훤훤효효喧喧囂囂¹. 실로 당시 산사람들의 태평한 호시절이 떠오르게 하면서, 그 정도로 산 이름의 천착에 정열을 쏟아붓던 선배들에게 경의를 품지 않을 수 없다.

『가이 국지』가 가리키는 삼봉을 어느 것으로 하더라도 시라네 삼산은 오늘날의 기타다케·아이노다케·노토리다케인 것은 틀림없다. 다만 조금 아쉽게 드는 생각은 노토리라는 산 이름을 아이노다케를 위해 간직해두었으면 어땠을까 하는 것이다. 그리고 지금의 노토리다케에는 미나미다케南岳 또는 벳토시로라는 이름을 붙였으면 했다.

오늘날의 노토리다케가 확정되었던 것은 그 정상에서 겨우 한 자쯤 아래에 새 모양의 잔설이 멀리서 바라보이는 것이 유일한 근거다.² 그런데 그 뒤로 아이노다케에도 또렷한 새 모양이 나타나는 것이 알려졌다. 양쪽 모두 고슈 쪽에서 바라본 것인데, 전자가 남쪽을 향한 물새의 모습이 하얗게 떠 있는 것과 반대로, 후자는 그보다 훨씬 크고 분명하게 부리를 남쪽으로 향한 꿩 또는 수탉을 닮은 새라고 하는데, 이쪽은 눈이 녹아 땅의 표면이 그런 모양이 된다는 것이었다. 그것은 아이노다케의 정상에서 뻗어 나오는 두 개의 큰 산줄기 사이의 눈이 깊은 골짜기에서 바라볼 수 있었다고 했다.

아마『가이 국지』에서 말한 새 모양은 이 아이노다케의 것이리라고 생각한다. 전술한 논쟁 중에 "이 당당한 산에 아이노다케라는 굴종적인 이름은 그만두고 히가시마타야마東俣山(히가시마타의 원류에 해당해서)라고 부르면 어떻겠냐"라는 의견이 나와 있을 정도라서, 나 역시 아이노다케 대신에 노토리산이라는 개성 있는 옛 이름을 간직하는 쪽이 적절하다고 생각한다.

잔설이며 드러난 바위의 모양에서 산 이름이 유래한 예는 일본에서 그 밖에도 몇 개나 꼽을 수 있다. 하지만 그것들을 확인하려면 늦은 봄부터 초여름에 걸친 얼마 안 되는 기간이어서, 그곳 산기슭에서 농경에 종사하고 있는 사람들의 주의 깊은 눈에는 닿아도, 일반인은 어지간해서 알아차리기 힘들다. 하물며 세상살이에 다망한 현대인에게 있어서랴. 물론 나도 아직 본 적이 없다.

하지만 우리네 산을 좋아하는 사람이라면, 주오센中央線 기차가 사사고 터널을 빠져나왔을 때 바로 정면으로 고후 분지의 저편을 가른 시라네 삼산의 위용에 눈이 쏠리지 않을 사람은 없을 것이다. 그 세 산의 중앙에서 좌우로 긴 산줄기를 드리운 누긋한 산용이 아이노다케다. 높이는 기타다케보다 3미터, 호타카보다 불과 1미터 낮은 일본에서 네 번째이지만, 그 몸집의 크기는 일본 알프스에서 제일일 것이다.

기차가 분지로 내려갈수록 맨 먼저 기타다케가 시야에서 사라지고, 고후에서는 아이노다케도 겨우 앞산들 위로 엿보이고 있을 뿐이다. 하지만 만약 여러분이 그곳에서 미노부센身延線으로 갈아타고 남쪽으로 내려간다면, 그 도중에 다시 아이노다케가 머리 위로 대장벽大障壁처럼 나타나는 것을 볼 것이다. 정말로 크다. Grande Barrière라고 부르기에 어울린다.

　밑에서 우러러보기만 해도 그러한 생김새인데, 올라가서 보면 더욱더 그 크기에 놀란다. 이케야마池山의 쓰리오네吊尾根 또는 노토리다케 서봉에서 가장 가까이 볼 수 있는데, 종잡을 수 없을 만큼 크다. 기타다케며 노토리는 그 정상에 정확히 초점을 맞출 수 있지만, 아이노다케는 대우大愚처럼 망양茫洋하다.

　참으로 시라네 산맥과 아카이시 산맥의 조인트에 어울리는 묵직함을 갖추고 있다. 오이가와大井川, 미부가와, 하야카와라는 세 줄기 큰 강이 그 수원을 이 방대한 산괴에서 시작하고 있다. 산의 생김새는 유화柔和하고 산등성이는 넓어서 한가로운 산책로의 모습을 하고 있지만, 일단 안개에 휩싸이면 방향을 분간하지 못하게 된다. 방심할 수 없는 산이다.

주

1　떠들썩함. 시끌벅적함.
2　노토리다케 동면에 나타난다. 주위가 먼저 녹으면서 생기는 '잔설형'으로 백조가 남쪽으로 목을 뻗어 날개를 퍼덕이는 것처럼 보인다. 일본에는 각지에 노토리農鳥라는 설형雪形이 있지만 이것은 일종의 파레이돌리아pareidolia라서 노토리다케에 나타나는 새의 설형에 관해서는 다른 시점의 사진도 있다. 예를 들면 같은 고슈의 야샤진 고개에서 찍은 사진은 노토리다케의 설형이 눈이 녹은 표면으로 두 마리의 검은 새가 좌우로 보인다. 다른 사진을 보면 그 형태가 아이노다케에서는 닭, 노토리다케에서는 소 등으로 관찰자의 시점에서 형태가 변하고 있다. 이어지는 저자의 서술대로 본인도 아직 본 적이 없다고 하니 전언만 인용한 것으로 보인다.

082 시오미다케
鹽見岳

표고 3052미터
소재 시즈오카현靜岡縣
　　　나가노현長野縣

　시오미다케鹽見岳의 특징으로 칠흑 같은 철 투구, 혹은 땅딸막한 몽구리, 이렇게 기억해두면, 멀리 있는 산에서 남 알프스를 바라보아도 그중에서 시오미다케를 못 보고 놓칠 일은 없을 것이다.

　등산의 대상으로서 남 알프스는 메이지 말기에 열렸는데, 그 무렵 소수의 등산가는 아직 시오미다케라는 이름을 알지 못해서 이 산을 아이노다케間ノ岳로 부르고 있었다. 시라네白峰 산맥에 있는 같은 이름의 산과 구별하기 위해 **아카이시의 아이노다케**라고 부르고 있었다. 아마 센조에서 아카이시까지 잇는 산릉 사이에서 가장 두드러진 3000미터 봉우리였기 때문일 것이다.

　또한 아라카와다케荒川岳라고도 불렀다. 미부가와 상류의 한 지류인 미나미아라카와南荒川가 이 산에서 시작하고 있어서다. 그런데 아라카와다케라는 이름도 같은 산맥 위에 따로 있어서 헷갈리기 쉽다. 그래서 아이노다케도 아라카와다케도 다이쇼 초기에 쓰이지 않게 되어 이후 오로지 시오미다케를 쓰게 되었다. 하지만 시오미다케라는 이름은 없던

시오미다케의 능선과 이어진 남 알프스 북부의 산들

것을 새롭게 지은 것이 아니라 산기슭에는 먼 옛날부터 줄곧 부르고 있었다.

다케다 히사요시 박사의 오래된 글에 「시오미가타케鹽見ヶ岳라는 명칭에 관하여」라는 것이 있다. 그에 따르면 산기슭의 오지카大鹿 마을의 전설에는 먼 옛날 다케미나카타노 미코토建御名方命[1]가 이 땅을 지나갈 때 가시오鹿鹽의 골짜기에서 소금鹽을 보셨기에, 그 골짜기(시오카와鹽川) 꼭

대기에 있는 산에 시오미다케라는 이름을 붙였던 것이라고 한다. 하지만 다케다 박사도 말씀하신 것처럼, 시오카와의 꼭대기에 있는 것은 혼타니야마本谷山라서 골짜기에서 시오미다케는 보이지 않는다. 또한 이런 일설도 들 수 있다. 오지카 마을 사냥꾼의 이야기에서 "옛날 산기슭의 사람들이 소금이 없어서 난처했다. 그러자 고보 대사가 산에 올라 산정에서 바다를 바라보고 그 소금을 이 골짜기로 불러들였다"라고 해서 산 이름을 시오미다케로 했다고 한다. 하지만 이것도 고보 대사가 이 땅에 왔다는 증거도 없고 또한 산정에서 바다는 보이지 않는다.

시오미다케라는 이름은 아마 산기슭의 이름과 관계가 있을 것이다. 가시오가와鹿鹽川의 물가를 따라 오시오大鹽, 고시오小鹽, 시오바라鹽原 같은 마을이 있는데, 그 중심지는 가시오다. 가시오에서 시오카와를 끼고 조금 올라간 곳에 시오바鹽場라는 식염 광천鑛泉이 있다. 그 함유량은 1리터당 25그램(바닷물은 30그램)으로 일본에서 가장 짠 샘물이라고 한다. 옛날에는 이 고장에서 식염 제조가 이뤄졌다고 하는데, 이 외지고 깊은 산중에서 바닷소금보다 산소금에 의존했던 것이 마치 일본의 티베트 같다.

이처럼 소금과 인연이 깊은 산촌을 등산 들머리로 가진 산이 무슨 연고로 시오미다케라고 불리게 되었는지는 상상하기 어렵지 않다. 가시오를 등산 들머리로 해서 시오카와를 거슬러 오른 다음, 길고 괴로운 된비탈을 올라 산푸쿠 고개三伏峠에 도착했다. 고개에서 시오미다케로 가는 것이 일반적인 길이다.

산푸쿠 고개는 일본에서 가장 높은 고개로 2580미터다. 옛날에는 이나부터 이 고개를 넘어 오이가와 상류로 내려간 다음, 다시 덴쓰쿠 고개傳附峠를 넘어 고슈의 아라쿠라新倉로 나오는 이나카이도伊那街道[2]가 지나고 있어서, 꽤 왕래가 있었다고 한다. 놀랄 만큼 산을 넘어가는 길이지만, 두 다리가 유일한 교통수단이었던 옛사람들에게는 그렇게 고생스럽지 않았을지도 모르겠다.

산푸쿠 고개 위에 서고 나서, 눈앞으로 나카마타中俣를 사이에 두

산푸쿠 고개에서 바라본 시오미다케

덴구이와 너머로 보이 시오미다케 서봉

고서 우러러본 시오미다케의 멋진 모습에 나그네는 한동안 숨이 멎는 느낌이 들었을 것이다. 실제로 이 고개에서 본 시오미다케는 천하일품이다. 이 멋진 산에 이름을 붙이지 않고 놓아둘 까닭이 없다. 시오미다케라는 이름은 예로부터 있었고, 이곳으로 등배登拜하는 관습도 있었음이 틀림없다.

    산푸쿠 고개에서 시오미다케로 가는 길은 혼타니야마 위를 지나 곤에몬다케權右衛門岳[3]의 중턱을 감고 우회해야 해서 거리가 꽤 된다. 점점 정상에 다가가면 그 직전에 덴구이와天狗岩라고 부르는 잣다름이 있다. 그곳을 넘어 마지막 된비탈을 다 올라가면 시오미다케의 정상에 서게 된다.

    정상은 두 개의 융기隆起로 이루어졌는데, 삼각점이 있는 봉우리보다 동쪽에 있는 봉우리가 조금 더 높다. 주위가 산뿐이라 남 알프스의 웅장한 봉우리를 대부분 만나볼 수 있다. 그중에서도 여기서 바라본 후지산은 어느 산에서 바라보는 것보다 빼어나다. 그것은 이 산정의 거리와 위치가 후지를 아름답게 바라보기에 가장 알맞은 조건을 갖추고 있어서일 것이다.

    발아래를 보면 북쪽에는 미부가와의 수원이, 남쪽에는 오이가와의 원류인 나카마타가 깊이 파고들어 있어서, 과연 산이 외지고 깊음을 느끼게 한다. 근년에 그 나카마타의 삼림이 차츰 헐벗어가고 있는 것은 지극히 안타깝다.

    내가 시오미다케에 올랐던 것은 장마가 한창일 때였다. 빗속에 산푸쿠 고개로 오르고 빗속에 고개를 내려왔지만 시오미다케 정상을 오가는 동안만큼은 장맛비가 나무말미에 들어가, 햇빛은 비치지 않았지만 구름이 아주 높아서 북 알프스는 물론, 저 멀리 에치고의 산들까지 바라볼 수 있었다.

    시오미는 좋은 이름이다. 그리고 그 산도 남 알프스의 다른 3000미터 산과 어깨를 나란히 하면서 어딘가 음전한 점도 몹시 내 마음에 든다.

주

1   『고사기』에 등장하는 신. 오쿠니누시노 미코토의 아들.
2   태평양 연안 지방과 중앙 고지를 잇는 가도의 하나. 나고야를 기점으로 나가노에 이르는 길이다. 나고야 쪽에서는 이이다카이도飯田街道로, 나가노 쪽에서는 산슈카이도三州街道라고 부른다.
3   지도상 표기는 곤에몬야마權右衛門山.

083 | 와루사와다케
惡澤岳

- 표고 **3141미터**
- 소재 **시즈오카현** 靜岡縣
- 지도 **히가시다케** 東岳

    이 산은 국토지리원 지도에 히가시다케東岳라고 되어 있어서 그 명칭이 보급되어가고 있는 것 같은데, 우리 오래된 등산자로서는 무슨 일이 있어도 와루사와다케惡澤岳가 아니면 안 된다. 와루사와라는 이름은 그만큼 우리 머릿속에 깊이 새겨져 있다.

    그렇다고 하더라도 이 이름은 그 정도로 유서 있는 역사적인 것은 아니다. 처음 와루사와다케가 활자로 보고된 것은 오기노 오토마쓰[1]의 「슨슈 다시로의 산속 횡단기駿州田代山奧橫斷記」(『산악』 제1년 제3호 소재所載)라는 제목의 기행문이었다. 이 백면서생이 메이지 39년(1906) 9월 초순에 오이가와 상류 니시마타西股 좌안左岸[2]의 산허리에서 와루사와다케를 바라보았던 때의 일을 다음과 같이 적고 있다.

    "우연히 나무 사이로 계곡을 넘어 아카이시赤石 산맥 가운데로 붉게 벗겨진 웅장한 봉우리 하나를 바라다본다. 이 산은 무어라 부르는지 고헤이嚮平(안내하던 사냥꾼)에게 물어보니 '이 산에서 나오는 계류가 니시마타로 아주 험악하게 흘러 들어가서 이를 와루사와라고 부르니, 이 산을

아카이시다케 중턱에서 중앙 우측으로 보이는 와루사와다케

다름 아닌 와루사와다케라고 부르는 모양이다'라고 대답하는 꼴이 어지간히 입에서 나오는 대로 내뱉는 말투였다. 이 주변의 모든 산 이름, 강 이름, 지명 등은 조금도 비추어볼 만한 도서가 없고, 이것을 아는 사람은 더욱이 도저히 없어서, 나는 그저 오무라 고헤이大村晃平 한 사람에게 들은 대로 여기에 적는다."

고슈의 한 사냥꾼이 대수롭지 않게 말했던 와루사와다케라는 이

름이 그대로 확정되었다. 그것은 마침 일본 알프스의 탐험시대라서, 그 무렵은 아직 산을 좋아하는 사람이 극소수였던 터라, 이 기행문을 읽고 "그런 미지의 산이 다 있구나" 하고 놀랐기 때문이다. 그리고 메이지 12년(1909) 7월, 고지마 우스이, 다카노 다카조, 다카토 쇼쿠, 나카무라 세이타로, 사에구사 이노스케 등 여러 분, 일본산악회 초기의 쟁쟁한 멤버가 와루사와다케를 등정했다.

그런데 정상에는 이미 인적이 있었다. 백목白木[3] 호코라祠가 셋, 암각에는 붉게 녹슨 철제 고헤이御幣가 서 있고, 언저리에는 참배자가 남기고 간 목찰木札[4]이 흩어져 있었는데, 그 목찰에는 아라카와다이묘진荒川大明神이라고 적혀 있던 것도 있었다.[5] 이나 쪽에서는 가끔 등배자登拜者가 있었던 것으로 보였다.

내가 이 산에 올랐던 때 정상에는 '개산오십년기념비'라는 비석이 서 있었고, 거기에는 이렇게 새겨져 있었다. "메이지 19년(1886) 8월, 시모이나군下伊那郡 가와노무라河野村의 경사장敬社長[6]이 산을 열어 바른 자리를 잡았다. 온갖 고난을 물리치고 이 산을 연 지 올해가 만 오십 년에 해당하므로, 이로써 비를 세우고 새겨 후세에 전한다. 쇼와 11년(1936) 8월, 학인學人 기타하라 지잔[7] 씀"

아카이시다케의 개산은 메이지 19년 게이신코敬神講[8]의 선달先達 호리모토 조키치[9]였다고 하니, 와루사와다케의 개산도 어쩌면 같은 사람일지도 모른다. 옛 기록에 "아카이시야마赤石山는 절정이 세 갈래이고, 아라카와荒川·나베후세鍋伏·아카이시다케赤石岳 등 세 연봉으로 이루어지는 고로, 옛 이름을 미쓰토게三ッ峠라 했고 절정에 모셔진 산신을 미쓰미네三ッ峰 신으로 부른다"라고 나와 있는데, 아마 이 나베후세는 와루사와다케를 가리켰던 것 같다. 아카이시다케에서 보면 그런 형태로 보인다. 아라카와다케荒川岳는 지금 지도상의 마에다케前岳와 나카다케中岳(오래된 등산가들은 이 산을 오쿠니시코우치다케奧西河內岳와 우오니시코우치다케魚無河內岳로 불렀다)에 해당하는 것인데, 이것은 둘로 나눌 정도로 뚜렷하지는 않아서

나카다케와 와루사와다케 안부에서 바라본 와루사와다케

봉우리가 이어진 하나의 봉우리로 보아도 지장이 없다. 그리고 주봉인 아카이시다케에 등배登拜했던 사람은 다른 두 산인 아라카와다케와 나베후세도 순례했을 것이다.

    이들 세 봉우리는 어느 것이나 3000미터가 넘고 그중에 와루사와다케가 가장 높다. 이 외지고 깊은 산을 우리가 평야에서 바라볼 수 있다는 것은 얼마나 기쁜 일인가. 도쿄에서 멀리 와루사와다케가 보이는 것을 발견했던 사람은 고구레 리타로였다. 벌써 이십여 년 전, 그분에게서 사진이 인화된 엽서를 받았다. 신주쿠 미쓰코시新宿三越[10] 옥상에서 멀리 바라본 와루사와다케로, 앞에서 호위하는 산맥 위로 선명하게 순백의 모습을 드러내고 있었다. 와루사와다케는 그때부터 나의 망막에 새겨졌다. 겨울철 맑게 갠 날이면, 나는 그 아득한 설봉을 보려고 얼마나 교외의 구릉이며 고층건물 옥상을 찾아갔던가.

고구레 씨의 글 중에 "정상에 서서 누마즈沼津 언저리를 달리는 기차며 도쿄만灣에 뜬 증기선을 바라보고, 보소房総[11] 반도부터 이즈 반도는 물론, 멀리 지타知多 반도를 넘어 이세伊勢[12]의 바다를 바라보는 등 견줄 데 없는 전망을 마음껏 하고……"라고 나와 있는데, 나는 그런 행운을 우연히 마주칠 수 없었지만, 반대로 이즈의 아마기에서, 누마즈에서 시미즈清水까지 가는 기차[13]의 창 너머로, 시즈오카의 해안에서 나는 뜨거운 눈길로 이 산을 바라보았다.

곁으로 다가가니 그 커다랗고 높은 것이 더욱 인상적이다. 정상에서 북쪽을 향한 산줄기가 서글서글하게 쭉쭉 뻗은 자세. 정상에서 동쪽으로 나아가서 큰 암석이 어지러이 흩어져 있는 색다른 경치. 거기에 더해 그곳에서 센마이다케千枚岳 쪽으로 내려가는 드넓은 고원. 아니면 또 아라카와다케에서 와루사와다케로 이어지는 산줄기 남면의 권곡상圈谷狀의 큰 비탈. 어느 것이나 눈이 휘둥그레지는 풍경을 지닌 개성 강한 산이다.

독자에게 부탁하고 싶은 것은 아무쪼록 이 산을 히가시다케로 부르지 말고 와루사와다케라는 이름으로 불러주셨으면. 도대체 히가시야마라는 평범한 이름은 언제 붙여졌단 말인가. 아마 아라카와다케의 동쪽에 있는 한 봉우리로 간주했던 것이 틀림없다. 하지만 아라카와다케의 연속으로 보기에는 이 산은 너무나 훌륭하다. 남 알프스에서는 손꼽히는 존재다.

주

1 오기노 오토마쓰荻野音松(1882~1908): 일본산악회 설립 당시 재정에 기여해서 일본산악회 특별회원이 되었다. 다케다 히사요시의 부립1중府立一中 1년 선배로, 히토쓰바시一橋대학의 전신인 도쿄고등상업 졸업을 앞두고 27세에 급성 뇌막염으로 사망했다. 일본산악회 초창기에 고지마 우스이, 고구레 리타로 등과 함께 남 알프스와 지치부 등에 선구자적 발자국을 남겼다.

2 하류를 향하고 볼 때 왼쪽 기슭.
3 나무에 아무 칠도 하지 않은 것.
4 이런 것을 히데碑傳라고 하는데, 슈겐자가 자신의 수행의 증거로서 산중의 수행 장소인 교바行場에 내는 패로, 얇은 나무판에 먹으로 이름과 연월일 및 원문願文 등을 적은 것이 일반적이다.
5 와루사와다케의 정상에 남은 아라카와다이묘진 같은 흔적 때문에 과거에는 이 주변의 산 중 최고봉인 와루사와다케를 아라카와다케로 인식했음을 알 수 있으며, 결국 오늘날 마에다케·나카다케·와루사와다케 등 삼산을 하나의 산으로서 아라카와다케로 총칭하게 되었고 아라카와 삼산이라는 별명으로도 불린다. 그것은 아라카와 삼산이 속해 있는 나가노·시즈오카·야마나시에서 이들 삼산을 부르던 명칭이 매우 분분했던 탓으로 보인다.
6 게이신코 선달의 우두머리. 사社는 신사뿐만 아니라 강講, 또는 강사講社를 뜻하기도 한다.
7 기타하라 지잔北原痴山(1868~1947): 지잔은 호이며 본명은 기타하라 아치노스케北原阿智之助다. 학인은 도나 학문을 배우는 사람이라는 뜻이다. 시모이나군의 촌장과 중의원을 지냈으며 저서로『이나 명승지伊那名勝志(1938)』가 있다.
8 행신行神, 수신水神, 문수보살文殊菩薩 등 마을의 수호신을 공경하는 모임을 말한다. 오늘날에는 거의 명맥이 끊어진 것으로 보인다.
9 호리모토 조키치堀本丈吉(1854~ ?): 슈겐자. 메이지 19년에 아라카와다케를 개산한 것으로 지역연구에 등장한다. 시모이나군 도요오카무라豊丘村의 호리코시 미쓰미네堀越三峰 신사의 개조로 알려져 있다. 본문에서 언급하는 가와노무라는 오늘날 도요오카무라이며, 이는 호리모토 조키치의 연고지와 일치해서 경사장이라는 호칭이 그를 가리킬 가능성이 매우 높아 보인다.
10 1929년에 준공하고 개점한 지하 3층 지상 8층의 미쓰코시백화점 신주쿠점을 말한다.
11 현재 지바현인 시모우사下総·가즈사上総·아와安房의 총칭, 또는 보소 반도.
12 옛 지명으로 미에현의 대부분. 별칭으로 세이슈勢州.
13 시즈오카현에 있는 도카이도센의 누마즈역과 시미즈역을 가리킨다.

084 아카이시다케
赤石岳

표고 **3121미터**
소재 **시즈오카현**靜岡縣
　　　나가노현長野縣

　　일본 알프스라는 명칭이 널리 퍼져버리고 말았지만, 일본 말로 하자면 북 알프스는 히다飛騨 산계山系, 중앙 알프스는 기소木曾 산계, 남 알프스는 아카이시赤石 산계다. 그 아카이시 산계라는 이름의 기원이 아카이시다케赤石岳다. 남 알프스의 종가로서의 풍격을 충분히 갖추고 있다.

　　대표적인 산이라서 그 이름은 먼 옛날부터 이름나 있었다. 메이지 12년(1879)에 내무성지리국의 측량반이 등정하고 측량표를 심었다. 1등 삼각점이 설치되었던 것은 그로부터 10년 후다. 그 전년(1888)에 육지측량부가 탄생했다. 오늘날 우리의 등산에 빠트릴 수 없는 5만 분의 1 지도는 이미 그 무렵부터 사업이 시작되고 있었던 것이다.

　　그 일을 도왔던 사람은 산을 잘 아는 사냥꾼들이나 게이신코敬神講의 선달先達들이었다. 선달 중 한 사람인 호리모토 조키치는 메이지 19년(1886)에 아카이시다케로 가는 길을 개척했고, 메이지 34~35년 무렵까지 상당수의 강중등산講中登山이 있었다고 한다.

　　그들은 신앙등산자였다. 순수한 등산가로서 최초의 인물로는 여

와루사와다케 쪽에서 바라본 아카이시다케

히지리다케 쪽에서 바라본 아카이시다케

기에서도 웨스턴 이야기를 꺼내지 않을 수 없다. 산을 좋아하는 이 선교사는 메이지 25년(1892)에 이미 아카이시다케에 올랐다. 그는 오가와라이치바大河原市場에서 고시부가와小澁川를 거슬러 올라갔다. 고시부노유小澁ノ湯(지금은 없다)에서 1박하고, 이튿날 열 시간을 힘겹게 올라 오후 네 시 아카이시의 정상에 섰다.

오늘날도 이 길은 변함없다. 웨스턴 때와 다름없이 차갑고 빠른 물살의 고시부가와를 스무 번 정도 건너야 한다. 한때 산기슭 쪽으로 우회하는 에움길도 만들었는데, 무너져서 결국 원래대로 강을 따라 난 길로 되돌려졌다. 고시부가와를 원류까지 거슬러 올라간 곳이 히로가와라廣河原다. 거기서부터 가파른 오르막이 되는데 그 도중에 붉은 바위가 있다. 이 붉은 바위에서 아카이시산이라는 이름이 왔다고 웨스턴은 적고 있다.

이 산을 널리 세상에 소개한 사람은 고지마 우스이로「아카이시야마기赤石山の記」를『산악』제1년 제1호(1906)에 실었다. 그는 아카이시가 일본의 명산 중의 명산이라는 이유로 다섯 가지를 들고 있다. 그중 세 번째에 따르면 '습곡褶曲으로 이루어진 고산의 대표적 명산'이며, 그 지질 구조는 전 세계에서 가장 오래된 것에 속한다. 수성암 위의 순결한 왕토王土를 고수해왔던 아카이시산에 비하면, 화성암의 힘을 빌려 고도를 올린 호타카, 야리, 시로우마는 변절자여서, 홀로 아카이시만이 태고부터 순수를 간직하고 있다는 것이다.

우스이 씨는 또한 아카이시라는 산 이름에 대해서도 언급하고 있다. 일본에서 '붉다'는 글자가 붙은 산(아카나기赤薙, 아카다케赤岳, 아카쿠라赤倉 등)은 대체로 붉은 기운을 띤 암질을 지니고 있다. 그런데도 아카이시에서는 그런 현저한 붉은색이 보이지 않는다. 보아하니 아카이시明石가 아카이시赤石로 되었던 것은 아닐까. 스마아카시須磨明石[1]에서 '아카시明石'의 모래가 아름다운 것처럼, 아카이시자와赤石澤의 바위가 밝은 반짝임을 지닌 데에서 그 이름이 온 것은 아닐까 하는.

하지만 나중에 아카이시다케라는 이름은 역시 **붉은 돌**이 기원이

산푸쿠야마三伏山에서 바라본 아카이시다케의 광활한 정상

라는 것을 알았다. 이 산의 남면에서 발원해 동쪽으로 흐르는 골짜기에 적갈색의 암석이 크게 붕괴해서 휩쓸려갔다. 그래서 그 골짜기가 아카이시자와라고 불리고, 그것이 그 꼭대기의 산 이름이 되었다는 것이다.[2] 사실 어느 해 유월, 나는 그 아카이시자와의 서덜에서 쉬면서 맑고 깨끗한 시내 바닥에서 아름다운 붉은 돌을 몇 개나 주워 기념으로 가지고 돌아왔다.

이나의 노래에 '산은 아카이시, 덴류가와天龍川'[3]라고 나오지만, 아카이시는 이나다니의 일부에서밖에 보이지 않는다. 이나오시마伊那大島에서 앞산들을 넘어 가시오로 들어설 때 그 비탈길 위부터 비로소 아카이시다케의 위용을 접할 수 있다. 동면에서도 마찬가지이며 고후 분지에서는 보이지 않는다. 지치부나 미쓰토게三ッ峠까지 뒤로 물러나야 한다. 위대한

다이쇼지다이라 부근의 비탈

인물은 시간이 흘러 그 광휘를 가리고 있던 소인배들이 스스로를 낮추었을 때 그제서 그 진가를 알아차릴 수 있게 되는 것처럼, 아카이시다케 또한 멀리 거리를 두고서야 비로소 앞산들 위로 그 수려한 모습을 드러내는 것이다. 나는 그것을 긴푸에서, 미즈가키에서, 에나산에서 보았다.

어떤 산꼭대기라도 각각의 특징을 지니고 있다. 고양이 이마빡만 한 땅도 있는가 하면, 비탈이 이어진 것 같은 넓은 땅도 있다. 낭떠러지 위에 자리한 것도 있는가 하면, 삼림으로 둘러싸인 것도 있다. 나의 기억에 있는 모든 산꼭대기 중에서 아카이시다케의 정상만큼 훌륭한 것은 없다. 그것은 실로 서글서글한 풍모를 갖추고 있다. 광활하지만 그저 완만하지는 않고 팽팽한 긴장이 있다. 이만큼 관용과 위엄을 겸비한 정상은 달리 없을 것이다.

　　그 정상에 내가 섰던 것은 시월 말이었다.[4] 구름 사이로 잠깐 후지산이 보였을 뿐 넓은 전망은 얻지 못했는데도, 별 생각 없이 한 시간이나 머무르고도 여전히 떠나기 아쉬운 정상이었다. 다이쇼지다이라大聖寺平 쪽으로 하산에 접어드니 능선의 동쪽은 온통 운해였고, 그 하얀 기체 위로 브로켄이 떠올라 그것이 내내 고아카이시小赤石로 내려가 닿을 때까지 이어졌다. 고아카이시에서 돌아보았던 아카이시다케가, 정상의 흰 구름을 세차게 밀어내는 바람 속에 서 있던 의연한 모습은 아직도 잊을 수 없다.

주

1　효고현의 지명. 『만엽집』, 『겐지 모노가타리』, 『고금집』, 『헤이케 모노가타리』 등 많은 고전에 등장하는 명소다. 『일본서기』에서는 이곳을 아카시明石가 아닌 아카시赤石로 적고 있어서 어원이 같은 것으로 보인다.

2　시즈오카현 쪽에서 본 중턱의 모습에서 붙여진 이름이다. 적자색赤紫色의 점판암이 많이 보여서다.

3　덴류가와는 나가노현에서 시작해 아이치현·시즈오카현을 거쳐 태평양으로 흘러가는 남 알프스 좌안 전역을 끼고 흐르는 강이다. 이나의 노래란 가마쿠라 다로鎌倉太郎 작사, 마쓰모토 타미노스케松本民之助(1914~2014) 작곡의 「시모이나의 노래 첫 번째下伊那の歌 その一」를 가리키는 것으로 보인다. "아카이시는 산줄기 푸르고, 덴류는 강 물결 희구나赤石は山脈青く　天龍は川波白く"로 시작한다.

4　1961년에 후지시마 도시오 외 2명과 아카이시다케를 오르고 나서 와루사와다케에 올랐다.

히지리다케
聖岳

표고 **3013미터 (마에히지리다케前聖岳)**
소재 **시즈오카현**靜岡縣
　　　나가노현長野縣

　　히지리다케聖岳라는 이름에는 누구든지 마음이 끌릴 것이다. 뭔가 숭고하고 청정한 산이 떠오른다. 확실히 그 이름에 부끄럽지 않을 훌륭한 산이다. 히지리聖는 성자이지만 외국의 saint는 아니고, 예로 들자면 고야 히지리高野聖¹ 같은 뜻의 성자가 걸맞다.

　　기원을 밝혀보면 그렇지는 않았던 것 같다. 일본인은 대체로 현실적이고 즉물적이어서, 산의 이름 따위도 어디에나 있는 사물의 형태로 표현하든가 알기 쉬운 실제적인 지형에서 채택하는 것이 대부분이라, 멋을 부린 문학적인 이름은 극히 드물다. 히지리다케도 그런 예에서 벗어나지 않는다. 오이가와의 상류부터 이 산으로 골짜기가 들어와 있다. 골짜기의 성가신 산허리를 헤즈리ヘズリ²해(안돌이해서) 가야 해서 **헤즈리사와**ヘズリ澤라고 불렀다. 그것이 히지리사와ヒジリ澤로 변했고, 그 원류의 산이 히지리다케ヒジリ岳가 되었다는 설을, 아마 간무리 마쓰지로³의 책에서 읽었던 기억이 있다. 또한 일설에는 그 골짜기가 **히지리**ヒジリ하면서(물결이 넘실대며) 흐르고 있어서 히지리자와라는 이름이 생기고, 히지리다케ヒジリ岳

가미코치다케上河内岳에서 바라본 히지리다케

히지리다케의 계류

히지리다이라고야

로 되었다고도 들었다.

하지만 히지리다케에 관해서는 이런 어원 따위는 잊어버리는 편이 좋다. 그리고 처음부터 히지리다케라는 아름답고 고상한 이름이 있었던 것으로 하자.

히지리다케가 뭔가 세속을 벗어난 고결한 산처럼 여겨지는 것은 그 이름 때문만은 아니다. 그것은 일본 알프스의 3000미터 봉우리로서 가장 남쪽의 벽원한 땅에 있어서 쉽게 다가가기 어려울 것이라는 인상으로부터도 비롯되었을 것이다. 일본의 고봉 중에서 가장 등산자가 적은 산일지도 모른다.

나로서는 아주 오래도록 남겨둔 산이었다. 강한 그리움을 품었으면서도 어프로치가 길어서 오르지 못하고 있었다. 한번은 도야마가와遠山川에서 이로다케易老岳로 오른 다음, 북쪽을 향해 산릉을 타고 갈 생각이었는데, 비를 계속 맞아 닛타다케仁田岳 직전에서 돌아서야 했다. 또 한번은 거꾸로 아카이시다케에서 남쪽으로 산줄기를 더듬어 가려고 마음먹었는데, 그것도 사정상 다른 코스로 벗어났다.

  등산할 기회를 놓치면 놓칠수록 이 성자는 점점 더 나에게 소중한 산이 되었다. 그리고 마침내 종주 따위의 욕심 부린 계획을 멈추고, 단지 히지리다케만을 목표로 나서고서야 그 정상에 섰다.[4]

  바로 이 산으로 오르려면 서쪽에서 도야마가와의 상류 니시자와西澤를 거슬러 오르든지, 아니면 동쪽의 오이가와의 상류 히지리자와를 수원까지 오르거나 하는 것이다. 서쪽인 신슈 쪽에서 이 산을 단순히 니시자와야마西澤山로 부르고 있는 것은 니시자와의 수원에 있기 때문이다. 히지리다케라는 이름은 동쪽의 슨슈 쪽에서 붙인 것으로, 이것은 전술한 대로 히지리사와聖澤의 원류까지 거슬러 오른 곳에 솟아 있기 때문이다. 나는 후자의 루트를 택했다.

  과거의 오이가와 상류를 알고 있는 사람이 오늘날 그곳을 찾아가면 격세지감을 불러일으킬 것이다. 가장 안쪽 마을인 다시로田代며 고고우치小河內[5]의 언저리까지 댐으로 막힌 강은 인공호수가 되어 이제는 관광지로 변해가고, 발전소 공사는 더욱 그 상류까지 미치고 있다. 그 상류에서 우리는 아카이시자와赤石澤로 들어섰고, 다시 아카이시자와에서 갈라진 히지리사와로 들어갔다.

  우리 파티는 파발꾼처럼 서둘러 가지 않고 노량으로 느루 잡아 올랐다. 첫날밤은 다시로의 가미테上ミ手라는 숙사에서, 이튿날 밤은 아카이시자와 히지리자와의 분수령 위에 있는 삼림사무소, 세 번째 밤은 히지리다이라고야聖平小屋, 그리고 나흘째 간신히 목표했던 산정에 섰다.

  히지리다이라고야가 세워졌던 때에는 주위가 조용하고 깊은 삼림이었다고 했는데, 우리가 갔을 때는 작년의 이세만伊勢灣 태풍 때문에 무참하리만큼 큰 나무들이 쓰러져 어지럽게 흩어져 있었다. 그 오두막에서 우리는 가벼운 륙색으로 히지리다케를 왕복했다. 신령님이 나의 숙원을 어여삐 보셨는지 최상의 날씨를 내어주었다. 능선 위의 아자미다이라薊平라고 부르는 아름다운 초원까지 오르니, 그곳에서 비로소 히지리다케가 우

고히지리다케小聖岳에서 바라본 히지리다케 정상

리 앞으로 나타났다. 한 줄기 두꺼운 잔설을 아로새긴 그 산은 유연悠然한 고산의 풍격으로 서 있었다. 눈잣나무로 덮인 산능성이를 너듬어 성지의 턱밑까지 가니, 멋진 대암벽이 니시자와 쪽으로 떨어지고 있었다.

    정상으로 향하는 마지막 오르막은 바위 부스러기가 서벅거리는 넓고 가파른 비탈이었다. 헐떡거리면서 고도를 벌어가며 아직 잔설이 있는 절정에 닿았을 때의 기쁨은 그지없었다. 굉장한 전망이었다. 먼저 눈을 두드렸던 것은 깊은 골짜기 하나를 사이에 두고서 바로 앞에 솟아 있는 당당한 아카이시다케. 동쪽에는 온통 운해 위로 후지산이 아름다운 상반신을 보여주고 있었다.

    세어볼 수 있는 산이 너무나 많았다. 그 산들 위에서 나는 예전부터 히지리다케를 바라보고, 그 정상에 서는 날을 손꼽아 기다렸다. 그리고 그 소원이 성취되었다. 우리는 눈을 밟으며 오쿠히지리奧聖까지 가서 눈잣나무 위에 엎드려 누워, 산을 바라보며 잡담에 빠졌다. 바람 한 점 없는 유월 초의 대기가 살갗에 닿는 기분이 좋았다. 한 시간 이상이나 정상에서 머물렀어도 지루하지 않았다. 3000미터 꼭대기에서 이런 태평하고 즐거운 때를 보낸 적은 없었다.

주

1 와카야마현에 있는 진언종의 총본산인 고야산高野山의 하급 승려. 처음에는 고야산에 은둔하여 염불했던 성인을 가리켰으나, 후대에는 여러 나라를 돌면서 권진勸進하는 떠돌이 중인 숙차성宿借聖(야도카리히지리)을, 근세에 이르러서는 걸식승乞食僧, 또는 옷가지 등의 강매 행상을 하는 매승賣僧도 가리켰다. 따라서 히지리聖는 사찰에 들어가지 않고 사적으로 수행 중인 은둔승을 뜻하게 되었다.
2 아마카자리 편에서는 헤쓰리로 적었다.
3 간무리 마쓰지로冠松次郎(1883~1970): 일본산악회 명예회원. 1918년에 구로베 협곡黑部峽谷에 처음 발을 들여 구로베에 매료되었다. 1925년에는 주지쿄十字峽를 발견하고 게야키다이라欅平 마을 부근에서 구로베 호수까지인 시모노로카下ノ廊下를 계류등산으로 완전히 거슬러 올라가서 구로베의 계곡과 산의 전모를 밝혀냈다. 일본의 독자적이고 특유한 등산 스타일인 '계류등산澤登り(사와노보리)' 분야를 확립한 인물이다. 구로베 협곡과 계곡 등에 관해 30권 이상의 저서와 사진을 남겼으며 구로베의 터줏대감, 또는 구로베의 아버지로 불린다.
4 1960년 6월 후지시마 도시오, 은행가 가와기타 소타로(川喜田壯太郎, 1904~1972) 등과 올랐다.
5 다시로는 와루사와다케 편에서 언급한 지역이며, 현재 댐 호수인 이가와 호수井川湖 우안에 있는 마을이다. 이 고고우치는 시즈오카에 속하며 북쪽으로 이웃해서 댐 호수가 끝난 곳 좌안에 있다.

086

데카리다케
光岳

표고 **2592미터**
소재 **시즈오카현**靜岡縣
　　　나가노현長野縣

　　데카리다케光岳는 스루가·도토우미·시나노 등 삼국에 걸쳐 있고, 대략 일본 알프스의 남쪽 종착점으로 봐도 좋을 것이다. 더 남쪽으로 다이무겐야마大無間山며 구로보시가타케黑法師岳가 이어져 있지만, 2500미터 이상의 산은 데카리다케로서 끝나게 된다. 가이코마가타케부터 날카로운 봉우리를 드러내기 시작하는 남 알프스는 3000미터급의 거봉을 무수히 이끌고 차츰 남쪽에 이르러 데카리다케로서 그 준영俊英한 기운을 거두는 셈이다.

　　산 이름의 매력에 끌리는 것은 드문 일은 아니니, 데카리다케도 그중 하나일 것이다. 히카리光로 쓰고 데카리テカリ로 읽는 점에 맛이 있다. 오래된 기록에서는 이 산의 이름이 보이지 않으니 비교적 새롭게 붙인 이름이 틀림없다. 산꼭대기 서면의 삼림 속에 거대한 바위가 노출되어 있는데, 그것이 석양에 반들반들テカリ 빛나는 것을 산 아래에서 알아볼 수 있어서라고 한다. 나는 그 데카리이와光岩를 후나코시 요시부미[1]의 사진으로 알게 되었는데, 과연 벼랑톱처럼 이어져 있는 커다란 바위였다. 이러면

닛타다케仁田岳에서 바라본 데카리다케

산명의 유래가 된 데카리이와

멀리서도 눈에 띌 만도 하다.[2]

데카리다케라는 이름에 낚였어도 실제로 올랐던 사람의 비율은 낮아 보인다. 아카이시 쪽에서 남 알프스 주맥을 종주해왔어도, 대부분은 데카리다케까지 닿아보지 않고 동쪽이나 서쪽의 골짜기로 내려가버린다. 또한 남쪽에서 스마타가와十又川를 거슬러 올라 데카리다케에 오르려고 하면, 도중에 오두막에서 2박이 필요하다.

벌써 삼십여 년 전 여름,[3] 내가 친구와 둘이서 인부 두 사람을 데리고 데카리다케에 갔던 때에는 아직 스마타가와에서 가는 길이 없었다. 우리는 도야마가와의 시모구리下栗를 출발해 첫날밤은 이로도易老渡에서 야영했다. 이튿날 길 같지도 않은 길을 헤쳐서 이로다케에 오른 그날 밤은 이로와 데카리의 안부에 있는 미요시고야三吉小屋 터라고 부르는 수풀 사이의 빈 땅에 텐트를 펼치고 잤다.

우리의 계획은 히지리를 거쳐 아카이시다케까지 종주하는 것이었다. 이 종주에 데카리다케를 넣으면 단지 그것만으로도 이틀이 더 걸린다. 그런 날수를 손해보더라도 우리는 꼭 데카리다케의 정상에 올라서고 싶었던 것이다.

그런데 이틀로 끝나지 않았다. 안부에 텐트를 쳤던 저녁 무렵부터 비가 내리기 시작해, 이튿날 한순간도 그치지 않고 내렸고, 게다가 그다음 날까지 줄곧 내렸다. 사흘째 되던 날 아침, 겨우 날씨가 개어 네카리다케로 향했지만, 올라가는 사이에 또 구름이 몰려와 정상에 섰던 때는 아쉽게도 전망이 없었다. 겨우 스마타가와 상류를 조금 엿볼 수 있었을 뿐이었다. 북쪽 골짜기에 빡빡한 안개 속에서 브로켄이 나타났던 것이 그나마 위안이었다.

정상은 좁았다. 조금 가면 어료국御料局[4] 삼각점이 있는 정상이 하나 더 있었다. 그쪽이 조금 더 넓다. 파인애플 통조림을 따서 어느 눈잣나무 등걸에 걸터앉아 쉬었는데, 그 눈잣나무야말로 일본 최남단의 것이었다. 인부의 말에 따르면, 이제 이 앞으로 있는 산에는 눈잣나무가 없다고 한다. 남쪽으로 봉우리를 잇는 가가모리야마加加森山 쪽을 보니, 과연 산 전체가 키 큰 상록침엽수로 덮여 있어서 눈잣나무가 있을 것 같은 기미가 없었다. 일본 알프스도 여기가 남쪽 끝이구나 하는 느낌이 강했다.

"눈잣나무의 일본 최남단은 결국 동양 최남단인 셈이지"라고 동행했던 내 친구인 식물학자는 말했다.

산려에서 돌아와 때마침 만나뵈었던 다케다 히사요시 박사께

"동양 최남단의 눈잣나무를 보고 왔습니다."

라고 말했더니 해학이 넘치는 다케다 씨는

"오호, 그럼 그건 세계 최남단의 눈잣나무네요"라고 나를 우쭐하게 해주셨다.

친구가 그 세계 최남단의 눈잣나무를 사진으로 담고 나서 우리는 정상에서 물러났다. 그 친구라는 사람은 다나베 가즈오다. 다나베 군[5]과 다케다[6] 박사·다케나카[7] 박사의 공저인 『일본고산식물도감』을 보면 그 시절 다나베 군이 찍었던 사진이 실려 있고 「남방 한계지의 눈잣나무(데카리다케)」라는 제목이 붙어 있다. 그리고 본문의 개설에는 다음과 같이 적혀 있다.

"아카이시 산맥은 데카리다케를 마지막으로 그보다 남쪽에서는 고도가 현저히 줄어드는 한편 암장을 가진 산도 없어서, 이제 이 산보다 남쪽으로 눈잣나무가 있을 것이라고는 생각할 수 없다. 거듭 다른 산계를 살펴보아도 데카리다케 이남에 해당하는 곳에는 충분한 높이를 가진 산이 없어서, 에나산·이부키야마·오미네大峰·호키 다이센伯耆大山·시코쿠四國[8] 및 규슈의 여러 산 등 어느 곳에도 눈잣나무는 존재하지 않는다."[9]

데카리다케는 식물학적으로도 의의 있는 산이 되었던 셈이다.

세월이 흐르고 이월 어느 맑게 개었던 날, 나는 시즈오카로 가서 그 해안에서 아득히 남 알프스를 바라보았다. 히지리, 아카이시, 아라카와, 와루사와 등 웅장한 봉우리가 순백으로 반짝이고 있고, 그 앞으로 데카리다케가 있었다. 그 이름의 유래인 거대한 바위는 보이지 않았는데, 아

마 그것은 해 질 무렵 광선의 상태 때문으로 보이니, 조금 더 산으로 다가간 곳에서는 반들반들 빛나 보일지도 모르겠다. 나는 회구懷舊의 정으로 데카리다케를 유심히 쳐다보았다. 그 정상에 다시 설 기회가 내게 베풀어질 날이 있을까.

주

1 후나코시 요시부미船越好文(1909~2001): 산악 사진가, 영어 교사. 저서로 『설릉雪線(1958)』, 『북 알프스(1963)』 등이 있다.
2 산정에서 남서쪽으로 서 있는 흰빛을 띤 두 개의 석회암 암탑岩塔인 데카리이와光岩를 말한다.
3 1935년 8월.
4 황실 소유 임야御料林를 관리하던 제실임야국帝室林野局이 1885년에 광산 등 황실재산 전반을 관리하는 어료국이 되었다.
5 도쿄제국대학 재학 당시 다케다 히사요시에게 논문지도를 받았다.
6 다케다 히사요시.
7 다케나카 요竹中要(1903~1966): 조선산악회 회원, 일본산악회 회원, 식물유전학자. 도쿄제국대학을 졸업하고 1929년부터 1945년까지 경성제국대학 교수를 지냈다. 조선산악회 회지 『조선산악』 4호(1937)에 「부전고원 식물채집 목록」이라는 보고서를 실었으며, 벚꽃과 나팔꽃 연구로 유명하다. 우리나라에 관한 책으로 『반도의 산과 풍경(1938)』이 있다.
8 도쿠시마·가가와·에히메·고치 등 4현으로 이루어진 섬.
9 오늘날 일본 최남단의 눈잣나무는 데카리다케 정남에 있는 마루본다케丸盆岳(2066미터)에 있는 것으로 확인되었다.

7부
호쿠리쿠北陸
긴키近畿
주고쿠中國
시코쿠四國

하쿠산
白山

표고 **2702미터(고젠가미네**御前峰**)**
소재 **이시카와현**石川縣
기후현岐阜縣

    일본인들은 대개 고향의 산을 가지고 있다. 산의 대소원근大小遠近은 있어도 고향의 수호신 같은 산을 가지고 있다. 그리고 그 산을 바라보며 자라고, 성인이 되어 고향을 떠나가도 그 산의 모습은 마음에 남아 있다. 아무리 세태가 변해도 그 산만은 옛 모습 그대로 따듯하게 고향으로 돌아오는 이를 맞아준다.

    내 고향의 산은 하쿠산白山이다. 하쿠산은 생가의 이층, 소학교의 교문, 붕어 낚시하는 강변, 미역 감으러 간 해안의 모래언덕에서도, 다시 말해 내 고향마을의 어디에서라도 보였다. 바로 정면으로 고상하고 아름답게 보였다. 그것은 이름처럼 일 년의 절반은 하얀 산이었다.

    순백의 겨울 하쿠산이 봄이 깊어질수록 얼룩이 지기 시작해, 그 잔설이 거의 사라지는 것은 유월 중순이 되고 나서였다. 그리고 가을의 끝부터 다시 하얗게 되기 시작한다. 처음은 겨울을 알리는 것으로, 봉우리 언저리에 얼마 안 되는 눈을 입힌다. 그것이 점점 펼쳐져서 십이월 중순 무렵에는 어느새 한 점 얼룩도 없이 새하얗게 되어버린다. 그리고 그것이 이

하쿠산의 오난지미네大汝峰에서 바라본 모습.
좌로부터 미도리가이케翠ヶ池, 겐가미네劍ヶ峰, 고젠가미네

하쿠산무로도白山室堂와 중앙의 벳산別山

듬해 봄까지 이어지는 것이었다. 시베리아로부터 동해를 건너오는 차가운 계절풍이 하쿠산이라는 큰 장벽에 부딪혀 눈으로 변하고 마는 것이다.

아마 여러분 대다수는 일본 중부의 산 위에서 북녘으로 멀리, 구름 위에 떠 있는 하쿠산을 보았을 것이다. 그리고 그것은 고고한 기품으로 여러분의 마음을 두드렸을 것이 분명하다. 일본에서 일본 알프스와 야쓰가타케 다음으로 높은 것이 하쿠산이다. 먼 옛날부터 스루가의 후지산, 엣추의 다테야마, 가가의 하쿠산은 일본의 삼대 명산으로 불렸다. 엄밀히 말하면 하쿠산은 가가, 에치젠越前[1], 히다에 걸치고 있는 산이지만, 그것을 굳이 가가의 하쿠산으로 불렀던 것은 거기에서 보았던 모습이 가장 빼어났기 때문일 것이다.

그 가가의 평야보다 내 고향마을에서 보는 것이 가장 좋다는 것을, 나는 자신 있게 자랑할 수 있다. 주봉인 고젠御前과 오난지大汝를 균형 잡힌 모습으로 바라볼 수 있을 뿐만 아니라, 하쿠산이 지닌 높이와 펼쳐짐을 가장 확실하게, 가장 분명하게 알아볼 수 있는 것은 우리 동네 근처에서였다. 전쟁 후에 나는 고향에 돌아와 삼 년 반의 고독한 소개생활疏開生活[2]로 세월을 보냈는데, 하쿠산이 얼마나 나를 위로해주었는지 모른다.

밤새 글을 썼던 동틀 녘에 동살이 창유리에 비춰오면 나는 일어서서 밖을 내다본다. 어쩌다 똑똑히 산이 보일 것 같은 날씨라면, 동구 밖까지 나가서는 거칠 것 없는 첫새벽의 정적한 하쿠산을 마음껏 바라보기 일쑤였다.

해질녘, 바다로 가라앉는 태양의 은은하게 남은 노을을 받아 하쿠산이 장밋빛으로 물드는 한때는 다시없을 아름다움이었다. 금세 엷은 쥐색으로 저물어 가기까지의 잠깐 동안의 미묘한 색채의 추이는 이 세상의 것이라고는 느껴지지 않았다.

호쿠리쿠[3]의 겨울은 개어 있는 때가 드물다. 어쩌다 구름 한 점 없이 갠 밤, 공기가 쨍하고 울릴 듯이 얼어붙고, 활짝 갠 넓은 하늘로 푸른 달빛을 받은 백은의 하쿠산이 마치 수정세공水晶細工처럼 떠올라 있는 모습

저녁놀이 비치는 하쿠산무로도

은 뭔가 비현실적인 몽환 속 나라의 풍경이었다.

하쿠산의 개기開基는 요로養老 원년(717) 다이초⁴ 스님에 의해 이루어졌다고 하니, 일본에서 가장 빨리 열린 산 중 하나다. 『만엽집』에서도 읊고 있다. 당시 문화의 중심이었던 서울都(미야코)에서 미치노쿠로 향하던 길손이 호쿠리쿠의 길로 접어들어 맨 먼저 눈에 띄는 눈 덮인 산이 하쿠산이었다. 그리고 너무나 새하얘서 틀림없이 놀랐을 것이다. 『고금집』 이후로도 하쿠산은 자주 나오고 있는데, 대개는 눈이 깊은 산으로 노래하고 있다. 벤케이⁵와 동행한 요시쓰네⁶ 일행도, 깊숙한 오솔길에 지쳤던 바쇼도 이 하쿠산을 우러러보면서 그 아래를 지나갔다.

하얀 산이라는 이름을 가진 산은 유럽에 몽블랑(몽Mont은 산, 블랑Blanc은 흰)이 있고, 히말라야에 다울라기리Dhaulagiri(다울라는 흰, 기리는 산)가 있다. 그리고 일본의 대표는 하쿠산이다. 모시는 신은 히메카미比咩神⁷로, 히메比咩는 히메姬이고 엣추 다테야마의 웅경雄勁한 산세의 오야마카미雄山神와 대비되는 가가 하쿠산의 우미優美한 산용을 히메카미로 숭상했다고 전해진다. 확실히 하쿠산만큼 위엄 있으면서 우아한 모습의 산은 드물 것이다.

바라봐서 아름다울 뿐만 아니라 올라서도 아름다운 산이다. 눈잣나무와 고산식물로 덮여 있는 정상에는 옛 분화구가 몇 개쯤 있고, 그곳에는 감청색의 물이 차 있어서, 거기에 짝지어진 설계雪溪며 바위의 배치가 천연의 정원 같은 분위기다. 더구나 여름철 등산객으로 붐비는 정상 부근을 조금 벗어나면, 원시의 모습대로 조용하고 기분 좋은 장소가 거의 때 묻지 않은 채로 남아 있다.

내가 처음으로 올랐던 것은 중학생 때로, 여름인데도 눈이 있는 산에 갔던 것은 그때가 처음이었다. 그때까지 고향의 낮은 산만 뒤지고 다녔던 나에게, 하쿠산 등산은 내가 진정으로 산에 눈을 뜨게 해주었다. 그 뒤로 나는 얼마나 하쿠산이며 그 주변을 찾아다녔던가.

하쿠산에 관해 이야기를 꺼내자면 끝이 없다. 이 산은 그토록 많은 것을 내게 내려주고 있다.

주

1   옛 지명으로 후쿠이현 동북부.
2   유자와에 피난해 있던 고바 시게코 모자와 이곳으로 옮겨와서 살았던 때를 말한다. 표절사건 직후로, 작가로서 생명이 끝났다고 여길 만한 일이 있은 뒤였다.
3   호쿠리쿠도北陸道라고 부르는 일곱 지방七國인 와카사若狹·에치젠越前·가가加賀·노토能登·엣추越中·에치고越後·사도佐渡를 말하며 "도시락은 안 챙겨도 우산은 챙겨라"라는 말이 있을 정도로 강수가 잦고 강수량이 많은 지역이다.
4   다이초泰澄(682~767): 나라 시대 슈겐도 승려.
5   무사시보 벤케이.
6   미나모토노 요시쓰네.
7   히메카미를 모시는 신사가 시라야마히메 신사白山比咩神社다. 시라야마白山는 하쿠산의 고칭이다.

아라시마다케
荒島岳

표고 **1523미터**
소재 **후쿠이현**福井縣

　내 고향은 이시카와현 다이쇼지大聖寺인데, 어머니가 후쿠이시福井市 출신이었던 관계로 중학교(구제)는 이웃 현의 후쿠이중학에 들어갔다. 산병이 난 것은 그 무렵부터다. 다이쇼지마치大聖寺町와 후쿠이시를 거점으로 삼아 근처에 있는 산에는 자주 올랐다. 그 무렵 **참모본부지도**라고 불렀던 5만 분의 1 지도에, 걸었던 자취를 붉은 선으로 기입하는 것이 큰 즐거움이었다. 아직 류색 같은 것도 몰라서 책가방을 어깨에 걸치고는 언제나 짚신감발 차림이었다.
　중학 2, 3학년 때였던가. 나는 우리 동네부터 걸어서 누나[1]의 시댁이 있는 후쿠이현에서도 외진 가쓰야마초勝山町[2]까지 갔다. 아마 봄방학이었던 걸로 기억한다. 구즈류가와九頭龍川를 따라 거슬러 올라가니 유채꽃이 한창이었던 것이 생각난다. 아라시마다케荒島岳를 처음으로 알았던 것은 그 무렵이었다. 가쓰야마초에서 동남쪽으로 누굿하게 양쪽에 산줄기를 늘어뜨린 커다란 산이 보였다. 어린 마음에도 아름다운 산이구나 라는 인상으로 남았다.

나의 중학생 시절에는 아직 지방에서는 등산하는 분위기가 활발하지 않아서, 높은 산이라고 해야 하쿠산에 올랐을 뿐이었다. 내가 고향땅 이외의 산을 널리 오르기 시작했던 것은 도쿄의 학교에 입학하고 나서였다.

대학 1학년 가을, 나는 손위인 친구3와 둘이서 하쿠산 일주를 시도했다. 가나자와의 외진 곳에서 부나오 고개ブナオ峠와 렌뇨이와蓮如岩를 넘고 히다의 시라카와白川로 나와서, 하쿠산 산맥4을 안쪽부터 차분히 바라보면서 대가족제도를 유지하던 커다란 갓쇼즈쿠리合掌造り5 집이 있는 미보로御母衣6를 찾았다. 지금 미보로는 댐으로 유명해진 일종의 명소로 변해가지만, 삼십오 년 전에는 헤이케平家의 잔당 마을이라고 부르기에 어울리는 산중의 한적한 곳이었다.

그곳에서 히루가노蛭ヶ野라고 부르는 자작나무 숲의 아름다운 고원을 지나 미노로 들어서고, 시로토리초白鳥町에서 아부라사카 고개油坂峠를 넘어 구즈류가와의 수원으로 나왔다. 물론 버스 같은 것은 없고 전부 도보였다. 구즈류가와를 내려가니 길을 막아서는 것처럼 뾰족한 산이 씩씩하게 서 있다. 나는 또다시 아라시마다케를 보았다. 안쪽에서 보았던 아라시마다케는 전에 가쓰야마에서 보았던 저 고상하고 누긋한 선이 아니라, 마터호른Matterhorn류로 치솟은 위엄 있는 모습이었다. 그것 또한 그것대로 또 다른 아름다움으로 내 마음을 강하게 사로잡았다.

그 뒤로 이 산은 가끔씩 내 마음속에 떠올랐다. 하지만 나에게는 가고 싶은 다른 산이 너무 많았다. 1500미터 정도의 산에 오르려고 일부러 에치젠의 외진 곳까지 나설 여유가 없었다.

만일 하나의 현에서 하나의 대표적인 산을 고른다고 한다면? 이라는 생각을 전부터 하고 있었다. 후쿠이현은 현 경계의 하쿠산 산맥 남반부의 능선 위에 여러 봉우리를 가지고 있다. 하지만 어느 것도 명산이라고 부를 만한 독립한 자세가 부족하다. 에치젠과 미노의 경계에는 그다지 세상에 알려지지 않은 많은 산이 줄지어 있지만, 1200~1300미터 전후의 산을 추천하는 것은 곤란하다. 그중에 노고하쿠산能郷白山(1617미터)만이

오노시大野市에서 바라본 아라시마다케

한층 높고, 장대한 하쿠산 산맥의 마지막에 솟아 있어서 일부 등산가 사이에서 알려져 있었다. 나는 이 산도 전부터 점찍어두고 있었다. 고른다면 노고하쿠산일까, 아라시마다케일까.[7]

몇 년 전 오월, 나는 가쓰야마의 누나에게 들렀을 때 아라시마에 오를 기회를 놓치지 않았다. 가쓰야마에서 오노大野(두 마을町 모두 이미 시로서 자치제를 시행하고 있다)로 향하는 동안에 바라본 아라시마다케는 이의 없는 훌륭한 산이었다.

"아름답네요"라고 내가 자가용차에 태워준 친척인 T씨에게 말을 건넸더니

아라시마다케의 정상부

"하모에"라는 대답. 정겨운 에치젠 사투리다.

운전하면서 T씨는 이 지방의 사정을 이것저것 이야기해주었다.

"아라시마다케 정면 계곡에 Y자 모양으로 눈이 남는데, 그걸 보고 구즈류가와의 어부들이 은어를 잡기 시작했다고 하네요."

"그래도 옛날 사람들이 Y자 모양이라고 하진 않았겠죠?"라고 동반한 아내[8]가 끼어들자

"그렇죠. **사슴뿔**이라고 했답니다."

사슴뿔이라는 것은 그럴듯한 말 같다. 그 뿔의 한쪽 가지에서 잔설이 빛나고 있었다.

예전에는 사비라키佐開에서 올랐다고 하는데, 지금은 스키장인 나

칸데中出부터 길이 나 있다. 고아라시마다케小荒島岳를 거쳐 주봉까지 오르는 길에 샛노랗게 흐드러진 빈도리空木 꽃과 쉴 새 없이 우는 두견이 인상적이었다.

정상에서 가장 좋은 경치는 하쿠산이었다. 아직 듬뿍 눈을 두르고 있어서 거룩할 정도의 아름다움으로 동북쪽의 하늘에 서 있었다. 그 바로 앞에는 호온지야마法恩寺山, 교가타케經ヶ岳, 아카우사기야마赤兎山, 간교지야마願敎寺山 등의 산줄기가 보였다. 모두 후쿠이산악회의 활동무대다. 불교에서 유래한 산 이름이 많은 것은 다이초 대사가 고찰 헤이센지平泉寺에서 하쿠산으로 처음 올랐을 때의 루트에 해당하기 때문이다.

노고하쿠산도 잘 보였는데 산이 기품 있는 면에서는 아라시마다케가 위였다. 꼭대기에 자그마한 불당 안에는 지장불이 몇 좌나 있었고 그중 하나에는 겐지元治 원년(1864)이라고 새겨져 있었으니, 과연 예로부터 숭경해서 많은 사람이 등배登拜했던 산이란 것을 수긍할 수 있었다.

주

1   저자는 손위로 이부매씨 한 분과 친부매씨 두 분이 있었다. 저자의 어머니는 전 남편과 사별하고 딸이 하나 있었으나 후쿠이에 두고 저자의 아버지와 재혼했다. 이부매씨인 맏누이는 가쓰야마초에 남아 가업을 잇고 있었고 개업 50주년이 되이 지자가 축하하러 가던 길이었다.

2   오늘날 가쓰야마시.

3   저자가 산의 은인으로 꼽는 네 사람 중 한 사람인 중학 선배 이나사키 겐조稻坂謙三(1898~?)를 말한다. 저자에게 처음 산을 가르쳐 준 인물이다. 하쿠산 편에서 언급하듯이 저자가 중학생이던 1918년에 다이쇼지 학생회의 리더로서 당시 가나자와 의전金澤醫專을 다니고 있던 그와 처음으로 하쿠산을 올랐다. 고향 다이쇼지에서 1949년에 결성한 긴조錦城산악회의 초대회장을, 저자가 이사를 역임했다. 부친 역시 의사였고 다이쇼지에서 의사로 개업했다. 일본산악회 회보인 『산』 1969년 1월호(No.283)에 그의 저서 『고향故山』에 대한 기사가 있고 소재가 다이쇼지마치로 되어 있는 것을 보면 평생 고향을 떠나지 않았던 것으로 보인다.

4   좁게는 하쿠산 산지白山山地, 또는 가에쓰 산지加越山地를 가리킨다. 더 넓은 개념

으로는 전쟁 후에 하쿠산 산지에 남쪽에 있는 노고하쿠산을 포함하는 료하쿠 산지兩白山地가 있다. 도야마·이시카와·기후·후쿠이 등 4현에 남북으로 걸친 일본에서 손꼽는 강설량을 가진 산지다.

5 　두 재목을 삼각형 모양으로 어긋매긴 건축양식이다. 강설이 많은 지역의 특징적인 건축물로 지붕 물매가 가파르고 2층에는 대개 양잠을 위한 시설이 있다. 본문에 시라카와로 언급한 곳은 기후의 시라카와고白川鄕이며 갓쇼즈쿠리 집락은 도야마의 고카야마五箇山에도 있다. 히다(기후)와 엣추(도야마)의 건축양식이 조금씩 다르며 모두 세계유산으로 지정되어 있다.

6 　중요문화재로 지정된 구 도야마케 주택舊遠山家住宅을 말한다. 1827년에 짓고 1854년에 4층으로 개축한 큰 집이다. 다이쇼 시대부터 쇼와 초기에 걸쳐 활발하게 행해진 대가족제도 연구의 대상이 된 집으로, 야나기타 구니오 등 연구자가 방문했으며 메이지 30년대 후반의 절정기에는 40명의 가족원이 확인되었다.

7 　1964년 10월 14일에 곤 히데미, 이노우에 야스시 등이 참석한 가운데 열린 『일본백명산』 출판 축하연에서 후지시마 도시오는 저자가 후쿠이중학에 다녔던 연고를 들어 "아라시마다케를 백명산에 넣은 건 편파적인 거 아니야?"라고 해서 좌중을 웃겼다.

8 　1961년 5월 하순이며 시게코 여사를 말한다.

089 이부키야마
伊吹山

표고 **1377미터**
소재 **시가현**滋賀縣

　　일본의 대동맥인 도카이도센東海道線도 오가키大垣에서 마이바라米原 사이, 역驛으로 말하자면 세키가하라關ヶ原, 가시와바라柏原, 오우미나가오카近江長岡, 사메가이醒ヶ井 부근은 호젓한 산간을 달리고 있다. 『태평기太平記』[1] 중에 유명한 「도시모토 아손[2] 관동하향조俊基朝臣關東下向の条」[3]에 "반바番場, 사메가이, 가시와바라, 후하不破[4] 관문지기의 집은 황폐해져, 여전히 새고 있는 것은 가을비……"라고 나와 있을 정도다. 도카이도 전체 노선 중에 이 정도로 산 가까이를 달리는 곳이 없고, 그중에서 내가 언제나 정신없이 보는 것은 이부키야마伊吹山의 모습이었다. 그것은 볼륨 있는 생김새로 바로 눈앞에 커다랗게 솟아 있다.

　　마이바라에서 호쿠리쿠센北陸線으로 접어든 나가하마長濱 언저리에서는 좀 더 여유 있게 이 산을 우러러볼 수 있다. 화창한 오우미의 들판을 지날 때마다 도손[5]의 시 「만춘의 별리晩春の別離」[6] 한 대목이 내 입술로 떠오른다.

미시마이케三島池에서 바라본 이부키야마

정상의 야마토타케루 석상

생각하면 비와 호수의
물녘의 반짝임에 어쩌질 못할 때
동으로 이부키산[7] 높고
서로는 히에이히라의 봉우리

懷へば琵琶の湖の
岸の光にまよふとき
東膽吹の山高く
西には比叡比良の峯

그만큼 이부키야마는 눈에 띄는 산이라서 먼 옛날부터 세상에 알려져 노래며 시로 읊어졌다. 이미 『경행기景行記』[8] 중에 전설이 나타난다. 야마토타케루노 미코토가 동방정벌에서 돌아오는 길에 이 산에 요신妖神[9]이 있다고 듣고서 퇴치하려고 올랐을 때 그것이 둔갑한 이무기大蛇[10]의 독을 쐬어 산기슭 사메가이[11]의 물을 마시고 독에서 깨어났지만, 결국 이세에서 돌아가셨다고 한다. 그 전설로부터 정상에 야마토타케루의 석상이 서 있는데, 영웅을 딱할[12] 정도로 꼴사납게 만든 것은 유감이다.

다음으로 이부키야마는 약초의 산으로 알려졌다. 에이로쿠永祿 연중(1558~1570) 오다 노부나가[13]가 남만인南蠻人[14]에게 명해 해외의 약초를 가져오게 해서 이 산에 대략 오십 정町 정도의 약초밭을 만들었기에, 특유의 식물로 유명해져 그 뒤에 여러 본초학자에게 귀중한 연구의 장이 되었다. 메이지 말기 가와사키 요시나리[15]가 채취했더니 1000여 종에 이르렀다지만, 무례한 등산객이 늘어난 오늘날 과연 그렇게까지 남아 있을지는 모르겠다.

이부키야마는 강우량이며 일조량의 관계에서 그런 식물이 자라기에 좋은 조건을 갖추고 있었다고 한다. 먼 옛날부터 이부키모구사伊吹百草[16]가 세상에 이름났던 것은 『백인일수百人一首』[17] 중에서 "이렇게 사랑한다는 말조차 전하지 못했으니, **이부키의 쑥**······"[18]이라는 노래를 통해서도 증명된다.

　　그 강우량이 현대에 이르러 이부키야마를 스키장으로서 다시 유명해지게 했다. 활강장이 부족한 간사이의 스키어들로서는 눈이 내리는 이 산을 놓칠 수 없었다. 산 중턱까지 리프트가 걸리고 스키 오두막이 무리 지어 있다.

　　산의 위치가 기상학상으로 봐서도 귀중한 데이터를 생산하는 것 같다. 정상에는 옛날부터 훌륭한 관측소가 설치되었다. 근년에는 산기슭에 시멘트 공장이 들어섰다. 이것은 이부키야마가 전부 석회암으로 이루어진 것을 기업가가 눈여겨보았던 것이다.

　　이 공장의 흰 연기며 스키장의 리프트는 산의 미관을 해치는 몹시 눈에 거슬리는 흉물인데도, 여름철에는 몇 천이나 되는 등산객이 있다는 것은 예로부터 명산으로 주목하고 있었기 때문일 것이다. 등산로는 남쪽 산기슭의 우에노上野에서 나 있는데, 남향인 풀밭의 급경사를 톺아야 해서 그 더위를 피하려고 대부분은 야간에 올라 정상에서 해돋이를 맞는 것이 관례로 되어 있다. 정상에 밀집해 있는 많은 오두막을 보는 것만으로도 여름철의 번창한 모습이 헤아려진다.

　　나는 산이 혼잡한 것을 아주 싫어해서 사월 중순 중 하루를 택했다. 하늘은 맑게 개었고 아무도 없는 산중턱을 홀로 올라가니, 풀이 마른 틈으로 벌써 민들레, 풀명자草木瓜, 자주괴불주머니紫華鬘의 배색이 아름다웠다. 하지만 나는 약초꾼이 아니라서 화초에 깊이 파고드는 것보다, 올라갈수록 펼쳐져 오는 전망에 마음을 빼앗겼다.

　　정남향으로 커다란 머리를 치켜들고 있는 것이 료젠잔靈仙山, 그 깊숙이 이어져 있는 것이 스즈카鈴鹿[19]의 산들이다. 눈 아래 오우미의 평야는 유채꽃이 한창이라, 모자이크처럼 녹색 속에 붙은 노란색은 눈이 물들만큼 선명했다. 비와琵琶 호수에는 봄 안개가 가로 길게 뻗쳐 있고, 그 너머로 희미하게 아물거리는 것은 히에이히라比叡比良[20]의 봉우리. 히라比良는 아직 눈으로 얼룩져 있었다.

정상까지 초원이 이어지는 도중에 만나는 이부키야마 로쿠고메히난고야伊吹山六合目避難小屋

　　　평야의 경치는 정말 화창했지만, 겐키텐쇼元龜天正의 세상[21]에 그 일대는 피비린내 나는 전장이었다. 시즈가타케賤ヶ岳, 아네가와姉川, 세키가하라[22] 등 유명한 옛 전장이 손에 잡힐 듯 바라보였다. 작은 산이 복잡하게 서 있어서, 과연 옛날 보병전투에서는 작전에 안성맞춤이었을 것이다.

　　　정상에서의 가장 큰 수확은 멀리 북녘에서 꼭두서니茜빛으로 붉게 번지는 순백의 하쿠산인데, 이런 각도에서 이런 아름다운 하쿠산을 바라본 것은 처음이었다. 처녀치마猩々袴가 눈이 녹은 틈으로 어느덧 꽃을 피우고 있는 그 화창하고 조용한 산정에서 보냈던 한때는 바로 현세의 극락이었다.

주

1   일본 남북조시대의 이야기를 다룬 문학으로, 무로마치 시대에 완성된 것으로 추측하는 작자 미상의 군담 소설이다. 40권의 책으로 완성되었다. 『헤이케 모노가타리』와 더불어 군기軍記 문학의 쌍벽을 이루는 작품으로 평가된다.

2   히노 도시모토日野俊基(? ~1332): 가마쿠라 후기의 귀족. 히노는 현재 교도 후시미구伏見區의 지명이며 이는 히노 집안日野家의 근거지가 된다. 아손은 헤이안 시대 이후 오위五位 이상의 문신 귀족인 구게公家에게 붙이던 경칭인 가바네姓의 일종이다. 가바네는 우지氏와 함께 천황이 사성賜姓하는 경우가 많았고, 이런 씨성氏姓은 특권적 지위의 세습을 보장했다. 본문에서 등장하는 가바네로는 구니노 미야쓰코國造, 무라지連, 스쿠네宿禰 등이 있다. 일본의 고대 씨성 제도는 대체로 씨족의 출신, 소유 토지의 연고지, 소속된 직무 집단을 나타내는 우지와, 경칭으로서의 의미를 지니면서 다른 씨족 간의 정치·사회적 지위를 구분하는 가바네로 구성되었다. 따라서 우지를 쓰는 경우에는 '○○ 출신의'라는 것을 뜻하기 때문에 '○○의'를 뜻하는 조사 노의를 함께 쓴다. 따라서 겐페이源平 전쟁의 두 가문이었던 황족 출신인 미나모토源나 다이라平의 성을 읽을 때 미나모토노, 다이라노 등으로 읽게 되는 것이다. 한편 히노 도시모토의 경우 노를 붙이지 않은 것에서 보이듯 그가 명문가 출신이 아니라는 것을 짐작하게 한다.

3   대개 「도시모토 아손 관동하향사俊基朝臣關東下向の事」로 알려져 있다. 도시모토는 학문이 뛰어나 고다이고텐노後醍醐天皇의 신임을 얻었고 가마쿠라 막부 타도에 앞장섰다. 첫 번째 모반은 처벌을 면했지만, 두 번째 모반에서 체포되었다. 이때 가마쿠라로 호송되는 것을 묘사한 도행문道行文이며 결국 가마쿠라에서 처형되었다. 그가 전복을 노렸던 가마쿠라 막부는 이듬해인 1333년에 멸망한다.

4   오늘날 후와로도 읽는다. 기후현 후와군不破郡에 있었던 고대 관문의 하나로, 간토 지방은 이 관문의 동쪽이라는 뜻이다. 그 유적은 고래로 시가의 소재로 애용되어서 『헤이케 모노가타리』에서도 시게하라가 이부키야마에서 이곳을 지나면서 "폐허가 되어 오히려 우아한 운치가 있는 것이 후하 관문지기 집의 처마이다"라고 하는 대목이 나온다.

5   시마자키 도손.

6   시집 『여름 풀夏草(1898)』에 실린 장편 시. 메이지 시대부터 패전 후까지 여러 구제 중학 교과서에 실렸던 시이며, 자살한 친구인 후지산 편의 기타무라 도코쿠와의 우정이 주제다.

7   『일본서기』에서는 이부키膽吹, 또는 이부키五十葺로, 『고사기』에서는 이부키伊服岐로 적는다.

8   『일본서기』 제7권과 『고사기』 중권에 실린 게이코텐노景行天皇 편. 대부분 야마토 타케루의 신화를 다루고 있다.

9   『일본서기』에서는 아라부루카미荒振神(荒神)로 적고 있다. 사신邪神, 폭신暴神, 악신惡神으로도 적어 난폭하고 사악한 신으로 표현한다. 반면에 『고사기』에서는 단

순히 이부키의 산신伊服岐能山之神으로 적고 있다.
10 『일본서기』에서 이 이무기는 야마타노 오로치八岐大蛇로 보기도 한다. 『고사기』에서는 하얀 멧돼지로 나온다.
11 성정醒井 : 깨는 우물.
12 영웅이 뱀독毒 때문에 죽은 것과 딱함氣의 毒이라는 말을 같이 놓은 말장난.
13 오다 노부나가織田信長(1534~1582): 전국시대의 무장. 가이의 다케다武田 가문을 멸망시키고 천하통일을 눈앞에 두었으나, 1582년 일본사 최고의 미스터리인 혼노지의 변本能寺の變으로 암살된다. 이후 노부나가의 후계자로 도요토미 히데요시가 집권하게 되고 10년 후 임진왜란이 일어난다.
14 무로마치 말기부터 에도 시대 초기에 걸쳐 일본에 건너 온 포르투갈인 등을 비하하는 말.
15 가와사키 요시나리川崎義令: 일본산악회 회원. 일본산악회의 전신인 박물학동지회부터 활동했던 박물학자다. 일본산악회의『산악』 1906년 창간호부터 1907년 제3호까지 「노리쿠라다케 채집기乘鞍嶽採集記」, 「온타케 채집기御嶽採集記」, 「이부키야마」 등의 기사를 연속해서 싣고 있다.
16 이부키야마에서 나는 산쑥을 원료로 만든 뜸쑥. 오늘날에도 많이 판매하고 있다.
17 가인 백 명의 와카和歌를 한 수씩 뽑아 모은 가집.
18 백인일수 51번. 후지와라노 사네카타 아손藤原實方朝臣(998~ ?)의 노래이며 생략된 내용은 "이부키의 쑥은 아니지만 그 정도일 거라고는 모르실 거예요. 타오르는 이 그리움을"이다. 후지와라는 헤이안 시대의 문인 세이 쇼나곤清少納言(966~1025)의 연인으로 알려져 있다. 그녀에게 지지 않을 정도의 시를 짓고 싶어서 이 노래를 지었다고 한다.
19 스즈카야마鈴鹿山를 가리키며 시가현과 미에현에 걸친 스즈카 산맥을 말한다.
20 주로 히라히에이比良比叡로 표기한다. 비와 호수 서쪽의 히에이잔比叡山과 히라 산지比良山地를 말한다. 50킬로미터 정도의 걷기 좋은 트레일이 만들어져 있다.
21 전국시대의 고비라고 평가받는 1570년(겐키 1년)부터 1592년(덴쇼 20년)까지의 쟁란爭亂을 말한다. 오다 노부나가와 반 노부나가 세력의 격렬한 패권 다툼이었다.
22 1600년에 도쿠가와 이에야스의 패권이 확립된 전투인 세키가하라 전투가 일어난 곳이다. 이 전투의 결과 도쿠가와 막부가 메이지 유신이 일어난 1868년까지 일본을 지배했다.

090 오다이가하라야마
大臺ヶ原山

표고 **1695미터**(**히데가타케**日出ヶ岳)
소재 **나라현**奈良縣
　　　미에현三重縣

　야마토노쿠니大和國는 일본에서 가장 일찍 개화되었던 땅이지만, 그 남반부는 산악이 중첩해 있다. 그중에서 남북으로 달리고 있는 두 개의 장대한 산맥이 오미네大峰 산맥과 다이코臺高 산맥이다. 전자는 유명하지만 후자는 그다지 알려지지 않았다. 다이코 산맥은 나라현과 미에현의 경계에 있는 다카미산高見山을 시작으로 남으로 이어지는데, 그 마지막 가까이에 솟아올라 있는 것이 오다이가하라야마大臺ヶ原山다.

　이 산의 이름을 내가 처음으로 알게 된 것은 오래된 『산악』 제2년 제2호(1907)에 실렸던 식물학자 시라이 미쓰타로[1]의 기행문을 통해서였다. 그 책에는 이색二色 인쇄해서 접은 「대화국 대대원 산상약도大和國大臺原山上略圖」라는 옛날풍의 지도가 붙어 있어서 한층 관심을 불러일으키게 했는지도 모른다.

　시라이 미쓰타로는 메이지 28년(1895)에 오다이가하라야마에 올랐다. 지금 그 기행을 다시 읽어보니 이런 대목이 있다.

　"기슈 오다이하라야마大臺原山에는 교호享保 6년(1721)에 막부의 채

정상 부근 마사키가하라正木ヶ原의 풍경. 태풍으로 쓰러진 나무와 서울조릿대

약사採藥使[2] 노로 겐조[3], 마쓰모토 다도[4], 기가 도쿠운木賀德運[5], 나쓰이 쇼겐夏井松玄 등이 등산했고, 교호 11년(1726)에도 마찬가지로 채약사 우에무라 사헤이지[6], 마쓰이 한베에松井半兵衛 두 분이 등산, 덴포天保 연중 (1830~1844)에는 구로다 스이잔[7] 옹翁도 등산 채약하셨다. 이들은 유신 이전의 등산자다. 유신 이후 이 산에 등산한 사람이 있는지 여부는 내가 과문한 탓에 당시 이를 알 방법이 없었다. 이번에 오다이하라야마에 올라

서 비로소 산 위에 마쓰우라 다케시로의 비석[8]이 있는 것을 알게 되었고, 나중에 오미네산[9]에서 처음으로 마쓰우라 씨의 오다이하라야마 기행(을유장기乙酉掌記)[10]이라는 소책자가 있다는 것을 알게 되었다."

이것으로도 오다이가하라야마는 예로부터 여러 번 오르고 있었던 산이라는 것을 헤아릴 수 있다. 마쓰우라 다케시로는 에조의 탐험가로 알려져 있지만, 노령이 되자 내지內地 여행으로 돌려, 메이지 18년(1885)에 오다이가하라야마의 등산과 개적에 종사했다. 시라이 미쓰타로가 올랐던 때에는 다케시로가 세웠던 오두막이 남아 있었다고 한다.

마쓰우라 다케시로는 메이지 21년(1888) 2월 4일, 몇 차례나 오다이가하라야마로 길을 떠나려고 하다가 뇌일혈로 쓰러졌다. 연세 일흔이었다. 만년에 그는 아담하게 공들인 서재를 만들었다. 그 건축의 내력을 적은 「벽서壁書」의 마지막에 이런 내용이 덧붙여져 있다. "만일 내가 죽거든 이 서재를 부숴 그 재목으로 주검을 태우고, 뼈는 오다이가하라에 묻어주길 바란다." 이것을 봐도 다케시로가 얼마나 오다이가하라를 사랑하고 있었는지를 헤아릴 수 있다.

오다이가하라는 옛날에는 오다이라大平로 불렸다. 그것이 오다이라하라大平原가 되었고 오다이가하라大臺ヶ原로 바뀌었다. 거기에 더욱 정중하게 '산山'을 붙여, 오늘날에는 오다이가하라야마라고 부른다. 옛사람들이 단적으로 오다이라로 이름 붙인 것처럼 산 위는 넓은 고원인데, 수목이 무성한 것은 강우량이 많기 때문이다. 이 고지에서 흘러나온 오스기다니大杉谷며 히가시노카와東ノ川가 협곡미를 이루고 있는 것도 격렬한 침식작용을 재촉하는 강우량 덕분일지도 모른다. 오다이가하라에 올라 비를 만나지 않았다면 삼대가 덕을 쌓았다는 소리를 듣는다. 도회에서 일년에 걸쳐 내리는 비가 여기에서는 단 한 달도 안 걸려 내리는 것이다. 통계가 그것을 보여주고 있다.

내가 올랐던 것은 삼월 초였다.[11] 산 위로는 아직 눈이 있었지만, 요시노吉野[12]의 봄의 숨결은 어느새 여기저기에서 가만히 다가오고 있었

오스기다니의 등산로

일본 삼대 계곡인 오스기다니 협곡

다. 최고점인 히데가타케秀ヶ岳[13] 정상에 섰을 때 굉장한 날씨가 베풀어졌다. 활짝 개어서 서쪽 오미네 산맥의 봉우리들을 하나하나 세어볼 수 있었고, 동쪽으로 돌아보니 바로 눈 아래로 오와세尾鷲의 후미를 자그마한 섬들까지 또렷이 바라볼 수 있었다. 단 한 번에 이런 쾌청함을 누릴 수 있었던 것은 나의 공덕이 훌륭해서가 아니라, 골랐던 계절이 우기를 벗어나 있어서일 것이다.

야마토지大和路[14]의 가미이치上市에서 요시노가와吉野川를 따라 오다이가하라야마의 등산 들머리 가까이까지 버스가 다니고 있었다. 도중에 구즈國栖[15]라든지 시오노하入之波[16]라는 유서 있을 법한 옛 이름을 가진 마을을 지난다. 다니자키 준이치로[17]의 명작 『요시노 구즈吉野葛』에 이 요시노가와 유역의 모습이 그려져 있다. 산 위로 오다이 교회大臺敎會[18]와 긴테쓰近鐵[19]라는 두 군데 '야마노이에山の家'가 있는데, 나는 긴테쓰에서 이틀 밤을 묵으며 오다이가하라의 경치 좋은 곳을 찾아다녔다.

우시이시가하라牛石ヶ原라고 부르는 광활한 벌판은 온통 서울조릿대都笹[20]로 덮여 있고, 여기저기에는 큰 나무들이 남아 있어서 일종의 자연 공원 느낌이었다. 한 모퉁이에 소가 누운 모양을 한 돌덩이가 있어서 우시이시가하라라는 이름이 붙었다. 돌 가까이에 진무텐노神武天皇[21] 동상이 서 있었다. 이 전설적인 천황이 이 땅 야마토를 거쳐 동쪽으로 향했다고 일컬어지기 때문이다. 그 벌판을 가로질러 가늘고 길게 돌출된 오로치구라大蛇嵓의 바위코숭이 위에 서니, 바로 눈 아래로는 깊은 계곡으로 뚝 떨어지고, 그 너머의 절벽을 이루는 것이 세이로구라蒸籠嵓와 센고쿠구라千石嵓다. 센고쿠구라는 길이가 10정이나 이어지는 대암벽인데, 그 틈으로 가늘고 흰 폭포가 떨어지고 있는 것이 보인다. 거리가 멀어서 자그마하게 보이지만 가까이 다가가면 꽤 커다란 폭포일 것이다.

그로부터 반년 후 다시 오다이가하라야마를 찾았을 때는 산 위까지 유료 자동차도로가 나 있었다.[22] 갈 때는 그것을 이용했지만 돌아오는 길은 오스기다니 쪽으로 내려왔다. 이것 참 멋진 계곡이다. 차례차례 굉장한 폭포가 나타난다. 물이 깨끗하고 풍부해서 계곡의 아름다움으로는 일본에서 손꼽힌다고 해도 좋다.

주

1 시라이 미쓰타로白井光太郎(1863~1932): 일본산악회 명예회원, 박물학자. 도쿄제국대학 식물학과를 졸업했다. 박물학 발전에 중요한 역할을 했으며 고고학에도 조예가 깊어 사적·명승·천연기념물의 보존에도 관여했다. 주저로 일본 박물학의 기원과 연혁을 정리한 『일본박물학연표日本博物學年表(1891)』가 있다. 이 책에는 고대 한반도와의 교류부터 1637년에 조선에서 수입한 약초 50종에 대한 기록, 1719년에 대마도주가 조선인삼 여섯 뿌리를 구해 막부에 바친 것을 닛코에 심어 45년 후인 1763년에 5만 뿌리가 되었다는 등의 기록이 있다. 일본의 인삼에 대한 관심은 특별해서 핫토리 노리타다服部範忠가 조선인삼 등을 연구해 펴낸 『인삼보人參譜(1727)』 등에 대한 항목이 있다. 『산악』에 실린 검은색과 붉은색으로 그린 「대화국 대대원 산상약도」를 보면, 샤카다케釋迦岳 아래의 오니무라鬼村의 승방에서 주지승이 보여주었던 원본 「대대원산상도大臺原山上圖」를 4분의 1로 축사했다고 나온다. 일기 형식의 본문에서는 여러 가지 사실史實을 들어 마쓰우라 다케시로의 공적에 대해 경의를 표하고 있다.

2 8대 쇼군 도쿠가와 요시무네는 "약물의 가격이 비싸므로 빈민은 이를 구할 방도가 없어서 한심하게 질병으로 쓰러지는 일이 많음을 개탄한다"라며 전국 각지에 채약사를 파견하여 국내산 약종의 발견과 재배에 힘썼다. 특히 관심이 높았던 조선인삼을 이식재배하게 해서 20년에 걸친 시행착오 끝에 생산에 성공했다. 채약사들은 약초를 찾아 하쿠산·디테야마·묘코산 등을 누볐으며 이에 따라 발전한 본초학이 박물학으로 발전했다. 일본산악회의 전신이 일본박물학동지회였던 것에서 비추어 볼 수 있듯이 채약등산은 일본 등산사의 한 부분으로 연결된다.

3 노로 겐조野呂元丈(1694~1761): 에도 시대의 의사이자 본초학자로 유럽의 학문·문화·기술을 연구했던 난학蘭學의 선구자로 여겨진다. 도쿠가와 요시무네의 명령으로 네덜란드어를 배웠고 1748년 조선통신사 박경행朴敬行 일행 및 양의良醫 조숭수趙崇壽와 의료에 관한 질의응답을 담은 『조선필담朝鮮筆談』을 비롯해 본초와 의학에 관한 저술이 다수 있다.

4 마쓰모토 다도松本馱堂(1673~1751): 에도 시대의 외과의, 본초학자.

5 저자가 인용한 『산악』에는 성이 기가木賀로 나와 있지만, 이후 시라이 미쓰타로의 저서 및 백과사전 『고사류원古事類苑(1914)』 「박물부12 초1博物部一二 草一」 등 다른 출판물과 논문 등에서는 혼가本賀라고 밝히고 있어서 오기, 또는 오식이다.

6 우에무라 마사카쓰植村政勝(1695~1777): 본초학자. 사헤이지左平次는 가명이다.

	막부의 스파이인 온미쓰隱密여서 이 외에도 여러 가지 가명이 있었다. 저서로 30년 이상의 식물 채집 기록인 『제주채약기諸州採藥記(1790)』가 있다.
7	구로다 스이잔畔田翠山(1792~1859): 에도 시대 후기의 본초학자. 본명은 미나모토 도모아리源伴存이며 호가 스이잔이다. 박물학자였으며 하쿠산과 다테야마 등 고산에 약초 채집을 위해 올랐다.
8	약도에는 '마쓰우라 다케시로 씨 추도비'로 적혀 있고『산악』에는 '마쓰우라 홋카이 옹松浦北海翁 추도비'로 나온다.
9	시라이 마쓰다로가 쓴 원문은 오미네 산맥에 있는 젠키산前鬼山으로 나온다. 당시 슈겐도의 칠십오 나비키七十五靡 중 29번째 교바行場로, 천삼백 년이 넘는 역사를 가진 마을이 있는 곳이다.
10	1885년에 마쓰우라 다케시로가 개인 출판한 책으로 삽화가 들어간 80페이지 정도의 분량이다. 이 책자에서 그가 산길을 내고 폐허가 된 시설들을 복구하는 등의 이야기를 기록하고 있다. 권말에 본인이 편집한 책이며, 책값이 8전錢이라는 것과 본인이 사족士族임을 밝히고 있다.
11	오미네산 편의 나카니시 마사이치로의 안내로 1960년에 처음 갔다.
12	오다이가하라·오미네산 등이 속해 있는 나라현의 군.
13	지도상 표기는 히데가타케日出ヶ岳.
14	교토에서 야마토로 향하는 연도沿道.
15	『고사기』에서 정초에 구즈 마을 사람들이 입궐해 피리를 연주하고 속요를 부르는 관례가 있었다고 나온다. 아래의 소설『요시노 구즈』의 설명대로 요시노가와 상류 쪽 마을이다.
16	여러 가지 어원을 추측하고 있지만『대화지大和志(1736)』에는 시오노하鹽葉로 나와 있고 시오노하鹽ノ波 등으로 적은 것을 보면 염화물천鹽化物泉이 있는 이곳의 수질과 관련 있는 지명으로 보인다.『요시노 구즈』에 등장한다.
17	다니자키 준이치로谷崎潤一郎(1886~1965): 소설가. 구제 제1고등학교를 거쳐 도쿄 제국대학 국문과에 진학했으나 학비를 마련하지 못해 퇴학당했다. 대문호라는 수식어가 붙는 작가다. 미문과 탐미적이고 역사적인 소재의 글로 유명하다. 중편 소설인『요시노 구즈(1931)』본문에 "구즈くず라는 지명은 요시노가와 연안 부근에 두 군데 있다. 하류 쪽에서는 갈葛 자를 군두목하고 상류 쪽에는 국서國栖라는 글자를 군두목해서……"라고 나와 있다. 문자 그대로의 요시노 구즈는 요시노 지역에서 만들어지는 고급 칡葛 전분을 말하기도 한다.
18	후루카와 가사무古川嵩(1860~1930)가 1899년에 완성한 교회다. 메이지 시대에 공인된 신도단체인 교파신도敎派神道의 종교시설을 교회라고 했다. 오다이 교회도 처음에는 신도계의 시설이었으나 신체神體를 모시지 않고 자연찬미가 교의인 곳으로, 오랫동안 등산객들의 산장으로도 이용되었다. 앞서 언급한 시라이 미쓰타로가 오다이가하라야마를 찾았을 때 마쓰우라 다케시로가 세운 오두막에서 함께 이틀을 머물렀고 이때가 교회 건축 3년째였다.『산악』에 실린「대화국 대대원 산상약도」에는 '오다이 교회 본부'로 적혀 있다.

19	긴키 일본철도近畿日本鐵道의 줄임말. 긴키 일본철도의 옛 이름인 간사이 급행關西急行이 1941년에 개업한 청년숙사靑年寮를 말한다. 지금은 없다. 저자가 오다이가하라야마에 처음 간 것이 1960년 3월이었고 그 당시에는 긴테쓰로 통칭하던 때였다.
20	미야코자사都笹: 첫 발견지가 교토의 히에이잔比叡山이어서 서울을 뜻하는 미야코를 붙인 이름이다.
21	일본 1대 천황이라는 전설의 인물로 일본의 건국신으로 추앙받는 인물이다. 이 동상은 1928년에 세워졌다.
22	오다이가하라 드라이브웨이로 1981년에 무료로 전환되었다.

오미네산
大峰山

표고 1915미터 (핫쿄가타케 八經ヶ岳)
소재 나라현 奈良縣

　오미네산大峰山은 일본에서 가장 오랜 역사를 지닌 산이다. 이 산에 관한 옛 기록은 일일이 셀 수 없을 정도로 많다. 옛날에는 산중에서 금이 난다고 해서 가네노미타케金岳[1]라고 불렸다. 그것이 긴푸산金峰山이 되었다. 고슈의 긴푸산,[2] 히고의 긴푸산, 그 외에도 여러 지방에 있는 긴푸산은 모두 이 본산本山에서 자오곤겐藏王權現을 나누어 모시고 이름 붙인 것이다.

　개산은 엔노 오즈누라고 전해진다. 사이메이齊明 조朝 원년(655) 그는 스물세 살에 오미네산 위에서 고행했다고 하니, 이를 등산기록으로 본다면 일본에서 가장 오래되었을 것이다. 그 이후 영산으로서 신앙의 대상이 되어, 천황, 황족, 공경 등의 참배가 여러 번 거행되었다.

　오미네로 참배하기 전에 오십일이라든지 백일 등 일정 기간을 일정 장소에서 근행하면서 경문 등을 베껴가며 몸을 정히 했다. 이것을 미타케 정진御岳精進이라고 했고, 그 내용은 『에이가 모노가타리榮華物語』[3]며 『겐지 모노가타리源氏物語』[4]에도 나와 있다. 헤이안 시대에 오미네산은 후

과거의 잔교를 대신한 오미네오쿠가케미치大峯奧駈道의 철 사다리

지산에 버금가는 고봉으로 그 이름이 널리 알려진 듯하다. 옛 시가가 헤아릴 수 없이 많다.

도대체 그 가네노미타케金/御岳라는 것은 지금의 어느 봉우리를 가리키는 것일까. 오미네 산맥은 야마토노쿠니의 거의 중앙을 남북으로 뻗어 있는 등줄기라서 길이가 약 100킬로미터에 이른다. 그리고 그 사이에 주요한 봉우리며 고개가 서른 군데 정도 있다. 지금 많은 사람들이 오미네 참배로서 등산하는 것은 그중의 산조가타케山上ヶ岳라서, 신앙을 보여주는 여러 석비가 줄지어 서 있고, 정상에는 곤고자오곤겐金剛藏王權現을 본존으로 하는 커다란 본당이 있다.[5] 그리고 이 봉우리만은 지금도 여인금제女人禁制[6]이다. 오미네산의 대표로 보아도 좋을 것이다.[7]

하지만 중세부터 근세에 걸쳐 융성했던 슈겐도修驗道 야마부시山伏들의 도장은 산조가타케가 아니고 오미네 산맥 전체에 걸쳐 있었다. 옛 기록에 "슈겐도를 연행練行하는 장소는 요시노에서 구마노熊野에 이르는 칠십여 봉. 산령山嶺이 고준高峻하고 비탈길이 험난해 잔도를 건너고 구름을 밟으며 간다. 미센御山[8], 샤카다케釋迦岳, 다이니치다케大日岳, 쓰치무로土室 등을 거쳐 다마키산玉置山에 이른다. 이것을 부추峰中[9]라 한다"라고 나와 있다.

부추, 다시 말해 오미네 산맥 종주는 남쪽의 구마노에서 출발해 북쪽의 요시노에서 끝나는 것을 순봉順峰[10]이라고 했다. 엔노 교자役ノ行者[11]가 처음 열었던 길이다. 오늘날에는 오히려 북에서 남으로 종주가 많이 행해지는데, 이것을 역봉逆峰이라고 부르고 있다.

그 종주로에 칠십오 나비키七十五靡라고 부르는 칠십오 개소의 교바行場[12]가 있으며, 각각 이름이 붙어 있고 전설이 있다.[13] 순봉으로 가면 첫 번째가 구마노혼구熊野本宮의 쇼조덴證誠殿이고 일흔다섯 번째가 야나기노야도柳宿인데, 순봉은 무타六田의 서덜[14]이 결원소結願所[15]로 되어 있다. 이 일흔다섯 나비키의 완전종주는 오늘날에는 슈겐자修驗者도 등산자도 거의 시도하는 사람이 없다.[16] 게다가 남반부는 잊힌 산이 되어 있는 모양이다.

사월 중순, 아직 도비라키扉開き(개산) 전에, 나는 센슈泉州[17]산악회 나카니시 마사이치로[18]의 안내로 오미네산을 찾았다.[19] 먼저 산조가타케에 오르기 위해 산기슭의 도로가와洞川까지 버스로 갔다. 이곳은 예로부터의 등산 들머리라서 개산기에는 어느 숙소라도 등산객으로 가득 찬다고 한다. 그곳의 류센지龍泉寺 경내에는 물이 솟아나는 못이 있어서 슈겐자들

미센고야彌山小屋에서 바라본 핫쿄가타케

핫쿄가타케 정상에서 바라본 오미네오쿠가케미치 남부

은 거기에서 목욕재계하고 오르고 있다.²⁰ 경내에 세워진 '여인불허입女人不許入'이라는 석표石標가 보여주는 것처럼 여기부터 여성의 등산은 금지되어 있다.

도로가와부터 훌륭한 참배로가 나 있다. 능선 위의 도로쓰지차야洞辻茶屋로 나오면 요시노 쪽에서의 종주로와 합쳐진다. 이 요시노 길은 무타노와타시六田ノ渡에서 요시노야마吉野山를 거쳐서 오는 것으로, 오미네 산맥의 이른바 칠십오 나비키의 북단부터 충실히 더듬어 내려오는 루트이다. 도로쓰지차야에서 산조가타케까지의 주능선 중간에 암벽 위를 지나는 곳이 있는데, 그곳에 유명한 '니시노노조키西の覗き'²¹가 있다. 선달先達이 등산자에게 명령해서 바위 위에서 깊은 계곡을 엿보게 한다. 만약 거기에서 효도하겠다고 맹세하지 않으면 밑으로 떨어진다는 것이다.

우리는 아직 사람이 없는 류센지의 승방에서 묵고 이튿날 정상에 섰다. 낡았지만 훌륭한 법당이 있었고, 정면의 문에는 큼직한 맹꽁이자물쇠가 걸려 있었다. 이 자물쇠가 열리는 것이 **도비라키**를 하는 5월 7일로, 그날부터 개산이 되는 것이다.²²

산조가타케에서 남쪽으로 종주로에 들어선다. 오자사노슈쿠小篠ノ宿, 와키노슈쿠脇ノ宿 등 옛 교바를 거쳐 간다. 이미 이 근처까지 오면 신앙적인 기념물도 없어지고 온전히 등산의 영역이 된다. 물론 여성에게도 허락되어 있다. 다이후겐다케大普賢岳에서 교자가에리다케行者還岳까지의 구간은 종주로 중에서 가장 험준하다. 늦은 저녁 무렵 미센彌山의 야마고야에 도착했다.

이튿날 아침, 잔설을 밟으며 핫쿄가타케八經ヶ岳의 정상에 올랐다. 1915미터. 긴키近畿²³의 최고지점이다. 하늘은 드맑게 개어 오미네 산맥의 여러 봉우리를 또렷이 바라보았다. 여기부터 다시 남쪽으로 종주로가 구불구불 이어지는데, 나는 최고봉에 올라선 것에 만족하고 산을 내려왔다.

주

1. 가네노미타케金ノ御岳를 말한다.
2. 긴푸산 편의 긴푸산을 말한다.
3. 헤이안 시대 후기의 역사 이야기 책.
4. 헤이안 시대 중기에 무라사키 시키부紫式部가 지었다는 일본 최초의 소설로 알려져 있다.
5. 이곳은 오미네산지大峯山寺라는 곳이다. 다만 산조가타케의 오미네산지 본당大峯山寺本堂의 자오도는 '산 위의 자오도山上の藏王堂'로, 요시노야마의 긴푸산지 본당金峯山寺本堂의 자오도는 '산 아래의 자오도山下の藏王堂'로 구분한다.
6. 1872년 3월 27일 여인금제 폐지 포고 이후에도 좀처럼 사라지지 않았다. 지금은 대부분 영산에 대한 여인금제가 사라진 듯하지만, 이곳은 변함없이 입구에 여인금제 구역을 뜻하는 여인결계문女人結界門이 세워져 있어 남성들만 출입이 가능하다. 아직 이런 여인금제가 적용되는 곳으로 스모의 모래 먹서리인 도효土俵와 가부키의 부타이舞臺가 남아 있다.
7. 광의의 오미네산은 오미네 산맥을, 협의의 오미네산은 산조가타케(1719미터)만을 가리켜서 산조가타케를 오미네산이라고도 부른다. 표제에서 오미네산이라고 적고 그 표고를 핫쿄가타케(1915미터)의 것으로 적어 놓는 것은 오미네 산맥의 최고점으로서다.
8. 미센彌山의 이칭이며 미센深山으로 적은 때도 있었다고 한다. 미센은 수미산須彌山에서 온 이름이다.
9. 다른 말로 부슈교峰修行 등. 난타이산 편 주에 설명이 있다.
10. 정해진 진행 순서에 따른 봉우리를 말하나, 슈겐도에서는 천태종계 본산파本山派의 입산 방식을 말한다. 이에 반해 역봉은 진언종계 당산파當山派의 입산 방식이다.
11. 엔노 오즈누.
12. 슈겐도 용어로 수행하는 장소라는 뜻이다. 미끄러운 바위틈이나 사슬이 걸려 있는 절벽도 있다.
13. 예를 들어 마지막인 75번째의 교바의 이름은 '버드나무 집柳の宿'이고 전설은 "요시노 강의 물은 도솔천의 내원sanctuary에서 흘러나온다"라는 식이다.
14. 이곳은 무타노와타시六田ノ渡, 무타노야도六田の宿, 또는 야나기노와타시柳ノ渡し로도 부른다. 엔노 오즈누의 석상이 남아 있다. 무타 일대는 예전에 여러 곳의 나루가 있었다고 하며 와타시는 나루를 뜻한다.
15. 결원은 불공이나 입원立願 등의 날수가 차는 것이나 순례를 마친 것을 말한다.
16. 구모토리야마 편에서 언급하는 나카헤치中邊路의 구마노혼구熊野本宮부터 시작하는 구마노코도熊野古道 중에서도 가혹하고 일본에서 가장 긴 트레일이다. 정식 명칭은 오미네오쿠가케미치大峯奧駈道이며 약 90킬로미터의 산길이다. 일부가 유네스코 세계유산이다.
17. 옛 지명으로 오사카 남부. 별칭으로 이즈미和泉.

18	나카니시 마사이치로仲西政一郎(1909~1988): 일본산악회 회원. 오사카 산악연맹을 창설한 간사이 등산계의 중진이었다. 이 일대를 비롯해 긴키 지방의 산에 관한 다수의 책을 썼다.
19	1962년 4월이다. 같은 달 22일 머물렀던 숙소인 도로가와 온천 아타라시료칸洞川溫泉あたらし旅館의 방명록에는 또 한 사람 모리타 마사타카森田昌孝라는 동행이 있었다.
20	이것을 스이교水行라고 부르는데, 류센지에서 샘물이 솟아나는 곳을 '용의 입龍の口'이라고 부르며 신성시해서, 산조가타케를 오르는 슈겐자들은 종파를 불문하고 이곳을 거쳐 가는 곳으로 유명하다.
21	'서쪽 바라보기'라는 슈겐도의 수행법이다. 대상자를 여럿이서 붙들고 바위코숭이나 절벽 끝에 매달리게 한다. 서쪽은 예부터 저승·극락을 상징하는 방향이라 이 수행을 통해 옛날의 자신을 죽여 없애고 새로운 삶을 얻은 나로 다시 태어남을 뜻하는 수행이라고 한다.
22	현재 명칭은 도아케시키戶開式라고 하며, 공식적으로 매년 5월 3일 새벽 3시에 열고 9월 23일에 닫는 것으로 되어 있다.
23	긴키 지방을 말한다. 교토와 오사카 등 2부府와 미에·시가·효고·나라·와카야마 등 5현을 포함하는 지역이다.

092 | 다이센
大山

표고 1729미터(겐가미네劍ヶ峰)
소재 돗토리현鳥取縣

전설로 이야기하자면 다이센大山[1]은 일본에서 가장 오래된 산 중 하나다. 먼 옛날, 이즈모出雲[2]에 계셨던 신[3]이 당신의 나라가 너무 작아서 여러 나라에서 남는 땅을 꿰매서 보태려고 "나라가 온다. 나라가 온다"라면서 그물로 끌어당겼다. 그 후릿그물의 말뚝이 히노카미다케火神岳(지금의 다이센)라고 『이즈모노쿠니 풍토기出雲國風土記』가 전하고 있다.[4]

스사노오노 미코토須佐能男命[5]며 오쿠니누시노 미코토의 신화 때문에 이즈모는 오래된 나라로 여기고 있다. 독자적인 고대문화의 발상지라는 설은 미심쩍다고 하더라도 높이 솟은 다이센은 예로부터 사람들이 우러러 받들어 왔음이 틀림없다. 바다에 나갔을 때 안표가 되기도 했을 것이며 멀리 여행하는 사람들의 지표도 되었을 것이다.

태고지민太古之民은 산 그 자체를 신으로 숭상했는데, 국사에 뚜렷이 드러났던 것만 해도 다이센 신은 닌묘텐노 조와承和 4년(837) 2월 종오위하從五位下로 서임되어 있다. 대체로 주고쿠中國[6] 지방에는 두드러진 산이 적다. 그중에서 홀로 다이센이 유달리 높고, 수려한 얼굴을 지니고 있

등산 금지인 겐가미네

다. 내가 그 정상에 섰던 날은 활짝 갠 맑은 가을날이어서 산인山陰[7]과 산요山陽[8]의 등줄기를 이루는 산들은 물론, 동행했던 산에 훤한 토박이가 저건 시코쿠의 산이 아닌가하고 의아해할 정도로 멀리까지 보였다.

주고쿠 지방은 산악의 능이陵夷가 발달했던지, 높은 산이 없을 뿐만 아니라 현저한 봉우리도 드물다. 대개 비슷한 형태다. 개성적인 것은 다이센과 시마네현의 산베산三瓶山, 이 두 화산뿐이다. 산인과 산요로 명산

을 찾으러 갔던 나는, 결국 이 지방에서는 다이센 하나만 추천할 수밖에 없었다. 하지만 이 하나는 자랑할 만한 하나였다.

大山을 다이센ダイセン이라고 읽는 것은 효노센氷ノ山과 오우기노센扇ノ山처럼 산인에서는 대개 산을 센으로 부르고 있는데, 고개를 가리키는 도게峠를 다와㡳라고 부르는 경우가 많은 것과 마찬가지로 이 지방 특유의 호칭이다. 호키노쿠니伯耆國[9]에 있으면서 이즈모후지出雲富士[10]라는 이름도 있는 것은 이 산이 가지런한 후지형으로 보이는 것이 이즈모에서 바라봤을 때가 제일이기 때문일 것이다. 나는 다이센을 마쓰에松江의 성[11]에서, 이즈모 오야시로出雲大社[12]에서, 산베산 꼭대기에서 보았다. 언제나 단 한 번에 알아볼 수 있는 빼어난 원추형으로 서 있었다.

무슨무슨 후지라면 어디에나 있다. 하지만 다이센이 그 이상으로 나를 감탄하게 했던 것은 멋지게 무너진 그 정상의 모습이었다. 동서로 긴 정상 능선은 면도날처럼 예리하게 남면과 북면으로 비스듬히 떨어져 있다.[13] 마치 양면에서 다이센을 허물려고 매달려 있는 식으로 보인다.

그 북벽이 석양에 물들었을 때의 아름다움은 옛 질그릇의 표면을 보는 듯했다. 남벽은 맑은 아침 햇살 아래에서 봤다. 맥없이 무너진 것 하나하나가 선명한 그림자를 지니고, 그 위로 뾰족해진 봉우리가 치솟아 있다. 이것도 아름다운 경치였다.

다이센지大山寺는 그 북벽 아래에 있다. 다이센을 인문적으로 유명하게 만든 것은 이 절이었다. 나라 시대(710~794), 제국諸國의 현저한 고산이 야마부시슈겐도山伏修驗道에 의해서 열렸을 무렵 창건되었을 것이다. 개기開基에 관한 전설이 몇 개 있는데 사이교[14] 법사의 『찬집초撰集抄』에 따르면, 요로養老 연간(717~724)에 다마쓰쿠리玉造[15]의 도시카타俊方[16]라는 무사가 다이센에 사냥하러 가서 사슴을 쏘았는데, 그 화살에 맞은 것은 자신이 존숭하고 있던 지장보살이었다. 그래서 깊이 후회하고 발심하게 되어 당우堂宇를 세웠다고 한다.

그 뒤로 다이센지는 승병을 거느려서 무력과 권력을 가진 일대 세

가기카케토게鍵掛峠 전망대에서 바라본 다이센 남벽

모토다니元谷에서 바라본 다이센 북벽

다이센 북록에 위치한 오가미야마 신사의 포석

력이 되었다. 수많은 변천을 거쳐 에도 시대(1603~1868)에는 삼천 석의 사령寺領을 받아 치외법권인 쇼군將軍의 직할지가 되었고, 절 안에 마흔두 곳의 요사가 있었다고 한다. 지금도 그 흔적이 무너진 강담이며 헐은 포석鋪石에서 가만히 떠오르고 있어서, 옛 번영의 자취가 초목으로 무성한 채 내버려지고 있는 것도 감개가 깊다.

메이지 유신의 폐불훼석廢佛毁釋까지는 이곳도 신불혼효神佛混淆여서 오늘날의 오가미야마 신사大神山神社의 오쿠미야奧宮는 다이치묘곤겐大智明權現의 본전이었다.[17] 그곳에 이르는 긴 포석이 깔린 길에도 먼 옛날의 향기가 남아 있다.

그 승방 중 하나인 렌조인蓮淨院에 시가 나오야가 머무셨던 일이 있어서 『암야행로暗夜行路』[18]의 마지막에 주인공인 도키토 겐사쿠時任謙作가 다이센에 오르려고 했으나, 도중에 지쳐서 그만두고 신비한 도취감을 느꼈던 내용이 나와 있다. 그곳에서 굽어봤던 새벽녘의 묘사가 있는데, 땅으로 떨어진 다이센의 그림자가 점점 줄어들어 가는 광경이 기교 있게 나와 있다. "주고쿠 제일의 고산이며 윤곽에 힘이 넘치는 강한 선을 지닌 이 산의 그림자를, 그대로 평지에서 바라볼 수 있는 것은 희유稀有의 일이라서, 그로부터 겐사쿠는 어떤 감동을 받았다."

정상에서 남쪽의 전망은 몇 겹으로 된 산의 물결뿐이지만, 바다 쪽은 눈에 들어오는 것이 너무 많았다. 바로 눈 아래의 풍경은 『암야행로』에도 자세히 그려져 있지만, 바다와 육지가 어우러진 아름답고 섬세한 풍경이었다. 바다 저쪽에는 오키노시마隱岐ノ島가 뚜렷하게 보였다. 이것은 하나의 섬이 아니라 군도의 모습으로 보였다. 동쪽에는 오우기노센, 효노센인 듯싶은 연봉이 바라보이고, 서쪽으로는 멀리 세三 개의 병甁을 엎어 놓고 줄지어 있는 것 같은 산베산을 한눈에 알아볼 수 있었다.

주

1 다른 지역의 오야마大山들과 구분하기 위해 주로 호키 다이센伯耆大山이라고 부른다.
2 옛 지명으로 시마네현의 동부. 별칭으로 운슈雲州.
3 『이즈모 풍토기』에서는 이즈모의 명명자를 야쓰카미즈오미쓰노노 미코토八束水臣津野命로, '기기記紀'에서는 스사노오로 하고 있다.
4 『이즈모노쿠니 풍토기』에는 네 곳에서 땅을 끌어와 국토를 넓힌다는 구니비키國引き 신화가 나와 있다. 야쓰카미즈오미쓰노가 신라志羅紀(시라키)에서 땅을 끌어올 때는 산베산의 고칭인 사히메야마佐比賣山를 말뚝으로 삼았고, 다이센은 고시高志(越)의 땅을 끌고 올 때 말뚝으로 삼았다고 나와 있다.
5 삼귀자三貴子(미하시라노 우즈노미코) 중 하나인 스사노오는 수수께끼의 신이다. 총칭은 다케하야스사노오노 미코토建速須佐之男命로서 원래 이즈모 신화의 조상신이며, 대체로 한반도 유래의 신으로 보고 있어서 황실 신화의 조상신인 아마테라스와 관계가 없다고 한다. 4세기경에 성립된 최초의 통일 정권인 야마토 정권이 이즈모를 복속시켰다고 하는 사실史實에서 황실 신화 속으로 흡수시킨 것으로 보고 있다.
6 산요도山陽道와 산인도山陰道 지방.
7 동해 쪽에 면해 있는 주고쿠 지방.
8 세토나이카이瀨戶內海에 면해 있는 주고쿠 지방.

9   옛 지명으로 돗토리현의 중서부. 별칭으로 하쿠슈伯州.
10 호키후지伯耆富士로도 부른다.
11 국보 마쓰에 성松江城을 말한다.
12 매년 천황의 이름으로 칙사가 파견되어 폐백을 바치는 칙제사勅祭社로서 국보로 지정되어 있다. 음력 10월마다 일본 전역의 모든 신八百萬神(야오요로즈노 카미)들이 이곳에 모인다고 해서 일본의 다른 지방에서는 10월을 신이 없는 달神無月(간나즈키)이라 부르지만 이즈모에서는 신이 있는 달神在月(가미아리즈키)로 부른다.
13 남벽은 2000년에 발생한 돗토리현 서부 지진으로 정상 능선 일부가 무너져 날카로운 능선의 느낌이 덜하다고 한다. 표제에 최고봉은 겐가미네로 되어 있지만, 붕괴 위험 때문에 현재 등산이 가능하지 않아서 그 다음으로 높은 미센彌山(1709미터)을 정상으로 지정해 등산하고 있다.
14 사이교西行(1118~1190): 속명이 사토 노리키요佐藤義清인 헤이안 시대 말기의 가인, 승려. 오슈와 시코쿠 등지를 여행하며 여행지에서의 견문 등 현실 체험에 근거하는 작품이 많은 것이 특색이다. 『찬집초』는 저자 미상이지만 사이교 법사의 이름을 빌렸다. 가마쿠라 시대의 불교설화집으로 9권이며, 영험과 둔세자, 극락왕생한 사람의 이야기, 절의 기원 등을 수록했다.
15 이즈모노쿠니 다마쓰쿠리出雲國玉造로 곡옥曲玉을 만들던 곳에서 유래한 지명이다.
16 곤렌 쇼닌金蓮上人으로 알려져 있으며 이로부터 다이센지의 지장신앙이 시작되었다.
17 지장보살을 본지수적으로 나타난 본지불本地佛로 삼는다.
18 시가 나오야의 대표작이자 유일한 장편 소설로 1921년에 연재를 시작해 완성까지 26년이 걸린 대작이다. 본문에서 언급하는 다이센에 대한 묘사는 그가 수십 년 전에 들렀을 때 기억에 의한 것으로 일본문학사상 백미로 평가되고 있다.

093

쓰루기산
劍山

표고 1955미터
소재 도쿠시마현德島縣

　일본의 산 이름으로 고마駒에 이어서 많은 것이 쓰루기劍다. 유명한 것은 다테야마 연봉의 쓰루기다케劍岳, 기소코마의 호켄다케寶劍岳, 그리고 후지산의 최고점은 겐가미네劍ヶ峰이며 온타케며 하쿠산의 정상에도 같은 이름의 봉우리가 있다. 만약 각 지방에 있는 좀 더 낮은 쓰루기산을 찾는다면 더 있을 것이다.

　앞에 적은 쓰루기는 모두 산의 형태에서 이름이 유래한다. 대개 바위가 검처럼 흘립해 있어서이다. 그런데 시코쿠의 쓰루기산劍山만은 다르다. 여기는 정상이 완만한 풀밭이라 조금도 검처럼 보이는 곳이 없다. 정상 가까이에 다이켄大劍이라고 부르는 거대한 바위가 서 있다.[1] 하지만 그것으로 산 전체의 이름으로 삼을 수는 없다. 방대한 산세에서 보자면 그것은 겨우 한 점 풍경에 불과하다.

　전설에 따르면 안토쿠텐노[2]의 어검御劍[3]을 산정에 묻고 이것을 신체神體로 삼았기에 쓰루기산이라고 불리게 되었다고 한다. 미노코시見ノ越에 있는 엔푸쿠지圓福寺의 사찰 전승에는 다음과 같이 적혀 있다. 읽기 쉽

다이켄이와大劍岩

게 현대문으로 고치면 "주에이壽永 연중(1182~1184)에 헤이케平家가 사누키讚岐[4]의 야시마屋嶋[5]에서 몰락했을 때 '단노우라壇ノ浦[6]에서 입수入水하셨다'[7]라는 말을 퍼트려서 에치젠노카미 구니모리 아손越前守國盛朝臣[8]이 안토쿠 임금을 자기 아들이라고 속이고 아와노쿠니阿波國[9]의 이야야마祖谷山로 임금의 행차를 따라갔고, 그곳을 황거로 삼아 계시는 동안 불행하게도 붕어하셨다. 그때의 유언에 '짐이 둘렀던 검은 청정한 고산에 바쳐 수호할지어다'라고 나와 있어서, 어검을 이 산에 바치고 쓰루기다이곤겐劍大權現을 권청勸請하였다."[10]

시코쿠라는 무질서한 장방형 섬의 두 개의 핵심인 서쪽의 이시즈치산이 무너진 바위가 드러나 날카롭게 모난 엄부 같은 모습임에 비해, 동쪽의 쓰루기산은 넉넉하게 부풀어 있어 자모 같다. 하지만 양쪽 모두 먼 옛날부터 주민들이 존숭해서 역사와 전통이 산에 스며들어 있다. 이시즈치는 1982미터, 쓰루기는 1955미터로 근소한 차이로 맞서고 있는 점도 재미있다. 고산이 드문 서일본에서 2000미터에 가까운 표고는 존중하기에 족하다. 모든 점에서 이 두 산은 명산이다.

쓰루기산으로 향하는 일반 등산로는 세 곳이 있다. 그중 하나가 이야가와祖谷川를 거슬러 오르는 것인데, 이 계곡에는 안토쿠 임금의 전설이 있는 만큼 가장 중요한 길이었는지도 모르겠다. 미노코시에 있는 쓰루기신사劍神社가 이야가와를 향해 서 있는 것만 보아도 이 길이 오래되었다는 것을 헤아릴 수 있다.

다른 하나는 아나부키穴吹에서 오르는 것으로, 이 길이 예로부터 신앙등산 루트였던 것은 도중에 종교적인 기념물이 많은 것으로도 미루어 짐작할 수 있다. 일본의 오래된 산은 메이지 유신 전에는 신불혼효 신앙으로 대개 곤겐權現님으로 불렸다. 아나부키 등산로의 후지노이케富士ノ池에는 쓰루기산혼구劍山本宮와 류코지龍光寺의 본사가 있고, 양쪽 모두 신앙등산이 왕성할 때를 떠올리는 훌륭한 건물이다.

하지만 이야가와 코스는 너무 길고(최근은 안쪽까지 버스가 들어가게 되었지만) 아나부키 코스는 가파르고 힘든 오르막이다. 그래서 근거리이면서 비교적 편한 길이 열렸다. 그것이 사다미쓰貞光에서 오르는 길이다. 아마 오늘날의 등산자 대부분은 여러 가지 면에서 편하고 좋은 이 코스를 고르지 않을까. 오르는 길은 미노코시에서 이야가와 코스와 합쳐진다.

나는 처음에 이 사다미쓰 입구에서 올라 미노코시까지 가서 묵었는데 작달비가 반겨줘서 정상에 닿을 수 없었고 풀이 죽은 채로 돌아섰다. 삼 년 뒤 여름, 이야가와를 거슬러 올라 등정했다.[11]

이야가와는 예로부터 이름나 있었던 만큼 한번 가 보고 싶은 곳이

단풍철의 쓰루기산. 등산리프트 니시지마西島역 앞

지로규

었다. 일본의 외딴 산중에 들면 헤이케平家의 자손이라 칭하는 마을이 여기저기에 있다. 일본역사에서 헤이케 몰락만큼 로맨틱한 색채를 띠는 것은 없는지라, 우리네 나그네들은 그런 마을에 들면 숯 굽는 아가씨마저 왠지 모르게 아름답고 세련되어, 기품 있는 옛 유풍을 전해주고 있는 것처럼 보인다.

　　이야가와에는 미인이 많다고 들었지만, 안타깝게도 나는 그런 섬세한 아름다움의 가치를 알아볼 수 있는 사람은 아니었다. 하지만 단노우라에 가까운 이 깊은 계곡 줄기에 헤이케 오치우도平家落人[12]가 자리 잡고 살고 있었으리라는 것은 다른 산골 마을의 헤이케 전설에 비해 훨씬 진실성이 있어 보인다. 깊고도 긴 계곡이었다. 도중에 원시적인 가즈라바시葛橋[13]가 있고 헤이케의 적기赤旗[14]를 물려주는 옛집[15]이 있을 테지만, 나는 곧장 한 번에 가장 깊은 마을까지 버스에 실려 갔다.

　　쓰루기산의 정상은 삼림대를 겨우 벗어난 풀밭인데, 그 드넓은 벌판은 낮잠을 유혹할 만한 한가하고 기분 좋은 곳이었다. 바로 정면에는 여기보다 조금 낮은 지로규次郎笈가 상당히 당당하고, 북쪽으로는 여러 겹의 산을 넘어 세토나이카이瀬戸內海 쪽이 멀리 내다보였다. 평야 비슷한 것은 거의 보이지 않기에, 거꾸로 사람 사는 마을에서 쓰루기산을 올려다볼 수 없을 것이다. 그 정도로 외지고 깊은 산이라 할 수 있다.

　　돌아오는 길은 아나부키로 내려가는 길을 택했다. 이치노모리一ノ森(1879미터 봉) 위에서 되돌아보니 쓰루기산과 지로규 둘이 나란해서, 아마도 쓰루기산의 자세는 여기에서 바라다본 것이 최상이라고 생각했다. 된비탈을 내려가서 후지노이케로 나와서 다시 가파른 비탈이 이어진 계류의 가장자리로 내려가니, 맑고 찬 푸른 물줄기 위에 주칠朱漆을 한 다리가 걸려 있었다. 그것이 고리토리바시垢離取橋[16]로, 슈겐자修驗者들이 그곳에서 몸을 깨끗이 하고 산에 들어서는 것이었다.

주

1 다이켄 신사大劍神社에서 신체로 삼고 있는 다이켄이와大劍岩를 가리킨다. 신사에서는 오토세키御塔石로 부른다.
2 안토쿠텐노安德天皇(1178~1185): 일본의 81번째 천황. 재위기인 1180년부터 1185년까지 겐페이 전쟁이 일어났다. 재위기의 연호인 지쇼治承와 주에이壽永에 일어났던 전쟁이기에 겐페이 전쟁을 다른 말로 지쇼 주에이의 난治承壽永の亂이라고도 한다.
3 교켄御劍: 임금이나 귀인이 차는 칼의 높임말.
4 옛 지명으로 가가와현. 세토나이카이의 멸치와 이곳 들판의 밀이 유명해서 사누키 우동의 본고장이 되었다.
5 가가와현 다카마쓰시高松市에 있는 섬. 섬의 형태가 지붕모양이라서 붙은 이름이다. 에도 시대부터 매립되어 지금은 육지다. 겐페이 전쟁 유적이 있다.
6 옛 지명으로 야마구치현 시모노세키시下關市 간몬關門 해협에 있는 포구.
7 안토쿠텐노가 죽으려고 몸을 물에 던졌다는 뜻이다. 『헤이케 모노가타리』에서는 이 부분이 클라이맥스로, 외할머니인 다이라노 도키코平時子(1126~1185)가 손자를 안고 물에 뛰어드는 상황을 비극적으로 묘사하고 있다.
8 다이라노 노리쓰네平教經(1160~1185)를 말한다. 구니모리는 노리쓰네의 첫 이름으로, 다이라노 기요모리의 동생 다이라노 노리모리平教盛의 차남이다. 아손은 가바네姓이고, 에치젠노카미는 에치젠 고쿠시國司의 장관長官을 말하지만, 당시 그는 노토노카미能登守였다. 『헤이케 모노가타리』에서도 단노우라에서 26세로 죽은 것으로 나와 있다. '○○守'는 원래 7세기 중반 이후의 율령기에 설치된 국사國司의 직명이었지만, 무로마치 시대 이후에는 이름뿐인 관위로서 공가나 무사의 신분, 영예의 표시에 불과해 메이지 유신까지 이어졌던 명칭이었다. 실제로 다이라 가문에서 에치센노카니를 많이 지냈기 때문에 엔푸쿠지에서 지어낸 이야기일 가능성이 커 보인다.
9 옛 지명으로 도쿠시마현. 지역축제인 아와오도리阿波踊り로 유명하다.
10 이 전승은 다분히 전설적인데 단노우라 해전에서 잃어버린 일본 황실의 보물인 삼종신기三種之神器(미쿠사노카무다카라) 중 거울과 곡옥은 찾았으나 보검草薙劍(구사나기노쓰루기)은 끝내 찾지 못했다. 보검에는 스사노오가 오로치를 죽이고 그 꼬리에서 얻었다는 전설이 있다. 실제로 단노우라에서 죽은 것으로 되어 있는 당시 여덟 살이던 천황에 대한 동정심과 회수되지 못한 보검의 소재에 대한 상상이 결합한 것으로 보인다. 이 보검에 관한 전설은 『헤이케 모노가타리』에서도 다루고 있다.
11 1961년 8월, 당시 학생이던 식물생태학자 야마나카 미쓰오山中三男와 올랐다. 오늘날에는 산기슭인 미노코시에서 니시지마西島까지 등산 리프트가 걸려 있다.
12 싸움에 지고 도망친 헤이케 무사.

13	본문의 한자처럼 칡葛덩굴이 아니라 굵은 다래猿梨덩굴로 엮어 만든 현수교다. 현재 국가중요유형민속문화재로 지정되어 있다.
14	다이보사쓰다케 편에서 언급이 있듯이 헤이케와 맞붙었던 겐지의 기는 백기白旗였다. 이것이 당구에서 팀플레이를 뜻하는 겐페이의 유래가 되었다.
15	헤이케야시키 아사케 주택平家屋敷阿佐家住宅을 말한다. 아사阿佐 가문의 조상이 되었다는 다이라노 노리쓰네가 첫 이름인 다이라노 구니모리로 살았다고 전해진다.
16	고리토리垢離取: 때를 벗긴다는 말로 목욕재계를 뜻한다.

094 이시즈치산
石鎚山

표고 1982미터(덴구다케天狗岳)
소재 에히메현愛媛縣

    1942년 시월 중순 어느 저녁때였다. 나는 시코쿠 도고道後 온천[1]의 공중탕에 몸을 담그고서 욕조 안을 장식하는 원탑圓塔[2]에 새겨져 있는 야마베노 아카히토의 「이요[3] 온천에 이르러 지은 노래 한 수 및 단카至伊予溫泉作歌一首竝短歌」[4]를 바라보고 있었다. **바라보고 있었다**는 것은 '황신조지신내어언내부좌皇神祖之神酒御言乃敷座……'[5]라는 식의 만요가나萬葉假名[6]였는데, 어려워서 읽을 수가 없었다. 다만 그중에 '이요의 고령伊予能高嶺'이라는 글자를 발견하고 기뻐서 그것만 유심히 쳐다보고 있었다. 그다음 날 나는 그 이요의 고령에 오르기로 했기 때문이다.

    이요의 고령이라는 것은 이시즈치산石鎚山이다. 이노우에 미치야스[7]는 "생각건대 이시즈치산으로 보기에는 지리地理에 들어맞지 않다"라고 했고, 이 야마베노 아카히토의 도고 온천의 노래에 나온 이요의 고령을 이시즈치산으로 삼기에는 너무 멀리 있지만[8] "섬과 산이 훌륭한 나라로서 천황이 험준한 이요의 고령"이라고 나와 있는 이상, 시코쿠에서 가장 높은 바위산인 이시즈치산으로 볼 수밖에 없다. 너무 멀다고는 했지만

일출 전의 덴구다케

같은 이요노쿠니伊予國 안에 있다. 그날 낮에 마쓰야마 성松山城의 천수각天守閣9에 올라가 내가 맨 먼저 눈길을 준 곳은 이시즈치산 방향이었다. 공교롭게 구름이 끼어 볼 수 없었다. "날씨가 좋았으면 잘 보일 텐데……"라며 안내하는 성지기가 나를 달래 주었다.

 야마베노 아카히토의 노래에 이요의 고령이 이시즈치산인지의 여부는 잠시 제쳐놓더라도, 그 뒤로 이요의 고령이라고 한다면 이시즈치산

의 대명사처럼 되어서, 예를 들자면

> 창해에 뜬 흰 구름과 이어져 보이는 것은 이요 고령의 눈이로다
> 海原に立つ白雲と見えつるは伊予の高嶺雪にぞありける
> _ 구마가이 나오요시[10]

> 잊기에는 다시없을 것처럼 생각날 바로 저 이요 고령의 눈의 여명
> わすれては不二かとぞ思ふこれやこの伊予の高嶺のゆきの曙
> _ 사이교 법사

이라는 노래처럼, 남쪽인 시코쿠에 있는 데다 눈을 머리에 이고 있는 이시즈치산은 마쓰야마의 평야에서, 세토나이카이에서, 가인이 주시하는 곳이 되었을 것이다.

이시즈치산은 시코쿠뿐만 아니라 서일본에서 가장 높은 산이다. 일본에서 아주 먼 옛날부터 찬양했던 명산의 하나로 『일본영이기日本靈異記』[11]에 그 이름이 나타나 있다. 이시즈치가미石鎚神가 계시는 산으로서 숭상했고, 아직 산악이 불교의 영향을 받지 않았던 예로부터의 명산이었다. 이시즈치라는 어원은 고구레 리타로의 설에 따르면 "옛 이름은 이와쓰치 イワッチ였고 그 쓰치ッチ는 남양계 언어 주치チュチ로서 장로長老를 뜻한다. 이시즈치산은 바위산의 두목이라는 뜻으로 이와쓰치라고도 불렸다. 그것은 정상 부근의 노출된 바위에서 유래했을 것이다."

이 산은 엔노 오즈누가 처음으로 올랐다고 전해지고 있을 정도이니, 예로부터 얼마나 많은 사람이 올랐던 것일까. 등산이라기보다 참배였다. 오래된 풍습이 점점 사라져 갔지만 예전에는 시코쿠 팔십팔개소四國八十八個所[12]의 순례가 유채꽃이 한창일 무렵 가장 붐비다가, 그 헨로遍路[13]의 그림자가 잦아들면 제2의 연중행사로서 오야마마이리お山詣り, 즉 이시즈치산을 참배하는 흰옷차림의 행자가, 대부분은 이요와 도사土佐[14] 두 지

방에 있기는 하지만, 가는 곳마다 어른거렸다고 한다. 마쓰야마 출신인 가와히가시 헤키고도15의 책에서 아름다운 문장으로 그리 적혀 있다.

북쪽에서 오르는 것이 오모테산도表參道일 테지만, 나는 남쪽 안쪽의 오모고케이面河溪에서 올랐다. 이쪽이 원시적인 자연의 모습이 남아 있다. 이 길은 정상 가까이에서 오모테산도表參道와 합쳐진다. 노출된 바위에는 아래부터 순서대로 이치노쿠사리一ノ鎖, 니노쿠사리二ノ鎖, 산노쿠사리三ノ鎖가 걸려 있고, 위로 갈수록 사슬鎖은 길어지고 그 험준함도 늘어난다. 앞表길과 뒷裏길이 하나로 합쳐지는 것은 산노쿠사리 아래이다. 두껍고 튼튼한 고리를 엇걸어 만든 사슬이라, 얼마나 이시즈치산이 먼 옛날부터 민중등산의 대상이었는지를 떠올리게 한다.

사슬 길을 다 올라가니 미센彌山이라는 바위뿐인 정상에 석조 호코라祠가 있었다. 일반 참배자들은 여기를 이시즈치의 정상으로 삼고 있지만, 시코쿠에서 가장 높은 땅에 서려면 다시 덴구다케天狗嶽라는 암봉까지 가야 한다. 이쪽이 미센보다 약 20미터 높다.

내가 그 정상에 섰던 때는 기대하고 있던 세토나이카이가 구름 아래로 숨어 있었지만, 이시즈치를 맹주로 하는 여러 위성봉을 바라볼 수 있었다. 어중이떠중이 산들 저편으로 멀리 도사만灣이 있었다. 동쪽으로는 수많은 산의 물결이 이어지고, 그 끝으로 아와의 쓰루기산 연봉도 바라보였다.

하늘은 푸르게 개고 바람도 없는 이 기분 좋은 가을날에, 나만 홀로 시코쿠의 가장 높은 땅에 서 있는 것이다. 시코쿠 일원이 내 눈 속으로 차분히 들어와 있는 기분이 들었다. 그나저나 이 얼마나 산이 많은 고장이더냐. 푸른 평지처럼 보이는 것은 마쓰야마와 사이조西条의 평야뿐. 뒤로는 모두 산 넘어 산이었다.

돌아오는 길은 오모테산도로 내려왔다. 과연 이쪽은 오래된 등산로답게 갖가지 유서 있어 보이는 지명이 보이고 요사채 따위도 갖춰져 있어 인적이 느껴진다. 조주사成就社라는 절은 거의 고고메五合目 언저리에 있

이시즈치산의 상징인 쇠사슬

미센의 이시즈치 신사

고, 색을 입힌 오미야お宮에서는 배전拜殿16의 지붕 위로 이시즈치의 바위 꼭대기가 우뚝 솟아 있었다.

　이요코마쓰伊予小松역으로 가려고 탔던 버스가 커다랗게 지그재그를 그리며 구로세 고개黒瀬峠 위까지 올라갔을 때 문득 보니, 황혼의 하늘에 바림한 듯 이시즈치산의 모습이 멀리 떠올라 있었다. 겨우 한순간의 풍경이었지만 감동했다. 그것은 오늘 저 정상에 섰었다고는 상상할 수 없는 아스라이 숭고한 모습이었다.

주

1　3000년이 넘는 역사를 가졌다는 에히메현 마쓰야마시松山市에 있는 온천. 『일본서기』・『만엽집』・『겐지 모노가타리』 등에도 나와 있는 일본에서 가장 오래된 온천 중 하나다.
2　장식을 겸해 온천수를 탕에 대는 급수탑을 겸한 가비歌碑다. 온천 본관 가미노유神の湯에 있다. 도고 온천은 5년간 보존수리를 마치고 2024년 8월에 재개장했다.
3　옛 지명으로 에히메현.
4　『만엽집』 제3권 322번 노래.
5　'스메로키노 가미노 미코토노 시키이마스'로 읽으며 '역대 천황이 다스려 오신'이라는 뜻이다. 전문은 "역대 천황이 다스려 오신 나라 곳곳에는 온천이 많이 있지만, 섬과 산이 훌륭한 나라로서 천황이 험준한 이요 고령의 이사니와射狹庭 언덕(현재 도고 공원)에 서서 옛일을 그리워하며 회고의 말씀을 전하셨던 온천의 나무들을 바라보며, 전나무臣木(오미노키)도 지금까지 우거져 있고 새 우는 소리도 여전하다. 점점 더 멀리 후대까지도 거룩해져 갈 것이다. 천황이 행차하신 이 땅이여"이다.
6　한자의 음훈을 빌려서 일본어의 음을 적은 문자. 우리의 이두와 비슷하다. 『만엽집』에 그 예가 많으며 현대어 『만엽집』은 이것을 풀어 쓴 것이다. 오늘날의 지명과 인명에서도 볼 수 있다.
7　이노우에 미치야스井上通泰(1866~1941): 국문학자, 『만엽집』 연구가, 가인. 야나기타 구니오의 형이다. 제국대학 의과대학 졸업 후 안과의사로 개업했고 궁중고문관을 지냈다. 저서로 『만엽집신고萬葉集新考(1915)』 등이 있다.
8　너무 멀다고 한 것은 『만엽집』에 수록된 시의 시점이 도고 온천 앞에서 직선거리로 약 30킬로미터 정도여서로 보인다.
9　성의 중심부인 아성牙城의 중앙에 3층 또는 5층으로 가장 높게 만든 망루.
10　구마가이 나오요시熊谷直好(1782~1862): 에도 시대 후기의 가인. 야마구치현의 동

　　　　　부인 이와쿠니번岩國藩의 번사.
11　　『일본국 현보 선악영이기日本國現報善惡靈異記』를 말한다. 헤이안 시대 초기의 불교설화집이다.
12　　사누키 태생의 고보 대사 구카이의 연고가 있는 사찰 88곳이다. '팔십팔찰소八十八札所'라고도 하고 이 영장 순례를 시코쿠헨로四國遍路라고 한다. 시코쿠의 부속 섬인 쇼도시마小豆島에도 해변을 따라 150킬로미터에 걸쳐 산재하는 팔십팔개소 영장 순례지가 있다. 또한 왜정 때 이를 본떠 일본인들이 많이 살았던 목포에 '유달산 팔십팔소 영장儒達山八十八所靈場'을 만들었고 구카이 대사와 부동명왕의 부조 등이 흔적으로 남아 있다.
13　　대개 오헨로상お遍路さん이라고 부르며 시코쿠 팔십팔개소를 순례하는 사람을 말한다.
14　　옛 지명으로 고치현. 도사견의 원산지다.
15　　가와히가시 헤키고도河東碧梧桐(1873~1937): 가인, 기행 작가. 등산에 대한 강한 애착을 가지고 있었고 1915년에 하리노키 고개에서 다테야마·야리가타케·가미코치까지 종주했을 때의 기록이 천문학자 이치노헤 나오조一戶直藏(1878~1920) 등과의 공저인『일본 알프스 종주기(1917)』로 남아 있다. 또한 같은 해의『일본의 산수日本の山水(1915)』에서 월터 웨스턴·시가 시게타카·고지마 우스이의 공적을 인정하면서 한층 새롭고 독자적인 산수론과 풍경론을 펼치려고 했다. 1921년에 유럽으로 건너가 스위스의 융프라우요흐Jungfraujoch에 오르기도 했다.
16　　신사에서 본전 앞에 마련된 예배를 드리기 위한 건물.

8부
규슈
九州

095

구주산
九重山

표고 **1791미터**(나카다케中岳)
소재 **오이타현**大分縣

    규슈에는 기리시마, 아소, 운젠雲仙¹ 등 평판이 자자한 산이 있는 탓인지 그 최고봉은 간과하는 경향이 있는 듯하다. 규슈 본도에서 가장 높은 것은 구주산九重山. 구주산은 산군의 총칭이고 그 주봉은 구주산久住山이다. 같은 발음을 가진 구주九重와 구주久住가 그런 몫으로 자리 잡기까지는 긴 세월을 산 이름을 놓고 쟁탈전이 있었다고 한다.

    올바른 이름은 구주九重일까, 구주久住일까. 어느 쪽에도 섣불리 가담할 수 없다. 대개 지명이란 것은, 특히 관광지에서는, 토박이들의 이해관계와 깊이 엮여 있기 때문이다. 구주九重나 구주久住도 각각 자기주장을 하기에 충분한 오래된 문헌을 가지고 있다. 이 산에 정통한 가토 가즈나리²의 책에 따르면, 일본의 다른 명산과 마찬가지로 여기도 원래는 종교적으로 개척되었던 산이라, 구주산 홋케인 하쿠스이지九重山法華院白水寺(쇼추正中 원년[1324년] 개산)과 구주산 이카라지久住山猪鹿狼寺(엔랴쿠延曆 연간[782~806] 개산)라는 두 사원이 서로 대립해서, 그 절의 산호山號가 산의 이름이 되었던 것이라고 한다.

한다 고원의 야마나미やまなみ 하이웨이에서 바라본 구주 연산

구주 연산의 가타타이센산北大船山에서 내려다본 보가쓰루.
좌로부터 이나보시야마, 중앙이 나카다케, 훗쇼잔, 미마타야마

그 밖에 신대神代의 '구시후루의 봉우리槵觸之峯'³의 구시후루クシフル가 구지후루クジフル로 되었다든가 고슈高州의 고음古音⁴인 구슈クシウ가 구주クジウ로 되었다는 설도 있는 것 같은데, 어려운 전의詮議는 놓아두고 여기『만엽집』권11에 있는 노래를 하나 적어 놓으려고 한다.

구타미 산의 저녁 무렵에 걸려 있던 구름이 걷히면 나는 그리워지겠구나, 당신이 보고 싶어서⁵

朽網山夕居る雲の薄れ行かばわれは戀ひなむ君が目を欲り

『만엽집』학자 이노우에 미치야스의 설에 따르면, 구타미야마朽網山의 구타미クタミ가 구사미クサミ로 되고, 다시 구스미クスミ로 바뀐 것을 구스미久住로 쓰고 구주クジゥ로 음독하게 되었다고 한다. 지금도 구타미朽網라는 지명이 남아 있다.

오늘날에는 산군의 총칭을 구주九重, 그 최고봉을 구주久住로 부르는 것에 더 이상 누구도 이의를 달지 않는다. 최고봉이라고 해도 단연 출중한 것은 아니어서 산군 중의 다이센잔大船山도 거의 같은 높이를 지니고 있다. 거기에 이어 이나보시야마稻星山, 홋쇼잔星生山, 덴구가조天狗ヶ城, 나카다케中岳, 미마타야마三俣山, 시로구치다케白口岳 등도 주봉과 50미터 차이밖에 나지 않아서, 이는 확실히 구주久住 독재국이 아니고 구주九重 공화국이다. 게다가 그것이 비슷한 모양의 종상화산이어서, 깜빡하면 어느 게 어느 산인지 분간을 못 하게 되고 만다.

물론 각 봉우리는 각각의 개성을 갖추고 있다. 우락부락한 바위산은 홋쇼잔, 당당한 생김새의 미마타야마, 적갈색의 사력砂礫으로 솟아올라 있는 이나보시야마, 중턱에 연기를 올리고 있는 나카다케 라는 식으로. 그리고 뭐니 뭐니 해도 기품이 있는 것은 구주산久住山이다. 특히 북쪽에 있는 지리하마千里濱⁶라고 부르는 벌판에서 바라본 모습은 정예하고 삽상해서, 과연 구주九重 일족의 수장임에 부끄럽지 않다.

조자바루長者原에서 바라본 유비야마指山와 미마타야마

　　산이 무리 지어 있어서 지형은 복잡하고, 여기저기에 고개, 벌판, 온천이 있다. 그것들을 다양하게 묶어서 변화 있는 즐거운 하루 일정을 짤 수 있다. 고개는 1000미터 이상 가는 것이 열셋이나 되는데, 내가 알고 있는 것은 마키노토고에牧ノ戶越, 호코타테 고개鉾立峠, 나베와리 고개鍋割峠라는 세 곳. 온천은…… 전부해서 스무 곳이나 있다고 하는 데다 각각 수질이 다르다. 예를 들어 간지고쿠寒地獄라고 부르는 온천은 냉천이라서, 추위에 떨면서도 그곳의 입욕자가 끊이지 않는 것은 어지간히 효험이 있기 때문일 것이다. 반가운 것은 그들 온천이 모두 소박해서 온천향 같은 분위기가 전혀 나지 않는다는 점이다.

내가 묵었던 곳은 마키노토牧ノ戶(옛 나카노中野 온천), 홋케인法華院, 스지유筋湯 뿐이었지만 어느 온천이든 등산객 상대의 기분 좋은 숙소였다. 홋케인은 옛날에는 천태종天台宗의 일대 영장靈場으로 장엄한 당탑가람堂塔伽藍이 서 있었다고 하지만, 지금은 고풍스러운 초가지붕을 인 숙소가 있을 뿐이다. 구주산九重山을 찾아 돌아다니는 사람들의 근거지가 되어 있다.

　하지만 무엇보다도 내가 감동했던 것은 여기저기에 펼쳐진 벌판이었다. 산 위에 있는 東, 西, 北지리하마, 그곳에는 南國의 산인데도 월귤이 깔려 있었다. 오제를 자그마하게 해 놓은 것 같은 아름다운 습원인 **보가쓰루**坊ヶツル(**쓰루**는 산간의 평탄한 땅이라는 뜻), 살그머니 산을 감싼 사도쿠보佐渡窪. 그런 벌판을 가로지르지 않고는 아무 데도 갈 수 없다는 것이 얼마나 즐거운 산이란 말인가.

　그런 구주九重의 벌판을 대표하듯이 북쪽으로 한다飯田 고원 남쪽으로 구주久住 고원이 있다. 특히 구주 고원은 나를 놀라게 했다. 이렇게 서글서글하게 쭉쭉 펼쳐진 한 자락의 커다란 벌판을 나는 달리 알지 못한다. 내가 갔던 때는 황량한 겨울철인 이월인 데도 소조蕭條한 느낌은 조금도 없었고, 눈에 그득히, 여우의 털빛이라기보다 낙타색의 따듯함으로 밝게, 부드럽게, 그리고 넉넉하게 펼쳐져 있었다.

　두 번째로 구주산九重山를 찾았던 것은 삼월 중순이었는데 마침 구주 고원 들불 놓기[7]를 우연히 만났다. 불길이 여기저기에서 솟고 그것이 넓은 벌판에서 마치 파도처럼 밀려온다. 타닥타닥하며 마른 풀이 튀는 소리와 함께 활활 불꽃의 혓바닥이 빠른 기세로 나아간다. 깜빡하다가는 불길에 휩싸일 것 같다. 푸른 하늘로 연기가 올라가고, 그 연기 틈으로는 아직 정상에 눈이 있는 구주九重의 산들이 더없이 정결하게 서 있었다.

주

1 나스다케 편에서 운센으로 읽고 있는 운젠다케雲仙岳를 말한다. 1991년 6월 3일 발생한 화산쇄설물류로 보도진·화산학자·경찰관·소방대원·마을 주민 등 43명의 사망자와 행방불명자가 나왔던 참사가 있었다.
2 가토 가즈나리加藤數功(1901~1969): 일본산악회 회원. 『구주 산군九重山群(1961)』 등 구주산에 관한 다수의 저서가 있다.
3 신대는 1대 천황인 진무텐노 이전의 시대로『일본서기』제1권과 2권인 신대 상하의 시기를 말한다. 구시후루의 봉우리는 『일본서기』신대 하의 「니니기노 미코토瓊瓊杵尊의 강림에 앞서 아메노우즈메노 미코토天鈿女命가 선도하다」편에서 쓰쿠시筑紫(규슈) 히무카의 다카치호 구시후루의 봉우리竺紫日向高千穗槵觸之峯로 등장한다. 『고사기』에서는 구시후루타케久志布流多氣로 적으며 기리시마야마 편에서 그리 적고 있다.
4 일본 한자음 중에 5~6세기경에 한반도를 경유해 오음吳音이 전해지기 이전에 일본에 전래되었던 한자음을 말한다. 만요가나 등에서 볼 수 있으며 주·한·위나라 등의 한자 독음이 잔존한 것으로 추측한다.
5 『만엽집』제11권 2674번 노래.
6 지도 표기는 지리가하마千里ヶ濱, 히가시치리가하마東千里ヶ濱, 니시치리가하마西千里ヶ濱, 기타치리가하마北千里ヶ濱 등 세 곳의 넓은 분화구를 가리킨다.
7 구주코겐노 노야키久住高原の野燒き라는 방목·제초 등을 위해 수백 년 전부터 해오는 행사다.

096

소보산
祖母山

표고 **1756미터**
소재 **오이타현** 大分縣
미야자키현 宮崎縣

    구주산九重山의 최고점에 섰을 때 아득히 남쪽으로 운해 위에서 하나로 이어진 산이 보였다. 그 오른쪽 끝의 완만한 능선을 좌우로 드리운 기품이 훌륭한 금자탑이 소보산祖母山, 왼쪽 끝의 조금 기울어진 듯 우뚝한 봉우리가 가타무키야마傾山라고 일러 주어서, 전부터 이름만 알고 있었던 산을 처음 마주한 감동이 내 가슴속에서 벅차올랐다. 구주九重는 화산이고 밝고 한가로운 고원이 볼만한 것에 비해, 소보와 가타무키는 고생대층의 산이고 짙은 삼림으로 덮여 있다. 그 대조에서도 마음이 끌렸다. 그곳에 올라야 했다. 그때의 간절한 바람은 그로부터 2년 뒤에 이루어졌다.[1]

    소보산은 옛날에 규슈 제일의 고봉으로서 국정교과서에도 실렸던 적이 있다. 그 뒤에 그 명예는 구주산九重山에게 물려줬지만 산의 유서는 깊다. 휴가日向[2], 분고豊後[3], 히고 삼국에 걸쳐 있고 고래로 진제이鎭西[4]의 명산으로 불려왔다. 그곳의 전설은『헤이케 모노가타리』며『겐페이 성쇠기 源平盛衰記』[5]에 나오고 있으며, 실증적인 기사는 다치바나 난케이의『서유기西遊記』에서도 보인다. 일본 알프스의 아버지 웨스턴이 일본에 와서 맨

덴구이와에서 바라본 소보산

먼저 올랐던 산은 후지산에 이어 당시 규슈 제일이라고 여겼던 소보산이었다.

그런 자격을 가지고 있으면서도 이 산이 의외로 세상에서 잊힌 채로 있었던 것은 그 위치가 바로 사람들 눈에 닿을 만큼 유리하지 않아서일 것이다. 그리고 지금이야 버스가 잘 다닌다고는 하더라도 산에 다가가기까지 거리가 먼 탓도 있으리라. 또한 불을 뿜는 아소, 고원의 아름다움을 지닌 구주九重와 정립鼎立해 있으면서도 소보산은 너무나 음전해서 앞의 두 산만큼의 관광 효과가 미치지 못해서일 것이다.

분명 소보산은 슬쩍 본 것으로 바로 사람을 끌어들이는 두드러진 생김새는 아니다. 가식도 없고 기발함도 없다. 하지만 그 깊은 맛은 유심히 쳐다볼수록 차분히 다가온다고 할 분위기의 산이다. 이런 산은 유행을 타지는 않지만 불변의 생명을 가지고 있다.

소보산은 별명으로 우바가타케姥ヶ岳(또는 우바가타케嫗ヶ岳, 우바가타케鶛羽ヶ岳)라고도 불린다. 제신祭神인 도요타마히메노 미코토豊玉姫命[6]는 진무텐노의 할머니뻘이라서 산 이름이 유래한 것이라고 한다.[7] 옛 기록에서는 우바가타케姥ヶ岳 쪽이 많이 쓰이고 있다.

일설에 소보산은 소호리노야마添山[8]의 와전이라고 한다. 『일본서기』에 나와 있는 소호리노야마曾褒里能耶麻이다. 여전히 일본건국의 전설적인 역사가 매우 존중되었던 무렵에 천손황림天孫皇臨[9]의 장소가 과연 지금의 기리시마야마의 다카치호노미네高千穂峰일까, 아니면 휴가의 니시우스키西臼杵, 그러니까 소보산의 남쪽에 해당하는 땅일까 라는 것으로 논쟁이 있었던 것을 기억하고 있다. 논의의 근거는 주로 예로부터 남아 있는 지명에 있었지만, 정말로 니시우스키에는 아마노이와토天ノ岩戸나 다카치호高千穂라는 이름이 있어서, 소호리노야마添山 등도 그 유력한 증거로 거론되었다. 아무튼 아소의 남쪽에서 노베오카延岡 쪽으로 통하는 고카세가와五箇瀬川 상류지방이 일본에서 가장 일찍 열렸던 땅이었던 것은 분명하다.

따라서 옛날부터 소보산의 오모테구치表口는 남면이어서 웨스턴 등도 그쪽에서 올랐다. 하지만 지금은 교통편부터가 북면, 즉 예전의 뒤쪽裏 등산 들머리 쪽이 오히려 번창해 있지 않은가. 나도 북쪽에서 올랐다.

소보 등산을 삼월 중순으로 골랐던 것은 아직 등산객이 없는 조용한 이른 봄의 산을 내가 무척 좋아했기 때문이었고, 규슈의 산을 잘 아는 오이타의 가토 가즈나리에게 동행을 부탁드렸다. 우리는 다케타竹田부터 버스로 산기슭의 고바루神原까지 달려가 그곳의 소박한 숙소에서 하룻밤 지새우고, 이튿날 아침 등산길에 올랐다. 고고메五合目의 오두막에서 계류를 벗어난 다음, 된비탈을 툻아 곳쿄오네國境尾根 위의 구니미 고개國觀峠로 나오니, 전방에 크게 똬리를 튼 것 같은 소보산이 기다리고 있었다. 아직

소보산 규고메고야九合目小屋에서 바라본 동북릉. 중앙이 오쇼지이와大障子岩

소보산 정상에서 바라본 가타무키야마

가타무키야마

나무들은 움트지 않았고 정상까지 줄곧 눈을 밟으며 갔다.

정상에는 자그마한 석조 호코라祠가 있었다. 하늘에는 구름 한 점 없고 날은 따스해서, 나는 눈에 들어오는 모든 산을 헤아려가면서 행복한 한때를 보냈다. 서쪽에는 아소와 그 외륜산外輪山의 스소노裾野가 모든 시야에서 드넓게 뻗어 구주산으로 이어져 있다. 완전히 거대한 난벌이다. 그 광막함을 둘러싸고 아소, 구주, 소보가 세발솥鼎처럼 서 있다.

눈을 반대쪽으로 돌리니 첩첩산중의 휴가노쿠니日向國이다. 소보와 가타무키의 주능선은 먼저 남쪽의 오쇼지다케大障子岳10까지 바위너설의 능선이 이어진 다음, 동쪽으로 꺾어져서는 완만한 산줄기가 되어 후루소보산古祖母山, 혼타니야마本谷山를 거쳐, 그 끝에 가타무키야마가 있었다.

돌아오는 길은 오비라尾平로 내려왔다. 그 도중에 보았던 소보 동면의 경치는 굉장했다. 권곡상圈谷狀의 계곡은 암벽으로 둘러싸이고 울창한 원시림이 그 아래를 가득 메워, 족립簇立한 암봉과 짙은 삼림의 배합은 오로지 하늘의 솜씨였다.

이튿날 우리는 가타무키야마에 오른 다음, 다케타로 나와서 「황성의 달荒城の月」¹¹로 유명한 옛 성터에 섰다. 나는 옛일이 떠오르고 그리워지는 마음을 억누르며 그곳에서 다시 소보와 가타무키를 바라보았다. 소보산은 기품이 훌륭한 누긋한 금자탑으로, 가타무키야마는 조금 기울어진 듯 우뚝한 모습으로 내 눈시울을 달구었다.

주

1 1962년 3월 가토 가즈나리와 올랐다.
2 옛 지명으로 미야자키현과 가고시마현의 동북부.
3 옛 지명으로 오이타현의 대부분을 차지하는 지역.
4 옛 지명으로 규슈의 별칭.
5 가마쿠라 시대의 군담 소설로 『헤이케 모노가타리』의 이본 중 하나다. 48권으로 구성되어 있다. 『헤이케 모노가타리』가 곡조를 붙여 악기에 맞춰 낭창朗唱하는 가타리모노語り物인데 반해, 겐지의 기사·삽화 등을 많이 포함한 읽을거리인 요미모노讀み物 형식이다.
6 '기기記紀' 신화에서 와타쓰미海神의 딸로 기리시마야마 편에서 언급하는 니니기노 미코토의 며느리다. 아이를 낳을 때 가마우지의 깃털인 우노하鵜羽로 산옥産屋을 지었다고 한다. 다른 세계에서 온 사람이 출산할 때에는 태어난 세계의 모습으로 낳으니 남편에게 보지 말라고 했으나, 호기심에 결국 큰 상어大鰐(오와니)로 변한 모습을 보게 되었고, 이를 부끄럽게 여긴 도요타마히메는 아이를 해변에 두고 바다로 돌아가 버린다. 이는 동아시아·인도네시아 등에 분포하는 설화형태다. 이때 태어난 우가야후키아에즈노 미코토彦波瀲武鸕鷀草葺不合尊가 자신을 키워준 이모 다마요리히메玉依毘賣와 결혼해 태어난 인물이 진무텐노다.
7 소보祖母는 할머니, 우바姥와 우바媼는 모두 할미라는 뜻을 가지고 있다.
8 '기기記紀' 신화의 계보 연구자인 요시이 이와오吉井巖(1922~1995)의 설에 따르면 결국 이것은 신라의 지명이라고 한다. 소호리노야마는 소시모리曾尸茂梨(소의 머리)와 동의어로 스사노오가 천상에서 추방되어 갔다고 하는 한반도 남부의 땅

을 말하며 소曾는 소牛, 또는 쇠金로 해석한다. 신이 강림한 땅에 신라의 지명을 가지고 있는 것은 일본의 수직강림垂直降臨 전승과 한반도와의 관계를 시사한다고 한다.

9　일반적으로 천손강림天孫降臨으로 적는다. 皇과 降의 발음이 모두 '코こう'로 같아서 생긴 혼동으로 보인다. 아마테라스의 명으로 니니기노 미코토가 다카마가하라에서 휴가 지방으로 내려왔다는 신화의 일설이다. 요시이 이와오 등에 따르면 이 신화는 산악적 타계他界 관념을 바탕으로 해서 한반도에서 일본으로 수용된 새로운 형태의 신화일 가능성이 높다는 주장이 있다.

10　오쇼지다케는 없으며, 지형 묘사로 보아 남쪽으로 있는 것은 1703미터의 쇼지다케障子岳를 가리킨다. 다만 북동쪽 능선에 1451미터 봉우리인 오쇼지이와大障子岩가 있다.

11　1901년에 발표된 가곡으로 작곡가 다키 렌타로瀧廉太郎(1879~1903)의 대표작이며 7·5조의 전통 가사에 서양 멜로디를 붙인 최초의 가곡으로 평가받는다. 가사는 시인이자 영문학자인 도이 반스이土井晩翠(1871~1952)가 남성적인 한시풍으로 지었다. 4절로 이루어진 이 가사는 황성과 달에 빗대 영고성쇠가 덧없다는 애수를 읊은 명작으로 평가받는다. 구번 체제의 종언인 1869년의 폐번치현廢藩置縣과 1873년의 폐성령廢城令의 결과로 많은 성들이 철거되어 황성이 등장했으며, 또한 많은 사무라이들이 신분과 직업을 잃어 낭인으로 전락했다. 오이타 번사의 장남으로 태어난 렌타로는 가사의 배경이 되는 황성으로 소년 시절을 보낸 이곳 다케타의 오카조岡城나 도야마의 도야마조富山城를, 센다이仙臺 출신인 반스이는 센다이의 아오바조青葉城나 아이즈와카마쓰會津若松의 쓰루가조鶴ヶ城를 상정했다고 한다. 이 가사에 담긴 일본의 중세와 근대의 역사적 은유를 잘 알고 있었을 저자는 그로 인해 눈시울이 뜨거워졌으리라고 본다.

097 아소산
阿蘇山

표고 **1592미터(다카다케**高岳**)**
소재 **구마모토현**熊本縣

아소의 규모는 세계 제일이라고 한다. 중학생 무렵, 그 옛 분화구 안에 도회와 시골이 있고 기차가 달리고 있다고 배웠는데 상상이 되지 않았다. 나중에 그것이 함몰화구라는 것을 알았지만, 동서 4리, 남북 6리라는 넓이는 역시 상상으로는 실감 나지 않았다.

정말 이건 크구나 라고 절실히 느꼈던 것은 구주산九重山 위에서, 소보산 위에서 바라보았던 때였다. 아소보다 높은 그 산들 위에서 함몰화구를 들여다볼 수 있었다. 그 중앙에 서 있는 이른바 아소 오악阿蘇五岳도 손꼽을 수 있었다. 하지만 내가 더 놀랐던 것은 그 칼데라보다도 고리를 이룬 외륜산外輪山의 바깥쪽으로 펼쳐진 스소노裾野의 크기였다. 그것은 구주며 소보 밑에까지 와 있었다. 나미노하라波野原[1]라고 부르는데 나미노波野라는 것은 일리 있는 말이다.

그 망막한 황야에 한 줄기 길이 지나고 있었다.[2] 구마모토熊本로부터 다케타로 통하는 오래된 가도인데 곳곳에 소나무 가로수가 남아 있었다. 옛 나그네들은 모두 이 끝없는 길을 터벅터벅 걸어갔을 것이다. 시인

아소산의 시로야마 전망소城山展望所에서 바라본 외륜산과 마을과 아소 오악.
좌로부터 네코다케, 다카다케, 나카다케, 뾰족한 에보시다케, 기시마다케

묵객 부류라면 시심이 일어나는 것을 참지 못했을 것이다. 라이 산요[3]의 시가 있다.

> 큰길의 평탄함은 숫돌도 견주지 못한다[4]
> 유조(구마모토 성) 동쪽으로 가면 온통 푸른 풀밭[5]
> 늙은 삼나무 길이 울창해 다른 나무는 보이지 않는구나
> 그 틈으로 이따금 아소를 본다
> 大道平々砥モ如カズ
> 熊城東ニ去レバ総ベテ青蕪
> 老杉路ヲ夾ンデ他樹ナシ
> 欠クルトコロ時々阿蘇ヲ見ル

분화시 대피용으로 나카다케 화구 1킬로미터 내 13개소에 설치한 콘크리트 구조물

다카다케에서 동쪽으로 바라본 네코다케와 쓰키미코야月見小屋

아소의 용암이 퍼져 있는 범위는 가고시마현을 제외한 규슈 6현에 이른다고 한다. 분리되어 있던 태고의 규슈를 새로운 육지로 형성한 것은 아소 폭발의 결과라고 한다. 그런 꿈같은 이야기는 차치하고, 지금 우리의 눈에 스소노로 비치는 부분만으로도 그 광대함은 후지의 스소노[6]도 한참 못 미친다.

만약 아소산阿蘇山의 범위에 이 펼쳐짐도 포함한다면 그야말로 일본에서 가장 큰 산이 된다. 하지만 보통 아소산이라고 부를 때에는 칼데라 안의 화구군火丘群을 가리킨다. 네코다케根子岳, 다카다케高岳, 나카다케中岳, 기시마다케杵島岳, 에보시다케鳥帽子岳 등 오악五岳이다.

산 이름의 유래에 대해서 『일본서기』에는 이렇게 나와 있다. 게이코텐노가 이 광활한 땅으로 와서 아무도 마주치지 못했기에 "이 나라에 사람이 있느냐?"라고 부르셨더니 "우리 두 사람이 있다. 어찌하여 사람이 없다고 할 수 있겠는가"라며 "아소쓰히코阿蘇都彦, 아소쓰히메阿蘇都媛 두 신이 홀연히 사람의 모습으로 화해 나타났다." 그래서 아소라는 지명이 생겨났다고 한다.

그런 유래야 어찌 되었든 아소라는 울림은 나에게 그립다. 소년 시절 「효녀 시라기쿠의 노래孝女白菊の歌」[7] "아소의 산골 가을 깊은데, 풍경 쓸쓸한 저녁 어스름"을 흥얼거렸을 때부터 그 이름은 내 마음에 새겨졌다. 중학생이 되어 소세키[8]의 『이백십일二百十日』을 읽었을 때도 끝없이 이어지는 쓸쓸한 억새 벌판과 쾅쾅 연기를 뿜는 풍경이 강한 인상을 주었다.

하지만 이제 케이圭와 로쿠碌의 시대가 아니다.[9] 몇 년 전 이른 봄, 산기슭의 보추坊中에서 하차했을 때 역 앞으로 소란스럽게 몰려드는 관광객들을 보기만 했는데도, 나는 하마터면 등산할 마음을 접을 뻔했다. 사람들을 피해 나는 외륜산인 다이칸보大觀峰로 갔다. 몹시 추운 날이어서, 망막하게 바람을 맞고 있는 나 말고는 아무도 없었다. 그곳에서 바라본 외륜산의 장대한 산줄기에는 눈이 휘둥그레졌다. 자연의 만리장성 같은 느낌이다.

스나센리가하마의 나카다케 제5화구

　　이튿날, 나는 사람멀미를 참고 관광버스로 탄탄한 포장도로에 올라, 세계 제일이라는 로프웨이를 타고 힘들이지 않고 분화구의 위쪽 가장자리에 도착했다. 구경꾼 무리는 거기까지였다. 스나센리가하마砂千里濱[10]에 가니 이미 사람 그림자가 없었다. 나는 거기부터 무너지기 쉬운 옛 화구벽을 기어올라 나카다케 위로 나왔다. 역시 추운 날이어서 거기에서 다카다케로 이어지는 산등성이는 온통 무빙霧氷으로 덮여 있었다.

　　무빙이 아름답게 반짝였던 최고봉 다카다케 정상에서, 나는 안개가 걷히기를 기다렸다. 동쪽으로 네코다케根子岳(네코다케猫岳)가 바위산의 모습으로 서 있다. 같은 아소 오악 중에서도 여기만은 홀로 서 있는 모습이라서, 이곳의 완만한 산세와는 대조적으로 울퉁불퉁한 암릉으로 이루어져 있다.

내려다본 남쪽은 시라카와白川 분지이고 그 앞쪽은 역시 외륜산으로 둘러싸여 있다. 이 남쪽을 흐르는 시라카와와 북쪽을 흐르는 구로카와黑川가 끝에서 합쳐져, 외륜산의 한 모퉁이를 무너뜨리고 구마모토의 옥토로 흘러들어가고 있다.

하산은 화구벽 위로 이어진 긴 길을 더듬었다. 워낙에 화구가 여러 개나 있고 지세가 복잡해서, 어디를 어떻게 걷고 있는지 잘 모른다. 발밑의 분화구 바닥에서, 그 둘레의 벽에서, 왕성하게 연기를 뿜어 올리고 있는가 했더니, 완전히 죽어버린 분화구도 있다. 나는 다시 구경꾼 무리 속으로 돌아갔다.

주

1 아소 외륜산의 동쪽 완사면을 가리키는 것으로 나미노 고원이라고도 부른다. 지형이 파랑상波浪狀의 고원이라 지명이 되었다.
2 분고카이도豊後街道, 또는 히고카이도肥後街道라고 부르는 길이다.
3 라이 산요賴山陽(1780~1832): 에도 시대 후기의 한시인, 유학자, 역사가. 역사서 『일본외사日本外史』는 겐페이 시대부터 도쿠가와 막부 시대까지 무가의 성쇠사를 다뤘고 막부 말기 존왕양이운동에 큰 영향을 미쳤다. 외사란 야사와 같은 말이다.
4 평탄한 길이란 주로 포석鋪石이 깔린 길인 이시다타미石疊를 가리킨다. 옛 문헌에서 주도여지周道如砥, 장안대도평여지長安大道平如砥, 최남선의 『금강예찬(1928)』의 '온정리溫井里로서 숫돌 바닥 같은 대로大路로', 나쓰메 소세키의 『갱부坑夫(1908)』에서 다이도토大道砥라는 성어가 있다고 언급하는 등 잘 닦인 평탄한 길을 숫돌에 비유한다.
5 푸른 풀밭이라는 뜻의 청무青蕪는 순무의 옛 이름이기도 하다.
6 후지산의 스소노는 스소노시裾野市에서 보듯이 지리 용어가 아닌 고유명사로 통한다.
7 형이상학이라는 번역어를 만든 철학자 이노우에 데쓰지로井上哲次郎(1856~1944)가 지은 한시 「효녀백국시孝女白菊詩」에 감동한 오치아이 나오부미落合直文(1861~

1903)가 1888년에 신체시 형식으로 번안해 발표한 장편 서사시다. 내용은 세이난 西南 전쟁 때 실종된 아버지를 그리워하는 소녀의 이야기다.

8 　나쓰메 소세키夏目漱石(1867~1916): 소설가, 영문학자. 도쿄제국대학 영문학과 졸업. 일본인이 가장 사랑하는 작가 중 하나로 1984년부터 2004년까지 1000엔권 지폐의 인물이었다. 이백십일(니햐쿠토카)이란 잡절雜節 중 하나로, 입춘부터 세어 이백십일 째를 뜻하며 9월 1일 전후에 해당한다. 계절적으로 태풍이 오는 철로 알려져 있으며 벼 이삭이 패기 시작하는 때이다. 소세키가 영국 유학 전까지 영어 교수로 몸담았던 구마모토의 구제 제5고등학교 시절인 1899년에 같은 학교에서 근무하던 대학 동문인 영문학자 야마카와 신지로山川信次郞와 둘이서 아소산에 올라 폭풍에 휘말려 길을 잃은 것도 이날이었고 그때의 체험을 바탕으로 쓴 소설이다.

9 　『이백십일』의 두 주인공. 만담 형식의 소설 속에서 가난한 케이가 디킨스의『두 도시 이야기兩都物語』와 프랑스 혁명에 대해 언급하며 부유해 보이는 로쿠와 나누는 대화를 통해 통렬한 사회 비판을 섞으며 하층 계급 젊은이의 분노를 그리고 있다.

10 　나카다케 화구의 동남부에 있는 오래된 화구 터.

기리시마야마
霧島山

표고 **1700미터(가라쿠니다케**韓國岳**)**
소재 **미야자키현**宮崎縣
가고시마현鹿兒島縣

    기원절紀元節[1]을 부활시키니 마니 2월 11일이 다가올 때마다 문제가 되고 있다. 그 논의는 접어두고 대전大戰 전에 교육받았던 우리로서는 "구름에 우뚝 솟은 다카치호高千穗의 고령을 넘는 재넘이에 초목도……"라는 노래는 잊기 어렵다. 나 같은 사람들은 메이지 사십 몇 년인가에 소학교에 입학한 이래로 매년 기원절마다 불러왔던 노래다.

    그 구름에 우뚝 솟은 다카치호의 고령은 기리시마야마霧島山를 나타낸다. 건국기념일의 노래에 다카치호를 가지고 온 이유는 일본의 창시를 설명하는 『고사기』에 천손天孫 니니기노 미코토瓊瓊杵尊[2]가 이 봉우리로 강림하셨다고 기록되어 있기 때문이다. "히무카日向 다카치호의 구시후루타케久志布流多氣"라고 나와 있다.

    그리고 그 다카치호노미네의 정상에는 유명한 아메노사카호코天の逆鉾[3]가 서 있다. 다만 그 사카호코逆鉾의 역사적 가치에 대해서는 여러 가지 논의가 있었다. 높이가 두세 자, 앞에는 십자가처럼 가로축이 나와 있는데, 거기에는 특이한 사람 얼굴이 주출鑄出되어 있었다. 고대의 물건

아메노사카호코

이 아닌 것만은 사실이다.

　　천손강림天孫降臨은 신화적 전설일 테지만, 다카치호노미네는 그 전설에 어울리는 수려한 산용을 지니고 있다. 이 봉우리를 가장 아름답게 바라볼 수 있는 곳은 기리시마 산군 중의 한 봉우리인 오하타야마大幡山일 것이다. 그곳에서는 남쪽 바로 정면으로 다카치호가 바라보이는데, 다카치호노미네가 왼쪽으로 후타쓰이시二ッ石, 오른쪽으로 오하치御鉢라는 두 봉우리를 거느리고 좌우대칭의 모습으로 우뚝 솟아 있는 모습은 참으로 거룩한 품격이 있다. 특히 기리시마의 다른 봉우리들은 대개 관목으로 덮여 있는데, 다카치호노미네만은 나무 한 뿌리도 붙어 있지 않은 새카만 거죽인 것도 아름답다.

기리시마야마 전체를 포함하는 약 2만정보町步가 국립공원으로 지정되었던 것이 쇼와 9년(1934)이었다고 하니, 국립공원으로서도 가장 오래된 축에 속한다. 산, 호수, 고원, 온천이라는 자연의 변화가 베풀어져 있는 데다, 나라가 시작된 전설의 땅이기에 국립공원으로서 최초로 추천되었던 것도 당연할 것이다.

내가 그곳을 찾았을 때는 쇼와 14년(1939), 아직 태평양전쟁이 일어나지 않았고 중국 대륙에서 계속 전과를 올리고 있는 경기 좋을 때였다.[5] 그 이듬해가 건국 2600년에 해당한다고 해서 건국 시원의 전설의 땅인 다카치호노미네에는 훌륭한 등산로가 개척되어 가고 있었다. 황위선양皇威宣揚이라든가 근로봉사勤勞奉仕라든가 하는 문구가 어디에 가든지 눈에 달라붙던 때였다.[6]

다카치호에 오르기 전까지 나는 혼자서 기리시마 산군의 가라쿠니다케韓國岳, 시시코다케獅子戶岳, 오하타야마, 신모에다케新燃岳, 나카다케中岳 등에 올라 각각의 정상에서 하염없이 다카치호의 아름다운 봉우리를 바라봤다. 그리고 마지막으로 신유新湯라는 수수한 온천에서 하룻밤 지새우고, 이튿날 아침 다카치호노미네로 향했다. 된비탈을 다 오르자 오하치(옛 분화구)의 가장자리에 길이 나 있다. 오른쪽은 화구, 왼쪽은 가파른 계곡이라서 우마노세馬ノ背라고 부르고 있다. 다치바나 난케이가 『서유기』 중에 "그저 제발 가라고 해도 좌우로 모두 바위 계곡이어서, 칼날 위를 걷는 것처럼 발을 밟는 곳이 겨우 말의 사등이 정도이고……"라고 쓰고 있지만, 그것은 옛날 일이고 지금은 눈감고도 갈 수 있을 만큼 넓고 평탄한 길이었다. 그곳을 끝까지 가니 옛 신사 터古宮址[7]가 있었다. 거기부터 정상까지는 금방이었다.

아침부터 바람 부는 쾌청한 날인 데다 공기도 청명한 십이월 중순

동쪽에서 바라본 기리시마 산군. 중앙 좌측 큰 분화구가 가라쿠니다케, 그 앞의 화구호가 오나미노이케大浪池, 연기가 보이는 신모에다케, 그 앞이 나카다케, 그 앞의 작은 분화구가 오하치, 그 옆으로 뾰족한 봉우리가 다카치호노미네

이었기에, 정상에서의 전망은 굉장했다. 기리시마 산군은 말할 것도 없고, 멀리 사쿠라지마산櫻島山[8], 가이몬다케, 노마다케野間岳 등이 보이고, 긴코만錦江彎 저쪽으로 아득하게 바다 위로 떠오르고 있는 것은 다케시마竹島나 이오지마硫黃島[9]였을까. 아메노사카호코를 보호하는 콘크리트 신당이 생겼고 그 신당에서 조금 아래로 내려간 곳에 산지기의 오두막이 있었다. 나는 천손강림의 성봉에 홀로 서서, 옛 소노쿠니襲國[10]를 한눈에 거두며 황조皇祖[11]가 발상한 자취를 회상하니, 차마 떠나지 못할 무언가가 있었다. 그 무렵 역시 이 봉우리를 찾은 사이토 모키치는 많은 노래를 남기고 있는데, 그중 한 수

다카치호 산마루에서 숨을 쉬자니 크구나, 차구나, 하늘 높은 산
高千穂の山のいただきに息づくや大きかも寒きかも天の高山

다카치호라고 부르는 봉우리는 이 밖에도 미야자키현 북부의 우스키군臼杵郡에도 있어서, 어느 쪽이 『고사기』의 '히무카 다카치호의 구시후루타케'인지 예로부터 문제가 되고 있었다는 것은 모토오리 노리나가[12]의 『고사기전古事記傳』에서도 "그런데 이 산은 그것이라고 여겨지는 곳이 두 곳이 있어서 헷갈리게 한다"라고 적고 있는 것으로도 헤아릴 수 있다.

기원 2600년(1940)에는 이 두 곳이 각각 자기 쪽이 진짜 다카치호노미네라고 우기며 싸웠다. 아무튼 그 당시는 다카치호노미네는 성스러운 유적으로서 우러러 받들었던 추세였기에 그 역사적 가치가 높았던 셈이다. 하지만 지금은 그런 풍조는 사라졌다. 일본의 우경화 시대에는 불경스러운 마음을 품고 다카치호노미네에 오르는 것조차 허락되지 않았지만, 지금은 그런 강제적인 정신의 속박도 없이 남국의 밝은 봉우리에 올라, 마음껏 전설의 나라와 친해질 수 있게 되었다.

주

1   2월 11일은 『일본서기』에서 전하는 진무텐노가 즉위했다고 하는 날로, 일본의 건국기념일로 1872년에 제정되었고 1948년에 폐지되었다가 1966년에 건국기념일로 부활해 공휴일이 되었다.
2   아마테라스의 손자다. 아마테라스의 명령으로 갈대밭인 일본葦原中國(아시하라노나카쓰쿠니)을 통치하기 위해 삼종신기를 가지고 강림했다고 한다.
3   이자나기와 이자나미 두 신이 나라를 낳을 때 썼다는 창.
4   지도상 표기는 후타고이시二子石.
5   저자는 중일전쟁 중인 1939년에 2개월간 만주·화베이華北·몽고 여행을 마치고 가고시마현의 2600년 기념회에 초청받아 시모노세키下關에 상륙해 곧장 방문했다. 이를 바탕으로 저자의 「일본백명산」 연재가 잡지 『야마고야山小屋』 3월호(1940)부터 시작되었고, 그 첫 편이 다카치호노미네와 노리쿠라다케였다. 저자는

6 저 때 2주간 기리시마야마, 가이몬다케, 야쿠시마, 사쿠라지마산까지 올랐다.
1938년에 국가총동원법이 제정되어 개인적 등산을 즐기는 사람을 비상시를 구분하지 못하는 비국민非國民 취급했다. 비국민은 우리말로 매국노 정도의 뜻인데, 반란에 준하는 범죄자에게 행해지던 시민권박탈 같은 중범죄보다 당시 '비국민'이라는 단어에 내포된 부정적인 함의는 컸다. 이 시기 등산 들머리에는 재향군인회며 우익 청년단체들이 '세키쇼關所'라는 검문소를 세워 놓고 이런 비국민들을 기다리고 있었다.

7 오하치를 오르기 전에 있는 기리시마진구 후루미야아토霧島神宮 古宮址가 아니고, 우마노세를 거쳐 다카치호노미네로 가기 전의 기리시마진구 모토미야霧島神宮 元宮를 말한다. 지금 이곳은 석조 도리이와 호코라가 있다.

8 사쿠라지마는 처음에는 섬이었지만 1924년의 분화로 육지에 붙었다. 사쿠라지마산은 사쿠라지마 대부분을 구성하는 산으로서 대개 사쿠라지마온타케櫻島御岳로 부르고 있다.

9 가고시마 앞바다에 나란히 떠 있는 섬이다.

10 옛 소노쿠니란 '기기記紀'에 나오는 부족인 구마소熊襲가 살았던 땅이다. 야마토타케루가 야마토에 반항하던 이 구마소의 족장 형제를 암살한 전설이 『고사기』에 있다. 미야자키현인 휴가日向와 가고시마현인 오스미大隅에 걸친 산악지대로 보고 있으며, 가고시마현 기리시마시霧島市와 소오시曾於市 일대에 해당한다고 추측한다.

11 천황의 선조.

12 모토오리 노리나가本居宣長(1730~1801): 의사이자 국학자. 그가 30여 년간에 걸친 연구로 전 44권의 주석서로 출간한 『고사기전』은 유교와 불교 이전의 일본을 고대 일본어로 규명하고자 하는 국학國學의 일차적 목표를 달성하기 위해 실증적 방법론으로서 『고사기』를 해독한 것이다. 이를 통해 국학을 집대성한 인물로 평가받는다. 그는 가미迦微(神)를 무엇이든지 보통을 넘어서는 기이한 것이라고 정의하고 있다. 그러나 고사기의 신화기 역사저 진정성을 지니고 있다는 비이성적인 믿음을 굳게 갖고 있었고 이는 메이지 유신 이후 국가신도國家神道라는 천황신앙의 뿌리가 된다.

099 가이몬다케
開聞岳

표고 **924미터**
소재 **가고시마현** 鹿兒島縣

　다치바나 난케이는 『동유기』와 『서유기』를 저술할 정도의 도쿠가와 시대의 여행가인데, 그 『동유기』 중에 「명산론名山論」이란 제목의 글이 하나 있다. 그분 가라사대 "사람들은 모두 각자 자기 고향산천을 자랑 삼아 천하제일이라고 하지만 대단히 믿기 어렵다. 내가 보는 바로는 맨 먼저 명산이라고 불러 마땅한 것은 다테야마, 하쿠산, 조카이산, 갓산, 이와키산, 이와테산, 히코산彦山, 가이몬다케, 사쿠라지마산이다"라고.

　오늘날의 눈으로 보면 이 선택은 퍽 우스꽝스럽다. 이상을 명산으로 든다면 그에 못지않은 명산은 그 외에도 몇 배나 있을지 모른다. 하지만 백오십 년 전의 주장이다. 교통이 불편했던 시대였기에, 난케이는 여러 빼어난 산들이 깊숙이 있다는 것을 알지 못했을 것이다. 그저 가도의 길가에서 보였던 산만 눈여겨보았을 것이다.

　다치바나 난케이의 「명산론」을 꺼내든 것은 그중에 가이몬다케開聞岳가 들어 있는 것이 내 예상대로였기 때문이다. 높이 1000미터에도 모자라는 산이, 다른 여러 산과 어깨를 나란히 이름을 뽐내고 있는 것이 흐

바다 위에서 바라본 가이몬다케

못했기 때문이다. 높이는 뒤쳐질지언정 독특한 점에서는 이 산만한 것은 다른 곳에 없을 것이다. 이 정도로 완벽한 원추형도 없거니와 온몸을 바닷속으로 쑥 내민, 이 정도로 탁월한 구조도 없을 것이다. 나는 명산으로 꼽는 것을 주저하지 않는다.

가이몬다케의 이름은 중학생 무렵부터 알고 있었다. 이웃에 칠고조사관七高造士館[1]에 다니고 있던 선배가 있었는데, 그이가 고향에 올 때마다 언제나 사이고[2] 씨와 그 산 이야기를 꺼냈기 때문이다. 그 이후로 가이몬다케라는 이름은 나의 뇌리에 박혔다. 훗날 처음으로 가고시마 땅을 밟고 그 해안에서 아득하게 멀리서, 너무나 수줍은 나머지 어렴풋이 가이몬다케의 정삼각형을 바라다보았을 때는 눈시울이 뜨거워지는 느낌

세비라瀨平 자연공원에서 바라본 가이몬다케

이었다.

　이 산의 본래 이름은 히라키키다케開聞岳였다. 북쪽 기슭에 오랜 유서를 지닌 히라키키開聞 신사가 있다. 『연희식延喜式』에는 히라키키枚聞라고 나와 있는데, 히라키키開聞 쪽이 옛 글자라고 하며, 히라키키ヒラキキ는 히라키키平來라는 뜻으로 원래 지명이었다. 그 히라키키다케開聞岳가 음독으로 가이몬다케開聞岳로 되고, 다시 가이몬산海門山이라는 별명까지 생기게 되었다.

　가이몬산이라는 것은 교묘한 군두목이다. 가고시마만灣의 출입구

를 제압하며 서 있기 때문이다. 아니, 그것은 본토의 위병 같은 위치에 서 있다. 종전 후 중국에서 포로생활[3]을 했던 내가 상하이에서 귀환했을 때 배가 일본에 가까워지다가 날이 밝을 무렵에 맨 먼저 보았던 것이 이 가이몬다케였다. 그 가지런하고 아름다운 산용을 보고, 마침내 본국으로 돌아왔다는 만감이 복받쳐 왔던 일을 잊을 수가 없다. 훗날 히말라야에 가려고 남중국해를 향해 일본을 떠날 때도, 마지막으로 배웅을 해 주었던 것이 이 가이몬다케였다.[4]

이 산 위에 내가 섰던 것은 전쟁 전 십이월이었다.[5] 히라키키枚聞 신사에 참배하고 나서 시마미캉島蜜柑[6]을 대접받았다. 조고로야키長五郎燒[7] 항아리에 담긴 오미키御神酒[8]를 선물로 받고 신사의 뒤편에서 바로 오르기 시작했다. 이 신사는 『삼대실록』에도 여러 번 신위승서神位昇叙[9]의 기재가 보이는데, 중세가 되고부터 사쓰마노쿠니薩摩國의 이치노미야一ノ宮[10]로서 존숭했다. 시마즈 가문島津氏[11]이 입국入國[12]한 뒤에는 특히 독실하게 숭경했다고 한다. 가이몬다케는 조간貞觀 16년(874)과 닌나仁和 원년(885) 두 번 분화한 기록이 있는데, 그 뒤로 천 년 동안 휴면상태를 이어오고 있다. 조간 16년 3월 4일에 분화했을 때는 그을음과 연기가 하늘에 가득 차고 화산재가 비처럼 쏟아져 신사는 이부스키指宿로 천좌했다. 그리고 이 천재지변을 신의 지벌로 여겨 히라키키枚聞 신사의 위계가 높아졌다.[13]

가이몬다케는 표고야말로 1000미터를 채우지도 못하지만, 위나 바닷가부터 똑바로 서 있어서 그리 녹록한 오르막은 아니다. 산허리정도까지는 밀림 속을 지나지만 그 위로는 관목지대가 되기 때문에 전망이 펼쳐진다. 등산로는 잘 만들어져 있는데 원추형을 직등하지도 않고, 지그재그도 아닌, 나선형으로 산을 감아 돌면서 간다. 다시 말해 북쪽 기슭의 등산 들머리에서 우선 동쪽으로 돈 다음, 남쪽을 거쳐서 서쪽으로 돌아 다시 북쪽으로 나왔을 때는 어느새 정상이라는 방식이다. 이런 희한한 등산로도 달리 알지 못한다. 왜냐하면 이 산이 완전한 원추체인 데다 방사곡放射谷[14]이 거의 없어서 이런 나선형 길이 가능한 것이다.

더구나 동쪽에서 남쪽으로 도는 부근부터 위쪽으로는 훨씬 전망이 잘 되어서, 올라갈수록 점점 주위의 풍경을 접할 수 있다. 내려다보는 풍경은 대부분 바다라서, 산에 오르면서 이렇게 바다를 즐겁게 누릴 수 있는 것 또한 소중히 여기기에 족하다.

　정상에는 화구의 흔적인 움푹 팬 구덩이가 있고, 온통 굴거리나무讓葉며 꽝꽝나무大黃楊 따위의 상록활엽수로 덮여 있었다. 그 한 귀퉁이에 커다란 바윗덩어리가 더미를 이루고 있는데 그곳에 삼각점이 있었다. 정상에서의 경치는 세 방향이 바다이고 북에서 동으로 걸친 곳만 육지이다. 바다 쪽으로는 나가사키바나長崎鼻와 마쿠라자키枕崎가 보이고, 육지 쪽으로는 이케다 호수池田湖와 야하즈다케矢筈岳가 보였다. 기대하고 있었던 멀리 남쪽의 섬들이 날씨 사정으로 보이지 않았던 것만 아쉬웠다. 돌아오는 길은 도중에 갈라진 길에서 동쪽의 가와시리川尻 마을로 내려섰다. 이 어촌의 파도가 밀려오는 물가에서 우러러본 가이몬다케야말로 천하의 명산임에 부끄럽지 않았다.

주

1　구제 제7고등학교 조사관을 말한다. '사무라이를 길러내는 집'이라는 뜻의 조사관은 원래 가고시마현의 서반부에 해당하는 사쓰마번薩摩藩 번사의 자제 교육을 위한 번교藩校였다. 1884년 설립한 가고시마현립 중학조사관鹿兒島縣立中學造士館을 전신으로 해서 1901년에 개설했다. 1949년에 가고시마대학으로 통합되었다.
2　사이고 다카모리西鄕隆盛(1827~1877): 막말과 메이지 초기의 군인이자 정치가. 가고시마 출신으로 사카모토 료마坂本龍馬의 중재에 응해 조슈번長州藩과 삿초 동맹薩長同盟을 맺고 막부를 타도하고 메이지 유신을 달성하는 데 큰 공을 세운다. 사이고를 우두머리로 하는 재개혁파는 정한론征韓論을 주장했고 정한론은 대중들로부터 열광적 지지를 받았으나 메이지 정부는 이 계획을 철회했다. 이후 개혁 과정에서 실권을 잃은 무사들과 함께 반군을 조직해 세이난西南 전쟁을 일으켰고 패색이 짙어지자 할복했다.
3　야전소대장으로 복무하다가 패전을 맞아 1년간 포로생활을 했다.
4　1958년에 쥬갈 히말, 랑탕 히말 원정대Japanese Artist Club Expedition를 조직해 약

4개월간 여행한 일을 말한다.
5   1939년 기리시마야마에 이어서 올랐다.
6   사쿠라지마노 고미캉櫻島の小蜜柑이라는 귤이다. 무게 40~50그램, 직경 3센티미터 정도의 크기로 매우 작은 귤이다. 임진왜란 때 도공을 끌고 갔던 사쓰마 번주 시마즈 요시히로島津義弘(1535~1619)가 조선에서 가져온 것으로 전해진다. 작지만 단맛이 강하다.
7   사쓰마야키薩摩燒라고 부르는 가고시마의 도기는 임진왜란 때 조선에서 끌려온 도공이 번주의 보호 아래 도기를 만들었고, 심수관沈壽官으로 상징되는 사쓰마야키의 유래가 되었다. 야키燒는 도기류를 뜻하는 야키모노燒物를 말하며 대개 가마 이름에 지역명과 인명 등을 붙인다. 따라서 가마의 이름이나 제작자가 조고로長五郞로 보인다. 그러나 가고시마에 조고로야키는 보이지 않고, 1898년에 가고시마시에서 조타로야키長太郞燒로 개업해 1952년에 이부시키시指宿市로 옮긴 이부시키 조타로야키 가마모토指宿長太朗燒窯元가 아직 명맥을 유지하고 있다. 따라서 조고로야키가 아니라 이 조타로야키일 가능성도 있어 보인다.
8   신에게 공양하는 술의 높임말.
9   신의 위계를 높이는 벼슬을 내림.
10 율령국 체제 구니國 내에서 가장 격이 높은 신사.
11 가마쿠라 시대 이래로 미나미규슈南九州를 지배하던 호족이다. 에도 시대 말기에 토막討幕 운동의 지사를 가신으로 배출했고 토막의 중심세력이 되었다.
12 영주가 자신의 영지에 들어가는 일을 말하는데, 가마쿠라 막부의 성립으로 시마즈 가문이 슈고守護로서 규슈로 들어갈 때 재지영주在地領主들과 지배권 쟁탈전이 일어났다.
13 신불이나 원령 등이 자신의 존재를 드러내기 위해 지벌을 일으키는 것으로 보았기에 이를 신위神威의 증거로 보았다.
14 방사곡radiating valley은 중앙의 한 지점에서 사방으로 내뻗친 계곡을 말한다.

미야노우라다케
宮ノ浦岳

- 표고 **1936미터**
- 소재 **가고시마현** 鹿兒島縣
- 지도 **미야노우라다케** 宮之浦岳

　서일본(하쿠산 이서)에서 가장 높은 산이 시코쿠의 이시즈치산과 쓰루기산이라는 것은 산을 좋아하는 사람이라면 대부분 알고 있으리라. 그다음으로 높은 산이 미야노우라다케宮ノ浦岳라고 하면 '그런 산은 어디에 있나?'라는 표정을 짓는 사람이 많다. 미야노우라다케는 야쿠시마의 최고봉이다. 가고시마에서 남서쪽으로 90여 마일¹ 떨어진 일본 최남단의 섬에 그런 높은 산이 있는 것을 의외로 여기는 사람이 있을 지도 모른다.

　야쿠시마는 동서 약 28킬로미터, 남북 약 24킬로미터, 둘레 100킬로미터인 거의 원형의 외딴 섬이며, 섬 전체가 산으로 가득 차 있어 평야 비슷한 것은 거의 없다. 해안선을 따라 얼마 안 되는 평지를 찾아낸 마을이 드문드문 있지만 한 걸음 섬 안쪽으로 들어가면 산뿐이다.

　최고봉인 미야노우라다케는 거의 섬 중앙을 차지하고, 조금 사이를 두고 나가타다케永田岳와 구로미다케黑味岳가 서 있다. 어느 것이나 1800미터 이상을 헤아리지만 그 이하의 산으로 치면 무수히 많다. 산꼭대기를 다케タケ라고 부르는데, 섬사람들 말에 따르면 그 다케가 삼백삼십이

미야노우라다케에서 동남쪽 구리오다케粟生岳 방면의 종주로

나 있다고 한다. 그래서 바다 위에서 바라다보면 섬이라기보다 커다란 산이 바다 위로 솟아 있는 것처럼 보인다. 그리고 그것을 총칭해서 야에다케라고도 부르고 있다.

야쿠시마는 먼 옛날 야쿠益救라고 했는데, 덴표天平 14년(742) 오스미노쿠니大隅國[2]에 합쳐졌고, 겐큐建久 연간(1190~1199)에는 시마즈 가문의 슈고守護[3] 아래로 들어갔다. 바다를 따라 있는 미야노우라 마을에는 고운 모래가 깔린 아름다운 경내를 가진 야쿠益救 신사가 있는데, 이것은 『연희식』에 "대우국 어모군 일좌 소익구신사大隅國馭謨郡一座小益救神社"라고 나

와 있을 정도로 유서 있는 야시로社이다. 이 오미야お宮에서 미야노우라라는 마을 이름이 생겼고 그 이름이 산에도 붙었다.

섬 전체가 바로 산이며 산은 삼림으로 덮여 있다. 놀랄 만큼 수목이 무성한 모습이다. 아래쪽은 남국 특유의 활엽수이지만, 점점 위로 올라갈수록 식물 경관이 바뀌어 정상 가까이에는 한대성 고산식물까지 보인다. 그중에서도 유명한 것은 야쿠스기屋久杉(일명 진다이스기神代杉)인데, 그 나이테를 세어 보면 이천 년 이상 된 것도 드물지 않다고 한다. 이렇게 수목의 생장이 좋은 것은 해양기후의 영향으로 습윤도가 높기 때문이다. 흔히 야쿠시마는 "단 한 달에 **35일** 비가 내린다"라고까지 이야기하고 있다. 그래서 일부러 멀리서 등산하러 나섰다고 해도 맑은 날을 만나는 일은 흔치 않다고 한다.

나는 운 좋게도 좋은 날씨를 누렸다. 쇼와 14년(1939), 12월이라는 겨울철을 골랐던 것도 다행이었을 것이다. 가고시마를 밤 열 시에 출발해 야쿠시마 동해안의 안보安房에 상륙했던 것은 이튿날 늦은 오후였다. 그날 중으로 목재를 운반하는 트롤리trolley를 타고 안보가와安房川 상류의 고스기타니 작벌소小杉谷斫伐所4까지 가서 신세졌다. 야쿠시마는 83퍼센트까지 국유림이라서 여기서 영림서營林署는 만능이다. 야마고야도 등산로도, 모든 시설은 영림서 덕을 보고 있다.

이튿날은 굉장히 맑은 날. 하나노에고花ノ江河의 오두막까지 올라가서 묵었다. 여기는 아름다운 자연 정원으로, 야쿠스기 고목古木이 마치 도호쿠 지방의 분비나무 같은 모습으로 점점이 서 있었다. 일몰 전에 구로미다케에 올라 바로 정면으로 계곡을 사이에 두고서 미야노우라다케를 바라봤다. 피라미드형의 단연端然한 산이다. 그 왼편으로 바위 꼭대기를 죽 늘어놓은 나가타다케. 해질녘에 비낀 빛이 한층 이 산들을 훌륭하게 보이게 했다.

사슴5의 울음소리를 들으면서 밝아왔던 이튿날 아침은 또다시 쾌청. 야쿠시마조릿대屋久笹6와 만병초가 뒤섞인 한가로운 길을 올라 미야노

나가타다케

나가타다케에서 바라본 미야노우라다케

우라다케의 정상에 섰다. 정상 가까이에는 30센티미터 정도의 눈이 쌓여 있었다. 내다보이는 것은 모두 산이고 그 산 너머는 바다이다. 지금까지 어딘가의 깊은 산 속을 걷고 있는 기분이 들었지만, 정상에서 에워싼 바다를 바라보고 나니, 비로소 바다 한 가운데 있는 섬에 있다는 것을 깨달았다. 미야노우라다케는 해안의 어느 마을에서도 보이지 않는다. 따라서 이 꼭대기에서 보이는 것은 산과 바다뿐이다.

나가타다케를 넘어 돌아오는 도중에 가랑비를 만났다. 나가타고야永田小屋에서 잠깐 쉬고서 서해안의 나가타 마을까지 가는 내리막은 길었다. 나의 행정은 야쿠시마에서 가장 높은 곳을 거쳐 섬을 동서로 횡단한 것이 된다. 나가타에서 1박하고 이튿날 북해안의 미야노우라까지 바닷가 길을 버스에 실려 갔다. 돌아가는 배는 그곳에서 떠났다.

벌써 이십오 년 전의 일인데 그때 나는 두 번 다시 이런 남쪽 바다의 섬으로 갈 일이 없을 것으로 생각하고 있었다. 그런데 근년에 야쿠시마는 점점 유명해지고, 기리시마霧島 국립공원은 그 범위를 넓혀 야쿠시마까지 포함하게 되었다. 가까운 시일 내로 비행기가 다니게 된다고 한다. 나에게도 다시 놀러 갈 기회가 주어질지도 모르겠다.

하지만 이미 사슴의 울음소리는 들을 수 없게 되었을 것이다. 매년 몇 십 마리쯤 사냥감이 되고 있다고 한다. 그리고 저 소박한 바닷가 마을들도 관광객을 맞이하게 되면 그 정취가 변해갈 것이다. 다시 놀러 갈 생각 따위는 하지 말고, 기념품도 그림엽서도 없었던 지난날 야쿠시마의 추억에 잠겨 있는 편이 현명할지도 모르겠다.

주

1 해리海里(nautical mile)를 말하며 1해리는 1852미터다.
2 옛 지명으로 가고시마현의 동부.
3 가마쿠라·무로마치 시대의 군사와 행정을 통할하는 무사 및 기구.

4　이 마을은 고스기타니 집락集落이라고 불렸고 1970년에 폐촌되었다.
5　야쿠시카屋久鹿라는 야쿠시마의 고유종이다. 식물 보호를 위해 개체수 관리를 하고 있다.
6　야쿠시마의 고유종으로 야쿠시마다케屋久島竹의 별칭이다.

후카다 규야 (출처: 아사히신문사)

후기

일본은 산의 나라다. 어디를 가도 산이 보이지 않는 곳은 없다. 시정촌市町村을 굽어보는 잘생긴 산이 서 있어서, 그곳 학교의 교가에 반드시 넣고 있는 분위기이다. 일본 국민은 대개 산을 보며 자랐다. 도쿄 정도가 산에서 멀지만 매연이 적었던 과거에는 후지산이며 쓰쿠바산이 도시의 중요한 배경이었다.

일본인만큼 산을 숭경하고 산과 친밀한 국민은 세계적으로 유례가 없다. 나라를 세웠던 먼 옛날부터 산과 인연이 있었고, 어느 예술 분야에서도 산을 다루지 않았던 것이 없다. 근년에 의외로 등산이 활발해져 등산 붐 등으로 이야기하지만, 그것은 그저 일시적으로 일어난 유행이 아니다. 일본인의 가슴 깊은 곳에는 언제나 산이 있었던 것이다.

일본에서 주목할 만한 산에 전부 오르고, 그중에서 백명산을 고르려는 생각이 문득 떠올랐던 것은 전쟁 전의 일이었다. 그 무렵 한 산악잡지에「일본백명산」이라는 제목으로 25좌 정도까지 연재했지만, 잡지가 폐간되어 그것으로 그쳤다. 하지만 나는 산에 관해서는 집념이 강한지라,

전쟁 후 다시 뜻을 이어가 회갑이 되는 해에 그 일을 마무리했다.

　이 책에서 꼽았던 백 곳의 명산은 전부 내가 그 정상에 섰다. 백을 골라야 하는 이상, 그 몇 배의 산에 올라봐야만 했다. 어느 정도 수의 산에 올랐는지 세어본 적은 없지만, 내가 산에 오르는 일은 소년 시절부터 시작해 오늘에 이르도록 거의 끊인 적이 없었기에, 여러 산을 알고 있다는 점에서는 자신이 있다.

　일본의 명산을 선정하는 것에 착안한 것은 내가 최초는 아니다. 다치바나 난케이는 그의 저서 『동유기』 중에 「명산론」이란 글을 실어 9좌의 명산을 들고 있다. 오늘날로 치면 몹시 빈약한 리스트이지만, 백오십 년 전의 여행이 불편했던 시대였기에 그것도 어쩔 수 없었을 것이다.

　다니 분초의 『일본명산도회』는 세 권이 있는데 전부 구십 산이 그려져 있다. 일본화풍으로 산의 형태를 데포르마시옹하고 있는 것이 많지만, 하나하나 사생에 따르고 있는 것은 사실이다. 규슈부터 홋카이도의 입구까지 이르는 가도의 길가에서 보이는 유명한 산은 대부분 담고 있다. 그런데 그 90좌 중에는 보슈房州의 노코기리야마鋸山며 이세伊勢의 아사마야마朝熊山 같은 작은 산이 많이 들어 있고, 일본에서 가장 높은 산이 모여 있는 일본 알프스에서는 고마가타케, 온타케, 다테야마 등 셋 밖에 들고 있지 않다.

　난케이도 분초도 산을 좋아하는 여행가는 맞지만, 일본의 산속 깊은 곳에는 더 훌륭한 산이 있다는 것을 알지 못했다. 그것도 무리는 아니다. 신슈며 엣추며 히다의 깊은 산이 널리 알려졌던 것은 메이지 말이 되고 나서이다. 에치고며 아이즈며 오슈의 숨겨졌던 산이 일반 등산자의 대상이 되기 시작한 것은 다시 그 뒤의 일이다. 산을 오르는 것은 해마다 활발해져서 오늘날에는 일본 전체에서 찾아도 이미 미지의 산은 없어졌다. 그렇다면 차라리 나는 일본 전역의 산을 빠짐없이 찾아 백명산을 고르기로 했다. 기슭에서 바라본 것만으로는 충분치 않다. 나는 전부 올랐다. 그중에는 몇 번을 물러났다가 끝내 올랐던 산도 있다. 어쨌든 절정에 올라보지 않으면 석연치 않았다. 올라 보지도 않고 선정하는 것은, 입사시험에서 이력서만으로 채용 여부를 결정하는 것 같은 일이라 나로서는 탐탁지 않았다.

나의 선정에는 이론도 있을 것이다. 특히 사람들은 자신이 잘 알고 있는 산을 명산으로 추천하지만, 나는 여러 산을 비교검토 한 뒤에 정했다. 물론 내 눈은 신처럼 공평하지는 않다. 내게 자신감을 가지게 해 준 것은 오십 년에 가까운 나의 등산 이력이다.

선정에 관해 나는 우선 세 가지 기준을 두었다.

그 첫 번째는 산의 품격이다. 누가 보더라도 훌륭한 산이라고 감탄하는 것이어야 한다. 높이에서는 합격했어도 범상한 산은 고르지 않는다. 험준함이나 굳셈, 아름다움이랄까, 무언가 사람의 마음을 두드려 오는 점이 없는 산은 고르지 않는다. 사람에도 인품의 고하가 있듯이 산에도 그것이 있다. 인격이 아닌 산격이 있는 산이어야 한다.

두 번째로, 나는 산의 역사를 존중한다. 예로부터 인간과 깊이 유대를 지닌 산을 제외할 수는 없다. 사람들이 조석으로 우러르고 공경해서 그 꼭대기에 호코라祠를 모실 만한 산은 저절로 명산의 자격을 지니고 있다. 산의 영혼이 깃들어 있다. 다만 근년의 이상한 관광업의 발달은 오랜 내력이 있는 이름난 산을 통속화시켜, 어느덧 산의 영혼도 머물 곳이 사라졌다. 그런 산을 고를 수는 없다.

세 번째는 개성이 있는 산이다. 개성이 현저한 것이 주목받는 것은 예술작품과 마찬가지다. 그 형체이든, 현상現象 내지는 전통이든, 다른 곳에 없는 그 산만이 갖추고 있는 독자적인 것, 그것을 나는 존중한다. 어디에나 있는 평범한 산은 고르지 않는다. 물론 모든 산은 같은 모양이 아니고 각각 특징을 지니고 있지만, 그중에서 강렬한 개성이 나를 끌어들이는 것이다.

부가적 조건으로서 대략 1500미터 이상이라는 선을 그었다. 산이 높다고 해서 고귀한 것은 아니지만, 어느 정도 높이가 아니면 내가 목표로 하는 산의 카테고리에 들 수 없다. 예를 들어 에치고의 야히코야마, 교토의 히에이잔比叡山, 분고의 히코산英彦山 등은 예로부터 이름난 명산임에 틀림없지만 너무나 키가 작다. 예외는 있다. 쓰쿠바산과 가이몬다케. 왜 그것을 골랐는지는 그 산 편에 적어놓았다.

처음에 나는 백명산의 후보 리스트를 작성해서 그중에서 선택하고 있었다. 70퍼센트 정도는 문제없이 통과했지만, 나머지는 급락이 아슬아슬해서 그것을 체를 쳐서 거르듯 해야 했던 일은, 사랑하는 제자를 낙제시키는 시험관의 괴로움과 닮아 있었다.

구체적으로 이야기해보련다. 홋카이도에서는 9좌를 들었지만 그 밖에도 우페페산케ウペペサンケ, 니페소쓰ニペソツ, 이시카리다케石狩岳, 페테가리ペテガリ, 아시베쓰다케芦別岳, 고마가타케, 다루마에산樽前山 등은 유력한 후보였다. 다만 내가 그 산들을 바라보았을 뿐, 실제로 오르지 않았다는 불공평한 이유로 제외했던 것은 그 산들에 대해 변명의 여지가 없다.

도호쿠 지방에서는 아키타코마가타케秋田駒ヶ岳와 구리코마야마栗駒山를 넣었어야 마땅했을 수도 있다. 모리요시잔森吉山, 히메카미산, 후나가타야마舟形山 등은 좋은 산이건만, 조금 키가 부족하다.

가장 망설였던 것은 조신에쓰였다. 이곳에는 높이에서 제1급은 아니지만 제2급이 얼마든지 있었다. 게다가 모두 내가 좋아하는 산이다. 뇨호산, 센노쿠라야마仙ノ倉山, 구로히메야마黒姫山, 이이즈나야마飯縄山, 스몬야마守門山, 아라사와다케荒澤岳, 시라스나야마白砂山, 도리카부토야마鳥甲山, 이와스게야마, 그 밖에 백명산 안에 들어와도 조금도 손색없는 산이 많이 있다.

사람들은 나에게 어느 산이 가장 좋으냐고 곧잘 물어본다. 나의 대답은 언제나 정해져 있다. 가장 최근에 다녀온 산이다. 그 산의 인상이 생생하기 때문이다. 어쩌면 위에서 예로 들었던 산도 만약 내가 그곳에서 막 돌아왔더라면 당연히 백명산에 넣었을 것이 분명하다. 사랑하는 것은 선택이 망설여진다.

일본 알프스의 산들이 백명산 안에 사분의 일 이상 차지하는 것은 어쩔 수 없다. 혼슈의 등뼈를 이루는 이곳은 눈에 띄는 것만 헤아려도 금세 서른을 넘겨 버린다. 그중에서의 선택도 나를 당혹스럽게 했다. 당연히 꼽았어야 할 산으로는 유키쿠라다케, 오쿠다이니치다케奧大日岳, 하리노키다케針ノ木岳, 렌게다케蓮華岳, 쓰바쿠로다케, 오텐조다케, 가스미자와다케霞澤岳, 아리아케야마有明山, 가키다케, 게카치다케毛勝岳 등이 있었다. 남쪽에서는 다이무겐야마, 자루가타케笊ヶ岳, 시치멘산七面山도 넣고 싶었다.

호쿠리쿠에서는 하쿠산 산맥의 오이즈루가타케笈ヶ岳나 오가사야마大笠山를 꼭 넣을 작정이었다. 이는 내 고향의 산이라서 편드는 것만이 아니라, 이런 숨겨진 훌륭한 산이 있다는 것을 세상에 퍼트리고 싶었다. 하지만 아직 등정할 기회를 가지지 못해서 유감스럽지만 생략했다.

간사이에서 골랐던 이부키야마, 오다이가하라야마, 오미네산 이외에도 예로부터 이름난 스즈카야마鈴鹿山나 히라산比良山을 넣고 싶었다. 스즈카야마에는 세 번 갔다. 하지만 고자이쇼다케御在所岳는 이미 유원지가 되어 있었고, 후지와라다케藤原岳에 올라 스즈카의 산들을 바라봤지만 무엇 하나 높이가 없는 점이 나를 주저하게 했다. 히라산도 마찬가지이다. 차라리 오쿠코야奧高野의 산들에서 하나 골랐어야 했는지도 모르지만, 나는 아직 그곳을 알지 못한다.

주고쿠는 고산이 부족하다. 호키 다이센에 올랐던 날은 디없이 드맑은 가을날이었고, 그 정상에서 나는 산요와 산인을 가르는 척량산맥을 바라보았다. 나의 기대는 어딘가에 이렇다 할 산이 없을까 하는 것이었다. 하지만 몇 겹이나 이어진 산들은 모두 하나같이 평평한 구릉이라, 특별히 눈길을 끄는 것은 없었다. 히루젠蒜山에도 들러 봤지만 명산으로서 추천하기에 어딘가 부족했다.

다시 서쪽으로 가서 산베산에 올랐다. 그곳에서 이번에는 니시추고쿠西中國의 산들을 바라보았다. 결과는 마찬가지였다. 명산을 찾아다니는 일은 보람 없이 끝났다. 이렇게 해서 주고쿠에서는 다이센 하나가 되었다. 만일 따로 꼽으려고 한다면 효노센일지도 모르겠다.

　　시코쿠에서 이시즈치산과 쓰루기산이라는 2좌는 이의가 없을 것으로 생각한다. 규슈는 6좌를 골랐는데, 그 밖에 유후산由布山, 이치후사야마市房山, 사쿠라지마산을 염두에 뒀었다. 모두 개성 있는 멋진 산이다.

　　『일본백명산』은 나의 주관으로 선택한 것이기에 이것이 타당하다고 할 수는 없을 것이다. 하지만 자주 신문에서 「일본 신명승백경日本新名勝百景」과 같은 식의 것들이 다분히 영업정책적인 투표의 득표수에 따라 결정되는 경우가 있다. 저런 유의 것보다는 내가 시도해 본 방법이 정확하다. 나는 여러 사람의 의견을 듣고 싶다. 그리고 앞으로 재판의 기회가 있다면 약간의 산을 새로 넣을 예정이다.

　　끝으로 「일본백명산」을 산악잡지 『산과 고원』에 연재할 것을 권해준 오모리 히사오 군에게 감사드린다. 그리고 본서에 삽입한 지도는 독표등고회獨標登高會의 야마구치 아키히사山口耀久, 나카무라 도모히로中村朋弘, 이시이 시게타네石井重胤 세 사람이 대단한 노력을 기울여서 만들어 주었다. 사진 대부분은 나의 산 친구들에게 빌렸다. 함께 두터운 감사 인사를 올린다.

1964년 5월

역자 주

오모리 히사오大森久雄(1933~)는 일본산악회 회원이며, 와세다대학 불문학과를 졸업했다. 여러 출판사에서 편집자로 일했으며 수필가이자 번역가이기도 하다. 후카다 규야의 여러 책에 해설을 실었고 2015년의 기행문집 『후카다 규야 선집』에서는 감수를 맡기도 했다. 그가 후카다 규야에게 백명산을 써 달라고 한 이유는 산의 잡지가 당시까지 성황을 이루고 있던 체육회계열과 산악부계열의 산의 세계와는 다른, 정서와 사색의 세계를 지향하는 것이었으면 좋겠다는 생각에서였다고 한다. 그가 1966년에 공역한 리오넬 테레Lionel Terray의 『무상의 정복자無償의 征服者』는 국내에서 원제 Les Conquérants de l'inutile 보다 유명한 제목이 되었고, 최근의 국내 번역본 제목도 『무상의 정복자』로 나오게 되었다.

해설

구시다 마고이치

나는 전에 이런 글을 썼던 적이 있다. "후카다 씨는 내가 사랑하는 산 선배였다. 오히려 그 때문에 함께 산에 오르는 것을 생각해보지 않았다. 하지만 어딘가의 산정에서 만나 함께 쉬는 시간을 보내는 날을 꿈꾸었다. 돌아가셨어도 이 꿈만은 아무리 해도 사라지지 않는다."

자신이 평소 산 선배로서 존경하고 있는 사람과 함께 산행하는 것을 바라고, 그것을 어떻게든 실행에 옮기는 사람이 있지만, 나는 그러질 못했다. 그것은 단순히 조심해서가 아니라, 서로 마음에 부담이 되는지, 행동에 제약이 되는지, 여러 가지를 고려해서 삼가야 할 일처럼 여겨서다.

한번은 제삼자가 세웠던 계획으로 다이센大山부터 가라스가센烏ヶ山, 기보슈가센擬寶珠ヶ山을 지나 히루젠蒜山까지 종주한다는 이야기가 나왔는데, 후카다 씨와 내가 초청된다는 소문이 났다. 나는 그보다 조금 앞선 겨울에 히루젠에 올라서 다이센으로 이어지는 눈 덮인 산릉을 보고, 그 종주를 가능하면 적설기에 시도해 보고 싶다고 생각하고 있었던지라 어지간히 마음이 동했다. 그 시기 등은 우리가 어떻게든 맞추자고 해서, 드

디어 후카다 씨와 함께 산을 걸을 기회가 왔다고 생각하고 있었다. 하지만 이것도 어떤 이유 때문이었는지는 분명히 기억나지 않지만, 실현되지 못하고 끝나고 말았다. 아니면 내가 여느 때와 마찬가지로, 현지인들을 끼운 몇 사람에서 산을 걷는 일에 적극적으로 마음이 내키지 않아서 계획이 그대로 사라져버렸는지도 모르겠다.

그래도 산정에서, 혹은 산등성이를 걷던 도중에 친한 친구며 선배를 마주치는 것은 정말 반가운 일이다. 그것이 엄밀하게 상의라도 한 뒤의 마주침이었다면, 어쨌거나 간절히 원해서 얻을 수 있는 기쁨은 아니다. 또, 설사 상의 따위를 해서 산정에서 만났어도, 그 정도로 반가울 일은 아니라고 생각한다. 생각지도 못한 마주침이어서 기쁨이 클 것이다.

나는 후카다 씨와 산중에서의 그런 우연한 만남을 꿈꾸고 있었다. 그것은 결국 이루어지지 않았지만, 홀로 계곡을 따라 난 작은 오솔길을 걷고 있을 때 안개 속에서 발소리가 들려와 무심하게 인사를 건네고 얼굴을 쳐다보니 후카다 씨였다면 얼마나 반가울까 라고 생각했던 적이 몇 번이고 있었다. 지금 산길을 걷고 있어도 분명히 똑같은 마주침을 떠올릴 것이다.

후카다 씨의 『일본백명산』을 읽다 보니, 마침 어느 산을 같은 무렵에 나도 오르고 있었던 것이 틀림없었다는 생각이 들어서 오래된 산일기를 꺼내 보았는데, 이틀 사흘 차이로 들어맞고 있어서 뭐라고 말할 수 없는 속상한 기억으로 남아 있다.

『일본백명산』은 1964년 여름 7월에 초판이 나와서 나도 저자에게 받았다. 그 크고 훌륭한 책을 한 페이지 한 페이지 읽어 나가며 참으로 부러워했다. 이 책은 간단한 구상으로 편집된 것이 아니라 계획은 전쟁 전으로 거슬러 올라가고, 또한 이미 몇 편인가는 「일본백명산」으로 잡지에 발표되고 있었던 것을 나도 기억하고 있다. 이런 내용들은 저자의 후기에 자세히 나와 있기에 중복을 피하겠지만, 이 백명산이 드디어 단행본으로 간행된다는 것을 나도 잘 알고 있었다. 표지의 판화며 지도 작성, 사진 등 이 책이 모양을 갖춰가는 것을 도와주고 있던 사람들이 나와 가까이 있었고, 그 무렵 매일같이 만나고 있었던 사람들이어서, 그들에게서 자연스럽게 진행상태를 알게 되었다. 그리고 완성 되었을 때는 저자의 부탁으로 그중 한 사람에게 건네받았다.

그로부터 14년. 길다면 길고 짧다면 짧은 세월이지만, 그 사이에 『일본백명산』은 끊임없이 판을 거듭하고 있다. 이는 드문 일이다. 변동이 심한 서점의 서가를 보고 있지만, 아직도 책꽂이에서 자취를 감춘 적이 없다.

이런 매력은 어디에 있는 것일까.

그것은 산을 좋아하는 사람들이, 이것만은 소중히 간직하고 싶을 만한 크기와 책의 만듦새는 물론이거니와, 여기 백 산을 하나도 남김없이 후카다 씨가 오르고 난 다음에 쓰셨다는 사실이다. 그뿐만이 아니라 백 곳의 산을 골라내기 위해서는 적어도 그 몇 배의 산을 올랐어야 하는 점, 다시 말해 백 산의 배경에는 그것으로 끝나지 않은, 실로 풍부한 산행 경험이 있다는 것도 그 글을 통해서 항상 느낄 수 있는 점 또한 매력일 것이다.

또한 백 좌의 산이 이렇게 열거되어 있으면, 등산을 하고 있는 사람은 반드시 그중에 자신은 몇 개 올랐을까 하고 세어보고 싶어진다. 어떤 사람은 스물, 어떤 사람은 약 절반의 산을 자신의 발로 올라 보아서 알고 있다.

이 책이 간행되고 나서 후카다 씨에게는 「『일본백명산』 이후」라는 글이 있다. 그것은 1971년에 쓰셨던 것이지만, 아직도 여전히 이 책에 관한 질문이며 편지가 많다는 것을 전해 주는데 "백 곳 중에서 자신이 몇 개 올랐는지 목차에 표를 붙여, 그 수가 늘어 가는 것을 낙으로 삼고 계신 독자가 많은 모양이다"라고 쓰고 계시다.

또한 이것도 당연한 일로 생각되지만, 스스로 백 곳을 고른다면 '이 산보다도 저 산을'이라는 의견도 포함한다. 그것은 이의를 제기하는 것이 아니고, 독자는 각자 자신의 '백명산'을 마음에 그린다. 그런 때의 기준으로 이 책을 이용한다. 이것 또한 책으로서의 매력 중 하나일 것이다.

후카다 씨는 후기에서 백 곳을 고를 때의 기준을 세 가지 들고 계시다. 산의 품격, 산의 역사, 그리고 개성이 있는 산이면서 부가 조건으로서 산의 높이가 1500미터 이상이라는 것으로 정하고 있다. 이 기준도 물론 절대적인 것일 리는 없어서, 어떻게든 다른 것과 바꾸어 놓을 수도 있고, 어떤 사람은 아무리 낮고 몸집이 작은 산이라도 스스로 특별한 애착이 있다면, 그것도 넣고 싶다고 생각할 것이다. 하지만 여러 가지를 고려해 보면 후카다 씨가 마련하셨던 기준은 타당하다고 생각되며, 선택된 백 곳의 산 중에서 하나라도 짐작에서 어긋난다는 느낌을 주는 산은 없다.

그 모든 조건에 들어맞는 산인데도 후카다 씨 자신이 오르지 않았기 때문에 넣을 수 없었던 산도 몇 개쯤은 있어서, 그것에 관해서는 정말 변명의 여지가 없다고 미리 양해를 구했다. 내 기억으로는 『일본백명산』의 글이 완성되기 직전에 "오르지 않았기에 아깝게 생략해야 했던 것이 매우 속상하기도 하고, 그 산에 대해 미안하니까 올랐다 오겠다"라고 말씀하셨다. 그리고 그 결과가 보태졌을까 싶으면 꼭 그렇지도 않아서, 채점에 관해서는 상당히 엄격한 면도 있었다. 하지만 대체로 어느 산이든지 자신의 발로 오르다 보면 각각 애착이 생기기에 "그것을 체를 쳐서 거르듯 해야 했던 일은, 사랑하는 제자를 낙제시키는 시험관의 괴로움과 닮아 있었다"라는 것도 절실한 말이다.

하지만 우리 독자로서 오해하지 말아야 할 것은 '명산'으로서 이 책에서는 빠졌던 산에 대해서도 후카다 씨의 많은 글이 남아 있기에 산으로서의 자격을 잃어버리는 것은 아니다. 후카다 씨의 『산의 문학전집』(아사히신문사) 속으로 모였던 양은 매우 많고 실로 정력적인 집필이었다. 해외의 산에 대한 정열도 줄기차서 산의 문학이라고 해도 상당히 다면적이다. 하지만 독자로서는 어느 글에서라도 후카다 씨의 산에 대한 감정, 등산이라는 행위에 관한 변함없는 태도를 간파할 수 있을 것이다. 또한 그것이 가장 솔직히 단적으로 드러나고 있는 것이 이 『일본백명산』일지도 모른다.

　　이 하나하나의 산에 관해 역사도 충분히 조사하고, 때에 따라서는 과학적 지식의 준비도 있었던 것을 살필 수 있지만, 안내기풍의 건조한 글도 아니고, 기행문으로 시종일관하는 것도 아닌, 그것들을 솜씨 좋게 한데 엮은 점에서 한 편 한 편의 풍미가 있다. 때로는 하나하나의 산에 대한 고마운 마음이 우리의 가슴을 울린다.

　　후카다 씨는 등산에는 여러 가지 오르는 방법이 있다는 것을 인정하고 각자의 태도에 존경을 기울이고 계셨지만, 스포츠로서 개인의 심적 자유를 빼앗는 것 같은 등산단체의 방향성에는 분명한 의문을 품고 계셨다. 강연회장에서 여러 사람을 앞에 두고 등산을 문부성 체육과의 업무로 넣는 것은 당치도 않다고 말씀하셨다.

　　다시 말해서 등산은 우리가 산에 오르고 싶은 마음을 솔직히 실현해 가는 개성 있는 등산 방식이 가장 바람직하다는 말씀일 것이다. 이런 생각이 흔들림 없기에 후카다 씨라는 인물의 개성이 친밀해진다고 생각한다. 그 개성에 관해서는 표현하기가 매우 어렵다. 쉬운 듯 까다롭다. 내가 무리하게 왜곡하고 있는지도 모를 해설을 하는 것보다도 이『일본백명산』의 글을 숙독하는 것으로, 각각의 독자에게 한 등산가, 혹은 한 사람의 산 애호가의 이미지를 맞춰가는 즐거움을 남겨 두는 편이 좋을 것이라고 생각한다.

　　덧붙여 후카다 씨의 산에 관한 다른 저작을 알지 못하고 계신 분들을 위해 저작의 개략적인 연보를 올려 두도록 한다.

『나의 산들 わが山山』 1934년 12월, 가이조샤 改造社

『산정산록 山頂山麓』 1942년 7월, 아오키서점 青木書店

『산악기행 山岳紀行』 1943년 12월, 신초샤 新潮社

『가까운 산, 먼 산 をちこちの山』 1952년 5월, 산과계곡사 山と溪谷社

『히말라야: 산과 사람 ヒマラヤ: 山と人』 1956년 7월, 주오코론샤 中央公論社

『히말라야 등반사: 8000미터의 산들ヒマラヤ登攀史: 八千メートルの山々』 1957년 7월, 이와나미서점岩波書店

『구름 위의 길: 나의 히말라야 기행雲の上の道: わがヒマラヤ紀行』 1959년 6월, 신초샤

『등산 열두 달登山十二カ月』 1959년 8월, 가도카와서점角川書店

『내가 사랑하는 산들わが愛する山々』 1961년 5월, 신초샤

『실크로드シルクロード』 1962년 11월, 가도카와서점

『산이 있으니까山があるから』 1963년 6월, 분게이슌주신샤文藝春秋新社

『히말라야의 고봉ヒマラヤの高峰』 전5권 별권 1, 1964년 6월~1966년 1월, 세쓰카샤雪華社

『소쇄한 자연: 나의 산려기瀟洒なる自然: わが山旅の記』 1967년 11월, 신초샤

『실크로드 여행シルクロードの旅』 1971년 6월, 아사히신문사朝日新聞社

『산정의 휴식山頂の憩い』 1971년 7월, 신초샤

『중앙아시아 탐험사中央アジア探検史』 (서역탐험기행전집 별권), 1971년 9월, 하쿠스이샤白水社

『후카다 규야·산의 문학전집深田久彌·山の文學全集』 전12권, 1974년 3월~1975년 2월, 아사히신문사

『세계백명산: 절필 41좌世界百名山: 絶筆41座』 1974년 11월, 신초샤

1978년 9월, 작가

역자 주

- 저자의 사망으로 인해 미완인 『세계백명산』 중에는 백두산이 들어가 있다.
- 구시다 마고이치串田孫一(1915~2005)는 철학자, 시인, 수필가, 화가다. 도쿄제국대학 철학과를 졸업했다. 중학교 때부터 등산을 시작해 훗날 도쿄외국어대학 교수로서 교편을 잡는 한편 산악부장을 맡았다. 1958년에 산의 문예지 『알프』를 창간해 1983년 300호로 종간할 때까지 책임 편집인을 맡았다. 저작은 방대한 분량으로, 산악 문학, 화집, 소설, 인생론, 철학서, 번역 등 다방면에 걸쳐 있다.

역자 후기

일본의 문인등산과 정관파

일본 근대등산의 여명기는 메이지·다이쇼 시대로 본다. 그 중심에는 일본산악회가 있었으며 구성원의 직업 중 문인이 차지하는 비율이 높았다. 본문의 시마자키 도손, 야나기타 구니오, 다야마 가타이 등의 가입은 그와 같은 예다. 초대 회장이었던 고지마 우스이는 오늘날까지도 발행되고 있는 문예지 『신조新潮』의 전신인 『문고文庫』의 편집자였고 당대의 문사들과 교류하던 명망 높은 비평가였다. 일본산악회 초기의 인적 구성을 보면 그의 인맥으로 많은 유명 문인이 입회해서 "문학회 말고 이렇게 많은 시인문사를 망라한 모임이 다른 곳에 있는 것을 알지 못한다. 이는 본회의 영예가 될 것"이라고 했을 정도다.

고지마 우스이는 시가 시게타카의 『일본풍경론』을 자연미에 관한 경전으로 받아들였지만, 이후 『일본풍경론』에 영향을 끼친 것으로 드러났고 월터 웨스턴이 소개한 존 러스킨의 『근대 화가론』 전4권(1856) 중

제20장 「산의 영광」에서 산악에 대한 미학적 해석을 접한 후 강력한 러스킨 예찬자가 되었다. 러스킨의 경관론은 일본의 등산가들은 물론 조선에도 영향을 끼친 것으로 보이는데, 최남선의 『금강예찬』(1928) 서사序詞에서도 "금강산을 못 본 러스킨은 풍경에 대하여 애꾸밖에 못되느니"라는 언급이 있을 정도다. 그러나 일본의 전통 등산을 부정하는 경향을 가진 고지마의 기대와 달리 러스킨은 알파인클럽에서 초빙한 회원이었음에도 근대등산의 한 특징이었던 경쟁적 등산 활동에 대해서는 줄곧 매우 부정적인 견해를 가지고 있었다. 알프스 등산이 파괴적으로 활발해지자 강연집 『깨와 백합 Sesame and Lilies』(1865)에서 "당신들은 자연을 경멸했다. 즉, 자연 경관의 모든 심오하고 성스러운 감성을. (…) 지구의 대성당에 경마장을 만들었다." "산을 곰 굻리기를 구경시키던 곳의 비누칠한 막대기 soaped poles in a bear-garden로 취급했다"라며 분노했다. 이런 러스킨의 태도는 일본산악회 내에서 곧 대두할 피켈자일당 Pickel-Seil黨에게 반감이 있었던 '정관파靜觀派'라고 불렸던 사람들과 정서적 동맹을 낳았으리라고 추측된다.

　　워즈워스는 고지마 우스이가 쓴 1905년의 「일본산악회 설립 취지서」에서도 시인의 예로서 등장할 만큼 널리 알려져 있었고, 러스킨 또한 이 낭만주의를 대표하는 워즈워스의 추종자였다. 워즈워스 연구자였던 영문학자 다나베 주지 역시 워즈워스의 여행 안내서인 『호수 안내 Guide to the Lakes』(1835 5th ed.)에서 워즈워스, 콜리지, 셸리가 살았고 낭만파 시인들이 즐겨 찾았던 레이크 디스트릭트의 '그림 같은 Picturesque' 풍경 묘사를 눈여겨보았을 것이다. 레이크 디스트릭트 하이킹에 관한 첫 기사가 1870년에 알파인클럽의 기관지 『알파인 저널』에 등장한 이후 호수와 산악이 만들어내는 뛰어난 경관으로 이곳은 영국의 산악활동에서 하나의 무대가 되었다. 이렇게 19세기 말부터 풍경에 대한 이미지 형성에 영향을 준 것이 분명한 낭만주의 문학작품은 근대 일본의 문인들을 예술적인 방랑으로 이끌었고 걷기와 여행을 자아, 예술, 학문의 필요수단으로 이상화했다. 그 결과 메이지 시대는 기행문학의 전례 없는 유행을 낳았다.

그러나 이보다 앞서 일본의 문인들은 마쓰오 바쇼의 하이쿠 기행문인 『깊숙한 오솔길奧の細道』(1702)과 다치바나 난케이의 『동유기東遊記』(1795) 등에서 이미 도보 여행의 전통을 발견했고, 여행과 등산을 문학적인 이동방법으로 이해했다. 그리고 이것을 '산려山旅'로 표현하고 있었다. 저산소요低山逍遙라는 낮은 산을 거니는 것에 '산려'라는 표현을 사용하는 이유에 대해 다나베 주지는 『나의 산려 오십 년』(1964)에서 이렇게 말하고 있다. "산려(야마타비)라는 말은 일본의 등산을 표현하기에 가장 적절한 말이라고 예전부터 믿고 있었다. 히말라야며 알프스의 등산을 산려라고 칭하는 것은 결코 적절한 표현이라고 생각하지 않는다. 하지만 일본은 등산 여행이 단순히 산정뿐만 아니라 고개·고원·산의 호수·계곡·삼림, 때로는 산촌 등도 대상으로 하는 산악지방의 여행을 포함하는 한편, 산정에 못지않은 각각 독립적인 가치를 가지고 등산자를 유인하는 매력을 지니고 있어서, 산정 및 이들 일체의 것을 포함하는 등산 여행을 산려라는 말로 표현하는 것은 매우 적절하다고 생각한다."

이런 등산을 추구하는 사람들을 '정관파'라고 불렀다. 정관은 자연을 바라보는 태도에 관한 것으로 보아도 무방하다. 정관파라는 명칭은 고유의 정의를 바탕으로 사용되고 있었던 것은 아니고, 기본적으로 유럽에서 전래한 등산(알피니즘)을 추구하는 이른바 등산가(알피니스트)에 대해 서정성과 정신성에 중점을 두고 전통적인 산수지향山水志向의 반속표박反俗漂泊을 추구하는 일본의 전통적인 산려의 계보를 계승하는 사람들을 가리킨다. 정관파에게 등산은 단순히 정상을 목적으로 하는 스포츠가 아니라 예술과 역사, 민속, 지리, 자연과학을 포함하는 문화적인 행위였다. 그들의 산에 관한 문학은 서구 산서에서 주로 보이는 도전자의 입장에서 산과 승부를 벌이는 모험을 다루지 않는다. 예를 들면 에드워드 윔퍼의 영광과 세속의 비난, 앨버트 머메리의 선구자적 등반, 조지 맬러리의 도전과 실종, 토니 쿠르츠의 절망, 모리스 에르조그의 승리와 상처, 헤르만 불의 초인적 의지, 체사레 마에스트리의 의혹과 논란, 라인홀트 메스너의 체험의 신비화, 조 심슨의 기적의 생환과 같은 서구 등산의 연대기에서 보여주는 영예와 비극의 드라마틱한 이야기는 담고 있지 않다.

정관파의 탄생은 근대등산에 대한 반동의 성격을 가지고 있었다. 나중에 보편적인 표현인 '등산Mountaineering'으로 굳어지긴 했지만, 최초에 '여가를 바탕으로 한 휴식과 오락을 위한 활동'을 가리키던 '스포츠'라는 말로부터 '스포츠 알피니즘'을 처음 일본에서는 유기등산遊技登山으로 번역했다. 유럽 알프스에서 이뤄졌던 스포츠 알피니즘은 부르주아지의 여가를 바탕으로 한다는 것과 마찬가지로 일본에서도 상류층의 것이었다. 초기 일본 알프스 등산의 대부분은 장비는 물론, 지형 등의 정보와 시설이 부족하여 가이드 겸 인부로 현지 사냥꾼을 고용했기 때문에 비용이 많이 들었다. 당연히 대중과 거리가 있는 활동이었고 일본산악회 내에서도 등산의 목적과 방법을 두고 견해차가 있었다. 후카다 규야 역시 정관적 태도 없이 단순히 근대등산을 하는 이들을 피켈자일당으로 부르며 거리를 두는 태도를 보인다.

이에 1919년에 마쓰이 미키오松井幹雄(1895~1933)가 중심이 되어 사회인이라도 하루나 이틀의 산 여행을 즐기자는 취지로 저산으로 활동을 좁힌 '안개 여행회霧の旅會'를 결성했고 곧바로 일본산악회의 고구레 리타로·다케다 히사요시·오자키 기하치 등이 가세한 정관파의 본산이 되었다. 특히 고구레 리타로는 일본산악회 회장을 맡으면서도 정관적 등산을 추구한 인물이다. 이에 관한 주제로 논문을 발표한 삿포로대학의 다나카 쓰네히사田中恒壽는 고구레의 열렬한 지지자였던 후카다 규야의 『일본백명산』을 정관파를 현대에 계승한 대표적 성과로 평가한다. 이렇게 1920~1930년대에 고구레 리타로와 다나베 주지에게 채택되어 정관파라는 등산의 태도를 공유하는 사람들이 일본 등산계에서 중요한 세력을 형성하고 있었다. 그것은 알피니즘이 추구하는 수직 지향적 이동에만 등산의 본질이 있는 것이 아니라 산려처럼 수평 지향적 이동에도 있다는 선언이며 우열이 존재하지 않는 독립된 가치가 있다는 공감이었다. 대중은 첨예한 등반이 포함된 유럽식 근대등산보다 도보 등산을 추구하는 정관파의 저산예찬에 공감했고 그들이 내놓은 산에 관한 수필에 환호했다.

후카다 규야의 등산관

기리시마야마 편에서도 일본의 우경화에 대해 스치듯이 언급했지만, 1940년에 결성된 대정익찬회大政翼贊會라는 관제 선동조직이 주도해 그해 9월부터 10월에 걸쳐 잡지 『아사히 스포츠』에서 관료와 등산가들이 참석한 이른바 등산보국登山報國에 대한 논의가 있었다. 이 자리에서 후카다만이 상식에 따라 말한다. "저는 일본의 등산은 역시 여행의 연장 같은 것으로 생각합니다. 도시가 시끄러워져서 잠깐 산에 갔다 오는 느낌 아니겠습니까. 그것을 일일이 갈 때마다 정보부의 감찰을 받고 간다거나 해서는 무척 성가시겠죠. 설마 일일이 멸사봉공의 기분으로 등산할 필요가 있을까요. 산에 오르는 것을 일일이 국가의 목적과 결부시키지 말고 좀 더 여유를 남겨주었으면 합니다." 패전 후 일본산악회는 『일본산악회 100년사』에서 그때의 협력을 지울 수 없는 오점으로 인정하고 있으며, 당시 이 등산보국 논의에 대해 반대 입장을 냈던 몇 안 되는 인물 중에 후카다 규야와 그의 선배이자 친구 후지시마 도시오가 있었다.

자유롭고 개성 있는 등산 방식을 추구했던 후카다는 권말의 구시다 마고이치의 해설에도 등장하듯이 "후카다 씨는 등산에는 여러 가지 오르는 방법이 있다는 것을 인정하고 각각의 태도에 존경을 기울이셨지만, 스포츠로서 개인의 심적 자유를 빼앗는 듯한 등산단체의 방향성에는 분명한 의문을 품으셨다. 강연회장에서 여러 사람을 앞에 두고, 등산을 문부성 체육과의 업무로 넣는 것은 당치도 않다고 말씀하셨다"라고 했다.

일본 내에서는 고산이라고 하더라도 미등된 산이 없는 데다 유럽 알프스 같은 설선雪線 위의 만년설, 만년설 아래의 화사한 풍경과 희박한 공기, 빙하가 없다는 점을 염두에 두고 한 말이었지만 「구식 등산자」라는 수필에서 "나는 구식 등산자라서 일본의 산을 오르는 것에 알피니즘이니 뭐니 하는 씩씩한 말을 쓰는 것을 좋아하지 않는다"라고 밝히고 있다. 이렇듯 대부분 두 발로 걸어갈 수 있는 고전 루트를 통해 오름으로써 오히려 그는 철저하게 일본의 산에서만 누릴 수 있는 것을 찾아 즐겼다. 그의 등산 기록을 보면 피중등산避衆登山을 추구했지만 홀로 산을 오르는 법이 거의 없다. 항상 친구들, 또는 지역 사정에 밝은 현지인과 느긋하고 유쾌하게 산을 거닐고 있다. 텐트의 휴대라는 부담이 있는 야영보다는 사람 없는 오두막을 좋아했으며 눈이 오는 때에는 스키를 타러 산에 다녔다. 고원소요를 좋아하는 전형적인 하이커였다.

　　그는 등정만이 목적인 사색 없는 알피니스트를 동경하지 않았다. 그의 만년작 『소쇄한 자연瀟洒なる自然』 속 「원더링」이란 글에 하이커들에게 전하는 헌사가 있다. "하지만 나는 안다. 아직 피톤 한 자루를 바위에 박은 기억도 없고 빙벽에서 피켈을 휘두른 적도 없지만, 공기가 감미롭게 향기를 뿜는 숲과 들을 헤매고, 깊은 계곡을 거슬러 올라가거나 덤불을 헤치다가 정상에서 편안한 휴식을 즐기는 사람들, 그런 사람들 중에 진정한 의미의 등산가가 있다는 것을."

일본백명산과 후카다 규야

　　이와키산을 보고 자란 구가 가쓰난陸羯南의 오언절구에 "명산은 명사를 낳는다名山出名士"라는 구절이 있다. 하쿠산 기슭의 후카다 규야도 그 중 한 사람이었다. 어렸을 때 어머니가 "너는 커서 뭐가 될래?"라는 물음에 "중이나 거지요"라고 대답했던 그는 그 말처럼 평생 산에 들어가 거친 음식을 먹으며 한뎃잠을 잤다. 『일본백명산』은 그 기록의 진수다. 어렵지만 현학적이지 않고 담담하지만 메마르지 않게 쓰고 있다. 용어의 과잉이 없고 내용에 과장이 없다.

하지만 『일본백명산』이 처음부터 좋은 글은 아니었던 것으로 보인다. 「일본백명산」을 1959년부터 연재했던 출판사 호분도朋文堂의 산악잡지 『산과 고원』의 담당 편집자였던 오모리 히사오大森久雄는 앞서 1940년에 호분도에서 발행했던 잡지 『야마고야山小屋』에 일본백명산의 초기구상으로 연재했던 글에 대해 "이것은 구상도 내용도 현재의 것과 완전히 달라서, 기탄없이 말하자면 준비 부족. 의미 있는 작품이라고는 말하기 어렵다"라고 했다.

『일본백명산』은 저자가 이전에 발표했던 산에 관한 여러 수필과 상당 부분 주제와 내용이 겹친다. 즉, 저자는 같은 산을 두고 여러 편의 수필을 썼다. 이렇게 저자는 오랜 세월 『일본백명산』을 준비했고 글을 깎고 다듬었다. 덕분에 이 책의 텍스처는 보다 조밀·복잡해졌고 행간은 더욱 넓어졌다. 그리고 일본 문학의 자연 묘사를 계승하는 것을 잊지 않았다. 일례로 기리가미네 편에서 보이는 저산소요에 관한 정관적 서술은 구니키다 돗포의 수필 「무사시노武藏野」에서 보이는 정서적 흐름을 자아낸다. 특히 글의 마지막에 언급하는 '억새'는 역시 「무사시노」 마지막에 등장하는 요사 부손與謝蕪村의 "산은 저물고 들에는 황혼의 억새가 희미하구나山は暮れ野は黃昏の薄かな"라는 하이쿠가 떠오르는 대목이다. 억새를 매개로 구월의 기리가미네는 시월의 무사시노에 닿아 있다.

그의 인맥은 도쿄 생활을 시작한 구제 제1고등학교(이하 제1고)의 인연이 평생 이어졌던 것으로 보인다. 본문의 역주에서 출신고와 대학을 언급한 것은 그의 인맥을 설명하기 위함이지 결코 엘리트주의의 반영이 아니었다. 후카다 자신도 이런 말을 한 적이 있다. "나는 고등학교 2학년인 장남이 다니는 학교가 어디에 있는지도 모를 정도로 무관심하지만 도쿄대라는 되바라진 학교만큼은 싫다."

구제 고등학교는 진학보증제도로 제국대학 입학자격이 자동 부여

되었다. 제1고는 도쿄제국대학(이하 도쿄대) 예과의 기능을 하고 있던 터라 대부분 도쿄대로 진학했다. 따라서 도쿄대 출신 친구라는 것도 엄밀히 말해 제1고 친구다. 예를 들어 고바야시 히데오는 저자의 제1고 1년 선배이자 쓴소리도 마다치 않았지만 그의 명예가 회복되는 데 결정적 역할을 한 친구다. 후지시마 도시오는 제1고 여행부(산악부의 전신) 8기 선배이자 친구였으며 그의 마지막 산행에도 가장 연장자로서 동행해 그의 최후를 목격했다.

후카다는 어려서부터 산을 좋아했지만, 그와 별개로 등단 작가였던 그가 인생 후반에 산에 관한 글에만 집중하게 된 것은 어쩔 수 없는 사정 때문이기도 했다. 그의 사생활과 관련된 문제는 결과적으로 일본 문학계에서 결과적으로 산의 작가 후카다 규야와 아동문학가 기타바타케 야호北畠八穗(1903~1982)라는 두 가지 장르의 작가를 낳게 했다. 따라서 그의 첫 번째 부인 기타바타케 야호와 두 번째 부인인 고바 시게코木庭志げ子에 얽힌 이야기를 빼놓을 수 없다.

후카다는 "내 마음속에는 여러 겹의 자물쇠가 있는데, 한 가지만 빼고 모두 오픈할 수 있다"라고 했다. 그 한 가지가 기타바타케 야호에 관한 일이다. 야호는 후카다가 가이조샤改造社의 편집부에서 일할 때 현상소설의 선별담당자와 응모작가로 만났다. 야호의 재능을 알아본 후카다는 그녀의 고향 아오모리까지 찾아가서 만났고 이들은 그렇게 맺어졌다. 그녀는 척추 카리에스를 앓고 있었는데 이 때문에 후카다의 본가에서 반대가 심했지만 1929년 여름부터 그들은 동거를 시작했고 그 시절의 빈곤함은 가마쿠라로 이사할 때 짐이라고는 고작 리어카 한 대 분량이었다는 것으로 말해준다. 이때가 이른바 '가마쿠라 문사 시대'로, 간토대지진으로 폐허가 된 도쿄에서 통근권 내에 있고 출판사와도 왕래가 편리해진 가마쿠라에 문인들이 모이기 시작했는데 이들을 가리켜 가마쿠라 문사라고 했다.

이 무렵 후카다가 발표한 소설은 그의 제1고와 도쿄대 선배인 가와바타 야스나리의 호평을 받는 등 촉망받는 작가의 반열에 오르는 듯했다. 이를 계기로 오직 붓 한 자루로 일어서려고 학적을 걸어두고 있었던 대학도 중퇴하고 출판사도 그만두게 된다.

후카다의 아버지가 돌아가시자 야호와 1940년에야 정식 부부가 되었으나, 후카다는 1941년에 8살 연하의 제1고와 도쿄대 후배이자 친구인 평론가 나카무라 미쓰오中村光夫(본명 고바 이치로木庭一郎)의 누나인 고바 시게코를 나카무라의 결혼 피로연에서 마주쳐 운명처럼 재회한다. 5살 연하인 시게코는 후카다가 제1고 시절 매일같이 길가에서 그녀의 하교 시간에 맞춰 어슬렁거리다 마주치곤 했던 첫사랑이었다. 그로부터 한 달 뒤 두 사람은 함께 본문에 나와 있는 대로 오타리 온천에서 오르려고 아마카자리야마에 가게 되었다. 후카다는 이때의 기억을 『나의 청춘기』에서 "이 우연이 나의 반평생을 지배하게 될 줄이야!"라고, 『기타구니きたぐに』에 실린 「낙향의 글都落ちの記」에서는 "정말 내 인생에서 이런 생각해본 일도 없는 복병(지금의 아내와 연애 이야기)이 기다리고 있지 않았다면, 지금쯤 나는 변함없이 가마쿠라 문사로 흥청거리며 살고 있었을 것이다"라고도 적고 있다.

후카다는 패전 후 포로 생활을 마치고 귀국해서 가마쿠라에 들르지 않고 시게코와 장남 모리타로森太郎가 있는 유자와湯澤로 돌아간다. 결혼이 파탄 나자 야호는 후카다가 자신의 초고를 표절했다고 동네를 돌아다니며 폭로해버린다. 이런 일이 터지기 전에 이웃에 살고 있던 선배 가와바타와 친구 고바야시는 표절을 눈치채고 후카다에게 자기 작품을 쓰라고 아낌없는 충고를 해주었다. 후카다가 소설집 『쓰가루의 들津輕の野づら』을 발표하면서 "이런 유치한 이야기가 비평가의 손에 걸리지 않고 그저 소수의 사람에게만 사랑받기를"이라고 자신의 치부를 암시하는 듯한 후기를 쓰자 모든 것을 지켜보고 있던 고바야시는 아사히신문 지상에다가 "무슨 놈의 쭈뼛쭈뼛한 수작으로 작자는 자신의 청춘을 세상에 내보내려는가. 그리고 이 수작은 작자 혼자의 수작이 아니다"라고 엄하게 꾸짖었다.

『후카다 규야·산의 문학전집』의 편집자 곤도 노부유키近藤信行는 "후카다 씨는『쓰가루의 들』부터『아스나로우あすなろう』에서 야호 씨의 문체로 일관하고 있다. 구제 고교 출신답게 뻔뻔하고 당돌한蠻カラ 면도 있어서 철면피라고 하면 정말 철면피"라면서도 "후카다 씨는 등단하기 위해 초조했다. 야호 씨도 후카다 씨를 위해 일했다"라며 일본 내에서도 가장 알아듣기 어렵다는 쓰가루 사투리로 쓴 야호의 문장을 후카다가 도쿄 표준어로 윤문해주었기 때문에 결과적으로 이인삼각의 작품이라고 평하고 있다.

후카다가 문단을 떠나 고향인 다이쇼지와 가나자와로 내려가서 살았던 7년 반의 세월은 그야말로 자복雌伏하던 어려운 시기였다. 평판에 대해 일절 변명도 없이 후카다는 산의 문학자로 전향하게 된다. 주변에서 어떻게 보았든지 간에 문인으로서 생명이 끝난 것이나 다름없었던 이때를 후카다 자신은 매문도세賣文渡世하던 시기로 자평했다.

그의 신조는 워즈워스의「Written in London. September, 1802」 중 'Plain living and high thinking are no more'에서 가져온 '검소한 생활, 고상한 생각'이었다. 유자와에서 낙향했을 때 고작 짐 열 몇 꾸러미가 이 비주류작가의 이삿짐이었다. 은둔을 끝내고 도쿄로 돌아오자 '고상한 생각'을 실천했다. 어느 문인이라도 책 욕심이 있겠지만, 히말라야 관련 문헌에 대한 그의 열정은 스스로 병적이라고 평할 정도였다. 이런 집착은 1950년 6월 3일 프랑스 등산대가 안나푸르나를 초등하고 나고부터였다. 제2차 세계대전 이전부터 유럽이 도전해온 8000미터급 히말라야 자이언트가 하나둘씩 떨어지자 어떤 자극을 받았는지, 이른바 '눈의 거처Abode of Snow'라고 할 수 있는 히말라야에 대한 문헌을 소개하고 번역하기 시작했다. 알파인클럽의 기관지『알파인 저널』60권짜리 전질이 마침 매물로 나온 것을 보고 상경 후 첫 성공작이었던『히말라야 산과 사람』의 인세를 거의 털어서 12만 엔에 샀다. 히말라야 희귀본을 구하려고『일본백명산』으은 사람과 산이 만났을 때 이루어진다. 어수선한 길바닥에서는 결코 이루어지지 않을 일이." 이 시는 후카다가 그의 책『산 각양각색』의 후기에서 인용했던 것이다. 산과 만나서 그의 일은 이루어졌고, 늘 "산과 같은 사람이 되어야 하며 산과 같은 글을 써야 한다"라며 읽고 걷고 썼다. 그는 글을 통해 전통적 등산관인 산려를 일깨운 정관파의 계승자였고 완성자였다.

후카다 규야 연보

1903년 3월 11일		이시카와 현石川縣 에누마 군江沼郡 다이쇼지마치大聖寺町에서 출생
1918년 15세		처음으로 하쿠산 등산
1922년 19세		제1고등학교 입학. 문과을류文科乙類(제1외국어 독일어)
1926년 23세		도쿄제국대학 문학부 철학과 입학
1927년 24세		재학 중 가이조샤改造社 편집부 입사
1935년 32세		일본산악회 입회
1940년 37세		기타바타케 야호北畠八穗와 혼인신고
1944년 41세		가나자와金澤에서 입대. 칭다오青島에서 난징南京으로 이동
1945년 42세		종전 후 포로로 잔류
1946년 43세		우라가浦賀로 귀국
1947년 44세		기타바테케 야호와 이혼. 시게코와 결혼. 시게코의 출산준비를 위해 고향인 다이쇼지로 이사
1948년 45세		고향의 하이쿠 모임句會 하쓰시호카이はつしほ會의 선생宗匠으로 초빙
1949년 46세		고향에서 긴죠錦城산악회 결성. 이사 역임
1958년 55세		쥬갈 히말, 랑탕 히말 답사대장으로 약 4개월 여행

1959년 56세	『일본백명산』 연재 시작
1964년 61세	『일본백명산』 신초샤에서 상재
1965년 62세	『일본백명산』 제16회 요미우리문학상 수상
1966년 63세	실크로드 답사대장으로 약 4개월 여행
1968년 65세	일본산악회 부회장 취임
1969년 66세	'산과계곡사'의 야마케이山溪산악상 수상.
	실크로드 여행에 강사로 동행
1970년 67세	소련 일주와 실크로드 여행에 강사로 동행
1971년 68세	3월 21일 가야가타케茅ヶ岳에서 뇌졸중으로 급서

참고문헌

국문

강용자 역,『고사기』, 지식을만드는지식, 2014
倉野憲司 外,『古事記·祝詞』, 日本古典文学大系, 岩波書店, 1958
宮崎建樹,『四国88ヵ所巡拝の旅案内地図韓国語版』, 武揚堂, 2008
권숙인,「근세 일본에서 대중관광의 발달과 종교」,『지역연구』vol.6, 서울대 국제학연구소, 125~142쪽, 1997
김소운 역,『도쿄의 가장 밑바닥』, 글항아리, 2021
松原岩五郎,『最暗黒の東京』, 講談社学術文庫 2281, 講談社, 2015
김용의 역,『개정판 도노 모노가타리』, 전남대출판부, 2017
김정례,「하이쿠의 시적 상상력과 일본문화적 특성」,『人文科學』제83집, 연세대 인문학연구원, 205~233쪽, 2001
김정례 역,『바쇼의 하이쿠 기행 1: 오쿠로 가는 작은 길』, 바다출판사, 2008
金學鉉 編,『文樂: 三味線과 唱이 어우러진 人形劇』, 悅話堂, 1995
金學鉉 編,『歌舞伎: 奔放하고 華麗한 庶民의 演戱』, 悅話堂, 1997
민영훈 역,『일본 신화 이야기』, 한국학술정보, 2020
박규태,『신도와 일본인』, 이학사, 2017
박규태 역,『신도: 일본 태생의 종교 시스템』, 제이엔씨, 2010

井上順孝 外, 『神道: 日本生まれの宗教システム』, 新曜社, 1998
서정완 역, 『근대 일본의 학문: 관학과 민간학』, 소화, 2008
鹿野政直, 『近代日本の民間学』, 岩波新書, 1983
설은미 역, 『산』, 학산문화사, 2006~2014
石塚真一, 『岳』, 小学館, 2003~2012
송석원 역, 『일본문화론의 계보』, 소화, 2007
大久保喬樹, 『日本文化論の系譜: 「武士道」から「甘え」の構造まで』, 中公新書 1696, 中央公論新社, 2003
申鉉夏, 『日本古典文學精解』, 보고사, 2002
연민수 외 역, 『역주 일본서기』 1·2·3, 동북아역사재단, 2013
坂本太郎 外, 『日本書紀』 上·下, 日本古典文学大系, 岩波書店, 1965·1967
오찬욱 역, 『헤이케 이야기』 1·2, 문학과지성사, 2006
高木市之助, 『平家物語』 上·下, 三省堂, 1959·1960
윤순옥 외 역, 『지형학 원리』, 시그마프레스, 2013
Hugget, Richard John, *Fudamentals of Geomorphology*, 3rd Eds., Routledge, 2011
윤순옥 외 역, 『핵심 지형학』, 시그마프레스, 2016
Bierman, Paul R. et al, *Key Concepts in Geomorphology*, W. H. Freeman, 2013
윤순옥 외 역, 『McKnight의 자연지리학』, 시그마프레스, 2019
Hess, Darrel et al, *McKnight's Physical Geography: A Landscape Appreciation* 12th eds., Pearson, 2016
이연숙 역, 『한국어역 만엽집』 1~14, 박이정, 2012~2018
中西進, 『万葉集 全訳注原文付』, 講談社文庫 古 6-1, 講談社, 1978
李仲熙, 「일본인의 自然觀과 博物學의 발전: 日本의 近代化와 博物學」, 『美術資料』 vol.57, 國立中央博物館, 167~199쪽, 1996
정광식 역, 『마운티니어링: 산의 자유를 찾아서』, 해냄, 2006
Mountaineers, The, *Mountaineering: The Freedom of the Hills* 7th eds., The Mountaineers Books, 2003
최광준 역·鈴木靖将 畵, 『만요슈』 1·2·3, 국학자료원, 2018

일문

加藤文太郎, 『単独行』, 二見書房, 1970
高頭式, 『日本山嶽志』, 博文館, 1906
谷文晁, 『名山図譜』, 1804
谷文晁, 『日本名山図会』, 東陽堂, 1804
堀田弘司, 『山への挑戦: 登山用具は語る』, 岩波新書, 1990
冠松次郎, 『新編 山渓記 紀行集』, 山と渓谷社, 2022
近藤信行 編, 『山の旅 明治・大正篇』, 岩波文庫, 2003
近藤信行 編, 『山の旅 大正・昭和篇』, 岩波文庫, 2003
紀興之 編, 『越後土産』, 1864
南アルプス総合学術検討委員会, 『南アルプス学術総論』, vols.1~4, Author, 2010
藍野裕之・森山憲一, 『キャラバン創業六十周年記念社史』, 株式会社キャラバン, 2014
NEKO MOOK, 『北海道トラッキングサポートBOOK』, ネコ・パブリッシング, 2017
大島亮吉, 『山 大島亮吉紀行集』, 山と渓谷社, 2018
大塚友記憲, 『ブラボー!大雪山: カムイミンタラを撮る』, 新評論, 2018
東京都写真美術館, 『黒部と槍 冠松次郎と穂苅三寿雄』, Author, 2014
梅田始, 飯豊山信仰「新潟県における飯豊山信仰1」『石仏ふぉーらむ』第3号, 新潟県石仏の会, 1998
梅沢俊, 『大雪山: 北海道 山の花図鑑』, 北海道新聞社, 1996
木暮理太郎, 『山の憶い出』紀行篇, 山と渓谷社, 2023
白井光太郎, 『日本博物学年表』, 丸善書店, 1891
服部文祥, 『百年前の山を旅する』, 東京新聞出版部, 2010
本多勝一, 『日本百名山と日本人: 貧困なる精神T集』, 金曜日, 2006
本多勝一, 『日本人の冒険と「創造的な登山」』, 山と渓谷社, 2012
北のアルプ美術館, 『北のアルプ美術館』, アルプ美術館, 2023
山と渓谷社 編, 『目で見る日本登山史・日本登山史年表』, 山と渓谷社, 2005
山と渓谷社 編, 『実用 登山用語 データブック』, 山と渓谷社, 2011
山と渓谷社 編, 『覆刻 山と渓谷 1・2・3 撰集』, 山と渓谷社, 2013
山と渓谷社 編, 改訂版『日本百名山地図帳』, 山と渓谷社, 2020
山と渓谷社 編, 2021年 増刊6月號 深田久彌と『日本百名山』, 山と渓谷社, 2021
山﨑白露 訳, 現代語訳『遠野物語』, 史学社文庫, 2020
山崎安治, 『日本登山史』, 白水社, 1969

山崎安治,『新稿 日本登山史』,白水社, 1986
山崎直方,「氷河果して本邦に存在せざりしか」『地質学雑誌』第9巻 第109号, 日本地質学会, 361～369等, 1902
山崎直方,「氷河果して本邦に存在せざりしか」前號の續『地質学雑誌』第9巻 第110号, 日本地質学会, 390～398等, 1902
三栄書房,『日本山岳史』,時空旅人,三栄書房, 2015
三浦圭三,『奥の細道 新釈』,有精堂出版部, 1936
昭文社 編,『山と高原地図』各図葉,昭文社, 1965～
成美堂出版編集部,『鳥瞰図で楽しむ日本百名山』,成美堂, 2015
小島烏水,『氷河と万年雪の山』,梓書房, 1932
松濤明,『新編 風雪のビヴァーク』,山と溪谷社, 2010
松浦武四郎,『乙酉掌記』,松浦弘, 1885
水垣久,『新訳 拾遺和歌集』,やまとうたeブックス, 2024
水垣久,『新訳 後拾遺和歌集』,やまとうたeブックス, 2024
市立大町山岳博物館 編,『山と人 北アルプスと人とのかかわり: 人文科学系展示解説書』,大町山岳博物館, 2014
深田久彌,『わが山山』,改造社, 1934
深田久彌,『わが愛する山々』,新潮社, 1961
深田久彌,『瀟洒なる自然』,新潮社, 1967
深田久彌,『深田久彌選集 百名山紀行 上』,山と溪谷社, 2015
深田久彌,『深田久彌選集 百名山紀行 下』,山と溪谷社, 2015
深田久彌,『新編 名もなき山へ』,山と溪谷社, 2024
深田久彌作品集,『拝啓 山ガール様』,廣済堂ルリエ文庫, 2015
野村宗朔編,『奥の細道: 素竜本』,大倉広文堂, 1932
塩沢久仙 外,「アルプスの自然と文化」,山梨県立大学 地域研究交流センター, 2013
鈴木牧之,『北越雪譜』,万笈閣, 1837・1841
鈴木みき,『山登り語辞典: 登山にまつわる言葉をイラストと豆知識でヤッホーと読み解く』,誠文堂新光社, 2017
鈴木岩弓,「山岳信仰の構造: 飯豊山登拝をめぐって」,『東北印度学宗教学会論集』巻6, 東北大学, 21～38等, 1979
遠藤甲太,『登山史の森へ』,山と溪谷社, 2023
日本山岳会編,『山岳』各号,日本山岳会, 1906～
日本山岳会編,会報『山』各号,日本山岳会, 1930～

日本山岳会百年史編纂委員会 編, 『日本山岳会百年史』本編, 日本山岳会, 2007
日本山岳会百年史編纂委員会 編, 『日本山岳会百年史』続編・資料編, 日本山岳会, 2007
田部重治, 『日本アルプスと秩父巡礼』, 北星堂, 1919
田部重治, 田部重治選集『山と渓谷』, 山と渓谷社, 2011
田山花袋, 『山水小記』, 富田文陽堂, 1917
田中恒寿, 「静観的 登山の系譜: 大島亮吉によるエミール・ジャヴェルの受容についの試論」, 『札幌大学総合論叢』第6号, 札幌大学, 79~98쪽, 1998
田澤拓也, 『百名山の人: 深田久彌傳』, 角川文庫, 2005
正橋剛二, 「江戸期本草家の北陸への関心三: 野呂元丈の越中国での足跡」, 『日本医史学雑誌』第45巻 第2号, 256~257쪽, 1999
佐藤圭, 「鎌倉時代の越前守について」, 『杉橋隆夫教授退職記念論集』624号, 立命館大学, 648~662쪽, 2012
佐伯邦夫, 「劍岳地名大辞典」, 『立山カルデラ研究紀要』第13号, 17~52쪽, 2011
佐伯邦夫, 「劍岳の地名考」『立山カルデラ研究紀要』第13号, 21~30쪽, 2013
池内紀 編, 『ちいさな桃源郷: 山の雑誌アルプ傑作選』, 中央公論新社, 2018
志賀重昂, 『日本風景論』, 政教社, 1894
川上瀧彌, 「利尻島ニ於ケル植物分布ノ状態」, 『植物学雑誌』第14巻 第158号, 東京植物学会, 78~83쪽, 1900
川上瀧彌, 「利尻島ニ於ケル植物分布ノ状態承前」, 『植物学雑誌』第14巻 第159号, 東京植物学会, 99~112쪽, 1900
萩原浩司, 『写真で読む山の名著』, 山と渓谷社, 2018
坂倉登喜子 外, 『日本女性登山史』, 大月書店, 1992
八木欣平, 「北海道のエキノコックス症流行の歴史と行政の対策」, 『病原微生物検出情報 IASR月報』vol.40, 国立健康危機管理研究機構, 43~45쪽, 2019
平凡社 編, 旧国名でみる日本地図帳, 平凡社, 2020
布川欣一, 『明解日本登山史』, 山と渓谷社, 2015
合田一道, 『松浦武四郎北の大地に立つ』, 北海道出版企画センター, 2017
和田城志, 「アルピニズム:日本における変遷と今」, 『登山研修』vol.34, 国立登山研修所, 68~87쪽, 2019
荒山正彦, 「明治期における風景の受容:『日本風景論』と山岳会」, 『人文地理』第41巻 第6号, 人文地理学会, 1989

영문

Galton, Francis, *The Art of Travel; Or, Shifts and Contrivances Available in Wild Countries*, London: J. Murray, 1855

Hood, Martin, *One Hundred Mountains of Japan*, University of Hawaii Press, 2014

Marks, Andreas Ed., *Hokusai. Thirty-Six Views of Mount Fuji*, TASCHEN, 2021

Mountaineers, The, *Mountaineering: The Freedom of the Hills* 8th eds., The Mountaineers Books, 2010

Ruskin, John, *Modern Painters* vol.4, London: J. M. Dent And Co., 1908

Samet, Matt, *The Climbing Dictionary: Mountaineering Slang, Terms, Neologisms & Lingo: An Illustrated Reference*, The Mountaineers Books, 2011

Thompson, Simon, *Unjustifiable Risk? The Story of British Climbing*, Milnthorpe, Cumbria, U.K.: Cicerone Press, 2010

Tilman, Harold William, *The Ascent of Nanda Devi*, The Cambridge University Press, London, 1937

Weston, Walter, *Mountaineering and Exploration in The Japanese Alps*, London: J. Murray, 1896

Weston, Walter, *The playground of the Far East*, London: J. Murray, 1918

웹사이트

국립공문서 디지털아카이브 国立公文書館デジタルアーカイブ
고도서 등의 원본 열람 및 다운로드
正保城絵図 / 北越雪譜 등
https://www.digital.archives.go.jp/

국서 데이터베이스 国書データベース
고도서 등의 원본 열람
新著聞集 / 日本名山図会 등
https://kokusho.nijl.ac.jp/?ln=ja

나라현립 만엽문화관 만엽백과 만엽집관련 정보검색시스템 万葉百科 万葉集関連情報

검색시스템 | 奈良県立万葉文化館
만엽집 전문 텍스트와 현대어역
https://manyo-hyakka.pref.nara.jp/

니가타현립 역사박물관新潟県立歴史博物館
향토자료 원본 열람
越後土産 등
https://jmapps.ne.jp/ngrhk/

도쿄국립박물관 연구정보 아카이브스東京国立博物館 研究情報アーカイブズ
역사자료 원본 열람
名山図譜 등
https://webarchives.tnm.jp/imgsearch/index

신슈대학 도서관 근세 일본 산악관계 데이터베이스近世日本山岳関係データベース
산악 관련 고도서 원본 열람
槍ヶ嶽略縁起 / 迦多賀嶽再興記 / 穂高嶽記 / 乗鞍山縁起 / 善光寺道名所図会 / 国郡全図 등
https://www-moaej.shinshu-u.ac.jp/?p=350

아오조라분코青空文庫Aozora Bunko
근대 문학작품 텍스트 열람 및 다운로드
遠野物語 / 津輕 / 吉野葛 / 二百十日 / 野分 / 狂言の神 / 夜明け前 / 単独行 등
https://www.aozora.gr.jp/

야마가타시 관광협회 모키치 가비메구리茂吉歌碑めぐり
사이토 모키치 단카 현대어역
https://www.kankou.yamagata.yamagata.jp/zao-mokichi/

야마레코ヤマレコ
산의 개요, 지도, 위치 정보가 있는 사진, 개인 기록 및 각종 등산 데이터
https://www.yamareco.com/

요코하마대학 소장 고지도 데이터베이스横浜市立大学所蔵の古地図データベース

고지도의 원본 열람
新刻日本輿地路程全図 등
https://www-user.yokohama-cu.ac.jp/~ycu-rare/index.html
Internet Archive
고도서의 원본 또는 텍스트 열람 및 다운로드
The Art of Travel / Modern Painters / The Ascent of Nanda Devi / Mountaineering and Exploration in The Japanese Alps / The playground of the Far East 등
https://archive.org/

일본 구가도 지도日本の旧街道の地図 | 旧街道モバイルマップ
일본국토지리원 지도 위에 매핑한 과거 전국 350줄기 이상의 가도 및 역참, 경로의 상세 검색이 가능한 시각 자료
https://gcy.jp/kkd/

일본국립국회도서관国立国会図書館NDL
고도서 등의 원본 열람 및 다운로드
奥の細道新釈 / 日本博物学年表 / 日本アルプスと秩父巡礼 / 国郡全図 2巻 / 乙酉掌記 / 後方羊蹄日誌 / 十勝日誌 / 性霊集 / 日本博物学年表 / 富士見十三州輿地全圖 / 日本山岳志 / 山水小記 등
https://www.ndl.go.jp/ko/index.html

일본국토지리원国土地理院GSI
각종 정밀 지도와 근세 50,000의 1 지도 등의 열람
https://www.gsi.go.jp/

일본산악회日本山岳会
『산악』, 「산」 기타 일본산악회 발행물의 열람 및 다운로드
https://jac1.or.jp/document/jac_issued

Japan knowledge personalジャパンナレッジPersonal
각종 사전류 · 동양서 총서의 일괄 검색 서비스
『日本歴史地名大系』(平凡社) 등
https://japanknowledge.com/

Japan Searchジャパンサーチ
일본국립국회도서관이 시스템을 운용하는 다양한 분야 콘텐츠의 메타데이터 검색·열람 제공
名山図譜 / 日本名山図会 등
https://jpsearch.go.jp/

J-STAGE
학술 논문·저널 등의 통합유통 시스템
植物学雑誌 / 地質学雑誌 등
https://www.jstage.jst.go.jp/browse/-char/ja

홋카이도대학 산악부 호쿠다이 산악관 北海道大学山岳部 北大山岳館
산악도서 검색, 등산사를 살필 수 있는 회지 등의 각종 디지털자료
https://aach.ees.0g0.jp/xc/modules/Center/index.htm

사진 차례

미카즈키누마 인접 오타토마리누마에서 바라본 리시리다케(출처: 역자) — 29
로소쿠이와(출처: RedSugar/Pakutaso Images) — 30
조칸잔長官山에서 바라본 리시리다케 정상부(출처: 역자) — 31
리시리섬과 리시리산. 좌하단에 일직선으로 보이는 것이 공항 활주로(출처: Wiki Images) — 32
이와오베쓰 앞바다에서 바라본 라우스다케와 미쓰미네(출처: Wiki Images) — 38
라우스다이라와 미쓰미네(출처: RedSugar/Pakutaso Images) — 39
라우스 호수에서 바라본 모습(출처: 石田理一郎/知床倶楽部ガイド) — 41
마슈 호수 너머로 보이는 샤리다케(출처: Toshi Matsu/Instagram Images) — 45
기요사토초에서 바라본 모습(출처: きよさと観光協会ブログ) — 47
세이가쿠소(출처: RedSugar/Pakutaso Images) — 47
신도新道 코스에서 바라본 샤리다케의 능선(출처: Wiki Images) — 48
온네토 호수オンネトー湖에서 바라본 메아칸다케와 아칸후지(출처: 十勝観光連盟公式サイト) — 53
메아칸다케 화구 바닥의 아오누마青沼와 아칸후지(출처: RedSugar/Pakutaso Images) — 55
메아칸다케 중턱에서 바라본 북쪽의 원시림(출처: RedSugar/Pakutaso Images) — 56

다카네가하라에서 바라본 다이세쓰 산군. 좌단 아사히다케(출처: RedSugar / Pakutaso Images) — 62

홋카이다케에서 바라본 구모노다이라. 좌로부터 료운다케, 게이게쓰다케(출처: 역자) — 65

구로다케 이와무로 앞으로 펼쳐진 구모노다이라(출처: Wiki Images) — 65

고산식물이 만발한 다카네가하라(출처: RedSugar / Pakutaso Images) — 66

구로다케 이와무로(출처: 역자) — 67

도무라우시 정상 직하의 오르막에서 바라본 남쪽 도카치 연봉. 앞에 보이는 미나미누마南沼로 내려가기 전 오른쪽이 야영장이며 저자가 올라온 길은 야영장 맞은편 동쪽(출처: RedSugar / Pakutaso Images) — 72

길었다던 일본정원 쪽에서 바라본 도무라우시의 아침(출처: RedSugar / Pakutaso Images) — 74

히사고이케와 설계(출처: 역자) — 74

가미호로카멧토쿠야마 근처에서 바라본 도카치다케(출처: Wiki Images) — 79

도카치다케 정상에서 바라본 비에이다케(출처: RedSugar / Pakutaso Images) — 79

가무이에쿠치카우시야마カムイエクウチカウシ山에서 바라본 포로시리다케(출처: Wiki Images) — 83

포로시리다케의 가타에서 바라본 돗타베쓰다케와 나나쓰누마 권곡(출처: Wiki Images) — 85

포로시리다케 정상의 케른(출처: Wiki Images) — 85

굿찬마치俱知安町에서 바라본 요테이잔(출처: 公益社団法人北海道観光機構) — 89

정상의 분화구 지치가마父釜(출처: RedSugar / Pakutaso Images) — 91

히로사키 쪽에서 바라본 이와키산(출처: Pakutaso Images) — 99

북쪽 다테이시마치建石町 쪽에서 바라본 이와키산(출처: Wiki Images) — 100

게나시타이(출처: Wiki Images) — 105

핫코다산의 수빙(출처: Wiki Images) — 107

하치만타이의 숲(출처: Wiki Images) — 111

하치만타이 가가미누마鏡沼의 드래곤아이Dragon Eye(출처: Wiki Images) — 112

하치만타이의 스키어와 멀리 이와테산(출처: RedSugar / Pakutaso Images) — 114

하루코야치春子谷地 습원에서 바라본 이와테산(출처: Wiki Images) — 118

중앙 위쪽의 니시이와테와 그에 접한 중앙의 히가시이와테(출처: YamaReco Images) — 121

오니가조오네의 깎아지른 절벽(출처: YamaReco Images) — 121

25번 현도에서 바라본 하야치네(출처: Wiki Images) — 127

다케 마을에서 올라온 하야치네 정상부(출처: Wiki Images) — 131
하야치네 정상까지 이어지는 바윗길(출처: RedSugar / Pakutaso Images) — 131
다케시마가타竹島潟에서 바라본 조카이산(출처: Wiki Images) — 135
조카이 호수와 멀리 갓산(출처: Wiki Images) — 137
외륜산에서 바라본 신잔(출처: RedSugar / Pakutaso Images) — 137
완만한 갓산의 오솔길(출처: RedSugar / Pakutaso Images) — 141
정상의 갓산 신사(출처: RedSugar / Pakutaso Images) — 143
고아사히다케에서 바라본 아사히 연봉. 왼쪽이 오아사히다케, 오른쪽이 나카다케中岳(출처: RedSugar / Pakutaso Images) — 148
정상 직하 오아사히다케히난고야大朝日岳避難小屋(출처: RedSugar / Pakutaso Images) — 148
오가와라마치大河原町 쪽에서 바라본 자오 연봉(출처: Wiki Images) — 153
조명을 받은 자오의 수빙(출처: Wiki Images) — 155
오카마(출처: RedSugar / Pakutaso Images) — 155
아다타라야마에서 바라본 이이데 연봉(출처: Wiki Images) — 159
이이데 연봉. 우단 이이데 본봉, 중앙 다이니치다케(출처: Wiki Images) — 161
이이데 주능선과 좌단 다이니치다케, 우측 오니시다케(출처: Bamboo Shoots Images) — 162
잇사이쿄잔에서 내려다본 고시키누마五色沼(출처: umetarou / Ganref Images) — 167
니시아즈마야마에 이르는 능선(출처: RedSugar / Pakutaso Images) — 168
동남쪽에서 바라본 아다타라야마(출처: Wiki Images) — 172
구로가네고야(출처: RedSugar / Pakutaso Images) — 175
누마노다이라(출처: Wiki Images) — 176
북쪽 능선에서 바라본 반다이산. 중앙 우측 돌기는 산고메 덴구이와三合目天狗岩(출처: 三つの良い坂 / Ganref Images) — 180
대폭발의 흔적인 황량한 단애(출처: RedSugar / Pakutaso Images) — 182
니시아즈마야마에서 바라본 우라반다이. 앞부터 아키모토 호수, 반다이산, 이나와시로 호수(출처: RedSugar / Pakutaso Images) — 185
중턱에서 바라본 정상부의 모습(출처: RedSugar / Pakutaso Images) — 188
정상 근처 고층습원의 늪(출처: RedSugar / Pakutaso Images) — 188
정상 근처에서 남쪽으로 보이는 히우치다케(출처: RedSugar / Pakutaso Images) — 190
우바가다이라姥ヶ平에서 바라본 연기를 내뿜는 자우스다케(출처: RedSugar / Pakutaso Images) — 197
아사히다케에서 바라본 자우스다케(출처: RedSugar / Pakutaso Images) — 199
자우스다케에서 바라본 아사히다케(출처: Wiki Images) — 199

사진 차례

이시다키바시에서 바라본 우오누마코마가타케(출처: Wiki Images) — 205

뉴도다케入道岳, 일명 마루야마(출처: Wiki Images) — 206

핫카이산에서 바라본 초벽 위의 우오누마코마가타케(출처: Wiki Images) — 208

핫카이산 야쓰미네(출처: Wiki Images) — 208

시부쓰산에서 바라본 히라가타케(출처: Wiki Images) — 211

공터 같은 정상(출처: RedSugar / Pakutaso Images) — 213

다마고이시玉子石와 지당이 펼쳐진 풍경(출처: RedSugar / Pakutaso Images) — 213

노보리카와 근처에서 바라본 마키하타야마(출처: Wiki Images) — 217

와리비키야마와 마키하타야마 능선(출처: RedSugar / Pakutaso Images) — 218

조릿대에 둘러싸인 정상으로 향한 오솔길(출처: RedSugar / Pakutaso Images) — 220

오제가하라의 지당과 히우치다케(출처: RedSugar / Pakutaso Images) — 224

오제누마와 히우치다케(출처: RedSugar / Pakutaso Images) — 224

시바야스구라(출처: RedSugar / Pakutaso Images) — 226

오제가하라를 가로지르는 목도에 이어진 시부쓰산(출처: RedSugar / Pakutaso Images) — 231

시부쓰산 정상부(출처: RedSugar / Pakutaso Images) — 233

이치노쿠라다케一ノ倉岳 위에서 바라본 오키노미미(출처: RedSugar / Pakutaso Images) — 236

가사가타케笠ヶ岳에서 바라본 다니가와다케. 잔설이 보이는 것을 기준으로 좌측 계곡이 마치가사와, 중앙에 보이는 큰 계곡이 이치노쿠라사와, 이치노쿠라사와 우측에 인접한 능선 우측 계곡이 유노사와. 중앙을 기준으로 좌측의 높은 돌기가 오키노미미, 우측의 높은 돌기가 이치노쿠라다케(출처: Wiki Images) — 238

위령탑과 조난자의 이름을 새긴 비석(출처: Wiki Images) — 238

아마카자리야마 정상부(출처: RedSugar / Pakutaso Images) — 244

아라스게사와(출처: Wiki Images) — 246

후톤비시(출처: RedSugar / Pakutaso Images) — 246

정상으로 향하는 도중 '여신의 옆얼굴'이라는 별명의 조릿대 오솔길(출처: RedSugar / Pakutaso Images) — 247

감춰진 나에바산(출처: RedSugar / Pakutaso Images) — 251

산 이름의 유래가 된 지당이 흩어져 있는 정상(출처: Wiki Images) — 253

세키야마 부근 이모리이케いもり池에서 바라본 묘코산(출처: Yahoo Images) — 257

묘코산 정상의 풍경(출처: RedSugar / Pakutaso Images) — 259

덴구노니와天狗の庭의 지당과 히우치야마(출처: RedSugar / Pakutaso Images) — 264

구비키 삼산의 동량 히우치야마(출처: RedSugar / Pakutaso Images) — 266

히우치야마에서 바라본 야케야마의 돔(출처: RedSugar / Pakutaso Images) — 266
가가미이케鏡池에서 바라본 도가쿠시 연산(출처: Wiki Images) — 270
등산 들머리인 오쿠샤로 가는 삼나무 길(출처: Wiki Images) — 272
아리노토와타리를 건너는 등산자(출처: 諏訪 / X Images) — 272
도가쿠시야마에서 바라본 다카즈마야마(출처: Wiki Images) — 273
주젠지 호수와 난타이산(출처: RedSugar / Pakutaso Images) — 278
정상 부근에서 내려다본 주젠지 호수(출처: RedSugar / Pakutaso Images) — 280
정상에 박혀 있는 검. 명문은 후타라산오카미二荒山大新神 고신켄御神劍(출처: RedSugar / Pakutaso Images) — 280
고시키야마五色山에서 바라본 고시키누마와 오쿠시라네산(출처: RedSugar / Pakutaso Images) — 285
오카마오와레(출처: Wiki Images) — 286
고신잔에서 바라본 스카이산(출처: RedSugar / Pakutaso Images) — 290
노코기리다케(출처: Wiki Images) — 292
동쪽 화이트월드 오제이와쿠라尾瀬岩鞍 스키장에서 바라본 모습(출처: Wiki Images) — 296
겐가미네(출처: Wiki Images) — 298
아카기산 서쪽으로 보이는 조신에쓰와 일본 알프스 산의 장벽(출처: RedSugar / Pakutaso Images) — 302
다카마가하라高天原에서 바라본 오노와 아카기산(출처: 青木旅館) — 304
노조리 호수野反湖에서 바라본 구사쓰시라네산(출처: Wiki Images) — 307
골립무부와 유가마(출처: RedSugar / Pakutaso Images) — 308
유미이케(출처: RedSugar / Pakutaso Images) — 310
모토시라네산 중앙 화구의 일부. 좌측의 바위 주변이 전망 장소(출처: Wiki Images) — 310
도리이 고개로 향하는 도로인 쓰마고이 파노라마라인에서 바라본 아즈마야산(출처: Wiki Images) — 313
아즈마야산에서 바라본 네코다케(출처: RedSugar / Pakutaso Images) — 315
정상의 조슈 호코라(출처: Wiki Images) — 316
연기와 구름의 아사마야마와 사이노카와라. 오른쪽 뒤가 구로후야마 능선의 암벽 일부(출처: RedSugar / Pakutaso Images) — 320
고모로 쪽에서 올라와 야리가사야槍ヶ鞘에서 바라본 아사마야마(출처: RedSugar / Pakutaso Images) — 322
도쿄 방향인 남쪽에서 바라본 쓰쿠바산(출처: Wiki Images) — 327
정상에서 내려다본 간토 평야 일대(출처: RedSugar / Pakutaso Images) — 329

핫포이케八方池에서 바라본 시로우마 삼산. 중앙부터 시로우마야리가타케, 샤쿠시다케, 시로우마다케(출처: 地球の撮り方 Images) ― 335
다이셋케이를 오르는 등산자들(출처: RedSugar / Pakutaso Images) ― 335
박모 속 시로우마 정상에서 내려다본 우시로다테야마 방면의 시로우마 연봉(출처: RedSugar / Pakutaso Images) ― 337
시로우마야리가타케에서 바라본 등산로가 횡단하는 샤쿠시다케와 좌측의 시로우마다케(출처: RedSugar / Pakutaso Images) ― 337
고류산소五龍山莊 야영장에서 바라본 고류다케(출처: RedSugar / Pakutaso Images) ― 342
가라마쓰다케에서 바라본 고류다케(출처: クマキチ / Pakutaso Images) ― 342
도미오네에서 바라본 네 개의 마름모가 드러나는 고류다케(출처: クマキチ / Pakutaso Images) ― 344
하치미네키렛토에서 이어지는 가시마야리다케와 쓰리오네. 왼쪽이 북봉, 오른쪽이 남봉(출처: Cruiser / Seesaaブログ Images) ― 349
가시마야리 스키장에서 바라본 가시마야리다케(출처: クマキチ / Pakutaso Images) ― 351
벳산別山 근처에서 바라본 쓰루기다케(출처: RedSugar / Pakutaso Images) ― 355
우시로다테야마 능선 위에서 바라본 다테야마 연봉과 쓰루기다케(출처: Pakutaso Images) ― 356
센닌이케와 쓰루기다케(출처: Kanenori / Pixabay Images) ― 358
다테야마무로도에서 바라본 다테야마 본봉(출처: 역자) ― 363
미쿠리가이케에서 바라본 다테야마 본봉(출처: Kanenori / Pixabay Images) ― 364
야쿠시다케의 긴 정상 능선. 그늘진 사면이 카르(출처: RedSugar / Pakutaso Images) ― 370
정상 부근의 서벅거리는 넓은 능선(출처: RedSugar / Pakutaso Images) ― 372
야쿠시다케의 정상부와 권곡(출처: RedSugar / Pakutaso Images) ― 372
산 이름의 유래가 된 정상 직하의 너덜겅(출처: RedSugar / Pakutaso Images) ― 376
삼면을 바위 능선이 둘러싼 카르와 앞으로 펼쳐진 우라긴자(출처: RedSugar / Pakutaso Images) ― 378
구모노다이라에서 바라본 구로다케(출처: SMJのMusic Treasure Book / Ameba Images) ― 383
북쪽에서 바라본 구로다케(출처: Wiki Images) ― 383
스고로쿠다케雙六岳 쪽에서 바라본 와시바다케(출처: RedSugar / Pakutaso Images) ― 388
구로다케 쪽에서 바라본 와시바다케(출처: RedSugar / Pakutaso Images) ― 389
아침노을 속 정면 히가시카마오네와 야리가타케(출처: クマキチ / Pakutaso Images) ― 394

야리가타케산소槍ヶ岳山莊에서 바라본 바위 창의 이삭(출처: RedSugar / Pakutaso Images) — 394

덴구이케天狗池에서 바라본 야리가타케(출처: Wiki Images) — 397

가미코치에서 바라본 호타카 연봉과 아즈사가와. 정중앙 오쿠호타카다케부터 우측 마에호타카다케까지 오목하게 이어진 능선이 쓰리오네(출처: 역자) — 402

묘진다케(출처: クマキチ / Pakutaso Images) — 403

호타카 연봉의 구름 사이로 보이는 야리가타케(출처: RedSugar / Pakutaso Images) — 405

오쿠호타카다케부터 니시호타카다케로 이어지는 종주로(출처: クマキチ / Pakutaso Images) — 405

마쓰모토 교외에서 오마치로 향하는 도중에 바라본 마에조넨다케(출처: クマキチ / Pakutaso Images) — 411

조가타케 휘테蝶ヶ岳ヒュッテ에서 바라본 조넨다케(출처: クマキチ / Pakutaso Images) — 411

조넨고야에서 바라본 조넨다케 정상부(출처: RedSugar / Pakutaso Images) — 412

후나야마船山에서 바라본 가사가타케(출처: Wiki Images) — 416

야케다케 등산로에서 바라본 가사가타케(출처: RedSugar / Pakutaso Images) — 416

노을 속의 가사가타케(출처: Kanenori / Pixabay Images) — 418

다이쇼이케와 야케다케(출처: クマキチ / Pakutaso Images) — 422

갓파바시에서 바라본 야케다케(출처: Wiki Images) — 424

구라이가하라 직전의 침엽수림대에서 바라본 겐가미네와 어깨의 거대한 바위(출처: Wiki Images) — 429

겐가미네를 오르는 등산자(출처: クマキチ / Pakutaso Images) — 429

겐가미네 부근에서 내려다본 곤겐이케權現池(출처: RedSugar / Pakutaso Images) — 430

기소코마가타케에서 바라본 온타케(출처: RedSugar / Pakutaso Images) — 434

2014년 폭발 당시의 온타케(출처: Wiki Images) — 434

온타케의 무수한 종교적 조형물(출처: RedSugar / Pakutaso Images) — 436

우쓰쿠시가하라의 케른 너머로 넓게 펼쳐진 고원(출처: 前田3号 / Pakutaso Images) — 443

우쓰쿠시가하라에서 바라본 후지산과 좌측의 야쓰가타케 연봉(출처: クマキチ / Pakutaso Images) — 445

우쓰쿠시의 탑 뒷면(출처: Wiki Images) — 445

조초미야마부터 구루마야마로 이어지는 오솔길(출처: RedSugar / Pakutaso Images) — 449

야시마가이케(출처: Wiki Images) — 449

다테시나야마와 우시로다테야마 연봉(출처: RedSugar / Pakutaso Images) — 455

기타요코다케北橫岳에서 바라본 아침노을 속의 다테시나야마(출처: RedSugar / Pakutaso Images) — 457

다테시나야마에서 바라본 북 알프스의 능선(출처: RedSugar/Pakutaso Images) — 457

얼어붙은 아카다케 호코라의 새우꼬리(출처: クマキチ / Pakutaso Images) — 461

아카다케와 후지산(출처: クマキチ / Pakutaso Images) — 462

이오다케의 폭렬화구벽(출처: RedSugar / Pakutaso Images) — 464

오가노마치小鹿野町에서 바라본 묘가미산(출처: miyake.hiroki / flickr Images) — 467

묘가미산 핫초오네八丁尾根(출처: RedSugar / Pakutaso Images) — 469

정상의 호코라(출처: Wiki Images) — 469

구모토리야마 정상에서 바라본 후지산(출처: RedSugar / Pakutaso Images) — 473

산조노유(출처: Wiki Images) — 475

정상 직하 구모토리야마히난고야雲取山避難小屋에서 내려다본 오솔길(출처: RedSugar / Pakutaso Images) — 475

고부시다케에서 바라본 남 알프스(출처: RedSugar / Pakutaso Images) — 479

후지산 쪽의 고부시다케(출처: 甲武信ユネスコエコパーク Images) — 481

도쿠사야마에서 바라본 고부시다케(출처: Wiki Images) — 481

긴푸산. 중앙에 안표인 고조이와(출처: ほくとの山 Images) — 485

긴푸산 정상부와 고조이와(출처: ほくとの山 Images) — 485

서록에서 바라본 미즈가키야마(출처: Wiki Images) — 490

정상 직하 혹바위라 부를 만한 클라이밍 암장 오야스리이와大ヤスリ岩(출처: RedSugar / Pakutaso Images) — 490

미즈가키야마 산정에서 바라본 동쪽(출처: Wiki Images) — 492

다이보사쓰다케로 향하는 목가적 풍경(출처: RedSugar / Pakutaso Images) — 496

다이보사쓰다케 정상 직하 사이노카와라히난고야賽ノ河原避難小屋에 펼쳐진 환한 가야토(출처: Wiki Images) — 498

단자와 산지(출처: Wiki Images) — 503

도가타케 정상(출처: YamaReco Images) — 505

게나시야마毛無山에서 바라본 후지산과 넓은 스소노(출처: RedSugar / Pakutaso Images) — 509

야쓰가타케 산샤호三叉峰에서 바라본 후지산(출처: クマキチ / Pakutaso Images) 509

반지로다케(출처: 山あり谷あり Images) — 515

오무로야마와 아마기산 너머로 보이는 후지산(출처: Wiki Images) — 515

핫초이케(출처: 伊豆市観光情報 Images) — 517

센조지키千疊敷 카르의 풍경(출처: RedSugar / Pakutaso Images) ― 523

우측 뒤로 보이는 호켄다케(출처: RedSugar / Pakutaso Images) ― 525

우쓰기코마호 휘테空木駒峰ヒュッテ에서 바라본 정상 방면(출처: RedSugar / Pakutaso Images) ― 529

고마이시(출처: クマキチ / Pakutaso Images) ― 531

마고메에서 바라본 에나산(출처: タビイコ Images) ― 535

나카쓰가와시中津川市에서 바라본 에나산(출처: kakinokinoieのブログ / Ameba Images) ― 535

에나산 정상의 올라가나 마나 한 망루(출처: Richardh Camera / flickr Images) ― 538

가이코마가타케의 정상부(출처: RedSugar / Pakutaso Images) ― 541

정상의 호코라(출처: RedSugar / Pakutaso Images) ― 541

구로토오네의 험준한 하와타리刃渡り(칼날 위를 맨발로 걷는 곡예) 구간(출처: RedSugar / Pakutaso Images) ― 543

센조다케에서 바라본 가이코마가타케(출처: RedSugar / Pakutaso Images) ― 544

고센조다케 정상에서 바라본 고센조사와 카르. 능선 너머에 오센조사와 카르가 있다(출처: RedSugar / Pakutaso Images) ― 547

야부사와 카르 바닥의 센조고야仙丈小屋(출처: RedSugar / Pakutaso Images) ― 547

호오잔의 심벌 오벨리스크(출처: 関東地方環境事務所) ― 552

사이노카와라의 지장보살 석상들(출처: taka / FC2 Images) ― 554

구름 사이로 얼굴을 내민 오벨리스크. 안부가 사이노카와라(출처: RedSugar / Pakutaso Images) ― 554

기타다케로 이어지는 능선(출처: RedSugar / Pakutaso Images) ― 559

기타다케산소北岳山莊와 기타다케. 좌단의 설산은 가이코마가타케(출처: Wiki Images) ― 559

기타다케 북면 버트레스(출처: Yuta Crush / flickr Images) ― 561

기타다케에서 바라본 아이노다케와 기타다케산소北岳山莊. 우측의 낮은 봉우리는 나카시라네야中白根山(출처: RedSugar / Pakutaso Images) ― 565

노토리다케 서봉西農鳥岳에서 바라본 노토리고야農鳥小屋와 아이노다케(출처: Wiki Images) ― 566

시오미다케의 능선과 이어진 남 알프스 북부의 산들(출처: RedSugar / Pakutaso Images) ― 570

산푸쿠 고개에서 바라본 시오미다케(출처: 関東地方環境事務所) ― 572

덴구이와 너머로 보이는 시오미다케 서봉(출처: 関東地方環境事務所) ― 572

아카이시다케 중턱에서 중앙 우측으로 보이는 와루사와다케(출처: RedSugar / Pakutaso Images) — 576

나카다케와 와루사와다케 안부에서 바라본 와루사와다케(출처: 関東地方環境事務所) — 578

와루사와다케 쪽에서 바라본 아카이시다케(출처: RedSugar / Pakutaso Images) — 582

히지리다케 쪽에서 바라본 아카이시다케(출처: RedSugar / Pakutaso Images) — 582

산푸쿠야마三伏山에서 바라본 아카이시다케의 광활한 정상(출처: Wiki Images) — 584

다이쇼지다이라 부근의 비탈(출처: Wiki Images) — 585

가미코치다케上河内岳에서 바라본 히지리다케(출처: Wiki Images) — 588

히지리다케의 계류(출처: RedSugar / Pakutaso Images) — 588

히지리다이라고야(출처: YamaReco Images) — 589

고히지리다케小聖岳에서 바라본 히지리다케 정상(출처: RedSugar / Pakutaso Images) — 591

닛타다케仁田岳에서 바라본 데카리다케(출처: RedSugar / Pakutaso Images) — 594

산명의 유래가 된 데카리이와(출처: RedSugar / Pakutaso Images) — 594

하쿠산의 오난지미네大汝峰에서 바라본 모습. 좌로부터 미도리가이케翠ヶ池, 겐가미네劍ヶ峰, 고젠가미네(출처: RedSugar / Pakutaso Images) — 601

하쿠산무로도白山室堂와 중앙의 벳산別山(출처: RedSugar / Pakutaso Images) — 601

저녁놀이 비치는 하쿠산무로도(출처: RedSugar / Pakutaso Images) — 603

오노시大野市에서 바라본 아라시마다케(출처: Wiki Images) — 607

아라시마다케의 정상부(출처: RedSugar / Pakutaso Images) — 608

미시마이케三島池에서 바라본 이부키야마(출처: Wiki Images) — 612

정상의 야마토타케루 석상(출처: RedSugar / Pakutaso Images) — 612

정상까지 초원이 이어지는 도중에 만나는 이부키야마 로쿠고메히난고야伊吹山六合目避難小屋(출처: RedSugar / Pakutaso Images) — 615

정상 부근 마사키가하라正木ヶ原의 풍경. 태풍으로 쓰러진 나무와 서울조릿대(출처: Wiki Images) — 619

오스기다니의 등산로(출처: RedSugar / Pakutaso Images) — 621

일본 삼대 계곡인 오스기다니 협곡(출처: RedSugar / Pakutaso Images) — 621

과거의 잔교를 대신한 오미네오쿠가케미치大峯奥駈道의 철 사다리(출처: RedSugar / Pakutaso Images) — 627

미센고야彌山小屋에서 바라본 핫쿄가타케(출처: RedSugar / Pakutaso Images) — 629

핫쿄가타케 정상에서 바라본 오미네오쿠가케미치 남부(출처: RedSugar / Pakutaso Images) — 629

등산 금지인 겐가미네(출처: Wiki Images) ― 634
가기카케토게鍵掛峠 전망대에서 바라본 다이센 남벽(출처: Sky Trek) ― 636
모토다니元谷에서 바라본 다이센 북벽(출처: 大山自然歷史館) ― 636
다이센 북록에 위치한 오가미야마 신사의 포도(출처: RedSugar / Pakutaso Images) ― 637
다이켄이와大劍岩(출처: 朝比奈志步 / Ameba Images) ― 641
단풍철의 쓰루기산. 등산리프트 니시지마西島역 앞(출처: 阿波ナビ Images) ― 643
지로규(출처: 阿波ナビ Images) ― 643
일출 전의 덴구다케(출처: kuromenboo / はてなブログ Images) ― 648
이시즈치산의 상징인 쇠사슬(출처: もふもふ愛媛 / X Images) ― 651
미센의 이시즈치 신사(출처: 山と高原地図 Web Images) ― 651
한다 고원의 야마나미やまなみ 하이웨이에서 바라본 구주 연산(출처: BBG Images) ― 657
구주 연산의 가타타이센산北大船山에서 내려다본 보가쓰루. 좌로부터 이나보시야마, 중앙이 나카다케, 홋쇼잔, 미마타야마(출처: ichi Blog / JUGEM Images) ― 657
조자바루長者原에서 바라본 유비야마指山와 미마타야마(출처: ichi Blog / JUGEM Images) ― 659
덴구이와에서 바라본 소보산(출처: 豊後大野市観光協会) ― 663
소보산 규고메고야九合目小屋에서 바라본 동북릉. 중앙이 오쇼지이와大障子岩(출처: yoshirink / 祖母・傾・大崩ユネスコエコパーク推進協議会) ― 665
소보산 정상에서 바라본 가타무키야마(출처: プレスマンユニオン Images) ― 665
가타무키야마(출처: プレスマンユニオン Images) ― 666
아소산의 시로야마 전망소城山展望所에서 바라본 외륜산과 마을과 아소 오악. 좌로부터 네코다케, 다카다케, 나카다케, 뾰족한 에보시다케, 기시마다케(출처: Wiki Images) ― 670
분화시 대피용으로 나카다케 화구 1킬로미터 내 13개소에 설치한 콘크리트 구조물(출처: Wiki Images) ― 671
다카다케에서 동쪽으로 바라본 네코다케와 쓰키미코야月見小屋(출처: Yuta Crush / flickr Images) ― 671
다카다케에서 동쪽으로 바라본 네코다케와 쓰키미코야月見小屋 ― 671
스나센리가하마의 나카다케 제5화구(출처: にっしーな / Pakutaso Images) ― 673
아메노사카호코(출처: YamaReco Images) ― 677
동남쪽에서 바라본 기리시마 산군. 중앙 좌측 큰 분화구가 가라쿠니다케, 그 앞의 화구호가 오나미노이케大浪池, 연기가 보이는 신모에다케, 그 앞이 나카다케, 그 앞의 작은 분화구가 오하치, 그 옆으로 뾰족한 봉우리가 다카치호노미네(출처: Wiki Images) ― 679

바다 위에서 바라본 가이몬다케(출처: 株式会社ドローンムーブ) — 683

세비라瀬平 자연공원에서 바라본 가이몬다케(출처: 麵喰道 / livedoor Blog) — 684

미야노우라다케에서 동남쪽 구리오다케栗生岳 방면의 종주로(출처: 九州地方環境事務所) — 689

나가타다케(출처: Wiki Images) — 691

나가타다케에서 바라본 미야노우라다케(출처: Wiki Images) — 691

후카다 규야(출처: 아사히신문사) — 694

신구 자체字體 대조

ㄱ	도稻(稲)	변辯(弁)	ㅇ	ㅈ	ㅌ
검劍(剣)	독獨(独)	변邊(辺)	아兒(児)	장將(将)	탄彈(弾)
검劒(剣)	독讀(読)	병屛(屏)	악嶽(岳)	장莊(庄)	탄驒(騨)
경輕(軽)		병竝(並)	악惡(悪)	장莊(荘)	택澤(沢)
계溪(渓)	ㄹ	보寶(宝)	악樂(楽)	장藏(蔵)	
계笄(筓)	란亂(乱)	부附(付)	암巖(岩)	재齋(斎)	ㅎ
계繼(継)	랑郞(郎)	불佛(仏)	암嚴(厳)	전傳(伝)	학學(学)
관觀(観)	래來(来)	빈濱(浜)	앵櫻(桜)	전戰(戦)	향鄕(郷)
관關(関)	로爐(炉)		약藥(薬)	전槇(槙)	허虛(虚)
광廣(広)	록祿(禄)	ㅅ	양兩(両)	정淨(浄)	험驗(験)
광鑛(鉱)	록綠(緑)	사辭(辞)	양樣(様)	정靜(静)	현縣(県)
교敎(教)	롱瀧(滝)	삼參(参)	언彦(彦)	주晝(昼)	협峽(峡)
구舊(旧)	뢰瀨(瀬)	삽澁(渋)	여與(与)	증增(増)	협狹(狭)
구龜(亀)	뢰賴(頼)	석釋(釈)	역驛(駅)	증曾(曽)	혜惠(恵)
국國(国)	룡龍(竜)	설說(説)	연戀(恋)	증證(証)	호戶(戸)
권卷(巻)	루壘(塁)	섭攝(摂)	연緣(縁)	진盡(尽)	호號(号)
권權(権)	루樓(楼)	소疏(疎)	염鹽(塩)	진眞(真)	화畵(画)
기氣(気)		속屬(属)	영營(営)	진鎭(鎮)	황黃(黄)
	ㅁ	속續(続)	예藝(芸)		회會(会)
ㄷ	만萬(万)	수收(収)	오奧(奥)	ㅊ	회檜(桧)
단單(単)	매賣(売)	수數(数)	온溫(温)	찬讚(讃)	회繪(絵)
담膽(胆)	묵默(黙)	수穗(穂)	요謠(謡)	천淺(浅)	횡橫(横)
당當(当)	미彌(弥)	수藪(薮)	원圓(円)	철鐵(鉄)	흑黑(黒)
당黨(党)		수隨(随)	위圍(囲)	체體(体)	희姬(姫)
대對(対)	ㅂ	승乘(乗)	은隱(隠)	축築(筑)	
대臺(台)	반辬(斑)	승繩(縄)	응應(応)	충蟲(虫)	
덕德(徳)	발發(発)	쌍雙(双)	인刃(仭)	칭稱(称)	
도圖(図)	배拜(拝)		일壹(壱)		

찾아보기

- 페이지 번호 뒤에 나오는 n표시와 숫자는 주석과 주석번호를 나타낸다.
- /은 동일·상대 또는 연관 개념어를 나타낸다.

ㄱ

가모우 우지사토 164n14, 164n15
가미조 가몬지 379n5, 404, 407n5
가쓰시카 호쿠사이 275n15, 398n10, 513n11
가와다 시즈카/야마카와 시즈카山川黙 483n2, 550n5
가와바타 야스나리 221n1, 323n6, 325n19, 513n13, 518n2
가와사키 요시나리 617n15
가와히가시 헤키고도 653n15
가이료 545n2
가이켄 133n18
가토 가즈나리 661n2, 664, 667n1
간무리 마쓰지로 360n12, 592n3
게이코텐노 124n12, 201n8, 616n8, 672
겐지/미나모토 가문['씨성' 참조] 59n4

고구레 리타로 115n1, 212, 215n4, 225, 227, 237, 240n4, 252, 254n6, 255n12, 289, 291, 292, 293n1, 353n13, 360n12, 452n2, 468, 470, 473, 482, 482n1, 484, 492, 494n6, 494n7, 500n11, 578, 579, 579n1, 649
고노 레이조 340n11
고다 로한 407n3
고랜드, 윌리엄 268n1, 398n9
고리키/인부/안내인['봇카' 참조] 145n15
고바야시 히데오 242n18, 352, 448, 452n2, 513n13, 555, 557n19
고이즈미 히데오 70n22
고지마 우스이/고지마 규타小島久太 34n5, 340n10, 353n13, 379n3, 380n11, 398n10, 406n1, 410, 420n7, 494n5, 510, 512n8, 565, 577, 579n1, 583, 653n15

고켄텐노/쇼토쿠텐노稱德天皇 556n5
고향 후지/향토 후지 34n1
곤 히데미 557n19, 610n7
교쿠테이 바킨 293n5
교키/갸키 보살 163n12, 499
구니['국경'과 연관] 49n2
구니노사즈치노 미코토 550n8
구니노토코타치노 미코토 550n7
구로다 마사오 317n7
구로다 스이잔/미나모토 도모아리源伴存 624n7
구마가이 나오요시 652n10
구마가이 다사부로 371, 373n3, 391n4, 459n3
구카이/고보 대사 164n13, 166, 184, 275n10, 277, 281n2, 356, 491, 493n4, 571, 653n12
기상
    브로켄/내영 420n6
    새우꼬리[무빙의 일종] 317n19
    설형 339n7
    수빙[무빙의 일종] 109n10
기타무라 도코쿠/기타무라 몬타로北村門太郎 513n13, 616n6
기타하라 지잔/기타하라 아치노스케北原阿智之助 580n7

ㄴ

나가쓰카 다카시 432n2, 459n3
나가오 히로야 450, 452n3
나가쿠보 세키스이 268n2
나스노 요이치 201n11
나쓰메 소세키/나쓰메 긴노스케夏目金之助 201n6, 324n9, 325n19, 407n3, 674n4, 675n8
나카니시 마사이치로 624n11, 632n18
나카무라 세이타로 293n1, 353n13, 379, 379n3
나카시마 마사후미/나카시마 교시中島杏子 346n7, 387, 389, 390
나카야 겐이치 241n16
나카자토 가이잔 499n1, 501n12
나카타 마타주 398n4
난에이 420n5
남 알프스 311n1
노로 겐조 623n3
노인 539n12, 539n13, 539n14
누마이 데쓰타로 110, 112, 115n1, 149
니니기노 미코토 124n13, 519n7, 661n3, 667n6, 668n9, 676
니시나 요시오 50n9
닌묘텐노 303, 633

ㄷ

다나베 주지/난니치 주지南日重治 241, 268n1, 325n19, 353n13, 374n5, 482n1
다니 분초 124n6, 126, 178n5
다니자키 준이치로 624n17
다부치 유키오 413, 414n8
다야마 가타이 69n8, 132n3, 144n4
다이라노 시게히라 563n5
다이초 604n4, 609
다자이 오사무 102n5, 108n1
다지카라오노 미코토 269, 274n1
다치바나 난케이 108n1, 662, 678, 682
다카노 다카조 115n1, 288n9, 577

다카마가하라 386n7
다카무라 고타로 178n7, 447n5
다카무라 지에코 173, 174, 178n7, 178n8, 178n9
다카시마 쇼테이 407n10
다카타 사나에 192n11
다카토 쇼쿠/다카토 니헤에高頭仁兵衛 34n6, 204, 211, 212, 265, 403, 407n9, 506, 565, 577
다카하시노 무라지 무시마로 331n7, 513n9
다케나카 요 597n7
다케다 신겐 59n4, 248n4, 346n9, 347n10, 486
다케다 히사요시 215n6, 229n13, 241n10, 255n12, 452n2, 502, 570, 579n1, 596, 597n5
다케미나카타노 미코토 574n1
데라다 도라히코 201n6
도미타 지사부로 477n20
도요타마히메노 미코토 667n6
돈트, 존 557n18
등산
　글리사드 408n19
　덤불 헤치기/야부코기藪漕ぎ/야부쿠구리藪潜り 215n5
　반데룽/원더링wandering 169n4
　봇카 146n15
　비바크/한둔 281n3
　사와노보리 592n3
　산려 87n12
　스키 등산 50n5
　실스킨 116n19

알피니즘 557n15
야마비라키/개산/도비라키 240n2
어프로치 157n8
지카타비 86n3
트래버스 234n5
파티 50n6
피로동사 192n12
피켈자일당 317n8
헤쓰리/헤즈리/헤에즈루[안돌이, '트래버스' 참조] 248n6
홀드 557n14

ㄹ

라이 산요 674n3
레르히, 테오도르 94n16, 262n20
로벤 506n4

ㅁ

마미야 린조 70n20
마스다 가쓰토시 501n17
마쓰다 이치타로 70n21
마쓰모토 다도 623n4
마쓰오 바쇼 142, 143, 144, 144n1, 145n4, 145n12, 198, 202n23, 319, 324n9, 511
마쓰우라 다케시로 54, 55, 58, 59n3, 59n4, 60n6, 60n8, 68n1, 70n17, 70n21, 75n1, 77, 90, 93n3, 620, 624n8, 624n10, 624n18
마쓰카타 사부로 242n16, 399n14, 408n16, 452n2, 494n5
마에다 가문 346n3
마키노 도미타로 32, 35n8, 70n22, 88

모리 다카시 240n5
모토오리 노리나가 488n4, 681n12
몬무텐노 197, 512n2
무라이 마사에 125n20
무라카미 게이지 73, 90
무사시보 벤케이 115n10, 256, 260n1, 261n3, 603
무소 소세키 513n12
미나모토노 사네토모 59n4, 202n15, 468, 471n6, 504
미나모토노 요리토모 59n4, 201n13, 202n15, 260n3, 347n10, 450, 471n6, 533n5
미나모토노 요시나카 59n4, 533n5
미나모토노 요시미쓰/신라사 부로 59n4, 115n7, 347n10, 498, 501n13
미나모토노 요시쓰네 59n4, 115n10, 260n1, 260n3, 533n5, 603
미나모토노 요시이에/하치만타로 요시이에 59n4, 112, 115n7
미야자와 겐지 125n16, 125n17, 130
미야코노 요시카 512n3
미요시 다쓰지 557n19, 352n1

ㅂ
바첼러, 존 93n9, 93n10
반류 395, 398n1, 398n4, 398n5, 398n7, 398n8, 417, 418, 419
북 알프스 268n1

ㅅ
사사 야스오 87n7
사사키 기젠/사사키 교세키 佐々木鏡石 132n4
사에구사 이노스케 347n12, 376, 577
사에키 헤이조 360n13
사이고 다카모리 686n2
사이교 639n14, 649
사이토 모키치 135, 139n3, 141, 152, 157n1, 373n3, 456, 459n3, 459n6, 679
사카노우에노 다무라마로 116n11, 428
사토 규이치로 494n5
산의 은인
  다나베 가즈오/하마다 가즈오 田邊濱田 215n6, 232, 313, 336, 351, 533n3, 596
  이나사키 겐조 609n3
  이시하라 이와오 353n10
  후지시마 도시오/후지 170n9, 210, 240n4, 289, 313, 317n14, 586n4, 592n4, 610n7
시설
  고야/히난고야/야마고야/산소[산막의 일종] 51n16
  휘테[산막의 일종] 157n11
  겔렌데/피스트 piste(F) 317n15
  샨체 305n8
  샬레[산막의 일종] 305n3
  야마노이에[산막의 일종] 477n18
  차야[휴게시설의 일종] 325n17
세간티니, 지오반니 447n4
세이와텐노 154, 361
세키구치 다이 305n2
쇼넌 281n1
쇼도 281n1
스사노오노 미코토 145n5, 638n5

스세리히메노 미코토 317n13
스즈키 보쿠시 221n3, 251, 252, 255n12
시가 나오야 102n5, 305n1, 325n19, 637
시가 시게타카 34n5, 653n15
시마기 아카히코 459n2, 459n6, 462
시마자키 도손/시마자키 하루키 島崎春樹 34n5, 132n3, 324n11, 325n19, 380n11, 437n2, 513n13, 534, 539n4, 611
시무라 우레이 392n9
시오카와 미치카쓰/S군 149, 353n9
시카나이 다쓰고로 109n9
신무라 이즈루 446n1
쓰노다 요시오 241n14
쓰지무라 다로 386n3, 452n2
쓰키요미노 미코토 145n5
씨성 616n2

ㅇ

아마테라스 오미카미/태양신 124n13, 145n5, 274n2, 274n4, 274n6, 536, 555n1, 560, 668n9, 680n2
아메노미쿠마리노오카미 50n8
아메노우즈메노 미코도 274n6, 661n3
아베 가문 115n8
아베노 히라후 92, 92n3, 93n4
아사카 곤사이 311n4
아시하라노나카쓰쿠니 274n3, 680n2
아오우 도케이 249n10
안자이 도루 151n1
안토쿠텐노 645n2, 645n7
야나기타 구니오 132n3, 132n4, 452n2, 610n6
야마구치 아키히사 465n4

야마다 도시카즈 414n7
야마베노 스쿠네 아카히토 331n5, 512n5, 513n9, 647, 648
야마토타케루노 미코토 124n12, 167, 201n8, 295, 297, 312, 314, 468, 536, 613
엔노 오즈누/엔노 교자 145n7, 157n3, 163n11, 508, 512n2, 626, 628, 631n14, 649
엔쿠 417, 420n3, 428
오규 소라이 488n4
오기노 오토마스 579n1
오다 노부나가 164n14, 617n13, 617n21
오마치 게이게쓰/오마치 요시에 大町芳衛 69n8, 70n19, 76n11, 268n1
오모노이미노카미 139n4
오모이카네노 미코토 274n4
오시마 료키치 241n13, 242n17, 406, 494n5
오야마쓰미노오카미 50n7
오자키 기하치 325n19, 446, 447n5, 452n2, 465n4
오카다 구니마쓰 340n12
오쿠니누시노 미코토/오나무치노 미코토 124n13, 574n1, 633
오쿠야마마와리 346n6
오토모노 야카모치 354, 359n1, 359n7
오토모노 이케누시 359n7
오토타치바나히메 167, 312, 314
와타쓰미 403, 407n6, 667n6
요시다 지로 353n12
우도노 마사오 407n12
우메하라 류사부로 325n13
우스이 요시미 413n1

우에다 모신 287n1
우에무라 마사카쓰 623n6
우지 조지로 357, 359n12
우카노미타마노 미코토['오모노이미노카미' 참조] 124n11
우케모치노카미 255n17
우케모치다이진['우케모치노카미' 참조] 527n16
웨스턴, 월터 34n5, 201n6, 338, 339n10, 379n5, 380n11, 396, 398n10, 404, 409, 410, 419, 420n7, 494, 534, 536, 537, 553, 555, 556n2, 556n11, 557n13, 557n17, 557n18, 563n10, 583, 653n15, 662, 664
유키 아이소카 151n1
이가야 구니오 305n1, 305n7, 305n9
이가야 지하루 305n9
이노우에 미치야스 652n7, 658
이바라기 이노키치 353n13, 379n3, 406, 512n8
이시자카 요지로 102n1
이시카와 다쿠보쿠/이시카와 하지메石川一 52, 53, 54, 59n2, 118, 123,
이자나기노 미코토 145n5, 317n11, 330, 466, 468, 536, 537, 680n3
이자나미노 미코토 317n11, 330, 466, 468, 536, 537, 680n3
이케노 다이가 513n10
이쿠라 고조/이쿠 214n2, 215n9
이토 사치오 459n3, 459n6

ㅈ
종교
    가구라['마이도노' 참조] 275n7

간누시 557n16
강중/강사/사/강 527n12, 580n6
개기 163n10
게이신코 580n8
고헤이 103n12
곤겐 133n15
권청 116n14
등배 276n22
목욕재계['고리바', '고리코베', '고리토리바시'와 연관] 129, 130, 644
목찰['히데' 참조] 133n17
묘진 186n11
미야이 493n2
보검/검 374n7
본지수적/수적 157n2
부추/부슈교 282n19
붓쿠 519n8
사이노카와라 157n6
선달['오시' 참조] 294n7
선정 432n7
쇼닌 281n1
순봉/역봉[순로/역로] 631n10
슈겐도 145n7
슈겐자/야마부시 145n8
시즈메 124n9
신경/거울 317n10
신불분리['폐불훼석'과 연관] 164n16
신불혼효/신불습합 275n8
신체 506n3
아마노이와토 274n2
야마비라키/도비라키 240n2
연기 163n9
연희식 163n6

오모테구치['오모테', '우라'와 연관]
　　　　103n15
　　　오모테산도 438n7
　　　오시/센다쓰/주고 366n11
　　　오코모리 103n10
　　　오하라이/불제 255n13
　　　오후다 133n17
　　　오후다쿠바리 366n14
　　　요배 407n8
　　　우부스나가미/진주 192n7
　　　이치노미야 687n10
　　　좌 346n8
　　　천손강림 668n9
　　　행자/교자行者 139n6
　　　히데 580n4
　종교 시설
　　　고모리도 300n5
　　　교바 580n4
　　　다마가키 493n2
　　　도리이 50n10
　　　마이도노 192n8
　　　배전 653n16
　　　사무소 209n5
　　　사이칸 146n19
　　　사전 145n10
　　　신메이즈쿠리 50n11
　　　오미야 132n2
　　　오쿠노인/오쿠인奧院 145n11
　　　오쿠미야/오쿠샤奧社/오쿠야시로
　　　　奧社 282n20
　　　호코라/야시로社/미야宮 35n9
　중앙 알프스 526n3
　지형

　　　가야토 477n16
　　　가레바 379n1
　　　고로 379n1
　　　고르주/하코/로카 69n9
　　　고메 50n13
　　　고부 276n28
　　　골짜기 339n4
　　　구라 228n6
　　　구사쓰키 249n7
　　　기렛토/마도 276n18
　　　놋코시 391n5
　　　높게더기/다이라 43n12
　　　니들 360n16
　　　니세 222n13
　　　다니/사와['호/소/지/택' 참조]
　　　　339n4
　　　단 222n13
　　　덤불산/야부야마 240n7
　　　돔 60n11
　　　룬제/걸리/암구 408n15
　　　리지/암릉 563n12
　　　버트레스 563n10
　　　사력/사력지 69n15
　　　서덜/가와라 87n6
　　　설계 76n10
　　　스리바치 60n13
　　　스소노 36n18
　　　시모노로카 592n3
　　　쌍이봉 186n4
　　　쓰리오네 352n2
　　　아타마 221n2
　　　암장['겔렌데' 참조] 163n3
　　　오네 125n14

찾아보기　　　　　　　　　　　　　　　　753

오바코 / 고바코 63
오시다시 325n15
오카마 157n12
오하치 125n15
우마노세 81n7
우안 / 좌안 347n14
고로 ['사력지' 참조] 379n1
장다름 43n17
지고쿠다니 69n14
친네 360n17
침니 556n12
케른 087n10
크랙 408n14
테라스 408n18
피너클 276n20
피라미드 / 금자탑 50n3
핫초 471n10, 512n7
호 / 소 / 지 / 택 [육수의 분류] 43n16
후지미 42n8
후지형 / 야리형 35n12
진무텐노 625n21, 661n3, 664, 667n6, 680n1

ㅋ
쿠르츠, 마르셀 512n1

ㅌ
틸먼, 헤럴드 282n6

ㅎ
하시모토 세이지 87n11
헤이케 / 다이라 가문 ['씨성' 참조] 192n4
호리 다쓰오 323, 324n12, 325n19
호리모토 조키치 580n9, 581,
호카리 미스오 398n7
후나코시 요시부미 597n1
후지 ['고향 후지' 참조]
후지시마 겐 / 후지시마 겐타로 藤島源太郎 164n24
후지와라노 사네카타 아손 617n18
후칸 297, 299n3,
히구치 이치요 398n10, 500n10, 501n17
히노 도시모토 616n2
히라노 조조 228n10
히라후쿠 햐쿠스이 124n1, 124n4, 459n3

산 이름 찾아보기

ㄱ

가가모리야마加加森山 596
가구라가미네神樂ヶ峰 251, 252, 254
가나야마金山 267(히우치야마)
가나야마金山 493(미즈가키야마)
가라마쓰다케唐松岳 341, 343
가라사와다케涸澤岳 404
가라사와야마柄澤山 216
가라쿠니다케韓國岳 678
가미노다케上ノ岳 / 기타노마타다케北ノ俣岳 377, 385
가미호로카멧토쿠야마上ホロカメットク山 78
가사가타케笠ヶ岳 232(시부쓰산)
가사가타케笠ヶ岳 350, 376, 385, 395, 403, 415, 417, 425
가스미자와다케霞澤岳 699

가시마야리다케鹿島槍岳 / 가시마야리가타케鹿島槍ヶ岳 341, 348
가와고다케川籠岳 297, 299
가운다케化雲岳 71, 75
가이몬다케開聞岳 / 사쓰마후지薩摩富士 679, 682, 698
가이코마가타케甲斐駒ヶ岳 355, 522, 540, 548, 593
가키다케餓鬼岳 345, 699
가키야마餓鬼山 345,
가타肩 84
가타무키야마傾山 662, 666, 667
간가하라스리야마雁ヶ腹摺山 495
간나산神奈山 258
간논다케觀音岳 551
간코잔寒江山 149
간쿄지야먀願敎寺山 609

755

간키산巖鬼山 98
갓산月山 126, 138, 140, 682
갓타다케刈田岳 154, 156
게사마루야마袈裟丸山 293, 299
게이게쓰다케桂月岳 67
게이즈루야마景鶴山 232
게카치다케毛勝岳 / 게카치야마毛勝山 699
겐가미네劍ヶ峰(노리쿠라다케) 427
겐가미네劍ヶ峰(다이센)
겐가미네劍ヶ峰(쓰루기산) 640
겐가미네劍ヶ峰(아사마야마) 323
겐가미네劍ヶ峰(온타케) 433
겐가미네劍ヶ峰(호타카야마) 295, 299
겐가미네劍ヶ峰(후지산) 508
고가네자와야마小金澤山 495
고다케小岳 104
고렌게산小蓮華山 / 다이니치다케大日岳 264, 336
고류다케五龍岳 341, 350
고마가미네駒ヶ峰 104
고마가타케駒ケ岳(아카기산) 303
고마나고산小眞名子山 281
고마쓰미네駒津峰 542
고메고가시라야마米子頭山 216
고부시다케甲武信岳 / 고부시가타케甲武信ヶ岳 472, 478
고스모야마越百山 522, 526, 528, 532
고신잔庚申山 291, 292
고아라시마다케小荒島岳 609
고아사마야마小淺間山 323
고아사히다케小朝日岳 149, 150
고아즈마야小四阿 315

고아카이시다케小赤石岳 586
고이즈미다케小泉岳 68
고자이쇼다케御在所岳 699
고젠가미네御前峰 600
고쿠시다케國師岳 479, 482
곤겐다케權現岳 460
곤에몬다케權右衛門岳 / 곤에몬야마權右衛門山 573
교가타케經ヶ岳 609
교자가에리다케行者還岳 630
구로다케黑岳(다이세쓰잔) 63, 64
구로다케黑岳 / 스이쇼다케水晶岳 382
구로미다케黑味岳 688
구로베고로다케黑部五郞岳 / 나카노마타다케中ノ俣岳 375, 385
구로보시가타케黑法師岳 / 센즈후지千頭富士 593
구로비야마黑檜山 277, 301
구로오야다케黑尾谷岳 200
구로쿠라야마黑倉山 123
구로토야마黑戶山 543
구로후야마黑辮山 322
구로히메야마黑姬山 / 시나노후지信濃富士 271, 698
구루마야마車山 448
구리코마야마栗駒山 698
구마노다케熊野岳 152
구모토리야마雲取山 472
구사쓰시라네산草津白根山 283
구시가미네櫛ヶ峰(핫코다산) 104
구시가미네櫛ヶ峰(반다이산) 108
구주산久住山 656
구주산九重山 656, 658, 662, 666, 669

기리가미네霧ヶ峰 448, 540
기리시마야마霧島山 656, 664, 676
기소코마가타케木曾駒ヶ岳 187, 448, 522, 532, 542, 543, 640
기시마다케杵島岳 672
기타다케北岳 548, 558, 564, 566, 567, 568
기타마타다케北股岳 162
기타호타카다케北穗高岳 404
긴푸산金峰山 472, 479, 484, 491, 585, 626
긴푸산金峰山 / 나나하야마七葉山(야마가타) 486
긴푸산金峰山(구마모토) 486
긴푸산金峰山(가고시마) 486
깃파야마牙山 322

ㄴ

나가야마다케永山岳 66
나가타다케永田岳 688, 690, 692
나나쓰고야마七ッ小屋山 489
나베와리야마鍋割山 303
나스다케那須岳 196
나에비 산苗場山 210, 218, 250, 267
나카노다케中ノ岳 203, 204, 206, 207
나카다케中岳(구주산) 656
나카다케中岳(기리시마야마) 678
나카다케中岳(기소코마가타케) 523, 526
나카다케中岳(아소산) 672, 673
나카다케中岳(야쓰가타케) 464
나카다케中岳(와루사와다케) 577
나카아즈마야마中吾妻山 165
난타이산男體山 / 시모쓰케후지下野富士 / 닛코후지日光富士 / 구지후지久慈富士 277, 283, 284, 289
네코다케根子岳 / 네코다케猫岳(아소산) 672, 673
네코다케根子岳(아즈마야마산) 312, 314
네코다케猫越岳 516
노고하쿠산能鄉白山 606, 607, 609
노구치고로다케野口五郎岳 375, 382, 384, 385
노리쿠라다케乘鞍岳(노리쿠라다케) 417, 427, 437, 448, 451,
노리쿠라다케乘鞍岳(핫코다산) 104
노마다케野間岳 679
노코기리다케鋸岳(도카치다케) 81
노코기리다케鋸岳(스카이산) 292
노코기리야마鋸山(지바) 696
뇨호산女峰山 281
누케도다케拔戶岳 418, 425
니시다이텐西大巓 166
니시다케西岳 460
니시아사히다케西朝日岳 149
니시아즈마야마西吾妻山 165
니시호타가다케西穗高岳 404
니페소쓰야마ニペソッ山 698
닛타다케仁田岳 589

ㄷ

다니가와다케谷川岳 216, 235, 506
다로산太郎山 281, 283
다루마야마達磨山 516
다루마에산樽前山 698
다마키산玉置山 628
다모야치다케田茂萢岳 104

다이고쿠다케大黒岳 341
다이니치다케大日岳(다테야마) 362
다이니치다케大日岳(오미네산) 628
다이니치다케大日岳(이이데산) 158
다이무겐야마大無間山 593, 699
다이보사쓰다케大菩薩岳 / 다이보사쓰레이大菩薩嶺 495
다이세쓰잔大雪山 / 누탑카무시페ヌタプカムウシペ 61, 71
다이센大山 / 호키 다이센伯耆大山 / 호키후지伯耆富士 / 이즈모후지出雲富士 92, 596, 699
다이센잔大船山 658
다이칸보大觀峰 672
다이후겐다케大誓賢岳 630
다카다오다케高田大岳 104, 107
다카다케高岳 669
다카미산高見山 618
다카쓰쿠라야마高津倉山 252
다카오산高尾山 474
다카즈마야마高妻山 / 도가쿠시후지戶隱富士 267, 269, 296
다카치호노미네高千穗峰 664, 676, 677, 678, 680
다카하타야마高旗山 182
다케이시미네武石峰 444
다테시나야마蓼科山 / 스와후지諏訪富士 450, 454
다테야마立山 250, 343, 354, 361, 369, 373, 386, 387, 415, 435, 564, 602, 603, 640, 682, 696
단자와산丹沢山 71
데쓰잔鐵山(긴푸산) 487

데쓰잔鐵山(아다타라야마) 174, 175, 176
데카리다케光岳 593
덴구가조天狗ヶ城 658
덴구다케天狗岳 647
덴구하라야마天狗原山 267
도가사야마遠笠山 415, 516, 517
도가쿠시야마戶隱山 269, 270, 271
도가타케塔ヶ岳 / 도노다케塔ノ岳 504
도나베야마土鍋山 316
도리카부토야마鳥甲山 698
도리하라야마鳥原山 149, 150
도마노미미トマノ耳 237
도무라우시トムラウシ / 도무라우시야마トムラウシ山 6, 80
도카치다케十勝岳 62, 66, 71, 77
도쿠사야마木賊山 482
돗타베쓰다케戶蔦別岳 86

ㄹ

라우스다케羅臼岳 / 시레토코후지知床富士 37, 49
렌게다케蓮華岳 699
롯코우시산六角牛山 / 도노코후지遠野小富士 128
료가미산兩神山 466
료운다케凌雲岳 63
료젠잔靈仙山 614
리시리다케利尻岳 / 리시리잔利尻山 / 리시리후지利尻富士 28

ㅁ

마나이타구라岨嵓(다니가와다케) 237
마나이타구라岨嵓(히우치다케) 225

마루야마丸山 / 뉴도다케入道岳 / 마루가
타케丸ヶ岳 203
마리시텐야마摩利支天山 433
마마코다케繼子岳 / 온타케후지御嶽富士
/ 히와다후지日和田富士 433
마마하하다케繼母岳 433
마미야다케間宮岳 66, 68
마쓰다다케松田岳 68
마에다케前岳(와루사와다케) 577
마에다케前岳(前嶽) / 핫코다마에다케甲
田前岳 104, 105
마에시라네산前白根山 283, 284
마에야마前山 258
마에토카치다케前十勝岳 80
마에호타카다케前穗高岳 404
마에호타카야마前武尊山 299, 295, 297
마에히지리다케前聖岳 587
마키하타야마卷機山 216
메아칸다케雌阿寒岳 52
모리요시잔森吉山 698
모토시라네산本白根山 306
몬나이다케門內岳 162
못코다케畚岳 113
묘기산妙義山 466
묘진다케明神岳 402, 404
묘코다케妙高岳 122
묘코산妙高山 / 에치고후지越後富士 250, 256, 263, 265, 267
묘호타케妙法岳 474
미나미갓산南月山 200
미나미코마가타케南駒ヶ岳 526, 530, 532
미네마쓰메峰松目 460

미네산見禰山 183
미노와산箕輪山 / 미노와산箕ノ輪山 174, 175
미마타야마三俣山 658
미센彌山 (오미네산) 628, 630
미센彌山 (이시즈치산) 650
미쓰다케三ッ岳 382
미쓰마타렌게다케三ッ俣蓮華岳 375, 384, 388, 389, 390
미쓰마타야마三俣山 293
미쓰미네三ッ峰 40, 41
미쓰미네산三峰山 78
미쓰토게三ッ峠 584
미야노우라다케宮ノ浦岳 / 미야노우라다케宮之浦岳 688
미즈가키야마瑞牆山 489, 585
미카사야마三笠山 204
미타바라야마三田原山 258

ㅂ

반다이산磐梯山 / 아이즈후지會津富士 179, 189, 287
반자부로다케萬三郎岳 514
반지로다케萬二郎岳 516, 518
뵤부다케屛風岳 (이와테산) 123
뵤부다케屛風岳 (자오산) 154
부코산武甲山 295
비에이다케美瑛岳 78, 81
비에이후지美瑛富士 71, 78
사루야마猿山 516
사시루이다케サシルイ岳 40
사쿠라지마산櫻島山 / 사쿠라지마온타케櫻島御岳 / 지쿠시후지築紫富士 679,

682, 700
산베산三瓶山 634, 635, 638, 699
산보코진산三寶荒神山 154
산본야리다케三本槍岳 196
산조가타케山上ヶ岳 628, 630
산포야마三寶山 482
샤리다케斜里岳/샤리후지斜里富士 44
샤카다케釋迦岳/샤카가타케釋迦ヶ岳 628
샤쿠시다케杓子岳 338, 564
샤쿠조다케錫杖岳 425
세키손산石尊山 323
센가이레이仙涯嶺 530
센노쿠라야마仙ノ倉山 698
센마이다케千枚岳 579
센조다케仙丈岳/센조가타케仙丈ヶ岳/오우마후지お馬富士 546, 569
소마즈노야마柚角山 113
소보산祖母山 96, 669
쇼노후에야마簫ノ笛山 532
슈쿠도보산宿堂坊山 293
스고로쿠다케雙六岳 396, 417
스기가미네杉ヶ峰 154
스몬다케守門岳 204
스스가미네ススヶ峰 232
스즈가타케錫ヶ岳 293
스즈가타케鈴ヶ岳 301
스즈카야마鈴鹿山 614, 699
스카이산皇海山 283, 289
시라스나야마白砂山 698
시라이와야마白岩山 474, 476
시라타케白岳 345
시레토코다케知床岳 37

시로구치다케白口岳 658
시로우마다케白馬岳 252, 263, 271, 334, 369, 376, 564, 583
시리베시야마後方羊蹄山/요테이잔羊蹄山/에조후지蝦夷富士 88
시리베쓰다케尻別岳 90
시바야스구라柴安嵓 223
시부쓰산至佛山 210, 223, 230
시시코다케獅子戶岳 678
시오미다케鹽見岳 569
시즈가타케賤ヶ岳 615
시치멘산七面山 699
시치코산七高山 138
신다케心岳 258
신모에다케新燃岳 678
신잔新山 134
쓰루기다케劍岳/쓰루기다케劒岳 350, 354, 361, 385, 640
쓰루기산劍山 640
쓰루미다케鶴見岳 281
쓰바쿠로다케燕岳 345, 396, 412, 699
쓰쿠바산築波山/쓰쿠바후지築波富士 279, 326, 695, 698

ㅇ
아다타라야마安達太良山/지치쿠비야마乳首山 171, 185
아라사와다케荒澤岳 698
아라시마다케荒島岳/오노후지大野富士 605
아라야마荒山 303
아라카와다케荒川岳 578, 579
아리아케야마有明山/아리아케후지有明

富士/아즈미후지安曇富士/시나노후지信濃富士 699
아마기산天城山 514, 579
아마카자리야마雨飾山 243, 267
아미가사다케編笠岳 415, 460
아미다다케阿彌陀岳 460, 461
아사마야마淺間山 196, 284, 309, 312, 318, 454, 466, 476
아사마야마朝熊山 696
아사요미네アサヨ峰 561
아사히다케旭岳 61, 71, 80
아사히다케朝日岳 138, 140, 147
아사히다케朝日岳(나스다케) 200
아사히다케朝日岳(고부시다케) 479, 487
아소산阿蘇山 196, 319, 656, 663, 664, 666, 669
아시베쓰다케芦別岳 698
아와다케粟岳 204
아이노다케間ノ岳 306, 560, 561, 564
아이베쓰다케愛別岳 63, 66, 67
아이즈코마가타케會津駒ヶ岳 187, 210
아즈마야마吾妻山 140, 147, 165, 175, 185
아즈마야산四阿山 167, 295, 312
아즈마코후지吾妻小富士/스리바치야마摺鉢山 165
아카기산赤城山 227, 252, 284, 289, 301, 454, 466
아카다케赤岳(다이세쓰잔) 68
아카다케赤岳(야쓰가다케) 149, 451, 460
아카다케赤岳(구로다케) 384, 385
아카우사기야마赤兎山 609
아카이시다케赤石岳 537, 560, 569, 577,

581, 589, 591, 595, 596
아카쿠라다케赤倉岳 104
아카쿠라야마赤倉山 258
아카하니야마赤埴山 183
아칸다케阿寒岳 52
아칸후지阿寒富士 55
아키타코마가타케秋田駒ヶ岳 187, 698
앗피다케安比岳 113
야리가타케槍ヶ岳 334, 369, 373, 384, 387, 391, 393, 403, 410, 417, 444, 451, 583
야리가타케鑓ヶ岳 338, 564
야쓰가타케八ヶ岳 149, 265, 321, 450, 460, 472, 526, 531, 540
야쓰미네八ッ峰(쓰루기다케) 358
야쓰미네八ッ峰(우오누마코마가타케) 207
야케다케燒岳 417, 421
야케야마燒山(단자와산) 502
야케야마燒山(히우치야마) 263, 265, 267
야케야마燒山/아키타야케야마秋田燒山 110
야쿠시다케藥師岳 350, 369, 384, 387, 390
야쿠시다케藥師岳(호오잔) 551
야쿠시다케藥師岳(이와테산) 117
야쿠시다케藥師岳(하야치네) 127
야하즈노모리矢筈ノ森/야하즈노모리矢筈森 174, 176, 177
야하즈다케矢筈岳 686
야하즈야마矢筈山 517
야히코야마彌彦山 250, 698
에나산惠那山 534, 585, 596
에보시다케烏帽子岳(나가노) 382, 391

에보시다케烏帽子岳(다이세쓰잔) 68
에보시다케烏帽子岳(아소산) 672
에부리사시다케杁差岳 161
에비스다케惠比須岳 431
에산惠山 196
엣추자와야마越中澤山 / 엣추자와다케
越中澤岳 371
오가사야마大笠山 699
오가와야마小川山 472, 491
오가토王ヶ頭 442
오구라야마小倉山 207
오난지야마大汝山 361
오니시다케御西岳 162
오니우다케大丹生岳 431
오다이가하라야마大臺ヶ原山 618, 699
오다케大岳 104
오마나고산大眞名子山 281
오메시다케御飯岳 316
오무로야마大室山 / 이즈후지伊豆富士 /
이즈코후지伊豆小富士 / 아마기후지天城
富士 516, 517
오미네大峰 251, 252
오미네산大峰山 271, 296, 596, 620, 626
오바미다케大喰岳 451
오보라야마大洞山 / 히류야마飛龍山
473, 476
오쇼잔和尙山 174
오쇼지다케大障子岳 / 쇼지다케障子岳
666
오아사히다케大朝日岳 147
오아칸다케雄阿寒岳 52, 55, 56, 57, 58
오야마大山 / 아후리산雨降山 468, 504
오야마雄山 564

오우기노센扇ノ山 635, 638
오이즈루가타케笈ヶ岳 699
오쿠다이니치다케奧大日岳 699
오쿠라야마大倉山 258
오쿠센조다케奧千丈岳 484, 548
오쿠시라네산奧白根山 / 닛코시라네산日
光白根山 293
오쿠호타카다케奧穗高岳 401
오쿠히지리다케奧聖岳 592
오키노미미オキノ耳 / 다니가와후지谷川
富士 235
오키호타카沖武尊 295
오타키야마大瀧山 395, 413
오텐쇼다케大天井岳 410
오푸타테시케야마オプタテシケ山 78
오하치御鉢 677, 678
오하타야마大幡山 677
온네베쓰다케遠音別岳 37
온타케御嶽 / 온타케산御嶽山 / 기소 온
타케木曾御嶽 204, 428, 433, 448, 524,
526, 640, 696
옷카바케다케オッカバケ岳 40
와나구라야마和名倉山 476
와루사와다케惡澤岳 / 히가시다케東岳
560, 575, 596
와리비키야마割引山 / 와리비키다케割引
岳 218, 219
와시바다케鷲羽岳 387
요네야마米山 250
요쓰다케四ッ岳 431
요코다케橫岳(야쓰가타케) 460, 461,
464
요코다케橫岳(핫코다산) 104

요코테야마橫手山 321
우나베쓰다케海別岳 37, 48
우바쿠라야마姥倉山 122
우스다케有珠岳 / 우스잔有珠山 196
우시가이와야마牛ヶ岩山 162
우쓰기다케空木岳 526, 528
우쓰쿠시가하라美ヶ原 442
우오누마코마가타케魚沼駒ヶ岳 / 에치고코마가타케越後駒ヶ岳 203
우페페산케야마ウペペサンケ山 698
운젠다케雲仙岳 656
유도노산湯殿山 142, 143
유키쿠라다케雪倉岳 264, 699
유후산由布山 / 유후다케由布岳 / 분고후지豊後富士 700
이나보시야마稻星山 658
이누쿠라야마犬倉山 122
이도다케井戶岳 104, 107
이로다케易老岳 589, 595
이모리마쓰야마威守松山 219
이부키야마伊吹山 295, 596, 611, 699
이시즈치산石鎚山 271, 435, 647, 688, 700
이시카리다케石狩岳 699
이시카미야마石上山 / 이시카미야마石神山 128
이시쿠라다케石倉岳 104
이에가타야마家形山 166
이에노쿠시야마家ノ串山 297, 299
이오다케硫黃岳 460, 461, 464, 465
이오잔硫黃山 / 시레토코이오잔知床硫黃山 37, 40, 41
이와스게야마岩菅山 267, 698

이와키산岩木山 / 쓰가루후지津輕富士 98, 106
이와테산岩手山 / 난부후지南部富士 / 난부카타후지南部片富士 / 이와테후지岩手富士 106, 117, 126, 138, 149, 152, 682
이이데산飯豊山 138, 140, 147, 158, 250
이이즈나야마飯繩山 698
이치노모리一ノ森 644
이치후사야마市房山 700
이케가타케池ヶ岳 / 이케노다케池ノ岳 214
이토다케以東岳 149
잇사이쿄잔一切經山 165, 166

ㅈ

자루가타케笊ヶ岳 699
자오산藏王山 138, 140, 147, 152, 258
자우스다케茶臼岳 (나스다케) 200
자우스다케茶臼岳 (하치만타이) 113
자우스야마茶臼山 444, 522
조가타케蝶ヶ岳 395, 412
조넨다케常念岳 396, 409
조시치로산長七郎山 303
조초미야마蝶々御山 / 조초미야마蝶々深山 451
조카이산鳥海山 (이와키산) 98
조카이산鳥海山 / 데와후지出羽富士 / 조카이후지鳥海富士 106, 126, 134, 140, 142, 147, 149, 152, 160, 435, 682
조쿠로야마長九郎山 516
주로자에몬야마十郎左衛門山 516
주베쓰다케忠別岳 71
지가미야마地神山 161

지로규지로笈 644
지조다케地藏岳(다카즈마야마) 273
지조다케地藏岳(센조다케) 549
지조다케地藏岳(아카기산) 301, 302, 303
지조다케地藏岳(자오산) 154
지조다케地藏岳(호오잔) 551, 553

ㅍ
페테가리다케ペテガリ岳 698
포로시리다케幌尻岳 82
핏푸다케比布岳 63

ㅎ
하구로산羽黒山 142, 143
하루나산榛名山 / 하루나후지榛名富士 466
하리노키다케針ノ木岳 699
하야치네早池峰 / 하야치네산早池峰山 126
하치가타케鉢ヶ岳 264
하치만타이八幡平 110
하코네야마箱根山 474
하쿠산白山 / 가가후지加賀富士 87, 431, 537, 607, 682, 688
하쿠운다케白雲岳 63
하후산破風山 473, 478, 482
핫카이산八海山(온타케) 204
핫카이산八海山(우오누마코마가타케) 203, 206, 207, 250, 271
핫코다산八甲田山 104, 111, 460
핫쿄가타케八經ヶ岳 626
호오잔鳳凰山 542, 551
호온지야마法恩寺山 609
호켄다케寶劍岳 526, 531, 540
호쿠친다케北鎮岳 63, 66, 67
호타카다케穂高岳 354, 384, 396, 401, 415, 417, 423, 427, 444, 451, 567, 583
호타카야마武尊山 / 조슈호타카上州武尊 210, 283, 295
혼타니야마本谷山(소보산) 666
혼타니야마本谷山(시오미다케) 571, 573
홋쇼잔星生山 658
홋카이다케北海岳 63, 66
홋카이도코마가타케北海道駒ヶ岳 / 오시마후지渡島富士 88
효노센氷ノ山 635, 700
후나가타야마舟形山 147, 698
후라노다케富良野岳 78, 81
후레베쓰다케フレベツ岳 58
후루소보산古祖母山 666
후보산不忘山 / 고젠다케御前岳 154
후지미다케富士見岳 431
후지산富士山 91, 92, 99, 100, 227, 250, 293, 326, 327, 328, 329, 393, 396, 397, 410, 435, 455, 460, 461, 476, 497, 508, 518, 537, 542, 558, 560, 561, 562, 573, 586, 591, 602, 640, 663, 672, 695
후지와라다케藤原岳 699
후타쓰이시二ッ石 / 후타고이시二子石 677
히가시다이텐東大巓 165
히가시아즈마야마東吾妻山 165, 166
히노키구라노아타마檜倉ノ頭 216
히노키보라마루檜洞丸 505
히데가타케秀ヶ岳 / 히데가타케日出ヶ岳 618

히라가타케平ヶ岳 210, 231, 284
히라가타케平ヶ岳(도무라우시) 71
히라산比良山 699
히루가타케蛭ヶ岳 / 히루가타케毘盧ヶ岳
/야쿠시가타케藥師ヶ岳 502
히루젠蒜山 699
히메카미산姬神山 123, 126, 698
히에이잔比叡山 / 미야코후지都富士 269, 698

히우치다케燧岳 / 히우치가타케燧ヶ岳 189, 210, 223, 230, 232, 233, 234
히우치야마火打山 250, 263
히지리다케聖岳 587, 595, 596
히코산英彦山 / 히코산彦山 / 히코산日子山 682, 698
히타이토리야마額取山 / 아사카야마安積山 182

일본백명산
읽어서도 좋고 올라서도 좋은 산

초판인쇄 2025년 10월 13일
초판발행 2025년 10월 27일

지은이 후카다 규야
옮긴이 강승혁
펴낸이 강성민 이은혜
편집 강성민
편집 보조 김지우
마케팅 정민호 박치우 한민아 이민경 박진희 황승현 김경언
브랜딩 함유지 박민재 이송이 박다솔 조다현 김하연 이준희
제작 강신은 김동욱 이순호

펴낸곳 (주)글항아리 | **출판등록** 2009년 1월 19일 제406-2009-000002호
주소 경기도 파주시 문발로 214-12 4층
전자우편 bookpot@hanmail.net
전화번호 031-955-2689(마케팅) 031-941-5161(편집부) | **팩스** 031-941-5163

ISBN 979-11-6909-444-3 (03980)

잘못된 책은 구입하신 서점에서 교환해드립니다.
기타 교환 문의 031-955-2661, 3580

www.geulhangari.com